U0221129

哥白尼问题

The CoperniCan QuesTion

（上）

占星预言、怀疑主义
与天体秩序

[美]罗伯特·S.韦斯特曼 著
霍文利 蔡玉斌 译
张卜天 审校

广西师范大学出版社
GUANGXI NORMAL UNIVERSITY PRESS
·桂林·

哥白尼问题
GEBAINI WENTI

著作权合同登记号桂图登字：20-2015-198 号

图书在版编目（CIP）数据

哥白尼问题：占星预言、怀疑主义与天体秩序：上
下册 /（美）罗伯特·S.韦斯特曼著；霍文利，蔡玉斌
译 . 一桂林：广西师范大学出版社，2020.7
　（海豚文库 / 朱孝远主编 . 研究系列）
　书名原文：The Copernican Question: Prognostication,
Skepticism, and Celestial Order
　ISBN 978-7-5495-3701-3

　Ⅰ . ①哥… Ⅱ . ①罗…②霍…③蔡… Ⅲ . ①自然科
学史－欧洲－中世纪 Ⅳ. ①N095

中国版本图书馆 CIP 数据核字（2020）第 085135 号

广西师范大学出版社出版发行

（广西桂林市五里店路 9 号　邮政编码：541004）
（网址：http://www.bbtpress.com）
出版人：黄轩庄
全国新华书店经销
广西广大印务有限责任公司印刷
（桂林市临桂区秧塘工业园西城大道北侧广西师范大学出版社
集团有限公司创意产业园内　邮政编码：541199）
开本：710 mm × 930 mm　1/16
印张：79.75　　字数：1 033 千
2020 年 7 月第 1 版　　2020 年 7 月第 1 次印刷
定价：298.00 元（上下册）

如发现印装质量问题，影响阅读，请与出版社发行部门联系调换。

第四部分

捍卫神圣计划

11

开普勒对哥白尼理论的展现

16 世纪 80 年代末哥白尼理论的境况

在 16 世纪 80 年代末期，天体次序学说迅速增长，哥白尼理论是其中的一种选项。哥白尼的支持者们来自不同领域，因此彼此间存在巨大隔膜。维滕堡的诠释让哥白尼著作的某些部分变得既为人熟知又切实可信。从 16 世纪 50 年代开始，很多学术文献引用了哥白尼的数据。各种天文研究者都使用了莱因霍尔德制作的哥白尼行星表。哥白尼行星表模型在一小群阅读了《天球运行论》的才华横溢的读者中大受欢迎。然而，在《天球运行论》面世将近 50 年后，哥白尼－雷蒂库斯重建行星次序的提议只得到了少数人的宝贵支持：萨拉曼卡的圣经评论家迭戈·德·苏尼加（Diego de Zuniga）[1]、港务工程师兼议员托马斯·迪格斯、卡塞尔的威廉伯爵的宫廷技师克里斯托弗·罗特曼、巡回自然哲学家兼

[1]　On Zuñiga, see the important article by Navarro Brotóns 1995; Westman 1986, 92-93.

大学讲师乔尔达诺·布鲁诺、图宾根的天文学兼数学教授米沙埃尔·梅斯特林。这五位追随者的职业各不相同，他们运用哥白尼理论的方式也各不相同——正如我们看到的那样，甚至他们展现哥白尼理论的方式也不一样——因此他们并没有掀起一场运动或形成一个学派。人们还不敢使用"哥白尼学说"这种词，因为它会误导读者，让人误以为这是一个完整的系统或统一的观点。

随着 16 世纪将近结束，而路德派教徒期望曾经强大的世界将走向终结，哥白尼理论仍然没有什么吸引力。哥白尼写给教皇的序言并没有获得想象中的天主教徒的反响。《第一报告》中取代哥白尼学说的雷蒂库斯－哥白尼策略似乎起到了一些推广作用，特别是 1566 年当它与这本巨著一起重新出现的时候；然而，尽管小有所成，对于这种成功，却绝不能像哥白尼的某些信徒那样解释为以利亚预言中"命运之轮"运转产生的结果。将新的行星学说与预言结合起来的尝试以失败告终。尽管布鲁诺因为他个人的原因宣告新时代的来临，但是在雷蒂库斯之后，哥白尼理论的支持者们再也没有提到过以利亚预言。此外，尽管关于地球运动的谬论引发了很多争议，但是许多天文教科书的作者——无论其宗教信仰是什么——仍然在他们的教学手册中无视哥白尼理论。因此，哥白尼理论体系的某些重要启示也没有得到认可。例如，雷蒂库斯在《第一报告》中提到，天球之间存在未被占据的空间（无图片支持）。

实际上，根据哥白尼体系中的实际距离参数，天球之间会存在巨大的空间。但是在开普勒之前，16 世纪没人考虑它与托勒密连续天球充盈空间的显著不同。[1]今天的读者熟悉很多示意图，它们能够帮助我们以视觉化的方式认识"哥白尼宇宙次序理论"，人们可能会问：为什么 16 世纪的天文学从业者没有绘制这些示意图呢？[2]

---

[1]　See Kepler 1981, chap, 14, 155-56; Lerner 1996-97, 2: 68-69; Van Helden 1985, 46.

[2]　See for example Kuhn 1957; Copernicus 1952, 527, 529; Price 1959, 202; Crowe 1990, 90-99; Hanson 1973; Jacobsen 1999.

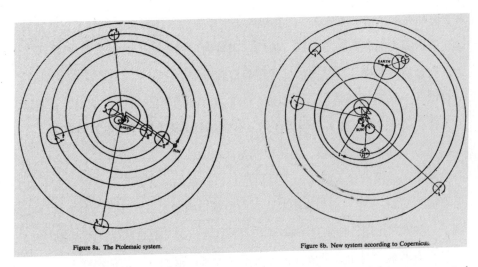

Figure 8a. The Ptolemaic system.   Figure 8b. New system according to Copernicus.

310   图 62. 托勒密体系与哥白尼体系之比较。亚历山大·柯瓦雷《天文学革命》(*The Astronomical Revolution*)，1992 年，60-61。威廉·斯塔尔曼绘制（By permission of Dover Publictions）。

　　这绝不是出于物理学或圣经的反对意见，没人能够在哥白尼体系中找到星际力强度偏差问题的现成答案。即便自然哲学家和天文学家都能勉强放弃亚里士多德对自由落体物体的解释，但是要想他们放弃托勒密在《占星四书》中提出的星体次序却是绝不可能的。重新分配行星次序，即在行星中加入地球并移除太阳和月亮，就意味着推翻占星学的一个传统理论基础。从自诩占星学改革者的迪伊和奥弗修斯，到天文学改革者维蒂希和第谷，那些能够理解新日心体系的人尽管试图推行占星学改革,但是他们明显想要保留"地球静止"这一理论。那些追随皮科否定占星学的人，比如克拉维乌斯和佩雷拉，则宣称物理和逻辑推理可以彻底否定哥白尼天体秩序理论。哥白尼的积极支持者们展现他的学说的方式是多种多样的，但是他们对这个问题也束手无策。

　　正如我们看到的那样，第谷·布拉赫似乎赢得了这场全面论战第一阶段的胜利，至少战胜了那些他看作对手的人：乌尔苏斯、维蒂希、利德尔、罗斯

哥白尼问题

林、罗特曼以及布鲁诺。[1] 现在第谷要说服那些没有参与论战的人。当然，第谷的日心体系的巨大魅力在于，他将古代理论和现代理论融为一体；火星视差的观测结果有赖于第谷的观测技巧和只有他拥有的技术设备，这是折中的结果。1588 年后，布拉赫的行星体系成为了他和其他人所谓"真实世界体系"（systema mundi）的讨论的焦点——特别是通过他的自我宣传。他将其 1588 年的著作送给欧洲各地有影响力的贵族和天文学家。

他努力寻找维蒂希藏书室的剩余资料。第谷的《天文学书信集》收集了他与伯爵和罗特曼的通信，这是他推广自己观点的方式，而这部著作反驳了维蒂希的"运行天球"理论，诋毁了乌尔苏斯的名声，并辩驳了罗特曼据以支持哥白尼理论的观点，还宣布罗特曼投降认输了。[2] 这本书在不经意间为关于真实世界体系的辩论创造了空间。

16 世纪 70 年代两位领先的哥白尼理论支持者在接下来的 10 年间竟然沉默了。从 1580 年开始，托马斯·迪格斯从理论研究转向了实用工程和政治活动。梅斯特林是众多哥白尼理论支持者当中实际教授天文学的学者。[3] 尽管他可能指出了托勒密理论的一些不足，但是如果只有梅斯特林的导论性的教材《天文学概要》作为参考的话，我们并不能确定梅斯特林在他常规的天文学导论课程中教授的是不是哥白尼行星秩序理论——我们知道，他从 16 世纪 70 年代初开始就在私底下思考这些理论。[4] 尽管其多次出版的《教学手册》中引用了许多哥白尼的著作，但是他的观点却与当时维滕堡的启蒙读物是一致的。与图宾根的这

---

[1]　For Liddel, see Westman 1975c, 320. Liddel's notes derive from associations with Wittich（see Gingerich 2002, Aberdeen 4, 266-67）.

[2]　See Schofield 1981; Jardine 1984; Granada 1996b; Mosely 2007.

[3]　Richard Jarrell（1981, 15）has written: "Of all the Copernicans in Europe near the end of the sixteenth century, Maestlin was virtually the only one holding a teaching post in a university." Jarrell's important observation is evidently a general impression, as he offers no specific evidence for the claim.

[4]　See Methuen 1996.

种做法形成鲜明对比的是，萨拉曼卡法规正式推荐学生阅读《天球运行论》。[1]
然而，我们没有确切的证据证明这给课堂带来了什么影响。才能出众的热罗尼
莫·穆尼奥斯会教授什么与维滕堡不同的东西吗？当迭戈·德·苏尼加援引哥
白尼的理论解释文献 9：6 的时候，他可能觉得那所大学的学生和学者能够理解
哥白尼的理论。因此，最重要的问题不在于是否有哥白尼的支持者在大学里教
授哥白尼理论，而在于他们以什么方式表示支持，以及他们在什么环境里教授
哥白尼理论。

反事实语境下的开普勒

提出一个反事实的问题可以让这个问题变得更加确切。[2] 想象一下，1589 年
开普勒作为一名青年学生来到图宾根，他选择了一所与众不同的大学，不管这
所大学是天主教大学还是新教大学。假设从他的课程中，他了解了天球。但是
由于他很快就展露出自己卓越的才华，因此老师向他教授了普尔巴赫的《行星
新论》和哥白尼的《天球运行论》。老师们会怎么向他教授哥白尼理论的解释优
越性呢？我相信最简洁的回答是，没有什么优越性。

尽管关于实际课堂教学情况的资料比较少，但是我们可以粗略地勾勒，在
开普勒作为图宾根学生的时代（1589—1594），大学数学教师是怎样的形象。我
们可以想象那是一幅残缺不全的画面。想想意大利，在帕多瓦或博洛尼亚，开
普勒很容易就可以成为天文学或理论领域的专家。他从历书编写者朱塞佩·莫
莱蒂（Giuseppe Moletti）和乔瓦尼·安东尼奥·马基尼那里学会了《普鲁士星表》
的使用方法，学会了如何将哥白尼本轮运用于日心理论，以及如何进行占星预测。

---

[1]　Navarro-Brotóns 1995.

[2]　See Bunzl 2004.

在罗马学院，克拉维乌斯极力鼓励他从事占星学研究。但是，开普勒准备好了与"对手"进行辩论，捍卫偏心本轮天文学（不是哥白尼的天文理论），反对弗拉卡斯托罗派同心圆论学者，并提出反诘哥白尼追随者的常规物理学问题。

但是发生在比萨的事件却提出了不同的问题。这里有新任命的年轻数学家伽利略，他被要求教授天球的基本原理，这是其研究工作的一部分。他在准备自己的教案的时候可能可以参考德国的介绍性的天文学手册。但是由于梅兰希顿、比克、斯特里格留斯、施赖肯法赫斯以及雷蒂库斯等名字出现在禁书目录里，因此他慎重地放弃了德国的天文书籍，而转向克拉维乌斯。幸运的是，1587 年伽利略在罗马见到了克拉维乌斯本人，而且他对后者在天文历法改革方面的声望早有耳闻。他编写了一系列的基础天文学讲义，大量引用了克拉维乌斯的《〈天球论〉评注》。[1] 如果他用这些笔记在比萨（1592 年后他来到帕多瓦）向他的学生介绍天文学基础知识的话（这是有可能的），那么他可能没有向他的学生介绍哥白尼行星理论的优越之处。[2]

表 4. 开普勒学生时代（1589—1594）的大学数学院系领导

大学	领导	教学日期
神圣罗马帝国		
奥特多夫(Altdorf)	约翰内斯·普雷托里乌斯	1576—1616
迪林根(耶稣会)	克里斯托弗·希尔波本 (Christopher Silberborn)	1594—1596
布赖斯高地区弗莱堡	劳伦修斯·施赖肯法赫斯 (Laurentius Schreckenfuchs)	1575—1611
格拉茨(耶稣会)	彼得鲁斯·巴西利厄斯 (Petrus Bastius)	1589—1591

312

[1] See Wallace 1984b, 257-60.

[2] Benedetto Castelli（1578-1643），generally taken to be an endorser of the Copernican ordering, is believed to have studied with Galileo in Padua between 1604 and 1606 (Drake 1978, 121). I have encountered no explanation for Castelli's reasoning in supporting the Copernican order other than the fact of his association with Galileo.

大学	领导	教学日期
格拉茨(耶稣会)	劳伦修斯·鲁比尤斯 (Laurentius Lupius)	1591—1594
格赖夫斯瓦尔德	大卫·赫利修斯 (David Herlicius)	1584—1597
海德堡	瓦伦丁·奥托	1588—1601
黑尔姆施泰特	邓肯·利德尔	1590—1596
英戈尔施塔特(耶稣会)	克里斯托弗·希尔波本	1586—1592
	科尼利厄斯·阿德里森 (Cornelius Adriansen)	1592—1593
	约翰内斯·阿彭策勒 (Johannes Appenzeller)	1593—1601
耶拿	格奥尔格·林奈 (Georg Limnaeus)	1588—1611
莱比锡	克里斯托弗·莫伊尔 (Christoph Meuer)	1585—1616
马尔堡	维克托利努斯·舍恩费尔德	1557—1591
	约翰内斯·哈特曼	1592—1609
奥洛摩茨(耶稣会)	托马斯·威廉 (Thomas Williams)	1590—1597
布拉格(耶稣会)	克里斯托弗·斯蒂法提乌斯 (Christophorus Stephetius)	1593—1595
罗斯托克	亨里克斯·布鲁卡尤斯 (Henricus Brucaeus)	15 ?? —1593
图宾根	米沙埃尔·梅斯特林	1584—1631
维也纳(耶稣会)	亨里克斯·齐塔图斯 (Henricus Zittardus)	1589—1590
	克里斯托弗·格里恩伯格 (Christoph Grienberger)	1590—1591
	彼得鲁斯·弗利尤斯 (Petrus Phrearius)	1591—1594
维滕堡	彼得鲁斯·奥托 (Petrus Otto)	1583—1594

哥白尼问题

大学	领导	教学日期
维尔茨堡(耶稣会)	彼得鲁斯·罗斯提厄斯 (Petrus Roestius)	1590—1591
	雅各布斯·尼维琉斯 (Jacobus Nivelius)	1592—1593

　　我们很难知晓 1589 年的时候伽利略私底下是怎么想哥白尼的，我们甚至不知道那时他是否熟悉雷蒂库斯的《第一报告》或哥白尼的《天球运行论》。然而，鉴于伽利略已经能够制作星命盘了，他肯定知道如何使用历书，肯定通过马基尼或莫莱蒂对哥白尼略知一二了。[1]

　　我们可以想象，在图宾根外，开普勒在纽伦堡附近奥特多夫的一所新大学（成立于 1575 年）遇见了前维滕堡人约翰内斯·普雷托里乌斯。跟意大利人不一样，普雷托里乌斯与维滕堡、纽伦堡、帝国法庭以及第谷的乌拉尼亚堡建立了私人关系。他曾跟比克一起学习，还像海德堡的瓦伦丁·奥托一样在克拉克夫遇见了雷蒂库斯（大约在 1570 年）。[2]像梅斯特林一样，普雷托里乌斯也建了一座藏书丰富的天文藏书室，藏书室里收藏了雷蒂库斯的《第一报告》和哥白尼的《天球运行论》。他甚至阅读过哥白尼的书，书上的很多下划线可以证明这一点。[3]第谷将普雷托里乌斯和梅斯特林称为德国天文学领域的两盏明灯——后来的事实证明确实是这样。[4]在德国，在混合数学问题领域，开普勒也比他们强不了多少。

---

[1]　Isbelle Pantin（Galilei 1992 54 n.）shows that in calculating the horoscope of Cosimo ll, Galileo's values best fit those of Maginis's *Ephemerides*（Venice, 1582）. For Galileo's astrology, see Ernst 1984; Kollerstrom 2001; Swerdlow 2004b; Rutkin 2005.

[2]　Zinner 1943, 424.

[3]　Gingerich 2002, Schweinfurt, 91-93.

[4]　Tycho Brahe to Thaddeus Hagecius, November 1, 1589, Brahe 1913-29, 7: 206-7.

表 4（续）

大学	领导	教学日期
意大利		
博洛尼亚	乔瓦尼·安东尼奥·马基尼	1588—1617
比萨	伽利略·伽利雷	1589—1592
帕多瓦	空缺	1588—1592
	伽利略·伽利雷	1592—1610
罗马 （罗马学院，耶稣会）	克里斯托弗·克拉维乌斯	1587—1612
瑞士联邦		
巴塞尔	克里斯蒂安·乌尔施泰森	1564—1585
	彼得·赖弗 (Peter Ryff)	1586—1629
丹麦		
哥本哈根	约尔延·克里斯托弗森·迪布瓦 (Jorgen Christoffersen Dybvad)	1575—1589
	安德斯·卡拉格 (Anders Krag)	1590—1600
法兰西		
巴黎(巴黎大学)	莫里斯·布雷修 (Maurice Bressieu)	1581—1608
英格兰		
剑桥	奥利弗·格林(Oliver Green)	冈维尔和凯厄斯学院， 1592—1609
	约瑟夫·杰索普 (Joseph Jessop)	国王学院；1582—1591
	弗朗西斯·梅森 (Frances Mason)	默顿学院，1592
西班牙		
萨拉曼卡	热罗尼莫·穆尼奥斯	1578—1592

　　普雷托里乌斯现存的 16 世纪 90 年代初开始的讲稿可以让我们知道开普勒可能阅读了哪些著作。普雷托里乌斯的确介绍了哥白尼假说的一些优势，但是

这涉及人们比较熟悉的维滕堡式的替代"等径轨道模型"（homocentrepicyclic）的理论，所谓的等径模型认为轨道半径相等，且地球处于静止状态。它们与宇宙秩序的前提条件没有任何关系。[1]然而，在 1594 年的一份讲稿中，普雷托里乌斯展示了一张表现哥白尼宇宙理论的示意图。这是我们了解到的这一时期的少数实例之一，由于两方面的原因，这张图具有较高价值。其一，普雷托里乌斯给每颗行星到太阳的相对距离（最大值、最小值以及平均值）赋予了数值。其二，他是这样介绍哥白尼 – 雷蒂库斯对称理论的："所有天体都似乎达到非常完美的对称状态，以至于在它们之间不存在任何待填充的空间。因此，从金星凸球到火星凹球的距离占据了 730 个地球半径，在这个空间内，大球将月球、地球以及运动的本轮包含在其中。"[2]

普雷托里乌斯的介绍给我们留下了一些暧昧不明的地方。他没有提及哥白尼天体会连接在一起，因为随着行星离太阳越来越远，恒星周期会逐渐增大，并且其距离与日—地距离的尺度相近。

这就是雷蒂库斯和哥白尼强调的对称理论的基础。"没有待填充的空间"暗示了托勒密的"嵌套理论"，该理论认为，天球的最大距离等于近邻最大天球的最小距离。哥白尼从来没有提到过嵌套天球，而且他认为不同的行星天球之间是存在间隙的。可能普雷托里乌斯没有理解哥白尼理论的这条含义，也有可能他理解了其中的含义，却以托勒密理论的形式介绍给他的学生。我也不知道到底是哪种情况。不管怎么说，需要注意的是，他认为学生们应该考虑这种新的宇宙秩序。

此外，1588 年秋天，他收到了一本第谷的《论世界》（*De Mundi*），因此他

314

---

[1]　For further details, see Westman 1975c, 290-96.

[2]　See Universitätsbibliothek Erlangen-Nürnberg: Praetorius 1594, fol. 94v.

也考虑了第谷的新宇宙体系。[1] 在 1594 年的演讲中，他介绍了水星和金星的日心体系、静止地心体系以及不影响太阳球的火星天球理论。这幅示意图可能是维蒂希或乌尔苏斯画的。它还有一个缺陷：外本轮被标作"水星－金星"却带着金星的标志，而内本轮被标作"金星－水星"却带着水星的行星标志。很明显，他又陷入了托勒密式的思维模式，并最终对整个体系画了一个"X"。但是，真正的缺陷还是在于火星："如果我们以太阳取代地球的位置并让金星和水星绕着它转动（按照哥白尼的理论就是这样），对于地球而言也是如此，月球会取代太阳的位置，那么……就必定要增加大天体的本轮的大小，其结果是天体将一片混乱（特别是火星）。"普雷托里乌斯赞成维蒂希必须"增加大天体本轮大小"的观点。很明显，第谷体系并没有说服他允许火星加入太阳系。"根据哥白尼的观点，火星距离地球的最大距离为 3044 地球半径，最小为 427 地球半径；但这是不可能的，因为它不仅会占据太阳天球，还会占据相当大一部分金星天球。"[2]

普雷托里乌斯在讲稿中介绍到火星的"混乱"，这说明他准备向他的学生引介颇具争议的文献资料，有些问题甚至他自己也存在疑虑。但是他本人的一般立场是比较清晰的：不管是第谷的世界体系还是哥白尼的世界体系，都没有必要的前提条件的支持。这位天文学家在挑选文献资料方面比较随性自由。普雷托里乌斯选择支持静止地心理论，但是借鉴了哥白尼增加恒星距离的观点。"哥白尼指出，恒星天球距离十分巨大，不仅与地球半径相比十分巨大，而且相比大天体的半径也十分巨大；因此土星天球与恒星区域的距离一样，也是非常巨大的。"如果木星天体可以这样极大地扩张的话，那么就"没有什么东西可以阻止我们将火星天体变得更大，以避免侵入太阳区域"[3]。换言之，这只是一个简单

[1] A dedication copy of Tycho's *De Mundi Aetherei Recentionibus Phaenomenis* to Pretorius is extant in the Wroclaw University Library（see Norlind 1970, 124）.

[2] Universitätsbibliothek Erlangen -Nürnberg: Praetorius 1594, fol. 98v, Westman 1975c, 299-301.

[3] Universitätsbibliothek Erlangen- Nürnberg: Praetorius 1594, fols. 97r, 99v; Westman 1975c, 301.

哥白尼问题

的假设嵌套原理的问题：火星的最小距离与太阳是一样的（1180 地球半径），而且火星的最大距离可以利用哥白尼计算出的火星的最近和最远路径之比得到。最后，普雷托里乌斯可能向反现实的开普勒介绍了维蒂希体系。

不管这个简略而破碎的画面有什么样的缺陷，它都让课堂上的学生在孤立地学习哥白尼理论之外还学习到了其他一些理论。可能最有趣的结论是，尽管哥白尼理论广受公众认可，但是它与教师实际教授的许多内容却是不一致的。1589 年，学生们从哥白尼理论的支持者苏尼加和伽利略那里学到的哥白尼的核心理论，可能还不如从进步的维滕堡人普雷托里乌斯那里学到的多。在这一年，梅斯特林是欧洲唯一一位宣扬哥白尼行星秩序理论优越性的数学教授。他肯定在课堂外透露了自己的观点，至于他在课堂上表达了多少自己的观点则很难说。[1]

开普勒的哥白尼思想在图宾根的形成，1590—1594

开普勒成为哥白尼核心理论的积极支持者，其过程是急剧又奇特的。和梅斯特林的大部分学生不同，开普勒对于老师传授的哥白尼理论不仅乐于接受，而且能够接受；并且，据我们所知，这种情况独此一例。他离开图宾根两年后，也就是 1596 年，《宇宙的奥秘》付梓，书中有很多坦率直白的段落，回忆了他早年的学生时代。因此，如果怀着批判的态度使用这本书，它可能有助于我们重建开普勒思想的演变过程。在这一节，我引用《宇宙的奥秘》就是为了了解开普勒思想的形成过程；而在本章后一节，我将把它当作一本独立的著作看待。

在近年来评论家们频频引用的一个段落，开普勒回忆道："六年前（1590 年），当我在图宾根的著名学术大师米沙埃尔·梅斯特林的指导下学习的时候，我深

315

---

[1] Methuen represents Maestlin as a skeptic, teaching Copernicus in the classroom but without committing himself (Methuen 1996).

受传统宇宙学观点的许多缺陷困扰；而哥白尼让我甚感惊喜，我的老师在讲课中经常提到他。"此处所显露的人文主义风格，正是他所有著作的典型特点。别具一格的是，他表明自己的观点是逐渐孕育出来的——这是人类艰辛努力的成果，而不是各种成分的简单组合。他还以回忆录为手段——众多手段之一——表达与老师不同的观点。开普勒对梅斯特林经常提及的哥白尼理论十分好奇，于是决心深入了解详情。他对这位老人既亲密又尊崇，而不是像雷蒂库斯对待哥白尼那样将自己的身份与老师的身份融合。开普勒紧接着说："我一点一点地收集资料，部分是通过梅斯特林的言语，部分是靠我自己的努力，这些资料证明了新理论相对于托勒密理论的优越性。"[1]

　　我说过，梅斯特林的言语既有口述又有文字。由于开普勒直到 1595 年才得到自己的《天球运行论》副本，因此他肯定参阅过梅斯特林的私人藏书。[2] 在图宾根还有别人有这本书吗？如果没有直接接触过哥白尼的著作，开普勒怎么可能在 1593 年的"物理学研究生辩论中为哥白尼理论辩护"，又怎么"透彻地辩论第一运动，并认为它是由地球运动引起的呢？"[3] 鉴于开普勒看的那本书上有梅斯特林的很多注释，可以认为，梅斯特林的注释为开普勒理解哥白尼的主要观点提供了指引。这当中不仅有哥白尼的核心观点，还有梅斯特林的直接推理论证。

　　梅斯特林还以别的途径影响到了开普勒的思想发展。1596 年，在梅斯特林的建议下，图宾根学术会议让开普勒在其《宇宙的奥秘》中对哥白尼理论作进一步的说明，开普勒大量使用了梅斯特林对哥白尼著作的注释。梅斯特林还绘制了示意图帮助他理解哥白尼有关本轮每年变化的解释。他还准备了一本注释充分的雷蒂库斯的《第一报告》，以及一份他自己写的关于哥白尼距离的专著。

[1]　Kepler 1984, 21; Kepler 1981, 63, my italics.

[2]　Kepler makes first reference to a personal copy of *De Revolutionibus* after having left Tübinger: "Nam exemplar meum libro 5. Revol: Cap: 4. quo loco nodus quaestionis haeret, aut mendosum est, aut ego caecus" (Kepler to Maestlin, October 3, 1595, Kepler 1937-, 13: no. 23, p. 45) .

[3]　Kepler reports the existence of these two disputations in his "Preface to the Reader" in Kepler 1981, 63.

梅斯特林如此高效迅捷地准备这些图片和注释，这表明，它们可能是他早期的部分教学材料，因此也可能是将开普勒引向哥白尼行星秩序理论的原因之一。[1]

　　开普勒思想的发展既不是一个神秘的过程，也不像库恩认为的那样是宗教 – 科学的转变，而是在逻辑上肯定和拓展哥白尼问题最初的情境。正如柯瓦雷和其他一些学者指出的，哥白尼的行星排序方案为宇宙现象提供了一种简洁的解释，而托勒密体系是提供不了这种解释的。[2]假设地球周年运动让学者们可以将行星的变动（即退行运动）解释为光学幻象，并将行星运动按年变化的部分看作地球运动的投影，那么行星排序的标准就应该是单一的，而不是多种多样的，并且，应该是按周期进行排序，而不是根据堆垛原理计算出与中心的相对距离来排序。这些纯粹的宇宙学观点既震撼了梅斯特林，也触动了开普勒："（连哥白尼本人都意想不到，）最让我信服的是，只有哥白尼言简意赅地给出了万物的原因，只有他一点儿也不惊讶，而其他所有天文学家仍然一片愕然，他们之所以会惊讶，是因为他们对原因一无所知。"[3]柯瓦雷认为，消除了"对原因的无知"就足以让开普勒相信哥白尼的宇宙体系是"真正的宇宙体系"，但是我并不赞同这种观点。[4]

　　如果这种数学论据充分的话，为什么开普勒还要孜孜不倦地寻找别的证据呢？实际上，开普勒认为哥白尼的宇宙体系具有解释上的优越性。就像哥白尼引用的贺拉斯格言一样：读者能够在他的理论中发现别的理论所没有的美学协调性。正是这种特征让开普勒认为，哥白尼的宇宙体系"大大优于传统理论"（柯瓦雷语）且"效果极好"（库恩语），但是这还不能使他相信它符合实际的宇宙

316

---

[1]　Again, we cannot be certain that Maestlin would have drawn such diagrams in his classroom lectures. Tredwell (2004) rightly underscores the importance of Maestlin's edition of the *Narratio Prima* as preparing readers to understand Kepler's *Mysterium Cosmographicum*.

[2]　Koyré 1992, 129; Toulmin 1975.

[3]　Kepler 1984, chap. 1, 31, my italics.

[4]　Koyré 1992, 130.

结构。[1]然而，哥白尼理论的力量足以鼓舞开普勒进一步展开探索，并超越哥白尼、雷蒂库斯以及罗特曼等人提出的几何与宇宙和谐的观点。

我认为这种解释上的优越性对于开普勒来说已经足够了——对于其他人来说却是不够的，比如迪伊、奥弗修斯、布拉赫以及维蒂希；因为梅斯特林对哥白尼理论特征的评判，以及梅斯特林对一个不同寻常、前所未见的现象（1577年的彗星）的合理解释，为这种优越性提供了支持。我从梅斯特林的注释可以知道开普勒阅读了哪些内容以及可能与老师讨论了哪些问题：哥白尼的理论认为，"在整个天文学中，没有什么东西是不合理的，所有事物在逻辑上都是协调的"。哥白尼理论的这种观点也影响到了开普勒对梅斯特林假说的评价，后者认为彗星与金星是相似的，因此它是在金星的天球中运动的。梅斯特林关于彗星轨道的"猜想"让开普勒认可了哥白尼提出的假说与结果之间关系标准，即"真相符合真相有多可靠"的标准。实际上，16世纪70年代的很多学者将此次彗星事件看作一次短暂的气象事件，但是梅斯特林却认为它是规律的天文事件。开普勒甚至更进一步，他在《宇宙的奥秘》中宣称，"梅斯特林的推理为哥白尼的天体秩序理论提供了强有力的支持"[2]。这次彗星事件让开普勒不仅对哥白尼理论建立了信心，而且像梅斯特林（在其注释中）一样对以下"重要观点"产生极大的热情："所有现象以及天体的秩序和距离都与地球的运动密切相关。"[3]

开普勒明确认为哥白尼的观点有可能产生比"贺拉斯协调性"更重要的东西。他写道："就像维吉尔说的'传闻随着传播会不断增加力量，所谓三人成虎'，对这些课题思考得越认真，就越促使我作更深入的思考。"[4]开普勒有很多问题需要

---

[1] Ibid., 129; Kuhn 1957, 39-41, 75-77. See also Lakatos and Zahar 1975; Toulmin 1975; Thomason 2000.

[2] Kepler ignored or did not recognize that the comet was underdeterminative: it could be viewed as evidence in favor of either Tycho's or Copernicus's overall arrangements, as it appeared to confirm the view they shared of the ordering of Mercury and Venus (see Westman 1972a, 26-30; Westman 1975d).

[3] See this volume, chap. 9, n. 39.

[4] "Preface to the Reader," Kepler 1981, 63.

思考，有些还是政治问题。开普勒必须考虑到：哥白尼在前言中向教皇陈述了证明的标准，这种行为在天主教主导的图宾根绝对无法容忍。此外，他还要像哥白尼一样处理地球运动与圣典之间的明显分歧——这一点肯定被神学家们注意到了。最后，他还提出了捍卫哥白尼理论的方法，这种方法甚至超越了梅斯特林的天文学观点："哥白尼和梅斯特林认为运动的是地球而不是太阳，依据的是数学原因，而我依据的是物理原因和超现实原因。"[1]

开普勒天文学家角色的转变

开普勒称他的新方法为"宇宙地理学的"（cosmographical），但是这个术语后来让他有些后悔，因为有些书商因此将《宇宙的奥秘》划归地理学著作。[2] 他希望找到一个术语，既包含天文领域的所有哲学研究，同时又不会将他自身与传统经院哲学联系起来。因此他用他的方法继续转变天文学家的角色，这种转变在 16 世纪 70 年代的零视差领域就已经开始了。[3] 但是跟这些著作不同的是，开普勒的计划不是研究超出常规自然范畴的偶然事件（彗星和新星）——这些偶然事件可以解释为上帝绝对力量的表现；[4] 他的着眼点是常规的自然现象、宇

---

[1] "Preface to the Reader," Kepler 1984, 21.

[2] Kepler 1981, not to 1621 ed., 51: There exist in Germany cosmographies by Münster and others, in which indeed the beginning is about the whole universe and the heavenly regions, but they are finished off in a few pages. The main bulk of this book, however, comprises descriptions of territories and cities. Thus, the word cosmography is commonly used to mean geography; and that title, thought it is drawn from *universe*, has induced bookshops and those who compose catalogues of books, to include my little book under geography. Nevertheless, I have taken the mystery as a secret ［*pro Arcano*］, and marketed this discovery as such: and indeed I had never read anything of the sort in any philosopher's book.

[3] Because of these contemporary resonances, I prefer to retain the term *cosmographic* from the Latin title *Mysterium Cosmographicum* rather than to introduce the word *universe*, for which Latin equivalents might be *mundanum* or *caelum*.

[4] See Methuen 1999.

图 63. 学术辩论场景。斯蒂尔里尤斯 1671 年著作标题页插图。Prases 站在后边的讲台上，向研究生们或答辩者们提问。作者收藏。

宙的规律以及上帝用自己的力量任意制定的秩序。

这种对秩序基础的关注，以及特别是哥白尼所发现的行星的系统的规律性，在他的所有著作当中都有体现。和布鲁诺的无限主义哲学（这种学说不允许为占星术进行传统的辩护）不同，开普勒体系是构建在有限宇宙内的，有限宇宙总是允许对星体进行研究。最后，他将自己的物理学方法从行星次序扩展到行星理论，实际上他试图让哥白尼理论成为一门全新的、更为深远的宇宙哲学的基石。这项雄心勃勃的研究与一门新语言的出现是分不开的，这门新语言能够体现他的研究与传统研究的不同。

开普勒这一阶段的研究是怎么开始的呢？现存的一段残缺资料记录了开普勒在 1593 年的物理会议上为哥白尼理论辩护的情形。格奥尔格·列布勒（Georg Liebler）肯定是辩论主持。列布勒从 1552 年开始就在图宾根教授物理，他的《自然哲学概要》（*Epitome of Natural Philosophy*）在自然哲学领域的地位可与梅斯特林的《天文学概要》相媲美。[1] 不幸的是，我们不知道这一事件是怎么发生的，为什么会允许提出这样的话题，以及为什么选择开普勒参加辩论。然而，举行

---

[1]   For Liebler, see Methuen 1998, 193-97, 203, 221-22.

这样的辩论本身就表明开普勒对哥白尼的几何理论有充分的信心，因此才会为日心学说辩护，而驳斥亚里士多德而非托勒密的理论。这其中的差别是非常重要的。在被数学家梅斯特林引入哥白尼理论领域仅仅三年后，开普勒就将自己的方法从几何－天文学优势转向基于物理现实和超现实理由的系统理论。因此，后来他在《宇宙的奥秘》中对这种转变过程的描述有了可行的时间维度。如果开普勒（像他自己说的那样）在物理会议上为梅斯特林的观点辩护，那么他也开始与梅斯特林的观念分道扬镳了，后者认为天文学是一个仅限于研究形式原因的学科。[1]

图宾根残存的一段史料被用来证明开普勒早期的思想发展历程。在 1924 年的经典研究当中，E. A. 伯特（E. A. Burtt）强调了玄学、宗教以及新柏拉图主义在早期现代科学发展中的重要性。正如第 2 章指出的那样，伯特（误）将多米尼科·马利亚·诺瓦拉当作耀眼的新柏拉图主义者，认为其思想对哥白尼有重要影响。他用图宾根辩论来证明，开普勒成为哥白尼主义者的动机其实就是"太阳崇拜"："太阳在新宇宙体系中被拔高位置是新体系之所以被采纳的主要原因和充分原因。"[2] 对伯特解读的共鸣源自一个影响源。托马斯·库恩在《科学革命的结构》中引用伯特的解读，以此佐证其极具煽动性的言论，他宣称，当考虑"说服而不是证明的时候，科学理论的性质问题没有单一的或统一的答案。科学家们遵循某种新范例的原因是多种多样的，通常是因为好几个原因。其中一些原因，例如太阳崇拜让开普勒成为哥白尼主义者，并不在科学的明确范畴内"[3]。以下是伯特的解释（我作了删改）：

318

---

[1]　Alain Segonds points out that Maestlin defined efficient and final causes as foreign to astronomy: "Efficientis et finalis causae tanquam ab Astronomia alienae nulla fit mentio" (Kepler 1984, 232 n.）. Yet of course Maestlin followed the generally accepted notion that astronomy embraced both mathematical and physical parts.

[2]　Burtt 1932, 58-59. For a cogent critique of Burtt's general approach, see Hatfield 1990, 93-166; for Burtt's place in the historiography of the scientific revolution, see Cohen 1994, 88-97.

[3]　Kuhn 1970, 152-53.

首先，除非是盲人，否则所有人都认同的是，宇宙中最卓越的星体就是太阳，太阳的本质是最纯粹的光，没有星体比太阳更庞大；它是万物唯一的创造者、保护者、供暖者；它是光之源泉，充满了热量，看起来无比美丽、清澈、纯净，它是美景之源，尽管它本身没有任何颜色，但它是手握五色彩笔的画师，它因为自己的运动而被称作行星之王，因为自己的能量而被称作世界之心，因为自己的美丽而被称作宇宙之眼，如果上帝想要一处现实的居所与受福的天使一起居住的话，我们认为只有太阳才能配得上至高无上的上帝……因为如果德国人选上帝做手握最高权柄的皇帝的话，有谁不会毫不犹豫地将天体运动的选票投给已经掌管了其他各种运动并用光掌控了所有变化的他呢？……第一推动者不能分布在一个圆上，[1] 而应该从某个原理出发，世界的任何部分，任何星体，就像一个点一样，都不能证明自己配得上这种荣耀；因此我们回到了太阳，只有无比高贵、无比强大的太阳，才能担负这种运动的职责，才能成为上帝以及第一推动者的家园。[2]

伯特准确地将这个段落描述为开普勒新柏拉图主义精神的例证。但是这种对太阳的特殊性的颂赞并不能解释开普勒最初为什么会被哥白尼行星秩序理论吸引，而只能解释他为什么会被日心学说吸引。颂赞太阳恢弘壮丽的前提总是太阳在宇宙空间的位置，在托勒密的理论体系中，太阳位于上层三行星和下层

---

[1]　Burtt's "diffused throughout an orbit" does not stay close enough to the Latin, where the word *orbit* does not appear: "Cum igitur primum motorem non deceat orbiculariter esse diffusam" (Kepler 1937-, 20: pt. 1, p. 148, ll. 37-38) . The adverb *orbiculariter* (orbically) can be rendered as "in a circular or spherical form." The word does not appear in *De Revolutionibus*, but Pico della Mirandola uses *orbicularis* (1946-52, 1: 194, bk. 3, chap. 4) .
[2]　Burtt 1932, 59; Kepler 1937-, 20: pt. 1, 148, ll. 19-32.

三行星之间。[1] 因此，伯特和库恩的文章指出，开普勒在被梅斯特林所藏哥白尼著作说服后一直在寻找"现实或超现实"的理由。此处，开普勒猜想位于中心的太阳和从太阳散发出来推动行星运动的动力之间存在某种联系。这种联系可以发展为一种解释，对于物理学研究生来说，亚里士多德提出的四因素就是很好的解释模型：它不仅包括物体的形式或空间位置，还包括它的组分、它存在的目的和它能够产生的影响。在图宾根的辩论中，开普勒就提出，第一推动者不是外部的天球，而是太阳。提出这种观点的时候，他就已经与天文学只能处理形式原因的观点分道扬镳了。他开始将视野扩展到其他的亚里士多德因素，他推断，从行星运动的完美程度（最终原因）来看，行星的原推动者（直接原因）是光和热的最初来源，是色彩的激发者（物质原因），而且应该来自中心（形式原因）而不是散布在宇宙各处。所有这些特性——产生光与热、能够运动——都可以在太阳上找到，它是宇宙中的主要星体。结合日心周期，我们在中心处得到的是近乎无限的运动能，这些能量从最小的天球放射到最大的天球，并消散在所有恒星的天球中——恒星是固定不动的，因为它们距离能量源几乎是无限远的。

开普勒在一次物理学术辩论中陈述了这些观点，在这场辩论中，亚里士多德学派的著作确定了评论实践的范围。有人可能会问，为什么开普勒遵循哥白尼的观点认为太阳处于静止状态，但是仍然保留着每个行星都有各自的推动者的观点呢？他是在哪里发现太阳是直接原因的观点呢？尽管哥白尼明显是其天文学上主要的灵感来源，但是《天球运行论》几乎没有提及行星运动的原因。第 1 卷第 4 章有段落宣称，不管推动某个行星运动的动力是什么，它本身必定

---

[1] In the *Epitome os Copernican Astronomy*, bk. 4, chap. 2 (Kepler 1937-, 7: 263, ll. 3-7; Kepler 1939, 859), Kepler clearly spelled out this matter: "When we ask in what place in the world the Sun is situated, Copernicus, as being skilled in the knowledge of the heavens, shows us that the Sun is in the midpart. The others who exhibit its place as elsewhere are not forced to do this by astronomical arguments but by cartain others of a metaphysical character drawn from the consideration of the Earth and its place." See also Westman 1977, 15-18.

是恒定的。虽然哥白尼的著作流露出柏拉图主义精神，但是它从没有将运动能归因于太阳。[1] 颂扬太阳的时候，哥白尼将它比作静止不动的明灯和坐在王座上的看得见的上帝，他"统御着围绕他运动的所有行星"[2]。因此开普勒肯定是在别处看到这个观点的。

关于行星推动力的一个重要信息源头是新亚里士多德主义者尤利乌斯·凯撒·斯卡利格的《开放练习》(*Exercitationes Exotericae*)，开普勒开始研究的时候就对这部著作很熟悉。[3] 现存的 1593 年残卷没有提到斯卡利格，但是由于开普勒从 1589 年就开始研究他的著作，因此我们有理由推断，开普勒在佚失的部分讨论了斯卡利格的观点，讨论的方式应该跟后来的《哥白尼天文学概要》类似：

信奉基督教的斯卡利格以及亚里士多德的其他追随者就以下问题展开了辩论：天球的运动是不是自发的运动，运动的源头是不是理解和意愿……此外，必须加入运动的灵魂，它仅仅束缚在天球上并为天球注入活力，这样它就能以某种方式为智能（intelligence）提供帮助，或者，因为似乎有必要让第一推动者和运动星体在第三种物质中统一起来，又或者，因为运动能相比它穿过的空间来说是有限的，而运动的速度也不是无限的，而是根据空间分配的：这就意味着运动能与运动体和空间之比是固定且规律的。[4]

---

[1] In his disputation, however, Kepler wrote as though Copernicus already attributed a motive power to the Sun: "Tantis igitur mactum honoribus, tantis onustum Solem muneribus putat Copernicus se obtinere posse, ut in medium mundi collocet primum, *ut motor ipse*, sicut per se immobilis necessariô, ita etiam in immobili domicilio haereat" (Kepler 1937-, 20: pt. 1, p. 148, ll. 43-45, my italics) .

[2] Copernicus 1978, 22; Granada (2004a) has recently argued for the presence of an "incipient solar dynamics" in Copernicus and Rheticus.

[3] This is one of a handful of instances where Kepler informs us of when and where he first studied a particular book: "After I came to the study of philosophy, in my eighteenth year, the year of Christ 1589, the *Exercitationes exotericae* of Julius C. Scaliger were passing through the hands of the younger generation" (Kepler 1981, 1621 ed., 51 n. 1) .

[4] Kepler 1937-, 7: 294; Kepler 1939, 891.

这个段落揭示了学生时代的开普勒思考天体推动者的方向。当时有很多亚里士多德派理论可供使用，而且斯卡利格体现了那个时代的前卫思想。[1]斯卡利格指出了运动能（直接原因）和决定运动形式的智能（最终原因和形式原因）之间的区别。要产生定向的运动，人们可能需要船只、动力源、引航员以及地图。

除了斯卡利格之外，开普勒还遇到了其他一些相似的或矛盾的新发现。他被第谷·布拉赫接收为学生，第谷否认存在不可穿透的天球。我们还记得，梅斯特林在 1588 年夏天就直接从第谷那里得到了一本《论世界》。[2]如果不存在天球的话，"运动的灵魂"还能产生什么作用呢？

因为，如果天球没有在整个运动轨道上布置机构，如果没有天球可以固定的移动天体，那么亚里士多德会认为一个物体不能借由自己的灵魂从一个地方移动到另一个地方。此外，即便我们认为实心的天球存在，天球之间仍然存在巨大的间隙。要么这些间隙是由对运动没有贡献的无用天球填充的，要么这些间隙之间没有实心的天球，而天球互相不会接触也不会承载。[3]

如果天球及其推动者都被消除了，那么行星智能会怎么样呢？精神的灵魂和动物的灵魂不一样，它没办法作为直接原因，因为它是脱离了肉体的"思维"。因此，它可以发出声音，也可以产生行动的意志，可就是不能推动行星；行星是迟钝的物体，它既不能听从命令，也不能自己运动。

当然，也不能肯定开普勒在佚失的辩论记录中阐述了所有这些观点。但是我们很难相信，当他全神贯注地思考斯卡利格的《开放练习》，当他对哥白尼理

---

[1]　See Wolfson 1962.

[2]　Brahe 1588; see fig. 61.

[3]　Kepler 1939, 891-92; Kepler 1937-, 7: 294.

论的信仰激励他在太阳中寻找唯一的动力源，他却没有反驳斯卡利格的观点。[1]
开普勒对斯卡利格的反驳强调，位于中心的活跃的太阳是直接原因（可以散发
光和热），但是这个观点似乎仍然缺乏神学基础，直到 1595 年他提出著名的三
位一体天球的概念，这种神学基础才得以充实。将宇宙描绘为三神合一的形象，
而将充满创造力的太阳中心描绘为上帝的形象，这些至少在图宾根的残存史料
中是没有明显出现的——可能是因为他不敢在物理学研究生面前表露如此大胆
的见解，也有可能是因为这部分资料已经佚失了。[2] 但是，无论有没有神学思想，
很明显，开普勒在 1593 年生成了一种重要的运动能理念，这种理念符合哥白尼
的周期次序理论，也就是说，随着逐渐远离中心，运动能的强度会逐渐降低。[3]

　　这种能量的实质又是另一个问题。一旦进入宇宙学这个新的学科领域，16
世纪最优秀的天文学家，包括莱因霍尔德、比克、克拉维乌斯、普雷托里乌斯、
布拉赫、梅斯特林等人的教义都没什么用处，因为他们使用的工具都是几何学，
而开普勒的物理问题是新问题。[4]

　　行星运动的直接原因是光本身吗？只有热？是光和热一起吗？是一种与光
类似的单独动力吗？或者说光是动力的媒介？是不是有一种分布在太阳上而不
是行星上的单独的斯卡利格式的智能呢？如果太阳是动力源的话，那么行星是

320

---

[1]　Kepler's later note adds credibility to this interpretation: "For once I believed that the cause which moves
the planets was precisely a soul〔as I was of course imbued with the doctrines of J. C. Scaliger on moving
intelligences〕. But when I pondered that this moving cause grows weaker with distance, and that the Sun's light
also grows thinner with distance from the Sun, from that I concluded, that this force is something corporeal, that is,
a species which a body emits, but an immaterial one" (Kepler 1981, 1621 ed., 203 n. 3: bracketed portion omitted
by Valcke 1996, 293).

[2]　Two years later, Kepler remarked to Maestlin that he already held this idea as an "axiom" at Tübingen (Kepler
to Maestlin, October 3, 1595, Kepler 1937-, 13: no. 23, p. 35).

[3]　Kepler 1937-, 20: pt. 1, p. 149.

[4]　As Stephenson (1987, 26) aptly notes: "The solid-sphere models had long coexisted with mathematical
astronomy. They were compatible with the geometrical models for the very direct reason that they too were
geometrical models."

什么呢？它们到底是被动的受体呢，还是像传统理论天文学说的那样，本身就能产生影响呢？诸如此类的问题很快又产生了新的宇宙物理学问题：光的物理性质、动能的量，以及动能是怎么随距离变化的。考虑到图宾根辩论后不到十年，也就是在 1605 年，开普勒就提出了火星椭圆轨道，我们认为，这些问题和概念的出现是很有好处的。开普勒在学生时代问过自己多少这类问题就更难说了。如果说斯卡利格的各种命题和观点对开普勒和他的同学产生了激励作用——可能它混乱的结构击碎了井然有序的亚里士多德物理命题的坚冰——没有证据表明图宾根的任何物理学教师或他们的学生对这些带有新柏拉图主义精神的著作投入了同等的热情。[1]

开普勒的物理学和天文学问题及皮科

除了常规经院派的或非常规的自然哲学资源，开普勒还能在其他什么地方寻找新的物理原因呢？这种趋势在信奉中庸之道的从业者当中已经非常明显。例如，第谷·布拉赫和海里赛乌斯·罗斯林就以多种不同的方式利用了帕拉塞尔苏斯派的自然哲学资源。然而最近的评论家一致认为，开普勒早期的思想受到新柏拉图主义和禁欲主义的影响，而没有受到帕拉塞尔苏斯派的影响——尽管 16 世纪晚期引用习惯的朦胧色彩掩盖了他早期的阅读偏好。[2] 如果开普勒按照这些传统习惯阅读了西塞罗和尼克劳斯·古萨努斯（Nicolaus Cusanus）等人的著作（开普勒引用了这些人的著作），那就可以推测他肯定也阅读过普罗提诺、马尔西利奥·菲奇诺以及约翰·迪伊等人的著作（开普勒没有引用这些人的著作）。[3] 他可能还阅读过奥弗修斯的《驳伪占星学》。除此之外，如果不是转向理

---

[1] Methuen 1998, 203-4.

[2] Lindberg 1986.

[3] I tried to determine these sources in my doctoral dissertation（Westman 1971; see also Westman 1972b）.

论占星学，开普勒还能从哪里获得新的动力观念呢？

我想要探讨的更为具体的问题是，开普勒是否在皮科的天文学著作中发现了这种太阳动力理念。路易斯·瓦尔科（Louis Valcke）在最近的一项研究中提出并探究了这一重要观点。[1] 瓦尔科对皮科的描述令人回想起本书第3章中有关皮科和哥白尼的讨论。瓦尔科着重强调了《驳占星预言》中的一些段落，皮科在其中宣称，宇宙影响地球仅仅是通过光和运动，而不是通过行星：

我们已经说过，宇宙是通过运动和光影响我们的。人们认为宇宙能够通过运动产生三种作用：它产生运动，产生热，还能承载光。[2]

光以及从光中散发的热是世界之眼——太阳的影响之源。[3]

光是宇宙的另一个特性……因此，光一定有实现的特性（作用在物体上）以及其他一些同样重要的原理——并不是说光本身有生命，或者能够产生生命，而是说它让物体适合已经活着的生命生存；由于热就像是光的一种特性一样，因此这种热既不像火，也不像空气，而是存在于天上，就像光一样，是宇宙的一种特性；它是一种拥有热量的物质，它可以泽被、穿透、温暖、和谐万物。[4]

上述描述生动逼真。写得既动人心魄，又表明哥白尼本人并没有用到它们——包括最后一段，这一段明显是受菲奇诺"精气–元气说"（这一学说受到了斯多葛派的启发）的影响。[5] 哥白尼在这方面的决定再一次凸显了他的谨慎——

[1] Valcke 1996; for the Keplerian passages, Valcke draws liberally from Simon 1979. See also Rabin 1987.
[2] Pico della Mirandola 1946-52, 2: 236: bk. 3, chap. 9.
[3] Ibid., 2: 242, 244: bk. 3, chap. 10.
[4] Ibid., 2; 196: bk. 4, chap. 4; Valcke 1996, 291-92.
[5] Pico's source in this passage is, I believe, Ficino rather than, as Valcke argues, Aristotle (1996, 291 n.).

也凸显了梅斯特林的谨慎——他决定，除非有绝对的必要，否则不再进一步深入自然哲学领域。这种犹豫不决的态度正说明了开普勒的不同。

瓦尔科的研究表明，这些段落，与开普勒写于布拉格时期（1600—1612）和林茨时期（1612—1626）的多篇著作之间存在明显的共鸣。这些段落全都是关于开普勒想要探究的光、热以及太阳动能之间的相似和不同的。例如：

> 热是光的特有性质。[1]

> 世界上生命（这些生命在宇宙的运行中是可见的）的来源跟装点了整个宇宙的光的来源是一致的，它也是万物赖以生存的热的来源。[2]

瓦尔科根据后格拉茨时期开普勒零零散散的著作的相似性推断出开普勒与皮科之间的联系，此外，希拉·雷宾（Sheila Rabin）也指出，开普勒与皮科的交战绝不是偶然的。开普勒曾在多部著作中提到与皮科连续的、公开的辩论。现存的始于1599年的书信就多次提到这些辩论。[3] 人们似乎没有注意到，开普勒是在一篇未发表的文章中首次明确提到皮科，此文时评论约翰·司雷丹（John Sleidan）《关于四大帝国的三本书》（*Three Books on the Four Great Empires*，1596），这有力地说明，早在那时他就拥有《驳占星预言》这本书。[4] 甚至在20

---

[1]　Kepler 1937-, 2: 34-36, prop. 32; Kepler 2000, 39-41; Simon 1979, 197-98; Valcke 1996, 292 n. 50.

[2]　Kepler 1937-, 3: 240; Kepler 1992, 379; cf, Kepler 1937-, 4: 168, ll. 15-19, thesis 22; Rabin 1987, 152n. 39.

[3]　Rabin believes that the 1599 reference was also the first, "so it is possible that Kepler had not even read Pico's treatise when he began revising his own ideas about astrology, although he may have heard of it" (1997, 762) .

[4]　Kepler 1858-71, 7: 753: "J. Picus Mirandulae comes, Italus, ante 100 annos scripsit contra astrologos, cumque quodam operis sui libro demonstraturus esset, falsum esse, quod astrologi dicerent, ad mutationem trigonorum coelestium mutari imperia et posse ex doctrina astrologica corrigi vitiosam rationem temporum, si sc. memorabilia eventa ad memorabiles constellationes accommodentur, hoc inquam refutaturus ille seriem aetatis mundanae ex suo ingenio constituit."

年后，在《宇宙和谐论》(*Harmonice Mundi*)中，开普勒仍然认为，无论要树立何种天文学理论的正统地位，都要研习皮科的《驳占星预言》，更不要说为哥白尼理论辩护了："如果我想要取悦哲学专业的学生，并且我还有必要的手段的话，我一定要出版附上我的评论的乔瓦尼·皮科·德拉·米兰多拉的书籍。"[1]

开普勒在这些著作中一贯坚持的态度是，无论是占星学还是皮科的天文学评论文章，真理与谬误都是并存的。他认为自己的职责就是去粗取精，或者，套用他的更接地气的说法就是："毋庸置疑的是，从占星学的胡言乱语和无神论调中也能找到理性和神圣，从肮脏的淤泥中也能挖出可以食用的蜗牛、贻贝、牡蛎和鳗鱼，在一堆毛虫卵中也可以发现纺丝工，在臭气熏天的粪堆中可以找到鸡蛋、桃子或金块。"[2]这种从无神论中找出神圣、从不可食用的东西中找出食物的理念，与开普勒对待行星次序与行星理论等其他问题的典型态度非常相像。他不想将婴儿连同洗澡水一块儿倒掉。他经常会有意识地自视为"中间路线者"。

10—15 年前，也就是图宾根时期，开普勒是怎么看待皮科的这种观点呢？如果二人的相遇发生在开普勒已经构想出了他最初的理念之后，那么皮科对开普勒的天文 – 物理学问题的影响肯定要小得多。我们越早发现这些联系，就可以解决越多的问题：开普勒的新柏拉图主义思想和禁欲主义思想的最初来源、中心动能的灵感，让他可以构建出哥白尼天文学的概率空间以及哥白尼行星秩序理论的物理基础。

开普勒与皮科何时相遇？图宾根时期？

由于几个原因，我们最有可能在梅斯特林那里找到这个问题的答案。前面

---

[1] Kepler 1997, 384; Kepler 1937-, 6: 285.

[2] Quoted and trans. in Rabin 1997, 754; Kepler 1937-, 4: 161, I have slightly emended Rabin's translation.

已经证实，梅斯特林对天文学不感兴趣，他的藏书室简牍盈积，他乐意让开普勒阅读他的藏书。除此之外，我们还需要考虑其他几个因素。开普勒决定在哥白尼的问题上与梅斯特林保持一致，这使得他与大学高级教职员中的各类支持者背道而驰：不仅与物理学教职员决裂，很快也与神学教职员决裂。此外，与梅斯特林不同，如果他想要继续从事天文学研究，他就不得不面对如下难题：坚持哥白尼的天文学理论会带来什么后果。在这种环境下从事这种研究会遇到各类麻烦，当然也有各种不同的解决方法。困难主要集中在天文学的物理理论上。例如，没有什么天文学理论适合于运动的地球。哥白尼的行星秩序理论需要修改《占星四书》介绍的一系列重要性质。在某些方面，开普勒如果不走中间道路而走梅斯特林公开审慎的道路，或走皮科彻底否定占卜术的道路，可能会更容易一些。

开普勒 1593 年的物理学辩论再一次成为研究这个问题的核心资料，它是我们所掌握的现存最早展现其萌芽思想的文献资料。这场辩论出现了两个分支：一方面，开普勒在物理学的舞台上公开维护梅斯特林在哥白尼问题上的立场；另一方面，在其对天文自然哲学或宇宙学的初期探索中，开普勒已经大胆地背离了梅斯特林的指导。这并非他标示出独特身份的唯一方式，这也不是表现师生之间重要差别的唯一的论战舞台。

开普勒在学生时代很早就被吸引到了天文学上。早在 1592 年的夏天，在图宾根获得硕士学位一年后，他就与海里赛乌斯·罗斯林保持着联系。他需要有人帮助预断一场热病的风险，解释一份天宫图的具体细节，他没有透露这份天宫图的图主正是他本人。[1] 开普勒在给罗斯林的信中写道："关于这一点，可以肯定的是，每当火星从我的道上经过，我的心情总是变得很焦躁。"[2] 罗斯林没有意

---

[1]　Rosen 1984a, 253-56.

[2]　Kepler to Roeslin, quoted and trans. in ibid., 255; Kepler 1937-, 14: 328, ll. 426-28.

第四部分　捍卫神圣计划　　　　　　　　689

识到自己评判的是开普勒的本命盘,他给出了实际的建议,有关如何判断星体起因及其结果之间滞后的时间,观测不准确的问题,以及据以做出解读的适当的概括标准:

大错特错的是,有的人想将某个结构所产生的影响局限在某年,更不必说某月或某日了。星体会产生影响,这是毋庸置疑的……但是我们不太确定能否分配给它们一段确定的时间。因为发生的很多事件都与宇宙的普遍规律冲突,所以其影响可能会被提前或延迟。此外,我们对天体运动的理解还不够深入,偏差可能达到度或分的量级。本命盘一度的误差可能对应结构中一年的时间。同样,本命盘的十五分钟可能对应四年的时间。因此,对于天文学家来说,作概括性的预测是最安全的方式。假如有人说:大约这个时候会发一阵高烧,那么这个人就可能有性命之虞,也就是说,近些年,这事迟早会发生。[1]

这封信的确引人入胜,但是为什么开普勒会写信给罗斯林这样的人寻求这样的帮助呢?图宾根肯定有信奉占星学的人;难道城里没有人可以帮助他从事占星学?我认为,开普勒对占星学是非常感兴趣的,因为他急于知道自己的命运,特别是他的身体罹患痼疾。[2] 在 1597 年的生日那天,开普勒详细描述了自己的性格(巧合的是,这比弗洛伊德的自我分析恰好早了 300 年)。梅斯特林明显是开普勒非常敬畏的人,而且他长期以来都表达了对天文学原理的不满意见,但是在这方面他并没有为开普勒提供任何帮助。同皮科和第谷一样,梅斯特林经常抱怨天文观测的糟糕状况。但是由于梅斯特林至少在 16 世纪 70 年代就在图宾根认识了罗斯林,因此他很可能向开普勒提起过罗斯林并说他是一位经验丰富

---

[1] Roeslin to Kepler, October 17, 1592, quoted and trans. in Rosen 1984a., 255; Kepler 1937-, 19: 320-21.
[2] Kepler's preoccupation was sufficiently intense that he began to build up an extensive horoscope collection (as will be documented in a final volume of Kepler 1937-) .

690   哥白尼问题

的从业者。[1]

　　这证明了开普勒对天文学正在萌生兴趣，但是它又让我们产生了相关的、同样重要的疑问。梅斯特林向开普勒介绍皮科的天文学批评的方式，同他介绍《天球运行论》的方式是一样的吗？发现梅斯特林丢失的那本《驳占星预言》可能对解决这个问题很有帮助。至少人们想要知道，皮科的批评中，哪一部分对梅斯特林最有说服力。如前所述，皮科对占星天文学的批判是多方面的，对皮科的天文怀疑论的接受是各不相同的，就像对哥白尼理论的使用也有不同角度。

　　学者们会强调或从不同的层面利用皮科评论文章中的各种内容；有些是宽泛的，有些则是有针对性或局限性的。例如，米格尔·梅迪纳用皮科的论争来毁损整个星的科学；克拉维乌斯则恰恰相反，他坚定地为天文学辩护而仅仅排除了对天体影响的预测。皮科辩驳预测特殊情况的可能性，他宣称只有来自宇宙的"影响"才是一般的光——这一言论对反数学的佩雷拉十分管用。1583 年，西科·范·海明加接受了皮科反对预测个体差异的整体观点，但是他认为皮科的批判不够集中，因此他以皮科从未采用过的方式深入批判了具体的本命盘。

　　同萨伏那洛拉一样，皮科对星座和宫位的物理现实提出异议，然而令人惊奇的是，除了伊拉斯塔斯，16 世纪很少有学者支持他的观点。皮科反对天文学的基础，他还抱怨天文学家的数字和仪器不可靠；第谷·布拉赫在 1574 年的演讲中认为，这种观点值得认真回应。16 世纪中期，奥弗修斯和迪伊提出了与行星到地球距离有关的星际力的强度问题，尽管对皮科的意见有充分的了解，他们却从来没有反驳过皮科和萨伏那洛拉的反对观点。对于这项研究来说，最重要的一点是，在强调天文学家之间所有可能的分歧的时候，皮科还指出了一个长期存在的矛盾，即在哥白尼问题（以及雷蒂库斯问题）中，下层行星的次序

323

----

[1] In the extant correspondence, Kepler's first reference to Roeslin was made, in passing, in a letter to Maestlin dated October 3, 1595 (Kepler 1937-, 13: no. 23, p. 39, ll. 237-38) .

与中心是相关的。

在这个问题上，梅斯特林的态度比较特别。他显然和雷蒂库斯一样，认为哥白尼的下层行星次序方案从根本上驳斥了皮科反对天文学的理由。[1]与此同时，我们可以合理地猜想，梅斯特林和皮科一样强烈质疑星座的真实性。《宇宙的奥秘》第 12 章提供了相关证据，在这一章的开头，开普勒说，"很多人认为将黄道分成十二个相等的星座完全是人类的创造，也就是说，这并没有现实的依据"[2]。这种言论出现在一部由梅斯特林担任主要编辑的著作中，再加上此前已了解到的开普勒对于天文学的态度，结合这两点，我们坚信，开普勒这是在附和梅斯特林和皮科的批判。[3]然而，尽管开普勒在其后来的著作中继续坚持黄道只是一个工具，他却并没有在物理学辩论中反驳这些批判。

金块

可能梅斯特林并不是开普勒 1593 年辩论最直接的思想来源。这种学生习作的具体材料通常是由负责辩论大会的教授提供的。[4]如果我猜得没错，格奥尔格·列布勒作为开普勒的主管导师，其《自然哲学概要》可能会提供一些线索。[5]

---

[1] In the *Narratio Prima*, Rheticus maintained that "Pico would have had no opportunity, in his eighth and ninth books, of impugning not merely astrology but also astronomy" if he had known Copernicus's teachings. To this passage Maestlin affixed a simple reader's postil showing that he knew the full name intended: "Picus Mirandola" (Kepler 1937-, 1: 94).

[2] Kepler 1984, 78.

[3] Curiously, among earlier sixteenth-century writers, this objection of Pico and Savonarola had but a limited following.

[4] See Paulsen 1906, 24-25. On the development of the institution of the disputation, see W. Clark 1989, 115, 145; W. Clark 2006, 68-92.

[5] Liebler 1589. Liebler mentioned J. C. Scaliger's work in a postil to the 1589 edition: "Scaligerus exercital 23. Ad Cardanum." Liebler presented a copy of this edition to the Tübingen philosophical faculty on April 9, 1594 (Universitätsbibliothek Tübingen, shelf no. Aa 834).

夏洛特·梅休因（Charlotte Methuen）指出，列布勒是开普勒的自然哲学导师，他在天文学方面还是一位梅兰希顿主义者。[1]因此，人们可能会认为他是皮科的对手。列布勒认为，天文学和光学以及音乐一样，可以视作介乎数学和物理学之间的混合学科。作为哲学家，列布勒并没有研究天文学的数学部分，例如占星或书写每年的预言，但是他的确赞同梅兰希顿的观点，主张天体是通过物理力对地球产生影响的。在这个问题上，年轻的天文学家开普勒可能遵循了列布勒的观点，他寻求一种梅兰希顿式的物理学的理由，为自己以数学家的身份从事的实践辩护。然而，最终列布勒并没有帮上忙，因为尽管他坚信自己的梅兰希顿主义根基，他同时也否认皮科的天体力理论。我认为，列布勒对皮科的驳斥肯定是开普勒 1593 年辩论的一个重要话题：

宇宙之所以会运动，不是为了产生热，而是为了让天体将它们的力传播到附近的天体上，根据物质的接受能力，从一个天体传播到另一个天体。我认为米兰多拉《驳占星预言》第 3 卷提出的观点——宇宙除了运动和光的影响外，没有其他特殊的力——并不正确，但可以肯定的是，宇宙的热使低等生物充满活力并促进其生长，而严寒和干燥只是偶然发生的。因为我们发现冬天的某些日子会异常炎热，而某些夏日则极其寒冷。但是我认为，除非这些天体上存在某种特殊的力 [pecularia aliqua vis]，否则这是不可能发生的，而这些下层的天体必须依靠这些力才能运动。而且我认为天体的这些力 [vires] 有自己特定的形式。[2]

这个段落令人联想到重要的关联与理论主张。研究哥白尼学说和占星学的

[1] Methuen makes an important contribution by correcting Max Caspar's claim that Veit Müller was the principal philosophy professor during Kepler's time in Tübingen（cf. Caspar 1993, 44; Methuen 1998, 193-97, 203, 221-22, 226）

[2] Liebler, 1589, 234-36; the full Latin passage, under the question "Of what substance are the stars［made］？" is given by Methuen 1998, 195n. 101.

开普勒明显认为，列布勒对皮科光的物理学的驳斥是他所需要的关键理论，他可以运用这个理论构建日心动力学和日心占星学的基础：太阳的光和产生运动的能力，是行星运动和地球上重要的天文现象的根源，而不只是行星的推动者。

因此开普勒只支持皮科宇宙影响的观念，对此，他的两位老师则出于不同的原因都表示否定：列布勒是因为支持传统的行星力占星理论，而梅斯特林则是因为否定所有形式的占星学。开普勒在皮科的粪堆中找到了一个金块。

格拉茨的预言（和推理）

1594 年，开普勒取得了意外的进展，使得他以全新的、更加严肃的态度看待占星学研究。图宾根大学评议会举荐他担任斯提利亚地区格拉茨城一所福音派学校的教职；那地方有点儿像开普勒在图宾根上的修道院。然而，这一地区也需要格拉茨的官员颁布年历或年鉴以及年度预言。亚历山大·柯瓦雷推断，大学评议会之所以将开普勒派往格拉茨，是想摆脱一个追随哥白尼的麻烦制造者："正统的路德教信徒可能已经开始怀疑他了，因为他公开热情地支持哥白尼宇宙学，大学权威们之所以将他派往格拉茨担任比牧师还低的职位就是为了摆脱他。" [1] 相反，我认为开普勒渊博的学识和深厚的数学技艺在图宾根是得到普遍认可和高度尊重的。此外，在两年之内，派他前往格拉茨的大学评议会又批准了其《宇宙的奥秘》的出版。因此，真正的冒险之处在于，开普勒是梅斯特林唯一具有占星学天赋的学生。他练习过制作本命盘；但是他必须在得不到诺瓦拉和梅斯特林的帮助下为一整个地区从事天文历法工作。很明显，重要的不是理论天文学的技能，而是为整个地区进行公共预测的技能和信心。此外，开普勒可能会困惑：该如何在保持信仰哥白尼理论的同时从事这种活动。

---

[1] Koyré 1992, 379.

和一个世纪前的博洛尼亚不同，格拉茨并没有为开普勒提供多样的景致，相反，这里只有根深蒂固的传统：一位陌生的占星家要掌管整个地区。此外，由于这个职位与路德教的修道院有关，因此预测带有宗教主题，而且是以方言写就。这一点在开普勒的前任——曾在维滕堡受训的格奥尔格·斯塔迪乌斯（Georg Stadius，1550—1593）的历书当中体现得尤为明显。[1]

　　现存的开普勒在格拉茨发布的三份预言（1597—1599）表明，他已经快速掌握了这种体裁的基本特点，或者至少通过研究别的预言在一定程度上掌握了这些特点。[2] 例如，在1597年发表的预言中，开普勒一开始就探讨土耳其苏丹穆罕默德三世的确切生辰〔这些数据是由纽伦堡历法家兼教会执事约翰·保罗·祖托留斯（Johann Paul Sutorius）发布的〕对战争和国家的影响。后来在探讨农作物的章节，他称卡尔达诺为"我们的导师"，还提到了罗滕堡历法家格奥尔格·卡伊修斯（Georg Caesius）的天气预测。[3] 开普勒在每个话题上总是会留下自己独特的印记：他的序言是前辈们的四倍长，而且通过研究月食现象的观测结果以及编纂历法，他最终构建出了新的月球运动理论。[4] 开普勒1597年的预言与先前的格拉茨预言也有所不同，它在引言部分介绍了新的物理学观点："不管大小，除了宇宙光外，没有天体能够自己产生作用力作用于地球。这种光从太阳的球面上散发出来，照射到所有天体，其衰减的程度是不均匀的；因此，如果阳光消失了，宇宙的所有效应都会停止，凡间的生物必须受到某种力的作用才能生存下去。"[5]

---

[1]　Stadius followed Hieronymust Lauterbach（1561-77），who had studied at Vienna, where he succeeded Paul Fabricius to the mathematics professorship in 1558（see Sutter 1975, 257-75; see also Boner 2009）.

[2]　For Kepler's extant calendar prognostications, see Kepler 1937-, 11: pt. 2; Kremer 2009.

[3]　Kepler 1937-, 11: pt. 2, pp. 14, 16, 498; on Caesius, see Sutter 1975, 255.

[4]　Sutter 1975, 293; Kremer 2009.

[5]　Kepler 1937-, 11: pt. 2, p. 9, ll. 25-29; Sutter discovered two copies of this hitherto unknown *practica* in Ljubljans（sutter 1964, 254, no. 655; Sutter 1975, 292）.

开普勒没有在 1597 年预言的序言当中明确介绍哥白尼的行星秩序理论，但是他别具一格地使用预言这种体裁继续进行 1593 年关于哥白尼宇宙理论的跨越学科的论辩。他通过类推的方法，在占星学的物理理论中寻找可以用来证明《新天文学》（*Astronomia Nova*）主要物理命题的资源。

从上面的段落中可以看到，开普勒从产生生命的太阳光直觉到：万物都有一种惯性，如果没有阳光，生物会死亡，而被动的行星会自然趋于静止，只有受到太阳的作用时才会运动。[1] 然而，不久之后，开普勒就与传统占星 – 物理理论一拍两散了，他提出在地球和月球之间有一种相互关系："月球上的所有物质都是与地球一样的——宇宙不仅会影响月球，而且会左右和改变它的命运，地球支配着月球，而月球也支配着地球。在这方面，不管是占星师、光学仪器制造者还是天文学家，都相信正是由于太阳的照耀，我们地球才比月球更加明亮、更加强大，而我们地球也可以照耀月球。"[2] 在 1599 年的预言中，开普勒提到了均匀影响理论，他将在《论占星术更为确定之基础》（*De Fundamentis Astrologiae Certioribus*，英文名 *More Certain Foundations of Astrology*）中正式研究这一理论。[3]

开普勒的哥白尼宇宙学与预言

甚至在发表第一篇预言的时候，开普勒就已经在起草《宇宙的奥秘》了，他把这部著作当作劝服读者的工具。在这一节，我将探讨开普勒为了发表这部著作而做出的修辞选择和与梅斯特林联手的策略。这部著作冗长的标题正说明它是一部学术作品。甚至一些同时代的人都觉得它有点深奥难懂："研究宇宙奥秘的宇宙学论文的先行者"（*Forerunner of Cosmographic Dissertations containing*

---

[1] Kepler 1937-, 7: 301, l. 24; see Stephenson 1987, 142.

[2] Kepler 1937-, 11: pt. 2, p. 9, ll. 34-41.

[3] Ibid., 48; cf. Field 1984a, 251-54, theses 34-45.

the Cosmographic Mystery），这是题目的第一部分。[1] "宇宙学" 一般指的是有关地球的研究，但是它还有与天文学相似的地方，二者都涉及天球几何学；从更宽泛的意义上说，这个术语有时还用来指代对整个宇宙结构的研究。[2] 在这里，开普勒为宇宙学增加了新的意涵，在原来的天文数学基础上还加入了天文物理学。"奥秘" 这个不同寻常的形容词明显带有宗教含义，它暗示被上帝有意隐藏起来的神秘（而神圣）的真理。[3] 这种观点可能受到了克拉维乌斯的启发，他称天文学是倒映在现实世界的不可见的神的冥思。[4] 整部著作是一位 "先行者"，因为开普勒规划了一系列论文，它们的研究方法都是用先验的形而上学、神学以及物理学原理来推断上帝的意图。这些深入的探讨也是关于宇宙学的——但不是严格意义上的宇宙学——像亚里士多德的《论天》一样，它们全都使用了各种解释性的资源。如此，"宇宙学" 将天文学和自然哲学紧密联系在一起；而 "奥秘" 又将二者同神学联系在一起。开普勒认为自己研究的是上帝的计划，其主要的研究手段不是圣经，而是上帝创造的宇宙。

题目的第二部分说明这项工作要怎么开展。此书研究的是宇宙的结构，但是没有提到哥白尼。尽管开普勒明显在主体部分会为哥白尼辩护，但是标题说明的是宇宙形成现在这种秩序的原因："论天球的完美比例，以及五大规则几何天体的数量、大小和周期运动的真正原因（*Concerning the Admirable Proportion of the Heavenly Orbs and concerning the Genuine and Proper Causes of the Number*,

---

[1] See Alain Segonds's excellent commentary（Kepler 1984, 231-33）.

[2] For example, in his *Trattato della sfera*, Galileo says that "il soggetto della cosmografia essere il mondo, o vogliamo dire l'universo, ... è la speculazione intorno al numero e distribuzione delle partid'esso mondo, intorno alla figura, grandezza e distanza d'esse e, più che nel resto, intorno ai moti loro; lasciando la considerazione della sostanza et delle qualità della medesime parti al filosofo naturale"（quoted in ibid., 231）

[3] See further Barker and Goldstein 2001.

[4] See this volume, chap. 7. "Here we are concerned with the book af Nature, so greatly celebrated in sacred writings. It is in this that Paul proposes to the Gentiles that they should contemplate God like the Sun in water or in a mirror"（"Original Dedication," Kepler 1981, 53）.

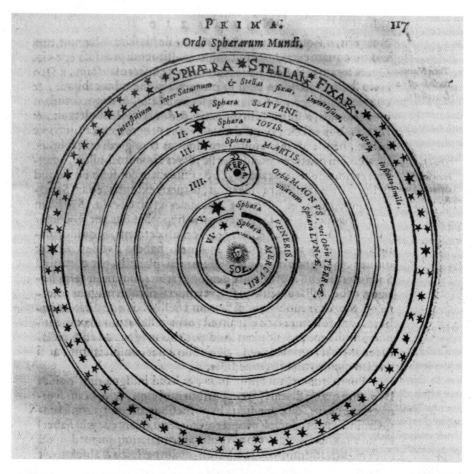

326   图 64.《世界的天球次序》。梅斯特林编辑版雷蒂库斯《第一报告》，1596 年（Image courtesy History of Sciene Collections，University of Oklahoma Libraries）。

Size，and Periodic Motions of the Heavens，Demonstrated by the Means of the Five Regular Geometric Solids ）。"读者只在扉页底部才看到："本书加入大师格奥尔格·约阿希姆·雷蒂库斯的《第一报告》，此文博大精深，探究了最卓越的数学家兼天文学复兴者——博学的尼古拉·哥白尼有关天球运行的著作，以及关于宇宙天球的数量、秩序和距离的绝妙假说"（*There is added the learned* Narration

哥白尼问题

of Master Georg Joachim Rheticus, concerning the books of the Revolutions and the admirable hypotheses on the number, order and distance of the Spheres of the World by the most excellent Mathematician and Restorer of the Whole of Astronomy, the learned Nicolaus Copernicus）。动能假说在开普勒的著作中是非常重要的，因为它产生了椭圆理论，但在这本书中没有提及。

在这本书的创作过程中，梅斯特林起到了十分关键的作用。是他决定将《第一报告》加入著作的正文，因为他认为，开普勒的很多读者，特别是图宾根学术评议会的成员，可能并不了解哥白尼理论的基本要素。实际上，《宇宙的奥秘》是随着 1566 年版《天球运行论》一起出版的。事实上，是梅斯特林而非开普勒准备了全新的、有强烈哥白尼学说倾向的序言，并加入雷蒂库斯的文献和早期版本所没有的插图。是梅斯特林细致地编辑了开普勒的文章，发现了标示等分时的一个重大错误，并对学生表示，提出太阳的运动灵魂或美德的假说须谨慎。[1]

最后，梅斯特林还添加了他本人详述行星模型尺寸的论文。梅斯特林认为，普通读者可以从雷蒂库斯的著作（而不是从《天球运行论》）中了解哥白尼理论的基本原理，可以从他本人的《天球和天体的规模》（*Dimensions of the Orbs and Celestial Spheres*）了解各个行星模型的参数，并从开普勒的《宇宙的奥秘》中了解行星秩序的形而上学、物理学以及天文学原因。这将完整地而非残缺地解释上帝的宇宙规划。

正如我们多次看到的，在天文学文献中，出版人摘要是一种再常见不过的作品。如果说拉特多尔特 1491 年的汇编版是出版人计划的典范，那么开普勒、雷蒂库斯和梅斯特林恰恰相反，他们的摘要直接涉及作者——特别是梅斯特林，他费尽心力监督这部作品的编纂工作。为了这项工作，他甚至推迟了一篇辩驳

---

[1]　Maestlin to Kepler, March 9, 1597, Kepler 1937-, 13: no. 63, pp. 108-12; "Non aspernor hanc de anima et virtute motrice speclationem. Verum metuo ne nimis subtilis sit, si nimium extendatur."

格里高利历法的著作，不过他明显认为，这项编纂工作是值得付出这些努力的。作为回报，这部联合作品为梅斯特林提供了首次公开表达自己观点的机会。就像雷蒂库斯为哥白尼做的一样，开普勒让梅斯特林帮助自己发表增强版的日心行星秩序理论。

然而，如果宇宙学涉及宇宙的哲学，那它要怎么处理星的科学余下的部分呢？

开普勒当时以占星和教授天球基本原理为生，可他却写了一本关于天文学理论的书，他该如何为自己辩护呢？他曾用 1595 年的预言宣称自己发现了一个"奥秘"，并且很快就会出版一份完整的说明。[1] 写作《宇宙的奥秘》的赞助人献词时，开普勒明确界定他的所谓"奥秘"与一般的预言体裁截然相反。他在献词开头就提到他的承诺："七个月前，我们承诺为你们献上一部著作，博学之士将发现它是如此地精妙绝伦、引人入胜，要比年度预言赏心悦目得多。"[2] 献词的策略表明，开普勒认为他首先要证明理论知识的优越性，所谓理论知识，就是相比只关注结果的实际应用更加重视解释和证明的知识。献词突显了研究宇宙的行为与期望从预言中获益的想法之间的矛盾。"我们接受画家，因为他们愉悦我们的双眼；我们接受音乐家，因为他们愉悦我们的双耳。可是他们对我们的实际事务提供不了任何帮助。"[3] 这种思维活动没有任何回报：适合王宫贵族，但不适合普通人。"天文学家的著作是为哲学家创作的，而不是为那些喋喋不休、吵吵嚷嚷的人创作的，是为国王创作的，而不是为仆人创作的。"简而言之，尽管开普勒本人是一位地方预言师，但在他眼里，对理论的追求才是高贵的追求；

---

[1] "In the year 1595, on the 9/19th of July... I discovered this secret; and turning at once to the study of it, in the following October ［1595］, in the dedication of the prognostication of that year, which I had to compose as part of my office, I promised to publish a small work to announce publicly how tedious it was for a lover of philosophy like myself to make these conjectures ［about the future］" (Kepler 1984, 17)

[2] Ibid., 12, my italics.

[3] Ibid., 13; Kepler 1981, 55.

他视其为国王甚至皇帝的理想。[1] 这就是开普勒从事这种研究的理由。上帝的计划需要理论知识，需要洞悉上帝这样安排宇宙的理论。这种关于宇宙奥秘的智慧是不可能通过低下的普通预言实现的。换言之，《宇宙的奥秘》不是向获利更为丰厚的年度预言市场兜售的商品。

　　合法和不合法预言之间的差别古已有之。通览此次研究，我们可以看到，关系紧张的不是理论学家和实践学家这两个群体，而是两种不同的认知模式，以及分别支持这两种认知模式的两群人。因此一个世纪前，米德尔堡的保罗用自己的高等占星学战胜了约翰内斯·利希滕贝格的末世预言学；第谷·布拉赫提高了微观天文学家的地位，让他们超越不熟练的普通从业者；克拉维乌斯公开指责本命盘和年度预言，但却允许天气预测。开普勒认为，占星行为的合理性取决于理论占星学原理的正确性；但是这些原理又要依赖理论天文学的正确性，而这正是哥白尼的研究动机。占星学和天文学之间的这种关系，其核心要点在1593年物理学辩论中就已经存在，在《宇宙的奥秘》中又得到了延续；部分内容在开普勒1602年的著作中阐述得更为充分，目的是为占星学提供更坚实的基础。这些内容随后在以下作品中进一步完善：《蛇夫座脚部的新星》（*De Stella Nova in Pede Serpentarii*，1606）；与海里赛乌斯·罗斯林和菲利普·菲斯留斯（Philip Feselius）的论战（1608—1609）；《新天文学》（1606）关于真实太阳的杰出的物理学阐释；框架更为阔大的《宇宙和谐论》（1619）。

　　浏览此前的五年可能有助于我们的解读。就像《宇宙的奥秘》一样，在其关于占星学基础的著作中，开普勒一开始就为自己反对年度预言的观点辩护："公众希望数学家写年度预言。因为今年—— 1602年……我决定不再迎合公众对奇迹的渴望，也就是说，我决定限制这种预言的范围。首先，我将做一个保险的声明：

---

[1]　Kepler 1981, 57. The allusion had also an immediate local referent, as Segonds points out: the Graz *Stiftsschule* where Kepler taught mathematics to the sons of the Protestant nobility（Kepler 1984, 26 n.）.

由于公众对奇迹的渴望不断高涨，今年将会有很多预言，每一天都会出现新预言家。"[1] 尽管他没有提到皮科的名字，但是开普勒对普通预言的蔑视很明显是皮科式的行为：

这些小册子的内容有一些会应验，但是时间和经验将会证明，它的大部分内容都是空洞且一文不值的。大部分情况下，无效的部分会被忘记，而应验的部分将会镌刻在人们的记忆里……占星家们这样做有一些物理原因和政治原因（但是实际上大部分情况下，这些理由都是不充分的，大多是想象的、空洞的、错误的），还有一些完全无效的原因（当他们信马由缰、胡诌乱写的时候）。

如果他们是抱着这种态度写预言，且预言内容最后又应验了，那肯定是因为运气——除非我们相信这是由某种高等的超自然能力导致的。[2]

开普勒所谓"更加坚实的基础"，是源自皮科光物理学的核心命题，例如命题 5："最普遍、最强大、最确定的原因，也就是众所周知的原因，是太阳在午间的高低变化。"实际上，这种开普勒－皮科命题是从古代占星学的"影响"概念类推而来。也就是说，从太阳对地球影响的强弱变化类推其他行星的作用力。皮科事实上否定了太阳影响和行星影响之间最初的类比，而把所有影响归因于太阳。但是，皮科认为，除了太阳的冷热效应外，其他事物并不能用宇宙力解释，而开普勒则认为，月球也是能量源："因为经验表明，所有具有感觉的生物，月盈则盛，月亏则衰。这种效应决定了经济、农业、医学以及航海的预测和吉日的选择。"[3]

在《宇宙的奥秘》中，开普勒继续阐明一种物理天文学。最重要的是，他

[1] Field 1984a, thesis 1, 232.
[2] Field 1984a, theses 2-3, 232.
[3] Ibid., thesis 15.

现在的主题是实际的天体，即真正的太阳，而不是其平均位置。[1] 他提出，从太阳实体散发出来的力是解释行星运动的唯一原因。在考虑月球的物理问题的时候，他继续从皮科那里借用概念。是什么原因使得月球跟随地球运动呢？"它就像一些管家围绕着家里的主人转一样，它又像行走在船上的人，除非水流的巨大力量摇动不稳固的物体或移动静止的船只，否则在旅途中不会感到疲惫。"梅斯特林猜测月球像地球一样，也有大陆、海洋、山脉。[2] 开普勒否定了"棒、链、实心天球"等物质媒介，他认为这些类似的天体处在无处不在的非物质无意识的"宇宙影响"（influxus coelestium）中，这种影响是由周围的空气承载的，是通过呼吸摄入天体的。[3] 然而他没有弄清太阳和月球是怎么对地球产生占星影响的。相反，他在否定了黄道带的物理意义之后，努力提供一种新的占星理论，这种理论的基础是完美和谐和不完美和谐之间的差别。上帝以某种比例布置行星的原因肯定与行星在黄道带上的分布有关，这种分布还会引起地球上的效应。[4]

上帝的计划、原型原因以及世界的起源

开普勒在他的很多著作中都将哥白尼行星次序作为解释的支点。[5] 在这个问题上，他提供了嬗变自毕达哥拉斯－柏拉图形而上学和认识论的基本原理，并将它们统一到创世神学里。在全面安排这些原理的过程中，这些标志性的模式被赋予了特殊的价值。尤其重要的是开普勒所谓可见世界中的实体（太阳、恒星以及中介空间）和存在于信仰中的不可见的基督教三位一体（圣父、圣子和

---

[1] Kepler 1937-, 1: chap. 20. For good accounts, see Koyré 1992; Voelkel 2001, 52-59.

[2] Kepler 1937-, 1: chap. 16; Kepler 1981, 165; Kepler 1965, 29-31.

[3] Kepler 1937-, 1: chap. 16; p. 56; Westman 1971, 118-19.

[4] Ibid., ch. 12: see further this volume, chap. 14.

[5] "All my books are Copernican" (Kepler to Johannes Quietanus Remus, August 4, 1619, Kepler 1937-, 17: no. 846, P. 364.)

圣灵）之间的相似性。这就是三位一体在世界上的表现，而且开普勒相信自己可以认识更多的东西："我坚信，既然恒星能够呈现出和谐状态，那么运动物体也会呈现这种和谐。" [1]

从他将太阳划归恒星可以看出，这种神学形而上学是怎么影响开普勒的天文学理念的。它还帮助开普勒远离了传统神学实践：原型原理为解读《创世记》提供了合适的工具。最终，由于接受了皮科的光物理学，开普勒远离了传统的自然哲学，他由此发展出一套理论：运动的原因只可能产生自物质实体，而行星运动的主要归因于太阳实体。

在进行这种研究的过程中，开普勒将整合和证明提升到了新的高度，这些整合和证明将不同的领域，诸如形而上学、神学、物理学、天文学以及占星学联系在一起。早在 1599 年他似乎就已经相信自己可以从各个知识领域得到一套统一的原理。

就此而言，开普勒之所以是一名柏拉图主义者，不仅在于他像通常的柏拉图主义者那样主张宇宙的机构反映了神的原型模式，还在于他认为原型原理存在于所有知识领域，包括神学、自然哲学以及星的科学。根据这种普遍原理，我们可以认为，接受理论占星学的原型原理就意味着接受理论天文学的原型原理。[2] 开普勒有时候是进行哲学探讨的天文学家，有时候又是作神学理论阐释的诠释者，他在《天球运行论》发表 60 年后发出了与众不同的声音。用形而上学和物理学原理证明哥白尼行星秩序理论渐露希望，这些原理将有助于一劳永逸地清除敌对理论，梅斯特林和罗特曼在过去的几十年间都没能战胜这些敌对理论。

表面上，开普勒柏拉图主义观念是上帝用某些无比美妙的模式或结构创造

---

[1] "Qriginal Preface to Reader," Kepler 1937-, vol. 1; Kepler 1984, 22.

[2] Rhonda Martens (2000, 70-71) makes the interesting suggestion that Kepler had in mind a convergence of different kinds of arguments from different disciplines rather than a unification of principles common to all.

了三维几何体。因此，《宇宙的奥秘》描绘这种原型主题绝非偶然。开普勒就是这样想的，这一点可以从标题页的布置、他所讲述的关于他发现宇宙秩序合理原因的故事、引人注目的介绍多面体理论体系的插页，以及有意出现在标题页背面的小诗可以看出。这首诗让人想起《创世记》开头的几章和柏拉图的《蒂迈欧篇》：

世界是什么？上帝创造世界的动机什么？他又是按照什么计划创造的世界？上帝是从何处得到这些数字的？支配这样一个庞大宇宙的规则是什么？为什么上帝要创造六个轨道？为什么他要在天球之间创造空间？木星和火星并不是最外层的两个天球，可是为什么它们之间的空间这么大？实际上，在这里，毕达哥拉斯用五个数字将这些问题的答案全教给了我们。他用自己的例子告诉我们，如果出现一位哥白尼的话，即便我们犯了两千年的错误，我们也能够改过自新。[1]

开普勒将自己的事业定位在这个可以追溯到毕达哥拉斯时代的古老智慧（prisca philosophia）的源流内，以此增强其权威性，并凸显其与亚里士多德理论的对立。[2] 在《宇宙和谐论》中，开普勒阐明了与柏拉图《蒂迈欧篇》的联系，并将其源头推回至世界的起源。《蒂迈欧篇》"毫无疑问是评论《创世记》第 1 章或《摩西书》第 1 章，并将之转化成了毕达哥拉斯学派的哲学，读者仔细比较摩西的言语可以很容易发现这一点"[3]。然而，和 16 世纪浩如烟海的《创世记》评论著作不同，开普勒已经有了一批新的世俗读者：尽管他知道图宾根的权威人士会读到这本书，但是很明显他的这本书并不是以神学家的身份为其他神学

---

[1] Kepler 1984, 4. 236-37.

[2] See also Kepler 1937-, 7: 261-62; on the *prisca* tradition, see D. P. Walker 1958.

[3] Kepler 1997, 301. The passage is a postil to a long quotation from Proclus's *Commentary on the First Book of Euclid's Elements*. Judith V. Field has emphasized this theme（1988, 50-51）.

家而写的。[1]他没有用评论这种体裁，没有利用教会先辈们的著作去阐明创世的含义。和13世纪的自然哲学评论家不一样，他没有假想一个可能由上帝创造的世界。他认为自己只是提供行星秩序的原因，这种原因最先是由哥白尼"从现象中"推断出来的，而且这些原因实际上是上帝设计的。[2]这是巴洛克式的人文主义做派，他的权威构成混杂，既有古人（毕达哥拉斯、柏拉图、欧几里得、普罗克洛斯、托勒密），又有今人〔尼克劳斯·古萨努斯、哥白尼及其弟子雷蒂库斯、梅斯特林，以及欧几里得评论家弗朗索瓦·弗瓦·德·康达尔（Francois Foix de Candale）〕，而且明显倾向于现代权威人士。[3]

如果说哥白尼 – 柏拉图式的《创世记》解读让开普勒有别于传统的《创世记》评论家，那么他的事业也因此有别于其他学者——末世占星家和普通预言家，它们像利希滕贝格、利奥维提乌斯以及其他一些人那样，相信从天象中可以发现末世的迹象。开普勒大胆地背离了与他具有相同宗教信仰的人焦灼的期待。与第谷和梅斯特林一样，开普勒认为末世预言学应该留给传统的圣经评论家去讨论。[4]他甚至认为，柏拉图年（即行星回到世界产生之时的位置的时刻）也是不可知的。[5]但是，如果末世知识属于传统神学家，那么世界起源的知识就应该属于天文学家。

330　　　奇怪的是，开普勒认为只有哥白尼宇宙学才能阐明这一切，而且他现在自视为哥白尼宇宙学的首席代言人。

实际上，五大规则几何体或多或少可以内接于分割了六大哥白尼行星的空间，开普勒认为这种观点可以将"相对优越"的哥白尼假说变成绝对成立的主张："宇宙是现在这样而不是其他样子，这是上帝的选择。"要想证明这种命题，就

---

[1]　See Williams 1948.
[2]　Kepler 1984, chap. 2, 48-54; see also Segonds's important note, ibid., 275 n. 25.
[3]　On Kepler's humanist scholarship, see Grafton 1991b.
[4]　Ibid., 195-97.
[5]　Kepler 1981, chap. 23, p. 223.

必须将天文学推进到神学宇宙学和物理宇宙学，由此主张天文学是一门实证的知识。

这项运动最初是由开普勒（和梅斯特林）开启的，他们重新激活了雷蒂库斯对哥白尼的解读，其与已经成为主流的维滕堡诠释大相径庭，而从 16 世纪中期开始，后者的追随者已遍布欧洲。通过雷蒂库斯的陈述，以及梅斯特林对《天球运行论》的注释，开普勒很快领会了哥白尼体系中天球距离的正确比例。他在书中放大展示哥白尼天球，清晰地表明宇宙中空间比实体更多，这在 16 世纪尚属首次。[1] 多面体假说取代了传统的相邻托勒密天球间隙填充功能；同样重要的是，天球之间不连续的哥白尼间隙是以美妙的托勒密形式而不是以不可穿透的不可见物质填充的，这种托勒密形式只有思维之眼才能看到——只有智者才能领会。原型理论还有更为深远的意义。开普勒用毕达哥拉斯 – 欧几里得几何学来解释六大行星存在的原因，而雷蒂库斯则认为"6"是毕达哥拉斯算术学中的神圣数字，前者相比后者有了巨大进步。[2] 他解释道，之所以会这样，原因在于创造宇宙的过程中量的优先次序：开普勒认为上帝在一开始就创造了三维几何"体"[3]。

今天的评论家们已经详细描述了开普勒"发现"多面体的天文学技术细节。[4] 这种未经证实的证明，其中一个重点在于，他坚信多面体理论体系提供了解释行星天球之间距离的不同方法。用哥白尼可能用过的方法，从已经观测到的数值出发，可以推理出这些距离的数值，或者，从柏拉图 – 毕达哥拉斯几何体的

---

[1]　Lerner（1996-97, 2: 70-73）rightly underscores this point.

[2]　Kepler 1981, "Original Preface," 65: "For in discussing the foundation of the universe itself, one ought not to draw explanations from those numbers which have acquired some special significance from things which follow after the creation of the universe."

[3]　I follow Segonds's reading here, which is based on the *Lexicon* of Rudolf Goclenius: "Corpus, quod est quantitas, est tres dimensiones. Itaque non potest intelligi et definiri sine his" (Kepler 1984, 272 n. 1) .

[4]　For recent accounts, see Koyré 1992, 140-55; Field 1988, 35-60; Stephenson 1994, 75-89; Martens 2000, 39-56; Voelkel 2001, 32-41; Barker and Godstein 2001, 99-103.

形而上学几何学出发，可以得到相当接近的数值。梅斯特林肯定是支持开普勒的这种从优先原因出发的新方法的，因为它似乎为他坚持数学和谐标准提供了更深层次的理由。由于这些观点带有数学的特点，因此它们似乎将开普勒限制在了传统天文学的范围内，但是却为哥白尼提供了意想不到的神学支持。[1]但是，开普勒当然是16世纪首位关注多面体的信奉柏拉图哲学的天文学家，而且它们的应用并不局限于宇宙学研究。

信奉柏拉图哲学和哥白尼学说的迪格斯用一整篇论文探讨规则几何体，但他"并不想阻止它们在天球学的基本领域和框架内的隐蔽而神秘的应用"。[2]相反，不信奉哥白尼学说的奥弗修斯则极力宣扬多面体在划分行星与地球的正确距离方面的作用，因为通过它可以算出多面体的面能够分成多少等角。人们可能会有疑问，开普勒的多面体理论体系中使用的所有要素——《蒂迈欧篇》和多面体、对行星距离的关注、源自哥白尼《天球运行论》的对称理念，以及对皮科观点的回应，在奥弗修斯的《驳伪占星学》中都已经出现，这是否巧合。但是，奥弗修斯关心的是通过这种流程得到天球数量，就像雷蒂库斯思考数字"6"的特殊意义，而开普勒则尽力避开数字。[3]他在寻找行星空间分布"原因"的过程中所做的试验都是几何学的，这表明他已经在找寻几何学的答案。最后，当他找到多面体的时候，吸引他注意的是内切和外接的流程；他之所以能够想到这些，可能是因为他在格拉茨接触得到新书。其中有弗朗索瓦·弗瓦·德·康达尔的增订版《几何原本》（1567），康达尔在第16卷对完美的几何体有推导。[4]奥弗修斯会是另一个来源吗？

---

[1]　Maestlin to Kepler, 27 February 1596, Kepler 1937-, 13: no. 29, pp. 1-10. See Voelkel 2001, 67-69. Barker and Goldstein go so far as to claim that "rather than an exercise in astronomy or a defense of Copernicanism as a novel cosmology, Kepler's first book must be read as essentially theological" (2001, 99) .

[2]　See this volume, chap. 9: L. Digges 1571.

[3]　See Field 1984b, 273-96.

[4]　See Alain Segonds's note （Kepler 1984, 296-97 n. 13）; Westman 1972b.

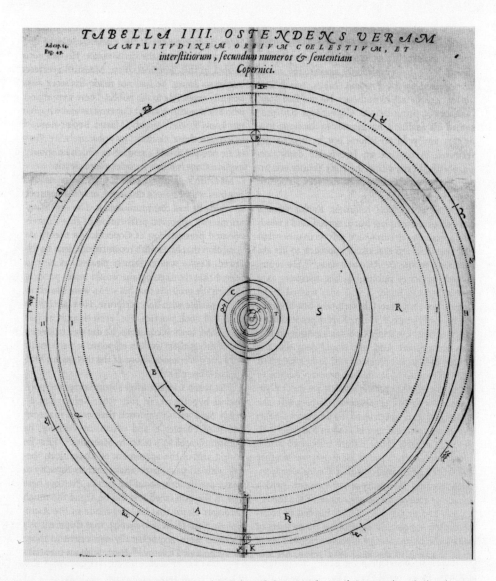

图 65.《根据哥白尼提供的数字确定的天球的真正厚度和间隙》，开普勒 1596 年，文件 4（Image courtesy History of Sciene Collections，University of Oklahoma Libraries）。

人们可能会推测，正当开普勒对占星学的关注日益增强，他在格拉茨与奥弗修斯的书不期而遇了。[1] 不管实际是不是这样，奥弗修斯的例子都直接凸显了开普勒投身哥白尼理论这一重要事项。没有梅斯特林引介的哥白尼，开普勒可能会追随地心主义者奥弗修斯。[2]

从开普勒的多面体假说到对哥白尼的逻辑学和天文学辩护

开普勒称，他的多面体发现既是一项发现，又是从神那里获得的启示。[3] 它之所以算是一项"发现"，在于他作为图宾根的一名做哲学思辨的神学家，自信能够从基本原理中推演出它来。

作为一名进行哲学探讨的天文学家，他又认为，像普通的行星假说一样，形而上学应该放到经验中去测试，并比对《普鲁士星表》上的数据。之前从来没有人这么干。哥白尼以文艺的、政治的口吻向教皇介绍了其理论在美学方面的和谐，但是他还不敢指出三位一体是世界结构的原型。

开普勒就像一位福音派的改革者，他不仅想要冥思上帝的话语，还想传播上帝的声音。他不愿像梅斯特林那样谨慎地、秘密地进行研究——梅斯特林在注解《天球运行论》时就是这样谨小慎微。[4] 他认为，公开发表自己的发现是一种为上帝增光的行为，因为上帝不仅希望通过圣典，还希望通过自然之书为人

332

---

[1] Kepler mentions Offusius, in passing, for the first time in a letter to Christopher Heydon (October 1605, Kepler 1937-, 15: no. 357, P. 234). I have been unable to locate Kepler's copy of this exceedingly rare book.

[2] For Offusius's astrology, see Bowden 1974, 78-107; Stephenson 1994, 47-63; Sanders 1990, 204-49.

[3] Kepler to Maestlin, August, 2, 1595, Kepler 1937-, 13: no. 21.

[4] Around 1616, some twenty years after the appearance of the *Mysterium Cosmographicum*, Maestlin tried unsuccessfully to produce a new, annotated edition of *De Revolutionibus* through the Basel publisher Heinrich Petri (Kepler 1858-91, 56-58).

们所了解。[1] 或者，就像开普勒 1621 年那动人的描述："上帝肯定可以发出声音，但是他没有手指。上帝的声音是会随他的意图和普通人的声音而调整的，谁会否认这一点呢？因此，在浅显易懂的问题上，那些宗教顾虑很深的人会尽力避免歪曲上帝的声音，从而避免否定自然中的上帝之手。"[2] 让这样一本书在图宾根的大学官方出版社出版又是另一个难题。大学出版商格奥尔格·格鲁彭巴赫（Georg Gruppenbach）需要获得教师委员会的同意——这当然意味着要获得神学家们的许可——为了征得他们的同意，开普勒需要梅斯特林的帮助。尽管多年来对外一直小心谨慎，但梅斯特林还是胜任了这项任务。从某种意义上说，学生的大胆无畏鼓舞了他为捍卫自己多年来的观点挺身而出。此外，他的忏悔立场，及其作为数学家的信誉，都是无可争议的，而他在课堂上教授哥白尼理论的方式也没有给对手留下任何把柄。[3]

梅斯特林谙熟图宾根学术圈的政治环境，他制定了一套行之有效的策略。他向学术评议会强调开普勒的工作在天文学方面的创新性和价值，但没有实际展示具体的细节。按梅斯特林的话说，开普勒"敢于思考"，并"敢于去证明"行星的数量、次序以及距离可以从上帝的计划中先验地推断出来。梅斯特林认为自己的展示是成功的，但是他这么做也让公众无法充分了解开普勒的著作。有很多人对哥白尼一无所知，也不了解欧几里得的证明。大师开普勒需要"不那么隐晦地"解释这些问题。[4] 也就是说，他需要增加一篇序言，更清楚地解释

---

[1] "Ego verò studeo, ut haec ad Dej gloriam, qui vult ex libro Naturae agnoscj, quam maturrimè vulgentur: quo plus alij inde extruxerint, hoc magis gaudebo: nullj invidebo. Sic vovj Deo, sic stat sententia. Theologus esse volebam: diu angebar: Deus eccemeâ operâ etiam in astronomiâ celebratur" (Kepler to Maestlin, October 3, 1595, Kepler 1937-, 13: no. 23, p. 40) .

[2] Kepler 1981, chap. 1, 85 n. 1.

[3] The question of what Maestlin felt able to teach in the classroom has been the subject of some dispute. Did he actually defend Copernicus's main propositions in his regular lectures, or only in special private classes or separate tutorials reserved for superior students like Kepler? (See Rosen 1975a; Methuen 1996.)

[4] Kepler 1984, xvi-xviii.

哥白尼的理论。

梅斯特林的策略奏效了：开普勒的发现没有遇到什么责难，他的传达方式除外。评议委员会一致同意出版这本以史无前例的方式介绍哥白尼理论并获得梅斯特林推荐的著作。开普勒欣喜若狂，因为他之前担心神学家们可能会觉得他的观点与圣典不符从而否决出版。他的这种担忧并非没有道理。因为尽管他已经准备好了应对的答案，但是按照神学家马赛厄斯·哈芬雷弗（Matthias Hafenreffer）友好而坚决的建议，他在第一版中删除了这些内容。[1]

在构想出多面体假说仅仅三个月后，也就是1595年7月，开普勒就已经概述了组织第1章大部分内容的方法，他在10月的一封书信中向梅斯特林介绍了他的方法。[2]首先，他确认哥白尼理论符合过去的观测结果，且能够预测未来。无论是这封信还是后来出版的书，他在其中的主张都不如《新天文学》中的强烈，但是他认为，哥白尼理论在几何学上与第谷和托勒密的理论是等价的。[3]接着，他提到持怀疑论的反对者提出的"由假得真"问题，但他没有提及克拉维乌斯或奥西安德尔。[4]这种反对天文学的观点比皮科的异见更强硬，它的基础是一切天文学知识未经证实的演绎结构，而不是天文学家据称否定占星学的全部

---

[1] In a letter to Kepler of April 12, 1598, Hafenreffer recalled having recommended "not only in my own name but also in the name of my colleagues, the omission form your treatise of the chapter（I think it was number five）which dealt with this agreement［between Copernicus and the Bible］, lest［theological］disputes arise therefrom"（Kepler 1937-, 13: no. 93, p. 203）. Later Kepler's agruments were published in the *Astronomia Nova*. In the *Mysterium Cosmographicum*, he wrote: "Although it is proper to consider right from the start of this dissertation on Nature whether anything contrary to Holy Scripture is being said, nevertheless I judge that it is（1）premature to enter into a dispute on that point now, before I am criticized. I promise generally that I shall say nothing which would be an affront to Holy Scripture and that if Copernicus is convicted of anything along with me I shall dismiss him［Copernicus］as worthless. That has always been my intertion, since I first made the acquaintance of Copernicus's *On the Revolutions*"（trans. in Kepler 1981, 75）.

[2] Kepler to Maestlin. October 3, 1595, Kepler 1937-, 13: no. 23, pp. 34, 45 ff.

[3] Kepler 1992, chap. 6, 155-80.

[4] Kepler could have become acquainted with Clavius's *Sphaera* through Christopher Grienberger at Graz（see Caspar 1993, 80-81）.

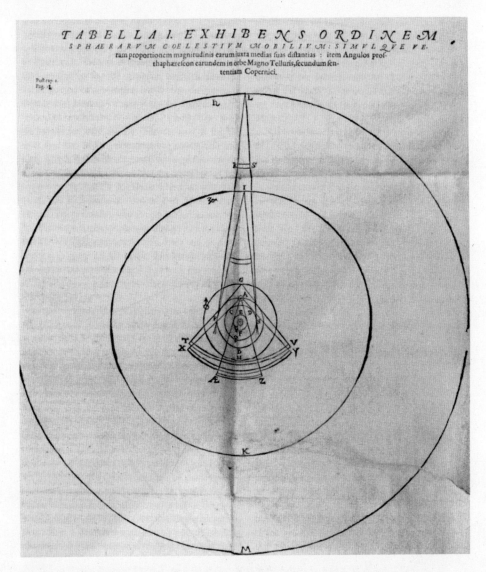

图 66.《天球秩序及其大小与平均距离之间的比例》，开普勒，1596 年，文件 1（Image courtesy 333
History of Sciene Collections，University of Oklahoma Libraries）。

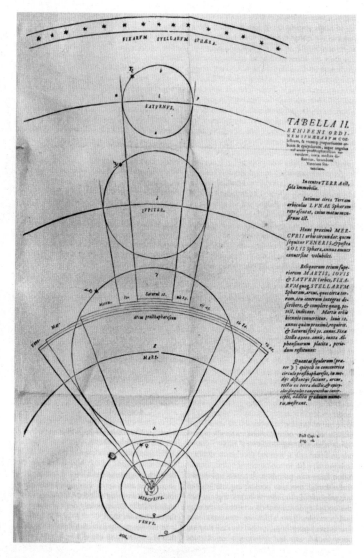

334 图67.《古人提出的天球秩序与平均距离、天球和本轮以及它们的校正弧度
与角度之间的关系》，开普勒，1596 年，文件 2（Image courtesy History of
Sciene Collections，University of Oklahoma Libraries）。增加或减少本轮可以
校正行星的平均运动和平均距离。比较开普勒校准后的本轮半径和维蒂希
的《运行天球》（图56）中的本轮半径。

　　　　　　　　　　哥白尼问题

基础这样的归纳性断言。开普勒不厌其烦的回应延展了亚里士多德提出的主张，即正确的结论最终必须产生自正确的前提；克拉维乌斯深知这一主张的结果，而梅斯特林和哥白尼则简洁地肯定了它。

　　亚里士多德指出，尽管为了推导出某一给定的结论，人们可能提出陈旧的、错误的、临时的命题，却不能从结论回推到最初的原理。由于结论与命题是无关的，因此人们无法推出与原始前提一致的新结论。毋庸置疑的是，从某个现象可以用逻辑有效性原理推出一系列的无关命题。故此，人们可能永远都不知道真实的"原因"。

　　在这一章余下的部分，也就是评议委员会敦促增添的部分，开普勒指出，和托勒密不一样，哥白尼借助了临时假说。[1]

　　这些论证完全集中在行星秩序上，并含蓄地组成了一个回应普尔巴赫的直接答案。[2] 首先，托勒密没有解释的是，他提出的上层行星的本轮有相同的运行周期，而金星和水星的本轮与太阳有相同的运行周期。其次，托勒密也没有解释，为什么除了月球和太阳，所有行星都会表现出退行运动。再次，古人不能解释，为什么从土星到火星，上层行星的本轮会增加，而在太阳后边的金星和水星的均轮要更小。最后，为什么三颗上层行星位于与太阳相对位置的时候离地球最近，而当它们与太阳相会的时候离地球最远？开普勒指出，之所以会出现这些情况，是因为同一个原因——地球的年度运动；这个原因可以解释这些观测到的现象，而用其他理由是无法解释的。

　　梅斯特林提供用来解释这些论点的图表，是 16 世纪最早有别于一般做法的示意图，当时一般展示宇宙模式的插图是不会关心相对大小和比例的。即便如此，除了开普勒注释的第二版《宇宙的奥秘》（1621），这些示意图在 17 世纪再也没

335

---

[1]　Kepler 1984, 253-54.

[2]　Kepler thought highly of Reinhold's *Connentary on Peurbach*（1553 ed.），and according to Edward Rosen, it is likely that Kepler used that work to prepare his first classes at Graz in 1594（Rosen 1967, 33）.

有出现过。但是没有了这些示意图，上面的第三个论点就非常难理解了。因此人们最先开始看的是文件 2 中的"古人观点"，从这张表中很容易看出三个上层本轮的直径的相对差别（它表示的是由太阳运动引起的修正）。但是接下来人们又得返回文件 1 看哥白尼的解释：在点 G 处的火星人能观察到地球在角 TGV 内的年度运动，在其上方，位于点 L 处的土星人将观察到地球在角 RLS 内的年度运动，但这个角比角 TGV 要小。开普勒在这些几何学观点上又加入了一个想象性的观点——这是他在一次关于月球的学生辩论中提出来的：土星上的观测者观测地球的时候，能够见到地球人观测金星和水星运动时观察到的那种退行运动。[1]

开普勒用来捍卫哥白尼的最终的天文学论据，明显借用了梅斯特林 1577 年提出的彗星模型，这个模型成为他书中的重要证据。这种对梅斯特林模型的展示，恰恰证明开普勒得到了老师的鼎力相助：他没有留意到第谷的理论也可以解释新观测到的彗星的位置。[2] 据此，第 1 章很明显是开普勒和梅斯特林联手推出的。它明显增强并改进了雷蒂库斯的观点，而且，从 16 世纪 40 年代以来，首次公开而直接地抨击了托勒密的观点。它默默地与克拉维乌斯联合起来，共同捍卫符合现实的天文学。它在 16 世纪首次明明白白地展示了托勒密天文学和哥白尼天文学在解释上的差异。1905 年，J. L. E. 德雷尔深受触动，他说，"很难相信人们在阅读了此章后还会继续坚持托勒密体系"[3]。当然，就像历史上很多显而易见的事情一样，1597 年的情况也有所不同，当时开普勒的书最终在法兰克福书展上面市销售，却被归类为地理学书籍，作者也被错写成了"Repleus"，真是莫大

---

[1] Kepler's son Ludwig published Kepler's *Dream* in 1634, an influential little work in which Kepler imagined an inhabited world on the Moon（see Rosen 1967）.

[2] Kepler later realized the omission: see Westman 1972a, 26-29.

[3] Dreyer 1953, 373.

的耻辱。[1] 这个失误可以说是一个象征，它预示了《宇宙的奥秘》将要遭受的巨大抵触和误解——实际上，开普勒的大部分著作都是如此。

---

[1] "Among the Germans, there are the *Cosmographies* of Münster and others, where one begins by treating the whole universe and the parts of the heavens; but these subjects are examined in a few, brief pages, the principal mass of the book being constituted by the description of regions and towns. This is because the common use of the word'cosmography'is in the sense of geography. And this word, since it is derived from'cosmos', is imposed by booksellers and those who make book catalogues so that they place my book among works of geography" ("Note to the Title," Kepler 1984, 11）; "My name suffered a hard fate because the printers miscopied it as'Repleus'rather than'Keplerus' ("Author's Note to the Old Dedication," ibid., 17）.

12

开普勒早期的读者，1596—1600 年

《宇宙的奥秘》

接受的范围

　　开普勒早期对宇宙的介绍前所未有地聚集了图宾根正统神学政治领域的关键要素。《宇宙的奥秘》旨在为哥白尼用以构建强烈的世界体系意识的松散的美学标准提供严格的证明，该美学标准的各个要素之间是相互依赖的。这种数学美学从来没有完全摆脱它源自古典文学理论（贺拉斯）、建筑学（维特鲁威）、音乐（波伊提乌）以及艺术（阿尔伯蒂）的痕迹，但是开普勒尝试以新的思路使其与几何原型的神学物理学和形而上学结合。他以丰沛而坚定的新毕达哥拉斯派柏拉图学说为基点反对列布勒的梅兰希顿式自然哲学观点，他从神学层面对《创世记》做出柏拉图式的解读，都证明了他的激进大胆。他还不清楚要怎

么构建哥白尼占星学的物理学（或形而上学）。[1] 但是他努力将一种粗野甚至怪异的物理学嫁接在哥白尼天文学的前提上，它不仅推动了行星，还拓展了开普勒的首席顾问梅斯特林的想象界限。开普勒思维活跃、想象丰饶，再加上这个理论本身大胆鲁莽，让这个理论变得像烫手的山芋般难以掌控。如果没有梅斯特林的帮助，开普勒的书几乎不可能完好无损地通过图宾根学术评议会的审查——梅斯特林深谙如何操控神学家敏感的神经。

然而，讽刺的是，开普勒和梅斯特林采取策略为捍卫哥白尼理论的观点树立权威，这种策略最终却成了沉重的负担。囿于图宾根当地支持者的知识结构和条件，开普勒带到格拉茨的问题——多面体理论在很多同时代人看来相当怪异。

开普勒的新主张显得如此怪诞，以至于新的受众可能领会不到它的要领。何况当时还没有机构性的评估机制（要到 17 世纪才出现）：既没有自然哲学学会，也没有类似的刊物。此外，从 16 世纪 80 年代对《天球运行论》的各式解读和应用可见，在公共论战领域，学者们从来不会相互谦让。当然，当时有礼仪规范对上层人士的行为提出了理想化的规则。[2] 但是，在这个时期，宗教 - 政治辩论中的常规做法是恶言谤语，其精巧性和攻击性都达到了空前的高度。贝拉明在 16 世纪 70 年代初期发表了关于《创世记》和流动宇宙的演讲，1576 年他来到罗马学院后在鲁汶又发表了一系列有关各种宗教和政治论战的演讲。[3]

宗教论战的指导手册流行一时。[4] 争辩双方的回答和反答将污蔑诽谤提升为

337

---

[1]　In the notes to the 1621 edition, Kepler was more critical of his own astrological arguments than of any other part of he *Mysterium*（see Kepler 1981, 125 n. 1）.

[2]　In relation to English natural philosophy, see esp. Shapin 1994, 65-125.

[3]　Bellarmine 1586.

[4]　See, for example, Milward 1978b, 177-86.

一种高等艺术。[1] 且不说布鲁诺犀利的讽刺，与这些高度个性化的宗教辩论题目形成鲜明对比的是，开普勒以周密严谨的学术辩论的形式，将哥白尼理论体系呈现为一门宇宙学。用于论战和宣告的《宇宙的奥秘》堪称典范，它既体现了人文主义者的克制，又体现了学术说服的谨慎周到。

为什么开普勒和梅斯特林认为他们为哥白尼理论辩护会获得积极的反响呢？开普勒会收到一些赠本，他可以把它们当作礼物赠送给其他朋友。出版商为了追求利润会将很多册书发往法兰克福书展。此外，开普勒还可以写信给认可他的第三方机构，请求他们发表一些评价。但是开普勒和梅斯特林没有第谷·布拉赫那么多出版资源和人脉关系：他们的直接读者还是在图宾根的大学里和公爵的法庭里。国君们对这种事业的赞助会起到多大作用呢？公爵的权威会对德国其他地区的大学里的数学家产生多大影响呢？对天主教地区的数学家又能起多少作用呢？或者说，对图宾根当地的神学家又能有多大影响呢？

图宾根神学家和公爵

神学家们的回应很快就来了。成书的《宇宙的奥秘》包含了学术评议会先前不曾看过的煽动性材料：大胆的哥白尼理论示意图，雷蒂库斯的《第一报告》，以及梅斯特林的注解和介绍。[2] 梅斯特林对《第一报告》的介绍既盛赞了开普勒的多面体发现，又首次肯定了哥白尼的一个理念：物体会因为某种由地球的圆形形状带来的"吸引力"（affectio）靠近或远离地球。他甚至更进一步指出，这

---

[1]　As an example of one of the replies to Bellarmine, see Willet 1593. For an excellent survey of these clashes in England, see Milward 1978a.

[2]　"We cannot be blamed for the other material that was added, especially the foreword by Maestlin〔to Rheticus's *Narratio*〕since none of these later additions were seen by us before they were sent to the printer" (Hafenreffer to Kepler, April 12, 1598, Kepler 1937-, 13: 203; quoted and trans. in Rosen 1975a, 327.)

种吸引力可能还存在于太阳、月球以及行星之上。[1]更糟糕的是，对《创世记》的正确解释竟然来自古代异教徒毕达哥拉斯、普罗克洛斯以及现代人哥白尼。突然之间，先前要求"少一点晦涩内容"的学术评议会发现了一种全新的意料之外的含义。10月，梅斯特林称气氛正日益紧张：

哈芬雷弗博士又指责了我（尽管严肃的语调中夹杂着玩笑，但是这确实是玩笑）。他想要跟我辩论，为他的《圣经》等书辩护。出于同样的原因，他在一次晚间布道中解释了《创世记》第1章："上帝没有将太阳像屋子中间的灯笼一样挂在宇宙中央。"然而，只要它们还是玩笑，我通常都会幽默地予以回应。但是如果它们不是玩笑，我也会以不同的方式回应。哈芬雷弗博士承认你的发现充满想象力而且深奥渊博，但是他认为其完全与《圣经》和真理相违背。这些人尽管非常善良非常有学者风度，但是他们没有充分领会这些主题的基本要素，如果他们只能接受玩笑，那就最好以玩笑的方式对待他们。[2]

梅斯特林和开普勒与图宾根神学家们一道逾越了政治和学科界限。哈芬雷弗给予开普勒"友好的建议"，他说开普勒应该做一位"纯粹的数学家"，别总想着怎么构建正确的宇宙理论，也别挑起教会的分裂。哈芬雷弗对开普勒不可谓不友好，他认为，教会分裂的威胁反映了改革运动中人们的这种普遍焦虑。但是哈芬雷弗和他的同事仅仅是劝告而已——20年后罗马教会对伽利略则是提出了严重警告。这种重要差别源自新教地区告解流程的不同：教会的真正领袖，即教会的守护者，既不是红衣主教也不是教皇，而是公爵本人。尽管神学家会

---

[1] Michael Maestlin, "Preface to the Reader," in Rheticus 1596, 83. Nevertheless, even in later deitions of his *Epitome*, Maestlin continued to maintain that the pursuit of efficient and final causes was alien to astronomy(Maestlin 1624, 30: "Efficientis autem et finalis causa tanquam ad Astronomia alienae, nulla fit mentio").

[2] Maestlin to Kepler, October 30, 1597, Kepler 1937-, 13: 151; quoted and trans. in Rosen 1975a, 326.

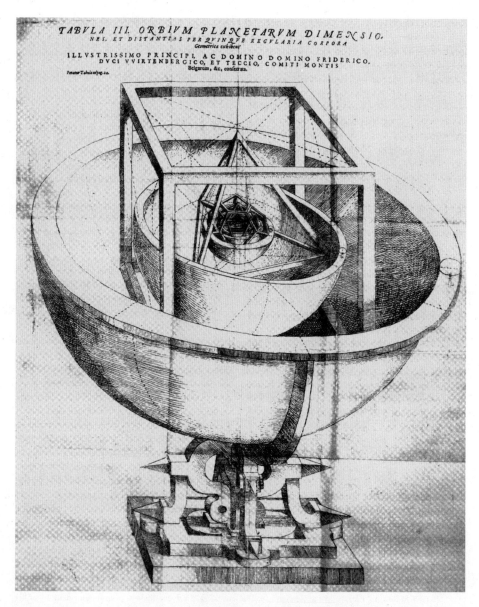

338 　图 68.《五大规则几何物体可以产生行星天球的大小和距离》，开普勒，1596 年，文件 3（Image Courtesy History of Science Collections, University of Oklahoma Libraries）。

向公爵报告自己领域内的各种法律和道德事务，但是公爵一般会向数学家寻求建议。

在接触公爵的时候，梅斯特林和开普勒对传统的学术观点只字不提，更没有提到圣典或亚里士多德物理学。相反，他们故作追名逐利的夸张姿态，提议道："我们这个时代所有著名天文学家全都追随哥白尼而不是托勒密和阿方索。"[1]（13世纪的星表是以后者的名字命名。）

与此同时，他们突出了新颖性。梅斯特林强调说，开普勒发现了一种新方法，这种方法利用了多面体的形而上学意义，而不只是利用观测结果，而且，根据这种方法可以确定行星距离并改进星历。[2] 最后，开普勒还请求资金支持（"不超过100基尔德"），以制作一座展现其多面体哥白尼行星秩序的铜模型，在这座模型中，行星将像璀璨的宝石一样闪耀夺目。

这座珍贵的模型就像公爵宫内的一匹特洛伊木马，它会让人将目光集中在神的身上，因为神是哥白尼行星秩序的先验原因，同时，这个模型还会大大削弱传统行星秩序理论的权威性。此外，宇宙学的奥秘将更易于呈现——而且还很形象——公爵转动套管的时候，啤酒、葡萄酒以及烈酒将充满铜制的半球（这个半球可以充当杯子），这些液体将代表行星之间的空间。开普勒的物理太阳动能可以推动行星运动，但是随着行星远离中心，它会逐渐减弱，与此类似，他设计的这座模型也需要让"昂贵的白兰地"从太阳流出，而将"劣质的葡萄酒或啤酒"倒入土星和木星组成的最后一个杯子里。葡萄酒和啤酒有扩散的特性，它们将充满剩余空间。[3]

如果得到了公爵的支持，开普勒的哥白尼理论天文酒馆和他提出的机械行

339

[1] Kepler to Duke Frederick, February 29, 1596, Kepler 1937-, 13: no. 30, p. 66.

[2] Maestlin to Duke Frederick, March 12, 1596, Kepler 1937-, 13: no. 31, pp. 67-69.

[3] For example, brandy (Sun-Mercury), mead (Mercury-Venus), ice water (Venus-Earth and Moon), strong red vermouth (Earth-Mars), and a costly new white wine (Mars-Jupiter): Kepler to Duke Frederick, February 17, 1596, Kepler 1937-, 13: no. 28, pp. 50-54; see also Jarrell 1971, 160.

星仪器将有可能出现在库恩式的转化场景里。尽管这些计划最终都没有变成现实，但是开普勒从来没有停止过公开地将公爵与他的发现联系起来的努力。[1] 最后，他在著名的极具震撼力的插图的页首实现了自己的目标，这是《宇宙的奥秘》的第三幅满版插图。[2] 多面体模型搁在一个华丽的底座上——很明显是为了便于赞助人拿出来展示——而不是像通常展示行星次序那样采用简洁的、抽象的、二维的方式。[3] 这张示意图表征并传达了赞助人对该理论的保护：使其免遭神学家的批判。就像梅斯特林对开普勒说的："他们〔神学家〕不敢采取什么公开的行动，因为他们忌惮我们公爵的权威，而这本书最主要的插图就是献给他的。"[4]

　　这里，利害攸关的当然是保护一项学术上还不确定的理论知识。开普勒没能将他的多面体酒柜搬进公爵的宫廷，但是，以他一向机智过人的作风，他又发现了一个不同的方法，那就是利用出版商将他的发现与公爵的权威联系起来。这段有趣的经历说明，开普勒在捍卫一系列重要但备受争议的宇宙命题时面临着特殊的困难。跟典型的宫廷技师和宫廷数学家的赞助作品不同，多面体模型并没有任何实用功能。尽管可以用于装饰，但它不是时钟、地球仪、大炮、壁画或庆典拱门；它带不来任何经济回报，显然它也不是占星仪器。和半个世纪前雷蒂库斯求助于阿尔布莱希特不同，开普勒并不想宣称哥白尼理论能够促进占星学的前景；跟梅斯特林一样，他不想利用这个机会将自己的发现与以利亚的 6000 年预言联系在一起。开普勒明白，要想捍卫哥白尼行星秩序理论就必须

[1]　Kepler underestimated the difficulties of making a working model of a copernican planetarium, some of whose metal components would require cogwheels with as many as 324 teeth（see Prager 1971, 385-92）.

[2]　"Plate Ⅲ. Showing the Dimensions and Distances of the Orbs of the Planets by means of the Five Regular Geometrical Bodies, Dedicated to the Most Illustrious Prince and Lord, Lord Friedrich, Duke of Württemberg and ofTeck, Count of Mömpelgard, ect."

[3]　Thomas Kuhn's illustration of the Keplerian polyhedra is typical of later representations: it is redrawn from the original and fails to show the basestand or the dedication（1957, 218）.

[4]　"Idem（quod tamen tibi hîc concreditum velim）nostros Theologos etiam nonnihil offendit, authoritate tamen Principis nostri, cui principale Schema dedicatum est, moti, in medio relinquunt"（Maestlin to Kepler, October 30, 1597, Kepler 1937-, 13: no. 80, p. 151）.

提供新的证明，他要证明理论知识的合理性。在图宾根和格拉茨之外，读者们的反响又是怎样的呢？

德国学院派数学家

林奈与普雷托里乌斯

正如蜜蜂之于蜂蜜，16世纪80年代世界体系辩论的三位核心参与者——罗斯林、布拉赫以及乌尔苏斯很快就被《宇宙的奥秘》吸引了。他们在公开场合对天体秩序理论都有自己的一套既定看法。还有三位数学教授只在私底下持有自己的观点，而没有公开宣传：格奥尔格·林奈（耶拿）、约翰内斯·普雷托里乌斯（奥特多夫）和伽利略·伽利雷（帕多瓦）。他们的反应在大学数学家参与理论创新方面给了我们很多启示；在这一部分，我将首先讨论传统主义者林奈和普雷托里乌斯。

尤其引人注目的是，维滕堡人的解读也是采取这种选择性回应的方式。林奈（1554—1611）像普雷托里乌斯一样，已经脱离了梅兰希顿的传统。他和维滕堡人雅各布·弗拉赫一起在耶拿学习过；据说他在1585年发表了一篇预言，1588年弗拉赫被提升为医学教师后，他被任命为数学系主任。[1] 尽管我们的证据严重不足，但是可以猜想他具有16世纪晚期德国学术预言家的典型特征。他在法兰克福书展上发现了开普勒的书，并写信给开普勒自称是其哲学盟友，

他对开普勒自承是秘密的柏拉图主义者："尊敬的先生，我从来就没有远离过古老的柏拉图哲学，而且我认为它不应该被挡在文化王国的大门之外，可是

---

[1] Zinner （1941, no. 3190） lists the prognostication as Erfurt, 1585; although we know little about Limnaeus, he spent his entire career at Jena （see Jöcher 1784-1897, 3: 1836; Rosen 1986, 104, 345 n.; Voelked 2001, 88） .

当代的几位哲学家就是这么想的。"[1]这段话表明，林奈在耶拿时皈依了柏拉图思想，在这一时期的大学数学家中，这种哲学理念是普遍受到压抑的。他非常高兴在开普勒身上找到共鸣，因为开普勒敢于公开地表露自己的观点。林奈急于向世人介绍的柏拉图思想，是古代哲学源流的一支，继承了埃及人、犹太人（柏拉图宣称学习了约瑟夫的思想）以及巴比伦人波洛修斯（Berosus）传给希腊人的深奥智慧。林奈将开普勒的书看作这种秘密而强大的哲学思想重见天日的证据。博学之士，尤其是研究天文学的博学之士，现在将拥有"一条认识天体的新途径"。林奈的意思是《宇宙的奥秘》激励他转变了他的行星秩序理念吗？如果是这样，那他将自己的理念隐藏得太好了；他准备与开普勒一起歌颂古老的智慧，但是他不像布鲁诺，他没有宣称坚持哥白尼理论。

　　林奈直接向开普勒表达了自己的观点。如果这封信是写给另一个人，他会以更直率的方式表达自己的观点吗？开普勒主要是通过巴伐利亚贵族兼大臣约翰（汉斯）·格奥尔格·赫尔瓦特·冯·霍恩堡〔Johann（Hans）Georg Herwart von Hohenburg，1553—1622〕了解到读者们的反响。开普勒与一批巴洛克式贵族建立了特殊的信任和友谊，赫尔瓦特是其中最重要的一位。赫尔瓦特有宽广而开放的哲学和科学兴趣。对开普勒来说，至关重要的是，他非常认同这位来自格拉茨的年轻预言家的新奇观点——实际上，他甚至比梅斯特林还认同开普勒的观点，他开始领会到开普勒物理理论的含义，他还比后来的第谷·布拉赫更认同开普勒，因为第谷觉得开普勒比其他助手更难掌控。开普勒既信任赫尔瓦特开明的头脑，又相信他能够帮助宣传自己新的尚未完全成形的思想。开普勒《宇宙和谐论》中的许多核心思想在他早期写给赫尔瓦特的书信中已经有所表露。[2]

---

[1]　Georg Limnaeus to Kepler, April 24, 1598, Kepler 1937-, 13: no. 96, 207-8.

[2]　See Rosen 1986, 94-191.

约翰内斯·普雷托里乌斯是向赫尔瓦特表露了自己想法的大学数学家之一。如果说林奈只是支持开普勒调用古代哲学而对开普勒的天文学主张含糊其词，普雷托里乌斯则表明自己非常理解开普勒的宇宙学意图。他谙熟开普勒的理论，就像梅斯特林熟悉哥白尼的原始文本一样，他还与雷蒂库斯私交甚笃，因此他相当有资格评判开普勒的多面体发现。我们记得，他私底下通过雷蒂库斯了解到安德列亚斯·奥西安德尔修改题目并加上"致读者信"所引发的冲突。[1]然而，这些私人关系并没有使他对开普勒的书产生较为积极的看法。在写给赫尔瓦特的信中，普雷托里乌斯对《宇宙的奥秘》作了一番评判，他指出自己从多种渠道了解到的天文学与物理学之间的显著矛盾："这些[物理学或形而上学]问题，我几乎都无法理解，而且我认为它们与天文学的目的相悖；它们属于物理学，对于天文学家则几乎一文不值。"[2]普雷托里乌斯从来没有将开普勒的计划归为"宇宙学"，也从没有提到开普勒的太阳动能物理理论；但是很明显，他否认行星距离可以从形而上学原理先验地推导出来。和林奈不同，他似乎并不关心开普勒是把这些原理归结为毕达哥拉斯的原理还是柏拉图的原理（他对此不置一词）。普雷托里乌斯感受到的威胁是，开普勒正在与理论天文学家的常规做法决裂，后者只从观测结果后验地构建或修正行星假说。

普雷托里乌斯的评价是正确的。开普勒确实打算转变理论天文学家在天文学中的角色；但是正如我们看到的那样，这种改变需要被允许做出新的解释，而一般只有自然哲学家才会做出这种解释。梅斯特林愿意接受开普勒的立场，他允许——实际上甚至庆幸——开普勒将原型原理（形式原理和最终原理）引入天文学。他在图宾根学术评议会面前据理力争，在其编辑的《第一报告》的导言中称赏不已，都是出于这样的理由。

---

[1]　　See Westman 1975c, 304 n.

[2]　　Praetorius to Herwart von Hohenburg, April 23, 1598, Kepler 1937-, 13: no. 95, pp. 205-6.

在课堂教学之外，梅斯特林相信天文学可以产生自正确的前提。但是，即便是在这一点上，人们的观点也不尽相同。从罗特曼和布拉赫之间的交流可以看到，共同的学科身份和形而上学理想不足以确定特定理论的地位。因此，在开普勒提出新宇宙学的背景下，梅斯特林和普雷托里乌斯在行星次序问题上是存在分歧的，但是他们拥有同样的学科技能和解释性资源。在这种情况下，应该禁止天文学家将直接原因和物质原因引入天文学。

其中，普雷托里乌斯的立场排斥性更强。正如人们预计的那样，普雷托里乌斯借用亚里士多德（而非柏拉图或托勒密）的权威巩固他想要维持的界限："依据亚里士多德的理论，天文学遵循物理学，而其本身并不能被当作科学，而且它跟其他任何事物都没有关系，因此我认为天文学家们应该如此这般来运用他们的学说：眼睛和其他感官感受到的现象应当与他的假说一致，就好像不同的运动都是由这种确定的原因引起的一样。"[1] 甚至在提到亚里士多德的时候，普雷托里乌斯都没有明确利用差等逻辑：他并没有说天文学需要向更高等的学科借用物理原理。像奥西安德尔一样，他强调天文学和物理学之间存在不可弥合的鸿沟，比如 1605 年他在奥特多夫发表的一次演讲（没有出版）："尽管圆、本轮等装置在自然界中可能根本就不存在，但是天文学家们可以随意地设计和想象它们……那些大胆地讨论这些装置真正的位置或这些天体的位置的天文学家，实际上充当的是物理学家而不是天文学家的角色——我认为他们得不到任何确切的结论。"[2] 由于没有权威的社会机构设立超越性的标准，由谁来代言适当的知识体系都是依情况而定的。普雷托里乌斯建立起学科之间的关系，他因此可以将开普勒的宇宙学计划贬低为有违天文学常规做法的不当之举。

尽管这种捍卫界限的行为需要用到学科排序标准，即根据其体系的确定程

---

[1]　Praetorius to Herwart von Hohenburg, April 23, 1598, Kepler 1937-, 13: no. 95, pp. 205-6.

[2]　Stadtarchiv und Stadtbibliothek Schweinfurt: Praetorius 1605, fol. 2v.

度排序，但是真正受到威胁的似乎是根深蒂固的解释性特征：人们不能僭越本分侵入自然哲学教授的"领地"——而这正是开普勒在图宾根物理研究生辩论上发表宇宙学观点的出发点。因此，普雷托里乌斯写道："对规则几何体——这是我特别想要了解的——的研究对天文学有什么帮助呢？他说它可以用于确定天球的次序和大小；但是很明显天球的距离必须从其他因素推断出来，也就是说，必须后验地从观测结果推断出来。确定了次序和距离后，它们是否与规则几何体相符又有什么关系呢？"[1] 在信的结尾处，普雷托里乌斯指责开普勒意图改变莱因霍尔德和哥白尼的观测结果以使它们与多面体假说相符。[2] 这种否定的反应表明，维滕堡的诠释牢固盘踞在奥特多夫，实际上也牢固盘踞在德国的大部分大学，一直到 17 世纪末。

开普勒的《宇宙的奥秘》与坚持中间道路的群体

1597 年是一个非同寻常的时间点，16 世纪 80 年代就渐露雏形的争论与探讨突然在这一年喷薄而出，达到了意料之外的高潮。1597 年春的法兰克福书展目录宣布收录开普勒的《宇宙的奥秘》、第谷·布拉赫的《天文学书信集》，以及罗斯林的《上帝或世界的运行模式假说》(*De Opere Dei Seu de Mundo Hypothese*)。[3] 第谷的乌拉尼亚堡天文学通过书信选集已被四处传阅，这些书信极具权威，它们被当作礼物分发给第谷及其助手管理的各个渠道。在流通范围内，比起《宇宙的奥秘》这种价值寥寥的学术著作，布拉赫与罗特曼之间的私人交

---

[1] Kepler 1937-, 13: no, 95, p. 206. *Speculation* seems best translated as "belonging to theory," as in *philosophia speculativea*; its closest cognate is *contemplativa*.

[2] Ibid., "Et videtur ipsa phaenomena corrigi velle, ut corporum speculatio subsistere possit, quod quale sit alij videant, me haec non intelligere fateor." Praetorius also mentions that he had found nothing blameworthy in Maestlin's Appendix.

[3] Fabian 1972-2001, 5: 370, 372, 373; Mosely 2007, 193.

流更容易在更多的读者间激起一场论战。[1] 面世数月之后，布拉赫与罗斯林的著作流传到了乌尔苏斯这里，他于 1591 年在布拉格被任命为帝国数学家，由此地位剧增。这两部著作将为乌尔苏斯提供更多材料，让他可以向罗特曼、布拉赫以及罗斯林发起猛烈攻击，而故意有选择性地将年纪轻轻且相对经验不足的开普勒写给他的充满溢美之词的书信当作自己的武器。[2]

在这种传播环境中，开普勒的《宇宙的奥秘》的前景已经相当黯淡了，不管是作为年纪尚轻、寂寂无名的预言家最初用来捍卫哥白尼理论的武器，还是更具雄心壮志地作为尚在褓褓中的哥白尼理论网络的核心，这部著作的前景都不怎么光明。开普勒尚不知晓的是，构建这种联合体的前景其实在 1592 年就已经黯淡无光了。伯爵于 8 月去世后不久，罗特曼就离开了科学赞助环境优渥的卡塞尔，一去不复返，而布鲁诺也被打入了罗马的大牢。[3] 在同一年，另一位哥白尼理论的支持者来到了帕多瓦。伽利略的到来似乎预示着他与开普勒能够缔结成果颇丰、相互支持的梅斯特林式同盟。但是，正如我们在后面的章节看到的那样，这段关系的前景很快就遇到了严重障碍。

现在我们可以清楚看到的是，到了 1588 年，对于梅斯特林来说，构成引用和争论重点的不仅有图宾根的神学家和自然哲学家，还有走中间道路的群体。但是对于后者来说，梅斯特林的存在只不过是一种威胁罢了。他应对 1577 年彗星的娴熟技巧，以及他谨慎小心的将自身认定为哥白尼学说派，都使他免遭攻击。第谷送给梅斯特林的《论世界》是最早的版本之一——可能是世界上第一本——其中，第谷满怀敬意地深入讨论了梅斯特林的 1577 年彗星模型，而没有

---

[1] For a list of those known to have received copies, see Mosely 2007, 298-306.

[2] For details, see Jardine 1984; Rosen 1986; Schofield 1981.

[3] Beyond his activist engagement with precision instrumentation and the science of the stars, the landgrave had interests typical of the culture of certain late-sixteenth-century German courts, including strong Paracelsian sympathies and interests in plant collecting and cultivation (see Schimkat 2007, 77-90; cf. Watanabe-Q'Kelly 2002, 71-129).

挑战其行星次序的观点。[1] 身处斯特拉斯堡的罗斯林也赞赏梅斯特林的判断力和数学能力，但是他表达了对乌尔苏斯体系的疑虑，1588 年夏天，他熟读了乌尔苏斯的理论体系。[2]

罗斯林在与梅斯特林的书信中表达了他的疑虑，其中最重要的是：火星与太阳之间的间隙和土星与第八天球之间间隙的不对称性。但是，在阅读了《天文学基本法则》（ *Fundamentum Astronomicum* ）后，他更进一步，错误地声称乌尔苏斯的方案使得土星、木星以及火星的天球相互贯通——这种方案只有在做出以下物理假设的时候才能成立：天空是由气体介质而不是以太介质组成。罗斯林认为，乌尔苏斯体系甚至还不如哥白尼体系或托勒密体系，因此必须寻找一种新的方案："迄今为止，"他致信梅斯特林道，"我坚信人们还没有找到真正符合物理学和天文学的方案。然而，这种方案必须在《创世记》第 1 章中寻找，而且我最终揭示了这一章以及整部《圣经》隐藏的奥秘。"[3] 此时，罗斯林对布拉赫和罗特曼之间的交流一无所知，他从来没有怀疑将圣典用作宇宙知识的标准有什么不妥之处。使用什么解经工具解释《创世记》对他来说根本算不上问题。

梅斯特林在回信（现已佚失）中避开圣典而直奔主题，指出罗斯林的天文学理论明显有误，意识不到乌尔苏斯为地球赋予了周日运动，而第谷没有这样做。罗斯林收到了梅斯特林所藏第谷的著作，他形成的印象是乌尔苏斯剽窃了第谷的理论！罗斯林还得出结论：第谷没能证明火星的视差比太阳的视差大；他认为，没有哪个天文学家目睹过这种事件。[4] 此外，他反对第谷实心天球不存在的

[1]　Brahe 1588（British Library, C. 61, c. 6; see fig. 59）. Maestlins's underlinings and occasional notes show that he had studied key passages concerning Tycho's world system（see esp. 186-87, 190）.

[2]　For details see Granada 1996b, 114-24, based on hitherto unstudied archival material at the Württemburgische Landesbibliothek, Stuttgart.

[3]　Ibid., 116.

[4]　Ibid., 120 n. : "Si Mars tam prope accedit ad terram, propius scil. quam Sol secundum copernici et Tychonis placita: enim necesse erit illum cum terrae Proximus est habere maiorem quam solem parallaxin. Sed hoc nunquam a quicumque astronomorum intelligere potui."

主张，因为如果实心天球不存在，人们就无法解释宇宙有序的运动，而梅斯特林也无法解释彗星的周期运动。然而，对于第谷而言，他需要保留中心静止的地球作为宇宙影响的接受体。正如米格尔·格拉纳达精准的总结，罗斯林对宇宙结构的思考是对乌尔苏斯《天文学基本法则》的彻底批判。[1] 实际上，在这种情况下，考虑到他先前引用科尼利厄斯·赫马关于 1577 年彗星的著作，罗斯林的解读方法与其说是数学家的做法，不如说是进行哲学探讨的帕拉塞尔苏斯派物理学家的做法。[2] 尽管罗斯林缺少布鲁诺、笛卡尔的创新和能力，但是他对不断发展的论战的警觉，以及他努力参与其中并成为积极贡献者的行为表明，这场论战正在吸引位于中心网络边缘地带的人物。

梅斯特林与罗斯林的频繁交流说明，1589 年开普勒到图宾根上学时，梅斯特林已经充分认识到罗斯林研究《创世记》的方法，因此他很可能将它传授给年轻的开普勒。[3] 罗斯林的主要问题与促使开普勒创作宇宙学专题论文的问题差别甚微：世界的奥秘是什么，《创世记》隐藏的含义是什么？

上帝的三位一体在被造的世界是怎么表现的？然而，如果问题相同的话，解经的资源肯定就没有了。开普勒发现三位一体隐藏在天球中，他进一步将目光投向《蒂迈欧篇》的几何原型、哥白尼－梅斯特林的对称理论中周期与距离的关系，以及太阳力假说。相比之下，罗斯林信仰的是帕拉塞尔苏斯的原理（盐、硫和水）、新毕达哥拉斯派的数字占卜学，以及自然大宇宙与人类小宇宙之间相似性的三位一体。他将这种形而上学和神学物理学归结为一幅简单的二元图像，

---

[1] Granada 1996b, 124.

[2] "Ego non sum Astronomus... hoc saltem cupio dass ich generaliter wissen möchte wie es doch in Mundo und mitt den orbibus geschaffen. Generalem rationem scire cupio. Specialia deinde ego ab artificibus accipio" (Roeslin to Maestlin, December 15, 1588, Württembergische Landesbibliothek, Stuttgart, Cod. Math. 4°14b, fol. 20r; cited in Granada 1996b, 147 n.).

[3] At Tübingen, Heerbrand's emphasis on the *liber naturae* was important for both Roeslin and Kepler's projects (see Heerbrand 1571, 32-33; cf. Methuen 1998, 137ff).

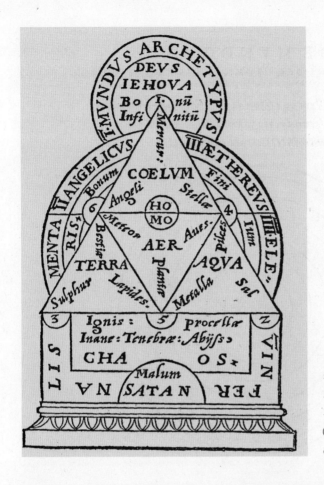

图 69. 罗斯林的《世界图章》，在这个模型中，人兼具善恶两面，既是天使也是凡人，既是上帝也是撒旦。罗斯林 2000[1597]（Courtesy Bibliothèque nationale de France）。

343

称之为"图章"。这幅图的中央是一个等边三角形，顶点是耶和华和无限的善，而撒旦和混乱位于底部。对于为什么圣经的某些内容似乎证明了地球是静止的，罗特曼、布鲁诺以及后来的开普勒都是采用修饰的方法去解释，而罗斯林则完全照搬了圣典而没有作任何解释。[1] 此外，和开普勒《宇宙的奥秘》中的做法不同，

[1] Roeslin (2000, prop. 109, P. 37), claimed that 2 Kings 20 supported the astrological doctrine of directions ("[King] Hezekiah being sick, is told by Isaiah that he shall die; but praying to God, he obtaineth longer life, and in confirmation thereof receiveth a sign by the sun's returning back"); but cf. Jacob Andreae, who argued that this passage only referred to God's occasional use of the heavens (see Methuen 1998, 128).

図 70. 哥白尼体系，误标为《第谷·布拉赫的世界体系》，但是在标题下方有纠正。罗
斯林 2000[1597]（Courtesy Bibliothèque nationale de France）。

罗斯林提出的行星次序方案并不是从基本原理推导出来的，而是从候选方案（托
勒密、哥白尼、乌尔苏斯、第谷以及罗斯林本人的方案）中挑选出来的。他称
这些候选方案为"世纪体系假说"，并将每一种方案设置为由五或六个命题及三
个推论组成。他还提供了一份目录，将 16 世纪 80 年代的各种行星秩序方案拿
出来做直观的比较。

哥白尼问题

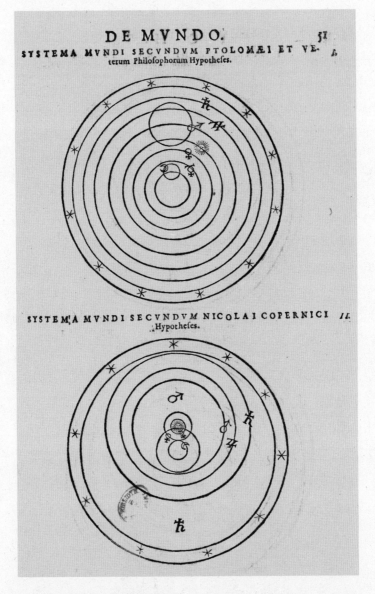

图 71. 上：《根据托勒密和古代哲学家的假说绘制的世界体系》。下：乌尔苏斯的世界体系，误标为《根据尼古拉·哥白尼的假说绘制的世界体系》。罗斯林 2000[1597]，图 1、2（Courtesy Bibliothèque nationale de France）。

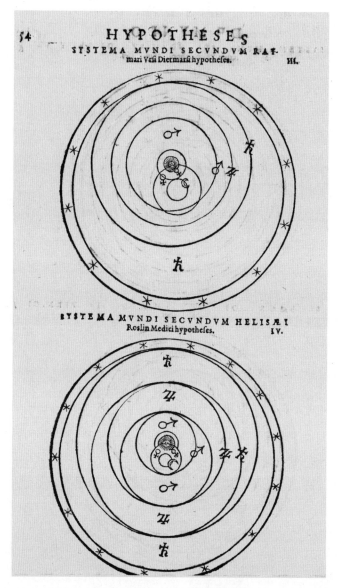

图72. 上：第谷·布拉赫的世界体系，误标为《根据乌尔苏斯的假说绘制的世界体系》。下：《根据医师海里赛乌斯·罗斯林的假说绘制的世界体系》。罗斯林 2000[1597]，图 3、4（Courtesy Bibliothèque nationale de France）。

但是罗斯林的呈现方法带来了哪些选择呢？《世界体系》系列版画出现了很多标注错误，有些版画与罗斯林仔细编排的命题不符。最让人困惑的是，哥白尼体系的示意图排在了第五位，却被标记为"尊贵的丹麦人第谷·布拉赫描绘的世界体系"。在其下方有对以上内容的纠正："仁慈的读者请见谅，此处的示意图应该放在第二位，而位于第二位的示意图应该放在此处。"然而，尽管第二位的示意图对应的是哥白尼的"假说"，但是实际上上面的图片却是乌尔苏斯假说的示意图；更加混乱的是，标题是介绍乌尔苏斯的世界体系，下方的图却是第谷的世界体系。这些错误——加上纠正错误时明显不确定的态度——肯定是法兰克福出版商犯的：这些版画的手稿是由罗斯林的支持者——法国大使、法理学家雅克·邦格斯（Jacques Bongars）在 1595 年后带到法兰克福的。[1]

　　然而其他一些错误是作者本人造成的，因为他和大多数人一样，没有成比例地展示行星次序。

　　这之所以成为一个问题，是因为罗斯林在系统中把基于可变距离的光学命题混进了系统校准示意图。由于罗斯林对其他方案的批判大多是根据天球之间的距离——太小或太大——这个问题就成了核心问题。例如，在呈现托勒密体系的时候，相邻的两个圆之间的距离是相等的，他反对说，如果火星有了本轮（本轮让它比太阳更靠近地球，比木星更靠近土星），那么木星和太阳的天球就会相交，而这是不可能的。[2] 在哥白尼体系（被误标为第谷·布拉赫的体系）中，罗斯林反对土星天球和恒星天球之间存在"巨大的空间和浩瀚的真空"（尽管在示意图中没有表现这种间隙）。[3] 罗斯林的介绍还忽略了哥白尼强调的行星对称性的重要概念；对迪格斯、布鲁诺和罗特曼的描述他也只字未提。与此同时，罗斯林对乌尔苏斯最激烈的反对理由是，上层三行星的空间"太有限，太狭窄"，

----

[1]　On Bongars and for a fine summary and analysis of the whole work, see Granada 2000b, vii-xv.

[2]　Roeslin 2000, 51（image I）.

[3]　Ibid., 45, 55（image V）.

并且乌尔苏斯还让地球以日为周期运动（重物的下落被解释为磁力的作用）；此外，乌尔苏斯还认为天球不是实体，不是由以太介质组成，而是由无限延伸的气体区域组成的。[1] 最后，罗斯林不同意第谷和乌尔苏斯提出太阳和火星之间存在"不确定的空间"，反对哥白尼提出土星和恒星之间存在不确定的空间，他声称，除了他自己的连续充盈偏心天球外，其他的天球分布方式都没有"确定的论证"[2]。

罗斯林刚刚出版了一本书，坚定地表达了自己对上帝的计划的理解，当他遇到梅斯特林的学生的这本著作时肯定异常惊奇，因为这位学生最近才学习了本命盘，竟然胆敢发表对上帝意图的大胆解读。但是没有证据表明他直接向梅斯特林或开普勒表达了自己的反应。相反，从 1597 年 5—7 月，罗斯林两次向一位宫廷中间人——赫尔瓦特·冯·霍恩堡陈述了自己的观点，这位中间人对星的科学有着浓厚兴趣。[3] 从 1588 年开始，罗斯林的关注点主要落在乌尔苏斯身上；现在，他却突然遇到有人以毕达哥拉斯的权威周全地捍卫哥白尼的理论。

跟他之前一样，罗斯林拿到了牌，却在没有跳出旧的思维定式的情况下就急着重新洗牌。他声称，开普勒的发现更加符合自己的方案。然而，第一封书信在细节方面语焉不详，他甚至承认，尽管"立方体可以给出土星天球和火星天球之间的距离，但是我不知道'其他五种规则几何体能否给出这种结果'。这个问题我留给精通几何的人去评判。尽管五颗行星可能有五个这种距离，而且每个多面体都是为特定的行星专门设计的，但是由于上述原因，我还是不支持

[1]   Roeslin 2002, 45-48, 54 （image III）; Granada 1996b, 140-44. In fact, Ursus was circumspect and left open the question of the infinitude of the universe; in 1597, he shifted his position toward that of Tycho and accepted the intersection of the paths of Mars and the Sun. To add to the confusion, Ursus's system is the one labeled "according to the hypotheses of Nicolaus Copernicus."

[2]   Roeslin 2002, 52, 54, 56.

[3]   Perhaps he had learned of Herwart's interests through his contacts with Ernst of Bavaria, archbishop of Cologne, the dedicatee of *De Opere Dei* （Roeslin 2000, 3-7）. For translation and discussion of key passages, see Voelkel 2001, 80-82.

哥白尼的观点"[1]。罗斯林没有提到——而且明显没有解决——的一个问题是,在他自己的方案中,月球和地球之间的空间需要额外的几何体。上帝真的觉得五个间隙就够了吗?不是六个?罗斯林话锋一转,他指出开普勒也遗漏了一个间隙:"土星和恒星之间几乎无限远的距离……他想用什么几何图形解释这种无限远的真空空间呢?我认为,这种五大规则几何体的发明只适合没有风险问题。"第谷的理论也并没有什么优越之处。因为他让"上层三行星——土星、木星以及火星的天球的空间太狭窄了"[2]。

1597 年 7 月,罗斯林想出了一个解决方法。在没有提供任何计算过程的情况下,他就宣称立方体可以给出土星天球的大小,四面体适合木星天球,而十二面体适合火星和太阳之间的空间。然后他提出了重要观点:"第四个规则几何体——二十面体给出了太阳和月球之间的空间,而水星和金星在这个空间内在自己的轨道上运行。"换言之,二十面体将包括三个间隙,而只留下八面体包住月球和上大气层之间的空间。罗斯林认为,即便这种填充空隙的方案不是决定性的,由于最后一个间隙,赫尔瓦特肯定会觉得他的方案对多面体的适应性要好得多:

我不需要进一步的几何证明,因为我让土星天球的上层部分与第八天球之间是连续的。因此,大人您可以看到,他的发明恰恰证明了我的方案比他的方案要优越得多。因此这个观点同时适用于两个理论……它们不是证明性观点。[3]

显然,不管是罗斯林还是乌尔苏斯,都没有质疑过将多面体作为比较评估(以

348

[1] Roeslin to Herwart von Hohenburg, May 4/14, 1597, Kepler 1937-, 13: 123-24; quoted and trans. in Voelkel 2001, 80.

[2] Ibid.

[3] Ibid., Voelkel 2001, 82.

及排除）多个宇宙秩序假说的新标准的形而上学相关性。这也说明，他们支持这种比较的标准，它是对圣典和自然哲学的非决定性的补充。这一标准的合理性体现为古代权威人士的第一个实例，如今仍然是讨论天体秩序的惯用语。罗斯林和乌尔苏斯都承认，五大几何体体现了某种真实，因此也证明了开普勒的观点：天球之间的空间"由毕达哥拉斯的五种图形揭示了出来"。但是关于如何使用这条标准，两人意见不一。如上文所示，罗斯林写给赫尔瓦特的回信只是说这些几何体最适合他的方案中的空间而已，并非确凿无疑的。

和罗斯林不同，乌尔苏斯很快就借由开普勒于 1595 年 11 月写给他的一封信知悉了《宇宙的奥秘》，此时这本书还没面世。因此，阅读乌尔苏斯《天文学假说》的人会发现，其对多面体方案的描述（无图）与开普勒对乌尔苏斯的赞美混杂在一起。[1] 此外，读者还发现开普勒暗示了自己潜在的直觉："平均运动的幅度越大，它们运行的速度就越缓慢；而且由于光线的衰减，外层运动的冲力也会减弱。"[2] 乌尔苏斯出于自身的考虑全文引用了开普勒的书信，让开普勒的溢美之词不加评论地呈现在读者面前，并将开普勒的理论作为反驳罗斯林假说的未经认可的有力武器。[3] 然而，实际上，乌尔苏斯并没有将开普勒的标准用于罗斯林的假说，开普勒的标准是由从内接、内切多面体的比率得到的相对距离先验地推导出来的。乌尔苏斯仅批判了罗斯林的轨道距离观点，他颇为粗野地称之为"间隙假说"（特别是到恒星的距离以及火星和太阳轨道之间的间隙）。[4]

乌尔苏斯的攻击大多是围绕第谷《天文学书信集》的相关段落。他的策略是将所有理论都贬低为剽窃，并证明第谷是读了《天球运行论》中一个晦涩费解的段落，从佩尔加的阿波罗尼奥斯（Apollonius of Perga）那里提取了他的核心

---

[1]　Jardine 1984, 53-54; Ursus 1597, fols. D1-Dv.

[2]　Ibid., 54.

[3]　Ursus 1597, fol. D: "Veriorem enim scio Hypothesibus roeslini."

[4]　Jardine 1984, 49.

观点，而哥白尼的理念来自阿里斯塔克，罗斯林则笨拙地剽窃了第谷的理论。[1]
这种吹毛求疵的评论也让他可以对第谷和罗特曼的观点发表尖锐的抨击，从方方面面贬低嘲讽二者的个人动机、性格、疾病、总体能力和社会地位。[2]《天文书信集》将乌尔苏斯称作"下流的恶棍"，乌尔苏斯以牙还牙，这个群体内剑拔弩张的气氛清晰可见。乌尔苏斯被擢升为了帝国数学家，这位前北部德国的牧师兼天才数学家如今可以称高贵的第谷·布拉赫为"纯粹的技师"，"是用鼻子上的三个孔辨别出了大部分的双星"；他说宫廷数学家罗特曼应得到"哭诉者"的称号，而斯特拉斯堡医生罗斯林值得"荒谬的侏儒"和"信口雌黄的矮子"的美名。[3] 在一个短暂的历史时期内，中间群体杂交混合的行星体系——《天球运行论》的产物——被赋予了很高的文化价值。

最后一点同样适用于第谷·布拉赫，他为这些斗争创造了大部分的社会空间。但是1597年第谷自己的命运也发生了改变。他失去了新国王克里斯蒂安四世的支持，被迫离开自己的传奇小岛。他现在来到一个不同阵地，他要努力维护自己的声望并寻找新的庇护人。[4]1598年，与朋友海因里希·兰曹（Heinrich Rantzau）住在一起的时候，第谷出版了一本美轮美奂的书——有些版本进行了手工着色，并用丝带装订在一起；此书详细介绍了他的大型仪器，引介了乌拉尼亚堡的前卫观点。这本书完全忽略了进行得如火如荼的世界体系论战，也没有展示第谷自己的行星方案；它变成了一种工具，用以感谢皇帝支持极具威胁的新贵乌尔苏斯任职。[5]

---

[1] Ibid., 55-56; Mosely 2007, 190.

[2] See Mosely 2007, 190-93.

[3] Ibid., 189.

[4] See Christianson 2000, 197-236.

[5] As Mosely points out, the presentation of this book with the manuscript of the valuable star catalogue actually-followed Rudolf's decision to appoint Tycho（Mosely 2007, 136; Brahe 1913-29, 8: 163-66; Thoren 1990, 410-13.）

与此同时，第谷继续从维蒂希的藏书室获取剩余藏书，特别是几本《天球运行论》——他知道那里藏有这本书。[1] 在这一时期，他还获得了一本《宇宙的奥秘》，1598 年 3 月，开普勒写的求情信送到了第谷所在的兰曹寓所。

开普勒的处境十分糟糕。施蒂里亚地区的宗教和政治气候变得对路德派信徒非常不利。在格拉茨，开普勒被命令为他逃避小女儿去世时的天主教仪式缴纳罚款。[2] 此外，他意识到——可惜已经太晚了——他不经意间与乌尔苏斯形成了尴尬的局面。他写信给乌尔苏斯拍马屁，赠送两本《宇宙的奥秘》（其中一本是送给第谷的），目的是获得对方的赞助，但是构想太拙劣了。身处格拉茨的开普勒与其他天文学家的主要联系都要经过梅斯特林和赫尔瓦特·冯·霍恩堡：他并没有进入第谷繁忙的书信网络。因此，尽管《宇宙的奥秘》表达了对哥白尼热切的支持，但是它现在表达的是开普勒的希望，希望第谷原谅他年轻时的轻率，并为他提供资助。他在 1597 年末满怀希望地写信给第谷说："如果第谷也能得出和梅斯特林一样的结论，我该多么欣喜啊！"[3]

1599 年 7 月，第谷来到布拉格不久，开普勒就收到了他的邀请函。这些有利条件，以及开普勒的安全由此提升的深远前景，引发了这样的疑问：开普勒明显是支持哥白尼理论的，为什么这样的思想倾向没有成为重要的障碍呢？一种解释是，在整个职业生涯中，第谷都极为尊重哥白尼理论，最终还采纳了日心轨道（除了地球之外的所有行星）和非等分行星模型。当然，这种尊重是夹杂着质疑的。第谷发现开普勒《宇宙的奥秘》有两大问题，这两个问题实际上与他最近反驳罗特曼对哥白尼的辩护时提出的问题相同：土星与恒星之间不合理（且非常巨大）的间隙，以及地球运动的"不合适性"。此外，第谷还有一个

---

[1]　See Gingerich and Westman 1988, 20-23.

[2]　Caspar 1993, 96-99, 108-15.

[3]　Kepler to Tycho, December 13, 1597, Kepler 1937-, 13: 154; trans. Rosen 1986, 90; cited in Voelkel 2001, 83-84.

疑虑：开普勒采用柏拉图的等径模型，这种模型比哥白尼的复合匀速圆周运动更加符合动态的反作用太阳力。[1] 另一方面，显而易见的是，第谷同乌尔苏斯、罗斯林以及罗特曼一样认可对称性标准。他致信开普勒说："毫无疑问，宇宙万物都受到上帝的启发，并且它们相互关联，达到某种和谐平衡的状态；这种和谐被简单地理解为数字和图像，正如很久之前毕达哥拉斯理论和柏拉图理论在某种程度上预见的一样。"[2] 这一次，问题不再是标准的合理性和相关性，而是标准的应用方式。

对此，第谷有两个解释。首先，他否定开普勒和梅斯特林先验地确定相对距离的方法。其次，若要确定这些关系，就必须从观测结果直接确定，只有他这么多年来一直在不辞劳苦地进行这种观测，这些观测结果可以更加精确地展示比例，进而更好地确定各个行星的真实偏心率[3]。第谷的口号当然是最终的判断标准必须依靠精确的观测；但是，不同于作为其行星方案依据的火星视差观测结果，这里没有什么重要问题是悬而未决的。根据对称性原理提出的观点总是会被重新解读以使其满足各种假说的条件。

第谷将开普勒招揽到布拉格，显然主要是因为开普勒出众的天文学天赋。第谷有识别和招揽人才的能力。很多年轻人终生为他义务效劳。此外还有两个重要因素：第谷和开普勒有着相同的宗教信仰，他在开普勒身上看到了忠诚的品质，而反叛的乌尔苏斯恰恰缺少这种品质。第谷不仅希望开普勒能够反对乌尔苏斯，而且希望开普勒能够展现自己的忠诚，他提出了一个条件：开普勒要运用自己的才能攻击并摧毁乌尔苏斯。感谢乌尔苏斯对开普勒 1595 年书信的滥用，开普勒有了自己的理由去写一篇文章澄清事实。然而，最终辩驳并没有发生，

[1] Kepler 1981, chap. 22, 215-19: "Why a planet Moves Uniformly about the Center of the Equant"; Tycho to Maestlin, April 21, 1598, Kepler 1937-, 13: 205, ll. 27-36.

[2] Tycho to Kepler, April 1, 1598, Kepler 1937-, 13: 99, ll. 90-95.

[3] Ibid., 13: 197, ll. 13-21.

因为 1600 年 8 月 15 日，乌尔苏斯去世了，稍后开普勒才开始动笔。[1]

开普勒反驳乌尔苏斯并为第谷辩解的文章，因其元水平的、认知层面的反思而值得称道，它提供了一个契机，让他琢磨出关于天文学假说性质的整体思路以及判别各种假说的逻辑方法。[2] 实际上，与乌尔苏斯的分歧是基于对《天球运行论》的不同解读。乌尔苏斯并不知道奥西安德尔的身份，他认为是哥白尼撰写了"致读者信"（他称之为"序言"）并以之为基础提出了可疑的天文学假说。开普勒是通过自己那本《天球运行论》的注释以及书中的两封来自奥西安德尔的信（见第 4 章）知悉了奥西安德尔的身份。他由此知道哥白尼理论是关于世界真正的运行方式。他认为奥西安德尔使用这个权宜之计是为了隐藏并保护哥白尼的真正观点。[3] 在开普勒看来，这种保护方式不可取。他在《宇宙的奥秘》中重申，进一步深入思考就有可能发现并剔除错误的前提："即便两个假说的推论在几何学上是一致的，每种假说在物理学上都会有自己独特的推论。"[4] 这个观点与克拉维乌斯 1581 年对"由假得真"的反驳完全一致[5] 此外，通过 1596 年的《天文学书信集》，开普勒也注意到，在布拉赫与罗特曼的辩论中，物理标准是至关重要的："第谷并不觉得行星围绕着运动的太阳运行（它们以太阳为中心但不偏离自己的运动）有什么荒谬的地方。"[6] 尽管辩解文灵巧地阻挡了对手对第谷的批判，但是开普勒（同伯爵威廉一样）认为，第谷的太阳绕着行星运动的物理理论是存在很大问题的。值得注意的是，在辩解文中，对称性标准并不被当作在

[1]　Rosen 1986, 322.

[2]　The work was composed between October 1600 and April 1601, during which time Kepler suffered from a chronic fever（Rosen 1986, 322-22）. The full text, together with translation and commentary, appears in Jardine 1984.

[3]　Jardine 1984, 152.

[4]　Ibid., 141-42.

[5]　Jardine 1979.

[6]　Jardine 1984, 146. Shortly afterward, Kepler mentioned that "William Gibert the Englishman appears to have made good what was lacking in my arguments on Copernicus's behalf"（ibid.）.

两种得出相同几何推论的假说中作出选择的决定性依据。开普勒不会放弃对和谐的探寻，但是很明显，在不同的世界体系中，现代主义者与传统主义者有一项重要共识：物理标准是决定性标准。1597 年开普勒与伽利略的通信以及 1600 年威廉·吉尔伯特（William Gillbert）《论磁体》（*De Magnete*）的发表都增强了这种印象。尽管梅斯特林持反对意见，但是现在的问题是如何用具体的物理论证强化哥白尼假说。1605 年精确的物理条件引导开普勒开启了全新的行星模型的大门——这种精确性正是第谷孜孜以求的目标。

第五部分

世纪之交莫衷一是各执一词的现代主义者们

13

第三代哥白尼主义者：伽利略与开普勒

开普勒和伽利略的关系有着明确的历史背景：两个大人物，年纪差不多；都是哥白尼的拥趸；不但在自己的社交圈内声闻遐迩，还能蜚声圈外；都有一系列非凡的结合了数学与自然哲学的新主张、新发现——彼此却几乎没有直接的来往。这种关系的缺陷，可能已经给 17 世纪发展极好的科学与自然哲学带来沉重的后果。开普勒和伽利略的追随者们后来各奔东西。按照 16 世纪 80 年代的看法，从理论上阐释哥白尼理论的人是各不相同的，就像罗特曼、布鲁诺、梅斯特林和迪格斯迥然不同一样，开普勒与伽利略的关系似乎只是一个特例，但在之后的 10 年中，开普勒和伽利略已然深陷第二代哥白尼学者和颇受争议的"中间道路"践行者们创造出的这种无序状态。在发现望远镜和椭圆天文学之前10 年，这些差异如何演化？这就是本章的主题。

比萨时期的伽利略与星的科学

首先必须承认,并无多少直接证据表明,伽利略最早的知识结构与天体、天文学或占星学有关。许多叙述直接跳到 1609—1610 年的那架望远镜,或是伽利略教授过天文学基本原理,在 1597 年初步关注"哥白尼学说",在 1610 年则全心投入。[1] 这种全心投入的早晚,会导致迥然有别的解释。伽利略对运动学的新试探,是在哥白尼框架下思考自由落体问题所激发的吗?还是说他保持着这些问题领域的分离?糟糕的是,伽利略遗存的 1585—1610 年的书信有许多严重缺漏。[2] 比较有把握的说法(也是通常的看法)是,伽利略的数学训练源自两种不同背景:1580—1585 年,他在比萨大学学习,稍后在那里获得的首个数学教职(1589—1592);他的老师奥斯提里奥·里奇(Ostilio Ricci)是他父亲的朋友,也是大公爵的宫廷数学老师、绘画艺术学院(Accademia dei Disegno)的成员,私底下教他欧几里得和阿基米德。[3] 关于伽利略最早在何时接触到星的科学的各种门类,现存的信息十分有限,这可以说明为什么历史学家们多从伽利略生命的中期(1610—1632)和晚期(1633—1642)寻找解释。可是,这些偶然的证据又能说明什么呢?

比萨的数学教授们所遵循的教程,至少表面上符合其他地方的教学要求。他们比较典型的做法是,讲讲欧几里得的一两本书,萨克罗博斯科的《天球论》, 35

---

[1]　See Drake 1978, 110; Wallace1984a, 37; Wallace1984b, 260; Drake1987.

[2]　On efforts to reconstruct the Galilean chronology in his Pisan and Paduan periods, see the aptly sobering remarks of Reeves 1997, 25, and Bucciantini 2003, 29; cf. Drake 1978, 6-156; Schmitt 1972b, 243-71; Wallace 1998, 27-52.

[3]　Ricci lived ca. 1530-1600; see further Schmitt 1972b, esp. 246.

普尔巴赫的《行星新论》，以及"托勒密的某些东西"。[1] 但也正和别处一样，教材的各种版本和注释都已根据需要做了裁剪。就此而言，很可能伽利略首次接触《天球论》并非通过梅兰希顿或施赖肯法赫斯，而是通过克拉维乌斯的译本，由此也了解到克拉维乌斯对星的科学的分类[2]。此外，"托勒密的某些东西"，尽管可能是指《地理学》或《天文学大成》，但多半就是《占星四书》——在这里是指朱利亚诺·里斯托里并未发表过的对该书的 112 条注释。里斯托里第一次在讲座中发布这些注释是 1547 年，最后一次则是 1556 年，它们的存在给亚美利哥·龙佐尼（Amerigo Ronzoni）和卡马多西·阿伯特·菲利坡·方托尼（Camaldolese abbot Filippo Fantoni，卒于 1591 年，讲授于 1560—1567 年、1582—1589 年）的比萨注释提供了文本。[3] 弗朗西斯科·朱恩提尼是里斯托里最多产的学生，他在编辑《占星四书》时无疑受到了老师的影响。朱恩提尼不知危险地追随着皮埃尔·达伊，认为占星术与神学并不冲突：事实上，他相信神学起源于占星术。[4] 而里斯托里和他的评论者争论过的话题之一则是：占星术是否一门科学？第一

---

[1]　The university statues specified: "Astronomi primo anno legant Auctorem Spherae, secondo Euclidem interpretent, tertio quaedam Ptolomaei" (quoted in Schmitt 1972b, 257) .

[2]　Michele Camerota's argument for dating Galileo's *Juvenalia* to the Pisan period supports the likelihood of Galileo's use of Clavius（see Camerota 2004, 42）

[3]　Biblioteca Nazionale Centrale di Fireze: Ristori 1547-58, 98, 259 n. References to observations in 1547 suggest that the lectures were prepared and delivered for the first time in that year. Rutkin（2010, 141）believes that Ristori was using the 1548 Camerarius-Gogava edition. Ristori's original lectures are in Biblioteca Nazionale Centrale di Firenze: Ristori, n. d. Fantoni wrote his own name over that of Ristori at the bottom of the final page of the manuscript（430）. Another hand has made numerous interventions in the text, which are usually expansions of abbreviations. This manuscript（shelfmark B. 7. 479）is a copy of the previous manuscript, prepared either by Fantoni himself or by an amanuensis. It is to this copy that Fantoni has added his own textual observations. Ronzoni appears to have made another copy directly from Ristori, who is also credited explicitly in the title: "Lectura super Ptolomei Quadripartitum... ac eximij magistri Iuliani Ristorij Pratensis, per me Amerigum roncionibus dum eum publice legeret in almo Pisarum gimnasio currenti calamo collecta"（Biblioteca Riccariana: Ristori, n. d. ）. However, the Ronzoni copy is missing books 3-4.

[4]　See Ernst's important discussion（1991, 255-58）; Giuntini 1581. Giuntini was heavily attacked by the Jesuit Antonio Possevino.

部分（天文学假想）是否比第二部分（地界效应预言）更完美？或者，像皮科争论过的，占星师是不是伪先知？天上的星是否能决定人类的行为？[1]

方托尼和里斯托里的讲座证实了一种传统：在伽利略的学生时代，数学讲师们会为《占星四书》的占星术辩护。[2] 他们组织讲稿的方式，更像哲学家引用权威来做评论，而不是数学辩论，像贝兰蒂答复皮科那样。如果说皮科、萨伏那洛拉和贝兰蒂持续近一个世纪的辩论，偶尔会影响到佛罗伦萨和比萨的人们关于星的观点，它仍然不能阻止一位僧侣讲授占星学这个课题。[3] 与里斯托里和方托尼一样，梅兰希顿也直接拿《占星四书》做讲稿，但正如第 5 章所展示的，这些维滕堡的教师也借用《普鲁士星表》这种实际有效的例子来讲授占星术，并将它们最终都容纳进路德宗的《启示录》框架。

这段背景之所以和伽利略在比萨的学生时代相关，是因为方托尼那时正是数学讲师。[4] 它让人相信，伽利略在熟识《占星四书》的同时，可能已经学习过普尔巴赫的《行星新论》和托勒密的《天文学大成》，因为方托尼和里斯托里早已驳斥过皮科并明确为占星术辩护。考虑到伽利略在计算本命盘方面已有专长，而且往后不到 20 年，他已在帕多瓦比较成功地建立起自己的占星实践，他同情这类反对皮科的观点也是很有可能的。至于方托尼，没人知道他是否做出过预测。和开普勒不同的是，伽利略对占星理论不置一词。

---

[1]　On Pico, see Biblioteca Nazionale Centrale di Firenze: Ristori 1547-48, lectio 52, fols. 196v-197; on the status of astrology as a science, see MS. Riccardiana 157, fol. 8.

[2]　As far as I know, Charles Schmitt was the first to call attention to these important manuscripts. Writing in the framework of the historiography of the early 1970s, when he was trying to make the study of universities an important part of the history of science, he regarded it as important that they showed "a strong occult element in the teaching of mathematics and astronomy at Pisa from the reopening of the studio in 1543 until the time of Galileo" (Schmitt 1972b, 259).

[3]　In 1581 the Florentine Dominican theologian Tommaso Buoninsegni issued a Latin translation of Savonarola's attack on astrology (Buoninsegni 1581).

[4]　Fantoni also referred to Copernicus as *vir peritissimus* in an unpublished commentary on Peurbach's *Theoricae Novae* (see Camerota 1989, 91).

伽利略避免接触星的科学领域，可能是由于教会官方禁止某些种类的占卜。这些事件有着年代连贯性。就在伽利略结束比萨的学业之时，克拉维乌斯在其1585年版《〈天球论〉评注》中支持了皮科的批判。1586年，教皇西克斯图斯五世发布训谕《天与地》（*Coeli et terrae*），明确将先知之功归于上帝，并发出严峻的警告，声称恶魔正在侵袭迷信的"本命占星家""数学家"和"行星学者"。[1]这道西斯廷诏书在精神上是皮科式的，同时也为习惯上被认为安全的占星术（医药、航海、农业）保留了空间。但它当然不会鼓励反皮科的物理学，而这恰是承袭了梅兰希顿传统的格奥尔格·列布勒在图宾根传授给开普勒的知识。与此同时，罗马划定的新边界也丝毫未能阻止伽利略发起的温暖致意，1588年1月，他将自己关于物体重力中心的著作寄给了克里斯托弗·克拉维乌斯。[2]

因此，毋庸赘言，伽利略早年在比萨学习了构成星的科学的学科，意味着他在16世纪80年代对天文学和物理学的思索与开普勒在16世纪90年代早期的想法会有天壤之别。作为欧洲主流学院式哥白尼派的门徒，开普勒早期自然的哲学探讨一开始就带着哥白尼的印记；此外，他还吸收了从皮科那里搜集的斯多葛学说和新柏拉图主义，把太阳当作天上的动力引擎。

布拉赫和罗特曼否定了固定的承载星球的天球，是否直接激发了开普勒的思考？开普勒全新的、流溢论的太阳说，已为之前解释学上的鸿沟提供了一个解答。因此，开普勒物理学的重点其实是关于天空秩序与光的。解释的难点在于，为什么行星能保持一种有序的整齐，不论是在相互距离上，还是在相对速度上。开普勒没有说明为什么重物体会加速移向运动中的地球。

尽管《天球运行论》早已众所周知，在伽利略学生时代的比萨，它还常

---

[1] On the bull, see Ernst 1991, 249-51, 254-55. Wallace believes that Galileo used the 1581 edition of Clavius's *Sphaera* for his *Tractatio de Caelo*, but this would not rule out his knowledge of subsequent editions (Wallace 1984b, 257-59; Wallace 1984a, 33-34).

[2] Camerota 2004, 52.

被人好意提起，但相关记叙其实零散而不成系统。[1] 毫无疑问，伽利略的老师们无人遵循哥白尼的体系，而他本人第一次读到《天球运行论》时（大约是在1590—1592年），对推衍的注重仅仅是出于他对地球力学的强烈兴趣。因此，《天球运行论》中最有可能引起他关注的内容，应该是哥白尼对重力的讨论，对循环运动作为首因的强调——不只是针对地球，而是针对所有元素——还有哥白尼对不均一的上下直线运动原因的建设性指导。[2] 伽利略在比萨时早已秘密参与当地激烈的辩论，探讨为何重的轻的元素在靠近各自的自然位置时都会加速。佛罗伦萨的亚里士多德主义者弗朗西斯科·波纳米奇（Francesco Buonamici）曾为亚里士多德辩护，反对阿基米德所谓较重的物体组成的媒介导致较轻的物体向上加速的说法，他还明确否认所有物体天然是重的这种暗含的概念。[3] 方托尼也是他讨论的对象，他的哲学兴趣后来延伸到对数学现状的思考[4]。因此，伽利略最初思考运动的语境，和开普勒找到他的指南针时的状况大相径庭。伽利略很可能是以波纳米奇构想又否定过的立场为依据的。[5] 在发展出他自身对元素运动的独特见解的过程中，伽利略可能受到了阿基米德平衡律和流体静力相关概念的强有力的启发。[6] 在伽利略初读哥白尼的《天球运行论》时，这些资源很可能为他提供了解释的框架。

---

[1]   See Helbing 1997.

[2]   Copernicus 1543, bk. 1, chaps. 8-9; Copernicus 1978, 24-28.

[3]   Camerota and Helbing 2000, 361-62. Buonamici taught at Pisa from 1565 to 1603.

[4]   Schmitt 1972b, 260n. : *An Demonstrationes Mathematicae Sint Certissimae*; *Absolutissima Quaestio de Motu Gravium et Levium ex Praelegentis Doctoris Ore Excerpta in Accademia Pisana* （Biblioteca Nazionale di Firenze, Conventi Soppressi B. 10. 480）.

[5]   See Funkenstein 1975b.

[6]   See Camerota and Helbing 2000; Camerota 2004, 43-50.

伽利略与维滕堡和乌拉尼亚堡 – 卡塞尔关系网

　　还有哪些因素影响了伽利略对开普勒问题的反应，目前尚存疑问。在 16 世纪 80 年代，伽利略几乎无法接触到维滕堡圈子的各种资源。与布鲁诺不同，他从未跨越过阿尔卑斯山。与乔瓦尼·安东尼奥·马基尼不一样，他并不拥有一位学院派数学家通常拥有的出版配置（星历表、球体理论、学科理论和预言）。此外，他对当地缺乏了解，不知道奥西安德尔匿名编辑的作品以及雷蒂库斯对前者的愤慨；他并未涉猎梅兰希顿式的天启占星术项目，也不熟悉莱因霍尔德对哥白尼行星理论的注释，后者对于确立维蒂希和第谷有关地缘日心说的疑问至关重要。据我们所知，伽利略对维滕堡作家们和主题的熟识，仅仅来自已出版的著作，比如马基尼和莱因霍尔德各自对普尔巴赫的注释。还因为梅兰希顿所有的著作都在索引上，伽利略在比萨学习过的不论什么版本的萨克罗博斯科、欧几里得或普尔巴赫的作品，都不可能以梅兰希顿的序言为框架。若说他对梅斯特林有所了解，那一定是作为克拉维乌斯历法论战中的敌人；对于梅斯特林或者开普勒与图宾根神学家们之间的难题，他也没有个人体会。

　　但和乌拉尼亚堡的联系是另一回事。马西莫·布奇安蒂尼（Massimo Bucciantini）最近发现，1592 年伽利略刚到帕多瓦时，就迅速获准进入贾恩·温琴佐·皮内利（1535—1601）[1] 藏书室。皮内利出身于热那亚贵族家庭，他的藏书室享有盛名，不但在古代经典著作方面收藏颇丰〔帕普斯（Pappus）、欧几里得、阿波罗尼奥斯、阿基米德、斯特拉波和托勒密〕，其当代收藏也毫不逊色。他的藏书单向我们证明，他拥有许多和现在的调查相关的书籍：《天球运行论》（1543 年版，或 1566 年版），布拉赫的《关于最近发生的天文现象》（1588），乌尔苏

---

[1]　Bucciantini 2003, 33-48.

斯的《天文学基本法则》（1588），梅斯特林的《新星历表》（1580）和《天文学概要》（1582），布鲁诺的《原初且唯一的原因》（*Della Causa Principio et Uno*，1584），以及迪格斯的《数学的羽翼或阶梯》（1573）。[1]

　　布拉赫发表但并不出售的著作，提出了一个更深远的问题：皮内利和乌拉尼亚堡之间的关联。至少有一位中间人，他是格利乌斯·萨塞莱迪斯（Gellius Sascerides，1562—1612），第谷的大弟子，1588 年 5 月他送给梅斯特林一本《关于最近发生的天文现象》，稍后又送了另一本给博洛尼亚的马基尼。[2]1589 年来到帕多瓦学医时，他频繁造访皮内利。尽管格利乌斯很大程度上提升了第谷在意大利的声望，但 1590 年皮内利才通过中介人约阿希姆·卡梅拉留斯得到第谷的这本著作。[3]不太确定的是他在何时以何种方式获得《天文学书信集》——很可能并不早于 1599 年。[4]

伽利略论哥白尼

与马佐尼的交流

　　通过两封著名的信件（1597 年 5 月和 8 月），我们可以直接了解伽利略对哥白尼理论的看法，这两封信是为了回应新近出版的、他认为能够支持哥白

---

[1] Bucciantini 2003, 33-34.

[2] Ibid., 36-37; for Maestlin's copy of *De Mundi*, see figure 59, this volume; Westman 1972a; Gingerich and Westman 1988.

[3] Brahe to Camerarius, October 21, 1590, Brahe 1913-29, 7:276. Pinelli was also very interested in the globes belonging to Tycho and the landgrave（Bucciantini 2003, 40-41）.

[4] Bucciantini believes that it is "quite probable" that Pinelli（and Galileo）had the book very soon after its publication in 1596（Bucciantini 2003, 57）; and much of how one interprets Galileo's crucial letter to Kepler of October 1597 hangs on this dating. Adam Mosely, who has inventoried extant copies as well as Tycho's references to dispatched copies of the *Epistolae Astronomicae*, is disinclined to date Galileo's acquisition of the *Epistolae* before 1599（Mosely 2007, 300）.

尼的著作:《宇宙的奥秘》和《通向柏拉图与亚里士多德整体哲学之序曲》(*In Universam Platonis et Aristotelis Philosophiam Praeludia*),后者的作者是伽利略在比萨的同事雅各布·马佐尼(1548—1598)。这两本书都突出了柏拉图的主题,但又特征迥异。马佐尼具有16世纪晚期人文主义者在古人中寻求协调的敏感,目标是"在所有知识的和谐秩序中调和相反意见"[1]。他赞同乔瓦尼·本尼迪提(Giovanni Benedetti)对亚里士多德的运动分析做了独具慧眼的修改,但不同意此人认为亚里士多德不够关注自然哲学中的数学的观点。[2] 不过,马佐尼还不能接受开普勒结合毕达哥拉斯 – 柏拉图的形而上学与哥白尼的天文学的做法。尽管他整理了亚里士多德并未讨论过的数学和光学观点,但他并未反驳亚里士多德或托勒密的结论。从这个角度来讲,人们很可能认为他属于耶稣会的克拉维乌斯一翼。

　　1588年,大公费迪南德·美第奇将马佐尼召至比萨讲授亚里士多德的《物理学》,下一年又指派给他讲授柏拉图的工作。[3] 在16世纪晚期的意大利大学中,马佐尼是少数信奉柏拉图哲学的哲学家之一。[4] 很有可能,巴罗齐编辑的普罗克洛斯著作增强了这个正在崭露头角的柏拉图支持者团体的毕达哥拉斯特色,就像10年前它在英格兰刺激了约翰·迪伊、托马斯·迪格斯及其助手团体的类似趋势一样。马佐尼论及哥白尼的部分相当简洁,从属于一批更大的折中派著作,其长期传统就是系统比较柏拉图与亚里士多德的哲学,并解释、修正乃至解决他们俩的分歧。[5] 伽利略写给马佐尼的信件尤其关键,因为它证明,在开普勒的

---

[1] The phrase is borrowed from R. J. W. Evans, who points to the *Concordia Platonis cum Aristotele* aspired to by the Bohemian Johann Jessenius (Evans 1979, 32).

[2] Bertoloni Meli 1992, 9.

[3] Mazzoni's print identity announced that he was "ordinary" professor of Aristotle, but on Plato "extraordinary" (Mazzoni 1597).

[4] See Purnell 1972.

[5] "Quod Terra sit Centrum Mundi. Et quod non moueatur, reijctur commentum Pythagoraeorum, Aristarchi Samij, & Nicolai Copernici" (Mazzoni 1597, 129). On the *comparatio* tradition, see Purnell 1971, 31-92.

书到达之前,伽利略早已对哥白尼有强烈的认同。同样关键的是,伽利略用了"更有可能"这个短语来描述自己持有这种哥白尼–毕达哥拉斯观点:"说实话,尽管我很认同您的其他观点,最开始我还是感到迟疑困惑,因为阁下如此坚决坦率地挥拳直击的毕达哥拉斯和哥白尼关于地球的运动和位置的观点,正是我如今'更有可能'持有的观点,而不是亚里士多德与托勒密的其他观点,因此我竖起耳朵专心倾听您的论点;因为对于这件事和其他一些与此相关的事情,我有一些想法(感想)。"[1] 伽利略并未进一步阐述自己的立场,但他不怕麻烦地指出了这位同事在思考地球运动时由于受到所谓的观察限制而犯的错误。难处在于:马佐尼想象的是一个人站在高高的山峰上(这座山就是高加索山,不是任何他曾经爬过的山,而是亚里士多德在《气象学》中描绘过的),就能看见一半以上的天球。他指出,如果地球绕着太阳旋转,那么地球居民能离星球近得多,因此他们可能会看见一样多或更多的天球。但他们并没有看见,所以哥白尼的观点是"错误的和不可能的"[2]。在 16 世纪,从未有人拿这种限制来反驳哥白尼,这说明马佐尼思考这个问题的动机要么来自他对《天球运行论》的阅读,要么源于他早些时候和伽利略的讨论,而且他绝不只是从教学手册中拎出这个问题的。

在这场交流中,伽利略是老师,也是友好的批评者——那是他最喜欢的角色。[3] 事实上,马佐尼的书主要并不是讨论"毕达哥拉斯和哥白尼的观点"。尽管马佐尼深信,数学是将整个自然世界哲学化的序曲(举个例子,他抨击了亚里士多德所谓物体按照与自身大小成比例的速度经过媒介的观点),但引起他兴趣的问题主要并不是天文学思考。因此提及哥白尼的部分并不多。

357

[1] Galilei 1890-1909, 2:198; cf. Drake's translation (1978, 40).

[2] Mazzoni 1597, 132-33 Mazzoni's argument is well explicated in Shea 1972, 111-13.

[3] Early in the letter, Galileo expresses "the greatest satisfaction and relief" that Mazzoni now "inclines to that part which was judged by me to be true and by you the contrary"; he also refers to how "in the first years of our friendship we disputed together with such joy" (Galilei 1890-1909, 2: 197).

我们觉得有趣的是伽利略为何这样做：他在比萨的三年里和马佐尼相当亲近，却选择挑出这较少提及的部分做特别点评。这种关注有力地表明，伽利略不仅仅是指出了一个哲学错误，而是在马佐尼的大部头所讨论的诸多论题中，这个问题和伽利略尤其相关。在致马佐尼的信中，他以颇有个人特色的修辞结尾："为了不再劳烦阁下，我不想和您长篇累牍地争论，只想请求您直率地告诉我，您是否认为可以通过这种方式挽救哥白尼。"[1] 但无人知晓马佐尼是否回过信。

伽利略与开普勒

1597 年的交流

1597 年 8 月，伽利略正在帕多瓦，有人主动请一位名叫保罗·杭伯格（Paul Homberger）的德国使者送来一册《宇宙的奥秘》。杭伯格在格拉茨教授音乐，开普勒则在那里教授数学，他是开普勒和伽利略的第一位中间人。显然，开普勒让杭伯格将这本书献给未具名的"意大利数学家们"，因为他叫不出任何名字，而杭伯格显然在帕多瓦有着良好人脉。1595—1596 年，他曾在帕多瓦大学的艺术系短暂学习，很可能听过一场或多场伽利略的公开讲座。即使他不曾听过，他也肯定知道伽利略是这所大学第一流的数学教师。没有证据表明，杭伯格或开普勒在后者的书送到之前就已经知道伽利略会赞同哥白尼。[2] 但是，因为杭伯格曾在帕多瓦而不是博洛尼亚或费拉拉学习，所以开普勒的书被送到伽利略手中也非完全偶然。事实上，由于某些不为人知的原因，杭伯格并未久留。在伽利略撰写（或匆匆草就）的致谢信中，他提到自己收到这本书"不是几天以前，

---

[1] Galilei 1890-1909, 2: 202. There is reason to believe that Galileo had written much more about this problem than he expressed in the letter to Mazzoni.

[2] Martinelli 2004.

而是数小时以前"，而且杭伯格很快会返回德国。[1] 这封信当然鼓舞人心，同时也撩人心怀。

由于缺乏直接的证据，我们可以利用先前对《宇宙的奥秘》的分析来想象伽利略最初的反应。开普勒的书已公然表明其哥白尼–毕达哥拉斯–柏拉图意图，这个迷人的多面板甚至请求不感兴趣的人也打开它。其作者是一位数学家，曾师从图宾根的梅斯特林，如今则是格拉茨的教师和预言者。假如伽利略已从历法争端中听说过梅斯特林，那他肯定还没听说过开普勒。他和马佐尼的关系早已清楚证明，他对柏拉图哲学绝不是浅尝辄止，而且他早已认定哥白尼的论点"更有可能"。在这方面，伽利略显然也遇到了同样的方法论困境，这是哥白尼、雷蒂库斯、迪格斯、罗特曼、梅斯特林都曾面对过的：太阳中心说的设定，是否比传统秩序更好，即使它尚无确定无疑的地位。

伽利略几乎没有或者很少有和天文学家打交道的经验，他们几乎全是柏拉图哲学的门徒。马佐尼是一位柏拉图主义者，但不是职业的天文学家。博洛尼亚的马基尼和比萨的本尼迪提都是数学从业者，但他们不是柏拉图主义者。从最乐观的角度来看，伽利略可能会想起由弗朗西斯科·巴罗齐翻译的、普罗克洛斯对欧几里得的评注，或克拉维乌斯曾捎带提起对普罗克洛斯有好感。[2] 眼下，开普勒出现了，他明显是个新手，频频提到老师，常常公开提起学生辩论，满腔热情地谈着自己在遥远的格拉茨教数学的事，并深深沉浸于伽利略并不认同的神学研究方式。开普勒还宣称他的著作对于普通的占星实践者并无用处。

他的目标至高至远、出类拔萃。他将天文学划入冥想哲学与神学的领域。对伽利略来说，也许口味重了些？开普勒大胆宣称发现了一种新方法来阐述哥

[1] Galilei 1890-1909, 10: 67-68, quoted and translated by Hartner 1967, 181, and Koestler 1959, 356. I have made a number of substantive changes in Hartner's translation.

[2] Or Egnazio Danti's disciplinary scheme（Danti 1577）. I am not suggesting that there is any secure evidence that Galileo knew Barozzi's work at this time, but simply that his own views about the preeminence of mathematics would have been quite compatible with those of the Barozzi Proclus.

白尼的观点：以"物理，或者你喜欢的、形而上学的理由"。

　　尽管开普勒是一位数学家，他的抱负显然是明确的、与神学有关的。接下来还有梅斯特林——那时候伽利略对他的了解还只限于克拉维乌斯的敌对者，他自视为开普勒和雷蒂库斯（伽利略之前从未看过他的注释、绘图版《第一报告》）的守护者；以及梅斯特林带有浓厚技术性的《天球与天体轨道的尺度》（伽利略可能会因此想到马基尼的著作）。这部哥白尼研究著作或许只得到了匆匆一瞥，在杭伯格离开之前，伽利略是否有一个小时左右的时间，浏览它的序言、献词和主体内容？——他肯定很惊讶，可能还有些焦虑。历史学家们通常认为，伽利略并未深读这部著作。但这封信仍然值得注意。

　　我收到您的大作，不是几天以前，而是数小时以前，保罗·杭伯格将它带给了我；因为这位保罗说他即将返回德国，我想如果我不在此信中向您的礼物致谢，我肯定会被看作忘恩负义。请接受我的感谢，以及我的深切感激，因为您通过这种亲切的方式邀请我成为您的朋友。目前我仅读完您的序言，从中略微窥得您的意图；我深深庆幸自己在探寻真理的途中能有这样一位同盟，这样一位朋友。令人悲哀的是，真理的学生如此之少，很少有人不走哲学探究的腐败之路。不过，此处并非讨论我们时代不幸之所；我更应祝贺您在展现这些美丽事物时对真理的支持。我承诺我会悉心研读您的大作，我确信会在里面找到宏伟之物。在看过令人尊敬的哥白尼的观点多年以后，我将要做的这件事会更加愉快，我已从中发现自然效应的多种原因，毫无疑问，只通过普通假设是无法说明这些原因的。我已写下许多原因[1]和对相反观点的反驳，但我还远远不敢

[1] "Multas conscripsi et rationes et argumentorum in contrarium eversiones" (Galilei 1890-1909, 10: 68). Hartner's translation suggests more than is warranted by Galileo's language: "I have worked out proofs, as well as computations of contrary arguments" (Hartner 1967, 181). Galileo's use of the term *rationes* (reasons, considerations, causes, reckonings) is rather vague compared to words that he might have used, such as *causa, demonstratio*, or even *theoria*.

公之于众，因为我们的老师哥白尼的命运令我心惊胆战，尽管他已在一些人眼中赢得了不朽的声名，但他被其他无数人（傻瓜的数量真多）嘲笑，并且被赶下台。如果有更多的像您一样的人，毫无疑问我会更加敢于公开我的观点；但根本没有人像您一样，我只好完全避免这类事情。[1]

　　伽利略在这封信中的立场，比给马佐尼的信中表现的更坚定也更鲜明。不必援引"更有可能"这个短语，他谈到了"自然效应的多种原因""许多原因和对相反观点的反驳"。这种新的语言显然是为了给开普勒一个强烈提示，即伽利略也已得出无可置疑的证据。但伽利略并未提供这样的证明，1597 年没有，1616 年同样没有，在他那封著名的《致大公夫人克里斯蒂娜》（"Letter to Grand Duchess Christina"）中，他采用了一套"经验和必要的论证"的修辞，没有给出任何具有决定性的明确论点。[2]

　　开普勒和伽利略在 1597 年的交流，标志着第三代哥白尼回应者的出现，物理问题被推到前台并且明显得势。但这同样是一个暴露了两位现代主义者更加难以解释的巨大差异的时刻。评论者们并未忽略伽利略在这封信中表现的竞争力，他那看起来有点过度的掌控欲。这是伽利略的个性特征吗？或者，伽利略是一位历史演员，除了他的独特性情，他置身其中的社会关系系统也从结构上迫使他做出这种行为？1967 年，威利·哈特纳（Willy Hartner）选择了第一种可能性，他将 1597 年的这封信解释为"一份关乎人类弱点的感人文件"。此外："在伽利略的青春期和成年早期，当新奇事物为他所知时，不想掉队的愿望就变得尤其强烈。与此同时，每到公开声明意见的场合，倘若观点与人们惯常接

[1]　Galilei 1890-1909, 10: 67-68.

[2]　Moss 1993, 187-88, 198-200. Nonetheless, it is clear from Galileo's sketch of a theory of the tides at around this time that he believed that he was within reach of a necessary demonstration (Galileo to Cardinal Orsini, Jaunary 8, 1616, Galilei 1890-1909 5: 377-95; translated in Finocchiaro 1989, 119-33).

受的不一样，他会展现出显著的不安。"[1] 同样，弗朗西斯科·巴龙（Francesco Barone）评论伽利略是"骄傲地回应比他更年轻的通信者"[2]。

马西莫·布奇安蒂尼选择了另一种可能性，认为伽利略如此回应，原因在于险恶的政治氛围：异端裁判所和禁书审定院不断收紧的高压。[3] 这种叙事把尚未到来的反宗教改革审查置于布鲁诺审判之前，据此，伽利略之所以不能与开普勒有更密切的切磋，是因为开普勒是梅斯特林的学生，而梅斯特林是最先的异端，近来更因与克拉维乌斯的历法论战而广为人知。[4] 这种理解如果是对的，那倒可以解释伽利略那个奇怪的说法：哥白尼正"被赶下台"。但布奇安蒂尼引人入胜的解读也引发值得三思的新问题：如果《宇宙的奥秘》被认为带有自白意味，为什么它没有立即列入禁书名单？实际上，如果它真被禁了，审查人员本可以要求读者干脆抹去梅斯特林的名字，这样还可以保留原书有价值的核心，并列入"禁止直至更正"类别，就像后来（哥白尼）的《天球运行论》那样。[5] 最后，也没有证据表明，伽利略出于对教廷审查的恐惧，中断了同那些认为他掌握了天文规律的青年宇宙学家的进一步交流。总之，躲避审查的方法是有的。[6]

---

[1] Hartner 1967, 180-81.

[2] Barone 1995, 370.

[3] Bucciantini 2003, esp. 74-81.

[4] Bucciantini's proposal is an important one, but it is mitigated by the fact that virtually every Protestant author of any reputation — including most of the members of the Melanchthon circle and the major publishers of works about the science of the stars — was also on the Roman Indexes of 1590, 1593, and 1596, among them Melanchthon, Rheticus, Neander, Ramus, Garcaeus, Schöner, E. O. Schreckenfuchs, Peucer, Peurbach (Reinhold's edition), and the publishers of *De Revolutionibus*, Johannes Petreius and Heinrich Petri. (For details, see Bujanda 1994, 979-1074.)

[5] Two Jesuit copies of the 1543 *De Revolutionibus*, including that of Clavius, have censored the name of the publisher Petreius, and two 1566 editions have censored the name of Rheticus (Gingerich 2002, Rome, copies 1, 2, 3, 4, pp. 112-14). Rheticus's name was already on the Index prior to Maestlin's edition of the *Narratio*, which accompanied the *Mysterium*. The inscription on Rome 4, 114, suggests the locus of the inquisition's worries: "Vidit P. Rd Inquisitor inde Corrigatur si qua erant astronomiae judiciariae die 2apr[ri]l[is] 1597."

[6] As Paul Grendler has observed, "A great deal of freedom of enquiry existed so long as speculation did not touch essential religious doctrine, or the scholar did not publish his views" (Grendler 1988, 51).

我认为，问题的关键在于教学模式，即师生等级关系。和第谷·布拉赫一样，伽利略一生最为舒畅的就是和学生相处。就像在马佐尼书信中表现的那样，伽利略以老师自居，而老师总是比学生知道得更多。他就像是总督（praeses）一样，在争执中既设置问题又提供答案。很久以后，当伽利略以纯熟的对话风格写作，他用托马索·康帕内拉称之为"哲学喜剧"的形式、以漫画的手法重构教学关系：一场对话，在老师萨尔维阿蒂（Salviati），与聪明开明的学生萨格雷多（Sagredo）和时而迂腐、常不开窍的笨学生辛普利丘（Simplicio）之间展开。[1] 开普勒书中的才华，显然将伽利略置于两难之境。不过他还是采用了一种友善的语言：开普勒是一位潜在的"同盟"和"朋友"，他们有共同的观点，而伽利略自己刚刚把这些观点发展到一种对他们来说也并不特别清晰的哲学境界。（即便是视柏拉图为友的、进步的马佐尼，也不算是哥白尼的亲密朋友。）伽利略没有什么可以教给开普勒的吗？（"我将悉心研读您的大作……我已写下许多原因。"）是否他不敢与开普勒分享观点，担心后者将其据为己有？抑或在给一位德国占星学家的信中详尽表达哥白尼派理念真的如此危险？因为以我们现在所知，伽利略胸中所图显然和开普勒相同，但在此关键时刻，他的小心谨慎和梅斯特林在图宾根时一样。对开普勒而言，伽利略一定像是一位意大利的梅斯特林；而对伽利略而言，开普勒就像一位招人烦的、不安分的学生辈，说他是位智识同侪恐怕太过了。

不过，回到伽利略对政治宗教环境明显敌视的表达的问题上，伽利略在（以医学和哲学研究知名的）帕多瓦的情况，真的能和梅斯特林及开普勒在（神学当道的）图宾根的情形相比吗？对哥白尼的不幸命运，伽利略给开普勒的"扔掉"评语，似乎暗示当时的帕多瓦敌视公共讨论，但这一点没有任何证据：实情正相反。哥白尼在意大利的学业，最后两年就是在帕多瓦度过的。至少在中世纪某些权利受法律保护的意义上，帕城有相当的宗教自由，它是一座大学城，

---

[1] Companella to Galileo, August 5, 1632, Galilei 1890-1909, 14:366.

建于意大利唯一一个在 1530 年后真正独立于皇权的城邦之中。[1] 而且，当时伽利略与多位帕多瓦的重要教士，特别是法政牧师（canons）交情甚笃。比如在帕多瓦大教堂，有安东尼奥·奎尔日尼（Antonio Querenghi）以及保罗·瓜尔多（Paolo Gualdo, 1548—1631），后者在 1569 年后成为帕多瓦主教马可·科纳（Marco Corner）的副主教。在伽利略的女儿维吉尼亚（Virginia）和利维亚（Livia）受洗的圣洛伦佐（San Lorenzo）教区教堂，饱学多识的牧师以其对埃及文字学的浓厚兴趣而知名。在与大学相邻的圣马蒂诺（San Martino）教区教堂，有马蒂诺·桑德利（Martino Sandelli），后来伽利略委托他把有关太阳黑子的文章译成拉丁文。[2] 当然，还有皮内利别墅那宜人的环境。而且，尽管威尼斯共和国没能在 1592 年阻止乔达诺·布鲁诺被解送罗马，但就像伽利略从自己的经历中认识到的，威尼斯保护自己的学者不受罗马的干涉。[3] 如果伽利略在 1597 年还未认识到这一点，那他的谨小慎微才说得通。

更有可能的是，伽利略刻画的心怀畏惧的哥白尼形象（"被赶下台"）并非出于恐惧而是恰恰相反。《天球运行论》前言里那讽刺性的开场白乃是明确的用典，其中，哥白尼模仿贺拉斯，说自己的观点乍看之下，就连本人都觉得堪当笑柄，定会被推翻。[4] 引用哥白尼的话，伽利略明确告诉开普勒他知道《天球运行论》，而且像哥白尼一样，他将发表证据，以证明那个乍看上去荒谬的理论实际并不

---

[1]   Camerota 2004, 75-82; Woolfson 1998, 5. An early-seventeenth-century quip leaves different impressions of the four leading Italian universities: "Bologna innamorati, Padova scolari, Pavia soldati, Pisa frati" (Bologna [for] lovers, Padua scholars, Pavia soldiers, Pisa brothers)：cited by Charles Schmitt from a section of a manuscript by Girolamo da Sommaia, titled "Delli studii e de dottori" (Biblioteca Nazionale di Firenze, Magliabechiana VIII, 5, fol. 70r in Schmitt 1972b, 248 n.）.

[2]   Mattiazzo 1992, 289-305; Bellinati 1992, 257-65.

[3]   See Poppi 1992.

[4]   See chap. 4, this volume; Westman 1990, 179; Gingerich 2004, 135.

荒谬。[1] 这个用典给伽利略一个借口，以解释其对哥白尼派认识论立场的迟迟不表态和公开沉默。

作为"梅斯特林派"的伽利略

从另一方面说，我认为应该把开普勒对伽利略的回复放在他与梅斯特林的关系的背景下解读。七年之后，开普勒逐渐习惯了梅斯特林在政治和哲学上的谨慎，对真实观点的隐藏，以及当看到《宇宙的奥秘》手稿后对这个学生非同寻常的支持。开普勒成功克服了梅斯特林的谨慎——促使梅斯特林公开承认哥白尼，这个内部经验一定让这位年轻人非常感激。其作用有点像是雷蒂库斯促成了哥白尼最终决定发表《天球运行论》。如今两人都是哥白尼拥护者，开普勒成了主要作者：《宇宙的奥秘》是"我的小作品（或者说，是您的）"。

也许可以认为，开普勒试图从伽利略那里获得他在梅斯特林那里得到的东西。他忽视了伽利略作为天主教徒的自我认同，他很高兴能够和一位"意大利人"交朋友，欣喜于"我们对哥白尼宇宙论的意见一致"。同时，他期望得到伽利略对他作品的"评判"。此时，伽利略肯定有了充足的时间研读此书："我自然要求从我为之写作的那些人那里得到刚直不阿的评判，请您相信我，我更盼望得到一位智者最尖锐的批评，而非庸众不知所云的喝彩。"[2]

开普勒天真地以为他可以征召伽利略入伙，就像他征召梅斯特林那样。这可不容易。他对伽利略的性格一无所知，也没读过任何其未发表的作品。而且，

---

[1] The word also appears in Mazzoni's description of Copernicus's objections to Ptolemy in *De Revolutionibus* bk 1, chap. 7: "Illud itaque in primis notamus non esse adeo ridiculam Ptolomaei rationem, ut Copernicus existimat, quando nempè ad *explodendum* terrae motum dixit, quod quae repentina vertigine concitantur, videntur ad collectionem prorsus inepta, magisque unita dispergi, nisi cohaerenti aliqua firmitate contineanur" (Mazzoni 1597, 130)．

[2] Kepler to Galileo, October 13, 1597, Kepler 1937-, 13: no. 76, pp. 144-46.

伽利略8月的信函既是华丽的，也是有所保留的；他没有在其声称的"自然效应的多种原因"上给出具体论点。更糟的是，他拒绝对《宇宙的奥秘》作具体的评价。为什么这样一位"同盟"还需要劝诱才加入到一项如此互利的事业中来？开普勒给犹豫不决的伽利略做工作，以古人来恭维他，期待联手，并且说哥白尼时代之后，思想气氛已经好转了：

才华优异如您，当别有志向！尽管您慎重、小心地提醒，并以您的例子说明，应在普遍的无知面前退却，不要急于挑动或反对庸常有识者的疯狂——在这方面您就像真正的大师如柏拉图或毕达哥拉斯。不过，考虑到我们这个时代，此项伟大工作已由哥白尼本人开启，并在他身后由诸多饱学的数学家[接续]，地球运动说已经不再是新观点了。那么或许更为有益的是，通过我们共同的努力，一鼓作气不停歇，我们终将实现目标。[1]

开普勒在信中丝毫没有提及与梅斯特林联手。他是否已经察觉，伽利略比他自己的老师更倾向于继续寻找哥白尼宇宙论的有效动因呢？答案显然是肯定的。一年后，他怀疑伽利略已经发展出潮汐起因的新理论。[2]

但是，当他致力于拉拢一位已经赞同他的同盟者时，开普勒回避提及自身的具体位置，而关于这一点，我们在他给梅斯特林的信中已经熟知。相反，他继续恭维伽利略，想引伽利略到他建构的论辩领域中来。从这一点上说，开普

361

---

[1]　Kepler 1937-, 13: 144-45.

[2]　Kepler to Hervart von Hohenburg, March 26, 1598, Kepler 1937-, 13: no. 91, II. 162-68: "Now with regard to your thinking that arguments for the motion of the earth can also be taken from reasons of the winds and the seas' motions, I too certainly have several thoughts about these matters. Recently, when the Paduan mathematician Galileo testified in a letter to me that he had most correctly deduced the causes of very many natural things from Copernicus's hypotheses which others could not render from the conventional [hypotheses], although he did not relate any specifically, I suspected this [cause] of the tides" (quoted and translated in Voelkel 2001, 71-72) .

勒的散漫和修辞类型更像是《宇宙的奥秘》前言所采用的策略：面对的是普通读者。他仿效当时仍流行的手法，绕开以人立论，好为自己留有余地。这是可以理解的：当时他能够点出的拥护哥白尼的人名，不外乎他自己、梅斯特林、雷蒂库斯寥寥数人，或许再加上迪格斯。[1]他没有提及国家优势，而是说在德国和意大利都有人反对哥白尼的观点。开普勒作为优越的数学精英之一员来接近伽利略，对伽利略的征召以对技能的泛泛编码方式进行。有的人"对事事无知"，而有的人"略有所知但对数学无知"；[2]有人是"无知的数学家"，而有的人是"饱学艺高的数学家"。开普勒所谓的"略有所知"型是最容易被说服的。他们对制作行星星历表完全不熟，当他们听说有些星历表是基于哥白尼假说，他们就会相信"如今制作星历表的人都遵从哥白尼；如果对他们要求说，只能根据数学原则展示这些图表，[他们就会相信]这些现象只有在地球运动的情况下才实现。即使这些假定和宣称自身并不可靠，非数学家们也会同意它们；而既然它们的确是真实的，他们怎么会不欣然接受、以之为无可辩驳呢？"[3]

在这个泛泛的修辞层面，开普勒邀请伽利略加入他所在的、由哲人数学家构成的精英阵营。在开普勒的建构中，"无知的数学家"是真正的对手，他们是《宇宙的奥秘》前言中所提到的庸常的占星家——这些熟悉的小角色可至少追溯到雷吉奥蒙塔努斯和米德尔堡的保罗的时代。至于提议的其他方面，开普勒觉得显而易见：伽利略会加入开普勒在给他的书中所描述的宇宙学项目。

开普勒策略的致命漏洞在于，他想当然地以为，如果他能够获得伽利略的合作，来公开支持行星围绕太阳运转的学说，那么他就可以同时获得对一个物理原则普通框架的赞同，这个原则控制着行星运行以及星相影响的成因，更不

---

[1] I am assuming that at this time Kepler was unaware of Zuñiga and Bruno.

[2] Perhaps Kepler was referring to someone like the Styrian physician Johannes Oberndörfer, to whom Kepler sent a copy of the *Mysteruim*, dated June 16, 1597（for an illustration, see Beer and Beer 1975, 98）.

[3] Kepler to Galileo, October 13, 1597, Kepler 1937-, 13: no. 76, ll. 35-42; for further discussion of this passage, see Voelkel 2001, 70-71.

要说它能够合理解释人体在一个运动着的地球上的表现。开普勒也知道伽利略有另外一种论点来证明地球运转（潮汐），但他当时并不知道他们的分歧远不止于此。伽利略正在研究一套新的物理原则，把时间作为理解运动的重要变量。与此不同的是，在开普勒的受皮科启发的太阳天文学中，核心问题仍然是推力的有效与最终成因及其目的。

开普勒最后的提议基于这样的设想：他和伽利略已经有了足够的共识，可以展开一项活动，把其他头脑接近的数学家拉到他们这边来。开普勒所建议的说服方式，不是共同出版像《宇宙的奥秘》这样的著作，而是写信。

剩下的只有数学家了，对他们需要做更多工作。既然他们有 [和我们] 一样的头衔，他们不会不经论证就同意假定；在这些人中，某人越是技艺不精，他就越是个麻烦。不过可以有一项补救措施：孤立。一地只有一位数学家；因此无论在哪儿，他就是最出色者。如果他在其他地方有同意其观点的同伴，就请他向同伴索取信函。用这个法子，当他出示信件（为此您的信对我也是有益的），各地数学教授的一致意见定会让饱学之士的灵魂兴奋。说真的，还需要什么诡计呢？伽利略啊，放心往前走吧。如果我猜得不错，欧洲优秀的数学家中没人会愿意脱离我们——真理是如此伟大的一股力量。[1]

依照哥白尼序言中的著名段落，数学家们会因其他数学家的权威证明而改变想法。说服的方式是书信而不是私下交往。这样的书信作为人文主义者自我表现的方式，已经成为了一种成熟的文学体裁，开普勒对它的应用也十分熟练。为了交流哲学思想而出版书信集也有先例，比如 16 世纪中期菲奇诺的信件。[2]

362

---

[1]　Kepler to Galileo, October 13, 1597, Kepler 1937-, 13: no. 76, II. 43-51.

[2]　Ficino 1546-48. Dedicated to Cosimo I.

开普勒是否已经知道第谷·布拉赫出版《天文学书信集》的时间仅仅在他向伽利略致信前一年？[1]不论怎样，开普勒提议的人文主义者书信体展望了一种方法，可以将最优秀的实践数学家聚集在一起。它期望的不是贵族协调，也不是中间人介入，更不是交换礼物。但还有哪些哥白尼学说支持者会支持这样的冒险呢？布鲁诺已经身陷地牢；第谷压制了罗特曼；迪格斯已经退出了学术活动的舞台。而开普勒显然非常渴望在共同哲学理念的基础上与伽利略合作，不论公开还是私下。"如果意大利不适合你的作品出版，或者你遇到了什么困难，也许德国会给你这样的自由。不过我说的够多了。至少有对哥白尼有利的发现时给我写信吧。如果你不愿意公开进行，那就私下交流。"[2]

开普勒不断地称伽利略为意大利人，故意忽略了二者之间可能存在的差别。他选择忽视的事实是，其宇宙学的神学基本前提在帕多瓦可能会被视为危险的主张。因此开普勒提出如果意大利的环境不利，就请伽利略在德国发表作品，可以看作他是在邀请伽利略绕过神学家，就像开普勒在图宾根的做法一样。也许他们的共同基础都是自然之书——某种世俗化或反教条主义的创世神学。[3]同时，开普勒希望他们能合作进行重要的观测工作，测量年度恒星视差；如开普勒在结尾所述，因为他连一架象限仪都没有。

过了 13 年，伽利略都没有回复这封信。早在 1597 年，似乎伽利略觉得没有希望支持这位已经确立哲学框架的年轻人。另一方面，虽然开普勒没能使伽利略加入合作，但这不能说明伽利略忽视了《宇宙的奥秘》，也不能说明他对天

---

[1] Tycho sent a copy to Kepler in December 1599（Kepler 1937-, 14: no. 145, ll. 170-12）prior to 1600, there is no evidence from Kepler's correspondence that he had been able to obtain a copy（see Mosely 2007, 300-301）.

[2] Kepler to Galileo, October 13, 1597, Kepler 1937-, 13: no. 76, ll. 53-56.

[3] See Westman 2008. Could Kepler have inspired Galileo's well-known use of the Book of Nature trope in *The Assayer?*

文学没有深入的兴趣。[1] 伽利略确实赞同第 1 章的逻辑与天文学论点。[2] 这些论点（自 1543 年以来首次系统地公开阐释了哥白尼的主要理论假说）与我们熟知的伽利略后期的理念以及我们不了解的其早期的理念都是相容的。至于克拉维乌斯对哥白尼的反对（可能从错误的前提推导出正确的结论），伽利略无疑认为开普勒的回应非常令人信服；甚至有证据表明他对开普勒的太阳动能理论产生了共鸣。[3] 他似乎还研究了开普勒将行星速度与对地平均距离联系起来的理论所涉及的数字，不过没有证据表明他对皮科主张的太阳能来源有所了解。[4]

---

[1]   Stillman Drake maintains that Galileo was not interested in carrying out observations in support of Copernicus: "Galileo's letters and papers are devoid of astronomical observations before 1604, and after 1605 again until 1610." But, shortly thereafter, Drake informs us that hardly any astronomical papers related to the *Dialogue* still exist because "they were removed by friends（and probably destroyed）while Galileo was on trial in Rome in 1633, lest they be found to incriminate him"（Drake 1973, 184-85）. The same argument could be used to explain why there is so little information for Galileo's views about the heavens from the earlier part of his life.

[2]   Cf. Drake 1973, 176: "The first nineteen chapters of the *Prodromus* proceeded along lines quite alien to Galileo's outlook. But Chapter 20 dealt with motions and distances, which had been Galileo's chief interests from his earliest days. The idea of an exact relation between planetary periods and orbital distances caught his fancy, even though Kepler's reasoning failed to convince him." Even if Drake's reconstruction of Galileo's "pseudo-Platonic cosmogony" is accepted, he provides no persuasive evidence for dating the manuscripts on which his conjecture is based, and hence no secure basis for linking this putative cosmogony to the Bruce episode（see below）.

[3]   Galileo to Castelli, December 21, 1613, Galilei 1890-1909, 5: 288: "Di più molto probabile e ragionevole che il Sole, come strumento e ministro massimo della natura, quasi cuor del mondo, dia non solamente, com'egli chiaramente dà, luce, ma il moto ancora a tutti i pianeti che intorno se gle raggirano"（trans. in Finocchiaro 1989, 54）.

[4]   Stillman Drake conjectured that Galileo used a table of Copernican mean solar distances from chapters 20-21 in Kepler's *Mysterium* to construct a kinematic account of the origins of the planetary motions. Such a story, if true, would be quite at variance with Kepler's archetypal account of the structure of the heavens（Drake 1973; Drake 1978, 63-65; but see Bucciantini 2003, 108-10）.

帕多瓦的社交活动

皮内利交际圈与埃德蒙德·布鲁斯（Edmund Bruce）其人其事，1599—1605 年

开普勒与伽利略之间的关系伴随着希望与失望，并没有在 1610 年前的几年彻底消失。[1] 虽然我们没有看到他们进一步的通信，但一位未受到重视的英国人埃德蒙德·布鲁斯给开普勒寄去的三封令人困惑的书信保留了一些他们二人交往的线索。[2]

自 15 世纪下半叶以来，许多英国学生来到帕多瓦，而布鲁斯搭上了这种传统的末班车。长期以来都有来自中欧的学生来到阿尔卑斯山另一侧的帕多瓦。布鲁斯在 1588—1594 年被选举为英国学生代表〔consiliarius，1600 年威廉·哈维（William Harvey）任此职〕。[3] 他拥有令人尊敬的学识，乐于和大学中的数学家、哲学家，以及像自己一样的普通人交往、交谈。

但他与人交际在一定程度上是出于政治利益。对于 16 世纪 80 年代和 90 年代的许多英国学生，游学成为了一种惯例。如乔纳森·沃尔夫森（Jonathan Woolfson）所述，这是"为服务国家，尤其是外交服务做准备，也是政府对外国

---

[1] My views on this question, worked out independently between 1998 and 2000, are largely supported by Bucciantini's excellent investigations （2003, 93-116）.

[2] Kepler's manner of address is revealing: "Nobilissimo viro D. Edmundo Brutio Anglo, amico meo, Patavij nunc agentj reddantur" （Kepler to Edmund Bruce, September 4, 1603, Kepler 1937-, 14: no. 268, ll. 41-43）. Arthur Koestler's characterization of Bruce is an example of a novelist's excessive license: "Among Kepler's admirers was a certain Edmund Bruce, a sentimental Engligh traveller in Italy, amateur philosopher and science snob, who loved to rub shoulders with scholars and to spread gossip about them" （Koestler 1959, 360-61）. Stillman Drake refers to "Bruce, a Scot then residing in Padua," perhaps confusing him with the Scottish hero Robert Bruce （Drake 1978, 46）, but later corrects himself when he describes "an English gentleman well versed in mathematics, military matters, and botany [who] appears to have known Kepler at Graz before moving to Padua in 1597" （ibid., 442）.

[3] Woolfson 1998, 131.

政府进行军事部署，以及收集海外敌人活动信息的手段"[1]。具有这种政治才能的杰出人士包括安东尼·培根（Anthony Bacon，1558—1601），他是克里斯托弗的继兄，也是强大的埃塞克斯伯爵（1567—1601）的密切支持者。[2]

在帕多瓦学习十余年后，埃德蒙德·布鲁斯成为了安东尼·培根在北意大利的主要"情报员"之一。[3]培根本人在欧洲大陆多年，非常了解这种工作的内情。其中，与布鲁斯结交的是杰出的帕多瓦牧师洛伦佐·皮尼利亚（Lorenzo Pignoria），包括他在内的著名学者圈常常在帕多瓦的贾恩·温琴佐·皮内利家中聚会。[4]布鲁斯也属于这些受皮内利支持，自称对数学、军事与植物标本感兴趣的"朋友"。

因此，我们至少可以参考皮内利的传记作者保罗·瓜尔多的叙述。[5]根据瓜尔多在皮内利死后六年出版的作品，皮内利交际圈给人的印象是一个具有意识的群体，而不是一群相互独立的熟人。当时对一个人的一生进行记叙（很大程度上承继古罗马的模式），目的是利用榜样讲授美德。[6]瓜尔多把皮内利的一生作为模范，不仅是因为其中体现了学习、诚实与谦逊的美德，还因为借此可以使其他人也认识到这些美德。实现这个目的的主要手段就是将他家中收藏的大量拉丁文和希腊文手稿以及最近出版的作品广泛提供给欧洲各地的学者。[7]他的

---

[1] Woodfson 1998, 18, although Harvey was elected in the law university.

[2] Ibid., 215. On Anthony Bacon, see Stephen and Lee 1891, vol. 2; Zagorin 1998, 4. On Francis Bacon's activities as an intelligencer, see Martin 1992, 50.

[3] Woolfson 1998, 133.

[4] Bellinati 1992, 341.

[5] Gualdo 1607, 43: "Edmundum Brutium in his nobilem Anglum, disciplinarum Mathematicarum, rerumque militaris, & herbariae apprimè scientem, cuius ille commentationes non semel suspexit, cuius se quandoque imparem curiositati est ingenuè professus."

[6] On this point, see Miller 20004.

[7] Ibid., 71.

家离旧市中心不远，"在圣安东尼（大教堂）十字路口，临街最高的房间里"[1]。瓜尔多对室内的简单描写透露出了皮内利的视野："他用大幅的地图与名人图像装饰房子内部……他接管了我们的书房，并且继续将这种装饰扩大到藏书室、房间与门厅。由于写作计划时有延迟，因此他的藏书室也在不断地扩充新书，这样，那些渴望能用到他这间富有盛名的藏书室的人，就不至于失去机会。"[2]

第 10 章用一些示例说明了北方的这些受人文主义启发的民间群体。和弗罗茨瓦夫的杜迪特交际圈一样，数学家有时也会参与其中，但很少占有主导地位。在这些组织中，第谷的乌拉尼亚堡代表了一种特别的发展：围绕布拉赫本人，分等级建立了享有特权的场所，主要目的是研究恒星及其影响。16 世纪最后 25 年，乌拉尼亚堡显著提升了天文从业者所带有的贵族权威光环。虽然如此，这些群体的人文主义特征不仅体现在尊重人文研究，使用古代语言，以及借用罗马与希腊文献中的符号资源上；更重要的是，他们利用当代丰富的物质资源振兴了古人的社交理想。在多种不同维度的友情中，面对全球灾难时保持稳定与内在规律的新斯多葛派理想，成为有能力支撑这种生活方式的富裕贵族的理想。[3]这种主张在物质上受到旅行、通信、良好的交谈，以及书籍和手稿收藏的约束，而且关键节点上可以用有学识的贵族庇护人（能够负担仪器与大型藏书室的费用）、牧师（有深切的知识忧虑）与学院数学家（盼望书籍、交谈与潜在的赞助）之间的联系表示。16 世纪最后 25 年，这些群体中最突出而活跃的包括：汶岛上第谷的乌拉尼亚堡；杜迪特交际圈；奥格斯堡的富有贵族家族；鲁道夫二世统

---

[1] "In contrata Crosariae divi Antonii, in camera superiori, versus viam" (according to an unpublished ms. dated July 27, 1601; cited by Bellinati 1992, 337 n.).

[2] Gualdo 1607, 72: "Domum qua parte se in conspectum interiorem dabat, instruxerat ornaratque Geographicis grandioribus tabulis, iconibusque illustrium virorum.... Arripuit studium hic noster, grandique accessione [increase] bibliothecam, conclauia, atrium, eiusmodi ornatu hoestauit. Ut enim plerisque moris fuit libro illi suos inscribere, aliisue inseriptos elargiri, ita non defuerunt, qui imaginem suam bibliothecae eius dicatam vellent."

[3] Miller 2000, 110-20.

治下的布拉格，以撒迪厄斯·哈格修斯为中心的世界主义宫廷交际圈，布拉赫、迪伊和开普勒都受到了它的吸引；诺森伯兰网络，其中包括托马斯·哈利奥特、纳撒尼尔·托波利（Nathaniel Torporley）、沃尔特·华纳（Walter Warner）和尼古拉斯·希尔（Nicholas Hill）；在帕多瓦围绕在藏书家皮内利周围的交际圈。[1]

像亨利·萨维尔、保罗·维蒂希、乔尔达诺·布鲁诺一样，埃德蒙德·布鲁斯身处这类团体的边缘，用短暂的参与给他们注入新鲜的血液。而且就像开普勒的贵族朋友和信使〔在巴伐利亚，有赫尔瓦特·冯·霍恩堡；在布拉格，有约翰内斯·马特乌斯·瓦彻·冯·瓦肯菲尔茨（Johannes Matthaus Wacher von Wackenfels）〕一样，他着迷于有关天空的大胆的新哲学思考，这一主题正在世纪末的后人文主义现代主义者当中流行起来。他以某种方式与开普勒取得了联系。他们最初的接触可能是通过富裕的奥格斯堡，伟大的富格尔和威尔瑟银行家族也居住于此。富格尔家族在整个欧洲建立了一个著名的新闻采集网络。从奥格斯堡出发，沿多瑙河可以轻松到达哈布斯堡王朝的维也纳。维也纳通过一条主要的陆上贸易路线与威尼斯共和国建立了良好的联系，这条路对酒类贸易尤其重要：它经过格拉茨北部，最终穿过乌迪内与特雷维索。[2] 在布拉格，马库斯·威尔瑟（Marcus Welser）与瓦彻·冯·瓦肯菲尔茨之间的通信说明了另一种重要的交际方式。[3] 还有其他的线索。1602 年 8 月，埃德蒙德·布鲁斯建议开普勒通过奥格斯堡的希腊文献学者大卫·霍舍尔（David Hoeschel，马库斯·威尔瑟的重要合作者）与自己沟通，"我们通过他传递信件，就没有危险了"[4]。一年

[1] Drake 1978, 459. On Pinelli's library and the Index, see Grendler 1977, 288-89; Stella1992. Further research is needed to establish the character of the friendships and social connections of the earl of Northumberland（Kargon 1966）.

[2] See Magocsi 1993, 35, map 11.

[3] R. J. W. Evans（1984, 270 n. 19）refers to fragments of correspondence at the Österreichische Nationalbibliotek（MS 9734, fols. 21, 24）.

[4] Edmund Bruce in Florence to Kepler in Prague, August 15, 1602, Kepler 1937-, 14: no. 222. David Hoeschel taught Greek at a *Gymnasium* in Augsburg（Favaro 1884, 7）.

前，他催促开普勒通过马库斯·威尔瑟本人传递信件，称其为"最出色的朋友，而且是我最好的朋友"[1]。

威尔瑟渊博的学识与强烈的人文主义爱好使他适合称为布鲁斯－开普勒联系的中间人，后来他也同样促成了伽利略与耶稣会教徒克里斯托弗·沙奈尔（Christopher Scheiner，1575—1650）的相遇，讨论据称漂浮在太阳上或太阳附近的黑斑的含义。威尔瑟年轻时师从希罗尼穆斯·沃尔夫，精通希腊语、拉丁语、意大利语和法语。他与反皮科派的沃尔夫的交往也说明他对占星学的偏好——这也有助于解释他对开普勒（可能还有伽利略）的兴趣。然而，其后人文主义身份的另一个重要方面就是，他在1594年建立了印刷厂，并在此出产了大量古代与现代著作，其中包括克里斯托弗·沙奈尔关于太阳黑子的著作。[2]他还痴迷于奥格斯堡的原始罗马人聚居地。根据曾属于他亲戚康拉德·波伊廷格的罗马语奥格斯堡地图，他以自己的名义发表了一版插图精美、高度学术性的所谓波伊廷格地图（Peutinger Map，威尼斯，1591年）。[3]现存的唯一曾属于埃德蒙德·布鲁斯的手稿就是一份波伊廷格地图，它列于皮内利的（现存）藏书室库存中。[4]因此，皮内利、布鲁斯和威尔瑟对罗马语和16世纪奥格斯堡的共同兴趣突出了皮内利家里创建的地图空间，及其象征性地唤起过去历史的重要性。[5]

---

[1] Edmund Bruce in Padua to Kepler in Prague, August 21, 1603, Kepler 1937-, 14: no. 265, ll. 6-9.

[2] Scheiner 1612. For Scheiner and Welser, see Galilei 2010.

[3] Welser 1591. On Welser and his ambience, see also Evans's important treatment (1984) .

[4] It is not known when Edmund Bruce brought this work to Pinelli's attention (Biblioteca Ambrosiana, Milan: Library Inventory of Gian Vincenzo Pinelli, fols, 237-39) . In November 1603 Bruce used a different courier, traveling from Venice to Prague. "Da tuas simul cum D. Van Tau literis: ei, a quo has accipies" (Edmund Bruce in Venice to Kepler in Prage, November 5, 1603, Kepler 1937-, 14: no. 272, l. 35) . I have been unable to find any information about the courier, Van Tau.

[5] In 1604, as the collection was being transported by sea to Naples, pirates attacked the ship and, disappointed by its contents, dumped the cargo overboard. Fortunately, twenty-two chests were retrieved, but eight containining books and manuscripts — as well as portraits and mathematical instruments — were lost. On the fate of the library, see M. Grendler 1980, 388-89.

布鲁斯和开普勒之间的相遇（不论是不是以威尔瑟为中间人）得到了双方的一致认可，因为布鲁斯拥有一本开普勒的《宇宙的奥秘》，并且尽一切可能加以推广。[1] 最终，他的社交网络延伸到了伽利略与马基尼。通过与皮内利交际圈的关系，他肯定接触到了许多非正统的哲学观点。他在帕多瓦和威尼斯与其他英国学生保持着密切联系，这也有利于他了解新的思想，同时密切注意政治舆论动向。直到近期，科学史家的普遍观点都是，布鲁斯只是一个"传播流言蜚语的人"，他作为证人的可靠性值得怀疑，因为他在 1602 年 8 月交给开普勒的报告是根据传言和猜测而写的。[2]

但这种判断不仅草率，而且还忽略了布鲁斯是具有特殊社交经验的代表人物，带有他所经历的新生民间团体所具有的特征。开普勒的信件表明，他将布鲁斯作为一个可信的人并向其征询意见，和与他保持通信的几个有学识的贵族一样。显然，他还认为布鲁斯是《宇宙的奥秘》的追随者——哲学上的支持者，虽然对方没有积极参与他自己的天文研究。开普勒 1599 年的长信说明他认为布鲁斯精通音乐与天文理论，因此可以与其交流他自己关于哥白尼天体和谐的最深刻的、正在发展的思想。[3] 由于开普勒没有继续与伽利略取得联系，他希望布鲁斯可以带来意大利对《宇宙的奥秘》认可情况的"情报"——尤其是伽利略

[1] "Tuumque Prodromum multis monstraui quem omnes laudant" (Bruce to Kepler, August 21, 1603, Kepler 1937-, 14: no. 265).

[2] The word most commonly used to describe (and dismiss) him is *gossip*. Bruce's charge that Galileo had plagiarized some of Kepler's views is also generally dismissed. Stillman Drake believed that Galileo could not possibly be plagizrizing from Kepler, as he did not agree with anything in the *Cosmographic Mystery* (1978k 63). Cf. Bucciantini 2003, 93-116.

[3] Kepler to Bruce, July 18, 1599, Kepler 1937-, 14: no. 128, ll. 11-15: "Jam de coelorum Harmonia dicamus, qua materia praecipuè Pythagoraei celebres sunt. Invenio in hypothesibus Copernici harmoniam talem.... Harmonia sive proportio Geometrica non est (ut nos opinamur ex judicio aurium) in ipso materiali vocum, sed potiùs in formali." Kepler noted that he had spent all day composing this letter: "Totum diem scribendo consumpsj" (ibid., l. 351).

哥白尼问题

的认可，因为开普勒仍然期待着他的支持。[1] 也许布鲁斯希望能从开普勒那里获得政治信息与更多天文灵感。1599 年的信件表明，开普勒在格拉茨时就知道他的通信人与伽利略相识。[2] 而且由于自 1597 年起开普勒就与伽利略失去了联系，他要求布鲁斯直接将信件转交给他，但布鲁斯并没有这么做。[3] 布鲁斯对开普勒的回复证明，1610 年之前他与伽利略的关系继续有所发展：

我最优秀的开普勒，希望你收到了我从帕多瓦寄出的信件；这封信是从佛罗伦萨寄给你的，我向你保证我注定会与马基尼乘同一辆马车从帕多瓦来到博洛尼亚，并且他彬彬有礼地招待我在他家住了一天一夜，在此期间，我们都向你表达了尊敬。我向他展示了你的预言，并告诉他你很想知道他为什么没有回复你的来信；但他发誓从没有看到过你的预言；不过他每天都在期待它的到来，并且真诚地向我保证他很快就会给你来信；所以，他不仅喜欢你，而且还承认因为你的发现（inuentis）而对你表示钦佩。不过伽利略告诉我，他给你写过信而且收到了你的书，然而，他对马基尼否认了；我指责伽利略对你的赞美太轻微，

[1] Kepler to Bruce, July 18, 1599, Kepler 1937-, ll. 262-63: "Itaque et Italorum judicia habere pervelim, ut cum Germanis conferre possim."

[2] Ibid., ll. 5-6: "D. Galilaeum praecipuè hoc nomine saluta, à quo miror me responsum nullum accipere." To whom other than Bruce could this request apply?

[3] Biblioteca Nazionale di Firenze: Kepler 1599, fols. 35-40. The first page of the letter exists only in the form of a copy that uses one side of the page（fol. 35r only）; the original addressee's name is lacking. Antonio Favaro published very short excerpts from the letter only in those places where Galileo is mentioned by name, but he was unable to identify the addressee（Galilei 1890-1909, 10: 75-76）. An annotation by "E. A." on Favaro's index to the manuscript volume speculates that the letter might have been sent to Paul Homberger, the same diplomat who carried Kepler's book to Italy two years earlier（Biblioteca Nazionale di Firenze MS. Galileiana 88, fol. 3v）. On the other hand, Max Caspar gives the full text（Kepler 1937-, 14: no. 128）, and he argues persuasively that the addressee could only have been Edmund Bruce, partly on the basis of comparisons with the contents of a later letter from him to Kepler（ibid., 14: no. 265）. Heeding Kepler's request to transmit information to Galileo, Bruce then must have passed the letter over to Galileo, whence it ended up in the Galileiana collection in Florence（ibid., 14: 459）, immediately following Kepler's letter to Galileo of October 1597（Biblioteca Nazionale di Firenze MS. Galileiana 88, fols, 33r-34r）.

因为我确信他把你的成果当成自己的发现而对外宣传（向他的学生等人）。不过，与对他相比，我永远都会对你回报更多。[1]

　　布鲁斯为了开普勒的利益而表现出的对细节的敏感，泄露了他在伊丽莎白末期的情报员身份。这封信为我们打开了一扇窗户，尽管显露的景象太过简略，但它揭示了当地的某种人际关系，而当代的历史学家很少触及这部分内容。《宇宙的奥秘》出版五年后，如信中所示，意大利北部的两位顶级数学家——马基尼和伽利略仍然对开普勒令人不安的提议表示焦虑。[2] 布鲁斯在开普勒面前表现出自己对伽利略不太在乎——这种情绪应该是真实的。布鲁斯也确认了1597年之后伽利略并没有对开普勒的宇宙结构假说表示更加赞同。他的"自然效应的多种原因"依然没有得到阐述。

　　那么，布鲁斯暗示伽利略有剽窃嫌疑的目的是什么呢？我们不把布鲁斯的报告作为"流言蜚语"不予理会，而是考虑另外四种可能性。第一，也许伽利略在皮内利家谈论过哥白尼的论点，而在布鲁斯听来觉得很熟悉，因为和开普勒第1章的内容很相似。[3] 第二，由于伽利略拥有开普勒1599年7月寄出的长

---

[1]　Bruce to Kepler, August 15, 1602, Kepler 1937-, 14: no. 222.

[2]　Because the letter never reached Kepler, who had left Graz for Prague, Bruce repeated in abbreviated form much of the same information a year later, while adding that Magini had only just received the *Mysterium*: "Inter omnes litteratos totius Italiae, de te loquutus sim; diceres me non solum tui amatorem sed Amicum fore; dixi illis de tua mirabili inuentione in arte musica; de observationibus Martis: tuumque Prodromum multis monstraui quem omnes laudant; reliquosque tuos libros avidèque expectant: Maginus ultra septimanam hic fuit tuumque Prodromum a quodam nobili Veneto pro dono nuperrimè accepit: Galeleus tuum librum habet tuaquè inuenta tanquam sua suis auditoribus proponit: multa alia tibi scriberem si mihi tempus daretur" (Bruce to Kepler, August 21, 1603, Kepler 1937-, 14: no. 265). This repetition suggests that the initial information was accurate.

[3]　Paolo Gualdo, whose book on Pinelli is our main source about his circle, knew somehow that Galileo had argued against Mazzoni; yet, the only source of information was either verbal or direct knowledge about the contents of something that Galileo wrote, titled "Commentarius Galilaei Galilaei, florentini mathematici, Patavini Professoris pro Copernico adversus Iacobum Marronium [corrected afterward to *Mazzonium*]" (Gualdo 1607, 29; cited in Bellinati 1992, 352).

信（主要谈论音乐和谐与行星距离），也许布鲁斯听说伽利略向他的学生展示了此类观点，但是不知道伽利略对信中各部分做出了怎样的评判。[1]第三，开普勒在1599年告诉布鲁斯他"强烈渴望"了解伽利略对于使用磁偏角建立子午线的意见。[2]第四，我们可以推测伽利略很谨慎，不希望他的对手马基尼知道自己手中有开普勒的书，更不用说剽窃书中的观点与人交流了。[3]

布鲁斯没有报告伽利略的其他活动。但现在我们很清楚，伽利略在17世纪初并没有从事开普勒主张的物理宇宙结构学研究。他参与了另一个项目，研究钟摆与斜面上的运动。1604年10月，在布鲁斯报告之后不久，他就发现钟摆周期，以及自由落体的速度与时间之间的（平方）关系都具有意义深远且出人意料的规律性。[4]斯蒂尔曼·德雷克（Stillman Drake）等人为了重建这一时期伽利略的机械研究做了许多重要工作，但德雷克怀疑这些研究是受到了哥白尼的启

---

[1]　In the letter of August 21, 1603 (Kepler 1937-, 14: no. 265, l. 15), Bruce had referred to "tua mirabili inuentione in arte musica" (your remarkable discovery in music). In the 1599 letter, Kepler had written: "Velim tamen ex aliquo excellenti Musico quibus abundait Italia, discere artificiosam et Geometricam tensionem totius clavichordij, aut si solo aurium judicio feruntur, quaero ex ipsis, an non alicubj in Organis et instrumentis duplex F, duplex A etc. fiat" (ibid., 14: no. 128, ll. 265-68).

[2]　"Tertio vehementer cuperem a Galilaeo post exactè constitutam lineam meridianam, observarj declinationem magnetis ab illa linea meridiana: sic ut magnetica lingula libere in quadrato vase ad perpendiculum erecto et latere ad meridianam applicato natet[etc.]" (ibid., 14: no. 128, ll. 338-41). Kepler then remarked that, using this magnetic hypothesis, one could explain the variation in the altitude of the terrestrial pole that Domenico Maria Novara had noticed.

[3]　An ungenerous reading is that Magini wanted to leave Bruce with the impression that Galileo had lied about not receiving Kepler's book. But there is no evidence that Magini behaved in this manner here or in other circumstances; and further, as he himself had not seen the *Mysterium* at this point, he would not have known what Galileo had seen in the volume. It is more likely that Galileo wished to dampen any speculations about a possible connection with Kepler.

[4]　This claim is based on Drake's dating and analysis of a large collection of notes in Galileo's hand (Drake 1978, 74-104).

发。[1] 他的立场并不是完全没有依据，现在依然得到广泛认同——尽管现存的伽利略论文中没有明确的"哥白尼学说"注释。但德雷克认为伽利略在某种程度上是一个"哥白尼狂热分子"，他为此有些恼怒，因此他的解读也带有一些残缺的、逆反的特质。

要注意的是，德雷克狂热地坚信"哲学家们"和伽利略最重要的发现没有关系。他真正的争论是针对亚历山大·柯瓦雷的。事实上，他想推翻柯瓦雷将"哲学家伽利略"作为信奉柏拉图哲学的思维实验者的形象，而将伽利略看作"真正的"实验科学家。[2]

但既然伽利略之前声称支持哥白尼理论，16 世纪七八十年代的迪格斯、布鲁诺、吉尔伯特、罗特曼、布拉赫和克拉维乌斯等人都意识到落体问题与捍卫地球运动有关，那么 16 世纪 90 年代的伽利略真的没有意识到吗？没必要也不应该怀疑伽利略发现了这种联系。实际上，这会使早期伽利略成为他后来在《关于两大世界体系的对话》中所嘲笑的辛普利丘式形象。哥白尼的主张与伽利略这一时期的实验研究有一定关系，但是后者不一定全部都是由前者激发的。

---

[1] It is one of Drake's persistent themes, now fairly widely accepted in the literature, that Galileo's studies of motion in the years after he received Kepler's book and until 1609 were not connected to any larger claim about the order of the planets （Drake 1976, 142-43）. Yet Drake also believes that, for some reason, in August 1602 Galileo was thinking about the ratios of the planetary distances and speeds presented by Kepler in chapter 20 of the *Mysterium Cosmographicum* （Drake 1978, 63-65, 478n.）. Moreover, Drake also interprets the absence of references to Copernicus in Galileo's extant correspondence between 1605 and 1609 （except for a brief moment in 1605 when Galileo allegedly thought that he could "confirm" Copernicus's theory by means of measurements of the parallax of a new star） to mean that Galileo had "lost faith in it [Copernicanism]" until his telescopic observations （ibid., 110, 483）. By 1990, he had shifted to the view that Galileo was a "semi-Copernican" until he had "physical evidence from the tides"; the telescope provided evidence only "against the Ptolemaic system" rather than in support of Copernicus （Drake 1990, 131-32）. In contrast to these diverse and often forced ad hoc explanations, Drake makes only two minor allusions to Giordano Bruno （ibid., 159, 440）. On other grounds, Hans Blumenberg also thought that Galileo saw no connection between his work on the physical problems of free fall and projuctile motion and "the Copernican system's need for proof" （Blumenberg 1987, 393）.

[2] Micheal Sharratt （1994, 75） sensibly suggests a middle ground: Galileo did imagine some idealized, counter-factual experiments while also conducting some actual trials.

如马西莫·布奇安蒂尼所示，伽利略到达帕多瓦后有许多机会了解以乌拉尼亚堡－卡塞尔为中心的行星秩序讨论。[1]罗恩·奈勒（Ron Naylor）没有采用这份材料却得到了与之相兼容的结论，他对伽利略提出了一种柯瓦雷式观点，认为他早在未出版的《论运动》（*De Motu*）中就伪造了某种哥白尼学说的主张，这部著作标注日期为 1590 年，但不会晚于 1595 年的抄袭学说，其中认为圆周运动的原理可能同样适用于地球旋转与天体运行。据奈勒所说，伽利略在 1602 年 11 月就激进地主张钟摆的弧形等时运动像斜面上的直线运动一样，是一种受到约束的自由落体。因此，"下落"是一种向地球运动的感觉，而它实际上是圆周运动合成的结果。[2]这样的解读加强了伽利略 1597 年给开普勒来信的真诚。奈勒的叙述也解释了伽利略原则上对圆周运动的坚持使他在 1609 年之后不接受开普勒的椭圆天文学，但是没有解释为什么伽利略会忽视他对地球物理的思考方式与开普勒在 1597—1610 年对天体次序思考方式之间的相容之处。这也没有解释为什么伽利略会中断进一步的联系。伽利略的学术研究主要集中于和传统主义者的冲突，但却没有关注其他的现代主义者。[3]

不过，与概念重建相反，在伽利略 1597 年与马佐尼和开普勒通信后直到皮内利 1601 年去世前，没有证据证明或反对他是在哥白尼学说框架下进行研究。保罗·瓜尔多在《皮内利的一生》（*Life of Pinelli*）中记录了一处参考"佛罗伦萨数学家及帕多瓦教授伽利略·伽利雷的评论，赞成哥白尼并反对雅各布·马

---

[1]   Bucciantini 2003, 74-81.

[2]   Naylor 2003. After 1595, Naylor argues that "motion in a circular arc had moved from a position of no obvious significance to one of surprising theoretical importance. Within a decade it had evidently, rapidly assumed theoretical prominence. It would not be an exaggeration to say that this kind of notable change in direction and emphasis in the study of motion appears unprecedented. Moreover, the only visible source capable of prompting such a remarkable transformation is Copernicanism. In fact no others seem available. Certainly the attempt to find an alternative origin for this radical change has up till now proved unsuccessful" (ibid., 177) . Clavelin has shown that Koyré's position ("good physics is made a *priori*") , which located Copernicus's theory at the origins of Galilean dynamics, was anticipated by Paul Tannery's reading of Galileo in 1901 (Clavelin 2006, 15) .

[3]   Important exceptions are Bucciantini 2003 and Camerota 2004.

洛尼（Jacopo Marroni）"[1]。这里显然把"马佐尼"误写成了"马洛尼"。瓜尔多出版的勘误表中订正了拼写错误，这说明他要么直接了解这些"评论"，要么只知道名字拼错了，或者二者都是真的。不论怎样，瓜尔多的文字表明，皮内利周围的人已经知道伽利略"赞成哥白尼"了。而且埃德蒙德·布鲁斯有可能是在马佐尼的评论中听说了伽利略"把你（开普勒）的成果当成自己的发现而对外宣传"。因此伽利略完全有道理在与马佐尼和开普勒通信后继续思考并从事哥白尼学说的问题。但在17世纪初，他还缺乏对世界体系的充分研究，视野和抱负都比不上开普勒的宇宙结构学或亚里士多德的《物理学》。伽利略在1610年撰写《星际信使》时已经构思了这样一部著作。[2] 但他显然决定在此之前最好秘密地表达观点，或者保持沉默。[3]

1600 年：布鲁诺受刑

帕多瓦的学者交友网络与伽利略和开普勒保持联系的秘密中介，为我们了解伽利略对哥白尼问题的投入提供了一条主线。但1600年发生了一宗意外事件，使这种讨论的政治空间变得复杂起来：乔尔达诺·布鲁诺在罗马的花市广场被

[1] Gualdo 1607, 29.

[2] Galilei 1998a, 57: "We will say more in our *System of the World*, where with very many arguments and experiments a very strong reflection of solar light from the Earth is demonstrated to those who claim that the Earth is to be excluded from the dance of the stars, especially because she is devoid of motions and light. For we will demonstrate that she is movable and surpasses the Moon in brightness, and that she is not the dump heap of the filth and dregs of the universe, and we will confirm this with innumerable arguments from nature."

[3] When describing what he hoped to write if he were invited to the Medici court, Galileo mentioned a *systema mundi*: "Two books on the system and constitution of the universe — an immense conception full of philosophy, astronomy, and geometry; three books on local motion, an entirely new science, no one else, ancient or modern, having discovered some of the very many admirable properties that I demonstrate to exist in natural and forced motions, whence I may reasonably call this a new science discovered by me from its first principles" (translated and quoted in Drake 1978, 160).

执行死刑。

行刑地点非常公开。"花市广场"很受大众欢迎，商业活动发达：杂货店出售大麦等谷物和蔬菜，还有一个以马闻名的动物市场。不仅如此，这里还有大量书店和印刷店。它与圣天使桥一样，都经常被用作刑场，欧金尼奥·卡诺纳将它贴切地称为"死刑剧场"。法国大使所居住的奥尔西尼宫正对这些地点，他抗议过宫殿前面发生的"恐怖之事"——不是因为他反对处死异教徒，而是因为他希望行刑在晚上进行，而不是在早上打扰他的睡眠。[1]

先于第谷·布拉赫前几年在圣经的指导下推测天空流动性的罗伯特·贝拉明是宗教法庭的顾问。贝拉明作为重要人物参与列出了八个异教命题，要求布鲁诺放弃这些主张。这个列表中包括布鲁诺主张的世界具有无限的空间与多个太阳吗？弗朗西斯·耶茨（Frances Yates）推测，对布鲁诺的主要控诉是针对他的巫术与炼金术观点，而不是关于行星秩序的观点。[2]不幸的是，我们不知道贝拉明是否纳入了关于地球运动的命题。如果没有，几乎不可能是因为根本不了解基本的哥白尼主张，或者因为贝拉明顽固地赞同亚里士多德的自然哲学。他绝对不是阿威罗伊学说的支持者。不论如何，在1599年被任命为红衣主教后不久，贝拉明就与其他法官一起对布鲁诺进行了审判并判定他有罪。[3]直到最后，布鲁诺仍然忠于自己的哲学家身份："你们宣读判决时的恐惧，比我接受判决时还要大得多。"这是他被烧死前的著名遗言。[4]他的话勇敢而坚定——他的舌头随后就被钳子夹住了，使这句话显得更有力量。[5]与法官们教条的末世神学相反，布

---

[1] Canone 1995, 46-49, 59.

[2] Yates 1964, 354-55; cf. Finocchiaro 2002.

[3] See Le Bachelet 1923; Blackwell 1991, 45-48.

[4] The witness was Gaspar Schoppius. See Spampanato 1933, Documenti Spampanato 1933, 202, no. 30; Blackwell 1991, 48.

[5] The tongue vice was commonly used on heretical impenitents so that they could not utter further blasphemies before being burned（Canone 1995, 54n. ）.

鲁诺没有选择虚伪的掩饰，而是选择了死亡。正如米格尔·格拉纳达所述，他的道德立场完全符合受阿威罗伊学说启发的信仰，在包含着无数个哥白尼式世界的无限宇宙中，通过对无处不在的神力进行哲学思考，相信人具有完全性。[1]至于对布鲁诺定罪的真实细节，永远都会存在争议，因为在拿破仑命令把审判笔录从罗马送来后，它们可能葬身于纸浆厂了。[2]

对审判惨境的忧虑导致布鲁诺之死对意大利学者观点的直接影响有所消减。可能是因为伽利略已发表或未发表的作品中都没有提到布鲁诺的名字，早期史料编纂有一种过度投机的倾向，而多数近代的伽利略学者因此几乎忽略了布鲁诺。[3]但是不论布鲁诺为什么被判有罪，对审判有所耳闻的人（不论是在自由主义的贵族圈还是在较保守的大学）都没有怀疑过，公开接受布鲁诺的观点，甚至私下谈论会引来危险。[4]

"禁书目录"很快明确肯定了这种普遍看法。1603 年 8 月 7 日，神圣宫殿的主人正式颁布法令，布鲁诺的作品被纳入了克雷芒八世目录中最严格禁止的类别：完全禁止一切作品（opera omnia omnino prohibentur）。[5]这些法令一直持续到 1900 年，使布鲁诺成为了反对教权主义的复兴运动的代表，后来在苏联百科全书中有一篇文章将他描述成为科学牺牲的烈士。[6]这些作品被称为充满了"虚

---

[1] See Granada 1999b.

[2] See Finocchiaro 2002.

[3] Among recent writers, Hilary Gatti（1997）is one of the few to point to significant, detailed parallels between Bruno and Galileo. Richard J. Blackwell（1991, 47-48）comes closest to recognizing the importance of the Bruno question for Bellarmine.

[4] A good deal of speculation has focused on what impact the trial of Bruno might have had on Bellarmine's attitude toward Galileo in 1616 and at Galileo's own trial in 1633（see again Blackwell 1991, 48 ff.）. Little or no attention has focused on the period 1600-1610.

[5] Giovanni Maria Guanzelli da Brisighella, a Dominican, issued the decree, by which about forty authors and seventy titles were pronounced "suspect and prohibited"（see Canone 1995, 44-61）.

[6] Ibid., 59-60; Bruno 1969-78.

伪、异教、错误而诽谤的教义,损害了公序良俗以及基督教的虔诚"[1]。"禁书目录"还具体说明,在罗马市内,这个类别中的所有书籍都不得"印刷、出售或以任何方式讨论与处理"。[2] 另外,它还明确说明了可能会违反禁令的地点:"特别是,如果罗马的所有书商及其他人在店内或书房内有以上任何书籍,应该立即将它们交给我们的教廷;警告这些人,除了冒犯上帝的重大犯罪以及将会招致的教会谴责,还会根据神圣教规、目录的规定,以及其他针对书籍的法令等所规定的惩罚对他们进行严厉的处罚。"[3]

这些处罚包括"没收书籍",罚款"300 金斯库多",神圣宫殿的主人还有可能给予"任意的肉体惩罚"。[4] 换句话说,布鲁诺的作品不可能进入较温和的禁止类别("禁止直到修正",donec corrigatur),哥白尼的《天球运行论》在 1616 年被归入了这个类别。

针对布鲁诺作品的法令刚好发生在埃德蒙德·布鲁斯告诉开普勒伽利略正在盗用其观点一年前。有理由推测,在 1600 年后(当然在 1603 年之前)的意大利,布鲁诺的遭遇重新燃起了对哲学探讨的恐惧。当布鲁斯在这一年 11 月询问开普勒的"天文学疑惑"时,他根本没有提到布鲁诺的名字。

当然,我们不应该错误地认为,地中海天主教界之外的国家内的政治体制与教育机构对变化或异议更加开放。近代早期的知识工作者一直都面对着越界的危险——比较冒险的思想家则总是要提防哲学异端邪说。只要回想一下开普勒对图宾根神学家的策略就行了。真正紧迫的问题是:哪些学术观点与实践体制是被看作危险的呢?对于数学从业者,预测统治者的死亡可能是最危险的行

---

[1]　*Indicis Librorum Expurgadorum In studiosorum gratoam confecti Tomus Primus, In quo quinquaginta Auctorum Libri praecaeteris desiderati emendatur*(Rome, 1608; [August 7, 1603]),600. Cited in Ricci 1990, 239-40.

[2]　Canone 1995, 45.

[3]　Ibid.

[4]　Ibid.

为了。不过，在罗马被看作威胁的行为，不一定会在贸易城市阿姆斯特丹、伊丽莎白统治下的伦敦，或鲁道夫统治下的布拉格得到同样的看法。一个突出的例子就是伦敦皇家医师威廉·吉尔伯特（1540—1603）的作品。

1600 年：威廉·吉尔伯特的磁力学计划

布鲁诺在花市广场被处死的同年，吉尔伯特出版了一本书，其主要内容似乎早在 1582 年就完成了，后来的部分是 1588 年以后完成的。它的宏大标题是《论磁体、磁性体与巨大的磁体——地球；一门通过大量论证与实验进行说明的新哲学》(*De Magnete*, *Magneticisque Corporibus*, *et De Magno Magnete tellure*; *Physiologia Nova*, *plurimis & argumentis*, *&experimentis demonstrata*)。[1] 和约翰·迪伊及乔尔达诺·布鲁诺一样，吉尔伯特自称投身于"一种新的哲学思考"，引入"新的闻所未闻的名词（与教义）"[2]。他还大胆地自称决定"像过去埃及人、希腊人与拉丁人发布教条时一样自由地进行哲学探讨"。并且，他致力于某种反修辞的体裁，明确抛弃修辞的"优雅"，而将自己的作品对立于炼金术士和古人的"含蓄而迂腐的术语"："我们根本不引用古人与希腊人来支持自己，因为微不足道的希腊论证无法更微妙地说明真理，希腊术语也不够有效，它们的阐释也不够好。我们关于天然磁石的学说与大部分的希腊原理和公理相矛盾。"事实上，吉尔伯特的反希腊主义修辞没有看上去那么绝对。他参考了许多现代化的、同时代的自然哲学家，例如库萨的尼古拉斯、菲奇诺、卡尔达诺、斯卡利格，以及乔瓦尼·巴

---

[1] Gilbert 1958. Edward Wright's prefatory address noted that "that work held back not for nine years only, according to Horace's Counsel, but for almost [an] other nine [i. e. about 1582]" (xliv) . Throughout, I have emended Mottelay's generally serviceable late-nineteenth-century translation with word choices closer to Gibert's own text. (For Mottelay's translation principles, see pp. vii-viii.)

[2] Ibid., xlix. Gibert actually included a glossary of new terms at the start of the book（"Verborum Quorundam Interpretatio"）.

普蒂斯塔·德拉·波尔塔（Giovanni Baptista della Porta）——他们正是开普勒学生时期研读的、不那么传统的新亚里士多德学派或新柏拉图学派哲学家。吉尔伯特声明自己"毫不犹豫地提出可证明的假说,我们通过长期经验发现的理论"[1]。

吉尔伯特的新理论模型是把地球看作一个磁体,将天球上子午圈和赤道圈的布置与球形天然磁石上的布置相类比。他以这种制造球形的方式向读者说明如何寻找球形磁石的两极:通过在表面多个点上布置可以自由旋转的针或铁丝;标记指针的方向;发现所有标记线都汇合在同一点——"天文学家在天空中,或者地理学家在地球上也可以这样做"[2]。的确,吉尔伯特的结构化说明在传统的亚里士多德学说评论流派与卡尔达诺、斯卡利格和迪伊分散的定律式方法中开辟了一条新道路。

这部作品首先针对较早的作者（其中许多是希腊人）与吉尔伯特自己关于磁体的经验,对天然磁石进行了冗长的论述。这段序言加强了地球磁性及其运动类型的主题。针对天空的主题,吉尔伯特与第二代哥白尼支持者的趋势同步,引用了哥白尼、布拉赫、马基尼、奥弗修斯、乌尔苏斯和布鲁诺。除了最后两位,他在《论磁体》中明确（并且毫不费力地）提到了前面所有人；而仅在死后出版的《我们月下世界的新哲学》（*New Philosophy of Our Sublunar World*，1651）中明确加入了乌尔苏斯和布鲁诺。[3] 几乎可以肯定,这样一位学识渊博的英国作者应该了解迪格斯和迪伊的作品,但不知为何,他从未提起过这两个人。

吉尔伯特选择了最好的武器来嘲笑传统的亚里士多德学派哲学及其新浪潮的解读者,即磁体能够在一定距离上发挥作用。这是亚里士多德追随者熟知的反常现象。在《论磁体》中,吉尔伯特系统性地围绕磁力效应的说明装置建立了自己的叙述。他不断地谴责传统主义者最喜欢的解释分类:四大元素"形式

369

[1] Gilbert 1958, l-li.

[2] Ibid., bk., 1, chap. 3, 24.

[3] Gilbert 1965, 192-93, 196-205.

原因""混合体的特殊原因""第二或主要形式""产生物体的传播形式"。"这些,"吉尔伯特以布鲁诺式的讽刺口吻说道:"我们就留给蟑螂和蛀虫去吞食吧。"[1]与这种亚里士多德式的原因相反,吉尔伯特开启了一个新的哲学探讨领域,不论它与传统或非传统自然哲学有怎样的关系,都是围绕着一个主题:磁体。核心问题就是确定导致"相互分离但自然聚集的物体交合在一起"的介质。[2]

可能是受菲奇诺的启发,要找到内聚力问题的答案,需要对斯多葛学派的解释性资源进行修订:"磁性效力""固有的吸引力""原始的活力""有形的与无形的以太""磁性交合"。吉尔伯特评论道:"斯多葛派学者认为地球有灵魂,因此他们在有识之士的嘲笑中宣称地球是一只动物。这种磁性形式,不论是活力还是灵魂,都是精神世界的。"这种新构想的权威性在某种程度上来自其与传统主义者对磁体解释的对立。"让有识之士悲叹哭泣吧,不论是更好的逍遥学派,还是普通的哲学家,或是蔑视这种理论的约翰尼斯·科斯塔奥斯(Johannes Costaeus),都无法欣赏这种高贵而卓越的性质。"[3]磁性灵魂在磁石球的两极附近产生无形的射流("以太球")。在这一区域中,铁或某种磁性物体就会有以垂直或倾斜的角度向两极运动的趋势。磁性物体离天然磁石越近,力就越大。[4]磁性灵魂有目的地吸引铁屑,并且会使漂浮的木塞上的针转动。用吉尔伯特的话说,它的这种旋转就像一个"小地球",或者说模拟地磁的磁铁(terrella)。每个行星都有"通过物质的连续性"凝聚的趋势,月球上的物体趋向月球,太阳上的物体趋向太阳,以此类推。[5]

吉尔伯特的磁性哲学中与天空的类比,更加彻底地说明了他的解释与统一的野心。传统的自然哲学家当然追随亚里士多德的主张,认为天空与陆地区域

---

[1] Gilbert 1958, bk. 2, chap. 3, 104; chap. 4, 105.

[2] Ibid., bk. 3, chap. 6, 121.

[3] Ibid., bk. 6, chap, 5, 339.

[4] Ibid., bk. 3, chap. 6, 121.

[5] Ibid., bk. 6, chap. 5, 340.

具有本体论上的区别。吉尔伯特认为，自己的任务之一就是拓宽自然哲学家的视野范围，用磁体来解释天文学家－占星学家与星历学家的误解。他肯定能接触到很多星历表，包括马基尼 1582 年的星历表，并通过多米尼科·马利亚·诺瓦拉对地球纬度变化的预言文章做了完整的引用。[1] 对于吉尔伯特，多米尼科·马利亚·诺瓦拉、斯塔迪乌斯、莱因霍尔德和托勒密的"不确切的""猜测的判断"，都是这些"地理学"评注者犯错的例证："这些错误在地理学中的蔓延更加容易，因为作者都不了解磁力。"另外，他还明显地参考了第谷·布拉赫："熟练掌握技术的人借助大型仪器，同时考虑光线折射对纬度的观测，就不会缺乏精确度。"[2] 吉尔伯特默默地评注了哥白尼的原文，和哥白尼一样，吉尔伯特用概率论证了周日旋转的地球磁体是一个更简单的概念，因为这样就不需要最外层天球每 24 小时绕宇宙中心飞速旋转了。[3] 不仅如此（而且必然的是），磁性活力或灵魂代替了哥白尼学说中重力的说明功能，

用完全自然、无形的以太代替了凭神的力量注入球体各部分，并想要聚集为一个整体的"自然愿望"。但吉尔伯特无法为复杂的旋进运动找到"自然原因"，而让步于《天球运行论》第 3 卷的"弓形"（intorta corolla），因为这种运动本身是"不确定而且不可知的"。[4]

虽然吉尔伯特明确赞同哥白尼，但他在行星秩序的问题上却奇怪地含糊不清。他一直都回避涉及太阳的运动或静止，以及地球的周年运行。[5] 类似地，他

---

[1] Gilbert 1958, bk. 6, chap. 2, 315-17. Gilbert makes only passing reference to stellar influence and altogether neglects planetary astrology（see bk. 6, chap. 7, 349-50）.

[2] Ibid.

[3] "Non probabilis modò, sed manifesta videtur terra diurna circumuolutio, cum natura semper agit per pauciora magis, quàm plura"（Gilbert 1600, bk. 6, chap. 3, 220; cf. Copernicus 1543, bk. 1, chaps. 5, 8）. Gilbert（1958）argues for the diurnal motion in bk. 6, chaps. 3-4, 317-35.

[4] Gilbert 1958, bk. 6, chap. 9, 358. Pumfrey goes further in suggesting that Gilbert regarded astronomy as incapable of achieving certainty, along the lines of Osiander's letter to the reader（2002, 166）.

[5] Gilbert 1958, bk. 6, chap. 3, 321; chap. 6, 344. For the periods of revolution of Venus and Mercury, Gilbert used values taken directly from *De Revolutionibus*, bk. 1, chap. 10.

赞成地球周日运动与月球每月运动的"对称性与协调性"，却没有提到哥白尼根据日心运行提出的原始对称主张。[1]考虑到他大胆地认同太阳对地球和行星主动施加影响，这样的搪塞就更费解了。[2]

　　吉尔伯特奇怪的公开立场无法用当时压抑的政治环境来解释；至少我没有看到任何证据支持这种解读。作为被女王亲自接见过的皇家医师学会的杰出成员，吉尔伯特没有受到学院学科等级制度的约束。他愿意大胆地以新的方式进行哲学思考就证明了这种自由。他甚至还对地球的每日旋转提出了一种新颖的解释，并且认为这"不仅有可能，而且是确定的"。他勇敢地将原动力的存在驳斥为"虚构的""可恶的保证"，以及"受到嘲笑的……哲学传说"。[3]他完全信奉反亚里士多德派的修辞。他深入研究了《天球运行论》，能够引申并评论技术难度很大的第3卷中提出的主张。[4]他还了解奥弗修斯关于对称与行星秩序的意见。他有乌尔苏斯的《天文学基本法则》，并且评注了在没有天球的世界中以地球为"中心"的矛盾。[5]另外，在1588年之后的写作中，他还很熟悉第谷主张的地心日心体系，以及对利用假想的"大炮试验"辩护周日运动的反对理由。最重要的是，吉尔伯特毫不犹豫地反驳了第谷的论证：

　　地球的周日运动不会促进也不会阻碍物体：用力射出后，它们不会向东或向西超过或落后于地球的运动。用 EFG 代表地球，A 是中心，LE 是上升的以太。当以太球随地球运动时，球体在 LE 线右侧的部分在整体的转动中也会不受干扰

[1] Gilbert 1958, bk. 6, chap. 6, 343-44.

[2] Ibid., bk. 6, chap. 4, 333: "The sun（chief inciter of action in nature）, as he causes the planets to advance in their courses, so, too, doth bring about this revolution of the globe by sending forth the virtues of his spheres — his light being effused"; see also bk. 6, chap. 6, 344.

[3] Ibid., bk. 6, chap. 3, 322.

[4] ibid., bk. 6, chaps. 7-9.

[5] Gilbert 1965, bk. 2, chap. 10, 151; see further Lerner 1966-97, 2: 282.

地行进。[1]一个重物 M 沿 LE 垂直落向 E，这是向中心最短的路径；这种直线运动既不是复合运动也不是圆周运动凝聚（即混合）而成，而是简单直接的不会脱离直线 LE 的运动。没错，即使地球进行周日旋转，以相同的力从 E 向 F，或从 E 向 G 发射，会在两个方向达到相同的距离；即使一个人向东或向西走 20 步，达到的距离都是一样的。因此著名的第谷·布拉赫用这种论证无法否定地球的周日运动。[2]

吉尔伯特的论证直接颠倒了第谷对移动的地球上抛物运动的解释，甚至反对哥白尼关于这种合成运动中包含直线与圆周成分的主张。

因此吉尔伯特显然了解 16 世纪 80 年代激烈辩论的主要问题，即使他无法直接接触乌拉尼亚堡－卡塞尔网络中的内部斗争。而他对周年运动的立场更难判断："我忽略了地球的其他运动，因为我们在这里只处理周日旋转，地球以此转向太阳并产生了自然日。"[3]

吉尔伯特有意在另一部作品中讨论"地球的其他运动"吗？还是说他只想指出第 6 卷第 8 章和第 9 章中的旋进运动呢？从逻辑上来讲，如果最外层天球没有任何天文功能，那就离完全将它抛弃不远了。[4]与哥白尼不同，吉尔伯特显然准备走出这一步。不仅如此，周日运动本身就存在如何解释自由落体没有被留在后面的问题。既然走到了这一步，很难说吉尔伯特认为自己会对周日旋转提出最终的、正式的有效原因（将这个问题纳入亚里士多德派范畴），但却谨慎

---

[1] Gilbert's term is *volutatio* rather than *revolutio*, *motus*, or *rotatio*.

[2] Gilbert 1600, bk. 6, chap. 5, 228, my translation. Cf. Gilbert 1958, bk. 6, chap. 5, 340-41.

[3] Ibid., bk. 6, chap. 5, 327. In *De Mundo*, Gilbert explicitly stated that Tycho accepted "Copernicus's reckoning" with respect to the order of Mercury and Venus: "Illustrissimus Tycho Brahe Solem vult centrum esse secundorum mobilium, sive planetarum, terram vero constituit centrum universi; Mercurium & Venerem Copernici ratione circa Solem cieri" (Gilbert 1965, 192).

[4] For discussion of this point, see Lerner 1996-97, 2: 151-52.

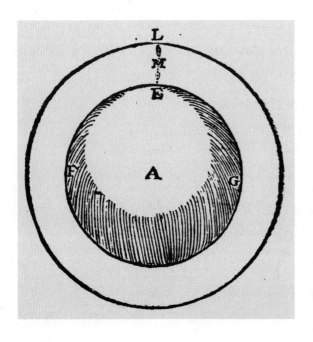

图 73. 威廉·吉尔伯特对第谷·布拉赫大炮实验设想的反驳。吉尔伯特, 1600 年, 341 (Image courtesy History of Science, Collections, University of Oklahoma Libraries)。

地拒绝将这种说明扩展到周日运动。

　　有些评注者因为这种推理以及其他思考而认为，吉尔伯特一定在私下相信"日心宇宙"，有可能是布鲁诺的版本。[1]但这样的复兴就说明，吉尔伯特和布鲁诺一样，决定忽视吸引了雷蒂库斯、梅斯特林、罗特曼与开普勒，或至少吸引了卡佩拉派的奥弗修斯与奈波德的结构与秩序方面的因素。[2]

　　这里可以提出三种解释。第一，吉尔伯特的问题可能完全是概念上的。也许他只是不知道如何将自己的磁性物理学一致地扩展到周年运动中，即使他让

---

[1] See esp. Freudenthal 1983, 34-35; Gatti 1999, 97-98.

[2] In *De Mundo*, Gilbert briefly invokes the principle that "what is closer [to the Sun] is moved more rapidly," but in the paragraph that follows, he does not use this principle to affirm the Copernican arrangement (Gilbert 1965, 194).

步并对旋进运动提出了解释。[1]如果每个天体（或球体）都分别对自己的交合区域具有凝聚力，那么绕太阳的环行是怎么产生的呢？一个磁性灵魂怎么会产生三种运动，一种旋转，一种旋进，还有一种是绕其他物体的转动呢？还有，如果太阳能够推动其他天体运动，那它自己为什么不动呢？吉尔伯特对这些问题的含糊回避，在他积极的、通常带有布鲁诺式措辞而且非常新颖的哲学探讨中留下了一个有趣的瑕疵。

第二种可能是，吉尔伯特只是缺乏必要的数学技能，无法理解《论磁体》第6卷中有关哥白尼复杂的旋进理论等内容，这一部分（和其他内容一样）都是在爱德华·赖特（Edward Wright）与约瑟夫·杰索普的协助下撰写的。[2]在此还可以提出第三种假设：吉尔伯特作为伊丽莎白宫廷的成员，至少很有可能熟悉布鲁诺的意大利语对话，以及拉丁语的《论无限》。如果是这样的话，他应该看到了布鲁诺对地球月球相结合，以及水星金星相结合的"毕达哥拉斯派"描写。布鲁诺强调物理原因而不是考虑哥白尼主张的对称，这一点与吉尔伯特的倾向很相符。相应地，吉尔伯特可能在两种不同的毕达哥拉斯派解读之间左右为难。[3]在以上所有的假设中，吉尔伯特的进退两难都突出了他所追求的写作体裁所受的约束：

自然哲学论证，实质上是一种学科理论。如果他像布鲁诺一样选择了哲学对话，或者像第谷·布拉赫一样选择了书信，就会有更大的回旋余地确定地提出比较缓和的主张，而不需要"证明"每一个主张。

[1] Freudenthal 1983, 33: "Rather than admit explicitly his failure to supply magnetic foundations for all celestial motions, Gilbert chose not to discuss the annual revolution at all."

[2] Pumfrey 2002, 175-81; Gatti 1999, 86-98.

[3] In *De Mundo*, he cited only the "mathematical" reading and represented Copernicus as following it: "Nonnulli Pythagorei, qui ex vetustioribus Graecis mathematicae auxiliis philosophiae fundamenta posuerunt, terram non in centro aliquo quiescere, sed in obliquo circulo volvi existimabant; ut Philolaus apud Plutarchum. Respuit hanc opinionem reliqua antiquitas. Copernicus; ut absurdiorem circulorum numerum, & implicitas vias evitaret, motum etiam telluris supponit in obliquo circulo" (Gilbert 1965, 192; but cf. his treatment in 1958, chap. 6, bk. 3, 317-18).

16 世纪 80 年代世界体系论战遗留的不确定性，较少的发行量和较小的流通范围，也许有助于说明为什么吉尔伯特这样的现代主义自然哲学家会陷入这样的窘境。他在 1600 年出版《论磁体》时，显然能够接触到 16 世纪 80 年代后期关于中间道路争论的主要作品：乌尔苏斯的《天文学基本法则》，他认同其中对地球周日旋转的辩护；以及第谷的《关于最近发生的天文现象》，他反对其中关于抛物运动的观点。但没有证据表明他对 16 世纪 90 年代中期的文献有类似的了解：《天文学书信集》中布拉赫与罗特曼的通信，乌尔苏斯在《天文学假说》中对第谷的恶意批判，或是开普勒在《宇宙的奥秘》中对哥白尼的肯定与全面拥护。[1] 吉尔伯特还遇到了火星的问题。他应该只相信第谷的权威主张，认为火星与太阳的轨迹相交吗？像乌尔苏斯与罗斯林一样，他显然没有这么做。不仅如此，他对第谷的炮弹实验意图进行了驳斥，再次说明他接受了与布鲁诺在《圣灰星期三的晚餐》中关于落体的叙述相似的理论。[2] 虽然他通过观测火星在乌尔苏斯和第谷之间做出裁决，但他可以根据自己的磁性理论来利用乌尔苏斯的周日运动。从这个角度来讲，吉尔伯特的行为与布鲁诺一样，最终都像是与天文学家的结论进行谈判。与开普勒不同，吉尔伯特无法发动"火星战争"；但是与 30 年后的笛卡尔一样，他可以对天文学家已经提出的主张做出物理解释，并且推动它们获得尚未被认可的解释。

吉尔伯特的观点最初吸引了一些英格兰的同行。[3] 其中一个是他的朋友爱德华·赖特，他对这本书的赞美再次重复了吉尔伯特的立场，称其"足够可信，根据许多实验与哲学推理说明地球以自己的中心为基础，但同时还具有球面运

---

[1] The works of Tycho, Roeslin, and Kepler — but not Ursus — had all appeared together at the Frankfurt Book Fair in the spring of 1597 (Mosely 2007, 193).

[2] For Bruno on falling bodies, see Westman 1977. If Gilbert did know Tycho's *Epistolae Astronomicae*, he was also not sufficiently persuaded by Rothmann's Copernican arguments.

[3] See esp. Pumfrey 1987.

动"[1]。赖特也许是受到布鲁诺或罗特曼的影响，援引了圣经中的妥协主义观点："摩西与先知的意愿似乎不是传播精妙的数学或者物理原理，而是适应普通人的理解以及流行的说话方式。"[2]托马斯·迪格斯简短地考虑过将磁体作为哥白尼物理学的资源，但他在吉尔伯特的《论磁体》面世前就去世了。当时约翰·迪伊感兴趣的球体只有他窗台上的玻璃球，这有助于他与天使进行交流。没有证据表明第谷在1601年去世前读过吉尔伯特的书。但吉尔伯特的作品（特别是赖特对圣经解读的评论）成为了第三代天文理论学家的沃土。

《论磁体》的流通比《宇宙的奥秘》广泛得多，而开普勒抓住了这个机会。开普勒至少在1602年11月之前获得了这本书，当时他正在努力确定火星的轨迹，第一次以一门新的物理学为基础将环行看作"绕轨道运行"[3]。吉尔伯特的磁性哲学提到了很多当务之急的问题，而且他当然注意到了吉尔伯特对第谷的炮弹实验设想做出了解答。例如，吉尔伯特回答了开普勒向伽利略提出的一个问题，即磁体对地极运动的影响。但在此之外，吉尔伯特的作品还附带了相容的解释资源：最终的、有效的、实质性的因果关系。磁体，一个实体，在一定的距离之外对其他物体产生作用。开普勒采纳了吉尔伯特的地磁模拟磁铁，并且将其推广到关于太阳和其他行星运动的量化模型。他还很快就将吉尔伯特的磁体合并到其关于火星轨道的作品中，主张中心天体产生了一种无形的磁性"形态"。吉尔伯特的物理命题完全符合开普勒的哥白尼式宇宙结构学；他还利用它们，以一种可以穿透空间并穿过中间物体的力，改善并修正了皮科的光物理学。

[1] Gilbert 1958," Address by Edward Wright," xliii. In Gilbert 1600, Wright's eulogy follows the author's own preface.

[2] Ibid., xlii; the entire passageis quoted below in chapter 16.

[3] First mentioned in Herwart von Hohenburg to Kepler（November 21, 1602, Kepler 1937-, 14: no. 235, 11. 36-39）, but already cited by Kepler from memory in early December（Kepler to Fabricius, December 2, 1602, ibid., 14: no. 239, 11. 437-40）.

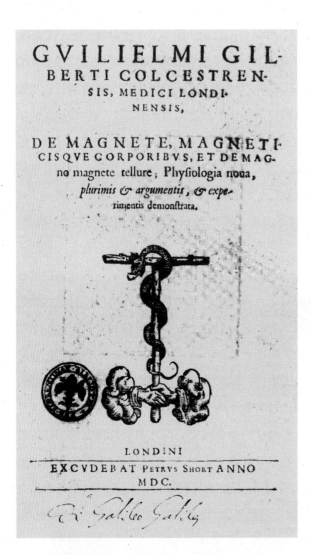

图 74. 吉尔伯特《论磁体》扉页。出自伽利略（Biblioteca Nazionale Centrale di Firenze B.R.121. By permission of Ministero per i Beni e le AttivitàCulturali della Repubblica Italiana/Biblioteca Nazionale Centrale di Firenze. Further reproduction by any means is prohibited）。

　　开普勒与伽利略之间在这方面的差异同样引人注目。伽利略大约与开普勒在同一时期获得了《论磁体》，但他没有类似地将它作为天体运动的资源。[1] 他

[1] "And perhaps Gilbert's book would never have come into my hands if a famous Peripatetic philosopher had not made me a present of it, I think in order to protect his library from its contagion" (Galilei 1967, 400. Drake(1978, 67) dates Galileo's acquisition to the period 1600-1602.

与这位英国人有认知上的差别。伽利略很重视吉尔伯特的观察（他描述的效应），而且他应该赞同吉尔伯特对第谷炮弹实验设想的反对意见，这再次提醒我们需要为哥白尼的宇宙结构学建立物理基础。但此时伽利略的自然哲学中已经不需要移动的灵魂了。而且使他疏远开普勒的是解释资源上的分歧，因此这也使他排斥对吉尔伯特磁体做任何宇宙结构学的应用。正如他后来在《关于两大世界体系的对话》中叙述的，"我希望吉尔伯特能具有更多的数学技能，尤其是更深厚的几何学基础，这门学科会使他不那么轻率地将这些原因作为严格的证明，而他提出这就是他所观察到的正确结论的真正原因。坦白地讲，他的推理并不严密，而且缺少在必要且永恒的科学结论中必须表现出来的说服力"[1]。

现代化主义者之间的争论

世纪末新的融合

17 世纪的第一个 10 年是剧变的时代，不仅延续了 16 世纪 90 年代起就开始的进展，而且得到了加速与复杂化。17 世纪最初几年，新的自然哲学思考形式与理论天文学出现了融合，而这并没有发生在《天球运行论》刚刚出版后的几年里。我们回想一下，在早期，托洛桑尼谴责哥白尼威胁到了知识的秩序，但并不是因为他提出了一门全新的自然哲学。同样，维滕堡的天文从业者对预言的忧虑使他们避开了自然哲学中的新提议。

世纪末的情况也没有什么不同。罗特曼、开普勒、布鲁诺、吉尔伯特、伽利略、哈利奥特、西蒙·史蒂文（Simon Stevin），以及（在较小程度上的）第谷·布拉赫都将哥白尼问题重新构造为自然哲学与行星秩序的结合。在之后的章节中，

---

[1]　Galileo 1967, Third Day, 406.

我们会看到，这绝对不是唯一的考虑方式。1600—1610年，太阳静止于行星运动中心的假设可能与吉尔伯特的磁性理论或开普勒的柏拉图立体图形及太阳驱动力有关，甚至可能与布鲁诺的无限世界理论或托马斯·哈利奥特不完全的原子论有关，或者，如我在第 16 章所述，也许和以上主张的某些组合有关。

　　埃德蒙德·布鲁斯再次留下证据表明，这种融合在有学问的非从业者眼中是什么样子的。仅仅 15 年前还在被天文学家们猜想的布鲁诺式哲学，与天文学的结合，对新哥白尼问题定义了一种可能的表述方法。现存最后一封布鲁斯的信件是在 1603 年 11 月从威尼斯寄出的，他在信中为开普勒提出了一个非凡的难题：

　　我对天文学有很多怀疑，只有你（可以）让我确信。我认为有无穷多个世界。其中每个世界都是有限的，似乎太阳的中心都在行星中间。正如地球不是静止的，太阳也不是。它在自己的位置上绕自己的轴快速旋转，其他行星也跟随它的运动。我认为地球也属于这些（行星），但与它（太阳）距离越远（运动）就越慢。因此恒星的运动和太阳一样，但它们不像行星一样受这个天体（太阳）的力量推动进行圆周运动，因为（恒星）它们每一个都是一个太阳——而不是属于我们这个较小的行星世界。我不认为元素世界是独特的，而且是我们独有的。因为在我们称为恒星的天体之间有空气；所以，那里也有火和水和土。另外，我认为我们脚下的这个地球不是圆形的也不是球形的，而是类似于椭圆形的。还有，我认为太阳与恒星的光不是来自物质，而是从它们的运动中喷射出来的。事实上，行星从太阳接受光照，因为它们移动较慢，而且受到自身固有运动的阻碍。我认为这些和其他许多事都有可能性；但现在的时间和地点都不适合寻求证明。如果能引出你对这些想法的观点，那对我来说就足够了。[1]

---

[1]　Bruce to Kepler, November 5, 1603, Kepler 1937-, 14: no. 272, 11. 9-28.

这封具有启发性的信件概述了对宇宙进行新描述的基本要素。它预示了在整个 17 世纪，学者们将会努力把哥白尼或第谷的方案与新的物质、运动、空间和物理力原理相结合。它还与第九任诺森伯兰伯爵的学者朋友们类似的兴趣产生了共鸣。[1] 严格来说，布鲁斯的概括不是布鲁诺式的也不是开普勒式的，而是试图将二者结合：成为开普勒或布鲁诺本人都不会轻易地完全认可的形式。布鲁斯创造了多个日心世界，每一个世界里都有一个太阳发出动力推动行星。没有享有特权的天空或元素区域，只有充满元素物质的无限空间。

在这段叙述中，布鲁斯似乎只是模糊地意识到了这些独立的世界相互作用的问题。他的宇宙将物理元素和量化方法相结合，更别说他从几年前就开始思考的开普勒式音乐和谐了。布鲁斯提出太阳本身也有旋转运动。

布鲁斯是在 1585 年离开英格兰之前就接触到了布鲁诺关于无穷世界理论的著作吗？抑或是在他加入皮内利交际圈之后？[2] 一般都倾向于后者，因为开普勒在 1599 年寄给布鲁斯的信件中没有提到布鲁诺。这显然还不是他们讨论的话题。不论如何，我们不知道布鲁斯有没有像与开普勒的交流一样，和伽利略或马基尼分享自己大胆的世界构想。在与马基尼乘马车从帕多瓦到达博洛尼亚的途中，他有很多机会提起这个话题，但马基尼几乎不可能赞同他的观点。同样，我们也不知道布鲁斯是否像他所批判的伽利略一样，将他人的观点传播出去。作为一个政治"情报员"，他的职责就是打听消息。那他的工作是不是也包括留意天空呢？

不论事实如何，一个曾经属于皮内利交际圈的人在 1603 年末向开普勒吐露这种观点，这说明乔尔达诺·布鲁诺的主张已经传到了意大利，尽管当时对其进行公开讨论已经非常危险了。不过意大利日益恶化的学术环境应该不是促使

---

[1] See, inter alia, Jacquot 1974; Kargon 1966, 5-17; Gatti 1993.

[2] According to Woolfson（1998, 215, 236），Bruce was in Padua as early 1585-86, as reported by the widely traveled Oxford fellow Samuel Foxe（1560-1630）.

这个英国人决定回国的原因。更重要的是，布鲁斯的政治网络发生了剧变。安东尼·培根于 1601 年 5 月去世。两年后，1603 年 5 月，詹姆斯六世在伊丽莎白之后继承了英国王位。1601 年 5 月之后，布鲁斯似乎得到了一位新的庇护人，他开始向伯利勋爵的秘书、富有而有势力的迈克尔·希克斯（Micheal Hicks，1543—1612）汇报情况。[1]

不幸的是，在这封信以后，埃德蒙德·布鲁斯留下的短暂踪迹就消失了。他在回英格兰的途中到布拉格见到开普勒了吗？[2]如果见到了，他最后回去了吗？1603 年开普勒对布鲁斯提到了许多主题，其中包括一部即将出版的光学著作，以及研究火星运动的新方法。开普勒向马基尼和伽利略发去了问候，并且请马库斯·威尔瑟的兄弟马特乌斯把信送到了帕多瓦。如果布鲁斯回到英格兰之后就停止了与开普勒的直接联系，那么这只是开普勒与这位英国人温暖而友好的关系的开始。

伽利略闭口不谈布鲁诺

开普勒与布鲁斯的通信中关于布鲁诺的主题，使我们回到了伽利略对布鲁诺之死不置一词的问题上。在皮内利生命的最后几个月里，布鲁诺的死刑是一个令人担忧的话题，出于对这种观点的怀疑，我们不得不做出一些未必正确的假设：例如，布鲁诺之死没有传到帕多瓦；伽利略不知道布鲁诺的任何作品；

---

[1] I infer this claim from the anomalous presence of Kepler's last surviving letter to Bruce in a collection of Hicks's correspondence（British Library: Kepler 1603, lansdowne 89, fol. 26 [Kepler 1937-, 14: no. 268]）. The British Museum Library acquired the marquis of Lansdowne's collection in 1807（see Harris 1998, 33）. Kepler addressed the letter to "Edmund Bruce, my friend and most noble man *nunc agentj reddantur*." Hicks entertained James I at his estate in Ruckholt, Essex, on June 16, 1604, and lent money to Francis Bacon between 1593 and 1608 (Stephen and Lee 1891, 26: 350).

[2] Bruce to Kepler, August 21, 1603, Kepler 1937-, 14: no. 265, ll. 10-12: "Etiam forsan egomet ipse ad te volarem antequam ad meam patriam reuerto; nam nullus est in toto hoc mundo cum quo libentius conloquar."

伽利略忙于教学和实验而无暇注意；等等。还有其他可能的原因，不过没有直接证据：伽利略有没有可能不知道布鲁诺1592年被关在威尼斯的监狱里呢？帕多瓦实际上属于威尼斯的拉丁区，伽利略与牧师以及威尼斯贵族家族成员都有很多联系，其中包括阿尔维塞·莫赛尼戈（Alvise Mocenigo），他的亲戚乔瓦尼·莫赛尼戈（Giovanni Mocenigo）就是向宗教法庭举报布鲁诺的人。[1]这些人都是威尼斯共和国政治信息的丰富来源。不论皮内利社交圈中有没有讨论过布鲁诺的什么具体观点，一向谨慎的伽利略不可能没有注意到他的悲惨遭遇所留下的教训。其中最明显的教训就是要谨慎地发表公开言论，谨慎地引用自己所拥有或阅读的书，对感兴趣的话题也要十分小心。他可能还周到地考虑了最容易使人接受的自然哲学解释。1600年之后伽利略的很多行为都是出于谨慎的考虑，至少在一定程度上是由于他了解布鲁诺的命运。布鲁诺受刑后，伽利略对开普勒宇宙结构学的质疑，以及他在1597年体验到的不安全感，都因恶劣的政治环境而加剧了。

伽利略与宗教法庭的第一次冲突

如果伽利略确实不了解宗教法庭对乔尔达诺·布鲁诺的审判细节，他不久以后就直接体验到了。安东尼诺·波匹（Antonino Poppi）1992年在威尼斯国家档案局发现的文件有利于我们更好地理解伽利略的占星活动，以及他最初在宗教法庭的遭遇。波匹的证据表明，1604年4月，帕多瓦的宗教法庭正式控告了伽利略的邻居——亚里士多德派的传统主义哲学家切萨雷·克雷莫尼尼（Cesare

---

[1] In September 1592, when Pinelli was actively trying to bring Galileo to the university in Padua, he informed Galileo of a promising meeting with "un gentilissimo Mocenigo." At the very least, this suggests the existence of a network through which Galileo could have learned about Bruno（Pinelli to galileo, September 25, 1592, Galilei 1890-1909, 10: 49-50）.

Cremonini），以及伽利略本人。[1]克雷莫尼尼被控告教学时违背了灵魂不灭的教条；伽利略被控告以异教的方式生活，因为据说他坚持认为恒星会决定人类的命运。威尼斯政府快速而有效地为两位教师进行了辩护：对伽利略的控告"极其轻微，没有后果"，而对克雷莫尼尼的控告是受到了"邪恶的灵魂与自私者"的驱使。[2]政府肯定了克雷莫尼尼"一直都过着'天主教式的'生活，而且是一个虔诚的天主教徒"[3]。威尼斯官方的主要担忧是学生的骚动，以及对国内外大学名誉的损害。背后隐藏着教皇与威尼斯共和国之间的紧张局势。

布鲁诺的作品被纳入禁书目录后仅九个月，1604年4月21日，一个名叫西尔维斯特·帕格诺尼（Sylvester Pagnoni）的人就向宗教法庭揭发了伽利略。据波匹推测，几乎可以确定帕格诺尼就是从1602年7月到1604年1月在伽利略家里住了18个月的文书。据德雷克称，正巧在这一时期，伽利略开展了钟摆和斜面实验。同时，埃德蒙德·布鲁斯也在这一时期告诉开普勒伽利略将其观点作为自己的发现四处传播，这时候伽利略已经获得了吉尔伯特的《论磁体》。伽利略在这段时间的通信并没有明确表明这种并列关系。但帕格诺尼的报告直接确认了1604年的争论焦点：既不是伽利略对哥白尼的赞同，也不是对运动的研究，而是他的占星与宗教行动。"我看到他在这间屋子为很多人制作天宫图并且（然后）对其做出占卜。他一个接一个地做出这些（占卜），而且还说20年来都将其作为谋生手段，他还坚定地认为他的占卜绝对会实现。"[4]

[1]　Poppi 1992. The following discussion is based on my review of this volume (Westman 1996).

[2]　By this phrase they meant Camillo Belloni, the "concurrent" lecturer and rival of Cremonini in natural philosophy.

[3]　Poppi 1992, 63, 74.

[4]　Ibid., document 5, 56. Poppi provides a facsimile of the original document, pp. 51-54.

如果 20 年的数字是真的（没有其他证据确认）那么伽利略的占星活动早在比萨的学生时代（1583—1584）就开始了。如果要否认这个时间，就需要说明伽利略为什么会在没有经验的情况下突然无中生有地开始从事全新的活动。[1] 不过，对伽利略认为自己的判断"绝对会实现"的严重控诉显然是错误的：这是对占星家惯用的控告，暗示着阿拉伯人或斯多葛派的宿命论。帕格诺尼对伽利略确信自己占星能力的印象根本就不合理。他报告说伽利略的顾客之一、德国贵族约翰内斯·斯威尼茨（Johannes Sweinitz）抱怨有一幅天宫图做得不好，而且做出的预言与事实相反！

帕格诺尼的证词也揭示了家庭关系紧张也可能成为审判中伤的根据。他向审判官泄露，伽利略的母亲朱莉娅·阿曼纳提（Giulia Annanati）对他说过她儿子从没有告解过，也没有领过圣餐。但是帕格诺尼为自己的雇主辩解道，他和伽利略曾经为了庆祝节日做过一次弥撒，而且有时会看到他与住在附近的情妇玛丽娜·甘姆巴（Marina Gamba）一起去参加。当帕格诺尼揭发这些可能显示天主教徒伽利略有罪的行为时，他明确表示，"关于信仰，我从没有听到他说过任何不好的话……在信仰问题上我信他之所信"[2]。

布鲁诺审判之后的哥白尼问题与占星学理论探讨

如果伽利略与开普勒都在参与占星活动的同时进行最具改革性的机械与行星理论研究，那就出现了一个问题，这种占星活动在哥白尼的秩序方案中有怎样

---

[1]　Several of Galileo's nativities from this period survive. See Biblioteca Nazionale di Firenze: Galilei, "Astrologica nonnulla"; Campion and Kollerstrom 2003, 147-67）.

[2]　Poppi 1992, 60.

表 5. 开普勒与伽利略名下的出版作品，1601—1610 年

年份	开普勒	伽利略
1601	《天文学更可靠的基础》 (*De Fundamentis Astrologiae Certioribus*)	
1602	《1603年日历与预言》 (*Calendarium und Prognosticum auf das Jahr 1603*)	
1603	《1604年预言》 (*Prognosticum auff das Jahr...1604*)	
1604	《对威蒂略的补充——天文光学须知》 (*Ad Vitellionem Paralipomena, quibus Astronomiae Pars Optica traditur*) 《关于一颗异常新星的详细报告》 (*Gründtlicher Bericht von einem ungewohnlichen Newen Stern*) 《1605年预言》(*Prognosticum auff das Jahr1605*)	
1605	《关于唯一星食现象的通信》 (*De Solis Deliquio Epistola*) 《1606年日历与预言》(*Calendarium und Prognosticum auf das Jahr 1606*)	
1606	《论新星》(*De Stella Nova*)	《几何和军用比例规操作指南》 (*Le operazioni del compasso geometrico e militare*)
1607		《驳巴尔达萨雷·卡普拉的诽谤与虚伪》 (*Difesa contro alle calunnie ed imposture di Baldessar Capra*)
1608	《关于1607年9月和10月出现的彗星及其意义的详细报告》 (*Aussführlicher Bericht von dem newlich im Monat Septembri und Octobri diss 1607 Jahrs erschienenen HAARSTERN oder Cometen, und seinen Bedeutungen*)	
1609	《新天文学》 《水星在太阳前面的奇异现象与观察》 (*Phaenomenon Singulare seu Mercurius in Sole*) 《答罗斯林》(*Antwort auff Roslini Discurs*)	
1610	《第三方调解：对某些神学家、医生和哲学家的警告》 (*Tertius Interveniens, das is, Warnung an etliche Theologos, Medicos und Philosophos*) 《与伽利略〈星际信使〉商讨》 (*Dissertatio cum Nuncio Sidereo nuper ad mortales misso a Galilaeo Galilaeo*)	《星际信使》 (*Sidereus Nuncius*)

的理论基础呢？这里所说的是从布鲁诺死后，到 1609—1610 年之前的几年——这个阶段结束于伽利略的首次望远镜观测及其在《星际信使》中的戏剧化呈现，以开普勒的"火星战争"及 1609 年《新天文学》的出版为高潮。这些著名的事件通常都会在"哥白尼学说"的历史中紧密结合，但这却忽略了它们无法轻易相互融合的问题。伽利略有可能已经（与 17 世纪其他人一样）从开普勒的移动力理论中分离出了椭圆轨道的描述，那他到底为什么完全忽视了椭圆天文学呢？我们所关注的年代有意避开了这个令人烦恼的问题。相反，它立即使人注意到另一个被忽略的问题，即开普勒与伽利略在出版代表作品前所追寻的道路完全不同。一旦哥白尼的追随者坚持日心秩序的物理基础，一旦他们坚决认为这种秩序代表了真实的天空，那么就会引出一个逻辑相关的问题：什么样的星象影响理论能与移动的地球以及中央太阳相容呢？哥白尼和雷蒂库斯都没有公开提出这个问题，中世纪的恒星理论家，如迪伊和奥弗修斯，则保留了中央静止的地球，从而避免了这个问题，而哥白尼学说的支持者布鲁诺和罗特曼由于种种原因表示拒绝或回避。

从当代的角度来看，1601—1610 年展示了开普勒与伽利略公开作品之间的显著反差。开普勒，君主的数学家，虽然受到了第谷·布拉赫后代的阻碍，几乎将所有的作品都出版了。[1] 其中许多——其实是大部分，都是关于占星理论与实践。相比之下，在《星际信使》之前，伽利略仅以自己的名字出版了两部很小的作品：一部描述了他发明的万能测量与计算仪器，他称之为几何与军用圆规；另一部声明了他对这台仪器的发明优先权。[2] 与开普勒不同的是，伽利略在这一时期没有发布任何年度预言或者占星判断。他制作的星命盘只是用于占卜者的私人用途。而且也没有证据表明伽利略考虑过为占星学提供"更坚实的基

378

---

[1] See Voelkel 1999.
[2] For an excellent history and description of Galileo's instrument, see the video demonstration on the Museo Galileo Web site, http://brunelleschi. imss. fi. it/esplora/compasso/dswmedia/storia/estorial. html.

础"，更不用说哥白尼学说中的基础了。他没有追求对哥白尼理论做占星学衍推，而且这种研究和他的阿基米德物理学也没有明显的调和之处。另外，他和开普勒选择从事写作的领域也很有趣。

第 17 章还会继续说明这二人出版轨迹的差别。在此只需要注意，在这 10 年中，开普勒坚持不懈地追寻对星的科学进行彻底而广泛的改革，不仅将物理或原型原理推广到行星的一般轨迹，而且还扩展到 1604 年出现的新星与 1607 年出现的彗星。正当伽利略在帕多瓦和威尼斯为私人顾客绘制天宫图时，开普勒正在布拉格公布他为 1602 年做的年度预言。然而，与他在格拉茨预言中有限的推理不同，其在德国的所有作品面向的都是普通受众，而布拉格预言是用拉丁文为学者编写的。开普勒听从了梅斯特林之前的建议，将哲学推理限定在实践中。1602 年，他将自己的预言加入了一部题为《论占星术更为确定之基础》的著作中，进行了广泛的理论分析。[1]

开普勒对占星学基础的持续研究

如果地球在移动，那它要么会受到星象影响，要么不会。哥白尼对这个问题保持沉默，而开普勒则不然。他是唯一一个建立了定日占星学的哥白尼主义者。开普勒早期开创性作品中的 75 个论题说明，他在努力用哲学理论为占星理论原理进行基础改革，并且为此创造了新词"宇宙理论"(Cosmotheory)。他追随托勒密，没有假装将占星学发展为完全的论证科学，而是为其提供"更坚实的基础"。他所采用的策略与《宇宙的奥秘》相似：无情地蔑视一般的预言者，认为他们和一般的天文理论家一样，无法为自己的实践提供基础原因。《宇宙的奥秘》中构建的原因是原型的、物理学的。物理方法受到了皮科的关键启发，把光作为天

---

[1]　On this point, see the apt observations of Gérard Simon (1979, 36).

空对陆地产生影响的唯一条件。[1] 但是，开普勒还受到理想的理论的驱动，即如果天文学具有原型的原理，那么占星学也应该具有这种原理。开普勒在面对哥白尼所回避的问题时所采取的就是这样的论证方法。虽然开普勒的占星命题需要与移动的地球兼容，但他意识到无法将（持续的）太阳移动力作为地球周日运动，与人类和气象变化无常的有效原因。同样，虽然1599年的通信显示他在研究音乐比例及其原型原理，但他没有论证《宇宙的奥秘》中的多面体距离与秩序测定是产生陆地影响的原因。如果说土星的影响与太阳驱动轮一样较弱是因为它们与地球的距离比火星远，这样的解释（在占星学上）是合理的吗？

最后，开普勒的改革相当于对托勒密的行星秩序进行激进的修订，同时对他自己的占星学理论做了温和的修订。他认定，行星力的效能一定在于对相对位置的改进，其中的距离是角距离而不是直线距离。

但即使这种占星学与运动地球理论相容，它也不是地球运动所特有的。虽然在《宇宙和谐论》中，开普勒宣布了著名的周期－距离关系新规范（周期的平方和距离的立方），但他没有用这项发现论证占星学的必要性。更准确地说，这种以相对位置为基础的占星学使他能够脱离之前乔弗兰克·奥弗修斯和约翰·迪伊所赞成的能量－距离关系。不过，这种以相对位置为基础的占星学也表现出一些困难之处：在接受皮科（和梅斯特林）的观点反对黄道带划分的固有力量之后，开普勒需要依靠与黄道带传统十二等分无关的方位角，找到星象效力的来源。

如果问题的解决方案不在于黄道星座，那就一定与任意两个行星的光线和

---

[1] Later on in the treatise, Kepler again rejects the reality of the zodiac and its divisions, as he had done in the *Mysterium Cosmographicum*, but on this occasion, he expressly says: "This silly part of Astrology has already been refuted indirectly, on physical grounds, by the Astrologer Stöffler (to avoid appealing to the testimony of the hostile Pico della Mirandola)" (Field 1984a, 257; hereafter all references to specific theses are from the Field translation). In subsequent works, Kepler explicitly associated himself with Pico.

地球（三角形）所形成的夹角有关。[1] 但由于任一时刻行星与地球之间都存在着某种角度关系，我们如何确定其中哪一个是作为原型而生效的呢？如果上帝已经利用几何学原理尽力使用所有可能的几何体对轨道进行划分，那么光线的间距一定来自所有可能的平面图形，即正多面体的"图像"中最好的方案（命题37）。在用同样的原则推导天文学与占星学时，这种依据柏拉图哲学解释的表达方法是显而易见的。

在传统占星学理论的范围内，开普勒还赋予了太阳优越地位。他在这方面的改革措施更加大胆。他打破了太阳与月亮分别具有加热增湿、冷却干燥功能的基本概念。光被看作热量（光的专属性质）与潮湿（反射光的结果）的共同来源，而寒冷和干燥则被看作是完全缺少光的效果。[2] 这种方案自然对太阳指定了优越地位：月亮（不再是行星了）和漫游的行星接受来自太阳的光（在这种情况下，光看起来是混浊的），但有可能本身也有内在的光（在这种情况下，光是明亮的）。[3]

开普勒还提出应该把加热与增湿的能力归纳为另一种共有类别，即行星力量的强度。而这些力量应该分为三种等级（过量、中等和不足），原则上来说，有15种状态是理论上可能出现的，但只有7种是可实现的。行星力产生这种变化的原因在某种程度上与接受光照的方式，以及光在不同表面上反射时的表现有关。"我关心的是墙上的反射，甚至是不平坦的粗糙表面上的反射，上面的每一点都会在完整的半圆方向上对入射光进行反射，而且使反射出的光带有表面本身的颜色。"（命题26）不仅是墙，还有其他表面的反射〔云（日落和日出时，

---

[1] Thesis 24 refers to three superior and two inferior planets (Field 1984a, 241); in thesis 25, Kepler refers to five planets, leaving out the Earth, Sun, and Moon (243); in thesis 37, he says that "the positions, the spacing and the bulk of the bodies should bear to one another the proportions that arise from the regular solid figures — as I proved in my *Mysterium Cosmographicum*" (250). Such phrasings show that he was deliberately avoiding a specific engagement with the Copernican arrangement in this treatise.

[2] Field 1984a, thesis 19, 237; thesis 21, 238.

[3] Ibid., thesis 25.

雨前和雨后），月食和日食〕，都是视觉效果产生颜色变化的示例。在这些情况下，光线（因反射或折射）弯曲时强度会降低。我们可以根据这种信息推断出行星表面的性质。例如，据开普勒所述，黑色钢镜反射的白色表面看起来是红色的；同样，由于火星看上去微微泛红而且湿度不高，因此它的表面一定是黑色的。开普勒还为行星赋予了内在的光线，这种力量不在表面上，而是透明的，并且"来源于它的内部结构"（就像宝石一样）。他认为这种光源解释了行星的发热能力（命题 29）。

彩虹是一种自然发生的产生颜色的现象，看起来可以作为一个重要类比来说明行星如何产生不同的占星学效应。问题不是开普勒是否正确理解了彩虹的产生原理（他并没有理解），而是他把光进入不同介质时产生弯曲与产生一系列颜色联系在一起，而颜色（已经）与特定的行星及其力量有关。[1] 开普勒当时试图为占星学建立新的基础，同时也在撰写一部关于光学基础的新的专著。这是巧合吗？

然而，光的行为并不是唯一需要考虑的方面。更紧迫的问题是如何处理星光的接收者，

哥白尼学说的地球不再是天体影响的唯一、独特对象，而是像第谷所希望的，地球受到来自太阳的无形物质的推动。开普勒主张保留地球的特殊性，同时允许它运动。这要怎么实现呢？像斯卡利格和吉尔伯特一样，开普勒将构成原因的介质归结为一种灵魂，不过在这种情况下不是行星的灵魂。他主张地球具有一种遵照几何学的"动物能力"，（当然）以上帝的形象，"受到激励以这种天体几何学或各部分协调的方式运行"（命题 39 与 40）。事实上，天体是产生对地球的影响的必要非充分条件。星射线必须以一定的角度汇聚，而地球灵魂中活性

380

---

[1] Ptolemy 1940, book 2, chap. 9. Ptolemy discusses the colors of eclipses and comets but does not associate them with the rainbow. Besides Aristotle's *Meteorologica*, Kepler would have found resources for his discussion in Cardan's *De Subtilitate* and Scaliger's *Exotericarum Exercitationum* (see Boyer 1959, 151-53).

的响应介质是解读协调指令的必要条件。对开普勒来说，这种能力是"本能的"而不是推理的。就这一点而论，地球拥有一种17世纪的遗传密码："不是人类的，严格来讲也不是动物的，也不是植物的，而是由它的活动定义的特别类型，就像另一种动物能力。"（命题42）植物无法思考，虽然如此，它的"塑形能力"可以遵循上帝的指令（命题43）产生五体结构。同样，农民不会哲学论证（进行正式的推理），但他们的耳朵能够对和声做出反应，不是因为混合音符（物质必要性）"对耳朵的轻抚"，而是像植物一样，因为"这种形态与音乐和声之间有某种几何关系。世界上任何事物都有这种关系，尤其是灵魂之间，而且的确被一些古人称为和谐"（命题43）。植物与农民的理论可以扩展到地球"植物性动物力"中的几何能力："虽然这种力持续起作用，但是它在接收到恒星相对位置的滋养时受到的刺激最大。因此，就像耳朵能受到和音的激励，只要仔细倾听就能听到更多（寻求愉悦，这就是感官的完美之处），地球也会收到促进生长的射线（因为我们发现它们温暖而湿润）的几何收敛的刺激，从而勤奋地，或者更大程度上集中于促进生长的功能，并且冒出更多蒸气。"[1]

还剩下皮科的批判，皮科认为，占星学无法解释其产生效应的特定差别。如果行星射线几何学会对地球所有部分产生相同的影响，那么各处的气象蒸气就应该相同，地球就会经历全球暴风雨。为了回应这种反驳，开普勒论证，由于每个天体的各部分随着时间与地点的变化有不同的布置，因此相同的视位置会产生不同的效应。[2] 例如，"春季北半球比较潮湿，是因为太阳高度的增加……任何行星最轻的视位置都会刺激地球的能力产生作用，它就会冒出大量蒸气，产生阵雨。在另一个时间或地点，更强的视位置确实会刺激地球，但由于缺少

---

[1] Field 1984a, thesis 43, 253; Kepler further developed his notion of the Earth's soul in the *Harmonice Mundi* (Kepler 1997, 362-76).

[2] *Aspect* refers to the angle separating two planets in the zodiac. Major aspects are conjunction (0°), opposition (180°), quadrature (90°), trine (120°), and sextile (60°).

物质，因此产生的结果也较轻"[1]。地球其他特定的环境条件、内部诱因（比如某一年特别干燥或多雨），可能比任何特别的行星视位置所持续的时间都长。在这种情况下，"你会发现，即使出现了最轻的视位置，也会移动大量的雨或风，例如 1601 年。如果是非常干燥的一年，一整天的视位置下都看不到任何东西，只有小片的云或烟而没有蒸气，例如 1599 年"[2]。当然，还有食，托勒密认为地球、月球与太阳对齐的现象在占星学中有突出的意义。开普勒认为，食现象期间光线的突然中断会造成地球的动物能力经历"类似情绪的变化"。地球的湿气，就像人体一样有盈有缺，随着月亮的循环而涨落。同样，"水手们说每过 19 年海上最强的潮汐运动就会回到一年中相同的几天；而支配湿气的月球似乎很适合在其中起作用，会引起湿气的过多与不足"[3]。

开普勒在 1602 年预言中划分了合理预言的范畴。他的立场代表了一个标准信条的延展，即星相只会引发行动的可能性——使"灵魂过度倾向于某种行为"（命题 69），同时允许存在自由的或无法预知的领域。一门更好的占星学是可能的，因为"托勒密的规则不够明确，而且没有与自然紧密吻合"（命题 63）。

不过，在开普勒眼中，自由的范畴比一般占星学家所认定的要大，"因为人具有上帝的形象，而不只是自然的产物"（命题 69）。例如收获的丰歉一定程度上取决于"偶然原因"（命题 64）。一株干瘪的酒作物？"因为今年又冷又潮湿。"气候良好的一年突然遇到了霜冻、雹暴或者洪水？是因为无法预知的风（命题 65）。莱茵河谷（1601 年 9 月）突然发生地震，而这里很少经历震动？"没有恒星会造成地震，只能通过古往今来对世界的观察来推测。"（命题 70）而关键的政治与战争主题呢？"说到政治经验丰富的人进行占卜的事，他们的预测能力不比占星师差。因为国家是有意愿的，如果我能这么描述的话，它（在这种事

381

---

[1] Field 1984a, thsis 44, 253.

[2] Ibid., thesis 45, 254.

[3] Ibid., thesis 47, 255.

中的重要性）不低于天空的影响。"（命题 69）

　　简而言之，根据物理与原型原因可以得到一种新的视方位占星学，但是，正如目前基因的概念一样，这种原因只能解释总体的安排。或者如开普勒在《宇宙和谐论》中的注释所述："没有单独的结果是由于恒星造成的。"[1] 就像每束光线进入（多变的）大气时会弯曲一样，它们进入一只特定的眼睛中的湿气时也会弯曲。因此农民、医生和政治家都会谨慎地更加依据自己的世间经验，而不是依据恒星做出特定的判断。开普勒本人也同样如此。恒星能够解释他自己的天文学发现吗？

　　如果占星师根据我的天宫图中星的秩序解释如下事件，那就是白费工夫：我在 1596 年发现了天球之间的比例；1604 年发现了视觉的原理；1618 年发现了每个行星都具有特定的离心率，不大不小；中间的几年，我对天空的物理学进行了证明，并且发现了行星的运动方式以及它们真实的运动；最后，还发现了天空向下对地球的影响的基础。这些事情都不是由于天空的特性对我刚刚点燃的生命之火产生了影响，而是它们一部分隐藏在我灵魂的最深处，根据普罗克洛斯的柏拉图理论，一部分是通过我的眼睛接收的。我的天宫图中恒星秩序起作用的方式，也是唯一的方式，就是，它擦亮了天赋与判断之火，鞭策我的思想不知疲倦地前行，而且还增强了我对知识的渴望。总之，它并没有给我的思想以启示，或者启发这里所述的任何能力，而是唤醒了我的思想。[2]

　　可能有人说恒星不足以说明特定的差异。开普勒选择的中间道路是这样的：赞同皮科的方面是，他否认了恒星的完全支配，而是保持对人类理性与能力的

---

[1]　Kepler 1997, 377.

[2]　Ibid., bk. 4, chap. 7, 377-78.

信心；反对皮科的方面是，他认为恒星依然是必要的启发来源，虽然它们的影响不足以说明他自己的发现。他对统治者的建议也几乎相同。应该对根据恒星做出判断加以严格管理，以免阻碍政治英明的人直接依据日常经验进行判断。[1]总之，政治不应该被普通占星师垄断，自然世界的神学也不应成为普通神学家的独有领地。或者如开普勒曾经嘲讽的："我就像耶稣会教徒一样，使人成为天主教徒时会改正许多（错误）。准确地说，我不会这样做，因为捍卫一切无价值之事的人都像耶稣会教徒一样。我是路德教占星师，我会抛弃这些无价值之事，坚守核心。"[2]

[1]　See Simon 1979; Rabin 1997.

[2]　Kepler to Maestlin, March 15, 1598, Kepler 1937-, 13: no. 89, ll. 175-8.

14

自然主义者的转变与天体秩序：构造 1604 年的新星

预测到的三颗外行星相合与未预测到的 1604 年新星

　　1604 年对预言家来说具有重要的占星意义。这一年本应标志着八个世纪之后土星与木星在火三角（在人马宫中 8° 的位置）再次相合（见图 75）。将每四个黄道十二宫的中点相连（分别相隔 120°），就可以画出这个具有重大占星意义的区域。因此，每个三角或三宫组就包含三个具有相同元素与性别特质的星座。例如，白羊座、狮子座和人马座共同组成了攻击性的、阳刚的火属星座三角，而金牛座、摩羯座和处女座则构成一组善于接纳的、阴柔的土属星座。每过 20 年，相距最远的行星——木星和土星就会在四个三宫组中的某个宫内相合。两个世纪之后，相合进入到下一组宫；只有八个世纪以后才会再次发生在最初的星座排布中。1604 年还有另一个独特之处：第三个外行星火星，据预测将会在 9 月

29 日与另外两颗外行星一起进入人马宫。这样的相合已经是普通的自然过程中非常稀有的占星事件了，它给星历学家绝好的机会发表常规意见，并对它的含义展开争论。更令人惊讶的是，合现象之后仅仅一周，许多观察者发现巨蛇宫中出现了一颗前所未有的明亮新星。

一大批出版物接踵而来，但这根本比不上 1572 年的新星所引起的大量涌现的作品。开普勒是其中的第一批人，他发表了一篇简短的说明与占星判断，题为《报告》(Bericht)。这篇作品用本地语言写成，本质上是以预言的形式写就的。[1]除了仓促引用利奥维提乌斯和布拉赫的《新编天文学初阶》，开普勒没有提到其他星象作者或观测结果。[2]《报告》的大部分篇幅用于描述新星的含义，他说它"具有更加好战的性质，因为它闪耀的时间和地点都与土星和火星相合一样"[3]。相反，他 1606 年的拉丁文论著《论新星》为学者编写了一部作品，其中充满了华丽的推理辩论，将新星从一个需要"报告"和"判断"的实体转化成了需要解释的、自然哲学与星的科学中理论部分的话题。[4]他在此将自己作为一个广义的帝国数学家，就像鲁道夫统治时期的前辈布拉赫与哈格修斯，收集、报告，并在某种意义上主持了其他从业者的观测。[5]

考虑到连续发生的非凡的天文事件，令人惊讶的是这个现象没有像前一次新星一样促成瀑布般的作品爆发。

不过在 1602 年，第谷的女婿弗朗茨·腾那吉尔通过推动《新编天文学初阶》的出版，实际上已经把 1572 年的新星转化成了一种新的事件。令他沮丧的是，

---

[1]　Kepler 1604; Kepler 1937-, 1: 393-99.

[2]　Ibid., 396.

[3]　Ibid., 398.

[4]　The subtitle of this work reads: "A Little Book Filled with Astronomical, Physical, Metaphysical, Meteorological and Astrological Disputations, Paradoxes, and Common Opinions" (Kepler 1937-, 1: 149) .

[5]　Ibid., 159. The others included Magini, Roeslin, Fabricius, Maestlin, Bartholomeus Crestinus, and Jost Byrgi.

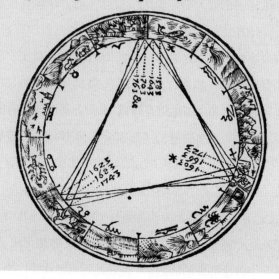

图75. 据预测土星与木星相合将会发生的星座与三宫组，大约每20年一次，1603—1763年。开普勒，1606年（Image courtesy History of Science Collections, University of Oklahoma Libraries）。

开普勒对这部作品的准备工作做出的贡献是不可见的。[1]他负责在《新编天文学初阶》结尾添加附录，但对读者隐藏了自己的身份。[2]不论如何，《新编天文学初阶》的出版意外地产生了十分重大的影响。这是首次用长篇的陈述整理了关于1572年新星的大部分著作（至此时都分散在短小的、昙花一现的出版物中）。整部作品的目的与第谷1588年的《关于最近发生的天文现象》类似，但总体来说它包

[1]　See Caspar 1993, 139.

[2]　Brahe 1913-29, 3: 320-23. Kepler made known his identity in a letter to Magini many years later（February 1, 1610, Kepler 1937-, 16: 279-80）.

含的作者范围更广。当它现世时，许多谈及 1572 年新星的作者，包括第谷本人都已经不在世了。因此，《新编天文学初阶》与其说唤起回忆，不如说代替并塑造了人们的记忆。现在，即使没有经历过之前的那个时刻，也可以利用根据第谷整理的资源拟定的材料（视差技术与之前新星参数的表格）对其有所了解了。另外，《新编天文学初阶》中对作品的整理为读者构建了遍及欧洲的观察者群体形象——集体事业的代表。

鲁道夫二世与苏格兰国王詹姆斯六世所授予的出版特权进一步提升了《新编天文学初阶》的权威性。鲁道夫和御用数学家第谷有着特殊的关系；而詹姆斯六世也与丹麦建立了特殊关系，1589 年 11 月，他在奥斯陆迎娶了（丹麦的）安妮公主。几个月后，1590 年 3 月 29 日，詹姆斯六世拜访乌拉尼亚堡，参观了整座小岛并受到慷慨接待。[1]1593 年，他为《新编天文学初阶》写了两首诗作为题献；还为作品提供了特权，使其在苏格兰受到了 30 年的保护，他提到自己的拜访时还热心地说"用我们的双眼和双耳"见证。[2]你也许会思考初露头角的法庭官员弗朗西斯·培根如何看待詹姆斯六世出现在《新编天文学初阶》篇首，因为培根致力于追踪这位国王的好恶；三年后他就为国王献上了《学术的进展》。[3]下一章将会说到，开普勒也注意到了詹姆斯六世的介入。

另一个重要的方面是，推迟了很久才发表的《新编天文学初阶》为有关1604 年事件的许多作品奠定了新的基础。1604 年的新星不再具有前一次的负担，因为这种现象的可能性已经得到了证实。虽然人们公认上帝无所不能，但没人

384

---

[1] Christianson 2000, 279, 140-41.

[2] Brahe 1913-29, 2: 5-12. James visited Hven on March 20, 1590, for a few hours (Brahe 1913-29, 7: 224) . Tycho read this correctly as a sign of future patronage; subsequently, he worked through James's former tutor, Peter Junius, to arrange for James to issue a privilege (ibid., 7: 331) . He judged the poems to be "quite good," although a modern reader might reach a different judgment (ibid., 7: 282-83, 6: 307-9) .

[3] But no royal poetry accompanied that treatise; on Bacon's relationship with James, see Gaukroger 2001, 73-74, 161-65; Zagorin 1998, 18-24, 58-59, 168-69; Martin 1992.

在 1572 年预测到他会选择创造一颗前所未有的星星。相反，1604 年的新星似乎并不是独立事件，而是为预言家们所预测的相合现象加上了一个神圣的惊叹号。1604 年的新星发生了更剧烈的自然主义转变，也许正是因为这种意料之外的正常与超常情况的结合。17 世纪早期的争论者（不论持有什么立场）和他们的前辈一样，都在忙于研究视差移位，不过很多人也同样专注于争辩新星来源的物理解释。1604 年的新星开启了这个问题：对一个异常的无法预知的现象，应该用固有的自然主义解释，还是用超凡的奇迹来解释呢？

伽利略与意大利的新星争论

新星的出现很快在意大利引起了以大学为中心的局部争论。1604 年 12 月初，伽利略在帕多瓦大学的讲座为一系列交流提供了机会。[1]与其相独立的是，12 月 23 日，曾跟随克拉维乌斯学习的数学家奥多万·麦科特（Odovan Maelcote）在罗马学院发表了演讲。[2]1605—1606 年，布拉格、佛罗伦萨、罗马和威尼斯见证了超过 10 部作品的出版，其中有些只相隔一个月。与同时期对 1572 年事件的讨论相比，这些交流都明显比较尖锐。1608 年，罗多维科·德尔·科隆贝（Lodovico delle Colombe）回应了阿里贝托·毛里（Alimberto Mauri）的《考虑》（*Considerazioni*），关于新星的争论逐渐平息，不过它们所表达的根本问题依然

---

[1]　Antonio Favaro published the only fragment that survives from one of these lectures, in Galileo's hand — exactly one page（MS. Florence, Biblioteca Nazionale Centrale, Galileiana 47, fol. 4）; there is also a copy in another hand（ibid., fols. 5-7r）. In addition, Favaro assembled and organized chronologically a further group of fragments of notes and observations that include a handful of Galileo's reading notes, in Latin, of Kepler's *De Stella Nova* and Tycho Brahe's *Progymnasmata*（Galilei 1890-1909, 2: 277-84; MS. Galileiana 47, fols. 4r-13r）. A further group of notes, in Italian, taken from Tycho's *Progynmasmata*, were evidently made later and were used in the composition of the Third Day of the *Dialogueconcerning the Two Chief World Systems*.

[2]　Baldini 1981.

818　　　　　　　　哥白尼问题

存在。[1]

意大利北部的新星作者——出于方便，称他们为新星派——展开了丰富的专业争论。大多数作者（或者自认为）互相认识。再度出现了两个争论领域。其一是自然哲学与数学流派中作者们的相对社会与学术地位；其二涉及帕多瓦、佛罗伦萨和罗马内部紧密的学术圈之外的社会边缘化。许多作者利用新星表明自己有过人的学科技能与推论天赋，或者据以贬低对立者。利用视差对月上区域提出物理学主张，被看作数学家与哲学家相比的过人之处，这种潮流甚至超过了 1572 年的事件。

各种作者具有个人特征的技巧与策略都加剧了争议氛围。其中，伽利略与奥多万·麦科特的讲座都公开面向大学听众，但没有出版。米兰物理学家巴尔达萨雷·卡普拉（Baldassare Capra）声称自己参加了伽利略的演讲，很快就发表了他的描述，这也是有关此事的唯一的出版作品。[2] 同时，至少有两位作者以笔名写作。他们的身份引起了（由于各种原因，至今仍然有）大量猜测。[3] 罗多维科·德尔·科隆贝，贵族兼佛罗伦萨学院成员，他以自己的名字发表作品，说明他认为伽利略的笔名是赛科·迪·朗奇第（Cecco di Ronchitti）。随后，阿里贝托·毛里出版了驳斥哥白尼新星论著的作品；同时代的人与历史学家都没有确定这个名字背后的真实身份。而伽利略（似乎有理由）认为，卡普拉的老师、德国预言家西蒙·迈尔（Simon Marius）即使没有亲自撰写，也有力地推动了《关于 1604 年新星的天文学考虑》（*Consideratione astronomica circa la stella nova*

---

[1] Drake 1976, xv-xvi.

[2] Galilei 1890-1909, 2: 291: "Havendo veduto che l'Eccellentissimo Sig. Galileo, nelle sue dotte lettioni, che di questa Stella alli giorni passati publicamente fece."

[3] Stillman Drake (1976, 12) argued that both Cecco di Ronchitti and Alimberto Mauri were pseudonyms for Galileo and that parts of Lorenzini's treatise were written by Cremonini.

dell'anno 1604 ）的出版。[1]

表 6. 意大利的新星争论：已出版专著

1605年1月15日	安东尼奥·洛伦齐尼，《谈新星》(*Discorso intorno alla uova stella*，帕多瓦)
1605年2月16日	巴尔达萨雷·卡普拉，《关于1604年新星的天文学考虑》(帕多瓦)
1605年2月底	赛科·迪·朗奇第，《关于新星的对话》(*Dialogo...in perpuosito de la stella nova*，帕多瓦)
1605年12月	拉斐尔·古瓦尔特洛蒂(Raffael Gualterotti)，《新星表面之上》(*Sopra l'apparizione de la nuova stella*，佛罗伦萨)
1605年	约翰·范·赫克(Johann Van Heckius)，《新星的争议》(*De nova stella disputatio*，罗马)
1605年	阿斯托尔弗·阿内里奥·马奇诺(Astolfo Arnerio Marchiano)，《新星演讲》(Discorso sopra la stella nuova，帕多瓦)
1605年12月23日 / 1606年初	罗多维科·科隆贝，《谈》(*Discorso*，佛罗伦萨)
1606年6月	阿里贝托·毛里，《对罗多维科·科隆贝演讲中某些地方的考虑》(*Considerazioni...sopra alcuni luoghi del discorso di Lodovico delle Colombe*，佛罗伦萨)
1607年	伽利略·伽利雷，《驳巴尔达萨雷·卡普拉的诽谤与虚伪》(威尼斯)
1608年	罗多维科·科隆贝，《回复……关于假名阿里贝托·毛里所做之〈1604年新星演讲的考虑〉》(*Risposte ... alle considerazioni di c erta maschera saccente nominata Alimberto Mauri, fatte sopra alcuni luoghi del discorso dintorno alla stella apparita l'anno 1604*，佛罗伦萨)

为了增加幕后操作，荷兰人约翰·范·赫克（1579—1616）在布拉格向亚

---

[1] Favaro found a note that Mayr wrote on a copy of his *Prognosticon Astrologicum* (1623) : "Dieveil auf vorgedachte grosse Verelinigung/Saturn und Jupiter/im Schützen folgents 1604. Jahr im Herbst der herrliche Neue Stern im Schützen erschienen ist. Davon viel schreibens gewesen, ich auch zu Padua in Welschland meinem in Mathematicis discipulo Balthasar Capra, einen Meyländischen vom Adel, einen Tractat in die Feder dictirt, welchen er auch unter seinem Namen, mir zum besten, in welscher sprach hat trucken lassen, dieweil ich in solchen einen vornehmen Professorem Philospophiae daselbsten, welcher gantz ungeschickte sachen wider die observationes Astronomorum hatte in truck publicirt, nach nohtturfft widerleget habe" (Herzog August Bibliothek, Wolfenbüttel, fols. A2, 2; cited in Favaro 1983, 2: 630-31) .

里士多德的"敌人"发起了尖锐的争论:"胡说八道的新哲学家们",以他们"亵渎的无知"与"愚蠢的卖弄",有损于"神圣的哲学研究"。但范·赫克的作品在面世之前,其所奉献的对象—— 1603 年林斯学院的创始人费德里戈·切西为了缓和手稿的语气,删除了这种不加节制的用语。[1]

有节制的争论与谨慎解释的氛围表明,伽利略不是唯一一个克制自己对包括哥白尼问题在内的争议问题发表公开言论的人。伪装作者身份与介入的最终结果就是,使争论保持在确定的地方层面上。同时,深层次的讨论中有一些有趣的事情。新星成为了自然事件的两个重要范畴之间争议的对象。如果它和 1572 年的新星一样,是恒星区域内奇迹般的神创事件,那么它就属于无效作者的解释范围。但早期作者中很多比较大胆的人(包括梅斯特林、哈格修斯和布拉赫)没有做出任何物理解释。最后,他们把解释的任务推给了神学范畴,同时批判传统主义自然哲学家主张的天空不可变理论。到 1604 年,问题有了转变:很多人开始相信上帝选择通过中间的、循环的物理原因,而不是直接通过单一的、奇迹的特别创造行事。例如,范·赫克提出,奇迹是特殊的:上帝不会"轻率地"每天诉之于此,因此我们应该尽可能地为异常现象寻找自然原因。这样就将新星明确纳入了普通的自然规律,如哥白尼理论的早期考虑,再次引发了学科特权的争夺。[2]谁掌握了解释新星最好的工具,是数学家还是自然哲学家呢?如果是前者,那么新星仅仅是需要解读的神圣预兆,还是也会对地球上的事务产生因果影响呢?如果是后者,那么哪些自然哲学家能够提供最有说服力的解释呢?

不出所料,伽利略属于反对奇迹的阵营,但是由于现存文献的贫乏,我们无法充分说明他在这一事件中的作用。与前述的现存出版物相比,我们对伽利

---

[1] Ricci 1988, 126-127.

[2] Heckius 1605, 16: "Sed quia Deus non operatur temere, nec ullus aparet finis propter quem creauerit has stellas, non est ita facile recurrendum ad miracula, praeterea causam nos quaerimus naturalem, quando possumus, harum stellarum assignari potest causa naturalis."

略 1604 年 12 月系列讲座的结构与内容都不甚了解。

虽然他在 1607 年提到了 "我对一千多名听众进行的三场长时间讲座"，我们只知道他提出了自己的观察报告，并且主张新星位于月亮之上。[1] 现存其中一场讲座的序言按照惯例开头：1604 年 10 月 9 日下午 5 时，他看到木星与火星在距土星 8° 的地方相合；第二天日落前夕，他第一次看到了 "新的闪光"。[2] 由于行星聚集在 19° 人马座，他将新的光定位在 18°，得到了一个由四个光点组成的图形。他说有人认为这个事件是 "神圣的奇迹"；有人被 "无意义的迷信" 感动了，认为它是 "不祥的预兆，恶兆的信使"；有人把它看作天空中真实的星星；还有人认为它是地球附近 "燃烧的蒸气"。[3] 除了这些评论，没有证据表明伽利略加入了占星判断（考虑到他在几个月之前刚刚与威尼斯宗教法庭擦肩而过，这也在意料之中），而且他也没有将新星与行星次序或宇宙尺寸等大问题联系在一起。

伽利略遇到新星的时间就在望远镜出现几年前，这就是斯蒂尔曼·德雷克刻画陷入论战的伽利略时不得不面对的问题，他早在那时就已经 "与哲学家们" 展开了论战，1605 年后 "不再有信心" 能够通过 "直接观测" 利用新星证明 "哥白尼学说"。[4] 德雷克描绘的画面预示了伽利略在《关于两大世界体系的对话》中对辛普利丘的讽刺。但伽利略最初的交流并不是与 "哲学家们" 进行的。最初对伽利略观察新星的优先性提出质疑的人，既不是他的朋友兼同事克雷莫尼尼，也不是有名无实的哲学家洛伦齐尼，而是巴尔达萨雷·卡普拉，有可能是受其导师——曾经做过预言家的贡岑豪森的西蒙·迈尔（1573—1624）的引导。[5]

卡普拉并没有否认新星的存在，而是否定了最早发现的功劳。他批判了伽

---

[1] Galilei 1890-1909 2: 520, 523: "E non necessarie all'intento delle mie lezioni, che fu di provare solamente come la Stella nuova era fuori della sfera elementare."

[2] Ibid., 277.

[3] Ibid., 278.

[4] See Drake 1977, 110, 483 n. 26.

[5] Mayr was a member of the German nation in the faculty of arts at Padua（see Favaro 1966, 1: 137 n.）.

利略作为观察者的技术能力，但真正推动他展开批判的是违反道德的叙述，在这里，违反道德指的是卡普拉指责伽利略最初的新星观察结果是从别人〔威尼斯贵族贾科莫·科尔纳罗（Giacomo Cornaro）〕那里盗用的。据说科尔纳罗曾说过"他希望杰出的伽利略能看到它"[1]。但实际上，卡普拉说，他本人在 10 月 10 日就已经看到了这颗星星——还有西蒙·迈尔与"西尼奥雷·（卡米洛·）萨索，一位来自卡拉布里亚的没有占星经验的绅士"；据称卡普拉还在几天后告诉了科尔纳罗，并且给后者指明了这颗星星的坐标。伽利略据称没有对科尔纳罗和（通过暗示，对）卡普拉表示感谢。卡普拉显然将他的遗漏看作了侮辱，并且由此质疑伽利略在致谢时的道德诚信，就像观察结果是卡普拉的知识产权一样。与第谷 – 乌尔苏斯事件中作为见证人的仆人不同，卡普拉的证词涉及在场的威尼斯贵族。但随着时间的推移，伽利略直接忽视了他的攻击。

卡普拉对帕多瓦学院的顶级数学家发起抨击，这次事件再次提醒我们近代早期知识精英的交际范围之小。哥白尼研究一个世纪之后，欧洲的大学城依旧如此，意大利学院附近可能更甚，在这里，人们相互干扰的可能性更大。[2]卡普拉的批判表明，他为了在大学圈子内获得地位而孤注一掷。因为，从另一个角度来看，在数学家的卓越性以及视差的应用方面，卡普拉和迈尔与伽利略没有严重分歧。确实很容易想象，他们本可以团结起来对抗共同的敌人，就像《考虑》贬低作为哲学家的洛伦齐尼，而且认为他的能力不足以对天体位置提出主张。

卡普拉曾经的导师西蒙·迈尔当然不是传统的学术自然哲学家。勃兰登堡 – 安斯巴赫侯爵资助迈尔在海尔布隆从事数学与天文学研究。迈尔在 1599 年成为安斯巴赫宫廷数学家，同年，开普勒听说他刚刚出版了用于天宫图计算的《新

[1] Galilei 1890-1909, 2: 294.

[2] For example, the average enrollment for twelve German universities in the period 1516-1520 was 1, 177, with a peak of 3, 157 for Vienna（see Overfield 1984）. For astute observations on the state of universities in the sixteenth century, see Giard 1991, 19-25.

方位表》(*New Table of Directions*)。[1]1601 年 5 月，他带着侯爵的推荐信来到布拉格，在第谷家中见到了开普勒和大卫·法布里修斯。[2]1601 年 12 月，他到帕多瓦学习医学，说明他对以占星学为基础的医学感兴趣。由于在布拉格的人脉，

他不出所料地在《新编天文学初阶》出版后不久就获得了这本书。[3]另外，由于他掌握了数学技巧，因此也有可能见过伽利略或上过他的课程。1602 年，他开始教导卡普拉，这位学生对星的科学的兴趣也与医学志向有关。[4]卡普拉称他为"我最亲爱的老师"——也许是作为一个临时讲师（ repetente ），因为迈尔没有正式的教师职位。1604—1605 年，迈尔当选为德意志民族国家的顾问(consiliarius)，这提高了他参加伽利略新星讲座的可能性。[5]而那显然就是他被激怒的起点。不论如何，卡普拉都明显受惠于迈尔，因为他根据迈尔与（"最高贵、博学而机智的"）第谷·布拉赫的权威观点支持自己的论点，即新星位于恒星区域的证明应该归功于数学家。[6]和范·赫克一样，卡普拉把解释新星产生过程的任务留给了自然哲学家（ 而不是神迹 ）。

卡普拉与迈尔的事例说明，视差观测使占星家有机会在 1572 年之后更加深入地投入物理学思考。批判了伽利略的观测能力后，卡普拉在洛伦齐尼的物理主张中寻找漏洞，在此过程中，他也写了一些自己的物理随笔。他的评论主要涉及蒸发物和光，并且提出了如下论点：如果新星的运动与固定的恒星一致，那么它就不可能是地球的蒸发物。同样，行星也不是由蒸发物组成的，因为它

---

[1]　Herwart von Hohenburg had read this book and reported that it dealt with domification and the theory of aspects according to Ptolemy and the ancients (Herwart to Kepler, March 18, 1600, Kepler 1937-, 14: no. 158, p. 111).

[2]　See Christianson 2000, 320.

[3]　For helpful biographical details, see ibid., 319-21.

[4]　If one may so interpret Capra's print identity on the *Consideratione*: "Baldesar Capra Gentil'homo Milanese studioso d'Astronomia, & Medicina."

[5]　Drake (1976, 456) provides helpful biographical details on Mayr but does not speculate on his possible relationship with Galileo at the university.

[6]　Galilei 1890-1909, 2: 294.

们在绕地球转动时亮度不会降低。此外，如果新星是由来自不同恒星的光线汇聚而产生的，那么恒星为什么不会持续制造新星呢？而一个不可移动的物体（新星）怎么可能是由会移动的物体（固定恒星）创造的呢？还有，月亮上看起来像斑点的区域只是月光散逸出的蒸气；而且月亮上未被照亮的、不透明的区域不可能扰乱蒸气。故此，由于新星在阳光下照射了一个多月而没有消散，因此它不可能是蒸发物。同样地，即使恒星的尺寸大得多，来自恒星星系的光也不会逸散出蒸发物。光、蒸发物、天上的变化："我不知道这是一种哲学推理还是开玩笑"，卡普拉叹息道。但毫无疑问的是这颗星星产生自天空，所以自然哲学家需要想办法解释它的创造，而不是固执地坚持认为不可能发生改变。必须找到另一种方法"解释这些意外事件"[1]。

关于这一点，卡普拉留下了他的物理推测，不过他将它们简略地概括为一个占星推测。就像 1572 年的第谷一样，卡普拉认为新星是一个"有意义"的征兆，因为两次新星出现的时间间隔（32 年）几乎等于耶稣的年龄（33 岁）。但卡普拉没有给它附加末世论的意涵，而且他没有预见对"宗教的秘密"有任何"影响"。与第谷对 1572 年新星的解读不同，卡普拉的占星论述简短而有节制。

伽利略干脆而讽刺地评注了卡普拉的著作，但是没有发表回复——或者看起来是这样的。事实上，他还没来得及投入争论，赛科·迪·朗奇第的《关于新星的对话》就问世了。如果确实如一些人怀疑的，这部作品是伽利略用笔名写的，它就会成为理解伽利略关于新星的观点与策略的重要依据。实际上，赛科对话强烈地使人联想到后来伽利略本人所采用的文体与风格。安东尼奥·法瓦罗推测，朗奇第确实是伽利略和曾与其熟识的本笃会僧人吉罗拉莫·斯皮内

---

[1]　Galilei 1890-1909, 2: 299-300, 304.

利（Girolamo Spinelli）共用的笔名。[1] 他的主张是，伽利略提供观点，而斯皮内利编写著作。[2] 斯蒂尔曼·德雷克更进一步：他坚信赛科的文字"当然是伽利略的"[3]。与德雷克和法瓦罗相反，玛丽莎·米拉尼（Marisa Milani）有力地论证了朗奇第不属于伽利略，而是斯皮内利自己的笔名。[4] 虽然斯皮内利在某些方面属于伽利略的熟人圈，但这种身份无法解释斯皮内利为什么要用假名来写作；如果他只是伽利略观点的代笔人，那伽利略为什么需要请替身以隐藏的身份著述呢？

如果认为赛科就是斯皮内利，那对话中的另一方是谁呢？和卡普拉一样，赛科·迪·朗奇第的批判主要是针对安东尼奥·洛伦齐尼。斯蒂尔曼·德雷克提出，洛伦齐尼是伽利略的著名好友、邻居，及自然哲学教学主席切萨雷·克雷莫尼尼的笔名，但这种说法也没有说服力。[5] 不论洛伦齐尼的真实身份是什么，还有更急迫的问题：赛科嘲笑洛伦齐尼的文体策略包括颠倒数学家与哲学家的社会地位。《关于新星的对话》是"哲学喜剧"的一次尝试，利用流行的角色与喜剧反转讥讽了大学的高雅文化。

赛科的作品还揭露了皮内利死后几年，帕多瓦知识交友圈中多种学科之间

[1] Spinelli was a member of the convent of San Giustina, along with the better-known Benedetto Castelli, who was, like him, a sometime student of Galileo; moreover, he was also on familiar terms with Galileo's friend Giacomo Alvise Cornaro, a Venetian patrician (Milani 1993, 72).

[2] Favaro 1966, 1: 231-33; see also Tomba 1990, 92.

[3] Drake 1976, 25-27.

[4] Milani 1993. Favaro proposed that the Cecco *Dialogue* was a joint production, with Galileo the "scientist" translating the Galilean work into Paduan dialect (Galilei 1890-1909, 2: 272). Ludovico Maschietto (1992, esp. 432) follows this view without providing further evidence. Stillman Drake (1976, 1977) wishfully believed that Galileo was the sole author because the satire against philosophers fitted his own preconceptions about Galileo's unyielding hostility to that group. In fact, Drake's arguments are forced, and he cites little evidence for his claims. Because Drake published his 1976 work himself, under the auspices of the famous Los Angeles antiquarian book dealer Jake Zeitlin, it is likely that it was not critically refereed.

[5] For example, it would be necessary to show that Lorenzini was not an actual Figure and that Cremonini authored Lorenzini 1606. Drake's attempt to prove that Galileo wrote the Cecco treatise encouraged him to regard Lorenzini as a pseudonym for Cremonini, Galileo's sometime philosophical opponent (Drake 1976, 5-7, 9).

可靠性的争夺。安东尼奥·奎尔日尼（1546—1633），诗人，曾任多名罗马红衣主教的秘书，与皮内利是密友。皮内利死后，他的家随后成为了帕多瓦文人的聚集地。[1] 赛科对教士奎尔日尼的献词将这部专著与这个由神职人员、教授和贵族组成的帕多瓦学者民间团体联系在一起。献词直接违背了博学的作者，用贺拉斯式的修辞策略增加了荒诞的成分：一名普通的牧民穿上学者的长袍，与"那些帕多瓦的博士"进行辩论，难道不是很荒唐吗？"这不会使你大笑吗？"读者很快就会发现，牧民对新星的看法就是归于奎尔日尼的观点。朗奇第说他会"穿上你的（奎尔日尼的）长袍"，然后公开辩护新星的月下定位。如果他表现得好，就归功于奎尔日尼；否则奎尔日尼就不得不帮他，"因为我是在表达你的立场"。不论怎样，赛科都声称代表奎尔日尼的观点。[2]

和卡普拉正式的、几乎从拉丁文衍生的意大利语不同，赛科的两位对话者——马泰奥（Matteo）和纳塔莱（Natale）的用语是非常粗俗而下流的帕多瓦方言，使人联想到布鲁诺的对话，显然标志着打破了学术惯例。在简短的交谈中，两位对话者极大地扩展了卡普拉的进攻路线。两个人物都赞美了思想健全、运用视差的数学家，并对将新星安排在月亮之下的自大的哲学家冷嘲热讽。

马泰奥：写这本书的家伙是干什么的？他是土地测量员吗？

纳塔莱：不，他是哲学家。

马泰奥：哲学家是吗？哲学家和测量有什么关系？你知道，修鞋匠的助手弄不好皮带扣。应该相信数学家。他们能够像我测量土地一样测量天空，而且还能正确地告诉你它们有多长、有多宽。他们就是能。[3]

---

[1]　Of the five dedicatory poems to Gualdo's *Vita* (1607), Querenghi's is the first, followed by those of three Jesuits and Lorenzo Pignoria; see also Drake 1976, 36 n.

[2]　Ibid.

[3]　Ronchitti 1605; Drake 1976, 38.

据纳塔莱所说，洛伦齐尼在一切有关天上物质的产生与腐坏的问题上都相信数学家。

布鲁诺式的粗俗用语使赛科能够超越卡普拉的自然哲学推测，贬低天上物质的主题，使其变得平凡甚至家常："如果它是由玉米粥组成的，他们不还能看到吗？"随后，肉、洋葱、牛奶与煎蛋都成了将学术自然哲学家常化的方法。把讨论转移到厨房后，赛科·迪·朗奇第很快提出了一连串更远的推测，讨论新星是如何形成的：来自小片的空气？来自三个或四个很小的隐形的恒星堆叠在一起？也许它根本不是一颗星星，只是一个"亮点"？它的后果是什么呢？据说它会"摧毁这些家伙（亚里士多德派人士）的哲学"。它也许真的会使天空停止运动——注解将这个观点与哥白尼联系在一起，文中说，持这种观点的有"许多人，也有好人，他们（已经）认为天空不移动"。[1]

然后，赛科的著作揭示了一些有趣的进展。首先，新星使皮内利和奎尔日尼交际圈的成员有机会利用新的文献开展实验，并为大学之外从事自然哲学研究提供了修辞可能性。赛科的著作用喜剧、荒谬、对话与方言的方式戏弄了布鲁诺的文风，开辟了全新的空间用于探讨被认为属于自然秩序一部分的实体。

389　　　其次，它考虑了这样的异常事件对一般的天体运动过程（例如，恒星天球的运行）造成的后果。再次，赛科没有提到外行星的相合，也没有提出占星判断。最后，作者没有对他的新星赋予任何占星意义。

但是不能忽略新星可能的占星含义。如果这是一次自然事件（不论产生于已有的物质，还是它本来就存在，但第一次对人类可见了），那么它应该像恒星一样有可能激起星象影响。当然，它在十二宫中的位置也和影响的含义有关。

这些问题早在 1606 年就得到了宣扬。罗多维科·德尔·科隆贝很快就成为

---

[1]　Drake 1976, 38-40.

了伽利略在佛罗伦萨最大的对手，他认为新星是原本就存在的天体，之前一直都受到恒星以外没有星星的透明天球中密集的斑块遮挡。当这个球体中透明的部分来到观察者与之前隐藏的星星之间，就可以看到了，而近视的人需要眼镜的辅助。[1] 但是，科隆贝著作的最后四分之一致力于对占星学与占星家进行全面的皮科式的批判。"它们（新星）的出现，意味着占星师们必须为他们手中毫无用处的《天文学大成》《占星四书》《星历表》《星表》《年历》《理论》《天球论》，以及星盘、象限仪和六分仪而受到批判，同时为烦扰了（我们的）大脑、（造成了我们的）时间损失而遭到谴责。"[2] 科隆贝使用皮科派修辞，从而不需要对新星可能的占星影响或含义做出任何解释。然而，使用笔名的阿里贝托·毛里无视这些贬低，慷慨地误解为，它友好地警告天文学家不要因占星学的细节而偏离天文学原理的学习。[3] 显然，毛里不希望排除所有形式的实用占星学。后来他在一处注释中引用了贝兰蒂。[4]

毛里与科隆贝之间激烈而详尽的交流并没有赋予斯蒂尔曼·德雷克更多信心推测毛里和赛科·迪·朗奇第一样，是伽利略的假名。[5] 事实上，不接受德雷克将毛里认定为伽利略的推测，而拼凑出关于伽利略的新星立场的信息，可能会有所收获。用这种方法会得到完全不同的局面。1605—1606 年争论盛行时，伽利略没有参与公共讨论：他笔下没有写出任何谈论（discorso）、考虑（considerazione）或笑话（scherzo）。最终，1607 年，他再也抑制不住了。当他终于发表批判时，却不是特别针对新星，而是针对某个具有迫切、实用意义的

---

[1]　Drake 1976, 59.

[2]　Colombe 1606, 70; cf. 49, reference to Pico.

[3]　Mauri 1606; Drake 1976, 80.

[4]　Drake 1976, 110. However, the postil concerns the nature of the celestial substance（"Quaestio Tertia De Natura Partium Coeli: An Caelum Sit Substantiae Fluxibilis"）rather than the attack on Pico.

[5]　Drake makes an admirable attempt to claim Mauri's identity for Galileo, but I do not find either his internal or his external arguments to be convincing; moreover, to the extent that his claim rests on the identification of Cecco with Galileo, it is further weakened（ibid., 55-71）.

事件：对他前一年公开描述的一台仪器的专利权发出的挑战。他已经把这台仪器给他的贵族学生、16 岁的柯西莫·德·美第奇（Cosimo de' Medici）使用了。这件事直接关系到他的生计与名誉。[1]

1606 年的这部《几何和军用比例规操作指南》是一部实用书籍。其中描述了一种铰链式的黄铜圆规，可以用于绘制直线与圆，经校准后也可以进行测量，并用作军用瞄准装置。伽利略多年来都依靠制造并出售这种圆规补贴大学的收入。他在给读者的前言中列出了之前八年中获得其仪器的"满意消费者"（全部都是贵族）。[2] 虽然如此，这部书在提供操作指南时，隐藏了仪器构造的细节——伽利略以这种工艺获得商业利润，专门为此雇佣了一位熟练的工匠住在家里。虽然伽利略想出版很多理论著作，但在布鲁诺受刑后，他还是将自己限制在比较安全的认知领域。[3]

卡普拉争论的荣誉与信誉

虽然如此，实践书籍也会成为导火索。1607 年 3 月，巴尔达萨雷·卡普拉出版了一部拉丁文作品，与伽利略的作品极其相似，不仅说明了如何操作，还描述了如何制造圆规。[4] 伽利略很快就仔细分析了卡普拉的公然剽窃，他在自己手上那一本的 151 条系统而详尽的注释明显说明了这一点。典型如下："从我的《几何和军用比例规操作指南》第一部分逐字抄袭。"[5] 与卡普拉关于新星的著作不

---

[1] Galilei 1890-1909, 2: 367-68. Galileo described the instrument to Cosimo as suited for "mathematical play in your first youthful studies."

[2] Ibid., 370. They included Friedrich, prince of Holsazia（1598）; Ferdinand, archduke of Austria; Philip, land-grave of Hesse（1601）; and the duke of Mantua（1604）.

[3] For a different explanation of Galileo's decision not to publish his theoretical writings, see Biagioli 2006, 3-13.

[4] Capra 1607.

[5] Ibid., 453, emphasis in original. Favaro provides all the annotations.

同，伽利略把卡普拉对圆规的盗用看作对其名誉和生计的威胁，不是作为哲学家，而是作为仪器制造者的那部分生计。因此，《驳巴尔达萨雷·卡普拉的诽谤与虚伪》的大部分内容是为了辩护自己的优先权和名誉而提出的诉讼摘要——书信形式的宣誓书，以及多名为卡普拉剽窃作证的威尼斯贵族的誓词。不过在呈现这些证据之前，伽利略先针对卡普拉此前对新星观察优先顺序的指责直接向他致信，批判了卡普拉的可信度。

伽利略反驳的主要对象是违反学术礼仪的行为。卡普拉和迈尔都没有表现出渴望学识的负责任的形象。对于他们的礼仪，伽利略的用词包括"不文明""鲁莽""骗子"和"可恶"。他们也不值得相信（像"间谍"），所以在他们面前说话要谨慎。[1] 卡普拉自称为"绅士"，而伽利略指责他的行为与绅士不符。

伽利略还借此机会质疑了卡普拉自称已做出天文发现的可信度，而这个片段也阐明了应该如何建立这种可信度。伽利略显然认为，贵族（比如第谷·布拉赫或黑森·卡塞尔伯爵威廉）能够以学术的方式行事，并且以自己的权威促成学者的主张，但他还不至于声称统治者的社会地位授予他鉴定这些主张的特殊资格。伽利略以另一种方式建立了判断标准：

我不知道卡普拉是在哪所学校学到了这样野蛮的礼仪——我当然不相信是来自他的德国老师，因为他（迈尔）是第谷·布拉赫的学生，应该已经学到了并且教导自己的学生用什么样的文字来发表——不仅是他人说的话，还有私人写作中所交流并要求的内容。作者本人和他的老师都应该从他（第谷）那里学到了谦虚，也应该体现在他们的写作中，其中包括他们的朋友（第谷）生前的

---

[1] *Difesa contro alle Calunnie ed Imposture di baldessar Capra*（Galilei 1890-1909, 2: 521）.

一些作品。[1]

　　且不谈以第谷·布拉赫浮夸而攻击性的散文作为文体标准的讽刺性，有意思的是，伽利略认为第谷·布拉赫和他的《新编天文学初阶》代表了自己理想的学术礼仪：天文学术作品，而不是朝臣手册。

　　伽利略所关心的不只是正确用语，还有为了确定新星的时间与地点所应该采用的精度标准。相关的争论焦点有两个：最初观察的确切时间，以及判断时间精度的标准。对于前者，伽利略认为重要的不是第一次看到新星的时间，而是新星的位置——在月亮之上还是之下。[2] 对于后者，伽利略提到，确定新星出现的时间不是个别报告的问题，而是需要集体合作的。

　　伽利略吸取了一个教训，它也隐含在第谷《新编天文学初阶》汇集的作者报告里：他强调了集体作品的正确性。虽然当时弗朗西斯·培根也在酝酿集体主义计划，与他不同的是，伽利略利用《新编天文学初阶》作为自己的争论依据，提出卡普拉的标准太严格，而且对 1572 年新星的时间与地点，第谷所引用的作者们都没有卡普拉那么严格。[3] 有一个例外绝非偶然，伽利略选择的例子都是主张无视差的作者：威廉伯爵、撒迪厄斯·哈格修斯、卡斯珀·比克、保罗·海

---

[1]　Galilei 1890-1909, 521-22: "Io non so in quali scuole abbia il Capra imparato questa bruttissima creanza: dal suo maestro alemanno non credo certo, perchè, facendosi egli scolare di Tico Brae, aveva da quello potuto imparare, ed al suo discepolo mostrare, quali termini usare si devino nel publicare non solamente le cose dette da altri, ma le già communicate e mandate attorno con scritture private; ed ambidue, come studiosi del medesimo autore, potevano avere appresa la modestia da quello, il quale, volendo inserir ne'suoi scritti alcune cose di un amico suo, che ancor viveva, e pure in materia della nuova Stella di Cassiopea."

[2]　"The first words of my first lecture were these: 'A certain strange light was observed for the first time on the 10th day of October in the highest [heaven]'" (Galilei 1890-1909, 2: 524)．

[3]　Ibid.: "Ma se si deve esser così severo critico in queste presisioni, perchè non si è posto il Capra a riprendere in Tico Brae, prima il medesimo Ticone, e poi tanti autori segnalati, le scritture de i quali sono da lui registrate nei *Proginnasmati*, le quali sono così poco scrupulosi nell'assegnare il luogo ed il tempo dell'apparizione della Stella di Cassiopea?"

恩瑟尔、米沙埃尔·梅斯特林、科尼利厄斯·赫马、热罗尼莫·穆尼奥斯，以及布拉赫。

过去 20 年，社会地位与赋予自然知识可信度的权力之间的关系受到了很高的关注。因此，引人注目的是，伽利略没有提出这些作者的社会地位来证明他们的报告的可信度。他的目的是质疑卡普拉过度狭隘而多余的严格精确度概念——要注意的是，当时的社会并没有对这种标准达成共识。伽利略转而强调了《新编天文学初阶》中各种描述之间的巨大差异。确定一个新物体的出现涉及多个不同观察者之间的比较：是共同的活动。

例如，威廉在 12 月 3 日记录了新星，"同时金星变大而且变清晰了"。哈格修斯说他第一次见到新星是在"我主耶稣的生日左右"。比克 12 月 7 日写道，这是他看到"新星"之后的"第四周"。保罗·海恩瑟尔写道，他最早是在 11 月 7 日看到了第十宫的"光"。梅斯特林写道，他在"11 月的第一个星期"看到了"某颗新星"，而科尼利厄斯·赫马记录的是 11 月 9 日，穆尼奥斯则是 11 月 2 日。最后，布拉赫本人只能确定，"临近 1572 年末，11 月初左右，或者至少在 11 月上旬"。[1]

虽然伽利略没有将这些观察陈述制成表格或按标准检验，他从第谷·布拉赫在《新编天文学初阶》中完成的公共事业中得到了一个重要的道德推断：真正的学者明白自己的错误，而且理解独立研究始终存在可修正性。"时间给予所有学者的特权与能力（能够认知到错误，改正错误，修订一次、两次或者一百次，润色和批评自己的写作），这些都要因任性而警惕的人的谴责而废除和取消吗？"[2]伽利略希望能够教训卡普拉认识到这种公共可矫正性。最后，他成功做到了这一点，而且达到了对他来说最重要的目的：他在军用－几何圆规的发明与操作

---

[1] Galilei 1890-1909, Galileo cites the exact page numbers in the *Progymnasmata* from which he has extracted this information.

[2] Ibid., 521.

中的优先地位。威尼斯参议员判卡普拉有罪，并且禁止他进入大学。伽利略在法律和政治上都获得了决定性的胜利。在此过程中，他还为区分合理与不合理的天文观察实践构建了新的标准，并且保护了自己作为仪器制造者的生计。

伽利略与开普勒的新星

如果越来越多的意大利人用天空中一般的物理原因来解释 1604 年的新星，那么，具有地方特征的争议消耗了他们大部分的精力，而且使他们发表的作品很大程度上限制在城市以及距离较近的通信网络中。开普勒对意大利（特别是帕多瓦）活动的了解几乎完全是通过埃德蒙德·布鲁斯，当时他与这些沟通（及密谋）网络并没有很好的联系，因为布鲁斯要么已经去世，要么回到了英格兰。因此，开普勒并没有充分认识到意大利人已经将新星的物理解释推进到了什么程度。例如，他不知道赛科和卡普拉都发表文章彻底批判洛伦齐尼的《谈新星》，也不知道伽利略和麦科特已经针对新星发表了演讲。

开普勒曲解了意大利人对新星的反应，因为他仅根据洛伦齐尼的两部作品做出了判断：1605 年的《谈新星》，和另一部没有参与新星争论的（拉丁语）作品《反对现代主义者，论天空的数量、顺序与运动》（*De Numero，Ordine et Motu Coelorum*，1606）。洛伦齐尼举例说明，17 世纪第一个 10 年，传统主义自然哲学家越来越趋向于公开直接地投身于"最近的作者"的主张。[1] 开普勒没有直接通过意大利的联络人获得洛伦齐尼的作品，而是通过赫尔瓦特·冯·霍恩堡，他是开普勒的主要赞助人与通信者，经常给开普勒寄去难以获得的书籍。[2] 不过，由于开普勒不属于皮内利和奎尔日尼的交际圈，因此他并没有结识洛伦齐尼，

---

[1] Lorenzini 1606, 32: "Copernici, Magini, et Clavii opinio refutatur." Cf. Drake 1976, 81.

[2] Caspar 1993, 85; Kepler 1937-, 1: 477. The note is to the Latin work; I infer that Kepler also had his copy of the Italian treatise from Herwart.

图 76. 伽利略在开普勒《论新星》中的评注（Biblioteca Nazionale Centrale di Firenze，MS. Galileiana 47，car. 11r. By permission Ministero per i Beni e le Attività Culturali della Repubblica Italiana / Biblioteca Nazionale Centrale di Firenze. Further reproduction by any means is prohibited）。

只能通过他的作品了解他。在开普勒眼中，洛伦齐尼只是一个哲学家，不巧还是一个糟糕的天文学家，因此成为了绝佳的批判对象。洛伦齐尼声称，新星 10 月 8 日出现在人马座中，同时伴随着火星与木星的相合，土星"相距不远"，而月亮"快速穿过白羊座，几乎与太阳处于直径的两端"，开普勒对此感到很惊愕，所以在第一页留下了一段很长的附注（书中唯一的注释），在其中表示洛伦齐尼的断言是"不可能的"。洛伦齐尼错误的原因是轻率与不谨慎："如果他用了某个词（比如'我想'或者'我认为'），他就不会悔恨自己兴奋的断言了。"[1] 但这还不是最糟的，并且，它还为开普勒打断与伽利略的关系提供了另一条线索。

我认为，开普勒利用洛伦齐尼质疑了伽利略在二者之间已经受损的关系中持续保持沉默。他没有直接对伽利略致词，而是指责了整个意大利与法国的数学家群体。他们为什么没有自己解决"洛伦齐尼事件"？在关于视差与宇宙大小的一章中，开普勒对"这个时代的悲惨现状"表示悲哀，认为误解视差学说的

---

[1]　Kepler 1937-, 1: 58.

不是普通人，而是"一名哲学家，他因短篇医学书籍而闻名，不是出身于未开化地区，而是一位来自意大利的杰出人才——不是出自某个无名之地，而是来自帕多瓦，全欧洲博学之人聚集的胜地"。然后，这位"著名哲学家"主张这颗星星在月亮之下，而且否认了数学家观察到的大约52°分的视差值，而这个结果说明它位于月亮之上。"克拉维乌斯、乌巴尔多（Ubaldo）、马基尼、伽利略、盖塔尔提、鲁贝奥等等，你们这些意大利数学家对此有什么看法？还有萨沃伊的（巴尔托洛梅奥·）克里斯蒂尼呢？[1] 还有法国人，你们（不读）的借口是，这（不过）又是一个意大利人的微不足道的作品，哪怕它已经被翻译成了拉丁语？为什么你们能忍耐这种耻辱而且充耳不闻？其实，如果确实如我所说，你们认为这都是可耻的轻率之举，那你们为什么不公开反驳它们？这名哲学家的方法明明就是个笑话。"[2] 据我所知，名单中与开普勒有过直接联系的只有伽利略。开普勒通过把伽利略的名字藏在一串意大利与法国数学家之中，巧妙地避免了正面进攻；他在保留未来与伽利略结盟的可能性的同时，发泄了自己对佛罗伦萨集体沉默的失望之情。

他注定会继续失望。伽利略直到1632年的《关于新星的对话》才公开批判了洛伦齐尼，但开普勒已经在前一年去世了。[3] 不过，这并不意味着他一直都忽视了开普勒。伽利略手中的一条笔记说明，他在开普勒1606年秋出版《论新星》后看到了这部著作，而且在1610年积极地试图获得一本。[4] 比伽利略引用的内容更重要的是引用的地点与时间。他的复述涉及开普勒对新星发光或闪烁原因

[1] Barolomeo Cristini, mathematician to Carlo Emanuele I, duke of Savoy（See Favaro 1886, 51-52）.

[2] Kepler 1937-, 1: 229.

[3] *Dialogue concerning the Two Chief World Systems*, Galilei 1890-1909, 7: 303. Even almost thirty years after lorenzini's treatise first appeared, Galileo did not identify Cremonini as the author.

[4] Galileo to Giuliani de'Medici, October 1, 1610, no. 402, Galilei 1890-1909, 10: 441: "Io prego V. S. Ill. ma a favorirmi di mandarmi l'*Optica* del S. Keplero e il trattato sopra la *Stella Nuova*, perchè nè in Venezia nè qua gli ho potuti trovare."

的讨论，后者的原因被认为是每颗恒星的真转动（但当然不是天球）。[1]《论新星》中这段内容仅仅在提到伽利略的名字之后几页，很难想象伽利略忽略了这里。同样，伽利略手写笔记的位置也很有意义，因为在此之后是一系列摘录自第谷《新编天文学初阶》的笔记，而且他将它们用在了与卡普拉的争论中。[2]

除了与开普勒的无声交战，伽利略对第谷的《新编天文学初阶》所做的笔记也暗示，他私下将新星纳入了哥白尼的术语。[3]伊莱亚斯·卡梅拉留斯描述了1572年新星的视差每天都在减小（从 10 分到 2 分），也就是说，其与地球的直线距离在急剧增加，最大时达到了最初距离的 20 倍。陈述卡梅拉留斯的主张后，第谷批判了他提出的土星与恒星之间存在巨大空间的观点，就像之前反对罗特曼一样。伽利略针对第谷的反对观点评论道："卡梅拉留斯的观察结果可能是真的，但新星与子午圈（a vertice）距离的增加可以用地球向南的周年运行来解释。"[4]伽利略的笔记说明，他利用 1572 年的新星为 1604 年的事件提供思路，而且对于新星的稳定消失，他更倾向于哥白尼而不是第谷的解释。[5]

证据共同指向了一个重要的结论。自第一次接触开始 10 年后，伽利略关注着开普勒的论证，同时又私下接纳了用地球的周年运行解释新星衰退的可能性。但开普勒和伽利略没有结成具有共同利益的联盟，而是继续相互周旋，就像戏剧中的两个角色：前者不停地寻找交流的机会，后者不停地回避，同时又偷偷

[1]　Galilei 1890-1909, 2: 280（MSS. Galileiana 47 car. 11r）: "Kepplerus, De stella nova, car. 95, de scintillatione ait, fieri posse ex rotatione fixarum; et licet ad ipsas insensibilis omnino sit, ita ut a nobis, eo constitutis, nulla ratione videri possit, tamen non evanescit ipsi naturae, etc. Consideretur, quod multo citius evanescit illuminatio corporis lucidi, quam conspectus eiusdem: et die a longissima distantia videmus facem ardentem, quae tamen corpora nobis adiacentia non illustrat." See further Bucciantini 2003, 140-41, Cf. Kepler 1937-1: 243-44.

[2]　Galilei 1890-1909, 2: 280-84. Because this note on Kepler appears on a single scrap of paper, it is likely that other such scraps have simply been lost.

[3]　Bucciantini 1997, 244-45.

[4]　Ibid., 281-83; cited and discussed in Bucciantini 1997, 243-44.

[5]　Bucciantini argues from scattered references that Galileo's position was consistent over his whole life（ibid., 245-48）.

地观察另外一个人观点的进展并采取措施。在这样的背景下，可以想象伽利略在 1607 年初撰写对卡普拉的驳斥时，桌上短暂地出现了开普勒的《论新星》。[1]

天体自然哲学新解

开普勒的《论新星》与现代主义者

开普勒的《论新星》与伽利略所熟悉的意大利著作，以及第谷在《新编天文学初阶》中整理的早期作品不同。它不是讲述预示着世界末日的异常"奇迹"的普通作品。17 世纪早期，对彗星、新星、特殊的食，以及其他超自然现象的记录都是常规做法，而非偶然为之的特例。虽然开普勒认为有可能对星星赋予占星意义，并提出它对月下区域的影响，但他公开反对了其他同时代路德教徒对末世论的热情。他没有急着把新星归入以利亚对世界末日的叙述，或者他所谓的利希滕贝格的"可恶的预感"[2]。开普勒多次反对受欢迎的占星家，他们关于天体奇迹的文章对他来说显得仓促、庸俗而缺乏正确的解释追求。

开普勒不仅要对天空进行自然哲学研究，而且要以新的方式进行。[3] 从研究之初，他就一直在利用普通占星家与哲学家的一般观念来突出并证明理论知识的优越性：他以这种方式研究了哥白尼的排列（在《宇宙的奥秘》中），占星术（在《论占星术更为确定之基础》中）与光学（在《对威蒂略的补充——天文光学说明》

---

[1] Bucciantini (2003, 140 n. 77) surmises that Galileo could have borrowed the book. They copy of the *Stella Nova* at the Biblioteca Universitaria in Padua was once held in the Benedictine monastery of Santa Giustina where Galileo's disciple Benedetto Castelli lived.

[2] Kepler 1937-, 1: chap. 28, p. 324: "Haec esp Philosophia famosissimi illius Liechtembergii; quam verissimam exemplis compluribus, si non essent odiosa, comprobrare possem."

[3] Ibid., 1: 320: "De naturae arcanis hoc ipso libro, quem scribo, quemque hic evulgo, tam multa commemtus non essem: nisi ex Naturae arcanis nova haec Stella prodijsset: Itaque si quibusdam Philosophorum absurda videtur esse mea haec nova philosophia."

中）。但现在他第一次直面这个问题：如何解释一个天体的出现和消失，从而符合他对上帝和创世的信仰。这种解释方法依然有别于"贪婪地追寻未来的细节而非哲学的普通人"[1]。从这个角度来讲，《论新星》与之前的作品不同，它将行星次序的问题纳入了全部可见天体的更大的问题中。回顾一下，例如，梅斯特林谨慎地将 1577 年的彗星作为重新排列金星与水星的依据，他试探性地评论（从未进一步深入）1572 年的新星和宇宙的大小。甚至比较一下第谷，他更加确定且深远地利用模糊的火星观察结果以及 1577 年彗星轨迹的系统性叙述，来证明实心的、不可穿透的天球不存在。为了在天空的连贯性及其各部分的性质方面得出更普遍的结论，《论新星》给一个新问题建立了基础。与他的导师们不同，开普勒利用新星的机会论述了一连串基础问题，将解释的内容从异常现象的范畴移到了正常范畴之内。

哥白尼主义的、表现因果关系的占星学是什么样的？正常自然进程中的异常事件（合），与（显然）出自超自然来源的离奇事件（新星）之间，会有因果关系吗？

天上的东西的本质是什么？宇宙的大小呢？其各部分形成的完整体系呢？关于它们的因果推论和叙述性观点，可以和新星现象互相吻合吗——包括它的距离、视直径、颜色，以及物质组成？这些问题遭到了绝大多数研究 1572 年新星的数学家的抵抗，他们提出的意见中，最好的说法是这些问题不适合在数学领域讨论，最坏的说法则它们根本不合理，而只有少数人承认这会对月上天的理论带来改变。多数传统哲学家依然怀疑数学工作者能够对自然哲学提出任何新的理论。哥白尼与雷蒂库斯树立的榜样很大程度上都被人们忽视了。相反，虽然明显非传统的乔尔达诺·布鲁诺突破了亚里士多德对空间、物质与运动的分类，但他付出的代价是把星的科学贬低为按照惯例的实践。

394

---

[1]　Kepler 1937-, 1: 314.

开普勒的《论新星》并没有回避这些困难。和布鲁诺一样，它将新星归入了与自然哲学和神学有关的问题；但与布鲁诺不同的是，开普勒的作品涉及了星的科学——扉页明确说这本书结合了"天文学、物理学、玄学、气象学与占星学争论"。除了个别例外，历史学家常常会从编写较差的作品中挑选自己偏好的论题，因此没有充分认识到开普勒心中更新、更远大的目标。[1] 为了建立这样的构想，开普勒开始脱离 16 世纪时与一般的对手辩论的普遍行为。他经常提名现代人（皮科、第谷、吉尔伯特、伽利略和布鲁诺），古代人（亚里士多德、托勒密）和洛伦齐尼这样的反对者，这些名字在他的交际网络中并没有得到广泛周知。特别的是，他还把新星当作公开讨论其哥白尼计划的机会，而这是与意大利论著之间重要的反差之处。现在，1606 年，他甚至敢于利用新星批判第谷·布拉赫，而五年前他在《支持第谷并反驳乌尔苏斯》(*Apologia Tychonis contra Uusum*) 中却有充分理由避免这样的做法。

鉴于开普勒可以选择其他的文体形式，这一点值得注意。他可以利用第谷的《新编天文学初阶》或哈格修斯的《关于一颗前所未有的新星的探究》为模型撰写著作，通过收集全欧洲的报告来推动自己的理论天文学改革。或者，他也可以走更谨慎的路线，写一部扩展的预言，结构和他 1604 年的作品《关于一颗异常新星的详细报告》相似，但增加自己的报告与他人的观察及视差测量结果。

《论新星》没有选择上述两种模式，标志着哥白尼问题演化过程中的一个新的时刻。它尝试将行星次序、空间与星力因果关系系统性地融入开普勒脑中孕育的世界，而他对这个世界赋予了非凡的目的与意义。他结合了多位学术权威，目的是关注古代学者，但在其他主要作品中通常会倾向于现代人。不过，这部作品中"现代"的意义并不能用于描述马佐尼的人文主义模式，或者是斯卡利格的模式，前者认为古代柏拉图不是罕见的客人，而是与亚里士多德平起平坐，

---

[1]　See esp., Koyré 1957, 58-87; Simon 1979 is somewhat the exception in this regard.

后者则认为命题与权威的顺序混乱破坏了对亚里士多德书籍的有序注释，但依然将亚里士多德作为最主要的权威。

相反，开普勒在《论新星》中的方法（与吉尔伯特、布鲁诺和弗朗西斯·培根一样）是一种新的认知自信，在双重意义上具有优势：可以重新获得古人隐藏的知识，同时这些知识有可能是错的。他不仅是为了并列以前被忽略的古人观点，而且还积极地利用天体距离的估测同时与古人和现代人展开辩论。换句话说，理论天文学成为了自然哲学中有效的解释楔子，新的质问资源，而这种方法在 16 世纪末其他的现代化反亚里士多德哲学家中并不明显，例如乔尔达诺·布鲁诺、伯纳迪诺·特里西奥（Bernardino Telesio）、乔瓦尼·巴蒂斯塔·德拉·波尔塔，以及弗朗西斯科·帕特里齐。[1] 开普勒过人的视野与无畏的胆识也体现为他与各种哲学立场的论争，它们是：皮科·德拉·米兰多拉对占星学的批判，威廉·吉尔伯特的无限论者自然哲学，第谷·布拉赫对哥白尼扩大宇宙的反对意见；而伽利略出于各种原因认为这很困难或很危险。

由此就得来了开普勒的话题组织中反映出的论证结构。

开普勒关注了几个主要的问题。虽然这本书以天文观测开始（第 1 章），但后续的章节立即转向了对占星理论基础的讨论（第 2—10 章），最终说到了自然哲学、天文学和神学的交集中更大的问题。如果讨论 1572 年事件的学者们争论的主要问题是星星在月上还是月下，开普勒则提出了一个新的煽动性问题：这颗星星是不是超过了土星和恒星。开普勒在此利用新星反驳了所谓的少数有限论者，如托勒密和第谷，认为宇宙比他们想的要大得多（第 15—16 章）。他在反驳布鲁诺与吉尔伯特（不涉及迪格斯）时处于中立位置，认为宇宙虽然极大，但不是无限的（第 21 章）。不过他在反驳亚里士多德时赞同第谷与布鲁诺的观点，支持天上物质的可变更性（第 21—23 章）。

395

---

[1]   Kristeller 1964; Copenhaver and Schmitt 1992, 303-38.

如果天空可以变化，即抛弃了实心的、不可穿透的行星天球，那么下一个问题就是如何解释这样的变化：这颗星星是在哪里形成的，又是由什么组成的？它消失之后到哪里去了？什么物质与新星的运动一致？还有，改变精神或物质的介质是什么？（第24章）预测到火三角中的木星与土星大相合（1603年12月17日）与未预测到的1604年10月巨蛇宫中新星的出现之间有因果关系吗？（第26章）如果有关系，那么"下面"（行星）的现象有可能对"上面"（新星）产生影响吗？（第27章）另外，在月下区域内，新星本身或行星与恒星现象的特殊组合会产生气象后果吗？（第28章）如果正相反，这次惊人的集中事件只是巧合，那它有什么神圣的含义或目的吗，还是说这是盲目的"物质必然"的结果呢？（第27章）既然他提出了这些问题，那全能的上帝在此过程中扮演了什么角色呢？也许如许多人的观点，1572年的事件只是自然规律之外的一个奇迹，是一次性的神迹。但如果是这样的话，上帝是直接对世界采取行动还是通过中间介质，比如精神呢？

要理解开普勒论述的视野与特点（他向读者展示的问题多样性），我们就要明白，根本问题是很简单的：宇宙被认为是有限的，以太阳为中心的，而且被驱动人和行星的力约束在一起。其中有些问题，如下文所示，似乎反映了与鲁道夫宫廷中多名赞助人的辩论和谈话。

改良占星学理论的可能性

开普勒（再次）支持和反对皮科

我们先来比较一下开普勒和伽利略的环境。意大利人已经提出了大相合与新星出现之间有什么关系，但当巴尔达萨雷·卡普拉谨慎地回避新星的占星意义时，科隆贝明确地批判了这样的含义。从这个角度来讲，科隆贝的看法显然符合后西斯廷的正统观点，正如他书中的话："我，菲利普·威廉教士，多明我会神学教师，奉佛罗伦萨最杰出和最可敬的大主教之命，检查了罗多维科·科隆贝对新星提出的论述，（这本书）与亚里士多德真正的哲学和原理非常一致，符合神学并包含很多美妙的教义，清晰而熟练地进行了说明，那些痛恨错误的判断占星学的人会发现它非常实用。"[1] 伽利略最近刚刚因为在帕多瓦的占星行为受到了警告，我们有理由认为，他根据科隆贝的著作了解了1606年佛罗伦萨的情况，正如他肯定了解1603年对布鲁诺作品的严格禁止。相反，在布拉格，皇帝的数学家所面临的情况是，由于职位的原因，人们期望他定期发布预言，就像他的前任哈格修斯和乌尔苏斯一样。[2] 而且除了皇帝，的确有可能许多（帕拉塞尔苏斯派）炼金术士也对星力持有成熟的观点。[3]

当然，开普勒自学生时代起就关注占星学理论基础的问题。

这对他来说是认知论和本体论的问题：十二宫星座是否会产生任何因果影响。但是，不同于他在1593年物理学争论中的讨论、《宇宙的奥秘》以及《论占星术更为确定之基础》，在关于新星的讨论中，开普勒展示了一段完整的对话，表明相信皮科·德拉·米兰多拉的论点，即黄道星座的名称与形象化表现只是

³⁹⁶

[1] Colombe 1606, 71: "Io Fra Filippo Guidi Domenicano Lettore di Teologia, per ordi dell'Illustris & Reuerendiss. Monsignore l'Arciuescovo di Fiorenza, ho riuisto il presente discorso sopra la nuoua stella del S. Lodouico delle Colombe, ilquale è molto conforme alla vera Filosofia & a i principi d'Aristotile, e concorda con la Teologia e contiene molte belle dottrine, spiegare con molta chiarezza, e facilità dal quale prtranno trare utilità quelli, che abboriscano la falsità dell'Astrologia iudiciaria."

[2] As chapter 8 shows, Kepler's position was close to that of Tycho Brahe, but evidently Tycho had no occasion to issue any forecasts prior to his untimely death. There is one known astrological forecast by Ursus for 1593 (Launert 1999, 239-42).

[3] A good place to start on this question is R. Evans 1973, 199-218.

人为的创造而已。[1] 名称不是本质。用以指称黄道带上的动物的语言和语言所暗示的含义之间没有固定的关系。不仅如此，由于名称都是主观的，同样的排列可以起很多不同的名字。[2] 同样地，占星家们将星座与四大星座随意联系起来（见表 7）。哥白尼和雷蒂库斯没有提出这些问题。开普勒提出了很多异议：盛水的宝瓶座为什么不属于和水相关的三个元素星座？金牛座和巨蟹座为什么不属于火属星座？巨蟹座和摩羯座为什么具有阴柔特质而不是阳刚特质？[3] 还有，怎么解释元素分组没有条理的顺序呢？火是四大元素之首（热、活跃、有生命力而阳刚），而白羊座是十二宫的第一个星座；但开普勒提出，占星家们把三个土属星座排在了三个火属星座之后，而不是三个气属星座之后。开普勒称这一切都是"纯粹的想象"。[4]

问题还在继续。由于黄道带是人类的发明，因此也具有人类历史：它起源于巴比伦、印度、埃及、阿拉伯、希腊和罗马的古代占星家；后来（据称）一直受到各地哲学家的反对。[5] 将黄道十二等分也是人为的创造，原因是古代的农民和水手发现太阳和月亮每年有十二次完全相对（虽然没有形成食）；每个星座按照 30° 划分，因为月亮的周期平均为 30 天。此外，由于星座的经度和动物形象不再与宫精确对应，这样的矛盾进一步使人怀疑黄道带的因果关系。[6]

---

[1] Kepler 1937-, 1: ch. 7, pp. 172-81. "Esto et tertia causa, primae permixta à Pico etiam commemorata, quae effecit, ut constellationes nonnullae humanam repraesentantes effigiem, quorundam individuorum nomina meruerint, historiae nempe seu verae seu fabulosae" (175) . Evidently, until he saw the right opportunity to establish his own position in relation to Pico's claims, Kepler avoided mentioning them in print. Cf. Field 1984a, 257: "This silly part of astrology hsa already been refuted indirectly, on physical grounds, by the astrologer Stöffler (to avoid appealing to the testimony of the hostile Pico della Mirandola) ."

[2] Kepler 1937-, 1: 176: "Non enim omnia nomina sunt à dispositione stellarum: contrà saepius diversa nomina ab eadem dispositione sunt orta."

[3] Ibid., 1: 178.

[4] Ibid., 1: 180: "Signa zodiaci ab elementis denominata mero inventorum arbitrio."

[5] Ibid., 1: chap. 3, p. 168.

[6] Ibid., 1: 170-71.

表 7. 四个三宫组与相关的黄道带宫及其元素和性别属性

水(F)	火(M)	气(M)	土(F)[a]
巨蟹宫	白羊宫	双子宫	金牛宫
天蝎宫	狮子宫	天秤宫	处女宫
双鱼宫	人马宫	宝瓶宫	摩羯宫

来源：托勒密《占星四书》第1卷第18章
[a]F：女性；M：男性

开普勒将自己的构成主义直接归功于皮科："这些都是100多年前乔瓦尼·皮科·德拉·米兰多拉伯爵教导的，我只能被视为认可他关于占星学无用的观点。"但与意大利人不同，开普勒在某些问题上坚守阵地："不过还有很多我不（认可）。"[1]开普勒占星改革的一般原则开始于1602年的《论占星术更为确定之基础》，当时他即将成为皇帝的数学家，后来在1606年公开而系统性地触及皮科的批判要点，它们与对新现象的解读直接相关，即大相合与行星相对位置。他的立场为新的占星术扫清了道路，使之独立于黄道十二宫的因果效力，而单纯基于行星相对位置。开普勒不再是在图宾根教授之间捍卫中间立场的学生，而是公开论证了需要为理论占星学建立新的基础。

开普勒照常接受了自己所喜欢的观点而排除了其他。皮科宣称，如果一颗行星本身无法在地球范围内产生影响，那么两颗或更多行星的相合或其他排列也不能，因为它们相合后所具有的能力和分别具有的能力相同。[2]换言之，没有任何相对位置，不论是合、三分相、方照、六分相，还是其他的排列，都不会对地球造成影响。开普勒同意皮科关于相合不会造成宗教与帝国起落的主张。[3]但他为了反对皮科论证了有些相对位置是有影响的（托勒密的观点）。现在就出

---

[1]　Kepler 1937-, 1: 184.

[2]　Pico della Mirandola 1496, bk. 5, chap. 5.

[3]　Kepler 1937-, 1: 188-89: "Fateor, nec hoc tantum, sed totam hanc artem, religionum et imperiorum periodos ex conjunctionibus determinandi, ego quoque cum Pico, ineptiarum et superstitionis damno."

现了三个问题：

影响具体是怎么造成的？相合会有影响吗？我们如何辨认有影响的相对位置？

开普勒再次求助于原型形而上学。他认为，最重要的是要把相对位置作为两颗行星与地球所成夹角构成的几何关系。相合只是两颗行星在一条直线上成0°角的关系。但是为了计算，中世纪以来，人们普遍采用平均的而不是真正的相合。皮科否定了平均相合可以造成影响，因为行星并没有真的对齐。[1]另外，还有一个物理问题，即这样的对齐排列为什么能够造成影响。例如，每个月太阳和月亮都会以这种方式对齐，但没有影响，"因为月亮的运动很快，所以影响没有那么剧烈或过度"[2]。此外，如马沙阿拉汗所述，对于土星和木星这样运动较慢的天体，影响应该会较大，因为相合持续的时间较长；因此，较慢的速度应该伴有较大的效力。但开普勒否定了可以将相对速度看作星象影响的原因："速度在赛跑中很重要，但真正的王者是静止、坚定而稳固的。"在对天体光线的适当强调中，皮科遗漏了太阳真正的重要性："皮科，你对哥白尼怎么看呢？他教导我们太阳是静止的，因为它是所有行星中最高贵的。"[3]

开普勒对星象因果关系问题的回应立场，早在他1602年的《论占星术更为确定之基础》中就有所预示了。但也许是由于《论新星》的结构是一系列相互联系的观点，他公开地将自己的观点与其他学者进行了三角对比，而不是列出一串无名的命题。而且，在他的占星学辩论中，除了皮科，主要的（提名）对手是奥弗修斯。皮科在其总体的批判中否定了一切有效的天体原因，不论是相对位置还是行星影响。据开普勒所述，奥弗修斯是"行星相对位置的尖锐反对者"，但他保留了能够留下印象的影响。开普勒反对奥弗修斯和皮科二人，他保留了

---

[1] Pico della Mirandola 1496 bk. 5, chap. 6.

[2] Kepler 1937-, 1: 188.

[3] Ibid.

相对位置，但接受了皮科主张的相对位置不足以对地球造成影响。五年前形成轮廓，如今进一步发展的解决方案是将相对位置作为形式原因，而将地球的灵魂作为直接原因。开普勒在《论新星》中表明了自己的立场："应该说，星星或它们本身的射线或它们的排列（这些都是有关系的）都不会造成影响，除非在某种物体的威力之下。而且（应该说），有些能力会控制那些可以受到影响的因素（例如地球上的液体），这些因素可以感知并判断辐射的形状，从而由某种动力使身体上升，要么通过移动（假设是一种移动能力），要么通过加热与升华（升高）液体。"[1] 关于非物质的形式（虽然在空间中延伸）如何产生物质影响的问题，开普勒在《宇宙和谐论》中继续进行研究，他写道，灵魂这种介质在发现敏感部分与不敏感的原型之间有相似性时，就会对自己起作用从而产生运动。[2] 那么问题就是，哪些部分能够移动精神呢？

开普勒追随托勒密给出了答案：有效果的相对位置的数量与调和分割的数量相对应。但是自从 1599 年与赫尔瓦特·冯·霍恩堡（5 月）及埃德蒙德·布鲁斯（7 月）通信后，他就在不断地改进古人的理论，使调和所允许的数字超过了完美的四度音、五度音、毕达哥拉斯派的八度音，以及托勒密认可的四分法。因此，除了托勒密的相冲（180°，1：1）、三分相（120°，1：2）、方照（90°，1：3）和六分相（60°，1：5），他又添加了强三度（五分相，72°，1：4）、强六度（倍五分相，144°，2：3），和强六度加强三度（倍五分相加五分相，或补八分相，135°，3：5）；值得注意的是，他还加入了合（0°，未分割的一行）。[3] 如果说开普勒在《论新星》中依然根据音乐比例解释相对位置，那么他在《宇宙和谐论》

[1]　Kepler 1937-, 1: 190.

[2]　Kepler 1997, 304-27（*Harmonice Mundi*, bk. 4, chaps. 2-5）.

[3]　This point has been shown nicely by Judith V. Field（1984a, 201-7）.

中将音乐比例和占星相对位置都归入了多边形的不同性质。[1] 开普勒再次以回应皮科的方式说出自己的立场:"皮科是如何解释几何学通过(音乐)符号感动人的呢?我可以说,这和几何学通过星星射线影响月下属性的原因相同。"[2]

《论新星》中的哥白尼问题

开普勒支持吉尔伯特,反对第谷

开普勒所有作品的典型特征就是抓住一切机会将自己的主题与哥白尼的排列联系在一起。行星次序的主题将他与同时代其他人(尤其是伽利略)关于新星的作品明显地区分开来,并且突出了开普勒推进这一问题的独特作用(与自由)。这些论点的特点也令人怀疑那种常见的说法:哥白尼及其追随者没有能力测量一颗遥远的星星的年度视差角,可以被视为反对地球周日运动的重大的经验主义证据。[3] 这的确是在反对将"哥白尼体系"作为永恒的表述;但这不是第谷·布拉赫提出的论点。开普勒从《新编天文学初阶》(以及与罗特曼的辩论)中得知,第谷反对的是,在哥白尼的世界中,恒星与世界中心太阳之间的距离

[1] As Field observes: "Musical ratios are derived from those polygons whose sides are most closely related to the diameter of the circle in which they are inscribed, while the astrological ratios are derived from those polygons which will fit together to form tesselations or polyhedra" (1984a, 207) .

[2] Kepler 1937-, 1: 194. Concerning the historical origins of the idea of the aspects, Kepler credited Pico with the "ingenious guess" that early astrologers had derived them from the four lunar phases.

[3] For example, Francis Johnson (1959, 220) claimed: "The fact that should be emphasized and reemphasized is that there were no means whereby the validity of the Copernican planetary system could be verified by observation until instruments were developed, nearly three centuries later, capable of measuring the parallax of the nearest fixed star. For that length of time the truth or falsity of the Copernican hypothesis had to remain an open question in science." Against Johnson and Karl Popper, Imre Lakatos and Elie Zahar argued that such a "crucial experiment" would have made the abandonment of geocentric astronomy rational only after Bessel's observations of 1838 (Lakatos and Zahar 1975, 360) .

很大，从而破坏了各部分间距的比例："如果存在恒星天球，由于它的巨大，移动的天球就会（相对）非常小。因为他（第谷·布拉赫）说如果手指、鼻子等器官超过了身体其他部分的质量，那么人体中就会存在很多缺陷。"[1] 土星和恒星之间会出现巨大的、"没有价值的"空隙。问题不是"哥白尼体系"，而是开普勒基于自己的宇宙结构学将其表述为上帝为移动的星星安排的距离比例。该怎么处理造物主的计划中如此明显的不和谐空隙呢？换句话说：如果同样的审美标准不足以说明布拉赫和开普勒的主张，那么开普勒如何使自己的论点有说服性呢？

《论新星》第 15 章考虑的第一个方面就是，要论证一个尺寸很大的宇宙比第谷的相对较小的空间更符合新星现象。"如果我们敞开哥白尼主张的不测之渊，天呐！这颗星星的高度将增加多少？"[2] 利用小于 2 分的新星视差角，并且假设地球与太阳的距离是 1200 倍地球半径，开普勒推测新星远远超过了最远的行星——土星的距离 720000 倍地球半径：的确，是 2160000 倍地球半径（3 × 720000）。[3] 考虑到裸眼观察不到这么小的视差角，潜在的知觉并不是不合理。因为新星比恒星亮得多，所以它与地球的距离一定比较近；随着它逐渐变暗并最终消失，它一定在后退。问题是，宇宙要多大才能适应这样的现象？[4]

开普勒在第 16 章计算出 34077066⅔ 倍地球半径——大约是第谷·布拉赫《新编天文学初阶》中得出的值 14000 的 2434 倍。[5] 这样的拓展进一步扩大了最远行星与恒星之间的空隙。但开普勒开始用对称标准修改对比条件。紧接着威廉·吉尔伯特（但没有提到此人）支持的观点，他提出，正确的比较不应该在

---

[1] Kepler 1937-, 1: 232.

[2] Ibid., 1: 231.

[3] Kepler writes "vicies semel centena et sexaginta millia" for the nova's distance. I am most grateful to Bill Donahue for sorting out my confusion with this number and with the subsequent calculation.

[4] Kepler 1937-, 7: bk. 4, chap. 2; Kepler 1939, 887.

[5] Kepler 1937-, 1: 235; Brahe 1913-29, 2: 428-30. See Van Helden 1985, 50-51, 62-63.

恒星天球的尺寸之间进行，而应该在天球的速度与半径之间进行。因此，问题是，托勒密（或第谷）的外层天球需要达到怎样的速度才能产生天体的起落？答案？2625 倍地球半径 / 小时 × 860 英里（=1 倍地球半径）× 24 小时 =54180000 英里 / 天！"试图理解如此巨大的速度，一定会比（理解）哥白尼的极大宇宙还要困难。"[1]吉尔伯特比较之后提出，第一推动者需要在 1 小时内移动"3000 个地球大圆"，这么大的速度显然要求一种物质"很牢固，很坚韧，不会被如此疯狂而难以想象的速度破坏"[2]。令人惊讶的是，开普勒没有详述吉尔伯特的物理异议，而是更加关注对第谷·布拉赫的反驳。对开普勒来说，有必要"不是根据第谷通常希望的按照大小，而是根据美与理性来调和世界高贵的比例。世界的完美性体现在运动中，其中包含一种生命力。对于运动，需要三个条件：原动力、被移动者和空间。原动力是太阳；被移动者从水星延伸到土星，而空间则是最外层的恒星天球……移动的物体是原动力与空间之间的比例中项"[3]。

因此，与开普勒提出的土星与恒星之间的间隙为比例中项里最大的一项相比，布拉赫只留下了不规则的周日运动中可怕的不对称性。正如布拉赫与罗特曼之间的分歧，对称不同的应用产生了不同的结果。

那么第谷·布拉赫的追随者能把新星安排在什么位置呢？（第 17 章）布拉赫认为，土星和恒星之间的距离相对较小。新星有没有可能位于行星之间呢？没有证据表明任何第谷体系提出过这种可能性，但开普勒还是抓住机会提起了他的诉求。如果存在相互接触，"如亚里士多德派所愿的"，实心天球与新星嵌入在一个球体中，那么它就会被带着做圆周运动——但它显然没有。另一方面，如果"不存在实心天球，没有接触，没有拖曳，如第谷所愿"，那么这颗新星就会像行星一样具有第二均差，即它的运动中包含一个周年分量。因此，第谷体

[1]　Kepler 1937-, 1: 234.

[2]　Gilbert 1958, bk. 6, chap. 3, P. 324.

[3]　Kepler 1937-, 1: 234.

399

系的支持者必须将宇宙扩大到哥白尼所主张的"极大"[1]。

创造空间

瓦克·冯·瓦肯费尔斯与第谷·布拉赫之间的开普勒

几章过后，开普勒开始反驳布鲁诺和吉尔伯特。亚历山大·柯瓦雷有关开普勒反对无限宇宙主张的论述很有影响力，在这场交锋中，他将"新天文学"（开普勒与哥白尼）和"新形而上学"（布鲁诺与吉尔伯特）相对立，他的论述基本上完全基于对《论新星》第21章的饶有趣味的解读，且为后来所有的历史评论奠定了基础。[2] 开普勒按照逻辑，通过否定后件式论证建立了对布鲁诺和吉尔伯特的驳斥，这种形式自托勒密以来就为天文学家所用。

1. 如果宇宙是无限的，那么我们应该在可见宇宙中的任一点出发都能看到均匀分布的恒星。

2. 我们并没有看到这样的均匀分布。

因此：宇宙不是无限的。

怎样证明第二个命题呢？首先，开普勒认为这个命题（关于应该看到的现象）以天文学为基础，因为这个学科是根据可见的现象出发，提出符合表面现象的

---

[1] Ibid., 1: 239.

[2] Koyré 1957, 58-87. Koyré translates the most crucial passages.

假说。[1] 开普勒反驳的要点是，当我们在不同地点以相同的距离观察同样的天体时，它们会表现出不同的分布模式。他举例说，猎户座腰带的三颗星，每颗视直径都是一样的（2'），而且从地球观察到它们之间的视距相等（81'）。想象一下换个视角："如果有人身处猎户座腰带中，太阳和世界中心在它的上方，在他看来，首先就好像巨大的星体在一片完整的海洋中相互接触；而且他越向上看，星星越少；另外，星星之间不再互相接触，而是（看起来）逐渐分散；如果他向正上方看，看到的（星星）就和我们一样，不过大小和间距都会减半。"[2]

开普勒的示例采用了他最喜欢的手段：逆转视角，目的是破坏一个且只有一个视角的必要性。这种策略和他的一个学生相似，这位学生提出，如果我们居住在月球上，那地球是什么样的，或者和《宇宙的奥秘》中所说的一样，从太阳上看到的修正弧（积化和差）和在地球上看到的长度有什么差别。[3] 但现在开普勒没有直接与古代的亚里士多德和托勒密对立，而是将这种经过检验的武器对准了现代的乔尔达诺·布鲁诺。而他的论述所指向的结论是"一个极大的空洞，其中恒星之间的空间比例各不相同"[4]。换句话说，开普勒的哥白尼方案，跟亚里士多德的地心说一样，必须建立在一个特别的"地方"。

从逻辑上来讲，开普勒要捍卫这种结论的原因很清晰。他对星的科学（不只是理论天文学）的辩护完全基于典型的形而上学：一个有界的、根据五大正多面体的尺寸比例恰当的宇宙。如果接受世界无界，就是放弃了哥白尼排列的

---

[1] Koyré 1957, 62. Koyré remarks: "Astronomy therefore is closely related to sight, that is, to optics. It cannot admit things that contradict optical laws." Although Koyré's point is clear enough, it is not sufficient to say that the problem concerns the part of astronomy called optics, because what Kepler really wanted from that mixed science was its geometrical resources. In other words, nothing about the physical or metaphysical nature of light was at stake in this reasoning because Kepler was dealing strictly with how things ought to appear rather than with invisible forces.

[2] ibid., 63; Kepler 1937-, 1: 254. I have emended Koyré's translation.

[3] See chap. 11, this volume, figs 66 and 67.

[4] Koyré 1957, 62; Kepler 1937-, 1: 253.

多面体理论与改良的、和谐的占星学。

但为什么《论新星》中会出现关于无限的讨论呢？这个重要的问题不是柯瓦雷及其评注者提出的。为了捍卫哥白尼主张的宇宙"近似无限"（即能够适应新星与太阳的最大距离达到 3200000 倍地球半径），就需要将宇宙扩大到 34177066 倍地球半径，远远超过了托勒密和第谷·布拉赫的限制。众多新星作者中没有人提出无限的问题。而且，开普勒早期作品中也没有针对无限宇宙的辩论。唯一的可能性就是，开普勒是在回应布鲁诺的追随者通过书信或当面对他提出的反对意见，如此只有两个可能的来源：埃德蒙德·布鲁斯，和开普勒的好朋友——鲁道夫宫廷顾问约翰内斯·马特乌斯·瓦克·冯·瓦肯费尔斯。

布鲁斯看起来不像是其中之一。如第 13 章所示，他给开普勒的最后一封信展示了布鲁诺式的构想（但没有提到布鲁诺），而且时间早于新星的出现。不过瓦克的可能性很大。布鲁诺 1588 年在布拉格居住的几个月中，他就成为了布鲁诺的拥护者，而且他的私人藏书室中有许多布鲁诺的作品，包括关于宇宙无限性的著作。[1] 加斯帕雷·西奥皮奥（Gaspare Scioppio）是 16 世纪 90 年代瓦克交友圈的成员，而且直接见证了 1600 年布鲁诺的受刑。[2] 虽然他 1592 年皈依了天主教，但瓦克与施瓦本的伙伴开普勒的关系很紧密。开普勒为瓦克献上了关于雪花的作品（1611）。最终章将会讲到，瓦克在开普勒的《与伽利略〈星际信使〉商讨》中占据了重要的位置。此外，在维蒂希积极参加社交活动的时期，瓦克还与安德里亚斯·杜迪特、尼古劳斯·雷迪格（Nicolaus Rhediger）和雅各布·莫诺（Jacob Monau）组成的弗罗茨瓦夫知识界交好。[3] 最后，瓦克是鲁道夫密切而忠诚的支持者，并且在其任内一直为他效力。[4]

---

[1]　R. Evans 1973, 232.

[2]　D'Addio 1962.

[3]　R. Evans 1973, 154-55.

[4]　Ibid., 155.

这些证据有助于说明开普勒在第 21 章中与瓦克的公开辩论。开普勒通常不会直呼对手的名字，而是称为"哲学家宗派"，并比较了他们与理论混乱的毕达哥拉斯学派，后者的观点被哥白尼谨慎而理智地复兴了，却遭到了亚里士多德不公正的批评。对于毕达哥拉斯学派这一类思想家，开普勒说，他们"既没有根据经验进行推理，也没有使事物的原因符合经验，而是好像受（某种热情）启发，直接在脑中设想并建立了某种关于世界秩序的观点。他们一旦接受了这种观点，就会坚信不疑，而且强行使所发生的事与日常经验适应他们所提出的原则。这些哲学家乐于看到这颗新星与所有类似的现象从无限高的自然深处逐渐下降，直到它根据光学原理变得非常巨大，吸引所有人的眼睛；之后它又回到无限高的地方，而且在升高的过程中每天都会缩小"。[1]

开普勒在其他地方提到："不幸的乔尔达诺·布鲁诺……认为世界是无限的，因此（他设想）世界的数量与恒星一样多。他还认为我们的可移动的（行星）区域也属于无数个世界之一，和周围其他的世界几乎没有什么不同。"最后，他断言，"这个宗派误用了哥白尼与天文学的权威性，它们（尤其是哥白尼学说）证明了恒星位于不可思议的高度上"。[2]

开普勒加入了与瓦克以及布鲁诺的辩论，证明鲁道夫宫廷的民主氛围中，存在使现代化主义者之间能够讨论并从事非正统哲学的开放的、多信仰的社交。天主教信徒瓦克和路德教徒开普勒在共同的话语空间中公开争论，而没有义务一致认同什么教义是正确的，什么信仰是正统的，或者什么样的哲学观点会使君主满意。

---

[1] Koyré 1957, 59（I have emended Koyré's translation）；Kepler 1937-, 1: 251-52.

[2] Ibid., 61; Kepler 1937-, 1: 253. On Kepler's association with Wacker, see the important study by Granada (2009).

产生新观念

在神意与物质必要性之间寻找平衡

如果宇宙足够大从而能够包含新星，那么它是从哪里来的呢？它是怎么形成的？与布鲁诺和瓦克的辩论继续，不过是蒙上了一层非个人化分类的面纱。

开普勒利用典型分类建立了多种可能的解释："占星家""猜想物理学家""伊壁鸠鲁派物理学家""神学家"。开普勒只对第一类人提到了具体的人物：预言家约翰·穆勒和约翰·克拉贝。他们预测到相合是"彗星产生的原因"——"就好像，"开普勒评论道，"我结婚后 10 个月就会生儿子。"[1] 这种解释暗指十二宫；但如果按照皮科的主张，这些星体秩序只是不同的构造而已，那么相合只能视作从地球上可以看到的偶然的关系。"猜想物理学家"，是另一类占星家，主张新星恰巧和大相合一起出现了。开普勒本人最终辩护的就是这样的立场。[2]

开普勒遇到的主要困难是"伊壁鸠鲁派"，他们将新星归因于原子意外的聚集，就像掷骰子一样。[3] 伊壁鸠鲁派是布鲁诺和瓦克的代言人。[4] 但在这种情况下，问题不是原子的真正特点，而是它们的意外组合：怎么会恰巧在火三角宫发生相合，时间和地点都这么特别呢？考虑到无限的时间与掷骰子有限的数字，应该会出现无数颗新星，但其中会有一颗恰巧与这次大相合在同一时间出现吗？亚里士多德派提出了另一个观点，假设有两条相互独立的因果链会造成新星与大相合的巧合。

---

[1] Kepler 1937-, 1: 275.

[2] Kepler was aware that the matter of "coincidence" was itself subject to difficulties: even if the nova did appear in the same "place" as the conjunction, it did not appear on the precise day of its occurrence.

[3] Ibid., 1: 276: "Stella ex atomis confluxit." For especially useful discussions of this section, see Simon 1979, 60-64; Boner 2007.

[4] Bruno often cites Epicurus in *De l'infinito* (Bruno 1996, 25, 31, 43, 115, 141, 191).

开普勒遭遇了一个有趣的问题。他不想要存在盲目概率的世界，他认为没有恐惧和预兆的世界使我们获得了有秩序的、有目的的生活。善良必须与邪恶和自由共存。但是由于他与皮科的一致性，他无法接受新星是由黄道带中星星相合而产生的。正如第 21 章与布鲁诺的分歧，他对盲目概率的否定再次使人回想起关于瓦克·冯·瓦肯费尔斯的讨论，以及开普勒习惯性的独出心裁地利用人称代词作为文明讨论的文学手法：

我向我的对手描述一个不是我的而是我妻子的观点。理解他们的推理后，我承认机遇会产生秩序；但她不同意。我的对手应该教导我捍卫他们的观点，反对这样可怕的敌手。昨天我因为写作和关于原子的思考而疲惫，她叫我去吃晚饭，给我准备了沙拉。因此，我对她说，如果把锡盘、莴苣叶、盐粒、油滴、醋、水和鸡蛋都扔到空中，而且使它们永远留在那里，那么它们聚在一起是出于巧合。我的美人回答说："但是它们不会成为这个样子，也不会按照这种顺序。"[1]

开普勒的妻子得出了典型的开普勒式结论：空间与时间双重的巧合一定意味着一个独特的结果，暗示着独特的原因——就像开普勒之前论证宇宙的独特位置。巧合的原因是上帝——这个结论立刻使开普勒看起来似乎回归了对新星的奇迹解释，而梅斯特林与第谷在 1572 年都曾经回到这种解释上来。但开普勒再次开辟了中间立场。与谈论 1572 年新星的作者不同，开普勒希望世界上的神圣活动是物理学和天文学的。他认为上帝只是因为全能而做出行动。开普勒的说明包括消除两个极端：布鲁诺的盲目机遇，以及上帝不经自然世界中间作用的神秘行动。

---

[1] Bruno 1996, 285; Simon 1979, 63.

概括与小结

在意大利和神圣罗马帝国，学者们都在相对自主的、非正统贵族的小公民文化中，或者他们所属的宫廷圈中，对 1604 年的新星提出构想，而不受等级森严的学院神学家及其传统盟友自然哲学家的权威所影响。在新星事件中，非凡的领域开始崩塌为正常的自然进程。一个新问题的轮廓开始出现：上帝不会一会儿这样行事，一会儿那样行事，他只会以一种方式行事。一切天体（不论是可见而规则的，比如行星，还是不可见而不可预测的，比如彗星和新星）一定能以内在的神性来解释，而这种神性在有界的或无界的空间内通过自然规律起作用。

但神圣罗马帝国的布拉格和 17 世纪早期意大利北部的大学城之间存在着重要的政治差别。在所有同时期的新星学者中，开普勒对自己立场的推理，以及对其他现代化主义者的驳斥是最具系统性和包容性的。如果开普勒反对的对象属于他在鲁道夫宫廷中的朋友，他就会伪装讨论中的称谓，将不具名的人称（"天文学家"与"哲学家"）与指名但已经去世的对手混在一起，从而隐藏本地的环境。因此布拉格争论的中心围绕着新星学者及其追随者：这是现代人之间的争论。

相反，具有贬低性和倾向性的意大利论著标志着学院内部主导的问题渲染的紧张局势：罗马的阴霾在这里一直没有散去。例如毛里和赛科问题中，争论的焦点依然与 1572 年一样集中在视差的可靠性上。伽利略与卡普拉的争议突出了观测技能与可修正标准的问题。而科隆贝对占星学的批判显然表明了教会对确定新星影响所允许的范围。因此，意大利的争论主要是传统主义者与现代理论之间的斗争，即古今之争。但在所有情况下，未声明的潜在问题是，哪些学科群体能够代表新星，言外之意就是，代表学术权威？面对冲突的政治表述，伽利略不可能错过开普勒《论新星》中相对的哲学开放性与可能性的氛围。在布拉格，帝国数学家不仅能够将新星问题纳入哥白尼的宇宙，而且还能自由地公开反对布鲁诺的无穷世界。而在帕多瓦、威尼斯、佛罗伦萨和罗马，甚至都无法提及布鲁诺的名字。

15

开普勒的新星如何来到英格兰

开普勒的新星在德国与意大利

虽然开普勒的《论新星》对当代读者（没有翻译）来说是一本艰涩、任性，有时还难以理解的书，但它广受同时代很多群体的欢迎。对于 1572 年的事件，开普勒描述了一个不需要特殊技能就能够观察到的新奇现象。甚至根据视差认定它是一颗星体的技术性主张也比 1572 年时遭遇的争议少得多。倒霉的视差反对者洛伦齐尼对开普勒来说是可以轻易驳倒的目标——对于卡普拉、毛里，以及后来的伽利略也同样如此。另外，开普勒为了捍卫改良的相对位置占星学而对皮科进行的系统性批判，将新星与星的科学联系在了一起。因此，新星通过多种方式脱离了严格的奇迹范畴，成为了自然正常进程的一部分。同时，开普勒关于天空的改变以及宇宙大小的讨论使他明确投身于现代主义者，尤其是布鲁诺、布拉赫和吉尔伯特的自然哲学。简而言之，与《宇宙的奥秘》以及技术上令人生畏的《新天文学》不同，开普勒为 1604 年新星事件所写的书吸引了多样的读者。

《宇宙的奥秘》的读者包括：天文素养各不相同的贵族；宫廷、大学与贵族圈中熟练的天文从业者；个别学术神学家；英格兰国王。迄今为止，我没有找到任何证据表明这本书出版后短时间内有大学的哲学家对它进行了解读或评论。即使没有这样的"科学群体"，开普勒的作品（某种程度上像第谷的《新编天文学初阶》一样）也为一群背景各异的宫廷与学院哲学家构建了一个新的可能性空间。

《论新星》是如何在不同地点之间传播的，而它又是如何影响哥白尼问题的呢？1606 年 11 月—1607 年夏，这本书在布拉格的贵族圈中流通，并传播到了欧洲的许多地区。它原本是献给鲁道夫皇帝的，开普勒采用了一贯的做法，将自己内容最充实的著作与主要统治者相联系，而较次要的著作与上层贵族成员相联系。有些副本是作为个人献礼送出的。最有意思的是他送给国王詹姆斯一世的那一本。

更广义地讲，这些书的传播指出了有学问的拉丁语读者的范围，而这也是开普勒在 17 世纪初试图接触的群体。其中，有些是神圣罗马帝国数百个分散的政治领地中高贵的统治者：巴登侯爵格奥尔格·弗里德里希（Georg Friedrich）；上奥地利邦的伊拉兹马斯·冯·斯塔里贝格（Erasmus von Stahremberg）男爵；提洛尔大公爵马克西米利安；萨克森公爵克里斯蒂安二世；奥地利的费迪南德大公。[1] 还有波西米亚贵族或鲁道夫宫廷的顾问，比如皇帝的忏悔牧师约翰内

---

[1] The archducal copy, gold-tooled with the two-headed Hapsburg eagle, is held by the Österreichische National-bibliothek（*48. H. 1）. Underlinings in chapters 28 and 30 suggest that the reader was especially interested in the book's prophecies.

斯·皮斯托留斯（Pistorius）。[1]

　　有些经常与开普勒通信，如巴伐利亚选区大臣赫尔瓦特·冯·霍恩堡，以及与开普勒交情颇深而作品丰富的东弗里西亚数学家与传教士大卫·法布里修斯。另外，还有他在图宾根学习时的朋友和老师：米沙埃尔·梅斯特林；神学家马赛厄斯·哈芬雷弗和他的儿子萨缪尔；他的校友克里斯托弗·贝佐尔德。还有个别市政官员，比如考夫博伊伦市的约翰·格奥格尔·布伦杰，或其他德国大学的人，比如维滕堡的安布罗修斯·罗迪斯（Ambrosius Rhodius）和美因茨的约翰·莱因哈德。

　　偶尔会找到一些留存至今的特别反应。布伦杰的回复说明，开普勒与布鲁诺及吉尔伯特的争论开启了新的合理性空间，使现代化主义者能够无缝地加入讨论。地心主义者布伦杰赞成吉尔伯特的主张，即地球和行星具有磁性特征，通过将它们的轴线相对于太阳倾斜而与后者和谐相处；但他不赞同开普勒关于太阳对行星吸引与排斥的主张。他接受了开普勒相对位置占星学中的地球的感知能力，但他认为这种能力应该被看作磁力。[2]读者反应有一部分是开普勒本人组织的。因为他的著作就是由一系列辩论组成，可以满足不同的功能。有些人关注改良的占星学，有些人关注有关空间与物质的物理学和形而上学主张，有些人关注围绕新星位置和形成的争论，还有些人关注开普勒对新星预言意义的最终推断。

　　伽利略属于熟练的学院派数学家，可以预料到他会对开普勒与皮科以及现代化主义者之间的辩论感兴趣。但我们不知道伽利略是如何得到《论新星》的，当时他正困于布鲁诺的死刑、皮内利之死，以及自身在帕多瓦宗教法庭的遭遇。

---

[1]　There is a Kepler dedication copy in the Strahov Library, Prague（A G III 89）which, to judge by what I could read, was probably sent to a member of the nobility; unfortunately, the name of the dedicatee has been all but rubbed out.

[2]　Johann Georg Brennger to Kepler, September 1, 1607, Kepler 1937-, 16: no. 441, pp. 34-41; for Bruno, ibid., P. 39, ll. 24-26.

现存的通信中没有证据表明开普勒再次尝试吸引这位意大利人的注意。如果伽利略是直接从开普勒手中得到这本书，那么他可能和 1597 年一样寄出了一封回执；但据我们所知没有这种回复。我们只能猜测伽利略通过某位帕多瓦的朋友或通过埃德蒙德·布鲁斯接触到了这本书。有可能是他借来的。不论怎样，他应该是在 1606 年秋之后才看到的——当然，还来得及在批判卡普拉之前加以参照。不论伽利略是如何得到它的，他都继续拒绝公开赞扬开普勒。

开普勒的英格兰运动

改变国王詹姆斯的立场

与伽利略在意大利的压抑环境形成鲜明对比的是，开普勒开始吸引帝国之外一些博学的英格兰与威尔士哲学家的目光，他们多数在牛津大学学习过，开普勒随后结交了诺森伯兰第九任伯爵亨利·珀西（Henry Percy，人称"巫师伯爵"）的家人。[1] 其中很多是贵族或受贵族庇护的人，如同他们在中欧或意大利的对手，他们倾向于非正统的知识观点。没有证据表明开普勒的观点引起了类似布鲁诺 1583 年在牛津遇到的那种尖锐反驳；也没有任何证据证明他的观点在牛津和剑桥成为了争论话题。[2]《论新星》似乎没有被看作大学从业者的教科书。

如第 13 章所示，伊丽莎白一世统治末期，间谍网络从 1599 年起通过安东尼·培根与埃塞克斯伯爵建立联系，并在 1602 年后与迈克尔·希克斯有联系，因此开普勒在不知情的情况下已经为英格兰所熟知。他从无名的、被信仰围困的格拉茨预言家兼老师，逐渐发展为万人瞩目的宫廷数学家，这一过程使他像

---

[1] Among them was Thomas Harriot（see Feingold 1984, 104, 136-37, 207）.

[2] My claim is based on the evidence in Feingold 1984.

前辈乌尔苏斯与布拉赫一样，成为了名义上信奉天主教的鲁道夫宫廷中的新教徒——这可能符合英国情报员的政治利益。

开普勒也很清楚当时出版业的力量，这毫无疑问是受到了第谷·布拉赫的影响。第谷1601年英年早逝之后，开普勒积极地利用出版物传播自己的天文著作。在《论新星》倒数第二章中，他明确背离了达伊、利奥维提乌斯、罗斯林和其他星象预言家，没有将王国与宗教的起落归因于行星相合的累积效应，而是用它来解释伟大世俗成就的发生：新的大学、探索之旅、武器、文献批判研究，还有新的思考体系的出现。这些新事物中最关键的就是出版业：

我该怎么评价如今的机械艺术，庞大的数量和难以理解的细节呢？我们如今没有利用出版业发掘出每一个传世的古代作者吗？西塞罗没有从我们这么多批评中重新学习拉丁语吗？每年，尤其是从1563年起，每个领域出版的作品数量都大于过去几千年的总和。如今已经通过它们建立了新的神学和法律体系；帕拉塞尔苏斯派重新创造了医学，而哥白尼学说重新创造了天文学。我真的相信世界终于有活力了，事实上是沸腾了，这些非凡的相合并非徒劳。[1]

开普勒指出了人类开始掌控自己命运的历史转折、人类学习的自信与出版业的力量，他依旧假定了一个受到星象影响的世界。但这些影响受到了很大限制。开普勒这段话中表现出的感性是他1611年对皇帝做出关于占星学建议的真实写照：研究星体，但要更相信外交顾问普通的、世俗的经验。[2]

这个建议也适用于开普勒本人。每年他都会创作新的著作，通过书市、使者和通信，增加陌生人了解其观点的机会。例如，克里斯托弗·海登爵士，一

405

[1]   Kepler 1937-, 1: 330-32; Rosen 1967, 141-58; Jardine 1984, 227-78.
[2]   Evans 1973, 84.

位有浓厚占星兴趣的英格兰贵族,最初他买了一本《光学》,了解到开普勒针对"占星学基础"写了一本书,之后写信说他无法从任何书商那里获得这本占星学作品。[1] 开普勒回复道,他非常感谢印刷术的发明,因为它使一位出类拔萃的英格兰人成为他的读者。之后,开普勒照常开始进行远距离交流,为了结识这位潜在的朋友,就像之前写信给布鲁斯和伽利略一样,他在一封著名的长信中表达了自己的观点,谈到了他的火星研究,他在音乐协调方面的进展,关于新星的辩论,并全面说明了自己的相对位置占星学(以及他与奥弗修斯的差别)。这里的问题和不久之后望远镜面对的问题不同,并不是对观测结果的可靠复现,而是开普勒的星科学基础原理的说服力。[2]

开普勒没有在直接发表自己的观点时退缩。詹姆斯 1603 年在英格兰即位后,开普勒意识到有可能获得某种赞助关系:在这种情况下,就是对他改革占星学的认可。无疑是詹姆斯公开支持布拉赫《新编天文学初阶》的做法鼓励了他的这种想法。但至今对伽利略的尝试都完全失败了,开普勒怎么会期望国王的公开认可呢?他能期望国王阅读《论新星》吗?(庇护人会读献给自己的作品吗?)如果会的话,他会期望詹姆斯仔细钻研他对乔尔达诺·布鲁诺和皮科·德拉·米兰多拉的反驳吗?果真如此的话,詹姆斯一世会怎样"转变"信仰,他又是怎样的庇护人呢?

国王詹姆斯一世的情况很有趣,因为他比此前的英格兰君主更致力于使自己成为一个作者。事实上,他作为统治者的权力与他的用语和他以作者自居的做派都紧密相关。詹姆斯改进君主写作体裁,使它成为了权力的关键属性。[3] 作

---

[1]   Christopher Heydon to Kepler, February 4, 1605, Kepler 1937-, 15: no. 327, P. 150.

[2]   Kepler to Christopher Heydon, [October 1605], Kepler 1937-, 15: no. 357, pp. 231-39; against Offusius, p. 234, ll. 120-23 ff. : "Nihil hic tribuo reflexioni, nam aspectus est in mera incidentia seu concursu radiorum. Nec sequitur operatio, quia alterius radius àTellure in alterius corpus reflectitur(quae philosophia, puto est Jofranci Offuciij)."

[3]   See Fischlin and Fortier 2002a.

为苏格兰国王，詹姆斯一世针对《启示录》写了一篇注释。[1]10 年后，他在《恶魔学对话》(*Daemonologie in Forme of a Dialogue*)中表达了对女巫和占星师的看法，开普勒了解这本书 1604 年的拉丁语版本。[2]詹姆斯提到了当时巫术的流行："世界的圆满，以及我们的解脱临近，使撒旦更加愤怒，因为他知道自己的王国将会灭亡。"[3]正如有些作者将畸形与怪兽的存在看作末日的预兆，詹姆斯将巫术视作恶魔因末世论在世上不可阻挡的进展而感到痛苦的征兆。最著名的是，詹姆斯还是一位多产的政治学者。他的《王室礼物》(*Basilikon Doron*，对儿子亨利的实用建议)强调了国王在教会事务中的最高权力，同时主张，一个好国王永远也不能"只为自己的喜好而侵犯法律"，从而对国民不利。

约翰·萨默维尔(Johann Sommerville)称詹姆斯是一名"温和的专制主义者"，认为他"结合了专制主义者的原则与君主依法治国保障公共利益的责任"。[4]詹姆斯还出资赞助了新的《圣经》翻译，在文化方面，它毫无疑问是圣典的核心。詹姆斯国王版《圣经》的翻译者与编写者称，国王通过自己"虔诚而博学的叙述"成为了这项事业的"主要推动者与作者"。事实上，詹姆斯希望他的《圣经》观点统一，避免日内瓦版本中争议性的标注。[5]最后，这位国王利用自己的著作分辨危险的敌人。恶魔有许多面目：他可能以清教徒、天主教徒、魔术师、占星师或女巫的形象出现。仿佛是为了强调恶魔危险的真实性，一桩计划用火药炸毁英格兰国会的天主教密谋在 1605 年 11 月 5 日被阻止了。之后不久，国会就通过了针对天主教的立法，其中包含一条法规"旨在更好地发掘并镇压不服从的天主教徒"[6]。

---

[1] James VI and I 1588.

[2] James VI and I 1603; James VI and I 1604.

[3] James VI and I 1603, 81.

[4] Sommerville 1994, xv.

[5] See Peck 1991a 5-6.

[6] Sommerville 1994, xx.

国王的政治权力似乎也具有奇迹特征，如斯图尔特·克拉克（Stuart Clark）有力的论述，詹姆斯据此自称是上天指定的裁决者，与恶魔的咒语和魔力做斗争。[1] 他在《恶魔学对话》中区分了合法的与非法的知识。恶魔会对有学识和没有学识的人起作用，但有学识的人最容易"被我所说的判断占星术唤醒好奇心"[2]。这些人试图获得"更伟大的名誉，不仅要了解事情的过程，还要了解之后的结果"。就这样，一件危险的事会引起另一件：一开始是"合法的"，而且"只通过自然原因进行"，他们被"引向了不稳定而不确定的好奇心"，直到"合法的艺术或科学无法满足他们不安的头脑，他们甚至追寻黑暗而不合法的魔法科学"。[3]

不出所料，詹姆斯自己对星的科学提出了标准的二元分类法。"研究天空创造物、行星、恒星等的科学：一类是它们的轨迹与一般运动，出于这个原因的称为天文学……也就是说，星体的规律。这门科学确实属于数学，不仅合法，而且是非常必要值得赞美的。另一类称为占星学……也就是说，星星的含义与教义。"他随后将占星学继续分为安全的和危险的两部分：

第一部分，了解简单的力量和疾病，受它们的影响支配的季节和天气过程；这部分属于前一种（即天文学），不过它不是数学的一部分：但只要适度利用，就不是非法的，不如前者那么必要并且值得赞美。第二部分是非常相信它们的影响，从而据此预言哪些贵族会兴盛或衰败；哪些人会幸运或不幸；哪一边会赢得战争——哪些人会在搏斗中获得胜利；人会以哪种方式在多大年龄时死去；比赛中哪匹马会赢；还有很多这类不可思议的事情，其中，卡尔达诺、科尼利

---

[1]　Clark 1997, 631-32.

[2]　James VI and I 1603, 10.

[3]　Ibid.

厄斯·阿格里帕等很多人更加荒唐,不予详述。[1]

詹姆斯一世的划分方法看起来很熟悉。这与日内瓦的加尔文、图宾根的安德里埃,以及罗马的克拉维乌斯和西克斯图斯五世所施行的合法性条文相同,而且它们很可能通过苏格兰人文主义导师乔治·布坎南(George Buchanan,1506—1582)传给了国王。[2]詹姆斯也可能利用了西克·范·海明加对天宫图存在多处不确定性的有力批判。[3]当詹姆斯1603年授权书商公会印刷业垄断权时,他们的言辞推定了《恶魔学对话》的不同之处:"一切超出允许的、占星学限制之外的巫师与历书以及预言的制作者本人都会遭到严厉的惩罚。而且,在历书与预言没有得到大主教和主教(或者明确指定进行这项工作的人)的修订,经过他们的证书许可,并且得到我们的普通法官准许之前,我们以同样的惩罚禁止所有印刷商和书商印刷或出售这些作品。"[4]

当然,开普勒没有寻求出版商或大主教的准许。

作为哈布斯堡皇室的皇家数学家,开普勒亲自给国王送礼物。这份礼物既不是用于宫廷展示的装饰物,比如他在1596年献上的多面体分酒器,也不是机智、奉承的家族徽章,而是一本装饰着开普勒诗句的《论新星》。开普勒在题词中将詹姆斯称为"进行哲学思考的国王"(Rex Philosophantis)以及英格兰与苏格兰的统一者("统一大不列颠的戴奥真尼斯"),而将自己称为"服侍柏拉图并向布

---

[1] James VI and I 1603, 12-13. James also added to the second, unlawful category "the knowledge of nutiuities; the Chiromancie, *Geomantie*, *Hydromanti*, *Arithmanti*, *Physiognomie*, & a thousand others... And this last part of *Astrologie* whereof I have spoken, which is the root of their branches, was called by them *pars fortunae*. This parte now is utterlie unlawful to be trusted in, or practized amongst christians, as leauing to no ground of naturall reason" (ibid., 14).

[2] Buchanan's didactic, neo-latin poem, the *Sphaera*, included a section on the dangers of astrological prophecy and magic and drew on a typical medley of midcentury astronomical manuals (MacFarlane 1981, 369; Naiden 1952; Pantin 1995).

[3] James VI and I 1603, "To the Reader," fol. A4.

[4] Nicholson 1939, quoted in Curry 1989, 20, my italics.

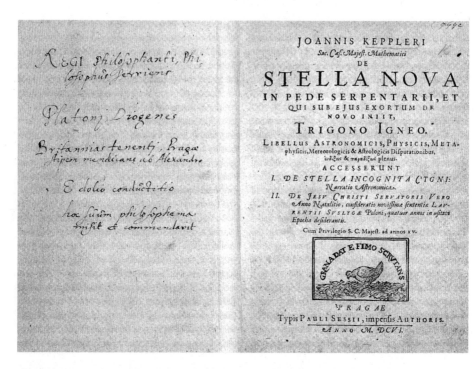

407　图 77. 国王詹姆斯一世收藏开普勒的《论新星》，带有开普勒题写的诗（© British Library Board.C.28. f.12）。

拉格的亚历山大乞求金钱的哲学家"——旁敲侧击地暗示自己长期绝望的经济困境。[1]

　　在与书一同送上的信中，为了表达对国王学识的尊敬，开普勒推荐陛下研究《论新星》中的某些章节。他没有推荐对方详细阅读支持皮科批判的章节（国王可能会赞成这部分内容），而是建议"第 2、3、4、5、6 章只需读标题就够了"。熟读这些题目后，国王应该直接继续读第 7、8、9、10、28 和 29 章，其中包含了开普勒支持占星学与反对皮科的论证。这些章节尤其重要，因为它们的目的

---

[1]　Kepler 1937-, 19: 344, item 7（51）. The inscription appears in the British Library copy of the *Stella Nova*: C. 28. f. 12. See figure 77, this volume.

是使詹姆斯理解开普勒本人的占星学观点：基于"合法"、协调、自然推理的观点。至于天文学与自然哲学的问题，开普勒建议国王结合第 1 章和第 14 章中新星的大幅折叠式插页；之后，对于"很深入的问题"，国王可以查阅第 25、26 和 27 章；最后，国王应该"最充分地"研究第 30 章，其中，开普勒强调了迷信、恶魔的占星学与"不用魔法的"、善良的基督教占星学之间的区别。[1] 换句话说，开普勒为了使国王支持自己的占星学，希望能满足詹姆斯一世基于"自然推理"的占星学标准，也许有望使詹姆斯也注意到关于天体次序的更严肃而复杂的论述。

他谨慎地避开了第 21 章对宇宙无限理论的具有挑战性的批判，而这些后来得到了亚历山大·柯瓦雷的欣赏。

由于《宇宙和谐论》的献词持续了《论新星》与 1607 写给国王的信中隐含的主题，因此它充实了我们对开普勒总体目标的了解。这段献词揭示，开普勒希望说服国王支持他的改革占星学以及原型原理的整体方案。对占星学原理的赞许与接受会使国王优先考虑开普勒更冒险的天文学主张（包括哥白尼天文学以及周期与距离相连的新规则）吗？开普勒将詹姆斯对占星学的批判立场与自己的改革立场相联系："詹姆斯掌握国家大权时，公开谴责了占星学的过度之处——这本书中第 4 卷显然展现了这一点，其中说明了星体影响真正的基础……因此，无可置疑，您（詹姆斯）肯定能够完全理解这本书中的每个部分。"[2]

献词还大胆地发展了之前将国王作为柏拉图之友的表述；现在他还刻意提及第谷·布拉赫："对于一部具有毕达哥拉斯与柏拉图特征的、关于天空和谐的著作，除了这位已经见证了国内柏拉图知识研究的国王，还有更好的庇护人吗？是谁尚在年轻时就认为第谷·布拉赫的天文学配得上他的才能？"[3] 描写了詹姆斯

---

[1]　Kepler to James I, 1607, Kepler 1937-, 16: no. 470, pp. 103-4. For the plate of the nova, see Kepler 1937-, vol. 1, between pp. 226 and 227; on the condemnation of magic, see ibid., 1: 336.

[2]　Kepler 1997, 2-3, my italics.

[3]　Ibid.

与布拉赫已建立的联系后，开普勒以反映并夸大《论新星》中的私人献词的方式，赞美国王作为一名哲学家的品质。不过献词没有暗示开普勒想在英格兰宫廷谋取职位。如果有什么不同的话，他渴望的显然是公开证实他自己的天体哲学。这一点，只有一位不同于寻常统治者、能够阅读并评价，甚至能交谈的国王哲学家才能实现。而且，开普勒知道詹姆斯是一名学者，而不是寻常的统治者。可以推测，这位国王哲学家也能领会哲学预言家（而不是普通预言家）的有价值的建议。因此，虽然开普勒记得自己在《论新星》中做出了"公开预言……像煤球一样燃烧（苏格兰著名谚语）"，他随后给自己树立了一个更远大、更超群的目标："在未来的某个时候更坚决地赞颂宇宙的和谐。"[1] 正如他之前试图说服顽抗的图宾根神学家与勉强坚持的伽利略，开普勒继续积极地解读并传播天空中体现的上帝之道——就像某种世俗神学家。[2]

为了增加吸引力，开普勒在讲述占星原理的那一章之前战略性地加入了一段题外话，陈述了一种和谐的政治哲学，指向让·博丁（Jean Bodin，1530—1596）的主张。关于博丁的题外话就是为了向詹姆斯说明，政治哲学应该基于正确的理论原则。[3] 博丁政治哲学的主要命题是，绝对的最高权力属于政府，而不是统治者本人。博丁认为，国王有权指定人类法律但只服从于神圣的或自然规律，这就是君主地位的标志——开普勒一定认为这种观点会吸引詹姆斯国王。博丁有关等差数列的思考，对于《共和国六书》（*Les six livres de la Republique*）的理论基础来说重要性较低。[4] 但开普勒放大了博丁的这部分哲学，从而有机会

---

[1] Kepler 1997, 4.

[2] Westman 2008.

[3] Kepler knew from the *Daemonologie* that James had critically read Bodin's treatise against witches: "Who likes to be curious in these things [particular rites and secrets of these unlawful arts], he may reade, if he will, here of their practises, *Bodinus Daemonomanie*, collected with greater diligence, then written with judgment." (James VI and I 1603, fol. A4) .

[4] See esp. Bodin 1576, bk. 1, chap. 8; on Bodin's natural philosophy, see Blair 1997.

宣扬自己的和谐原则的优越性与相关性。

在《宇宙和谐论》的末尾，开普勒针对自己的对手——有望受到詹姆斯庇护的、博学的玫瑰十字会医师罗伯特·弗拉德（Robert Fludd，1574—1637），辩护了自身的立场。和对博丁的批判一样，开普勒对弗拉德展开了详尽而全面的论战，主要集中于（他所理解的）弗拉德关于宏观和微观宇宙和谐性的形而上学的错误的且有误导性的特征。和罗斯林相似，弗拉德用精心制作的符号图片表现了这些和谐性，而开普勒认为他的数学图表不仅象征了物理世界，而且符合并可以对照这个世界。詹姆斯不可以认为弗拉德形形色色的图片以任何形式与真实世界有关联。[1]

天空及其对人类事务的影响（天体与政治哲学）被原型学说的共同体所统一。因此，通过对詹姆斯的献词，开普勒明确表示期望获得皇室支持："希望我的和谐理论得到资助的原因是，人类事务中明显存在多方面的不和谐，不可能不犯错，不过它是由旋律独特的音程混合而组成的。"事实上，"一个王国不就是一个和声吗？"[2] 当然，是开普勒与哥白尼学生的和声。

我们不知道博学的詹姆斯是否阅读并听从了这位帝国数学家的建议，但詹姆斯一世宫廷没有使开普勒气馁。而且我们实际上可以推测出国王的反应是很积极的，因为，1620 年，学识渊博而且经验丰富的外交官亨利·沃顿爵士（1568—1639）邀请开普勒到英格兰。[3] 沃顿刚刚在林茨见到开普勒，并对另一位伟大的

409

[1]　W. Pauli 1952; Westman 1984.

[2]　Kepler 1997, 3-4.

[3]　Kepler to Matthias Bernegger, August 29, 1620. Kepler 1937-, 18: no. 891, p. l41. The invitation was extended by Sir Henry Wotton in Linz: "Ill. D. Wotonii non minor erga me humanitas in visitando fuit; doluit praeproperus eius transitus. Hortatur ut in Angliam transeam. Mihi tamen haec altera mea patria propter ignominiam istam, quam sustinet, deserenda non est ultrò, nisi velim ingratus haberi." And a few months later, he remarked of Wotton's invitation that it would be tempting to leave the civil wars of Germany, but "an igitur mare transibo, quo me vocat Wotonus? Ego Germanus? Continentis amans, insulae angustias horrens? Periculorum eius praesagus? Uxorculam trahens et gregent liberorum?" (ibid., 5/15 February 1621, 18, no. 909: 63) .

自然知识推进者、大法官弗朗西斯·培根写到了这次相遇，后者几十年来都在寻求王室对自己的支持，他的《新工具》（*Novum Organon*）刚刚出版——"我在那儿找到了开普勒，"沃顿写道，"著名科学家，如阁下所知，我想向他传递一本您的书，让他看到我们自己也有可以为国王增光的作品，就像他的《宇宙和谐论》一样。"[1] 毫无疑问，大法官比国王对天上"口琴般"的和谐更有好感。[2]

转变天文从业者的立场

开普勒让国王赞同其安全的、和谐的占星学的策略，从 1607 年延续到了 17 世纪 20 年代与罗伯特·弗拉德的辩论中。但当他的占星学著作开始在英格兰流通时，它们遇到的政治环境比布拉格还要危险而矛盾重重。40 年前，威廉·富尔克的《反预言》就已经预示了欧洲大陆上的占星家论战。但现在，1603 年，刚登基的统治者有关预言未来的观点比伊丽莎白女王的更显著、更明确，关于这个话题的辩论逐渐冷静下来。因此，新世纪之初，英格兰天文从业者非常清楚国王对预言的意见，以及写作中可能使用的欧洲作品。后果之一就是赞成占星学的学者在引用开普勒的作品时，会突出维滕堡对哥白尼的反应。

约翰·查姆博（John Chamber，1546—1604），温莎皇家教堂的受俸牧师兼伊顿公学成员，其与占星从业者克里斯托弗·海登之间的争论，充分表现了从伊丽莎白一世末期到詹姆斯统治初期讨论措辞的转变。1601 年，查姆博在《反判断占星术》（*Treatise against Judicial Astrologie*）中开启了争论，这部作品效仿了日内瓦、图宾根、马德里和罗马对天神的抨击。[3] 它与典型的受神学激发的谴责一样，堆砌了古代权威的（负面）引证，没有技术性的数学细节。但查姆

---

[1] Henry Wotton to Francis Bacon, summer 1620, Kepler 1937-, 18: no. 892, P. 42.

[2] On Bacon, see Lerner 1996-97, 2: 137-41.

[3] Chamber 1601.

哥白尼问题

博追随皮科、塞克斯都·恩披里柯、圣奥古斯丁和西克·范·海明加，加强了批判占星者的分歧、不确定性与无条理性的策略。对奥古斯丁提出的反对理由——双胞胎经历不同命运（出生时辰无法确定），查姆博增加了畸形婴儿的示例，即两个臀部相连的男孩在不同的时间死去；另外，"他们出生时具有同样的星座位置，但是他们经常争吵并遗憾地夭折了"[1]。在行星元素性质的排列这个关键问题上，查姆博批判了托勒密的分配方案："为什么月亮是湿润的，他把原因归于从地球吸取的蒸气，那么太阳的吸引力大得多，它会有多湿润呢？之后他说土星是阴冷的，因为与太阳的距离很远。那么可以说火星的热量来自太阳，太阳为什么和火星一样热，或者比火星还热呢？这些都是哲学谬论，不值得辩驳。"[2]五年后，开普勒对托勒密武断的分配方案也做出了相似的皮科式反驳。

1603 年，就在詹姆斯即位前，克里斯托弗·海登发表了对查姆博的长篇回复。[3]迄今为止，辩论都是通过（本国语言的）出版物进行的，海登显然支持现代化主义者，他批判他的对手既不向"整个国家的学者"致函，也不引入新的论点。[4]贝兰蒂与皮科通信一个世纪之后，海登的副标题展示出了查姆博用作武器的怀疑论资源，并且，他认为有必要对此提出反驳："特别检查了西克斯图斯、皮科、佩雷瑞斯、西科·范·海明加等人反对该学科的推理。"他的引证表明他非常熟悉英格兰与大陆的讨论，他支持哥白尼、雷蒂库斯、梅斯特林、马基尼、乌尔苏斯、第谷·布拉赫、威廉·吉尔伯特、帕拉塞尔苏斯和尼科迪默斯·弗里什林。[5]海登师从杰出的帕拉塞尔苏斯派医师理查德·福斯特（他追随这位

---

[1] Chamber 1601, 53-54.

[2] Ibid., 67-68.

[3] Heydon 1603.

[4] Ibid., fol. P3: "His whole tractate is nothing, but a rhapsody of other mens fragments, and fancies. Wherin as he hath brought nothing of his own, besides superfluous digressions, and much intemperancie."

[5] Bowden (1974, 135-36) remarks on his "confusing eclecticism" and his "peculiar inconsistencies" in using the work of Brahe and Kepler.

老师积极地探寻占星科目的一致性），影响他的是被 16 世纪八九十年代天体秩序论辩所激化的问题，如《天文学书信集》与《新编天文学初阶》中所体现的：哪种宇宙体系能最好地解释星的效力体系？

不论他们的观点是真是假，不论其中（如第谷的观点）只有一个还是有多个持续转动，不论（如哥白尼的主张）太阳是否在世界中心，而地球是否在阳光下火星与金星的天球之间，占星家们都不在乎。依据其中任何一个假说，都能得到恒星的真实位置与运动，观点如此多，不论它们是否真实，有什么顺序，都无法怀疑科学原理。[1]

皮科之后一个多世纪，海登依然致力于保护占星学的天文学基础，反对皮科式的"占星学鞭笞者"和"固执己见者"。然而，现在不仅是语法改变了，巩固占星学的机会和选择都改变了。海登对行星排列采取了不可知论的立场（也许是受到了乌尔苏斯对天文学假说全面怀疑论的启发），这种认知立场后来逐渐成为 17 世纪早期预言者的重要观点之一。但他追随第谷和罗特曼（没有指定其中一个），认同"我们当代的数学运算证明了从月球表面到第八天球之间只有一种连续的物质"[2]。

查姆博对海登的回应表明，詹姆斯即位时，英格兰的占星实践有怎样的政

[1] Heydon 1603, 371.

[2] Ibid., 370:

But this opinion he confirmeth by those motions, which haue of late been diuised by our modern Mathermatickes, which they say, their predecessors *never knew*. Yet their deuise proueth not that multiplicite of reall orbs, which they have imagined. For these are but inuentions, to make us conceive the *Theoricks*, whereas in trueth our late and most exact Astrologers hold, that there are no such eccentricks, epicicles, concentrickes, and circles of euqation, as are mentioned by them, and as both *Tycho Brahe* and *Rothmann*, doe at large prouue: and therefore in his *Progymnasmata* deuiseth newe *Hypotheses*, quite differing from the olde. In the meane time constituting but one onely continued substance from the concaue superficies of the Moone, to the 8. Sphere, with whome in this point *Rheticus*, *Ramus*, *Scultetus*, *Frischlinus*, *Ursus*, *Aslacus* and *Fracastorius* doe concurre.

治负担。政权的反对很快从国王传到了书商公会，之后由查姆博传到了英格兰教会。查姆博以鲜艳的颜色将国王的盾徽展示在扉页的对页上，直接在标题中重复了国王的话："驳占星恶魔学，或者邪恶学派，辩护反对判断占星学的著作，以克里斯托弗·海登爵士之名。"[1] 为了进一步与国王的立场挂钩，查姆博一点也不微妙地表达了詹姆斯的观点："判断占星学就是一种陋习，我认为不亚于巫术的迷信，因此理所当然受到了陛下《恶魔学对话》的谴责。"查姆博还援引了国王的学识与他对这个问题的特别了解："在我的敌人和我之间的所有问题中，吾王，我认为我应该在陛下面前为自己辩护；特别是因为您对这些问题的了解比我的对手和我都要深入。因此我恳求陛下耐心地阅读我的作品。"[2] 查姆博随后辩解道，他在国王到来之前就已经反对占星学了，但现在面对他们共同的敌人（"恶魔学家"），他希望詹姆斯成为自己的赞助兼庇护人："在陛下来到这个国家之前，我就留意并且厌恶占星学的陋习：我也没有仅仅观察它，而是通过写作揭穿它。由此我树立了一个充满怨恨、狡猾机警的敌人，他得到其他某些学者的支持。我受到许多恶魔学家的困扰与折磨，因此我不得不投奔陛下寻求庇护，您已经推断出原因了。"[3]

詹姆斯一世的阴影已经笼罩在占星问题上了。国家担忧的不是占星学推理本身，而是为皇室成员绘制（并使用）天宫图。

在查姆博这样的争论者眼中，所有占星师都不可信，他认为占星师们威胁到知识的秩序、国家和既有的教会：他称他们为"乱甩图形的巫师"，而海登也

411

---

[1]　Bodeian Library: Chamber 1603. On the title page, Chamber idntified himself as "prebend of Windesor [Chappell] & fellowe of Eton."

[2]　Ibid., unpaginated dedication: "Many worthy kings and emperours haue troden and traced this path before You, yet for abilitie and gifts to discerne of the cause, being all farre behinde You, whom God hath annointed with the oyle of wishdome, *prae consortibus tuis*, above all Your fellowe kings and princes."

[3]　Ibid.

以牙还牙,直接叫对手"乱撒尿的人"。[1] 这场辩论的修辞资源简直和同时代的宗教争论一样丰富了。

同时,也许是希望增进其反对查姆博的理由,海登开始接触开普勒,很快就获得了后者的《论占星术更为确定之基础》《宇宙的奥秘》与《论新星》。之后,他模仿上述作品对查姆博起草了回复。[2] 他展望了占星学改革主张的出路(对开普勒而言真是不幸),并以此来反驳查姆博,后者公然把自己与皇室权威缠绕在一起,而与此同时,开普勒也在争取国王的聆听与庇护。

更令开普勒处境艰难的是,海登随后起草了第二部著作,其中挪用了开普勒的占星学元素,但明确拒绝遵循哥白尼的天体秩序方案。虽然海登 1608 年完成了这部作品,但他将出版推迟了(也许是因为当时不友好的政治气氛),这部手稿直到 1650 年才面世,是由内战期间一群新活跃起来的占星家资助出版的。[3] 这位和蔼可亲又吹毛求疵的读者极大地阻碍了开普勒对哥白尼天体科学改革的推广。

除了海登,开普勒还通过中间人与其他英格兰数学从业者建立了联系。第谷·布拉赫曾经的两位助手约翰内斯·埃里克森和荷兰贵族弗朗茨·腾那吉尔一同来到了英格兰。埃里克森在伦敦遇到了博学的托马斯·哈利奥特(1560—1621),并告知了开普勒,后者从 1606 年 10 月开始与哈利奥特短暂通信,这些

---

[1]　Heydon 1603, 123-24.

[2]　l Bowden 1974, 129-40.

[3]　William Lilly, foreword to Heydon 1650:

This exquistie Treatise having been near 40. years detained in private hands, is now by the good hand of God made publike; it being the One and only Copy of this Subject extant in the World: Pen'd it was by the incomparably learned Sir Christopher Heydon *Knight*, Whose able Pen hath so strenuously vindicated Judicial Astrologie; as to this day not any Antagonist durst encounter with his unanswerable Arguments. In this Tractate that very thing which all Antagonists cry out for, *viz.* Where's the demonstration of the Art? is hear in this Book by understandable Mathematical Demonstrations so judiciously proved, that the most scrupulous may received full satisfaction.

Elias Ashmole funded "the charges of cutting the Diagrams in brass, that so the work might appear in its greater lustre" [fol. A4v].

信主要关注光学问题。[1] 埃里克森告诉开普勒，哈利奥特在占星学方面遇到了困难（信中没有详述），因此"持怀疑态度"而且"依然受到限制"。[2] 开普勒显然认为，哈利奥特是一位被关押在监狱中的从业者。他打算帮忙，他告诉这名英国人自己过去 10 年都在反对公认的占星学基础（一般将黄道带十二等分，分为宫、三宫组等），只保留"占星学中和谐教义"的部分。言下之意是，开普勒的占星学在认知论上更可靠，在政治上也更安全。如果哈利奥特还有兴趣，他应该查阅《论新星》，开普勒很欢迎他对这本书表达观点。[3] 随后，开普勒表示自己了解国王的观点："虽然我在捍卫真理的过程中不屈服于任何人，然而我认为詹姆斯国王不会接受，因为他谴责我所支持的这些主张。"[4]

开普勒从埃里克森那里对哈利奥特真正的政治环境了解到什么程度，以及他对詹姆斯一世统治早期占星学活动的观点，都不明确。哈利奥特 1606 年 12 月 2 日的回复中根本没有提到占星学，但他用笼统的说法指代，"我现在身处逆境，所以很难对任何事进行思考或准确论证"[5]。在 1608 年 7 月 13 日的信中，他向开普勒承认无法"自由地进行哲学探讨"[6]。事实上，与海登不同，哈利奥特遭受了

[1]　Kepler to Thomas Harriot, October 2, 1606, Kepler 1937-, 15: no. 394, pp. 348-49. Evidently, Eriksen told Kepler of Harriot's optical work, as Kepler's initial letter foregrounds his own difficulties in measuring the angle of refraction and requests Harriot's assistance: "I hear that your experiences disagree by two or three degrees from those of Witelo, whom I have followed."

[2]　Ibid., 15: 349: "Audio tibi malum ex Astrologia conflatum. Obsecro an tu putas dignam esse, cuius causa talia sint ferenda" (I hear that evil flowed to you from [the practice of] astrology. I beg to know, do you think that a [subject] is worthy from which such causes are endured?). It seems very unlikely that Eriksen met Harriot while he was still in prison.

[3]　Ibid., 15: 350.

[4]　Ibid.

[5]　Thomas Harriot to Kepler, December 2, 1606, Kepler 1937-, 15: no. 403, p. 365. Nonetheless, the letter immediately provided a table of refraction values for different liquid media.

[6]　Harriot to Kepler, July 13, 1608, Kepler 1937-, 16: no. 497, p. 172, ll. 32-34: "Ita se res habent apud nos, ut non liceat mihe adhuc libere philosophari. Haerimus adhuc in luto. Spero Deum optimum naximum his brevi daturum finem." However, a few lines further on, he mentioned having read some chapters of the manuscript of Gilbert(1651), "where I see that, with us, he defends the vacuum against the Peripatetics" (ibid. : 16: 173, ll. 43-48).

真实而巨大的不幸。1594 年，一个特殊的委员会在调查中提到了他，当时他们在搜寻不利于沃尔特·雷利（Walter Raleigh）爵士的无神论证据，这位庇护人很快就在伊丽莎白宫廷中失宠了。[1] 这对哈利奥特来说已经够糟糕了，但他的下一位主要庇护人诺森伯兰第九任伯爵亨利·珀西也遇到了困难。1605 年 11 月，哈利奥特因涉嫌与天主教徒指挥的火药密谋主犯交往而短暂入狱。亨利的远房表亲托马斯·珀西是这次（未成功）密谋的领导人之一。珀西后来因密报而被捕并遇刺。同时，这位伯爵遭到了审讯，被处以巨额罚款，并且被关在伦敦塔中，与雷利一同服刑，直到 1621 年出狱。[2] 哈利奥特，还有其他一些人，都受到了审问，但跟早前对雷利的审讯不同，这一次，国王亲自起草了审讯的问题，而这些问题清晰地说明了他当时的担忧：

412

    1. 讯问哈利奥特他的领主为什么要使用我的天宫图或命运。

    2. 他的领主是否指使他对其进行占卜，或预测我的命运。

    3. 他的领主是否看起来对国家不满。

    4. 他是否让他谈论，或者讯问我的孩子们的命运。

    5. 他的领主是否想知道他自己的命运与死亡。

    6. 他是否自行对陛下及其儿子们的天宫图进行了占卜。[3]

---

[1]   The charges all came from local ministers in Dorset. Although the testimonies did not stick, it is interesting to see that their character was entirely theological. For example, John Jessop, minister at Gillingham, reported that he "hath harde that one Herryott of Sr Walter Rawleigh his howse hath brought the godhedd in question, and the whole course of the scriptures, but of whome he soe harde it he doth not remember," and another minister said "that he harde of one Herryott of Sr Walter Rawleigh his house to be suspected of Atheisme" (Shirley 1974b. 24-25).

[2]   Fuller accounts of the episode are to be found in ibid., 16-35; Kargon 1966, 15-17.

[3]   Shirley 1974b, 28.

虽然哈利奥特的回答没有流传至今，要注意的是，哪些方面并无危险：国王没有提到哈利奥特做过的实验，也没有提到他所主张的自然哲学学说，包括原子论、哥白尼行星秩序理论，以及宇宙的无限性。事实上，对其遭到指控的占星学活动的疑惧，与一年前使伽利略与威尼斯宗教法庭发生冲突的有关星象决定论的神学疑虑不同。皇室对哈利奥特的担忧着眼于最敏感的占星实践问题：利用对天空一般规律的自然知识，预测统治者或其家人的死亡。1586年教皇西克斯图斯五世颁布诏书，以及后来1631年教皇乌尔班八世（Urban VIII）重申该诏书，他们最主要的担忧都是这个问题；不出所料，这也在1605年引起了詹姆斯国王的疑虑。[1]

当然，哈利奥特被指控对国王的天宫图做占卜，这并不意味着他真的进行了这样的活动。1605年12月，他在城楼监狱向枢密院写了一篇抗辩书，约翰·谢利称这"大概是他留下的最个人的记录了"。抗辩书描述了他"现在的惨状"，"患病"的细节，以及他对"诚实的交际与生活"的承诺。[2]然而，他最主要的辩护内容不是其哲学研究的宗教正统性，而是表示自己对政治事务没有兴趣。"我从未热心于插手国家事务。我从没有升迁的野心。我只满足于能够自由进行研究的个人生活。我的工作和努力是痛苦而伟大的。我曾希望也依然希望，在上帝和陛下的恩典之下，结果很快就会显现，有利于国家与大众的利益。"[3]哈利奥特在此没有应对占卜国王的"天宫图或命运"的指控，但最终他对火药密谋审讯的回答肯定符合要求。不久之后，他就被释放了。

---

[1]　For Urban, see D. Walker 1958, 205-12; Headley 1997; Shank 2005b.

[2]　His illness" was more then three weeks old before; being great windenes in my stomack and fumings into my head rising from my spleen, besides other infirmityes, as my Doctor knoweth & some effectes my keeper can witness" (cited in Shirley 1974b, 29)．

[3]　Ibid.

这个结果有力地说明，审讯者没有找到任何证据证明存在涉及王位的占星判断。有两种解释。第一，哈利奥特可能已经销毁了任何有可能给自己定罪的证据。[1] 第二，也许他能轻易自辩的原因是，他否认了其自然哲学的坚实基础。第二种可能性带来了很多关于哈利奥特在自然哲学方面的抱负的问题。他是否在 1605 年之前已经接受了布鲁诺的论点，即无限、均匀的空间中分布着无数个天体，而且由分散的恒星及其之间的空隙组成呢？[2] 如果是的话，那么他反对占星学的理由是不是和布鲁诺中伤这个学科是按照惯例进行的理由相同呢？如果哈利奥特认为地球的运动是正确的或有可能的（有这种可能性），那么决定他立场的是布鲁诺的论点而不是迪格斯、吉尔伯特，或者《天球运行论》吗？[3]

为了解决这些问题，我们必须考虑哈利奥特对布鲁诺学说和哥白尼学说的投入程度和特点，以及许多学者所称的"诺森伯兰交际圈"[4] 的含义。约翰·亨利至少说对了，哈利奥特所主张的微粒论（他对不可分割的数学点的看法）与布鲁诺的不可分割极小值不一致，而且更接近后来伽利略的观点。[5]

---

[1]　As Shirley has established （Shirley 1974b, 33n.）, investigations of Harriot's papers in 1603 and 1605 turned up nothing incriminating: "I have made as diligent search of Mr Herriotts Lodging and studie at Sion as the time would permit; ... *Letters* there were few, and almost none at all; and such as are, carrie an olde date; scarcely one written of late" (Sir Thomas Smith to the Earl of Salisbury, n. d. Hatfield House MSS: 113: 43）. It is possible that at one time Harriot did practice astrology but later gave it up. Hilary Gatti suggests tantalizingly that British Library MS. Add. 6789, fol. 183v, might contain evidence that Harriot cast a horoscope on November 16, 1596, predicting the death of Elizabeth I in 1617 （Gatti 1993, 12）. Unfortunately, I find no horoscope on fol. 183v.

[2]　See Jacquot 1974.

[3]　This is the implication of Kargon's reading of the manuscripts of Harriot's notes （British Library: Harriot, MS. Birch, 4458, fols. 6-8; MS. Add. 6782, fol. 374 [Kargon 1966, 11]）. Unfortunately, these pages contain only some jottings on Zeno's paradox and offer nothing about the order of the planets.

[4]　On these matters, see the important critique of John Henry （1982）.

[5]　Ibid., 280-89. Henry persuasively contends that Harrior's notes on atomism are incomplete and do not form a complete system. He believes that Harriot's problematic derived from Aristotle's "mathematical" argument about the infinite divisibility of a line. Of course, this account does not definitively rule out the possibility that Bruno's version of atomism provoked Harriot to turn back to Aristotle's contention that infinitely small points cannot heap up to form a finite entity.

从 16 世纪 90 年代初开始，似乎有一群人与诺森伯兰第九任伯爵的家人建立了交往，而且他们表现出了熟练的社交性：混合了传统主义者和现代化的趋势。

不过他们并没有明确的学术共识。他们的兴趣、才能和事业都各不相同，而且很难找到哥白尼学说、德谟克利特的原子、新柏拉图学说、布鲁诺的无限空间与无穷宇宙，以及开普勒的行星模型之间系统性的联系。由于以下困境，问题进一步恶化了：哈利奥特的论文支离破碎，经常字迹模糊；巫师伯爵藏书室里的笔记乃至书籍都很少引用布鲁诺，更不用说明确引用哈利奥特的哥白尼学说观点了；[1] 而且没有证据表明，圈内的一部出版物〔尼古拉斯·希尔的《伊壁鸠鲁派、德谟克利特派与泰奥弗拉斯多派哲学，只是提出而不是奉为教义》（*Epicurean*, *Democritean*, *and Theophrastic Philosophy*, *Proposed Simply rather than Taught as Doctrine*, 巴黎, 1601）〕所表达的观点得到了群体内其他人的支持。[2]

姑且同意约翰·亨利的观点，目前掌握的证据不能证明"诺森伯兰交际圈"中表现出了高度共识。然而，至少布鲁诺的一部分观点（即使不是直接从布鲁诺那里传来）明确得到了尼古拉斯·希尔、哈利奥特的学生威廉·洛厄爵士和哈利奥特本人的支持；另外，至少也存在某种社交性。

布拉赫、开普勒和伽利略之间明显表现出的这种社交性是通过学术信件建立的。除了书籍，这可能是近代早期天文从业者之间最常用的沟通形式了，也是思想与交流的强大工具。不仅如此，这通常也是我们掌握的唯一证据。我们正是通过这些书信了解到，哈利奥特通信网络中的一些人认为，开普勒《论新星》中反

---

[1]　There are just two references: a letter from William Lower to Harriot, in which Bruno is mentioned, and an abbreviated reference to the title of one of Bruno's works. "Nolanus de universo et mundis" (British Library: Harriot, Add. MS. 6788, fol. 67v). Stephen Clucas argues that this admittedly slim evidence has been used to bolster unreasonable claims about the influence of Bruno on Harriot (Clucas 2000); cf. Jacquot 1974.

[2]　Kargon (1966 5-17); Jacquot 1974, 110 ff.

驳布鲁诺和吉尔伯特的论证有些不足。1610年6月21日，在南威尔士卡马森郡特雷芬提的住所，威廉·洛厄爵士给哈利奥特去信，信中更明确地揭示了这一点：

> 收到你的来信时，一些Traventane哲学家正在考虑开普勒的推理，他推翻诺兰与吉尔伯特的恒星天体极大论，特别是诺兰的观点：不论在宇宙中哪个地方，所看到的场景都和我们现在看到的一样。我说虽然开普勒为推翻诺兰的观点发表了一些言论，但他没有考虑一个主要的方面；因为，尽管从巨蟹座的某颗星星上看，摩羯座中的星星也许会消失，但无法（按照他的想法）据此得出结论，认为那一部分宇宙中有一片空隙或者星星分布很稀疏，而在其周围的其他地方会有大量的星星聚集在一起：我说（经常听你说），如果在恒星与土星之间的巨大空间中依然有固定的无数颗星星，可以被位于巨蟹座的眼睛看到，但因其尺寸较小而逃出了我们的视线，那会是怎样呢？如果土星、木星、火星等，还有其他看不到的行星也是这样的情况呢？ [1]

读者的选择性有效地表明了既定的承诺与利益。在这种情况下，我们很可能会问，为什么"哲学家们"挑出了第21章，《论新星》中只有这一章明确提到了布鲁诺关于无限宇宙中有无数个世界的论点。前文中，伽利略关注马佐尼《柏拉图与亚里士多德之比较》(*Comparison of Plato and Aristotle*)中对哥白尼的批判，也有同样的问题。显然，洛厄和朋友们至少有两方面的利益处于危险之中。首先，他们发现开普勒对布鲁诺和吉尔伯特的反驳不足；这样的异议至少说明他们有可能在读到《论新星》之前对布鲁诺表示同情。不过也有可能是开普勒

---

[1] William Lower in Trefenty, Wales, to Harriot in London （British Library: Lower 1610, fols, 425-26）.

向他们介绍了布鲁诺激进的主张，而他们对诺兰的哲学就了解到这种程度。[1] 其次，在了解伽利略用望远镜做出的发现之前，洛厄知道哈利奥特已经认可最外层可见的移动行星（土星）与固定的可见恒星之间巨大的空间中，可能有不可见的天体围绕行星旋转。因此，哈利奥特在望远镜发明之前的猜测在某种意义上与布鲁诺一致，类似于埃德蒙德·布鲁斯在 1603 年致信开普勒时表达的观点。1610 年，当伽利略报告前所未见的新星时，这些新现象证实了布鲁诺的预期。[2]

和开普勒一样，哈利奥特本可以思考一下，怎么可能会有一门占星学既适用于没有中心、包含无数个行星世界的宇宙，又适用于独特的、地球运动的日心宇宙呢。在第一种情况下，他只能接受布鲁诺对传统占星理论的反对意见，或者用某种天体科学结构之外的非数学星象魔法来代替。第二种情况下，他可以利用开普勒强大的、数学的、调和的改革。但是，由于没有证据表明哈利奥特以任何形式倾向于开普勒的解决方法，因此我们必须转向第一种可能性。只有把哈利奥特与尼古拉斯·希尔的《伊壁鸠鲁派、德谟克利特派与泰奥弗拉斯多派哲学》相关联，才能找到详细证据说明他反对占星学的原因是布鲁诺式无限宇宙中缺乏等级系统。即使是这样的证据，也并不具备压倒性，因为正如迪

414

---

[1] I strongly doubt that Kepler was the first to introduce Harriot to certain of Bruno's "cosmological" arguments. On this matter, John Henry does not give any ground. When Harriot referred to "Nolanus, de immenso et mundi" in a list of books (British Library Add. MS. 6788, fol. 67v). Henry argues that because "there is no book by Bruno with quite that titles," it must represent, at worst, a conflation of the titles of two different works by Bruno, and hence a "confusion" that suggests that Harriot had not yet read anything by Bruno. Yet the entry is merely an abbreviation for the title *De Innumerabilibus Immenso Infigurabili; Seu de Universo et Mundis Libri Octo* (Frankfurt, 1591), and Henry does not compare this entry with others on Harriot's list of books to see if there is a pattern of such abbreviations.

[2] John Henry (1982, 275) rightly argues that Lower's letter alone does not prove that Harriot knew Bruno's arguments from a firsthand acquaintance with any of Bruno's works; but Henry does not acknowledge that Harriot and Lower — however they came upon the problem of stellar distribution — take the side of Bruno and Gilbert against Kepler.

伊的《格言概论》，希尔的作品是由一系列分散的定律组成的。[1] 这在当时是典型的，用希尔生动的话说就是："不新也不旧的哲学。"[2] 也许我们最多只能说，它包含了一句格言，谴责传统占星学是"懦弱的哲学家"的工作，但这几乎不足以作为排斥新的、改革的占星学的基础。[3]

鉴于我们知道哈利奥特在"火药密谋"瓦解后的政治处境，这些原因足以解释他为什么不愿接受开普勒的调和的占星学了。即使是有赞成倾向的克里斯托弗·海登（他不可能参与了密谋），他在出版《占星学论述》（*Astrological Discourse*）时也遭遇了不断的阻碍。[4] 不过，在哈利奥特方面，除了海登所受到的那种阻碍，还有其他的原因，以及基于不同背景的考虑：他所置身的环境没有把原子作为直线无限可分性的一部分，而是将它用于光学理论的解释。在与开普勒讨论光在透明物体中的传播时，哈利奥特将光线在表面的弯折解释为一

---

[1]　To my knowledge, the association with Dee has not been investigated. As Jacquot (1974, 113) aptly remarks, however, the form of exposition is deliberate, as it would have allowed Hill to escape the potential charge of advocating a doctrine. Without contradicting this view, Saverio Ricci characterizes Hill's work as "a collection of reading notes, marginal postils to a library of libertine authors in which the *Hermetica* and Lucretius, the Neoplatonists and Cardano accompany Bruno and Gilbert" (Ricci1990, 63). Hugh TrevorRoper regards Hill's work as "a series of terse philosophical propositions, like the *theses* which challenging philosophers or theologians undertook to defend against all comers. There are over five hundred of these propositions, and they set out, in a disorderly and sometimes obscure apophthegmatic form, a comprehensive picture of the universe. Essentially it is the universe of Giordano Bruno" (Trevor-Roper 1987b, 31). Robert Kargon is the most critical, characterizing Hill's work as "a confused, self-contradictory mélange of the views of many thinkers. Particularly, it is a blend of the thought of the atomists, Aristotle, Nicholas of Cusa, the fabled Hermes Trismegistus, Bruno, Gilbert, and Copernicus. The work is chiefly of interest in that it illuminates the various streams which fed into the group around Percy. Hill, a thinker of minor ability, could only imperfectly reproduce the thought of Harriot, Warner, Percy, and the others" (Kargon 1966, 15). Further analysis of Hill's book is clearly desirable.

[2]　Hill 1619, 7.

[3]　Ibid., 131-32: "Domus autem, exultatio, facies, triplicitas, terminus, decanus, graduum foeminitas putealitas luciditas & caetera illius farinae contemnendissima sunt, & pusillanimorum inuenta philosophi makrofilia [?], id est, magnanimitate nullatenus digna."

[4]　As reported by Nicholas Fiske in his letter to the reader: "I have many times endeavored its impression, but without success; for until of late years such was the error or rather malice of the Clergy, who only had priviledg of licensing Books of this nature, that they wilfully refused the publication" (Heydon 1650, fol. A4r-v).

系列"内部折射"，认为是由于光会受到"有形部分"的阻碍，但在"无形部分"或无形物体之间的真空中不会受到阻碍。在他与开普勒对话的背景下，哈利奥特似乎是物理原子论而不是数学原子论的支持者。如果哈利奥特此时已经阅读了《论新星》第21章之后的几章，他就会知道开普勒与伊壁鸠鲁派原子组成的宇宙中撞击概率的概念存在严重分歧。也许他因此没有正面批判开普勒更广泛的自然哲学与占星学，而是半开玩笑地掐了一下他的通信者："现在我带你跨入了自然的大门，看到了它的秘密。如果你由于自己的狭隘而无法进入，那就用数学的方式将自己抽象缩小为一个原子，这样就能轻易进入了。之后，离开的时候，告诉我你看到了什么样的奇观。"[1]

阅读哈利奥特的卷宗让人感觉他当时对原子的研究仅限于零散的调查（与解释），问题在于：他是否真的建立了系统性的原子理论。哈利奥特有没有考虑过，为什么能利用原子和空隙解释自然的一部分，而无法解释其他部分？这个问题关系到所谓的"档案里的原子论"——现存的哈利奥特手稿组成的杂乱世界中连贯的小岛。哈利奥特对物质的看法体现在他与开普勒有关《论世界》（De Mundo）的争论中，那是吉尔伯特的哥哥威廉·吉尔伯特拿给他看的一部未出版的手稿。《论世界》没有阐述原子论自然哲学，而是提出空间就是包含磁性行星的空洞。[2] 这部作品比起《论磁体》有重大进步。据开普勒所知,吉尔伯特在《论磁体》中追随哥白尼的主张，认为极大的恒星天球是静止的。但是，虽然吉尔伯特的手稿引入了磁性球体和无限的空洞，但它没有赋予地球行星地位。[3] 哈利奥特当时已经认识到开普勒对布鲁诺的反对意见，他假装突出了他们在吉尔伯

---

[1] Harriot to Kepler, December 2, 1606, Kepler 1937-, 15: no. 403, pp. 367-68; Jacquot 1974, 115; Henry 1982, 287-88. Henry does not show how the "physical" atomism of this letter coheres with the "mathematical" atomism of Harriot's manuscripts. In any case, his important point here would be that neither is coherent with Bruno's atoms.

[2] Harriot to Kepler, July 13, 1608, Kepler 1937-, 16: no. 497, p. 173. The posthumous work to which Harriot referred was Gilbert 1965, bk. 1, chap. 22, 196-205.

[3] Lerner 1996-97, 2: 146-51, my italics.

特理论上的共同目标："我提到它（吉尔伯特的作品）是因为，据我对你的作品的推测，他的哲学与你的主张非常一致。我看到了一本而且读了几章，我看到他和我们一样都反对逍遥学派，而支持真空。"[1]

对于空隙的存在，开普勒当然没有和哈利奥特及吉尔伯特一样的共同目标。对于吉尔伯特的理论，他只赞成自己所需要的：用无形的（磁性）力量替代皮科的光物理。

哈利奥特1608年寄信给开普勒，随意提及了原子与真空，虽然这并不能证明他拥有系统性的哲学理论，但它表明了其与开普勒之间真正的差别，而且再次说明了现代化主义者之间持续存在的分歧。不过，也许是因为哈利奥特的观点（不论私下还是公开）并没有得到系统性阐述，我们无法从中察觉到与开普勒观点之间无法调和的不一致性。而且，事实上，开普勒的《新天文学》出版后不久，就有证据表明哈利奥特和洛厄非常信服开普勒的新行星理论，但并不支持他提出的"磁性本质"[2]。在英格兰，正如在布拉格一样，一场现代人之争已经开启了。

---

[1]　Harriot to Kepler, July 13, 1608, Kepler 1937-, 16: no. 497, p. 173.

[2]　Lower to Harriot, February 6, 1610, British Library MS. Add. 6789, fols. 427-29. For a partial transcript, see Lohne 1973, 208-9.

第六部分

现代主义者、周期性的新现象，以及天体

16

为秩序而斗争

现代路线显露的问题

在 17 世纪早期现代化的天文学家中，开始表现出对 16 世纪 70 年代以来显露的问题达成一致意见的迹象：周期性事件（行星）、星的科学的对象，以及非周期性事件（彗星与新星），似乎都属于普通现象，而不是异常现象。17 世纪 60 年代末，伽利略的发现将进一步证明，天空中的周期性现象，即使是隐形的，依然属于自然秩序的一部分。但这些和哥白尼问题有什么关系呢？为了解释彗星和新星出现与消失的原因及时间，或者这种新的实体的物质组成，有必要假设地球的运动吗？应该像 16 世纪 80 年代的地心 – 日心主义者们一样，坚持认为地球是静止的吗？宇宙的尺寸需要多大才能容纳如此多样的现象呢？随着这类问题不断累积并成为天体秩序的共同问题，具有数学技能的天文研究者们也发生了角色上的转变。但投身于哲学实践，即天文学家角色的学科转变，并没有确定（更不用说清楚地表明）如何根据行星秩序演绎出自然哲学的必要原则。

换句话说，天文学家所参与的新学科实践和他们所主张的行星方案无法证明（从而也无法排除）当时自然哲学中其他的选择。[1]

早期实践中已经出现了忽视所导致的困难，例如维滕堡解读的特征。梅斯特林对 1577 年彗星提出的哥白尼模型直接忽视了不久后第谷提出的地心日心方案的可能性，而这两个模型都没有对一年内彗星将会重新出现的预测做出自然解释。之后，埃德蒙德·布鲁斯 1603 年给开普勒的信件表明，不论是新颖的方案还是非研究者的困惑，都在努力将开普勒宇宙与布鲁诺宇宙的元素相适应，但同时完全忽略（从而摈弃）了伽利略的工作。值得注意的是，一批在 17 世纪早期成年的自然哲学家〔艾萨克·比克曼（Isaac Beeckman，生于 1588 年）、马林·梅森（Marin Mersenne，生于 1588 年）、托马斯·霍布斯（Thomas Hobbes，生于 1588 年）、皮埃尔·伽桑狄（Pierre Gassendi，生于 1592 年）和勒奈·笛卡尔（生于 1596 年）〕继承了这些不完整的判断。反过来，他们赞成根据新的物质与运动基本原理构建一种不同的方法。作为自然哲学家，他们反对（或忽视了）开普勒在星的科学的基础上建立物理学的策略；而是试图从自己的物理原理中推导出哥白尼天体秩序。

对于宇宙秩序和整合的问题，这些不同的处理策略虽然没有与预测未来相一致，但也足够惊人了。如果预言者为了解决彗星与新星的问题而采用哥白尼方案，那么他们就会面对接下来的问题：这样的方案如何与日心占星学相容——除非再一次忽视这个问题。在现代主义者中，除了开普勒对星象影响有新解释，多数人（包括伽利略、史蒂文、罗特曼和吉尔伯特）都选择忽略影响的问题，而将它与圣经和物理问题相分离，或者直接抛弃占星预测（如梅斯特林）。开普勒与海里赛乌斯·罗斯林和菲利普·法赛里尔斯之间针对占星学可靠性的争议并没有直接涉及行星秩序。

420

[1] I argue this point in Westman 1980a, 134.

使问题变得更加复杂的是，传统主义学者也没有偃旗息鼓。出于多种原因，亚里士多德自然哲学依然顽强而有活力——事实上，它继续以多种方式为学者和学生提供描述和解释自然世界的资源及方法。[1] 在某种程度上，如爱德华·格兰特所述，中世纪长期以来将亚里士多德的论题作为独立命题进行学术研究的行为，使一些作者忽视了亚里士多德本人也没有对他所探讨的不同问题提出或拒绝一致的解答。[2] 因此，在显示出比文艺复兴时期亚里士多德评论者们的解读更多的同质性（甚至更多家族相似性）方面，亚里士多德学说这一分析类别和哥白尼学说都具有误导性。[3] 在解决彗星与新星的问题时，许多传统主义学术作者都在胡乱摆弄亚里士多德提出的不可穿透的以太介质，随意做出本体的调整，并到前苏格拉底派、斯多葛派与早期基督教著作中找回一种概念：天空是一种完美的液态物质，在这种介质中，新的物体会出现，四处游动，然后消失。[4]

结果是，正当世纪之交的现代主义天文学家投身于曾一度被认为属于禁区的哲学实践时，传统主义自然哲学家们在评论并重新解读亚里士多德文集中各种各样的原理，同时没有放弃亚里士多德自然哲学的整体框架。两个群体分别表现出了剧烈的突破与温和的适应。[5] 不论哪种方式，17世纪早期的思想者们见证的问题，比16世纪中期维滕堡与鲁汶圈子中的天文研究者面对的问题更加广阔、更加复杂（可能也更加杂乱）。之前的那些群体主要关注源于《天球运行论》模型的行星表是否优于以《天文学大成》为基础撰写的星表，这是由实践占星学的课题所推动的问题。而新的问题关注多种多样的疑问：哪一种排列原

---

[1] See the essays in Di Liscia et al. 1997.

[2] On this important point, see Grant 1978, esp. 105 n. 13.

[3] Ibid. The diversity of "Aristotelianisms" was first recongnized by Schmitt（1973）.

[4] The view that the heavens were made of an incorruptible fluid stuff was already prevalent before the recovery of the full corpus of Aristotle's writings in the thirteenth-century Latin West, and it never quite died out. See Grant 1994, 350; Donahue 1981, Lerner 1996-97.

[5] Alexandre Koyré and Thomas Kuhn emphasized rupture, whereas writers like Charles Schmitt and Edward Grant have demonstrated important elements of Scholastic accommodation.

则能预测并解释旧的和新的、周期性的和非周期性的现象，同时与圣经保持一致？简而言之，新兴的标准是：天体秩序理论必须同时符合天空中存在的新旧现象。而在当时那个理论学说层出不穷的时代，这个标准是很难达到的。

同时，对行星秩序的修改则主要是分散的反亚里士多德派新贵偶然触及的问题，他们通常被称为"自然哲学家"。像帕拉塞尔苏斯、卡尔达诺、特里西奥、康帕内拉和帕特里齐这样人通常没有学历证明的正式权威，却不仅宣布有权代表天空，而且有权代表整个自然界。他们率先调动了之前的苏格拉底、柏拉图与斯多葛派的各种资源——授予它们基督教权威，有时以亚里士多德本人反对的立场对他进行反击，而且经常将大学作为负极，通过反对大学来表明自身的立场。[1] 但这些自然修正主义者们没有在包含数学的学科权威基础上提出任何特殊主张。实际情况正相反：证明了布鲁诺对"数学家"讽刺性的辛辣模仿。

历史学家对根据普遍原理描述并解释宇宙的事业经常使用"宇宙学"这个术语，我们将会发现，天体秩序在 17 世纪 60 年代早期成为研究重点时，开普勒和伽利略等人使用了这个词。但宇宙学不是一个学科，也不是标准惯例的沉淀，或常规的参考类目。它还没有确定参与者的研究范围。

开普勒在旧的星的科学范畴之上建立新的体系时使用了"宇宙学"这个术语，在神的旨意、数学原型和自然因果关系的平衡之间构建自己的论证。这个词与地球地理学有传统的联系，它在应用于天文时造成了一定的混乱。伽利略也用"宇宙学"一词代指 1602 年帕多瓦的球面几何学基础课程。[2] 但当他在 1613 年的太阳黑子著作（作为寄给马库斯·威尔瑟的信件，马库斯是他的老朋友，也曾经在皮内利聚会时支持过他）中指向天空一致性的目标时（没有系统性地参考神的计划与干预），他写道："宇宙的真实构造（是）最重要也最令人赞叹的问题。

---

[1]　For a general overview and characterization of this group, see Ingegno 1988; Kristeller 1964; Brickman 1941.

[2]　Galilei 1890-1909, 2: 221-12; see Drake 1978, 52.

图 78. 学生军：16世纪晚期的寓意画，阿特多夫学院。斯托普（Stopp），1974年。为了进入学习的城堡与学士学位之环，教师们帮助学生登上文科的阶梯，最终通向内环的三座塔楼，它们代表了较高的医学、法律和神学学院。学生们必须拼命战斗通过学习的七大敌人的帐篷：愚昧、恐惧、冷漠、懒惰、娱乐、傲慢和胆怯。

因为存在这样的构造；它独特、正确、真实，而且不可能有其他形式；而且这个问题的伟大与高贵使它有资格成为最首要的具有理论解答的问题。"[1]

---

[1] Galilei 1957, 97, my italics.

　　　　哥白尼问题

之后，在红衣主教贝拉明 1616 年的禁令之下，伽利略无法公开援引哥白尼，因此他征引古代斯多葛派（而不是基督教）的权威人士，来指责现代主义者第谷·布拉赫和他在罗马学院的耶稣会同仁："塞尼卡意识到并写道，为了坚定无疑地了解宇宙各部分的顺序、布置、位置与运动，确定这些问题是非常重要的。如今我们依然有所欠缺；因此我们必须满足于在一片阴影中仅有的一点推测，直到得到宇宙的真正构造——因为第谷对我们的允诺依然不完美。"[1]

讽刺的是，宇宙学这个词似乎是在 1605 年由一位成功的莱比锡/海德堡传统主义教科书作者克莱门斯·提普勒（Clemens Timpler，1563/4—1624）杜撰出来的，他曾经师从于格奥尔格·列布勒。他的作品丰富而冗长，但他丝毫没有意识到伽利略和开普勒的问题。提普勒的主要目的是展示传统学术自然哲学的纲要。他将宇宙学定义为"整体上解释世界的物理学说"，并且补充道，"世界具有最美丽而丰富的有形结构，由上帝巧妙地用天空和元素为他的荣耀和人类构建而成"。[2]10 年后，加尔默罗会的保罗·安东尼奥·弗斯卡里尼出版了《论自然宇宙学占卜术》（*Trattato della divinatione narurale cosmologica ovvero de'pronostici e presage naturali delle mutationi de TEMPI*）。[3] 弗斯卡里尼划分了一类仅限于自然环境效应（例如风、雨、风暴，彩虹和地震），且伴有自然征兆（例如月晕，云的形状和天空的颜色）的预言领域。因此，他对宇宙学的使用遵循了西克斯图斯五世 1586 年的法令，限制在三个安全的占卜领域（医学、导航和

[1] Guiducci 1960, 57.
[2] Timpler 1605, chap. 2., questions 1 and 2, pp. 17-19. The principal authority on Timpler is Freedman 1988. The term also appears in John Florio's 1611 Italian dictionary. The self-described physicial William Cuningham uses the term *cosmology*: "Cosmographie teacheth the discription of the universal world, and not of th'earth only: and Geographie of th'earth, and of none other part" (*The Cosmographical Glasse, conteinying the pleasant Principles of Cosmograhie, Geographie, Hydrographie, or Nauigation* [London: Ioan. Daij, 1559], fol. 6). Cf. John Blagrave: "Cosmographie is as much to say, the description of the world: as well his Aethereall part as, as Elementall, and in this differeth from Geographie, bicause it distinguisheth the earth by the celestiall circles only and not by Hilles, Riuers and such like" (1585, bk. 1, chap. 1, 6).
[3] Foscarini 2001.

天气）。不仅如此，弗斯卡里尼也没有将行星秩序与此类"宇宙学"效应的预测相联系。[1]

故此，虽然弗斯卡里尼和提普勒对这一术语的用法不同，但二者都接近"世界体系"的概念，仅仅是重新命名已在实行的特点。[2] 事实上，提普勒的新词仍然保留着这个词后来将会摆脱的元素：基督教的宇宙进化论、占星影响，以及天空与元素区域之间顽固的本体论区别。所以，提普勒的"宇宙学"属于 16 世纪的含义体系，更接近于开普勒在《宇宙的奥秘》中揭露的神学奥秘，以及 25 年后约翰·布拉格雷夫在《数学珍宝》（1585）中所描述的世界；或第谷·布拉赫提出的世俗天文学，它将星象影响与地球上的炼金术手段联系在一起；[3] 还有约翰·迪伊的"对世界中天空与元素部分的完整而完美的描述，及它们的同类应用和必要的相互关系"[4]。但虽然提普勒的天空将星象影响纳入了天界，就像 17 世纪初期其他许多的学术物理教科书作者一样，他的宇宙没有为新星和月上的彗星保留"位置"。即使天上的奇异现象开始适应天空时（通常不会扰乱传统的排列），它依然在天球范围内。[5]

---

[1] Foscarini claimed to treat only material or "Pruely natural" causes（e. g., elemental vapors）and excluded both supernatural and astrological causes from his discussion, although he alluded to a larger work（*Institutioni di tutte le dottrine*, tome 2, bk. 4, treatise 4）in which he treated those topics（Foscarini 2001, 50-52）.

[2] No one equated the terms *world system* and *cosmology*; they recapitulated disciplinary distinctions. The former functioned as a synonym for pllanetary arrangement within the discourse of the science of the stars, whereas the latter functioned as a synonym for natural philosophy or one of its subsidiary parts. Foscarini would later refer to the "Pythagorean opinion" rather than to a world system or cosmology.

[3] Brahe 1913-29, 5: 117-18.

[4] Dee 1975, fol. biii; Dee classified the study of the effects of astral influences on the lower world as *astronomia inferior*（see Clulee 2001, 174）; see also Thomas Blundeville（1597, 134）: "What is Cosmographie?... These foure, Astronomie, Astrologie, Geographie, and Chorographie."

[5] For France, Roger Ariew（1999, 103-15）shows that as early as 1623, the Aristotelian Jacques du Chevreul had incorporated into his geostatic account the concept of sunspots as denser parts of celestial spheres. The interesting question here is how early and with what consequences traditionalists in natural philosophy began to accommodate celestial novelties to the ordinary realm.

不过，还可以从另一个角度处理这个问题。自 16 世纪 80 年代中期开始，天文研究者之间的哲学辩论增加了关于行星秩序的讨论。[1] 当现代主义者使哥白尼脱离他在星表与天文教科书中的惯常地位时，有趣的结合出现了。新式哲学家（如布鲁诺和吉尔伯特）、哥白尼派现代主义行星理论家（开普勒和伽利略），和中间派的现代化传统主义者（布拉赫、罗斯林和乌尔苏斯），都在改写人文主义者的文体和修辞资源，从而推进自己的天体秩序方案。哥白尼和雷蒂库斯已经指明了方向。因此，当时的人们发现，有越来越多的立场可供参考，他们可以从中援引以支持或反对不同的天体次序主张。的确，读者们对这些作品越熟悉，就越会形成争论与不确定的局面。难怪这些秩序方案的增长和决定性证明的缺失，导致了克里斯托弗·海登这样的占星学作者迟迟无法做出判断，并助长了总体认知上不安的抗议情绪，而这种情绪预示着有秩序的自然开始衰退，正如英国诗人约翰·邓恩的著名诗句：

　　　　新哲学怀疑一切，
　　　　火的元素已被扑灭，
　　　　太阳消失，地球也不见了，
　　　　非人类的智慧所能寻到。
　　　　人们直爽地承认世界已经衰亡，
　　　　而在星球和天体上
　　　　找到了多种信物，他们看
　　　　这里已被压碎成原子一般。
　　　　一切破裂，全无联系，

423

---

[1]　Perhaps it is not surprising that as the Copernican question took on the character of a debate, rehtorical elements became more prominent（see Moss 1993）. On Kepler's humanist practices, see Grafton 1997, 185-224.

失去了一切源流，一切关系：

君臣、父子，都已不存在。[1]

　　17 世纪早期新的话语空间也表明，在此之前，天文学理论文本的权威性发生了变化。哥白尼的《天球运行论》开始被看作另一类书籍：天文研究者、贵族与医生、修道院、耶稣会学院与新教大学的基本藏书。[2] 如果说，在 16 世纪，赫马·弗里修斯、约翰·迪伊、托马斯·迪格斯、克里斯托弗·克拉维乌斯、乔尔达诺·布鲁诺、迭戈·德·苏尼加和米沙埃尔·梅斯特林等数学研究者和自然哲学家拥有并经常评注自己收藏的《天球运行论》，那么托马斯·霍布斯就能轻易查阅卡文迪许家族手中的副本，他在查特沃斯庄园指导他们的孩子。[3] 一些现存的、被仔细研读的《天球运行论》表明，它在大学的天文研究者之间持续被用作学习非等分行星模型与复杂岁差机制的资源：梅斯特林在图宾根最后的继承者威廉·希卡德（Wilhelm Schickard，1592—1635）和莱顿数学家维勒布罗德·斯内尔（Willebrord Snell，1580—1626）都有这本书。[4] 但如果普尔巴赫的《行星新论》和托勒密的《天文学大成》依然支配着天文理论领域，如果梅斯特林的《天文学概要》和克拉维乌斯的《〈天球论〉评注》等著作继续被当作大学教学的权威教材，那么哥白尼的《天球运行论》不再是与这种教学手册中的传统行星秩序相较量的唯一资源。《天球运行论》成为了新兴理论可能领域中残余的文本——依然有人阅读、研究和探索，但不再像 1543—1600 年时得到如此积极而广泛的评注。它逐渐成为了 17 世纪古文物研究者的收藏品，虽然开普勒和伽利略提出了新的问题，希望找到一组独特的自然哲学原理，可以和某一

---

[1]　Donne 1611, fol. B. See Nicholson 1935, 457-58; Johnson 1937, 243-44.

[2]　See Gingerich 2002.

[3]　Ibid. The two copies are Chatsworth 1, Derbyshire（1543）; Chatsworth 2, Derbyshire（1566）.

[4]　Ibid., Basel 1（1543）; Glasgow 1（1543）.

哥白尼问题

个天体秩序方案相符。[1] 总之，虽然分类排除这种学术研究惯例依然存在，但能够决定性地排除竞争方案的理想证明依然有很大的影响力。

现代主义者的多条道路

哥白尼派自然哲学的社会分裂

17 世纪头十年，大学依然是传统的哲学权威中心。哥白尼主义者们希望公开发表他们的自然哲学观点，但他们依然是极少数人群，在这个领域几乎没有任何力量。伽利略和梅斯特林（那些机构中唯一的哥白尼主义者）的正式头衔是数学家而不是自然哲学家。不论是欧洲大陆还是英格兰，天球或学科理论学术教科书的作者们依然普遍会提到哥白尼的名字，并且利用他的著作的各种信息；但到这个时期，这种引用完全不会引人注意。哥白尼的名字依然明确地与《普鲁士星表》相连，从而也和占星预言相关。各种哥白尼理论衍生理论的支持者大部分是在大学之外。在几年时间里，整整一代哥白尼支持者〔迪格斯，1595年去世；苏尼加，1600 年前后去世；布鲁诺，1600 年去世；吉尔伯特，1603 年去世；罗特曼，1608（？）年去世〕退出了历史舞台，而谨慎的伽利略和哈利奥特在有限的社交圈之外几乎无人知晓。

另一方面，任何读过《宇宙的奥秘》的人（例如伽利略）都知道梅斯特林支持哥白尼。17 世纪后期，学者们经常会提到他的名字。例如 1640 年，完全不了解梅斯特林个人演变的约翰·威尔金斯（John Wilkins）称他为"一个在这门（天文）科学中具有杰出技能的人；虽然他一开始是托勒密的追随者，但经过更加准确的思考后，他断定哥白尼是对的，而通常的假说更多的是循惯例而不是

---

[1] Ibid.

靠推理[1]"。不过,1596 年之后,梅斯特林就不再参与任何类似活动了;虽然他有很多学生和很多孩子,但他在图宾根不会再有第二个开普勒。他甚至也属于过多学术委员会作品的早期受害者。[2]

开普勒作为皇家数学家的声望与地位,以及他的大量出版物的流通,在某种程度上弥补了哥白尼在大学中的消失。但这种抵消地位掩盖了他一直未能吸引足够多的人支持自己观点的事实——鉴于其论点的广泛发展,即使它们不够令人信服,也应该得到更加广泛的讨论。除了有所保留的梅斯特林,只有开普勒的通信对象埃德蒙德·布鲁斯和赫尔瓦特·冯·霍恩堡表示对他的观点非常赞成。开普勒对日心学说的表述(1596 版本,而 1609 年的版本更甚)在哲学上别具一格,而且对传统主义者甚至现代化主义者的感受性有非常高的要求。开普勒果断超越了《天球运行论》,并抛弃了维滕堡的解释。谁会愿意追随他呢?不论是普雷托里乌斯和布拉赫等新生的理论家,还是较早的哥白尼支持者伽利略,都无法轻易接受开普勒对运动原因的物理推测、他对行星间隔原型的呼吁,以及回归托勒密等分体系的反动言论。虽然梅斯特林和开普勒都邀请《宇宙的奥秘》的读者将他们的作品看作雷蒂库斯《第一报告》行星秩序方案的改进版,但梅斯特林本人从没有认可开普勒的物理推论,他觉得止步于雷蒂库斯就很满意了。《宇宙的奥秘》突破了图宾根的路德教正统观念,其大胆的展示可能过于激进地解读了被梅兰希顿学术圈忽视的哥白尼学说。虽然开普勒有可能获得更多支持,但他没有用自己的《宇宙的奥秘》参与受大众欢迎的预言活动。因此,这部早期的作品像对日常占星预言者一样,对同时代的人普遍进行的预言推测表示了愤怒。开普勒在其哥白尼学说网格中重点标出的不是以利亚的世界末日预言,而是《创世记》中所展示的世界末日的开端。所以,如同雷蒂库斯

---

[1]   Wilkins 1684, 13.

[2]   See Wischnath 2002.

《第一报告》在 16 世纪中叶几十年的遭遇，《宇宙的奥秘》完全没有改变宫廷或学院观点中的任何重要部分。直到 1619 年，罗伯特·弗拉德（又一个渴望获得国王詹姆斯资助的人）反对开普勒对《创世记》清晰有力的毕达哥拉斯式注释，及其对传统世界和谐观念的支持。[1]《宇宙的奥秘》最伟大的成就（至少在短期内），也许是帮助这位年轻的学者（持有令人恼火的反第谷理念）在 1601 年获得了布拉赫继承者的地位。

即使第谷·布拉赫的追随者在鲁道夫宫廷中遭遇了个人困境，开普勒的学识似乎依然在蓬勃发展。[2]1602 年之后，开普勒在公开使用第谷的观测数据时遭遇了严重的阻碍，但与图宾根神学家的反对意见不同，布拉格宫廷对各种信仰都很欢迎。在布拉格，开普勒保持着出色的专注力与丰沛的精力，支撑他在 17 世纪第一个 10 年纷乱的哲学环境中不懈地对哥白尼观点做出非凡的改革。到 1606 年，他已经整理了一门新的扩展的天体哲学的基本原理，对阵第谷·布拉赫和乔尔达诺·布鲁诺的追随者。他以自己独特的创造力，将吉尔伯特的磁性理论与皮科对占星学的批判，以及哥白尼的行星秩序方案相结合。在此过程中，最关键的是，开普勒通过以哥白尼为基础的非梅兰希顿派的中间派占星学，改革了星的科学。他显然希望这样的占星学可以争取研究者和庇护人的支持，同时也希望利用数学的调和获得政治理论与神学的中立地位。但是，如第 15 章所述，开普勒作为宫廷哥白尼主义者的身份并没有自动为他的观点赋予可靠性。[3] 他充其量在詹姆斯一世宫廷和英国的贵族团体中获得了一些不确定的收益。

离开布拉格后，他强烈意识到了自己的孤立无援。[4]

[1]　See Pauli 1955; Westman 1984, 177-229.

[2]　Resistance by the Tychonics has been discussed most fully by Voelkel（2001, 142-69）.

[3]　Cf. Biagioli 1992, 17.

[4]　See Applebaum 1996, 475, 499; Kepler 1937-, 7: bk. 4, pref., 249; Kepler to Bianchi, February 17, 1619, Kepler 1937-, 17: no. 827, pp. 321-28.

在别处，伽利略一直在密切追踪上文提到的在帕多瓦的诸多进展，但第谷的天文学还没有获得显著的支持，而且，虽然耶稣会教徒中产生了自然哲学的现代化发展，但传统亚里士多德自然哲学依然保持了强大的主导地位。[1]大学档案显示，伽利略定期讲授欧几里得，（用克拉维乌斯的评注）讲解《天球论》和《行星新论》，还在 1597 年讲过一次托勒密的《天文学大成》。[2]这些主题反映了传统大学文化的需求。但他读过或拥有的其他参考书籍证实了，早在 1609 年之前，他就了解现代主义者的作品。除了《新天文学》，他熟悉上文提到的所有书籍，以及雷蒂库斯的《第一报告》，布拉赫的《新编天文学初阶》，吉尔伯特的《论磁体》，也许还有布鲁诺关于无穷世界的一部或多部作品。如果他没有在 1609 年 5 月了解到一位杰出的制造者汉斯·李伯希（Hans Lipperhey）制造的仪器，他很有可能会继续默默地注意这些进展。巧的是，和那位 15 世纪末的预言家一样，这位制造者也生于米德尔堡。

开普勒、伽利略、梅斯特林和哈利奥特从未因为对正确行星秩序方案勉强达成一致意见而结成某种联盟，这可能也在意料之中。当伽利略在 1615 年撰写为哥白尼辩护的著作时，他列了一份名单，其中包含古人与今人，他以牵强的理由将他们归纳在一起，即这个群体都不承认地动日静是愚蠢的。他列出的古人有毕达哥拉斯、菲洛劳斯、柏拉图、蓬托斯的赫拉克利德、厄克方图、萨默斯的阿利斯塔克、西斯特斯（Hicetus）、塞琉古（Seleucus）和塞内卡（Seneca），现代人有哥白尼、开普勒、吉尔伯特和奥利加努斯（Origanus）。[3]换句话说，伽利略的"群体"仅仅模仿了哥白尼《天球运行论》前言中的修辞策略，表示自

---

[1] Charles Schmitt (1973) was the first to call special attention to the emergence of an alternative versions of Aristotelian natural philosophy in the late sixteenth-century. See also Wallace 1988; Jardine 1988. I do not know which edition of the *Almagest* Galileo used.

[2] Favaro 1966, 2: 113-15.

[3] Galilei 1890-1909, 5: 351-2; Galilei 1989b, 70-71. And when we allow for the failure of either Gilbert or Origanus to endorse an annual motion for the Earth, the list reduces to Copernicus and Kepler !

己是在捍卫表面上的悖论。[1]真正的问题是，即使到 1615 年，伽利略依然找不到任何支持这些主张的意大利人。要么是出于政治原因（正如布鲁诺和弗斯卡里尼），要么更糟的是因为其中有几个人真的在世〔除了未提名的贝内德托·卡斯泰利（Benedetto Castelli）〕，他无法提到这些人。在阿尔卑斯山另一侧可能的支持者中，他感觉提到梅斯特林很危险；而且没有证据表明他听说过哈利奥特或西蒙·史蒂文。总之，他的这份小小的名单只是一厢情愿的幻想，至多是共识的空喊。但这并没有阻止伽利略写下："不乏其他作者对此发表了推论。此外，即使他们没有发表任何著作，我也可以举出罗马、佛罗伦萨、威尼斯、帕多瓦、那不勒斯、比萨、帕尔玛等地许多这一学说的支持者。因此，这个学说不是荒谬的，它得到了伟人的认可；而且，虽然与普遍立场相比，它的支持者较少，但这只证明了它难以理解，而不能证明它是谬论。"[2]对伽利略来说，最后一句话是问题的要点：需要使哥白尼的技术观点更易被非研究者理解，比如神学家和传统自然哲学家。在伽利略看来，开普勒在《宇宙的奥秘》中对哥白尼理论的重新消化几乎于事无补。也许就是这样的考虑促使他设想撰写一部类似《关于两大世界体系的对话》的作品。

然而，尽管有结成群体的强烈愿望，但哥白尼主义者还是未能组织起一致的运动。还没有将天文假说作为一门新自然哲学的基础的先例，更不用说这个假说的主要前提与未经修正、未受到挑战的感知经验相矛盾。17 世纪早期为数不多的哥白尼核心主张追随者既没有哲学学校的制度传统（如阿威罗伊派的亚里士多德追随者），也没有宗教制度的正式结构（如耶稣会），他们没有政治团体的强制信念（如法国政客），没有任何统治者的明确支持，没有公共人文主义圈子的成员，甚至也没有像第谷·布拉赫的《新编天文学初阶》一样将作者聚

---

[1]　See Westman 1990; and chapter 4 above.

[2]　Galilei 1989b, 71, my italics.

集在一起的文化群体。或者说，与之后的历史相对比，他们缺乏社会与政治资源，无法造成 17 世纪晚期和 18 世纪初期牛顿自然哲学获得的反应：门徒、公共演说家以及代理人的一致行动；公共知识的空间，如皇家学会；定期出版物，如《学者杂志》(*Journal des Scavans*)，这些出版物能够发表观点、展开辩论并调动集体支持。[1]

16 世纪中期以及 17 世纪初期的日静论者们没有这种有组织的社交空间。因此，他们一般会在介绍自我发现或宣扬自我观点的人文主义叙事中描述自己的任务，这类叙事包括：雷蒂库斯表露自己思想的传记；哥白尼重读古人和重新发现古代真理的故事；迪格斯在法庭上为哥白尼辩护的事迹；开普勒在《宇宙的奥秘》中讲到的，他在教授欧几里得时突然想到神圣计划的结构的故事，以及他经过长期斗争才使人们相信他用哥白尼理论来解释火星运行的逸事；布鲁诺恢复古埃及奥秘的故事。总的来说，尽管他们并没有想要得到学术上的合法地位，但他们代表的是现代之路。虽然 17 世纪初的哥白尼主义者们在社会上是比较分散的，且他们的物理前提也是纷繁芜杂的，但是这一时期也提出了一些命题，旨在消除地球运动理论长久以来的不确定性。尽管这些努力并没有排除所有针对哥白尼理论的异见，但是它们将关于世界体系的争论推向了新高度，让其合法性和参与性都变得更高。在 17 世纪 20 年代和 40 年代成年的这两代人，将会继承"世纪末"和世纪初——一段永远都回不去的历史时期——形成的对新经验和新理论观点更加稳固的陈述。

[1] See Jacob 1976, chap. 2; Dobbs and Jacob 1995, chap. 2; Stewart 1992; Heilbron 1983; Hall 1991; Dear 2001, 164-67.

沿着现代之路

西蒙·史蒂文

构建一个能够描述运动地球上物体运动规律的物理学是伽利略未曾公开的工作，博学的研究者西蒙·史蒂文（1548—1620）则在这方面开展了独立的工作。史蒂文称自己既不是天文学家也不是理论学家，他明确表示地球运动是"自然而然地发生的"[1]。令人惊奇的是，他的观点很大程度上与他阅读吉尔伯特的《论磁体》有关。他是一位优秀的尼德兰军事工程师，他擅长筑城术、港口排水技术以及运输技术，这些技术对尼德兰人成功收复被西班牙人占领的国土是至关重要的，这场独立运动始于16世纪90年代初。史蒂文是布鲁基（Brugge）当地人，安特卫普于1585年沦陷后，他随成千上万名逃离布拉邦特和弗兰德斯的熟练工匠、富裕商贾、印刷商、出版商搬到了北方，克拉斯·凡·贝克尔（Klaas van Berkel）称之为"智囊流失"向北方。[2] 最终他成为奥兰治（Orange）领主（1567—1625）——拿骚的莫里斯（Maurice of Nassau）的家庭教师兼技术顾问。作为荷兰（荷兰是尼德兰联邦内最富裕的省份）的领袖，莫里斯是一位重要的军事兼政治人物，他非常精通其所使用的各种军事技术。[3]

和开普勒一样，史蒂文很好地利用了印刷术；但是他的大部分出版物都是实践著作。从16世纪80年代中期开始，他就已经推出了一系列实践数学著作：

---

[1] But Stevin also held that because of the huge size of the universe, even Saturn could be at its center; although Copernicus had placed the Sun like a lamp in the middle of a beautiful church, Stevin believed that one could only justify the Sun's centrality as a matter of "convenience" (Stevin 1961, 3: bk. 3, 138-39) .

[2] Klaas van Berkel is careful to say that Stevin's precise motives for moving north are not known (Berkel 1999, 12-36, esp. 14-16) .

[3] See Israel 1995, 242-53, 273.

一部是关于"权衡方法"的，一部是关于静力学的（这可能是他时至今日最出名的著作），另一部是关于流体静力学的，还有一部是介绍算术中小数的用法的，甚至还有一部是介绍如何在海上寻找港口的，另外还有一些著作是关于筑城术和城市规划的。[1] 在低地国家，史蒂文著作的这种显著的实用性特征并没什么特别，但是其著作的范围和深度依然是非常突出的，而且其对自然知识的风格产生了很大影响。他的所有著作都是用尼德兰本地语言撰写——他甚至专门写了一篇论文介绍尼德兰方言的特征——这与这些语言在低地国家大受欢迎有关。实际上，史蒂文将尼德兰语看作一种特别的合法语言，即"圣人时代"的语言，这个时代甚至出现在古典时代之前，今人已经丢失了那个时代的大智慧。复兴古代原始智慧的理念在文艺复兴时期曾经广泛流行，但是在史蒂文之前，没人认为这个计划应该以方言进行。[2] 然而，将方言用于教学的先例早已有之，1598年的弗拉讷克（Franeker）大学就是如此，而且这种做法很快就成为一种惯例，比如莱顿大学独立学院的方言课程，这所学院成立于 1600 年，关注的是军事工程和军事调研。[3]

然而，这种屡见不鲜的对"尼德兰语实用性"的历史传记式强调很容易就做得太过。正如前面看到的那样，预言文献很久之前就已经开始使用方言发表对未来的预测了。然而，我们没听说史蒂文发表了任何占星学预言。这并非因为缺少范例。史蒂文肯定知道其同代人尼古拉斯·穆勒里尤斯（·德·穆利尔斯）〔Nicholaus Mulerius（de Muliers）〕的星历和预言，这些著作至少在 1604 年就已经发表了，而且一直延续到 1626 年。[4] 史蒂文还大量使用了斯塔迪乌斯的《星历表》，这部著作毫无疑问代表了赫马·弗里修斯在鲁汶的群体。而且他提到了

427

[1] Berkel 1999, 17. The work on decimals appeared in Antwerp, the others in Leiden.

[2] See Vermij 2002, 59; Walker 1972.

[3] Vermij 2002, 18, 21.

[4] On Mulerius, see ibid., 45-52.

16 世纪下半叶大部分重要的星历表，不用说，这些星历表都是为占星预言准备的："计算出来的星历表现在被大量印刷，例如约翰内斯·施托弗勒、伊拉兹马斯·莱因霍尔德、利奥维提乌斯、斯塔迪乌斯、马基努斯、马蒂纳斯·伊芙拉缇（Martinus Everarti）等人的星历表。"[1] 然而，据我所知，尽管领主莫里斯可能对这些感兴趣，但史蒂文并没有撰写任何年度预言或与理论占星学有关的著作。[2] 例如，和克拉维乌斯不同，史蒂文没有解释人们为什么不能参与各种占星学实践。这种省略遗漏是故意为之吗？这是因为史蒂文了解并接受了皮科的怀疑论观点吗？或者他相信了西科·范·海明加以统治者的现实人生无情对抗他们的星命图的说法？

不管原因是什么，"实用主义者"史蒂文还是写下了与占星学理论有关的著作。1605—1608 年间，这部研究宇宙运动的著作（*De Hemelloop*）夹杂在一大批数学著作〔《数学札记》（*Wiscontige gedachtenissen*）〕中一起发表了，这些著作由维勒布罗德·斯内尔翻译成拉丁语，后来在 1630 年又被翻译成了法语。[3] *De Hemelloop* 有别于 16 世纪的主流教科书。史蒂文在书中介绍了宇宙结构，先根据传统的地静假说并以斯塔迪乌斯的《星历表》为基础，后来又遵循哥白尼关于地球是运动的行星的假说。[4] 因此，真正教学上的创新是从年鉴问题开始介绍哥白尼理论。如果你能够阅读并使用一份星历表，那么你就可以理解《天文学大成》的模型并进一步理解《天球运行论》。很明显，这种介绍方式是前所未有的，但是我们很难解释他是怎么做到这一点的。

这里有两个重要问题：其一比较明显，但是另一个则并没那么显明。第一

[1]　Stevin 1961, 3: 45.

[2]　Dijksterhuis 1943. Thanks to Floris Cohen for confirming the absence of any references to astrology in this work.

[3]　*Hypomnemata Mathematica, hoc est eruditus ille pulvis, in quo exercuit... Mauritius, princeps Auraicus* (Lugduni Batavorum: I. Patius, 1605-8), tome 1, *De Cosmographia* (1608). The three parts of cosmography are the doctrine of triangles, geography, and astronomy.

[4]　Gingerich (2002) found no copy of *De Revolutionibus* owned by Stevin.

个问题是，史蒂文撰写这部著作的目的是用作莫里斯的教材。名义上它是为给领主上课而写的，而且它也可能是按照这种方式被使用的。尽管没有明确的证据表明他想把这本书引入大学的课程，但是史蒂文之所以出版这部作品显然是想要更多的读者能够读到它。此外，和伽利略献给一位领主的《星际信使》不同，这部著作既不是一份报告，也不是一份宣言（因为书中并没有宣示任何新天文学观点）；和《宇宙的奥秘》一样，它也没有介绍造物主的世界计划的"含义"。实际上，不同于开普勒和迪格斯（前者的所有著作都强调哥白尼主题，而后者在一篇预言中嵌入了《天球运行论》第 1 卷的内容），史蒂文采用了一种全新的结构，这种结构与上个世纪介绍日心理论所采用的叙述形式迥然不同。它只是一份教学手册，其目的是介绍天体运动的理论原理，史蒂文打算让它与《天球运行论》同时使用。[1]

而这将我们引向第二个问题。史蒂文不仅仔细研究了《天球运行论》，还阅读并吸收了吉尔伯特最近的《论磁体》。他对这部著作肯定有着特别的兴趣，尤其是因为吉尔伯特知道并明确赞同史蒂文解决"长度"问题的提议——在磁罗盘上测量正北的变化，由此在海上找到船的位置。但是，尽管吉尔伯特基本上赞同这个提议，他仍然批评史蒂文的指针偏转不能对应所有实际观测中的可预测规则。[2] 在考虑行星秩序的时候，史蒂文巧妙地将所有恭维和批评还施彼（吉尔伯特）身。[3]

史蒂文非常赞同吉尔伯特关于地球是个大磁体的观点，但是在其他方面，

---

[1] In Stevin 1961, 3: bk. 3, chap. 1, prop. 2, p. 129: for example, he refers to "a drawing in the 11th chapter of his first book," as if he assumed that the reader should be able readily to consult this diagram.

[2] Gilbert 1958, bk. 4, chap. 9, pp. 252-54. Gilbert was careful to indicate that this knowledge came from a passage cited by Hugo Grotius rather than directly from Stevin 1599. The question of magnetic "dip" was already a well-known problem in treatises on magnetism of the period (see the important collection in Hellmann 1898).

[3] Gilbert 1958, bk. 4, chap. 9, p. 253: "The grounds of variation in the southern regions of the earth, which Steviuns searches into in the same way, are utterly vain and absurd; they have been put forth by some Portuguese mariners, but they do not agree with investigations: equally absurd are sundry observations wrongly accepted as correct."

二人的观点大相径庭。史蒂文否定了一切有关磁性地球灵魂的观点。[1] 他坚信，水星比金星更加靠近太阳是因为这两颗行星和火星、木星以及土星不一样，它们没有与太阳相对着排成一排。

同样，由于水星与太阳的有限角距比金星与太阳的有限角距小，因此它必须在金星的轨道内。莱顿地区的人文学者们早已经接受了卡佩拉提出的这种水星－金星秩序，因为这种理论比较经典。[2] 然而，史蒂文的观点绝没有借助任何古代权威。实际上，史蒂文不仅想要超越卡佩拉的观点，他还借用了《天球运行论》第 1 卷第 10 章中非常重要的周期－距离关系，而吉尔伯特回避了这一关系：运行周期更长的行星与中心的距离越远。[3] 在这里，史蒂文遇到了哥白尼指出的矛盾（《天球运行论》第 1 卷第 7—8 章）：随着宇宙越变越大，我们怎么能说最高天，也就是最外层的恒星天球的运行周期也是 24 小时呢？吉尔伯特很好地利用了这个问题，他指责"这种运动是一种迷信，是一则哲学寓言，现在只有傻子和目不识丁之辈才会相信这些"[4]。史蒂文赞同吉尔伯特的观点，但是并没有使用布鲁诺式的咄咄逼人的口吻："将这种最快速的运动赋予最小的圆，也就是地球的圆才更加合理。"[5]

史蒂文与《论磁体》的作者有分歧也有一致，这向我们传达了这两个人物的很多信息。不管吉尔伯特私底下是怎么认为的，他在公开场合总是回避地球周年运动问题，这给他的众多追随者留下了一个十分重要的暧昧不明的地方。史蒂文认为，关键在于如何从物理上解释天球和伴随着天球的天体可以做不同

---

[1]　Stevin 1961, 3: 129.

[2]　On the prevalence of Capellan sympathies, see Vermij 2002, 32-42.

[3]　Gilbert clearly knew the principle from *De Revolutionibus*, but his statement of it is curiously incomplete and ambiguous: "Saturn, having a greater course to run, revolves in a longer time, while Venus revolves in nine months, and Mercury in 80 days, according to Copernicus; and the moon makes the circuit of the earth in 29 days 12 hours 44 minutes" (Gilbert 1958, bk. 6, chap. 6, p. 344) .

[4]　Ibid., bk. 6, chap. 3, pp. 321-22.

[5]　Stevin 1961, 3: 125.

的运动。为了解决这些问题，史蒂文提出了一些类比，这种方法让人们想起伽利略，而且这些类比比罗特曼的类比要丰富得多。他将环绕（静止）地球上建筑物的空气比作一条穿过一根竖直木桩的河流。然后想象这根木桩仍然竖直着以与上述流动河流相同的速度穿过一池静水。"我们必须承认，"史蒂文说，"在这两种情况下，水对木桩产生的压力是相同的。同样，空气对建筑物的压力与建筑物对空气的压力也是相同的。"因此，地球天球与其周围大气的天球一起"组成了同一个天球"并一起运动。[1] 接下来，在思考地球是如何同时进行周年运动和周日运动的时候，史蒂文举了一个轮船的例子（这个例子让人们联想到托马斯·迪格斯）："其中一个运动是绕着轴从西往东转动，但是要想更加充分地解释这种运动，最好的办法是举一个例子，它可以说像一个在航行的轮船上转动的砂轮，它会随着轮船从一个地方运动到另一个地方，但是与此同时它在轮船上的位置是不会变动的；地球也是如此。"[2] 吉尔伯特打算用轮船的例子说明地球的周日运动，[3] 他甚至大胆地猜想"地球大气层之上的空间是真空的"，但是与史蒂文相反，他故意避开了周年运动，这给熟悉哥白尼理论的读者们留下了一个巨大缺憾。[4]

当史蒂文开始研究地球的第三种运动，即为什么地轴相对恒星的方向总是不变的，以及为什么地轴总是与自己平行的，他说哥白尼在《天球运行论》第1卷第11章中已经描述了这个问题，哥白尼给出了一张示意图，但是并没有提供任何"证明"。在这个问题上，史蒂文认为吉尔伯特虽然没有提供完整的解释，但是提供了一个很强的"自然原因"。将哥白尼的模型和吉尔伯特的原因结

---

[1]   Stevin 1961, 127.

[2]   Ibid.

[3]   Gibert 1958, bk. 6, chap. 3, p. 323.

[4]   Ibid. : "I pass by the earth's other movements, for here we treat only of the diurnal rotation" (327) ; "And if there be but the one diurnal motion of the earth round its poles... there may be another movement for which we are not contending" (336) .

合在一起，史蒂文提出了一种思考这个问题的方法，他想象在一个盒子中有一根磁针可以自由地绕着一个点转动：当盒子向右转动的时候，磁针似乎在向左转动。但是由于最终总的效果是磁针保持静止，史蒂文提出将这种现象称为"磁静现象"。

接着他又把这个原理应用到他的行星理论上。在这里，问题变成了如何维持一个相互接触的天球系统：如果天球带着行星从西往东运动，并且外部天球的运动通过接触作用传递给内部天球，那么为什么内部天球的速度跟外部天球会不一样呢？此外，由于最外层的天球运动周期非常短，只有24小时，因此内部的天球必须在相同的周期内转动得更快。

这并不算什么新问题，因为亚里士多德的同心宇宙模型要求精致的不动内天球。然而史蒂文的天球是偏心天球，因此两个相邻天球只会在下层天球的最大距离也就是最远点上发生接触。为什么这时候最远点不会被上层天球带着转动呢？这个问题深深困扰着史蒂文，他认为行星可能"像鸟儿飞过高塔一样穿过空气，其中一颗行星的运动不会改变另一颗行星的运动"[1]。如果他熟悉布拉赫的《关于最近发生的天文现象》，史蒂文可能会考虑非干扰流体宇宙模型。运动的无形灵魂——吉尔伯特等人的观点——对他没有吸引力，因为他想要寻找唯物主义解释。因此他非常高兴能够找到磁静理论的解决方案。

史蒂文运用吉尔伯特的理论去驳斥反对哥白尼行星秩序方案的意见，给17世纪初原本就非常丰富的自然哲学与星的科学解决方案又增加了一种不同的方案。史蒂文不仅与其他国家的哥白尼理论支持者不同，而且还跟声望卓著的学术数学家如格罗宁根的尼古拉斯·穆勒里尤斯不同，后者尽管非常熟悉《天球运行论》（他于1617年出版了第三个评论版本），但是仅仅支持周日运动和卡佩拉的水星–土星秩序。因此，穆勒里尤斯的立场在根本上是与乌尔苏斯一致的，

42

---

[1] Stevin 1961, 3: 133.

他跟后者一样，虽然熟知《天球运行论》，却一直都很犹豫，不知道要不要全盘接受哥白尼的行星秩序方案。里扬克·弗米杰（Rienk Vermij）指出，穆勒里尤斯认为，调和地球周日运动和圣典并没有什么困难，但是和之前的第谷一样，他认为土星和恒星之间巨大的哥白尼空间才是真正的难题。不过，穆勒里尤斯认为，令人担忧的不是这么大的浩瀚空间，而是这个空间可能存在很多太阳，"这将非常荒谬，而且有违基督信仰"[1]。

史蒂文则完全没有考虑圣典的因素。一种可能的（实际上非常有可能的）解释再一次在于他对吉尔伯特的著作的使用。在后者的著作中，史蒂文很容易发现爱德华·赖特写给读者的极具说服力的评论，这段评论就显眼地放在吉尔伯特自己的序言前面：

《圣经》中的这些段落似乎并不与地球周日运动学说存在严重矛盾。摩西或预言书似乎并没有打算宣扬美妙的数学或物理特征；相反，他们委身去理解普罗大众，去适应当今的言语措辞，就像护工照顾婴儿一样；他们不关心无关紧要的细枝末节。因此，在《创世记》第1章第16节和《诗篇》第136章第7、第9节中，月球被称为大发光体，因为在我们看来它就是这样的，但是在天文学中，我们知道，很多星体，包括恒星和行星，比它大得多。从《诗篇》第106章第5节，找不到任何与地球运动相矛盾的重要观点，虽然据说上帝在地球的基座上创造了地球以防止地球被移动；因为地球可能永远呆在自己的位置上，呆在完全相同的位置，这样任何偶然的外力都不能将它移走或移出由来已久的位置，这个位置是上帝在造物之初就已经确定了的。[2]

---

[1] Mulerius 1616, preface; quoted in Vermij 2002, 51.
[2] Gilbert 1958, xlii-xliii.

史蒂文朴素的日静方案以及他对吉尔伯特磁体理论的运用，延续了选择性接受和差异化应用的模式，这种模式我们在维滕堡传统中已经屡见不鲜。[1]

开普勒在行星理论上的重大转变与对其他方案的否定

开普勒走的那条现代之路是如此特别，正如布鲁斯·斯蒂芬森（Bruce Stephenson）指出的那样，如果不是开普勒提出了他的发现，它们（和牛顿的宇宙万有引力原理不同）可能永远都不会出现。[2] 从开普勒的图宾根时期开始，这种独特的进展来自对哥白尼假说的解释可靠性的关注，而非对其预测能力的注重。[3] 开普勒和同时期的所有现代主义者不同，他寻求的是强有力的证明。如果说这种严格证明的条件之一是不能忽视其他任何一种解释，那么我们也可以说这种持久的决心凝聚了开普勒所有的心血。这种态度在关于哥白尼理论的争论中是前所未有的。

这种决心在 1606 年的《论新星》中，在开普勒对待吉尔伯特、伽利略、布拉赫以及布鲁诺的态度上表露无遗，1609 年的《新天文学》则丝毫不减地延续了这种态度。跟开普勒之前的所有著作都不同，《新天文学》旨在以详细的、强有力的论证确定地球运动和火星在三维轨道内的实际轨迹，这些论证包括完全改写理论天文学的基本原理。现在这部著作几乎尽人皆知，因为牛顿将它融合进了自己的自然哲学理念：火星——同理可以推断其他行星——在椭圆轨道上运行，而太阳位于椭圆的一个焦点上；行星做的不是匀速圆周运动——之前一直都认为是匀速圆周运动——它在轨道上运行时速度会发生变化，但是其与太

430

---

[1]　On differential uses of Gilbert's magnetic philosophy, see Pumfrey 1989, 45-53.

[2]　This is Bruce Stephenson's interesting observation（1987, 203）.

[3]　Ultimately, Kepler's physical commitments forced him to struggle with the considerable predictive power and interpretive elasticity of deferent-epicycle models; see Gearhart 1985.

阳连成的矢径在单位时间内扫过的面积相等。

由于牛顿一直以来的支持，直到最近，通过威廉·H.多纳休和詹姆斯·维高（James Voelkel）的研究人们才发现，开普勒捏造了自己的发现历史，不仅意在隐藏其结论与第谷行星理论的矛盾以及其对第谷观测数据的依赖，还想隐藏其证明中的不确定因素。主要的不确定问题在于，如何驳倒维蒂希式的火星天球模型。这是一个包含了本轮的纯数学模型，它既不需要哥白尼的行星秩序，也不需要太阳动能。[1]维高指出，《新天文学》的措辞和结构受到了当地的政治势力和上述反对力量的影响。反对力量来自第谷在布拉格的继任者（主要是他的女婿腾那吉尔）、前乌拉尼亚堡成员〔克里斯蒂安·塞韦林·隆格蒙坦努斯（Christian Severin Longomontanus）〕以及大卫·法布里修斯，大卫是东弗里斯兰地区的一名路德教牧师，他除了支持第谷的学说外，还制作了几份重要的区域地图以及私人星象图。[2]开普勒只想使用第谷的观测数据，但是第谷支持者们的动机却是多种多样的。

腾那吉尔最关心的是维护第谷编纂《鲁道夫星表》的声望，这大概是因为他认为这能够带来一些金钱上的资助。除了拟定一份关于第谷观测数据使用条件的合同——这份合同对开普勒相当不利——腾那吉尔还坚持要在《新天文学》中加入一封签名书信，这份书信出现在作者献词和几个短句后。和奥西安德尔在其著名的《致读者信》中的做法一样，腾那吉尔试图限制这部著作的学科范围："我认为我应该给你们（读者）三个字的警告，以免你们被开普勒的任何话语动摇，尤其是要避免开普勒以物理论证肆意反驳布拉赫，他的这种行为毫无根据地干扰了《鲁道夫星表》的编纂工作。但是从古至今的哲学家们都有这种放肆

---

[1] Donahue 1988; Voelkel 2001, 170-210. Building on Donahue's groundbreaking work, Voelkel's is the first attempt to offer sustained local explanations for the structure of the *Astronomia Nova*.

[2] Christianson 2000, 273-76.

的习惯。"[1]

腾那吉尔的信与奥西安德尔的信在很多重要方面都是不同的。[2] 前者的信中出现了他的名字，这就不会造成欺骗：明显他是在为自己而不是在为作者说话。和奥西安德尔不同，腾那吉尔没有宣称天文学不能提出关于世界的正确命题。他的警告带有一种墨守成规的独特意味：开普勒不能"随意"以"物理论证"反驳第谷，因为这种论证会（以只可意会不可言传的方式）扰乱《鲁道夫星表》尚未完成的编纂工作。当然，开普勒从学生时代就已经了解奥西安德尔在编辑《天球运行论》时使的小动作，并在未发表的《支持第谷并反驳乌尔苏斯》中就出离愤怒地表达了对此的评论。但是开普勒没有全盘使用梅斯特林的版本上的所有注释，他在自己的版本上使用了更少更简洁的注释，以阻止腾那吉尔的书信的力量。开普勒借助彼得·拉穆斯的"没有假说的天文学"观点推进自己的基于真实物理原因的理论天文学，他引人注目地揭露了奥西安德尔的身份：

我认为通过错误的原因证明自然现象是最荒谬的事，但是哥白尼并没有这么做，因为他也认为自己的假说是正确的，而你提到的那些人也认为自己的旧假说是正确的，但是哥白尼不仅仅认为自己的假说是正确的，还对它们进行了证明；这些我在这本书中将会指出。

但是你想知道是谁编造了谎话吗——这谎话让你如此愤怒？我手上的《天球运行论》中写了安德列亚斯·奥西安德尔的名字，这本书归纽伦堡的希罗尼穆斯·施海伯所有。

这个安德列亚斯在负责出版哥白尼的著作的时候，认为这篇序言非常精

---

[1]　Kepler 1992, 43; Voelkel 2001, 168.

[2]　Voelkel (2001, 218-19) is clearly right to suggest that Kepler's exposé of Osiander was designed to counterbalance Tengnagel's own letter.

明——你（拉穆斯）则认为这篇序言极其荒谬（可能摘自他写给哥白尼的书信），

还把它放在《天球运行论》的扉页，由于哥白尼已经去世，他肯定不知道这件事。因此哥白尼并没有编神话，而是严肃地陈述悖论；也就是说，他进行的是哲学探讨。那才是你想要的天文学家。[1]

开普勒很明显认为，读者会相信他个人提供的关于这份匿名信的作者的身份的信息。他希望借助这种方式让人们相信他对哥白尼的意图的解读，并让他可以将《新天文学》对真正原因的探寻直接与《天球运行论》联系起来。这样他就可以将哥白尼和他自己定位为"进行哲学探讨的天文学家"。因此，不管腾那吉尔削弱和限制开普勒驳斥第谷的计划的法律策略是什么，也不管他怎么成功地逼迫开普勒修改其著作结构，他都没能阻止大量前所未有的修订版的理论天文学学说的出现。[2]

隆格蒙坦努斯也好不到哪儿去。和腾那吉尔不同，他并没有皇家利益受到威胁。在失去作为第谷十分器重的助手的特权职位后，他的所作所为似乎都来自愤恨不满。此外，他出身低微，因为跟随第谷，地位才有所提高，因此他非常认同第谷的思想，特别是第谷的行星秩序方案以及第谷的哥白尼式行星理论。尽管他在口头上支持开普勒对天文学物理原因的探寻，并且后来在自己的世界方案中加入了地球周日运动，但是很明显他是嫉妒开普勒的，而且他一点儿也不赞同开普勒的计划。比腾那吉尔更明显的是，他认为探寻物理原因是不合理的。然而，在1605年初，开普勒明确对隆格蒙坦努斯说，第谷发现的物理结果是不容忽视的："你们这些支持第谷的天文学家，正确地摆脱实心天球理论，但错误

---

[1] Kepler 1992, 28; Gingerich 2002, Schaffhausen 1543, 218-21.

[2] After vigorously and persuasively arguing for Tengnagel's interference as "censor," Voelkel concludes that "Kepler gave him little time to prepare it [his preface], and also that he was distracted by his activities at court, so we can conclude that Tengnagel had perhaps lost interest in the matter" (Voelkel 2001, 227; also 167-69) .

地让行星混乱地运转着。为什么我不能通过推断它们运动的物理形式推断它们在透明空间中运行呢？……诚然，我知道各种科学学科是相互交错缠绕的，并且是谁都离不开谁的。但是我认为你不见得会反对这一点。"[1] 开普勒提醒隆格蒙坦努斯，不仅需要创建一种新的物理理论，而且需要提出新的科学原理，因为科学是相互关联的网络，这种科学是不可分离且相互依赖的。

法布里修斯是开普勒最重要的对手，尽管他不支持开普勒的新天文学的关键原理，但是他又充当了至关重要的宣传者，这对开普勒构建自己的理念是非常关键的。法布里修斯和 16 世纪的人一样，非常喜欢收集星命盘，这也正是他最初与开普勒通信的动机。但是，尽管占星学主题一直出现在他们 1602—1609 年题材广泛而心气相投的书信里，但其中最主要的主题是天文学理论。开普勒所谓的"火星战争"的主要元素就包含在这些书信里：地球天球的等分偏心（他称之为"天文学的关键"）、平太阳替代方案、各种临时假说（本轮、天平动、椭圆）、太阳动能的特征、椭圆，甚至比较重要的面积定律。解释不熟悉的、困难的理论，如面积而非角度的恒定性、沿着非恒定而不是恒定圆弧的运动、由面积定律确定的行星距离的变化，需要耗费大量口舌，付出很多耐心。毫不奇怪的是，法布里修斯入迷了。在交流的过程中，他请求开普勒给他一些现成的范例；他寻求帮助的请求和他的反对意见影响了开普勒的理论研究，很明显让开普勒放弃了先前的本轮距离模型。[2]

正如维高指出的那样，开普勒将他与法布里修斯的经历转化成了《新天文学》中先发制人地攻击的靶子。和制造了法律障碍但是没有制造什么重要天文学难题的腾那吉尔不同，法布里修斯实际上提出了一种源自哥白尼式双本轮的椭圆模型，但是这种模型中没有开普勒提出的太阳动能，而且地球是静止的。

[1]　Kepler to Longomontanus, early 1605, Kepler 1937-, 15: no. 323, ll. 101-9; quoted and translated in Voelkel 2001, 161.

[2]　Voelkel 2001, 186.

为了让行星摆脱圆形轨道，法布里修斯引入了一条可移动的拱线，还引入了一种结构，按照这种结构，偏心轮可以沿着一条与拱线垂直的线做天平动。[1] 这个模型可以产生椭圆，但是不遵循面积定律。因此它没有利用开普勒命题中直觉式的物理知识。相反，法布里修斯的模型来源于保罗·维蒂希或第谷·布拉赫。他将开普勒的新物理理论转化成了传统的形式，但是转化的难度比之前要高很多，而且转化后的模型一点儿也不混乱。[2] 法布里修斯维护自己理论的方式不是与前人进行比较（我们认为他并没有意识到这一点），而是重申相似的原理：为了适应宇宙球形的形状，行星必定是做匀速圆周运动的。

我认为火星在天空中的运动与你的新假说的方方面面都是吻合的。但是计算的过程是错综复杂的。此外，我要提出与你的假说整体相反的理论。首先，你用自己的椭圆模型否定了匀速圆周运动，我认为这种模型根本不值得考虑。由于天空是圆的，故此天空中的运动也是圆的，这些运动围绕着自己的中心是规律且均匀的。天体是完美的圆，太阳和月亮就是很好的例子。因此，毫无疑问所有运动都是完美的圆周运动，而不是椭圆或偏离圆周的运动。而且它们以相同的方式围绕中心运动。由于在你的椭圆模型上圆心与轨道上各点的距离不是处处相等的，因此均匀的运动肯定会变得不均匀。故此，如果在保留理想圆的同时，你能再用一个小圆实现这个椭圆，那就更加合理了。仅仅解释这种运动是不够的，人们还需要将其与自然原理最吻合的假说组合到一起……认为行

---

[1]　Voelkel 2000, 207-10. See Fabricius to Kepler, March 12, 1609, Kepler 1937-, 16: no. 524, ll. 330-429. The diagram appears on p. 235.

[2]　Voelkel reiterates Fabricus's confusion about Kepler's poject as well as his own theory designed to replace it (Voelkel 2001, 182-210) . But it is sometimes hard to discern the line between confusion and genuinely plausible disagreement over what counted as a "natural principle."

星每秒的运动是不均匀的是非常荒谬的。[1]

　　法布里修斯的命题和支持其命题的假设威胁到了开普勒的更大的证明性论点，即行星轨道只能从新的物理天文学推导出来。如果如开普勒希望的，法布里修斯的模型能够解释现象，那么开普勒所谓的自己观点的绝对确定性就不复存在了。到那时，椭圆轨道将能得出两种不同的行星方案：一种是地静方案，一种是日静方案。难怪开普勒要不辞劳苦地修改《宇宙的奥秘》中首次说明的逻辑异议，其中他反对了"因假得真"的论证方式。他在《新天文学》中指出，"由于错误的原理只能符合整个圆周上的某些特定的点，因此在除了这些点之外的位置，它们不可能完全正确"。错误原理只会偶尔成立。或者，就像开普勒说的："狡猾的妓女是不会乐意别人将真理（纯洁的少女）拖进她的妓院的。追随了坏前辈的女人由于街道的狭窄和群众的压力会紧紧地跟着前辈的脚步，愚蠢而眼瞎的逻辑学教授们，分辨不了诚实的面孔和无耻的面孔，认为她是骗子的女仆。"[2] 如果他的宣传者是哥白尼的信徒而不是支持第谷的法布里修斯的话，开普勒写出来的《新天文学》会大不一样吗？是否没这么雄辩，没这么机敏？哥白尼主义者们四分五裂的状态让我们排除了这种可能性，正如我们一次又一次看到的那样，他们的物理理论是各不相同的。

　　即便面对的是更加支持他的读者，开普勒还是可能会坚持同样的物理原理。但他是怎么知道自己的物理原理是正确的呢？这似乎是由欠定逻辑引起的一个难题。在《新天文学》第33章中，开普勒给第谷提供了如下选择："以下选项只有一个是正确的——要么力量来自太阳，这种力量推动了所有行星运转；要么太阳与所有行星通过这种力连接在一起，然后它们一起被来自地球的动能推着

---

[1] Fabricius to Kepler, January 20, 1607, Kepler 1937-, 15: no. 408, ll. 15-30, 110-11. Quoted and translated in Voelkel 2001, 200-201.

[2] Kepler 1992, chap. 21（"Why, and to what extent, may a false hypothesis yield the truth？"）, 298, 300.

运行。"[1]

这里的相关点是，当开普勒 1609 年发表《新天文学》的时候，还没有与之相对的物理理论。因此，和 1543 年的哥白尼并无不同，开普勒只能宣称当前的替代方案是唯一有效的方案。而且他认为这只能是第谷·布拉赫的方案：

第谷本人摧毁了真实天球的概念，而我可以紧接着无可辩驳地证明，在太阳或地球的理论中也存在等分的概念。因此，如果随着与地球的距离变近或变远，太阳的运动会加快或减缓，那么太阳就是地球推动的。但是相反，如果地球是运动的，那它被太阳推动时速度也会随着与太阳距离的变化而增大或减小，而太阳中蕴含的能量是永远恒定不变的。因此，在这两种可能之间是不存在中间地带的。我自己是赞同哥白尼的，而且我认为地球也是一颗行星。[2]

开普勒用排除法推断，他的物理理论（由他学生时代的辩论演进而来）是人们能够想出来的唯一可能的理论，但是，不管是第谷的追随者还是开普勒式的哥白尼主义者，都否定了这种推断。

小结

17 世纪初，开普勒不仅是欧洲少数公开支持哥白尼天体秩序理论的学者，而且从他公开表露的目标来看，他还是最具雄心、最有才能的支持者。在创建理论的天文学家中，他是唯一一个试图重建行星秩序、行星模型以及星际影响的物理原理的人。他还是唯一一个试图彻底否定其他宇宙方案的人。他是孤独的，

---

[1] Kepler 1992, chap. 33, 379.

[2] Ibid.

没能与伽利略结成联盟更加重了这种孤独，但是他的这种孤独正好体现了哥白尼主义者们普遍的四分五裂状态。如果开普勒在 1609 年就掌握了放大遥远物体的技术，我们想都不用想就知道他会用它来做什么。我们猜测，他可能会用这种技术来进一步反驳鲁道夫的第谷追随者们，并继续推进已经确立的理论。但是倘若他和伽利略结成了盟友，他反而不一定能取得更大的成功。

然而，出乎意料的是，运气突然改变的是伽利略。新的放大技术为他创造了前所未有的机遇，让他可以获得佛罗伦萨美第奇宫廷的资助；它也为维护哥白尼行星秩序方案（可能是开普勒或布鲁诺版本的哥白尼方案）提供了新的理论支持。从我们现在这个技术创新遍地开花的时代回望当时的历史，很难想象那个没有技术创新的世界。最后两章内容将介绍佛罗伦萨宫廷和仍然活跃的传统预言文化对传播新理论知识所起到的作用。

17

理论知识的现代化：庇护、声誉、学术
社会性和上流人士的真实性

哥白尼问题只是一个子集，从属于更大的问题：现代主义者如何赢得新理论知识的可信性？这个问题在前面的章节中已经有了充分的阐述。本章将主要审视一些最新的，特别是伽利略的替代性理论提案。这里主要有两个核心问题。其一涉及庇护，主要关注作为一种早期现代的社会性，它的性质和中心性；其二则关注宫廷社会性或贵族地位，以及它们能以何种方式赋予信仰条件以合法性。

理论知识与学术声誉

在 16 世纪和 17 世纪初期，典型的天体从业者不是通过提出新的理论知识来赢得生存和官方机构的地位，而是通过对已有的知识进行再包装、改良并使

之更为温和，然后再选择性地将一些与现有地心假说并不矛盾的新奇元素整合进去。中世纪的维滕堡学派就是这种实践的一个例子。16 世纪晚期后续的四开本和对开本著作则继续了这一做法，它们彼此间的区别不大，通常是对某些熟悉的话题加以重新组织和精编，然后再引入一些新奇的想法。这样，这些汇编作品就会被认为是新创的。其中，最成功的还是源自意大利和中欧的作品：克拉维乌斯的《〈天球论〉评注》；梅斯特林的《天文学概要》；卡普阿诺、莱因霍尔德、施赖肯法赫斯、乌尔施泰森等人对普尔巴赫《行星新论》的大量评论；马基尼和莫莱蒂所偏爱的《星历表》。这些工作的全盛期约在 16 世纪 40 年代—80 年代。16 世纪后期，像托马斯·布朗德维尼（Thomas Blundeville）的《练习手册》（*Exercises*）和《七大行星的运动和理论》（*Theoriques of the Seve Planets*）这样的英文课本，就主要源自那些欧洲大陆的著作。正如布朗德维尼所承认的，它"是收集而成的"，"部分源自托勒密，部分源自普尔巴赫及其注释者莱因霍尔德，部分源自哥白尼，但它主要源自梅斯特林。我主要采纳了他的观点，因为他的写作方法和排序很合我的胃口"。[1]

学术声誉也是基于此类工作而建立起来的。由于其教学手册的质量或组织风格，或者由于其图表的实用性和便捷性，甚至偶尔因为做出了一个成功的预测，这些作者就将其自身描述为数学家、天文学家或占星学家。1617 年，当开普勒写出首部基于哥白尼原理的系统性著作时，他对之前大量的球面几何和理论工作表示了致谢，这其中就包括很多古代的著作。正如他所说，没有他早期在图宾根当学生时的地心说雏形理论训练的话，哥白尼天文学本身就不会诞生。

---

[1] Blundeville 1594, 1597, 1605, 1613, 1621, 1636, 1638; Blundeville 1602. Excluding Robert Recorde's *Castle of Knowledge*（1566）and various works on instruments, comets, and novas, Blundeville's two works seem to have been the only indigenous textbooks of astronomy to come out of England between 1560 and 1640. The English translated of republished a considerable number of Continental works（see Johnson1937, 301-35; Feingold 1984, 215）.

对球面几何学的重复研究不应当被视为毫无价值：不管是遵循古代学者，如欧几里得、阿拉托斯、克莱奥迈季斯、杰米纽斯、普罗克洛斯和西翁；抑或是参考现代学者，如萨克罗博斯科的大多数著作及对其作品的大量注解，其中，最博学和最富成果的是克里斯托弗·克拉维乌斯和哈特曼、维尔东和乌尔施泰森、比克和施赖肯法赫斯，以及皮科洛米尼、布鲁卡尤斯、文斯海姆（Winsheim）和梅斯特林，还有梅蒂斯（Metius）最新的重申。不知道出于何种原因，这些教学概略并不再使用普尔巴赫的《行星新论》以及莱因霍尔德和思米（Simi）的（注解）。[1]

但如果有关天体的知识只是简单地用传统方式来编撰的话，它如何能使编者获得学术声誉呢？马基尼和伽利略于 1588 年在博洛尼亚竞争数学学会主席，（当时还很年轻的）伽利略的一名支持者认为他称得上是"在所有数学科学方面均有所涉猎"；但事实上，因其 1581—1620 年星历表，以及他提出的更为人性化的星象图绘制方式（威尼斯，1582 年），马基尼更加配得上一名大学数学家的身份，也可能是这个原因使得他战胜伽利略当上了数学学会的主席。[2] 另一方面，第谷·布拉赫虽然早年在德国大学圈内游历，之后还与教授们保持了良好的关系，但他的著作并不是以典型学院派体裁撰写的。事实上，他甚至拒绝了 1577 年哥本哈根教区长的职位，并渐渐认为大学不适用于他的研究计划。[3]

---

[1] Kepler 1937-, 7: 7.

[2] Giovanni dall'Armi, a well-placed Bolognese senator, recommended Galileo as "a noble Florentine, a young man of about 26\[sic\] and well instructed in all the mathematical sciences." Although dall'Armiwas sometimes mistaken in what he said and seemed to be unaware of Galileo's studies at Pisa, he emphasized that Galileo had been trained at the Florentine court by Ostilio Ricci, "huomo segnalatissimo eprovvisionat dal Gran Duca Francesco" (Malagola 1881, 7-23) .

[3] See Westman 1980a, 123.

因此，声誉主要是基于他展现出来的能促进星的科学发展的技能。从某种意义上讲，这是库恩派"一般科学"的时代，尽管它的实践方式很可能是基于哥本哈根派、托勒密派或第谷派的行星理论，因而显得不那么"库恩"。[1] 由于其广受赞誉的数学或观测技能，布拉赫、开普勒和伽利略在生前获得了崇高的声誉，但他们的同行们却并未把这种欣赏转化为对其天体理论创新的接受。例如，尽管开普勒撰写了星的科学所有分类的著作，但在他生前没有一个大学将其《宇宙的奥秘》或《新天文学》作为数学教授们讲授的教材。[2] 这也是他最终将其理论浓缩为《哥白尼天文学概要》一书的原因之一。讽刺的是，与此书作为"科学"书籍而发表的时代相比，如今有更多的学生在研修科学史时阅读这些书籍。

　　很容易就能找到这种讽刺性的原因：布拉赫、开普勒和伽利略是在与学院机构的对话中提出这些问题的，而正是这些机构向他们提供了工具和目录来构建他们的问题，但它们同时又拒绝课程安排上的任何根本性变化。因此，不出所料，这些人物都求助于更加友好包容的机构，特别是宫廷和能够接受他们并提供庇护的贵族圈子。然而，正如前文所提，并非所有的宫廷都有现代化的敏感性：事实上，通过桥式任命(bridge appointment)，传统主义学者通常在宫廷拥有话语权。尽管一些贵族已经在第一次新星事件中就介入了天体研究，但第谷用乌拉尼亚堡的资源还是建立了令人惊讶的新角色模型和大学之外天文学活动的新声望。

　　说到开普勒，他在图宾根接受培训之后，也很早就放弃将大学作为研究场所，尽管如此，他还是通过私人通信与梅斯特林等人保持着联系。他对当年学术环境的厌恶（至少是质疑）是显而易见的，后来他还拒绝了博洛尼亚和布拉格的大学任职；他得到了维滕堡的考量但其后被拒绝，而在帕多瓦成为伽利略接任

---

[1]　Normal science, in the strong sense adumbrated by the early Kuhn, implies puzzle solving governed and limited by tacitly held, core, paradigmatic assumptions（Kuhn 1970, 23-42）.

[2]　There is evidence that some of Kepler's books had made their way into the personal libraries of some of the students and faculty at Oxford and Cambridge, although it is not clear how these works were read and used（see Feingold 1984, 52, 66, 100, 110, 113, 118, 139, 140）.

者的努力也失败了。[1]开普勒通过他的著作、大量的通信以及他在第谷·布拉赫生命最后两年与后者之间幸运的(有时也是令人痛苦的)私人关系而得到了承认。1597年之后，由于预言家们开始将他的名字与哥白尼联系起来，开普勒在图宾根和格拉茨之外声名鹊起；到达鲁道夫宫廷之后，他继续作为年度预言家而声名远扬。同时，像伽利略一样，他也通过与贵族成员们的书信友谊进一步充实自己的声誉。最著名的是，经由克拉维乌斯的学生克里斯托弗·格里恩伯格介绍，开普勒早在1597年就与巴伐利亚大公约翰·格奥尔格·赫尔瓦特·冯·霍恩堡建立了长期且富有成效的联系。[2]

与第谷和开普勒相反，伽利略是作为大学老师获得早期的声誉。但和莱因霍尔德、梅斯特林以及克拉维乌斯不同，他从未出版过任何教材。事实上，他对出版的态度与托马斯·哈里奥特以及早期的哥白尼十分接近。坦率地讲，早期的伽利略仅仅通过私人交流来工作，他很少通过出版物来建立数学家的声望或学者的身份。[3]例如，尽管《论运动》一书是伽利略个人学术生涯中极具创造性的重要著作，但他从未正式出版过它。[4]而在他最终出版了《几何和军用比例规操作指南》时，它立即引起了令人十分不快的纠纷，其影响在之后的数年间仍萦绕不绝。直到1623年，他仍然对西蒙·迈尔和巴尔达萨雷·卡普拉1607年的剽窃念念不忘："很多年前，我在很多绅士面前展示并讨论过《几何和军用比例规操作指南》并最终将之付梓成书。这次，尽管有违我的禀性、习惯和我当前的意图，请原谅我表达我的愤怒和委屈，而我在这么多年里只能独自品尝

---

[1]   For Bologna, see Kepler to Roffeni, April 17, 1617, Kepler 1937-, 17: no. 761, pp. 222-24; for Prague, Johannes Jessenius to Kepler, November 30, 1617, ibid., 17: no. 776, p. 243; for Wittenberg, ibid., 19: 349-50; for Padua, Galileo to Giuliano de'Medici, October 1, 1610, ibid., 16: no. 593, p. 335; R. Evans 1973, 134-36.

[2]   See Caspar1993, 80-81.

[3]   See Galilei 1992, xii-xiii.

[4]   As indeed he did not publish his little works on the balance (1586), "Cosmography" (1596), and mechanics (1593-1600) at the time of initial composition (see Drake and Drabkin 1969, 402-3).

这中间的太多痛苦。"[1]

　　此外，尽管他通过出版的方式公布了他的望远镜发现，但他很快又回归了手抄的方式。例如，他传阅了《致大公夫人克里斯蒂娜》的手稿（直到1636年才出版），另外他还在红衣主教亚历山德罗·奥尔西尼（Cardinal Alessandro Orsini）的请求下写下了《有关潮汐的书信》（"Letter on the Tides"，1616），主教同意伽利略的观点："（应该）等到我在《关于两大世界体系的对话》中更详尽地探讨这一问题时，再进一步讨论对（其他作者理论的）反驳。"[2]一种不可言传的现代主义趋势掩盖了伽利略传播其思想的方法，因此，就像当今地情形，出版书籍是16和17世纪建立学术声誉并使之不朽的必要条件。在出版《星际信使》之前，伽利略的职业主要是在大学讲学，以及用各种各样的方式与当地相关的贵族和神职人员就各种学术趋势开展私人交流，而这些人反过来对大学的当地政策有着巨大的影响力。那么，此类社交能力是如何决定伽利略在星的科学领域进行研究的方式呢？

以庇护为中心的天体知识

　　借助与大学教学部门的密切关系，宫廷和贵族社交性为提倡和传播新理论知识提供了广阔的空间。尽管许多教授用各种各样的方法来教授超出普通教程的课程，但仍受到他们所能够并且实际出版的内容的限制，这从伽利略和梅斯特林的例子就能清楚见出。大学是依据年长者教授青春期男孩的方式来建立的，然后男孩们以固定的体裁和仪式化的辩驳方法来展示学识并获得荣誉。另一种替代性的文化空间则涉及有权势的人，他们对自己喜好的事物提供保护和庇护

---

[1]　Galilei 1960, 164.

[2]　Galilei 1989c, 119. This work later became the fourth book of the *Dialogue*.

来换取得到尊重和敬仰的感觉。伽利略在这方面又和开普勒及布拉赫有很多有趣的区别。开普勒在还是学生的时候就与图宾根的神学家们决裂了；布拉赫从未寻求过任何学术职位。而伽利略在决定离职之前都是依靠大学的教职谋生。在离开大学的限制之时，他所考虑的问题主要是宫廷惯例所引入的限制或者自由的程度。特别是，在确定他的判断、他对天体的信仰和如何构造其学术思想的方式，以及确定他应当或不应当推进某种思想时，伽利略必须要考虑到庇护的需求和机会对他自身所施加的影响。

伽利略在 1633 年被天主教廷定罪，作为一名概念革新者、问题解决者以及他自称的真相调查者，他的工作因这一独特的结局———一场政治灾难———变得错综复杂。[1]理查德·S. 韦斯特福尔（Richard S. Westfall）称，在伽利略的科学之外来寻找科学与政治之间的分歧，这并非放弃真相。[2]可以在伽利略的个性中找到部分答案，韦斯特福尔将其描述为自我本位主义和令人无法忍受；但主要的原因应当在"庇护体系"中来寻求，正是这一体系铸就了这种个性。

另一个重要的考量是社会地位的获取和维持。[3]而自命不凡和建立真相这两个考虑"倾向于合二为一"[4]。韦斯特福尔退一步建议称：伽利略大部分的重要发现都源自庇护体系之外，但其中的一些（特别是早期基于望远镜的发现）则源自伽利略对于能独自获取崇高荣誉的过度欲望。韦斯特福尔举出一个重要的例子，他宣称"在观测金星周期来确认该行星环日轨道的工作中，信誉和庇护的

---

[1] Richard S. Westfall presented the "scientific" Galileo in his volume for the Cambridge History of Science Series（1971, 16-24）. But he had nothing to say there about Galileo's trial.

[2] "Galileo published the *Dialogue* because he believedit stated the truth, and any account that leaves out so basic a consideration must surely be defective....I ask then the following question: can the internal dynamics of the system of patronage help us to understand — I say'help us to understand, 'not'explain' — the two related decisions, by Galileo and by the Church, that allowed the publication of the *Dialogue*?"（Westfall 1989, 63）. These essays were published separately between 1987 and 1989.

[3] "Why did Galileo decide to complete the *Dialogue* and to publish it ? Not least because he could not remain the most admired intellectual of the age and not do so"（ibid., 68）.

[4] Ibid., 69-70.

竞争是伽利略没有致谢其学生卡斯泰利的原因。"[1] 很显然,韦斯特福尔认为美第奇宫廷会比伽利略本人更加认可这一发现的"宇宙学"价值。

另一方面,马里奥·比亚乔利(Mario Biagioli)提出了比韦斯特福尔更具理论野心和连贯性的庇护模型,他把伽利略中期的所有知识产出(和接受)归结于宫廷社会结构和动态的统一模型。在这个体系中,广为人知的望远镜事件是伽利略整个职业生涯的范例而非例外:伽利略被刻画成寻求晋升的"谄媚"的朝臣,他很聪明地编排了其有关天体的新奇发现,使之满足目标庇护人的政治和社会需求。

从这个意义上讲,庇护是理解早期现代主义者行为的"钥匙",也是理解早期现代"科学家"们如何行动、沟通、争吵、辩论以及(更重要的是)如何确立其自然世界观的合理性的"钥匙"。庇护的社会结构扮演着主要的解释性角色,它在社会地位晋升中起到了修辞策略的功能。这个解释已经有了很多评论,并对理解庇护造成了更宽广的影响,但选择性的区别对待有时会掩盖最显著的诉求及其之间的逻辑关系。[2]

这个解释特别有趣的原因是,它综合了一系列的社会学和人类学子模型。就其本质而言,名利追逐与身份不仅是在庇护者与用户关系的结构模型中,而且是在宫廷背景下的这类关系的结构模型中,紧紧结合在了一起。因此,庇护者和用户遵循着严格的礼节规则,他们实施着一种礼物交换的经济学,即用户先获取到了礼物然后有义务示以报答。据称,伽利略关于天体的著名理论就被描绘为符合其宫廷庇护者政治神话需求的符号载体。反过来,他从美第奇宫廷

---

[1] Westfall's patronage-based explanation was immediately disputed by reconstructions fo how Venus would have appeared in the fall of 1610: Gingerich 1984("fuzzy and uninteresting"), 1992b; Drake 1984; Peters 1984.
[2] For Biagioli's claim concerning the generality of his analysis of "the patronage system," see Biagioli, 1993, 353.

那里得到了"认知合法性"[1]。在这一"符合"和"调整"的行为中,伽利略并未像一个教授去进行辩驳,而是表现得像一个深通表面礼仪和展现新人格的朝臣,利用对自然世界的理解来赢取社会地位的提升。[2] 韦斯特福尔对伽利略的描绘还保留了他的个性,与之不同的是,比亚乔利笔下的伽利略只是他所处的地位竞争中的附带形象,他并没有社会身份的内在矛盾。

比亚乔利的内在论解释更具挑战性,他暗示称,伽利略的自然理论与权势相关。庇护关系的相互作用是伽利略试图为其自然理论获取知识合法化的所有动力:他迫使庇护者和用户通过保持社会距离来保护其高贵的荣誉免于"地位污染"。因此,庇护者在之后的自然哲学论战中态度模棱两可,并维持着"工具主义者"的冷漠形象。与之类似,正如庇护者表现出不参与论战的态度,如伽利略这样高曝光度的用户也是如此,他们试图呈现出一种事不关己和客观公正的自我形象。[3] 庇护者只有当确定其形象能够有一定政治收益时才会承担支持某一用户的风险。[4] 而对于如伽利略这样熟知如何表现得像一名朝臣的自然哲学家而言,他们可以通过煽动和参与一场生动的论战来取悦贵族而不危及其荣誉,进而提升其社会地位。因此,论战是"科学家朝臣"这一职业的社会结构中必不可少的一部分。此外,由于庇护者有着不同的等级,对于像伽利略这样曾经吸引了"高级庇护者"的注意和恩惠的用户而言,他不可能满足于已有的荣誉,

---

[1] Biagoli 1993, 84. Although anthropologists and early modern historians have long recognized the significance of gift giving as a major form of social exchange (see Mauss 1954; Bourdieu 1990; Kettering 1986; Davis 2000), the burden of Biagioli's case rests primarily on the exchange model's subtheses.

[2] Biagioli appropriates Stephen Greenblatt's notion of "self-fashioning," itself the English Renaissance version of Clifford Geertz's (1983) constructivist account of humans as "cultural artifacts" (Greenblatt 1980, 3-4; Biagioli 1993, 2-3; for important differences, cf. Greenblatt1980, 8-9).

[3] Biagloli 1993, 87. Here Biagioli trades on suggestive analogies with the modern French university system, as represented by Pierre Bourdieu and Jean-Claude Passeron (1970, 82).

[4] Biagioli 1993, 73-84. The "noncommittal patron" is one of Biagioli's original and most interesting theses, and much of the force of his argument for his particular historical claims hinges on it rather than on the more general claims about gift giving.

因为他正处于一个"高风险，速升迁"的关系之中。[1]

庞护结构的逻辑关系要求他助长庞护者的荣誉，他要像骑士一样行动，继续做出惊人的发现（例如望远镜的发现），支持其论战立场（例如哥白尼的理论），以及像竞赛和角斗一样为了取悦庞护者而赢得阶段性的论辩。[2]

这一交互模型将庞护者和宫廷转变为既是主要观众又是自然世界观合法性的主要来源的角色，使得大学完全或基本边缘化。[3] 因此，它将自然哲学家和天体研究者降级成了社会焦虑者或娱乐者的从属角色，只关心如何维持与庞护支配者的社会交易以及在宫廷上的虚假表演。一旦与朝臣建立起配对关系，那么宣称该模型的合法性就很容易了，他们只需要基于社会学（或者人类学，正如比亚乔利所喜好的）边界的不可通约性对其做一些库恩主义的伪装就可以了。

尽管有着很多表面上的吸引力，但以宫廷为中心的模型仍然有很多严重问题。第一个问题就是证据相关性。比亚乔利所说的他自己的行为（很容易看到）与其引用中所呈现的历史证据之间存在着一定的差距。[4] 另一个问题在于结构

---

[1] Viala 1985, 51-84. Biagioli sees no problem in generalizing Viala's distinctions, without argument, from the realm of seventeenth-century French literary authors to that of Galileo's Florence, where he asserts that the Medici counted as "great patrons" or mecenats（1993. 84-90）.

[2] Biagioli 1993, 85, 90.

[3] In the spirit of Westfall, Biagioli initially spoke of "Galileo's system of patronage" (1990c) and later, following Greenblatt, "Galileo's self-fashioning" (1993, chap. 1.) .

[4] In the only substantively critical review of *Galileo Courtier* and in a subsequent vigorous exchange, Michael H. Shank showed convincingly that Biagioli had overlooked of misread hisorical sources both crucial and inconvenient to his argument. Most tellingly, Shank demonstrated that Jupiter was neither astrologically nor mythologically central to the motifs in the plumb-aligned upper and lower rooms of the Palazzo Vecchio; hence, the client Galileo's formative moment, knowingly fashioning his Jupiter discoveries of 1609-10 to match an alleged sixteenth-century Medici dynastic mythology, was shown to be entirely without foundation. Shank showed that Biagioli had even overlooked evidence in Cox-Rearick 1984. In the latter, persuasive evidence of astrological themes is to be found in the pictures rather than in the relationship between the iconography of the rooms upstairs and downstairs (Shank 1994; Biagioli 1996; Shank 1996) . Some later commentators have quietly dropped the "dynastic" part of the thesis, thereby failing to acknowledge the loss of some of the most dramatic art-historical and political meanings and leaving only the unobjetionable and conventional proposition that Galileo was seeking to attach his recent discoveries to the *reigning* Medici family.

功能主义理论中一般社会结构施加的限制与个人机构的相对自由之间典型的张力。[1] 伽利略加入美第奇宫廷的愿望是否决定了或至少严格限制了他想要研究的科学问题？他之所以接受那些立场（例如他对哥白尼理论的支持），是不是因为他觉得需要符合宫廷游戏的结构，甚或是由于通过现代早期的"星探"或者"经济人"有望获得晋升？"宫廷文化的规则"是否限制（如果不是决定）了他的语言？[2] 尽管比亚乔利频繁地将伽利略描述成一个拼凑者（bricoleur），即一个创造性的虚度光阴者和修补匠，但许多文章却给人留下这样的印象：伽利略是一个在受到严重限制的结构主义环境下呼风唤雨的功能主义者，他所有的社会关系和科学立场都是源自手段 – 目的的考量。[3] 庇护、友谊、馈赠、自我塑造、名利追逐以及荣誉维持，都是不同种类的有用的社交能力罢了。庇护者提供了曲谱，是伽利略将它演奏了出来。

不管伽利略是否受到庇护"系统"的严重限制，我们仍然必须探究和确定而不是断言其假定结构的历史普遍性。因为多层体系的假定强度和价值取决于其元素普遍性（或者至少是典型性）的第一个例证。[4] 这些特点被认为是伽利略这样的主要社会行动者建立其拼凑者形象的原因。这一模型断言，这些属性定义了早期现代欧洲的宫廷社会，而它们多少都与名利追逐相关。看起来这些元

---

[1]　See Hollis 1977, 1-21; and, as applied to disciplinary categories, Westman 1980a, 133-37.

[2]　See, for example, Biagioli 1993, 162-69.

[3]　A further difficulty is the question of in what sense Galileo can be consdered a courtier. Sometimes Biagioli present Galileo as an "honorary" but not an ordinary courtier in a "fairly unarticulated socioprofessional space"; in his own eyes, according to Biagioli, "he tried to represent himself as a noble," but "in the court taxonomies he was only a gentleman." Leaving aside Biagioli's uncertain handing of this central consideration, it is important to note how much this picture is at odds with that of the freewheeling, opportunistic *bricoleur*: "Galileo had little control over the questions that were asked him. Nevertheless, he *had to* answer them somehow, and in a witty manner fitting the codes of court culture" (ibid., 160-63, my italics).

[4]　In the sweeping generalizations of the final chapter, there is talk of "homologies" and "definitely comparable" protocols within European court society and "quite consistent features of the patronage system throughout Europe (and across many decades)" (ibid., 353-54).

素并非彼此独立存在，而各个宫廷之间也没有太大的区别。尽管没有例子能证明庇护结构的普遍性或系统性，但我们可以认为它们仅适用于伽利略和美第奇宫廷以及他和巴贝里尼宫廷的关系。[1] 对于韦斯特福尔和比亚乔利两者而言，伽利略可以说是最主要的证据。然而，人们可能提出一个更可能的结论，即比亚乔利的庇护模型只是一种夸张的说法而缺乏有逻辑的参考，这只是他为了解释单个案例而设计出的理论。

检验这一预测的一种初步方法就是，审视这个模型是否能囊括我这里所研究的一些关键事件。由于星相影响的真实性和占星预测的有效性是 16 世纪和 17 世纪早期最受质疑的问题，人们想知道有关占星学地位的争论是否适用于宫廷论战的所谓一般结构。[2]

在一个又一个的例子中，答案是显而易见的：统治者和庇护者在这个问题上远非中立，也从未将之视为一个"将桌子清理干净后再开始"的游戏，他们只是态度不明朗，并且保持一定的社会距离。[3] 所有的哈布斯堡王朝皇帝、教皇保罗三世、普鲁士的阿尔布莱希特公爵以及美第奇家族的科西莫一世都很明显地相信天体涌入（Celestial influxes）的真实性。对于科西莫一世而言，占星学家里斯托里和弗米科尼是很重要的顾问而非弄臣；最重要的是从最佳的星相数据计算和解释中得到最佳的个人预测。

---

[1] Biagioli's "system of patronage" is not much different in its most general structural format from that of West-fall's theoretically modest, homespun sociology — a reciprocal relation built almost entirely around the singular character of Galileo himself and his most important court patrons. Westfall came to such externalism haltingly (and with apologies) only late in his career (Westfall 1985, 130-32). Biagioli criticized Westfall's externalism as epistemically weak (1990c, 2-3, 42-43); but in *Galiteo Coutrier*, Biagioli attributde a position to Westfall that more closely resembled his own than the one that Westfall actually held: "Westfall has argued, quite correctly, that the Medici rewarded Galileo's discoveries not because of their technological usefulness or scientific importanec, but because they prized them as spectacles, as exotic marvels" (1993, 105).

[2] "Disputes were a common dimension of the life of the court and academies" (Biagioli 1993, 164).

[3] "Games to be played'after the table was cleared'were so common as to be discussed in classic textbooks of polite and courtly behavior like Stefano Guazzo's *La civil conversazione*'" (ibid., 165).

　　尽管还有争议，但统治者并未躲藏在荣誉的面具之后，而是用自己的观点向前迈进。詹姆斯一世国王（他毫无疑问是一名"高级庇护者"——如果有过这样的人）就在《恶魔学对话》一书中公开发表过他对判断占星学从业者以及探测恶魔恶劣影响的方式的严重怀疑。在查姆博与海登的论战中，他并未坚持中立，而是授权温莎牧师约翰·查姆博来表达他的观点。此外，尽管与宫廷有联系的天体从业者通常都接受过古典修辞学的训练，但没有人（包括伽利略）表现出卡斯蒂里奥内的《朝臣论》中所描述的"故意的冷淡"。开普勒并未刻意维持社会距离或通过宫廷经济人来获得庇护，更未遵循朝臣手册中的规则（如模型中所预测的），而是直接给英国国王写信，期望詹姆斯国王本人会亲自阅读《论新星》（他把这本书送给国王作礼物）和《宇宙和谐论》并对之作出评判。然而，詹姆斯对此却不置可否。早在50年前，莱因霍尔德和阿尔布莱希特公爵之间的关系也同样如此。莱因霍尔德通常不经过"中间人"而直接给公爵写信；尽管公爵一度赠送了一个啤酒杯，但莱因霍尔德绝望地（且坦率地）表达了署公爵之名来换取出版所需金钱的意愿。从另一个角度来看，贵族第谷·布拉赫奋力抗争维持其较之社会地位低下者的优先权，例如克里斯托弗·罗特曼和猪倌乌尔苏斯（本以为第谷大人会对这样的人不屑一顾），无异于是在拿自己的名誉冒险。

　　背景模型的社会距离论点无法扩展，这增加了乞讨原理的可能性，也让我们得以考虑伽利略投身于哥白尼理论的具体问题。比亚乔利一直在强调庇护结构的领导权，他提议称"伽利略的哥白尼主义应当被视作一种待解释项而不是假定为解释项"。他辩称直到1611年之后伽利略才开始从事和支持哥白尼理论，因为这是"一名高级庇护人的高曝光度用户维持其地位的方式，他需要持续进行有争议且极具侵略性的知识生产。并且毫不夸张地讲，对于伽利略而言，除了为哥白尼主义而战斗之外，没有更困难（因而更具荣耀）的挑战了"[1]。再一次，庇护的结构需求和以宫廷为中心的著作方式驱动了智识的投入，这包括了伽利略对哥白尼猜想的主动支持。[2]伽利略在1597—1609年之间明显追随着开普勒的哥白尼计划，这一分析让我们不禁想知道，他这样做是否也是出于在宫廷中有所表现的欲望。或者，伽利略在早年给开普勒的信中称自己早已是哥白尼理论的追随者，他是否在掩饰自己？或者，教会教士哥白尼和他的信徒——维滕堡学派数学家雷蒂库斯、谨慎的学者梅斯特林、拥有土地的绅士迪格斯、火焰般出众的"没有学院的学者"布鲁诺、军事工程师史蒂文、卡塞尔宫廷数学家罗特曼，以及梅斯特林著名的学生开普勒，他们投身理论研究是否都要归结于追逐公职或是渴望获取更高的社会地位？如果（正如事实所示）他们并非如此，那么就很难证明这一理论具有社会典型性，更不应把伽利略当作这一典型行为的例子。

伽利略的庇护问题并不比其他日心主义者更典型。然而，如果我们认为伽利略在1610年之前不愿意借助出版或公开地表露他对于哥白尼理论的观点这一事实很特别的话，我们就有责任考虑除了庇护之外的其他理由，包括布鲁诺在意大利被审判、伽利略与威尼斯宗教裁判所的冲突、缺乏地球运动的必要证明，

---

[1] Biagioli 1990c, 44-45, my italics. In this early statement of his views, Biagioli is more aggressively forthcoming in his argument against Westfall, whose position he describes as "the magico-ethical compulsion inevitably associated with the intellectual recognition of the'truth'of a theory," and with "the categories of Kuhnian historiography," that he characterizes as "substantialistico-idealistic."

[2] Biagioli's formulations of this matter do not permit an easy reading of his position. At times, he wavers as to "whether Galileo's commitment to Copernicanism was a cause or an effect of his move to court." He finds himself undecided over the primacy of the "externalist" chicken ("Obviosl, I am not suggesting that Galileo decided to become a Copernican in order to move up in the social scale") or the "internalist" egg (as when he speaks of "the increasing[but stillnot decisive] evidence he had in favor of heliocentrism"), a dilemma he wants to resolve as follows: "It was only by being *both* a social and cognitive resource that it [Copernicanism] attracted a few astronomers and mobilized them to articulate it further" (1993, 226-27, 218-25; for similar considerations, see 90-101). Cf. Westfall on the "social turn": "All during this period [summer 1610] Galileo seems to have used his telescope to further his advancement *rather than* Copernicanism" (1985, 26, my italics).

以及其他诸如此类多少隐含在其社交性之内的因素的影响。在普适性以及仅仅针对伽利略投身哥白尼问题的适用性方面，这一模型困难重重。但在削弱以庇护为中心的模型的可信度的过程中，庇护与本章所要探讨的主题之间的关系问题并未获得解决。

就这一点而言，不可否认的是，在早期现代欧洲文化中，庇护是一种广泛深入的、重要的制度性形成。[1]韦斯特福尔和比亚乔各自利用不同的方式准确地强调了庇护在理解科学文化方面的重要性。

但如今我们必须认识到这只是一种社交性，它与其他方面有所重叠，例如亲属关系、友谊、公民身份以及忏悔性忠诚。[2]过分强调并将所有社交性都归结为庇护－用户手段的话，我们可能会忽略伽利略人际交往的主要特征及其知识计划的其他动机。

庇护的边缘化

伽利略和学术社交性的贵族阶层

我还想引荐另一种图像，它并未忽略庇护，而是对之加以重新定位。我认为，伽利略主要的社交形式在于其友谊和教学实践活动。早期的伽利略研究并未忽略友谊，但其友谊的历史特征并不能认为是理所当然。伽利略肯定遇到过在其所处的学术圈里时兴的理想的友谊。坚贞、理性以及个人克制，是贾斯特斯·利普修斯（Justus Lipsius）在《论恒常》（*De Constantia*）一书中所描绘的友谊的特

---

[1] A particularly useful volume on this prolific subject is Lytle and Orgel 1982.

[2] See Lytle 1987; Weissman 1987, 25-45; Pumfrey and Dawbarn 2004.

征，这本书自 1584 年首次出版之后就在贵族圈中大为流行。[1] 塞内卡的著作是利普修斯和其他人最主要的资源："与那些能让你变得更好的人交往。欢迎那些能让你提升自我的人。这个过程是双向的，一个人在学习的同时也在教授。"塞内卡总结了一个区别："仅要求方便且只关注结果的关系是商谈而不是友谊。"[2]

至少通过他的通信活动（而不是从道德理想去推测），伽利略的真实友情揭示了另外一个维度：学术教师的训导角色。如果我们还记得，伽利略在搬至托斯卡纳宫廷之前，在比萨和帕多瓦呆了形成其学术思想的 21 年的话，这个结论就一点也不令人惊讶。这 21 年包含哲学讨论，或者分享他对实验和观测工作的描述，在其中，伽利略是教导者。如果在这之中表露出或者有时急切地表达了职业抱负，与他的学识相比，这也只是边缘化的。

伽利略的许多重要通信者是非从业学者圈子的成员。不管是神职人员还是达官显贵，像皮内利、保罗·萨比（Paolo Sarpi）、乔万·弗朗西斯科·萨格雷多（Giovan Francesco Sagredo）、吉多贝多·德尔·蒙特（Guidobaldo del Monte）、瓜尔多、奎尔日尼以及韦尔泽这样的朋友都有着丰富的学识，在古典语言以及文学艺术方面颇有造诣，甚至在其自身的领域内著作等身，他们往往都有能力欣赏（尽管不一定同意）伽利略在通信中表达的思想。他们多少都涉足了一些学术活动，但并不以此为生，也没有教学的义务。尽管他们多少都会得到些庇护，但没有人依赖这些庇护来支持学术实践。直到 18 世纪之前，法庭也并非支持学术专家的场所。[3]

且不说措辞华丽、好戴高帽的书信体对话，伽利略的大多数信件像开普勒的书信一样，都没有为了取悦上流社会而遵循宫廷的潮流风格。大量信件是面

---

[1]　Indeed, it would be most valuable to know more about Galiteo's own ethos of friendship. On the general question of neo-Stoicism as an ideology of aristocratic sociability, see Miller 1996; Miller 2000, 49-75; Oestreich 1982.

[2]　Miller 2000, 51nn. 8, 10, quoting Seneca, Epistulae morales, bk. 7, chap. 8, p. 35; bk.9, chap. 11. 1, p. 49: "Ista quam tu describis, negotiatio est, non amicitia, quae ad commodum accedit, quae quae consecutura sit spectat."

[3]　See Golan 2004, 123-25.

向从业者或者非从业学者的书面学术对话或论辩，通常的结构包括学术问题、旁征博引、认知标准、语言资源以及类似的实践和顾虑。开普勒的一些信件接近于短篇论文，与之相反，伽利略的往往比较简短。在稍后，伽利略的《关于两大世界体系的对话》成为了哲学对话式论说文的范本。这一变化并不很困难：这些对话和信件是晚期人文主义者友谊实践的典型形式，最终很容易就指向说教的目的。[1] 在学术刊物出现之前，书信是学术交流的主要形式，其修辞可能性、轻松世俗的表达方式使得它成为了伽利略、开普勒和布拉赫最喜欢的模式，他们借此用有别于大学传统实践的方式来再塑理论知识。[2]

如果进一步研究伽利略早期与各类通信者之间的书信交流，我们可以发现复杂的庇护主题，它同时涉及理论知识和实践知识。一个重要的例子是吉多贝多·德尔·蒙特侯爵（1545—1607)，他之所以大力帮助伽利略，是源自对阿基米德、简单机械问题以及观测仪器的共同爱好。吉多贝多曾经是费德里科·科曼迪诺（Federico Commandino，1509—1575) 的学生，他的书写有着阿基米德学派的学术风范，伽利略有时也以这样的风格写作。

除了与伽利略相识之外，他还与比萨大学的马佐尼有着联系和交流，并把伽利略介绍给了皮内利。[3] 然而，与伽利略不同的是，吉尔贝多很早就借助出版来表达自己的观点和兴趣。例如，在 1579 年,他出版了一本有关宇宙星座图的书,他在这本书中把自己的说法与赫马·弗里修斯和胡安·德·罗哈斯的鲁汶传统联系起来。[4] 吉多贝多把其工作归类为理论工作，这可能是因为它主要涉及宇宙在仪器平面上的球状投影在不同情况下的纯几何解释。他从未提及其研究的任

---

[1]　See Chatelain 2001.

[2]　On early modern epistolary culture, see Hatch 1982; Lux and Cook 1998; Jardine, Mosely, and Tybjerg 2003, 422-25.

[3]　Bertoloni Meli 2003, 29-30; Camerota 2004, 80.

[4]　Del Monte 1579, 3: "Primùm itaque universalis planispherii à Gemma Frisio aediti（cuius alii quoquè mentionem fecere）cùm sit altero simplicius, contemplationem aggrediamur."

何专门用途。吉尔贝多还喜欢用杠杆作为力学问题的理论基础，并且在这方面出版了一本书。[1] 即便伽利略与侯爵先生在有关运动的科学问题方面有分歧，但他显然与后者有着共同的知识兴趣；因此，他肯定对这位书信研究伙伴感到十分舒服。[2] 在 1602 年于帕多瓦写给吉多贝多的信中，他对自己的急躁表示了歉意，因为他"坚持说服（吉多贝多）认同相同天弧下天体运动发生的次数相同这一命题"[3]。这封信的目的是分享和说服，而对方的来信也同样如此。

他们之间的友谊还有显著的实用和功利主义的一面。早在 1589 年，吉多贝多就帮助伽利略获得了在比萨大学的职位。1592 年，再次通过吉多贝多在威尼斯的亲戚关系，伽利略被介绍给了地位崇高且学识渊博的皮内利，他既非作者也非从业者，但他在帮助伽利略获得帕多瓦大学职位时发挥了重要作用。[4] 即便如此，我们不能武断地认为他们的关系主要或只是基于吉多贝多能够为伽利略效劳。其社交性的基础主要是他们对学识的共同兴趣以及共同的表达方式。[5]

伽利略其他的交流看起来更加关注实际问题。例如，乔万·弗朗西斯科·萨格雷多在一封信中谈及购买磁铁和修理机械装置的问题（萨格雷多对此多有着浓厚的兴趣，具备一些技能），但没有提及对磁铁理论有任何兴趣。[6] 然而，在另一封信中，萨格雷多对伽利略寄给他的一些铁块表示了感谢，并告知后者说他已经以个人名义给了保罗·萨比一个测量磁偏角的仪器——"这东西对我而言是进行哲学思考的材料。"这封信件同时还说明，萨格雷多是伽利略的占星学用

---

[1] See Henninger-Voss 2000, 251-52.

[2] For the differences between del Monte and Galileo, see Bertoloni Meli 1992, 21-26.

[3] Galileo to Guidobaldo del Monte, November 29, 1602, Galilei 1890-1909, 10: no. 88, pp. 97-100.

[4] Favaro 1966, 1: 37-38; del Monte to Galileo, September 3, 1593, Galilei 1890-1909, 10: no. 51, p. 62; Rose 1975a, 225-28. In turn, Pinelli maintained friendships with Antonio Possevino, Ludovico Gagliardi, and Antonio Barisoni, important members of the Jesuit College in Padua（Cozzi 1979, 149）.

[5] Likewise, Commandino was born of a noble family, and his grandfather had been in the service of the duke of Urbino（see Rose 1975a, 185-88）.

[6] Giovanfrancesco Sagredo to Galileo, January 17, 1602, Galilei 1890-1909, 10: no. 75, p. 86; Sagredo to Galileo, August 8, 1602, ibid., 10: no. 80, p. 89; Sagredo to Galileo, August 2, 1602, ibid., 10: no. 82, pp . 90-91.

户，且与伽利略推算星命盘的其他人很熟悉。[1]

伽利略还和威尼斯势力强大且博学的权贵有着友好的交流，他们并没有直接帮助他增加薪水或者获得职位的优先晋升，但他们却在其他方面给了很多帮助（就像他对于他们一样）。一个典型的例子就是保罗·萨比（1552—1623)，他是威尼斯共和国的国立神学家、历史学家、法律顾问，以及卓越的辩论家。1606年，威尼斯共和国与罗马教廷决裂，随后被教会封杀，萨比成为世俗权力以及共和主权的坚定捍卫者。[2]

与吉多贝多·德尔·蒙特以及萨格雷多一样，萨比也是意大利非从业学者圈子（他们不以解释天体或自然世界的其他方面为生，但在此方面拥有天赋）的一员。[3] 他们的一些兴趣很偏理论性。1602年9月，多才多艺的萨比在一封信中详尽地抱怨了阅读吉尔伯特《论磁体》的困难,并请求伽利略帮助他来理解。[4]和往常一样，伽利略在交流中十分擅长当老师，他还反过来告诉了萨比他新发现的一个规律，即人体在自由落体运动和在剧烈抛物运动中的加速是一致的（尽管他错误地假设速度与距离直接成正比）。他明确提出希望萨比"略作考虑"之后能告知"看法"，尽管显然他并不期望萨比能进行一次实验。[5] 萨比从巴黎的杰奎斯·贝德维尔（Jacques Badover）那里得到消息称，在一根管子里把凸透镜和凹透镜组合在一起可以放大远处的物体，他充分意识到了这一消息的重要性。之后他告诉了伽利略这则消息。[6]

---

[1]　Sagredo to Galileo, October 18, 1602, Galilei 1890-1909, 10: no. 87, pp. 96-97.

[2]　The interdict and Sarpi's role in it are extensively treated in Bouwsma 1968, 339-628. Although Bellarmine was ambivalent about the papacy's aggressive stance toward Venice, Sarpi would become the cardinal's inveterate enemy（Godman 2000, 198-99）.

[3]　Sarpi became acquainted with Peiresc and Galileo through Pinelli's circle（Miller 2000, 86-87）.

[4]　Paolo Sarpi to Galileo, September 2, 1602, Galilei 1890-1909, 10: no. 83, pp. 91-93.

[5]　See Shea 1972, 8; Galileo to Sarpi, October 16, 1604, Galilei 1890-1909, 10: no. 105, p. 115.

[6]　For the reconstruction of this episode, see Galilei 1989a, 4-5.

此外，在给另外一个熟人贾科莫·莱斯切西尔（Giacomo Leschassier）的信件中，萨比还寄送了一本伽利略的《星际信使》，他详述了透镜的尺寸，并简述了"其他许多更令人惊讶的事情"，例如"木星卫星的短公转周期"。[1]

这些信件说明了学者交际的分享文化——这里我再次使用了彼得·米勒（Peter Miller）恰当且重要的表述。将所有的友谊降低到工具主义的维度（只是庇护者与用户之间的权力关系），会毫无必要地掩盖或过度简化伽利略知识友情的特征。伽利略的关系网多种多样，有威尼斯精英阶层的成员；有皮内利和奎尔日尼组成的、在哲学上很开明、审慎地相互忏悔的帕多瓦兄弟会；有偶然联系的外国成员，例如尼古拉斯–克劳特·法布里·德·佩雷斯克（Nicolas-Claude Fabri de Peiresc），以及诸如埃德蒙德·布鲁斯、托马斯·塞格斯（Thomas Seggeth）和亨利·沃顿（Henry Wotton）这样的英国贵族；有学术哲学家切萨雷·克雷莫尼尼。伽利略精通新亚里士多德派有关方法、论证、科学分类的讨论，他还会被反亚里士多德派的感受性所吸引——只要他发现这种感受性。[2]他之所以能维持这种联系是因为，在标志着罗马教宗内保守派的支配地位的布鲁诺悲剧事件之后，威尼斯共和国以及大学仍一直维持着稳定的政治独立性。尽管伽利略和他的友人们之间有着社会差异，但有多个原因让他和这个社交网络紧紧地结合在一起：共同关注实用（有时是理论）哲学领域；不满于学术论述的传统模式，喜爱晚期人文主义文学形式；对自然哲学现代化地位的感兴趣；支持解读圣经的自由规则。伽利略与诸如萨比和萨格雷多这样的威尼斯学者之间的通信，就与他和渴望成为学术同盟的开普勒之间一对一的、措辞严谨的书信完全不同。像马基尼和开普勒这样的现代化从业者，以及卡普拉和罗多维科·德尔·科隆贝这样的传统主义者，都诱发了伽利略个性中好战（或者竞争性）的一面。

---

[1]　Galilei 1890-1909, March 16, 1610, 10: no. 272, pp. 290.

[2]　See Wallace 1984b; Jardine 1988, 708-11.

正是通过这些"哲学上无威胁"的贵族学者，伽利略才能从偶尔的重要的庇护姿态中获益，进而获得更有利的制度地位。

佛罗伦萨宫廷的社交性

在 17 世纪早期，佛罗伦萨的美第奇宫廷并未出现与帕多瓦和威尼斯贵族圈同样活跃的晚期人文主义学者的社交以及文学实验。它也不再像 15 世纪（文艺复兴初期）的皮科和菲奇诺时的佛罗伦萨那样有哲学创造力。多产的柏拉图主义者马佐尼死后，取而代之的是更传统的科西莫·博斯卡尼亚（Cosimo Boscaglia，155?—1621）。[1]像科隆贝这样的传统主义者的声音看起来占据了主导地位。然而，美第奇家族（始于 1543 年的科西莫一世）有着坚决支持比萨大学的传统。正如查尔斯·施米特所强调的，美第奇通过新的教职任命（包括非意大利人）充实了"比萨研究院"（Studio di Pisa）——尽管一开始他们的目的是要为本国公民保留一个职业训练的机构，相应的就可以禁止公民们在托斯卡纳之外的大学学习。[2]此外，有证据表明，美第奇长期慷慨庇护艺术和宫廷占星学的传统依旧强劲，不过，根据保罗·卡鲁兹（Paolo Galluzzi）的判断，第 17 世纪早期的佛罗伦萨王庭对"自然"的兴趣主要集中在收藏奇异的动植物方面。[3]最后，还有强势的圣马可修道院，皮科·德拉·米兰多拉曾经使用过它的图书馆并最终埋在它的教堂里，萨伏那洛拉曾经居住在其女修道院中，而它的多明我会教士是伽利略搬回到这个出生地后最为厌恶的人群。

---

[1] According to Drake（1978, 441），who gives no references, Boscaglia was appointed to the faculty in 1600, taught logic and philosophy, wrote poetry, and "was known as an expert in Plato's philosophy"; however, Favaro (1983, 1: 181) notes that he also appears as a doctoral examiner with the title "Florentino, Phil. et med. Doctore."

[2] See Schmitt 1972b, 248-49.

[3] Galluzzi 1980. Interest in natural history was not restricted to Florence（see Findlen 1994; Freedberg 2002, 151-345）.

这些事实提出了一个新的且费解的问题：如何评价美第奇宫廷的自然哲学和星的科学的氛围？这里不能笼统地讲 17 世纪早期的"美第奇宫廷"（听上去好像每个成员的观点都是一致的），事实将证明，评价他们的多样观点颇有益处。

安东尼奥·德·美第奇（Antonio de'Medici，1576—1621) 是该家族的一员，他看起来对非传统的或现代化的自然哲学的发展特别感兴趣。

1621 年他去世之时，其位于圣马可的小别墅里各种各样的药品应有尽有：不仅有油、粉末、树胶和草药叶子，还有数罐砒霜、动物油脂、盐和数瓶锑块——足以让他生病，或者碰巧治愈。也许不奇怪的是，安东尼奥还拥有帕拉塞尔苏斯派炼金术士格哈德·道恩（Gerhard Dorn）的著作《活体解剖学》（*Anatomy of Living Bodies*）以及约翰·迪伊的著作。[1] 这样看来，至少可以认为安东尼奥·德·美第奇对人体有着特别的兴趣。伽利略十分欣赏安东尼奥的偏好，曾经直接给他写信详细说明了对力学中各种项目的"一些反思和不同经验"，并描绘了它们的理论元素以及实际应用。[2] 这封信并非伽利略自己主动写的，而是因为安东尼奥（通过伽利略的表亲）表露了期望从伽利略的"研究"中学习一些"新的东西"[3] 的意愿。是安东尼奥主动接近了伽利略，他听说"你使用你自己发明的望远镜发现了令人钦佩的证据和经验，为此威尼斯参议院给予你的嘉奖配得上你的价值"，而且他十分希望伽利略也能为他建造这样的仪器。[4] 为此，伽利略还专门回信总结了他打算以后在《星际信使》一书中更详细地展示的观测结果：月亮、恒星〔"没有它（望远镜）就不可能观察到"〕（译者按：这里伽利略

---

[1] Galluzzi 1980, 209-10; Galluzzi 1982.

[2] Galileo to Antonio de'Medici, February 11, 1609, Galilei 1890-1909, 10: no. 207, pp. 228-30.

[3] Ibid. : "Mi ordina in oltre mio cognato, che io deva scrivere a V. E. qualche cosa di nuovo intorno a i miei studii, sendo tale il suo desiderio; il che ricevo a grandissimo favore, et mi è stimolo a speculare più del mio ordinario." Galileo's cousin was Benedetto Landucci, and it was Antonio who intervened on his behalf at the court.

[4] Antonio de'Medici to Galileo, September 12, 1609, ibid., 10: no . 238, p. 257; see Biagioli（1993, 42-43），who reads the letter as exemplifying instrumental friendship within a reciprocal system of gifts and counter-gifts.

第六部分　现代主义者、周期性的新现象，以及天体　　　　　941

错误地把行星认为是恒星）以及木星"伴随着三个恒星，但因为它们很小所以无法看到"。他告诉安东尼奥，这些新星体看上去"近乎圆形，呈满月状，有轮廓分明的圆整度且不发光"[1]。在那次著名的会见中，正是安东尼奥对餐桌对面伽利略的信徒贝内德托·卡斯泰利投去了支持性的一瞥，而这会面引发了1613年12月佛罗伦萨的哥白尼论战。[2]

除了安东尼奥之外，还有位高权重而富有同情心的宫廷大臣贝利萨里奥·文塔（Belisario Vinta，1542—1613)，在鼓励伽利略搬回佛罗伦萨方面，他被证明是极具影响力和有效的同盟。自科西莫一世（1567）起一直到科西莫二世，早年间文塔都是美第奇宫廷的顾问。因此，他是不同时代之间的重要纽带，在制定内政和外交政策方面起了重要作用。和他的父亲一样，文塔还是一名诗人，他在古典语言方面的研究展现出与人文主义价值的一致性，他还是锡耶纳费罗马蒂学院（Accademia dei Filomati，1603）的成员。在伽利略加入前20年，他就已经在比萨大学从事法律研究（1561—1566)。[3]尽管我们不知道他研究的完整科目，但有证据表明他在占星学方面通晓甚多，因为他拥有一本弗朗西斯科·朱恩蒂尼的《占星之镜》(Speculum Astrologiae)。事实上，文塔和朱恩蒂尼都在比萨做过研究（虽然是在不同时期)，文塔很可能与这名佛罗伦萨占星家有私交，甚至还可能听过以里斯托里注解《占星四书》为基础的讲座。

文塔和伽利略的通信主要集中在1608—1610年。望远镜发明之前的许多信件表明，文塔对伽利略的技能十分尊崇。但与保罗·萨比和安东尼奥·德·美第奇不同，伽利略并未把文塔当成他力学研究的共鸣板。有些信件说明伽利略还作为中间人介入了萨格雷多出售大型磁铁的一桩生意。文塔渴望为宫廷（用他的价格）采购一块磁铁。伽利略最终达成了一个双方都满意的价格，他还展

---

[1] Galileo to Antonio de'Medici, January 7, 1610, Galilei 1890-1909, 10: no. 259, p. 277.

[2] Castelli to Galileo, December 14, 1613, ibid., 11: no. 956, pp. 605-6; Finocchiaro 1989, 47-48.

[3] His degree was in "both laws," that is, civil and canon (Fusai 1978, 12-13)．

现出设计谚语来陪衬主题的技能："活力产生爱"（Vim facit amor）。[1]1608 年 5 月 29 日，文塔报告称伽利略在这件事上的 "勤勉" 让费迪南德大公及其夫人 "十分满意"。[2] 在这个时候，伽利略显然得到了宫廷的最高礼遇，但由于文塔来自佛罗伦萨的信件被耽搁了，他还未意识到自己所处的地位。事实上，正相反，第二天他收到了大公夫人克里斯蒂娜的信，这封信的官方口吻让他产生了误解，以为自己不知何时不可饶恕地破坏了礼节。他被要求想尽办法在夏天前往佛罗伦萨，继续教授年轻的科西莫王子。之后，一封未署名的信件对前一封信提出了质疑，这让伽利略十分焦虑。他担心自己说过什么错话，因此产生了一种错觉，认为自己事实上没必要前往佛罗伦萨了。此外，由于他还未得知磁铁事实上已经运抵佛罗伦萨，因此更无从知晓自己的感觉完全错了。

这个事件很具启发性，因为在出现这种违反社会和经济契约礼节的危机事件时，伽利略向文塔求助，把他当作了一名在政治问题上可以依赖的人。他以请求的口吻公开提及了文塔的社会地位。

我感觉有必要向一名信赖的朋友吐露我的困难，来请他采取行动解决问题，但我能想到的人都没有您的地位崇高（文塔）。因此，我恳请您暂时忘记您的朝臣身份，而仅仅秉持您的骑士般的自由精神以及天生的诚实品质，请坦率地告诉我如何处理而不要让我处于文字困扰的阴影之下。因为，您只要简单直白地告诉我说 "来吧，不用管你的庇护人想给你些什么"，我就觉得很满足了；但如果您给我写信的话，却让我陷入了比现在更大的困扰之中……（此外）我请求您立即告诉我有关这个磁铁运达或发出的消息，因为我在这过去的 25 天里为此头痛不已，一直坐卧不安。[3]（译者按，此信有很多修辞和比喻，部分为意译。）

---

[1] Galileo to Vinta, May 3, 1608, Galilei 1890-1909, 10: no. 187, pp. 205-9.

[2] Vinta to Galileo, May 20, 1608, ibid., 10: no. 189, p. 210.

[3] Galileo to Vinta, May 30, 1608, ibid., 10: no. 190, pp. 210-13.

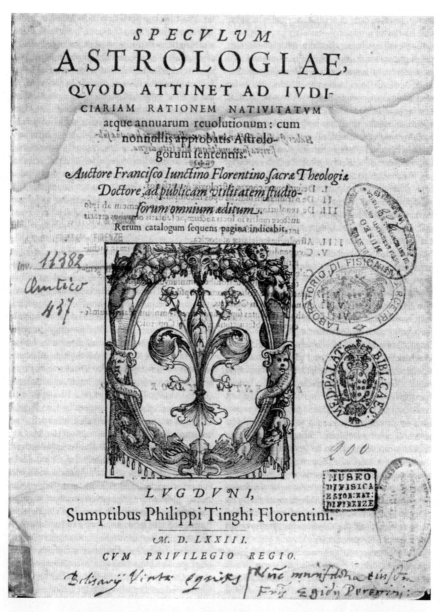

图 79. 弗朗西斯科·朱恩蒂尼的《占星之镜》(1573)。源自贝利萨里奥·文塔 (Courtesy Photographic Department, Istituto e Museo di Storia della Scienza, Florence)。

哥白尼问题

请注意，在所有有关文塔宫廷地位的表态中，最为关键的问题不是文塔对伽利略作为一个自然哲学家的信誉的判断，而是伽利略与佛罗伦萨当权者之间社会经济关系的安全性（他对此十分看重）。作为在另一个政治领地（威尼斯共和国）的大学内服务的数学从业者，他可能会同意为他曾经专门供奉过的宫廷提供服务。这是我们所熟悉的大学－宫廷桥式关系的一种变化形式。最直接的问题是，伽利略始终愿意为年轻的科西莫王子教授数学。当伽利略恐慌自己与佛罗伦萨当权者之间的关系（以及他在宫廷中进一步获得更稳定地位的可能性）出现了危险，文塔是他在政治上值得依赖的宣传者。他直接求助于文塔作为朝臣和保护者的社会地位及其"天生的品质"，并视之为措辞须坦率真诚单刀直入而非隐晦难懂庄重得体的依据。伽利略认为可以依赖文塔来直接向他说明当权者的"真实想法"，而且他十分有信心能够真诚地向对方表达自己的真实需求和愿望。

不久之后，1608 年 6 月 11 日，伽利略收到了他所期望的文塔的确认回复。在信中，文塔用自己的语言表述了大公夫人的态度：

> "请告诉伽利略，他作为整个基督教区内首屈一指和最受尊敬的数学家，大公和我们都期望他能在夏天来佛罗伦萨开展数学学科的教学实践，虽然这对他来说很困难，但会让我们的儿子王子殿下十分开心；在这里他可以与王子一起进行研究，这样他就可以节省很多时间，而且我们会尽力让他不为来到佛罗伦萨而后悔。"如此，已经向你清楚表达了他们的态度，而且你越早到来越好。[1]

这次沟通确认了 1608 年初夏时伽利略在宫廷所受到的最高规格的尊重。这

---

[1]　Vinta to Galileo, June 11, 1608, Galilei 1890-1909, 10: no. 192, pp. 214-15.

种尊重的基础在于其教学和占星学方面的技能，某种程度上还因为他在商业交易方面所展露的管理才能（而非由于望远镜或是送礼）。这也为未来伽利略再次向政治上可信且经验丰富的文塔求助埋下了伏笔，这一次，伽利略是为了如何用正确的语言向美第奇家族提请议案而求助。

夏天结束前，在作为导师近距离地与美第奇家族共度一些时日后，伽利略直接给大公夫人写了一封长信，提出了两则有关磁铁的箴言："活力产生爱"，以及"磁力吸引了宇宙"（magnus magnes cosmos）。很显然，伽利略想使得这种关系更本地化、更私人化。在第二则箴言中，他的聪明之处是一语双关地将科西莫（Cosimo）的名字与磁石本身联系起来，使之既伟大（像科西莫一样）也像宇宙（cosmos）一样。

这封信再一次带来了这个问题：自然知识在美第奇宫廷圈内处于什么样的地位，而像伽利略这样的人会如何向他们尝试介绍最新的现代化趋势？伽利略给大公夫人克里斯蒂娜的这封信很好地展示了他是如何精通寻求庇护的技巧的。

最新的解释在不同程度上给这块磁铁赋予了政治和自然哲学的意义。1985年，韦斯特福尔表达了这块磁铁的庇护意义："显然天然磁石是指君主。它的形状体现了美第奇的古老符号。此外，地球被认为是一块大磁铁，而君主的名字科西莫（Cosimo，或 Cosmo）是世界（mondo）或地球的同义词。因此，他总结称，很可能'通过天然磁铁球的高贵比喻来指代我们伟大的科西莫'。这样的证据表明，庇护的奇妙魔力是如何把一个科学物体变成了一件艺术品来取悦或奉承君主的。"[1] 在这段话中，韦斯特福尔实际上暗指（尽管没有任何显明的证据）了如下事实：威廉·吉尔伯特关于地球是个磁铁的理论已经广为人知；费迪南德、克里斯蒂娜和他们的儿子科西莫已经知晓（且理解）了吉尔伯特有关磁铁的新

---

[1] "We might search some time ... to find a better description of the mores of patronage" (Westfall 1985, 117)．

哲学；科西莫这个名字的意思是地球。[1]

五年后，基于韦斯特福尔的理论（但青出于蓝而胜于蓝），比亚乔利声称伽利略有意识地用他的箴言"磁力吸引了宇宙"，将吉尔伯特"世界是个巨大的天然磁石"的说法与美第奇统治的稳定性联系了在一起。这个事件被认为是伽利略根据庇护关系结构做出"社会职业自我塑造策略"的例证——也是对望远镜阶段的生动预演："它（伽利略的箴言）将吉尔伯特的理论（可用于反对广为接受的亚里士多德宇宙学）与美第奇绝对统治的自然性联系了起来……伽利略的策略是在表达庇护者权力的时候将科学理论包括进来以获得理论的合法性，这样就确保了庇护者的参与和支持。伽利略是在试图摆脱由于庇护者漠不关心的态度所导致的僵局。"[2]

到目前为止，没有人质疑过这些尚未被证实的联系，尽管它们根本谈不上显而易见。对伽利略而言，吉尔伯特的磁性理论从未占据过开普勒或史蒂文所赋予它的中心地位。事实上，伽利略一直批评吉尔伯特自然哲学的理论化在数学上不够完整。此外，尽管我们知道伽利略曾很高兴地向他的威尼斯庇护人解释吉尔伯特的想法，但没有证据表明他和美第奇王室的成员有过此方面的沟通。事实上，没有任何一封给文塔或安东尼奥·德·美第奇（更不用说大公夫人和她的儿子了）的信件说明了吉尔伯特与歌功颂德的磁铁有任何关系。而这个象征的普遍性毫不费力地符合了乔凡尼·巴普蒂斯塔·德拉·波尔塔将这块磁铁称作"自然的奇迹"[3] 的冗长描述。

---

[1]　John Florio's dictionary（1611）gives the following meaning for *mondo*: "The world, the universe. Also a Mound or Globe, as Princes hold in their hands. Also cleane, cleansed, pure, neate, spotlesse, purged. Also pared, pilled. Also winnowed, etc. Also, as we say, a world, a multitude, or great quantitie." Better for Westfall's purpose would have been the word *terra*: "The element called earth. Also our generall mother the earth. Used also for the whole world."

[2]　Biagioli 1993, 125. Like Westfall, Biagioli fails to comment on Gilbert's analogy between the Earth（*terra*）as a great magnet and the magnet as a little Earth（*terrella*）.

[3]　See Porta 1658, bk. 7, chap. 5: "Of the Wonders of the Loadstone."

跟之前哥白尼和开普勒相似，与之相关的问题是伽利略如何尝试获取庇护者们对"理论主张"的支持。为什么伽利略要用象征和一块奖章上的铭文来传达一种新的深奥的哲学？更别提这个哲学还涉及对磁铁实验的描述。比亚乔利指出，这样做的目的是使吉尔伯特的哲学在宫廷社会里"合法化"。但象征性的奖章对于宫廷出身的人而言并不特别：它们广泛地被用作演讲日上的纪念品，表彰学生们有关道德和说教主题的演说辞与表演。[1] 假使伽利略确实用这一象征作为手段把吉尔伯特的磁铁理论介绍给美第奇宫廷，那么接下来他应该还有其他说辞来解释磁铁的哲学意义。但这样的证据却并不存在。对于伽利略，还有哥白尼、开普勒以及吉尔伯特本人而言，这个级别的理论主张只会在恰当的书信往来中讨论：作为书中或大量信件中的论点。

最后，让我们来看一下处于青春期的君主科西莫二世。与文塔不同，他似乎没有经受过正式的大学教育。但很显然，他在伽利略最有影响力的年代里，在后者的私人教导下接受了非正式（或部分）教育。而在大学授课之余，伽利略还拥有多年为上流人士授课的经验。因此，看起来我们有理由认为伽利略已经教过科西莫如何使用军用比例规，毕竟伽利略曾经把它献给了他。另外，在某个时间（可能是在教学的几年中），伽利略肯定询问过他的学生的生辰以便给出法定继承人的星宫图。[2] 然而，不管是《几何和军用比例规操作指南》的扉页还是致辞，都没有从占星学的角度提及美第奇家族或科西莫。也许更重要的是

---

[1] Frederick Stopp (1974, 196-97) has constructed an inventory of a large number of such medals struck in the sixteenth century at the university in Altdorf (where Praetorius taught until 1616). For example, one bears the inscription *Princeps amat hanc colat illum* ("A prince favors justice but pursues war"). The medal shows "Justice, with a sword and balance, hand[ing] a crown to Mars, armed and with a torch." Another bears the motto *Sciolus Persaepius Errat* ("The charlatan is mostly wrong").

[2] The exact date of the composition of Cosimo II's horoscope is unknown; but Galileo certainly had the information readily available in 1610, when he was rushing the *Sidereus* through its final stages of publication, as he sketched the natal scheme using one side of one of his lunar wash diagrams (see Gingerich 1975, 88; for the six-week rush to print, see Gingerich and Van Helden 2003).

财务方面的考虑：这本书提供给伽利略一个机会来公开宣称他是美第奇合作方的仪器制作者。

伽利略之所以对卡普拉剽窃《几何和军用比例规操作指南》极其愤怒，很显然是因为他感受到这种行为的威胁，即他作为这些仪器的建造者谋生的打算，以及他与美第奇家族不断增进的特殊关系，都可能因此受到威胁。除了教授理解比例规工作原理所需要的基础数学知识外，伽利略很可能还向他的学生介绍了欧几里得的《几何原本》和克拉维乌斯对《天球论》的评注。

伽利略还可能指导过这位君主如何绘制占星图表，或者至少是如何阅读这些图表。这是他的父亲和母亲很看重的知识，因为克里斯蒂娜曾经在 1609 年她丈夫病重的时候请求过查看他的星命盘。[1] 即便她的丈夫之后还是病死了，她仍然十分信任伽利略。如果没有其他办法，与意大利的王室家族们一样，美第奇家族也会信任本地大学的数学家来对其命运作权威性的私人占星判断。与年度占卜不同，这些判断并不会公开。在佛罗伦萨，早在朱利亚诺·里斯托里和科西莫一世的时候就已经有类似活动；由于乔瓦尼·达·萨伏依的存在，在弗朗西斯科大公时代仍然继续着这类活动。费迪南德和克里斯蒂娜统治时也还有这样的实践活动，这说明了世俗宫廷彰显其独立性的可能性以及 1586 年教皇教谕的令行不止。

简而言之，美第奇家族继承人十分看重知识（包括星的科学）实践领域的教育，这种重视远甚于其他欧洲统治者。作为一个贵族（比如说第谷·布拉赫或者黑森－卡塞尔领主），如此主动和深入地发展天体科学的技能是十分罕见

---

[1] Galileo to Christina, January 16, 1609, Galilei 1890-1909, 10: no. 204, pp. 226-27. Galileo here mentions that he has spent much time on the grand duke's nativity because he is not sure that he has the correct birthdate and has had to correct the *Prutenic Tables* with Tycho Brahe's solar theory.

的。[1]我们不能简单地排除（或肯定）伽利略利用这个机会给年轻的科西莫灌输一些自己的想法，甚至是提及吉尔伯特、阿基米德、开普勒或布鲁诺的工作的可能性。我们能够十分确定的是，在伽利略获得望远镜的知识或者决定使用这一知识作为被邀请至佛罗伦萨的资本之前，他就和佛罗伦萨的继承人及其父母建立了极佳的私人信任关系。尽管佛罗伦萨的这种社交联系可能并不如在威尼斯和帕多瓦那样扣人心弦而富有刺激性，但很显然这种关系并非基于送礼！伽利略之所以回到他的出生之地，是出于其他的考虑。

伽利略离开帕多瓦前往佛罗伦萨的决定

我们知道，早在 1601 年伽利略就试图从帕多瓦的教职离职，而正是新观测仪器的建造和应用最终成为了他离开的关键因素。[2]我们怎么去理解这个事件还值得探讨。伽利略的决定涉及以何种方式达到特定目标的判断。追溯理解这个判断将有助于我们更全面地领会伽利略的社会背景以及他如何理解自己的所作所为。一方面是要评价他的目标；另一方面是探究伽利略如何权衡这些目标；而再一方面则是确定他为了达成这些目标所采用的方法。此外，正如所有可能会引起重大影响的决定一样，很难预测出所有可能发生的情况。对于伽利略来说，要离开一个有很多影响重大且资源丰富的社会关系的地方就需要仔细权衡：得到某些东西的同时也意味着要放弃很多。出于上述所有原因，伽利略向他所信

---

[1] In his *De Stella Cygni* (1606), Kepler says of the landgrave that he was very diligent and studious in the science of the stars, more so than one expects in a prince: "Olim in ministerio Illustrissimi Landgravij Hassiae Gulelmi (cujus in siderali scientia studium et diligentia, major quàm in Principe requireres, inventaque praeclarissima, Tychonem Brahe ad aemulationem extimulârunt, ut passim in ejus viri operibus, maximé in libro Epistolarum videre est), is quo de ago, Byrgius automaton coeleste apparans, globum coelestem ex argento adjecerat" (Kepler 1937-, 1: 307).

[2] See, for example, Drake 1957, 59-72; Cochrane 1973, 167-80; Westfall 1985; Van Helden in Galilei 1989a.

任的朋友们征询意见。很有意思的是，尽管他为很多面临重大抉择的客户提供过占星学建议，但在做出离开大学和他在帕多瓦忠诚的支持者圈子的重大决定时，甚至在他决定离开的日期时，都没有证据表明他自己曾经求助于星相学。

关于伽利略决定离开帕多瓦前往佛罗伦萨的原因，人们提出了很多世俗的考虑：沉重的债务、低薪水、没时间著书、来自其他哲学教授的抵抗、成为美第奇宫廷一员的荣誉和声望、佛罗伦萨的文化自豪感和对家乡的思念之情，以及威尼斯紧张的宗教和政治氛围。毫不意外，所有这些考虑都是相互关联的，而历史学家的解释则取决于他们如何权衡这些考虑。

在 1600—1606 年，伽利略与情妇玛丽娜·甘姆巴的三个孩子弗吉尼亚、利维亚以及温森齐奥（Vincenzio）让他在感受为人之父的快乐的同时，也感觉到了沉重的经济负担。[1]

这个负担正是我们在这里所要讨论的，因为作为一个大学数学家，伽利略相对而言比较贫穷。对于他的这个境况，我们可从以下事实窥其一斑：他的薪水总是低于他的哲学同事切萨雷·克雷莫尼尼并且增长缓慢。[2] 直到 1606 年有关比例规的工作完成之前，他也没有任何出版收入。他的业余收入来源主要有四项：建造仪器、私人家教、出租房屋以及占星算命。在私人从事自然哲学的实验项目和在大学授课之余，他还涉足了上述所有活动。1604 年当宗教法庭调查他的时候，他们的行动（超过了其他所有事情）威胁到了他的收入。尽管他以私人身份继续为朋友和上流人士占星算命，但他从未为了扩展这方面的业务而像开普勒那样发表有关占星学理论的著作，也没有像哈格修斯那样写一本有关前额皱纹的占星学意义的论著。在这一点上，他更像他的佛罗伦萨前辈里斯

44

---

[1]　Dava Sobel（1999）foregrounds what is known of Galileo's family life in her popular treatment. For some other popular accounts of Galileo, including information about his daughter Sister Maria Celeste（b. Virginia），see Levinger 152; Reston 1994.

[2]　On Galileo'suniversity income, see Drake 1978, 51, 141, 160-61; Westfall 1985, 119; Favaro 1: 57-95; Biagioli 2006, 8-9.

托里和乔瓦尼·达·萨伏依。[1]1607 年，当巴尔达萨雷·卡普拉和西蒙·迈尔抄袭他有关军用比例规的著作时，这一侵犯同时也对他作为一名仪器制造者的生计问题造成了威胁。

对于庇护者而言，通常，将学者从大学带至宫廷（不管是不是永久性）的一个动机是对他们自身或子女提供指导。苏格兰人文主义者乔治·布坎南就指导过青年詹姆斯六世；同样，年幼的贵族第谷·布拉赫在前往德国和瑞士读大学之前接受过安德斯·韦德尔的指导；托马斯·霍布斯则为卡文迪许伯爵的孩子授过课。这个做法在意大利有所不同。在 16 世纪 70 年代的大多数时间里，朱塞佩·莫莱蒂教导过曼图亚公爵古列尔莫·贡查加（Guglielmo Gonzaga）的儿子温琴佐。[2] 在 1599 年和 1600 年，温琴佐已经成为了公爵，他正式请求当局把马基尼从博洛尼亚春季之末的授课中解放出来，让他能担任温琴佐及其兄弟的导师。[3] 之后在 1604 年，公爵与伽利略接触并请求他给予私人指导，出价是 300 达克特每年再加上伽利略本人和一个仆人的开销。伽利略（直接）回信称低于500 达克特每年再加上述开销的话就不接受。[4] 和马基尼一样，他还没有准备好放弃大学教职。但在第二年，当美第奇宫廷邀请他担任继承人的导师时，伽利略看到了能改善他在帕多瓦很多方面的状况的长期机遇（不仅仅由于他对主业的迷恋导致他没有太多时间来干自己想做的事情）。与他在曼图亚的前景不同，这个位置还有可能让他重建之前与比萨大学的联系，这所大学声望卓著，有可

---

[1]　But he was rather unlike the fascinating but undisciplined medical astrologer and autodidact Siimon Forman (see esp. Kassell 2005; Traister 2001).

[2]　See Laird 2000, 18-19.

[3]　Malagola 1881, 21-22, documents 5 and 6.

[4]　Galilei 1890-1909, Galileo to [Vincenzo Gonzaga], May 22, 1604, 10: 107: "Venni, pensai, parlai et tornai; et dissi al S. Giulio Cesare [Caietano] che rispondesse all'A. V. S., che havedndo io esaminate le mie necessità et lo stato mio, non potevo per li ducati 300 et spesa per me et per un servitore offertami partirmi di qua, et che però mi scusasse apresso V. A. S. etc., soggiungendoli che caso che V. A. S. li havesse domandato quali fussero state le mie pretensioni, li dicesse ducati 500 et 3 spese." Note that Galileo here negotiated directly with the duke (cf. Biagioli 1993, 81, referencing Goffman 1956, 481).

能成为交流其思想的公共平台。金钱与时间显然是相互关联的,前者拥有得越多,后者也就有可能拥有得更多。尽管声望本身显然是令人渴望的,但它本身并不能换取时间或者减轻财务负担。1610 年 5 月,当他最终正式开始与美第奇宫廷进行全面商讨时,能有时间从事教学之外的哲学工作是他考虑的首要问题。[1]

稳定望远镜新发现

这让我们对望远镜事件有了一些初步的考虑。很重要的是,我们要意识到,即便在《星际信使》出版(1610 年 3 月 12 日)之前,察谍镜(occhiale,伽利略当时是这么称呼的)以及基于它的报告已经开始引发一些推论性的可能性。在他的信件以及最终出版的书籍中,伽利略并未使用本轮、非正圆和偏心匀速圆这样传统的语言来表述新现象,因为他不仅仅是在描述裸眼可见的光线的传统移动。伽利略的一些诸如月球表面这样的新发现如今看来都是三维星体毋庸置疑的光学性质,如果将之与地球类比的话会更让人振奋。诸如他称为移动的木星“行星”(其实为卫星。——译者注)的发现,以及大量看不清楚的固定星(实际上为行星或卫星,不完全是恒星,因而译为固定星。——译者注),都是全新的发现,因为之前它们是完全不可见的。令人惊讶的是,与以前的天体新发现相比,伽利略用新仪器做出的这一新发现以及他所赋予的天文学意义毫不费劲就突破了天体从业者、非从业学者以及上流社会之间的界限而广为流传。

---

[1]　Biagioli acknowledges that tutoring a prince was a common route to patronage, but he then presumes that Galileo's main objective in seeking to move to court was "the social status one could obtain by serving a single prince-ly patron" and asserts that "Galileo was seeking much more than free time at the Medici court" (Biagioli 1993, 29, 30; Biagioli 2006, 11). Here and elsewhere, he is at pains to downplay Galileo's continuing relationship with the university and his use of the court to promote his philosophical program. Yet in his negotiations with the medici, Galileo was quite clear that he wanted to be freed of obligations to give private lessons to students who lived with him: "Desiderei che la prima intenzione di S. A. S. fusse di darmi odio et comodità di potere tirare a fine le mie opere, senza occuparme in leggere" (Galileo to Vinta, May 7, 1610. Galilei 1890-1909, 10: no. 307, p. 350).

随着仪器操作和性能的不断改善，人类的接收系统能够做出这些偶然的令人兴奋的发现；伽利略很喜欢将新发现与地球上熟悉的现象进行类比，再加上他所作的生动的月亮雕画，使得他的科学发现更易为非数学家们所接受。[1] 因此，虽然有反对的声音（正如第 18 章所示，这种声音并不可忽略），但这种表达方式很快就被证明很"友好"，并因此欢迎不管是同意抑或是辩论的声音。[2]

历史学家并不总是反对伽利略的望远镜参与了早期的新星观测。尽管欧洲的很多天文从业者见证了 1572 年的新星，但它在两年之内就消失了。在 1574 年之后，它就变成了一个纯粹的文字描述对象了；而直到 1602 年，第谷·布拉赫才公开发表了对这一现象的全面解释。有关 1604 年新星的论战持续了四年，而关于这个问题的出版物十分分散，以至于开普勒在 1606 年根本就不熟悉大多数意大利文献，而在哈里奥特和史蒂文的现有著作中也根本没有任何对它们的引用。此外，便是在英格兰，开普勒在有关占星学与世界体系的论战中试图用新星来作为论据的努力也没成功。就像 1572 年的新星一样，这个星体再次消失了。在 1609 年，任何对观测新星感兴趣的人都不得不等待，直到上帝决定再制造另一个新星。

然而，察谍镜是在正常条件下重复新发现的引擎。这一发展是空前的。不只是一群数学家一致同意某个小角度的测量〔这是确证一个（不可预测的）新星存在的必要条件〕，个人能够使用一个仪器来观测到一个天体同样的表面、亮度、周长以及相对位置，这样的前景改变了天体发现的受众十分离散的状况。随着这些仪器的扩散，它们能够带来的多种发现也能相对较快速、较容易地移动，因此，这就为哲学家的反对和贵族们的欣赏留出了空间，也敞开了以前只能由数学家来从事的天文视差测量工作。

---

[1]　See Winkler and Van Helden 1992; Bredekamp 2000.

[2]　See David Gooding's（1986）outsanding treatment of this problem.

对于这些更广的受众而言，当涉及行星的排列顺序以及天体领域的论辩时，各种望远镜和伽利略声称的新发现都可以成为论据。它们在数月内就遍布了整个欧洲（有人喜欢，有人不喜欢，常受赞誉，有时也遭妒忌，还有一段时期被拒绝），尽管只有少量仪器的质量很差，但它们还是产出了令人怀疑的有争议的图像。但（关键的区别在于）不管是仪器还是书籍，抑或是模糊的、有争议的现象，都不会消失。和出现新星或彗星的独特且神秘的情况不同，讨论、辩论和研究望远镜现象终究会再次兴盛起来。尽管历史学家们正确地注意到了早期望远镜的重大局限性（球面色差、透镜的不均匀曲率、有限的视野等），然而之后的结果证明，获得一个"足够好"的观测仪器要比等待下一个新星、彗星或双头怪的难度更小。[1] 一言以蔽之，第谷·布拉赫基于对彗星和火星的观测提出了独特世界体系的原理，梅斯特林对 1577 年短暂的彗星、1572 年和 1604 年不期而遇的新星，以及火三角内地外行星与新星相合的形象进行了少量的观测，与这些偶然事件相比，对普通的可重复发生的天体事件领域内的现象进行稳定一致的观测从而达成共识的可能性更大。与之相关的一个问题是：从业者和庇护者在没有望远镜的情况下如何判断新发现的真实状态？

美第奇宫廷

庇护者和当权者渐渐都渴望得到透镜管的原因并不神秘：它们符合宫廷对地球仪、钟、地图以及其他庆祝用收藏品的喜好；它们可以展示在宫殿里，作为礼物送出，以及在战场或海上派上实际的用场。可用于观测天空中的（不实用的）新奇事物只是个料想之外的用途。

---

[1]   Galilei 1989a, 13-14; Van Helden（1994, esp. 9-16）has also called attention to the uncertainties surrounding the initial use of an untried instrument: for example, "how and where to look for the image." For a useful discussion of further difficulties, see Zik 2001.

但在望远镜出现早期，就像天然磁石一样，美第奇宫廷对其价格和质量十分担忧。1609 年秋天，伽利略到访佛罗伦萨向科西莫示范了他的仪器之后不久，文塔就开始着手进行私人的调查。1609 年 9 月末 10 月初，他收到了乔凡尼·巴尔托利（Giovanni Bartoli）来自威尼斯的报告，其中的信息包括了各种仪器的相对质量，以及伽利略是否拥有了制造最佳仪器的"秘诀"。[1]巴尔托利已经从文塔那里得到指示要向一名在威尼斯的法国人购买一个"用于看远方的圆筒子"，但他回复了一个令人振奋的信息，即伽利略的仪器有着较大的优势，它能把一个图像放大十倍。[2]因此，在《星际信使》出版之前，文塔就已着手定制业务来确保佛罗伦萨宫廷的经济利益了。

同样，在《星际信使》出版之前，伽利略开始从多个地区得到了明确的积极信号，这其中就包括托斯卡纳宫廷的成员。永葆好奇心且乐于支持的安东尼奥·德·美第奇直接给伽利略写信请求得到一个他亲手做的望远镜。[3]他风闻"你在使用你发明的察谍镜方面有着令人赞叹的证据和经验，因此尊敬的威尼斯参议院已经决定根据您的贡献给予您奖赏"[4]。据科西莫的私人秘书埃尼亚·皮科洛米尼（Enea Piccolomini）称，他听说王子十分想尽快得到望远镜。[5]1610 年 1 月（这是在《星际信使》一书出版三个月前），伽利略给安东尼奥发了一篇报告，有声有色地概述了以据称能放大 20 倍的望远镜观测到的月亮，也就是说，将月球表面放大了 400 倍，将月球星体放大了 8000 倍。他还感觉到有必要（以防万一被质疑）补充说这些现象只有在仪器的辅助之下才能被观测到，而他是第一个做出这种发现的人。然而，他也意识到需要小心地设置观测的环境。因

[1] Bartoli to Viata, September 26, 1609 Galilei 1890-1909, 10: no. 241, p. 259; Bartoli to Vinta, ibid., October 3, 1609, 10: no. 242, p. 260

[2] Bartoli to Vinta, October 24, 1609, ibid., 10: no. 245, p. 261.

[3] Antonio de'Medici to Galileo, September 12, 1609, ibid., 10: no. 238, p. 257.

[4] Giovanni Battista Strozzi to Galileo, September 19, 1609, ibid., 10: no. 239, p. 258.

[5] Piccolomini to Galileo, September 19, 1609, ibid., 10: no. 240, pp. 258-59.

此他建议要细心地固定窥镜，因为多种运动都会影响到观测现象的稳定性（例如，呼吸引起的手抖以及血液的流动，抑或是由热量和空气中的蒸气引起的其他扰动）。[1]

故此，到 1610 年 1 月末为止，游说一直进展良好，当时伽利略告诉文塔称《星际信使》的出版工作正在威尼斯快速推进。对出版事宜进展情况的关注（通过伽利略的书信通知或是消息报告）特别有意思，因为这让我们看到，虽然仪器和书籍都能说服人们相信天空中的新变化，但它们的作用还是有所区别的。事实上，在《星际信使》一书出版之前，看起来大公无疑已经接受了先期观测到的现象。不管早期仪器的质量如何，他和他的导师已一起观测过月亮了："我已经十分确信月亮是一个与地球类似的星体，尽管略有一点不完美，因为当时那架望远镜的精密程度比不上我现在拥有的这架。"[2] 但如今，带着一丝丝的激动，伽利略通过第二个新发现再一次增进了他已然获得的声誉："这个发现超过了所有的奇迹，我发现了四个新的行星（实为卫星。——译者注），并且妥善观测了它们的特殊运动，它们的运动彼此不同，也与已知的其他星体不同；这些新行星围绕着另一个像金星和水星一样的大星体运动，而其他已知的行星却总是围绕着太阳运动。当我要发给所有的哲学家和数学家作为通告（aviso）的论文完成之后，我将给尊敬的大公发送一份，这样他就能看到（并亲自确认）所有的事实。"[3]

这是伽利略第一次披露木星现象，他用一种私人新闻信件的方式发给了一个明确会支持他的宫廷，而他的报告却以另外一种学术书刊的形式来撰写，以便在更广的天体从业者哲学家的圈子内传播。需要强调的是，最新的发现只是作为纯粹的天文学现象被报告给了文塔和科西莫，与星相学或宫廷神话无关（行

[1] Galileo to Antonio de'Medici, January 7, 1610, ibid., 10: no. 245, pp. 273-78.

[2] Galileo to Vinta, January 30, 1610, ibid., 10: no. 262, p. 280; quoted and translated in Galilei 1989a, 17.

[3] Ibid.

星围绕着木星运动，这就像金星和水星围绕着太阳运动一样）。同样很重要的是，伽利略并没有提及任何可能的天文学假说，例如新行星可能并非围绕着木星旋转而是围绕着地球与木星之间连线上的某一个点在运动（就像在金星和水星相对于太阳的位置排序这一老问题上一样）。

文塔很快回复道："这则有关你最新的、奇迹般令人印象深刻的发现的意见是如此让我震惊，以至于我收到信后认为值得让尊敬的庇护人听到这个消息，因此我向大公阁下读了这封信，他也为你几乎超自然的自然证据所震惊。"[1]

文塔和科西莫因而受到了伽利略有关新发现的私人信件（而并非亲自进行的望远镜示范、贵族的见证、仪式化的宫廷奉承或是蓄意的送礼）的鼓舞。他们肯定了这篇报告的真实性，并且明确表示十分渴望能尽快收到这本书以及改进后的察谍镜。[2] 他们支持性的回应看起来是基于与伽利略正面的过往经历的推论，他们把伽利略视作长期的数学导师、星相学顾问、手艺高超的机械师，以及君主的私人望远镜示范者。这些考虑都是信誉形成的原因，有些人把这称作信任。

收到文塔和科西莫清晰的确认之后，伽利略才采取下一步行动。他试图利用宫廷对其天文学发现的肯定来把他的名字与美第奇家族联系起来，并将他们作为主要读者从而获得保护："就我的新观测而言，如果没有我们尊敬的大人的权威的话，我就不会把它作为一个新闻通告而发给所有的哲学家和数学家。"[3] 朝廷如今不得不考虑它们倾向于用何种方式来展示这一发现。在这种情况下，很幸运的是，我们有证据表明伽利略是如何用最适当的语言来完成这种商讨的，而之前的现代作者常常不经过未来庇护者的同意就决定了著作的题目和草稿。

---

[1] Vinta to Galileo, February 6, 1610, Galilei 1890-1909, 10: no. 263, p. 281.

[2] Ibid.

[3] Galileo to Vinta, February 13, 1609, ibid., 10: no. 265, pp. 282-83; quoted and translated in Galilei 1989a, 18. I read the word *auspicii* as Latin for "authority" or "protection" rather than "favor."

哥白尼问题

伽利略提供了两个选择，一个是用科西莫名字的双关语，也就是宇宙的希腊语单词（Cosmica）；另一个是用统治家族的名字："我发现的新行星有四个，因此以美第奇星（Medicean Stars）的名称献给四兄弟。"[1]

和以前一样，伽利略就宫廷礼仪的实际问题咨询了文塔的建议，然后进一步请求他对整件事情保密，并且，鉴于出版商的截止时间，请他尽快回复。文塔立即回复称伽利略的姿态是"慷慨且英勇的，同意你有关奇妙大自然理论的其余部分"。他之后解释称他选择了伽利略的第二种建议，因为第一种方法中的希腊词语"可能会被解释成不同的意思"，而且第二个选择"代表了美第奇家族高贵姓氏以及佛罗伦萨这个国家和城市的无上荣誉"。[2]这个命名十分直接。它只涉及了这个密切相关的家族，在之后很长一段时间内，伽利略与这个家族发展并保持了持久而牢固的关系。但它本身却与美第奇王朝毫无关系。[3]

如果说文塔和科西莫在获取伽利略的信息方面占据先机的话，那么有关新奇现象的消息（以及他发现它们的工具）在托斯卡纳宫廷之外的传播就不是这么有组织了。伽利略还没有把他的发现提交给大学。但在不断扩展接受空间的过程中，我们可以看到新的陌生的发现是如何在动荡不安的传统思想框架下传播的。

---

[1] Galilei 1890-1909 10: no. 265, pp. 282-83; Galilei 1989a, p. 19.

[2] Vinta to Galileo, February 20, 1609, Galilei 1890-1909, 10: no. 266, pp. 284-85.

[3] At this crucial juncture, where one would expect exact advice, Vinta made no mention of either the horoscope of Cosimo II or the mythologies represented in the paintings of the Palazzo Vecchio. The primacy of astronomical rather than astrological material again shows up in the title that Galileo used to designate his work in a letter to Cosimo of March 19, 1610: "I send to your Highness my *Avviso Astronomico*, dedicated to your blessed name. That which is contained in it and the occasion of writing it to you you will find in the *dedicatoria* of the work, to which I refer you in order not to trouble you twice" (ibid., 10: no. 276, p. 297; cf. Biagioli 1993, 128-29; Shank 1996) .

拉斐尔·古瓦尔特洛蒂（Raffaelo Gualterotti，1544—1618）

拉斐尔·古瓦尔特洛蒂，1604 年的新手、诗人和宫廷节日作家，他的第一反应是怀疑而不是立即表示轻视。在给亚历山德罗·萨蒂尼（Allesandro Sertini）的信中，古瓦尔特洛蒂称伽利略的仪器（他还没有见过）可能没啥新鲜的，因为"古代的占星学家"早已有了一些观测仪器，而且他自己也已在其有关新星的书里描述过一种气枪管（cebottana，一种发射弹丸或标枪的枪管），人们用这种气枪管可以在白天观测星星。当然，这个气枪管没有镜片。此外，古瓦尔特洛蒂对伽利略的新发现一点儿也不惊讶，"因为我们彼此已经认识了 32 年，而且我对他卓越的品质深为了解"。他听说过月球的发现，对此有自己的解释：地球上的蒸气和散发物在月球上投下了影子而已。他还有其他的一些独特见解：他相信他曾经看到过金星造成了月食。[1]

但就在写下这封信之后，古瓦尔特洛蒂肯定直接从伽利略那里得到了信息，因为他的态度突然发生了改变："我已经读过有关你的通告和新观测结果的信件。关于第一个考虑，即太阳处在中心位置，我毫无异议。说到宇宙中有更多的恒星和更多的行星，我相信许多人已逐渐开始相信这一点了；但我对此还是一无所知，因而希望了解得更多。"如果能了解古瓦尔特洛蒂是如何并以何种形式收到了伽利略的信息，那肯定十分有趣，因为他看起来令人吃惊地完全倒向了日心说。他不再坚持之前所谓的地球和金星在月球上的投影的说法。与之相反，他显然对木星学说感到十分兴奋，他接受了伽利略的意见："在我死之前，我希

---

[1] Gualterotti to Alessandro Sertini, March 1, 1610, Galilei 1890-1909, 10: no . 267, pp. 285-86.

960   哥白尼问题

望能看见尊敬的阁下所观测到的这个有着四个小行星（实为卫星）的伟大星体。"[1]

乔凡尼·巴蒂斯塔·曼索（Giovanni Battista Manso，1561—1645)

在《星际信使》一书出版之前，更重要的回应者是多产的文学作家、百科全书编纂人和那不勒斯贵族维拉侯爵乔凡尼·巴蒂斯塔·曼索。[2]他在帕多瓦时从保罗·贝尼（Paolo Beni，1552/1553—1625)那里听说了伽利略的新发现。贝尼和曼索一样都来自一个有贵族血统的富裕家庭。尽管他有骑士身份，但他从事的职业都与学术和宗教有关。他拥有神学博士头衔，创作诗歌，教授哲学和修辞学，对柏拉图的《蒂迈欧篇》作了大量注解，并在有关如何妥善使用意大利散文的辩论中扮演了重要角色。他的生活也麻烦不断：他和兄弟相处得不好，他的父亲最终剥夺了他的继承权，他在 1593 年还因违反有关家庭关系、财产和居住权的法规而被驱逐出了耶稣会。1600 年 3 月，他回到帕多瓦，在大学里教授人文学科（诗歌、修辞以及历史）并很快加入了发现学院（accademia dei recovrati)，伽利略和克雷莫尼尼都是这个学院的成员。[3]博学的人文主义者贝尼因此进入了伽利略的社交圈子，但他并非数学家，很显然也不是自然哲学上的现代主义者。

曼索的长信中的惊讶感是显而易见的。他描述阅读贝尼来信时的感觉是，"很多时候充满了惊讶以及极大的快乐"，他立即与好友德拉·波尔塔以及其他未具名的人分享了这一消息。他报告称人们的反响不一。大多数人对这个新发现感

---

[1] Gualterotti to Galileo. march 6, 1610, ibid., 10: no. 268, pp. 286-87. In a follow-up letter to Galileo, Gualterotti proposed that "to me is due that praise which you give to a Dutchman [*Belga*], and which you can give to your country " (April 24, 1610, ibid., 10: no. 300, p. 342; trans. in Galilei 1989a, 45-46) .

[2] He wrote at least a dozen works. See Manfredi 1919; De Filippis 1937.

[3] Evidence about the complexities of Beni's life is carefully collected in Diffley 1988.

到"恐惧"，但"更为博学的人则认为这并非不可能"。曼索自己的观点则更进一步："基于阁下您以及伽利略先生的权威性，我告诉他们（这些新发现）不仅是可能的而且是非常真实的"，因为"二位的学识如此渊博、美德如此卓著，所进行的观测与现有的事物（就我所知）不应该矛盾"。[1] 曼索感觉自己处在一个不寻常的年代：如果柏拉图因为身处苏格拉底的时代而要感谢上帝的话，曼索相信自己生活在一个"快乐的世纪"，在这个时代，伽利略使得望远镜趋于完美并正在揭示上帝试图掩藏的真相。

即便没有使用过伽利略所造的仪器，曼索还是很了解它所预示的东西。他相信察谍镜"能把视野扩展 60 倍—80 倍，使得物体看上去既近又大，犹如它们处在不超过两千米远的地方一样，它还能将极小的物体拉近"。这不是他第一次听说这类东西（正如他所说）。他的好友德拉·波尔塔和他一起创办了闲人会（Oziosi），这是意大利在当年赖以成名的学术团体之一。波尔塔有过和伽利略相似的想法（但不完全相同）。曼索诚实地向贝尼汇报称："这使得我们的波尔塔先生略有些忌妒，他曾经想制造一个望远镜来把物体从无限远（这里的无限远是指移除了所有阻碍物之后人类视线所能达到的地方）处拉近，这个望远镜的凸透镜和凹透镜的焦点必须成比例。"因此，曼索相信伽利略并非发明了察谍镜而是对它做了改进。[2] 某种意义上讲，这种说法是正确的。

类似的，曼索一个接一个地衡量了伽利略的其他"奇迹"。他说过，像托勒密和亚里士多德这样的古人都知道有很多星体还未被观测到，但如今伽利略真真切切地观测到了它们。[3] 银河也是如此，阿威罗伊认为其中有"无数的非常致密的星体"，而它们就是"光线受到小干扰"的原因。托勒密只说过他能看见这些星体的位置（《天文学大成》第 8 卷第 2 章）。

---

[1] Manso to Paolo Beni, March 1610, Galilei 1890-1909, 10: no. 274, p. 292.

[2] Ibid.

[3] Ibid. Manso cites, without reference, Ptolemy in the *Almagest*, Aristotle's *Meteorology*, and "Alfagranus."

哥白尼问题

但大多数人相信的是"银河充满了许多非常小且分散的星体，这些星体是如此小以至于无法看到"。如今，"阁下和伽利略先生用完美的哲学证明了许多世纪以来所坚信的东西"[1]。

曼索毫无困难地接受了月球表面充满了山谷、山峰、窟窿、阴影和光照的描述，因为他在那不勒斯用他自己的察谍镜（"用它我们可以看到远至三英里外的人"）也能看到这些。然而，他意识到他自己的望远镜的局限性，因为他承认道："由于仪器的能力有限，我无法看清楚您和伽利略所看到的山谷或山峰以及表面的褶皱。"他之后表达了另一方面的顾虑："说实话，我不知道将这一发现归到哲学的哪一方面，既不是亚里士多德想象出来的第五基质（fifth essence），也不符合柏拉图的原理。"[2]最终，他终于明白这是一个空前的新发现：他不知道用在传统哲学中如何定位这个发现。当然，他惊诧于地球和月球之间确有相似性——这不是一种类比或仅仅类推，而是我们所说的陈述。这个现象还让他开始推测其他问题：为什么仅仅在月亮的中间有斑点而边缘处没有？难道说月亮可被视作一个凸面镜？

最终，曼索谈到了"超出其他发现"的那个奇迹："二位阁下观测到四个或五个新行星。"[3]他并不知道他们已经将之命名为美第奇星。鉴于它们的移动为逆向运动，他同意它们不可能为恒星。而这也让他想知道这个现象如何"安置"：它们看上去不适用于任何哲学家或占星家的"观点"，更不适合于托勒密和哥白尼的本轮说或者弗拉卡斯托罗的同心轨道论。他想从贝尼那里了解最新发现的行星是在太阳之上还是太阳之下。它们极快的速度说明它们在太阳下方的小圆周上旋转，但月亮和太阳之间相对较小的空间不足够容纳四到五个新行星。

曼索之后向贝尼和伽利略提出了进一步的问题以供参考：这些行星是否有

[1]　Galilei 1890-1909, 10: 293.

[2]　Ibid.

[3]　Ibid., 10: 294.

时在其他行星轨道之内有时又在之外？它们是否真的是新发现的，还是说它们是我们已经知晓的某些行星？这些问题让曼索提出了行星层次的问题：根据托勒密的理论，金星和水星伴随着太阳，后者是"宇宙的王子"，就像一个守卫，"它的举止像一个朝臣，显示了它的资历"；但通过类比，他担心伴有四个行星的木星的尺寸要更大些，甚至有可能与太阳相当，或者至少是剩余的五大行星中最大的一个。因其邪恶和迟钝的影响，"最大的"（原文如此）土星都配不上这一荣誉；即便如此，更配得上这一荣誉的木星却不得不在尺寸上让位于土星。最终，他报告说，那不勒斯的占星学家和许多物理学家发生了"激烈的争吵"，他们被新行星的知识激怒，害怕占星学和医学的毁灭。这里有数个问题："下面几个问题都取决于行星的数量，因此整个基础会遭到毁灭，它们包括，黄道十二宫的分布、符号的根本重要性、恒星性质的质量、上升星（cronicatori）的顺序、对人类时代的支配、胎儿形成的月数、关键日的成因，以及其他成千上万个问题。"[1]

如果哥白尼、雷蒂库斯和开普勒担忧过把行星的数量从七个减少为六个（去掉月亮）的问题，曼索如今担忧的问题是给宇宙加上四个新行星。为了消除忧虑，他说光是星相影响的媒介。是不是有可能发出较少光的星星对下方事物的影响会比发光较多的星星少一些？如果是这样，就有可能解决他刚刚提出的两难问题，因为新行星的发光很弱以至于对地球没有什么影响。这就是他的困难所在。然而，之所以有这样的困难，是因为他是在试图解释一个全新的、令人激动的但是所获资料很少的问题。新行星的增加已经对他所知的事物的秩序产生了困扰。他因"本性脆弱和科学知识匮乏"而向贝尼道歉，他将知识储备不足归结为私人和公共事务繁忙，以至于常常远离城市和研究。[2]

---

[1] Galilei 1890-1909, 10: 295.

[2] Ibid.

哥白尼问题

小结：贵族般的吐真者？

这些幸存的信件提出一个一般性的问题：在伽利略出版宣告其新发现的书籍之前，信任一种新的观测报告及其理论重要性的基础何在。为什么经过贝尼的传达（以及翻译），曼索就相信了伽利略的报告呢？伽利略的信誉是否与贝尼的社会地位直接挂钩而非源自伽利略的学术声誉？就像史蒂文·夏平（Steven Shapin）从 16 世纪和 17 世纪的礼仪文学中所推论出来的，是否贵族阶级的地位就是"感知能力"以及"讲真话"的可靠保证？在荣誉文化中，礼仪手册（其中最有影响力的就是意大利文著作的译本）将讲真话视为贵族（绅士）理想的道德品质。就像巴尔吉奥利庇护理论中的结构功能主义元素一样，夏平的理论隐含着一个推论：如果 X 是一名绅士，那么其他人就期望他会符合讲真话的道德范式；如果他不是绅士，那么他就会被归入非 X 的社会阶层（不可靠的仆人或者甚至是说谎者）。特定种群的感知能力将由于他们所继承的社会阶级而受到信任。[1] 这个吐真者的模型是否适用于真实的历史实践就是另外一个问题了。[2]

正如我所陈述的，贵族或宫廷社交性所起的作用受到文学、修辞以及大学学科实践的限制很小。因此，贵族（也包括出身卑贱但技能娴熟的宫廷技师）的信仰、判断以及证明标准可能更自由、更变化多端，它可能是传统的，也可能是现代化的。曼索和古瓦尔特洛蒂的信件既没有描绘出狭隘地不加鉴别地信任其他贵族证词（仅仅因为他们也是贵族）的贵族形象，也没有展现出亦步亦趋地根据朝廷的潜规则而改变信仰的用户形象。相反，它们揭示了从帕多瓦到

---

[1]　See Shapin 1994, esp. chap. 3, "A Social History of Truth-Telling: Knowledge, Social Practice, and the Credibility of Gentlemen." For all its talk of practice, Shapin's account is about norms and aspirations rather than actual behavior, as "the historian has no privileged knowledge of how much or how little the early modern period was marked by genuine truthtelling" (101, xxvii-xxviii).

[2]　See P. Lipton 1998.

那不勒斯和佛罗伦萨，博学的绅士与贵族、神职人员以及现代主义教授文化圈内一种令人吃惊的开放、博学而审慎的沟通氛围——这与哈尔布斯堡王朝内的文化氛围并无本质不同。[1] 来自帕多瓦的报告成为了那不勒斯人曼索的契机，他求证和反思他的闻听，改变他固有的想法，并尝试用他已有的信念来劝说陌生人，并在他所理解的框架内进行权衡、详查、判断和询问，例如四个新行星对于占星学基础的意义。这一开放态度成为伽利略进入这些社交圈子的入场券。也许权贵阶级会对评判政治和法律圈内的事实主张有一定的影响力，但即便是在 17 世纪的英国宫廷，正如芭芭拉·夏皮罗（Barbara Shapiro）评论的："仅仅是绅士的身份并没有什么决定作用……一名绅士可能与其他绅士争论不休，而数个阶层的目击者可能会分别支持对立的两方。"[2]

　　类似地，在有关天体事件的知识游说过程中，贵族地位本身并不能成为特别的佐证，这一点我们从第谷·布拉赫的例子中可见一斑，他因为某个恐怕并不可靠的乡下人的见证而相信了某一个天体事件的存在。相似地，伽利略在批评巴尔达萨雷·卡普拉和西蒙·迈尔没有遵循第谷·布拉赫所例证的学术诚信时，他选用的是公共修正而非社会地位作为正确的判断标准。最终，当伽利略、第谷和开普勒打破了既有的学术修辞和学科传统时，他们的表现并不像普通的朝臣；相反，他们把"古代之路"和"现代之路"之间的竞争带出了大学，使之进入了收入上更不稳定但思想上更为灵活发散的朝堂。

---

[1]　On the Central European scene, see R. Evans 1979, 38-40; no courtly patronage as fostering a realist agenda for astronomy, see Jardine 1998.

[2]　B. Shapiro 2000, 118.

18

伽利略可再现的新发现是如何传播的

《星际信使》、新星的争议以及伽利略"对哥白尼问题的沉默"

《星际信使》的很多翻译者强调过伽利略在报告观测发现、避免过于激进，以及将系统理论化时所采取的直接经验主义风格。此种解读的一个重要功能在于，将伽利略与他本人在 1597 年致马佐尼和开普勒的信中清楚表达的哥白尼信念分开。德瑞克（Drake）称，伽利略"从 1605 年至 1610 年丢失了对'哥白尼主义'的信仰"。伽利略那些年里对哥白尼问题的沉默让德瑞克拔高了伽利略的形象，视其为首个现代科学人物，认为他与 19 世纪的科学家詹姆斯·克拉克·麦克斯韦（James Clerk Maxwell）和海因里希·赫兹（Heinrich Hertz）的脾气相似，同样反对其所处时代的"书本上的哲学家"——他们是最早的机会主义者，"被迫尝试用系统性理论来解释实际观测"并"尽可能地杜绝形而上学的影响"。[1]和德瑞克一样，卢多维科·杰莫纳特（Ludovico Geymonat）坚信伽利略并没有用《星际信使》一书来发展更伟大的"革命性"主张。望远镜的发现是"经验而非数学"的产物；而到后来伽利略才很快意识到它们对于"世界体系"的重要意义。[2]韦斯特福尔和比亚乔利同意这些观点，但寻求不同的道德意义，他们认为，伽利略对宇宙学的轻描淡写可能是出于政治上的考虑；韦斯特福尔称，伽利略"更多地把望远镜视作寻求庇护的工具而非占星学的仪器"[3]。

从内在主义和外在主义奇怪的一致性中，我们可以找到伽利略对哥白尼问题沉默的一般原因。[4]伽利略也对其他有潜在关联的问题表示了沉默（正如第13章所示，包括他与开普勒正在发展的关系，以及他自己的占星学实践）。此外，在刚刚过去的10年间充满倾向性的新星争议中，伽利略并没有显露存在感。事实上，由于仅仅作为一种信息通告，《星际信使》尽量避免正式对争议中的任何一方表示支持——尽管它的内容本身显然就是对传统主义者的某种攻击，而伽利略的下一本书也正是因此出名。同时，伽利略并未忽视新手们提出的主要问题：从一开始，《星际信使》就谈论着"之前从未见过"的星星。从这个意义上讲，伽利略笔下的新星并非天空中呈现的一连串新事物中最新的。它们属于不同的种类，在描述新发现时，伽利略并未消除上帝创造前所未见之新存在的能力和意愿，而是把他本身表述为一位不可或缺的中间人。尽管传统上把天使视作天神信使，但这次是一名人类中间人（信使伽利略·伽利雷）"在望远镜的帮助之下"

---

[1]　Drake 1978, 110, 152（Drake believed that Galileo was not yet "wedded" to the Copernican system in 1610）; Drake 1990, 233-34. Wallace（1984, 259-260）follows Drake on this matter.

[2]　Geymonat 1965, 39-40.

[3]　Westfall 1985, 128; Biagioli 1993, 94-96.

[4]　On the question of Galileo's silence, see esp. Clavelin 2004, 17-28; Bucciantini 2003, xxii-xxiii.

让原本不可见的星体变得可见。[1]

之前的新星被认为是上帝愿意的时候才会出现，但与之不同，伽利略笔下的新星需要一种人类的新输入。正是信使功能所寓指的空前和主动的意义，使得这本书和这本书中的仪器显得不同寻常、令人激动，也可能让当时位于朝廷和其他场所的受众觉得危险。

然而，伽利略与 1604 年的新手十分相似。他把他所有的天体新发现归结到普通现象的范畴，它们是月亮上的山峰和山谷、昴宿星团、猎户星座、银河的新星体，以及这四个至今为止仍然未知的木星"行星"。与新手一样，伽利略认为无需把上帝视作第一因。这就是为什么他能将他的对象置于"哲学家和数学家"的描述性、解释性和预测性范畴，而非神学家们的形而上学范畴。[2]尽管他在信件里常常把这本书称作"天文学通告"，但他的目的并不仅仅是"报告"，而是要给他所报告的事物赋予更大的意义，并因此将之提升到严肃的学术问题的高度。然而，从目前被传统主义者（他喜欢称呼他们为"大批哲学家"）所禁止的角度而言，月亮是"普通的"，因为伽利略观测到的月球表面很像地球（到处分布着一连串山峰和深谷）。[3]《星际信使》一书的扉页醒目地标注了"美第奇星"

---

[1] Literally, a glass through which one looks. The neologism is derived from *specillum* (*speculum* or glass), best rendered in French as *lunette* or *lentille*. The Italian *occhiale*, derived from *occhio* (eye), the term Galileo often used in his letters, has the connotation of an eyepiece — hence, a glass through which one looks with the eye. It was variously Englished in the seventeenth century as "Mathematicians perspicil", "perplexive glasse," "optick magnifying Glasse," "trunk-spectacle," and "optick tube" (see Nicholson 1935, 442). For a recent critical summary of the literature on the telescope and optics, see Pantin's fine discussion in Galilei 1992, lxviii-lxxxviii; I have also benefited from the excellent English translation and commentary by Albert Van Helden (Galilei 1989a) and his important discussion of the invention of the telescope (1977).

[2] In an early letter to Vinta, Galileo characterized his work in progress as follows: "As soon as this tract, which I shall send to all the philosophers and mathematicians as an announcement[*avviso*], is finished, I shall send a copy to the Most Serene Grand Duke, together with an excellent *occhiale*, so that he can reencounter [*riscontrare*, "meet with"] all these truths" (Galileo to Vinta, January 30, 1610, Galilei 1890-1909, 10: no. 262, pp. 280-82; quoted and translated in Galilei 1989a, 18, by Van Helden, who uses the more precise *verify*).

[3] Galilei 1989a, 40.

一词，公开强调了他与佛罗伦萨宫廷的私人关系，让人想起了莱因霍尔德式的永久天体"纪念碑"，而不是献词中临时人为的纪念。[1]

然而，书中用这种方式提及当前掌权的美第奇家族并不意味着它主要是为宫廷读者所写。宫廷只是伽利略预期的读者之一（例如，就像教会只是哥白尼的受众之一一样）。[2]像新手一样，伽利略的著作主要而且明显是针对从业者。他在扉页中称他的新发现为"伟大且绝对令人惊奇的奇观"——"每个人都能看见，尤其是哲学家和天文学家"。包括美第奇家族在内的"每个人"都被邀请见证这新的奇观。不过，他与美第奇宫廷的私人通信清楚说明他的"通告"是针对"所有哲学家和数学家"。[3]和新星一样，这一新现象所有人都可观察到，但它们的光学和几何学理论基础只有博学的拉丁文读者才能明白，这对于传统主义者和现代主义者同样如此。和1572年、1604年的新星，以及1577—1585年间出现又消失的彗星不同，伽利略的新发现并不会永远消失：任何人只要拥有一架优质望远镜就可使之再现。因此，它们既非如双头的修道牛犊般异常的怪物，也非被灾难预言者们所钟爱的不可预测的末日的讯号或警示。由于木星的"行星"并非独特的星体，这意味着它们就像已知的行星一样必须在可见宇宙的结构中拥有自己的"空间"。这还意味着原则上它们的运动必须是在天文学

---

[1] Cf. Reinhold 1551, fol. α3v: "Etsi autem honorificum est relinquere nominis & virtutum memoriam in scriptis, historijs, in tropheis in aedificijs, tamen multò splendidius est, & gratius habere monumenta in his pulcherrimis, &perpetuis corporibus, coelo & stellis quasi flixa, quas quoties adspiciunt homines docti, & benè morati excitantur, primùm ut celebrent Deum comditorem huius mirandi operis, deinde ut tratias agant, quòd monstrauit motus, postea etiam de beneficijs magnorum Principum, & scriptorum cogitant, quorum laboribus haec sapientia conseruata & propagata est."

[2] Ibid., 20-21.

[3] In his reply to the January 30 letter, Vinta echoed Galileo's language in referring to the "*avviso* sent to all the philosophers and mathematicians" (Vinta to Galileo, February 6, 1610, Galilei 1890-1909, 10: no. 263, p. 281）. Cf. Biagioli 1993, 120: "He needed an absolute prince because his marvels could best gain value and grant him social legitimation if they were made to fit the dynastic discourse of such a ruler...[H]e correctly realized that Venice was not the best marketplace for his marvels."

上可再现和可预测的，因此它们有携载星相学意义的潜力。但如果新的木星"行星"有任何星相学的重要性，伽利略就不会在《星际信使》中不置一词。[1]

尽管伽利略选择不在世界体系的论辩中使用望远镜的观测结果，但这一仪器并非突然将"哥白尼主义"的思想放入他的私人日程。而当有关佛兰德斯人的观测仪器的消息意外传到意大利时，在 20 多年内没有人比伽利略更懂得如何利用它，这不仅是因为他作为一名仪器制造者具备精湛的技能，也因为他曾经理性地思考过包括地球在内的运动的问题。只要有可能，自 1597 年开始，他就在追踪开普勒有关新宇宙系统的思想。望远镜让他把长期沉淀的思想、爱好以及技能结合在了一起。宫廷的赞许使他可以将他关于自然世界的思想传播给新的受众——不仅是学术传统主义者和帕多瓦的贵族小圈子，还包括开普勒所要求的更广大的读者大众。换句话说，宫廷成为了一种政治和经济杠杆，使他有更大的出版自由，进而能够抵抗把数学家归类为解释自然现象的小角色的学术权威。

在这个意义上讲，伽利略是在利用宫廷的关系来继续他与帕多瓦及其他地区传统主义者之间的战争。他通过理论和实践力学构建了一种自然哲学方法，他已经开始着手构建星的科学理论领域内的新系统，但他却没有发表任何有关的著作。

事实上，《星际信使》中的轻描淡写说明，他希望不仅仅是简单地"报告"他的发现，而是要将它们整合进一个更大的理论框架——"我想更多地讲一讲我们的世界体系"，他写道，示意要在准确无误的哥白尼学说平台上发表一篇自然哲学的综合性论文："我们想证明（地球）是运动的，且在亮度上超过了月亮，它并非宇宙杂碎和渣滓的垃圾场，我们将用自然界的大量论据来证明这一点。"[2]

45

[1]　Galilei 1890-1909, 11: 105-16; see Kollerstrom 2001, 425.

[2]　Galilei 1890-1909, 3: 75; Galilei 1989a, 57. It is difficult to reconcile this passage with Stillman Drake's remark that "he did not, however, declare in the *Starry Messenger* that the earth was a planet" (1978, 157) .

这像是某种保证书。在致词和之后的短文主体部分，他都提示了某种哥白尼主义的可能性，即四个美第奇"行星"围绕着木星旋转，而木星则围绕着不动的太阳旋转。然而，由于伽利略清楚地意识到美第奇星的新发现并没有消除第谷体系的可能性（实际上，它们根本没能证明地球是在运动的），实际上他提出了包括第谷在内没人曾经提过的异议。他反对道，地球不可能是个行星，因为如果它是行星的话，行星中就唯有它还有着月亮，而这两者是一起围绕着太阳运动。如今木星有着自己的附属"行星"这一事实说明，地球拥有月亮并不特别。伽利略在《星际信使》中不可能给出必要的证明（更倾向于指向一种不充分决定的僵局），这已经是他在天体秩序问题上依据木星观测资料给出的最佳解释了。

因其作为一则通告的大胆性，这本书并没有假装是从开普勒定律（据说它能揭示宇宙中所有的秘密）这样的原理中推导出方法。《星际信使》并非理论，也非原理甚或世界体系；然而，它远超出了实用手册，因为它既非只是描述像军用圆规这样的新仪器，也不像第谷·布拉赫的工具书那样野心勃勃。正如很多评论家评论的，这本书被限定在"通告"范围之内，内容为推论性预测、通报和报告。[1] 由此，伽利略（故意）选择的措辞方式着重说明了这本书在哥白尼理论方面的范围限制。如果作者更深入的理论意图足够清晰，他并未将他的观测发现当作更大的论证的一部分来批驳所有的可能立场：因此他没有引用布鲁诺的无尽世界、布拉赫的双心系统、开普勒的椭圆轨道和多面体原型、吉尔伯特的磁哲学、梅斯特林关于月球具有与地球相似特征的观点，甚或是 1604 年的

---

[1]　And was so called by Galileo and his correspondents（e. g., Castelli to Galileo, September 27, 1610, Galilei 1890-1909, 10: no. 399. p. 436）. See Galilei 1992, xxxiii; Galilei 1989a, ix; see also Dooley 1999.

新星。[1] 过去 10 年内纷繁的丰富理论在书中都没有体现；但消除了这些复杂性之后，《星际信使》无意中给人以现代科学报告的朴素感觉。

因此，我们可能会强调伽利略的仪器以及第一本重要出版书籍的不同功能。[2] 显然，除了帮助改善经济状况外，它们还使他的工作有得以公开的空间，并且减少了他跨学科研究的制度障碍。但是，不管有还是没有庇护，这些仪器和书籍都不能给出地球运动的决定性证据。这种情况就提出了两个问题：这两者（一起或者各自）是如何首次成功地使得伽利略所推行的天体表达变得稳固？这一结果如何影响到了哥白尼问题？

借助宏观镜头（Macro Lens)

1610 年 3 月中旬—5 月初，《星际信使》和望远镜被接受

阿尔伯特·范·赫尔登（Albert Van Helden）发现，《星际信使》中包含的初始消息"通过外交和商业渠道的传播速度之快令人惊讶"。[3] 参照开普勒 1596 年的《宇宙的奥秘》和 1609 年的《新天文学》所遭遇的严厉抵制，以及 1604 年的新星后四年内的广泛反响，范·赫尔登的评价有更多的历史意义（也更令人惊讶）。

---

[1]　Through Kepler, Galileo had known since 1596 that "Maestlin proves by many inferences, of which I have not a few, that it [the Moon] has also got many of the features of the terrestrial globe, such as continents, seas, mountains, and air, or what somehow corresponds to them" (Kepler 1981, 164-65) . In 1621, Kepler claimed that such was the "consensus of many philosophers" and that "Galileo has at last thoroughly confirmed this belief with the Belgian telescope" (ibid., 168-69) .

[2]　Galilei 1992, lii.

[3]　Galilei 1989a, 87.

这些对比自然而然地就提出了如下问题：伽利略的主张为什么、如何、在何地以及在怎样的受众范围内传播得如此之快？如果我们关注每周的信息流通（有证据表明，这在这个不寻常的案例中是可能的），就会找到一种非比寻常的流通模式，让有关这本书和仪器的相对重要性的反响能够以伽利略传播其主张的方式流传。

比起伽利略本人制作的望远镜，这本书更容易流传，传播得也更快。许多书册的传播根本就与伽利略本人的推动无关。从这个意义上讲，《星际信使》的传播更像开普勒《论新星》的情形：只是发表对新星的描述，而没有利用读者的真实的第一手观测结果。如果假定同时代的人以为一本关于天体的书会要求一件相伴的仪器，那可能会过于现代主义。与之相反，没有仪器看起来也并未严重影响到其可信度，更别说这本书的报告所引起的激动了。可以说，这本书激发了对望远镜的兴趣，提高了人们对它的期望，并提出了拥有望远镜的需求。荒诞的是，伽利略的仪器的性能有时与他提出的主张背道而驰。

《星际信使》出版后第二天，英国贵族外交官亨利·沃顿就读了它，并在给詹姆斯国王的外交邮袋中附上了一册，袋中还有一则给索尔兹伯里伯爵的相对详尽的报告，由此可窥见美第奇渠道之外的早期反应。博学的沃顿先生自 1604 年起就是驻威尼斯大使，他依靠英国的学生、间谍和游客建立了情报网络，其中包括埃德蒙德·布鲁斯和斯考特·托马斯·塞格特（Scot Thomas Seggett），他于 1604 年主动帮助后者逃离威尼斯监狱。[1] 除此之外，沃顿给索尔兹伯里的信件还表明：他对同胞托马斯·哈里奥特已经开始进行天体观测这一点一无所知：

现在向你汇报当前发生之事，我随函向陛下呈上一则他在其他地方可能闻所未闻的最奇怪的新闻（为了不显立场，姑且如此称之）；也就是随信所附的帕

---

[1] Wotton had taken his B. A. at Merton College, Oxford, in 1588 and later visited Kepler（Feingold 1984, 83）.

多瓦大学数学教授所写的这本书（就在今天才从国外获得），他使用了一个最早在佛兰德斯发明，并由他本人加以改良的光学仪器（它既能放大也能拉近物体），发现了围绕着木星旋转运动的四个新"行星"以及许多其他的未知恒星；同样的，他还给出了长久以来人们一直在研究的银河的真正成因；最后，他指出月亮并不是球面的，而是有着很多突起之物，这其中最奇怪的是，他似乎认为月亮发光是由于地球反射的太阳光。如此，按照这个理论，他几乎推翻了之前所有的天文学（因为我们必须有一个新的球体来存储这些新事物）以及一切的占星学。由于这些新行星的禀性需要改变判断标准，为什么目前还没有出现更多行星呢？请恕我冒昧地将这些问题呈报给阁下，因为这个问题在这里已经人尽皆知。很幸运的是，本书的作者既非过于出名也非过于不可理喻。在我的下一个邮袋中，阁下将收到我所邮寄的一件由这个作者所改良的上述仪器。[1]

和曼索一样，沃顿并没有对他所汇报的"奇怪新闻"表示出严重的怀疑；事实上，他很快就从披露新事物转为发表他对其含义的理解："他首先推翻了之前所有的天文学……然后是一切的占星学。"同样，和曼索类似，沃顿立即就意识到了四个新行星的占星学含义；但由于他已经拥有了这本书（曼索并没有），他发现伽利略至今也没有在这个问题上给出任何帮助。通过向另外一名贵族写信（并由此向国王本人汇报），沃顿并没有提及任何有关美第奇王朝的神话，尽管作为一名老道的外交家，如果这样的神话确实存在，他肯定能敏锐地捕捉到它所象征的意义。简而言之，沃顿意识到伽利略的主张最终可能使作者本人看上去"不可理喻"（或者"声名卓著"），但他对这些主张可信度的初步评价似乎完全是基于他自己的印象——即使没有"光学仪器"的帮助。毕竟，他的职业是外交官，需要从不可信的新闻中挑选出可信的。如果国王感兴趣的话，沃顿

---

[1]　. Henry Wotton to the earl of Salisbury, March 13, 1610, Smith 1907, 1: no. 181, pp. 486-87.

将尽可能使国王本人读到伽利略的书；但他在下一个邮袋中是否成功地寄出了"改良后"的光学仪器，就不得而知了。

另外一个与书籍发行有关的早期行动（伽利略仍然没有直接参与）是在沃顿的急件发出之后三天，保罗·萨比把《星际信使》一书寄给了威尼斯驻巴黎大使，并请其转交给他的好朋友纪尧姆·莱斯卡希尔（Guillaume Leschassier）。

萨比给莱斯卡希尔的信中精准地描述了望远镜，看起来他对这个仪器已经十分熟悉〔"就是你称为潜水护目镜（lunettes) 的东西"〕，他还概述了"可以从这本小书中读到的"主要的新发现。[1] 但这一仪器还未开始流传，萨比也未提过要发送一台（很可能因为它在确保可信度方面并非不可或缺）。3 月 19 日，也就是书出版一周后，才有证据表明有仪器分发的计划。伽利略通知文塔说他有大约 60 台望远镜"在制作时遇到了大麻烦"，他认为这中间只有 10 台足够好到能发出去。在更早的一则信息中，他也提及了 100 台望远镜中有大约 10 台质量过关。就此而言，显然伽利略遭遇了供货难题。书的数量远多于仪器，而前者也比后者更易于制作，因为没有什么机器可以像出版社重复印刷年鉴或《星际信使》一样毫不费力地复制望远镜。鉴于真正高品质（足以证明他在书中所描述的观测为真）的仪器稀有，伽利略显然决定把这批少量仪器优先送至宫廷。考虑到他已然决定让美第奇家族成为他的保护人，很明显，第一批收货人应该是这个家族的其他人员，例如他长期的支持者安东尼奥。除了这个最亲密的家族外，他还寄送了一台给科隆选帝侯，伽利略的兄弟米开朗基罗是其宫廷音乐家〔但其宫廷数学家约翰·尤图·扎格梅瑟（Johann Eutel Zugmesser）却并非伽利略的朋友〕。他还提及过红衣主教德尔·蒙特，他的老庇护人吉多贝多的兄弟；最后，虽然未提及具体收货人的名字，但他还选择往西班牙、法国、波兰、奥地利以及乌尔比诺的宫廷寄发了望远镜。显然布拉格宫廷并不在此列；在长期的分歧

---

[1] Paolo Sarpi to [Guillaume Leschassier], March 16, 1610, Galilei 1890-1909, 10: no. 272, p. 290.

之后，很可能伽利略担心开普勒的反应。

截至 3 月 27 日即书出版三周后，仍然没有证据表明有人收到了望远镜。但《星际信使》一书仍在流传。在佛罗伦萨，在弗朗西斯科·诺里（Francesco Nori）家中的一次公开聚会上，这本书被当众宣读。同时，负面的反应也开始从帕多瓦和博洛尼亚的大学圈子内浮现，马基尼年轻的秘书马丁·霍基（Martin Horky）写信给开普勒说他读了《星际信使》，他认为书中的新发现是真实的，或者就是假的。没有证据表明这是马基尼本人的观点，但这一点很快就会发生变化。由于这些进展的时间有重叠，伽利略对博洛尼亚学术圈内的负面反应还不得而知。他对布拉格的情况也一无所知，此时国王陛下（通过某种手段）也得到了一册《星际信使》（很可能是在 3 月底）。

在 4 月 3 日即书出版后的第四周，布拉格的活动开始增多。更多的书开始流传。第二本《星际信使》抵达了，马特乌斯·威尔瑟把它带给西班牙大使，而他本人在 1603 年曾经是开普勒和埃德蒙德·布鲁斯之间的信使。在第四周结束之前，托斯卡纳大使朱利亚诺·德·美第奇通过沃顿人托马斯·塞格特从伽利略那里得到了第三本《星际信使》，并于 4 月 8 日借给了开普勒。然而，开普勒此前已经看过了皇帝的那本书，因此，尽管伽利略并未发送仪器给他，但我们可以说在书出版一个月内开普勒就已经仔细阅读过伽利略的学术主张。另外，考虑到消息传播的时间以及通常的延误，伽利略在 4 月底对此还全无所闻。也许是通过意大利的渠道，他形成了不太乐观的观感：根据维罗那的谣言，有人说望远镜本身是他在书中所描述的现象的成因。即便此类怀疑开始滋生，伽利略还是从贝内德托·卡斯泰利那里得知后者收到了一本书，而且从当地一名牧师那里借到了某件观测仪器。因此，在《星际信使》出版的头一个月内，关于它的讨论和评论就已经展开了（大多数情况下都没有观测用的望远镜）。再一次，开普勒和伽利略又通过中间人而不是直接的私人通信联系在了一起。[1]

在第五周，随着更多的书在威尼斯和罗马流传，围绕着开普勒，布拉格的活动也开始密集起来。美第奇大使应伽利略的请求正式询问了开普勒对于《星际信使》的看法。开普勒自己说道："您约我于 4 月 13 日与您会面。当我到达之时，您向我宣读了伽利略在与您的通信（这封信如今已经丢失）中的请求，而您也加进了个人的观点。听到这些话之后，我允诺在信使计划离开之前及时准备一些回应材料，而我也遵守了我的诺言。"[2]

六天之后，4 月 19 日，开普勒的确让信使把一封长信带回了意大利。下面我们简要讨论一下他能如此迅速和深入地回应的原因。可以说从 1597 年开始，开普勒就第一次打破沉默而直接写信给了伽利略。两周之后，5 月 3 日，这封信成了一本标题为《与伽利略〈星际信使〉商讨》的书。在伽利略收到 4 月 19 日的信件之前，其在布拉格的亲密盟友马丁·哈斯达尔（Martin Hasdale，捷克语为 Hastal、意大利语为 Asdalio）已经通过一份非正式的报告打下了伏笔。哈斯达尔在布拉格某大使的家里（萨克森）遇到过开普勒，其间讨论了大量的宫廷事务，哈斯达尔把他的印象直接告诉了伽利略。这封信十分重要，因为它反映了对开普勒写给伽利略的信件的某种私人注解：

---

[1]　Biagioli reads this episode as an official, statelevel diplomatic exchange where patronage governed scientific communication: "While Galileo was communicating with Kepler, Cosimo II was asking Rudolph II to confirm the existence of the Medicean planets. From such a confirmation, the Medici would improve their international image, but Rudolph would also have his very high status cinfirmed since he (through his mathematician) had been given the status of a judge of the matter. Kepler and Galileo communicated as clients (and therefore representatives) of the Emperor and the Grand Duke and not as scientists" (1990c, 27-28). If this was in fact an official communication, it is curious that Giuliano de'Medici's copy of the *Sidereus Nuncius* arrived through Thomas Seggett unaccompanied by a formal letter from Vinta or Cosimo II or by a telescope. On April 19, the Tuscan ambassador asked Galileo for a telescope on behalf of the emperor, suggesting that it be sent from Venice by Asdrubale da Montauto (Galilei 1890-1909, 10: no. 291, p. 319); but, as far as can be determined, an instrument was never sent.

[2]　Kepler 1965, 3.

我问他（开普勒）关于这本书以及阁下（也就是伽利略）的意见。他回复我说在很久之前他就与阁下相识，并且认为对于他而言，在这个领域内没有人比您更加重要；尽管第谷也很重要，但阁下您的重要性已经超过他很多。就这本书而言，他说您已经显示出您精神的灵性，但他也有些理由不仅对德国还包括对您本人有所不满，因为您没有提及已经宣称这些发现或有助于您做出发现的作者们。对于这些人，他提及了意大利的乔尔达诺·布鲁诺，以及已经宣称有类似发现的哥白尼和他自己（和您一样，尽管没有证据也没有示范）；他已经随身带着这本书以便在萨克森大使那里阅读。[1]

　　除了其他一些事情之外，哈斯达尔的信件表明，世界上的从业者已经有他们自己的"智力信度内部层级"（internal hierachy of intellectual credit），这与宫廷的庇护和威望无关。对于一小群世纪之交的理论革新者而言尤其如此，他们反对大学，而大学原本可能是他们信度的自然来源。开普勒（而非鲁道夫皇帝）给予了伽利略很高的赞誉，认为他已经超过了第谷·布拉赫；但同时，对于伽利略没有给予布鲁诺和哥白尼之前的工作足够的承认，他也表示了批评。这些混杂的评判及其折射出来的感受影响了开普勒与这位难以捉摸的、隐忍克制的佛罗伦萨人之间的公开交流。

开普勒与伽利略的哲学及其著作的对话

　　4月13日，开普勒处于一种紧张状态。美第奇大使应伽利略的请求（此信已佚失）正式询问了开普勒对于《星际信使》的看法。开普勒在两周前看到了

---

[1] Martin Hasdale to Galileo, April 15, 1610, Galilei 1890-1909, 10: no. 291, pp. 314-15.

这本书（我们假定他在 3 月末看到了皇帝所藏的那一册），而皇帝本人也要求听听他的观点。如今他有了第二册。然而，和其他大多数读者一样，他并没有望远镜，也没有伽利略发表的其他作品作为参考。除此之外，自 1597 年他伸出友谊之手热切地希望能合作时，伽利略就公然地忽略了他。开普勒的回复中没有任何迹象表明伽利略曾为此而道歉，也没有提及过在外交邮包中寄过任何仪器。

这一交流的背景并不十分友好。开普勒是如何控制多年来对伽利略的无视态度的愤怒的？他怎么看待 1602 年源自埃德蒙德·布鲁斯的传言称伽利略在传播开普勒的观点时把它们说成是自己的？另外，马丁·霍基在一封颇具挑拨意味的信件中称，开普勒需要修改"打算与马基尼一起发表的、有关以第谷原理为依据的星历表"著作，他如何看待这封信？让他觉得稍稍舒服一点的是，伽利略的书似乎无意中对开普勒本人所有著作的核心即哥白尼行星秩序理论提供了另一种支持。如果开普勒准备公开表达想与伽利略交往，就需要大量的修辞润色和外交辞令，更别提认知层面的敏锐洞察了。

开普勒自己并没有亲见也没有听说有任何人（除伽利略本人之外）亲眼观测过，因此他需要决定是否以及如何表达他对基于仪器观测的这一主张的支持。开普勒知道，基于观测报告的真实性，鲁道夫宫廷内的传统主义者会持怀疑态度。最终，他需要快速处理上述问题以便及时满足托斯卡纳大使的请求。

需要做些什么呢？首先，开普勒必须选择合乎时宜的最有效的措辞。正如伊莎贝拉·潘廷（Isabella Pantin）所示，他给标题选择了一个与公开发表学术论义相关的单词（dissertatio），而避免引致如同学生为自己的命题辩护一般的、仪式化的口头辩论。此外，开普勒还避免使用自己在其他场合使用过的措辞。例如，在《支持第谷并反驳乌尔苏斯》中，他在为第谷的世界体系辩解的同时避免了为哥白尼的学说争辩。类似地，他避免采用那种需要他逐条应对《星际信使》中每个主张的论注形式。尽管他可以在表面上选择书信形式（例如，"致伽利略的信"），他还是选择了一个让他有足够灵活度的单词，以便他在严肃的哲学论辩以及半严肃的角色扮演之间游刃有余。事实上，潘廷极富洞察力地促使我们关注到了给伽利略的这个玩笑性质（与示范性质相反）的回复下隐藏的保护性伪装。开普勒的回复将是一本玩笑性质的书籍，充满了主张、反主张、悖论、人类感情以及很多漫谈。开普勒于是开启了与伽利略这个著作之间的"商讨"（conversation）——巧合的是，这也正是爱德华·罗森（Edward Rosen）翻译开普勒此作时选用的英文翻译。即便如此，这也并非朝臣手册中所描述的此类世袭贵族之间理想化的对话，而是一次酝酿已久的偶然相遇，就像地震张力积累已久的能量释放到地表一样。

开普勒之所以能极为成功地给予托斯卡纳大使如此快速的回复，主要原因有四。其一，他依据自己的著作（《宇宙的奥秘》《对威蒂略的补充——天文光学须知》《蛇夫座脚部的新星》，以及《新天文学》的部分内容）构建了《与伽利略〈星际信使〉商讨》，大胆而又巧妙地将伽利略的发现重新定位在他自己的范畴之内，这样就有效地控制了"对话"的范畴。其二，他赋予理论化以特权，这种活动对通过感观发现的具体事实做预测推理，由此，他把自己定位成补充、辅助伽利略并且更胜对方一筹的角色。其三，正如他在《论新星》中的做法，他利用与瓦克尔·冯·瓦肯菲尔斯（Wacker von Wackenfels）的真实对话（以及他对后者的反对意见）来引入乔尔达诺·布鲁诺的观点（开普勒严重不同意布鲁诺的观点），也借此表述了伽利略与他们的公开对话。其四，他把由埃德蒙德·布鲁斯作为中介的秘密联系变成了公开的、（对伽利略而言）不太方便的事实。他选择了一种灵活自如的人文主义样式，不时地表露他自身的感受，从而能够大量使用悖论和反语，轻轻松松地委婉地表达他的目的：时而校正，时而让步，用反问来攻击，针对伽利略声称的空前的发现故意征引前例。最终，他把自己说成是伽利略的哥白尼式盟友，但这只是他个人的看法。总而言之，伽利略简简单单的一个请求带来了远超过预期的回复。

开普勒的《读者须知》包含了各种修辞手法：开诚布公、哲学上的独立性以及矛盾态度。"我不认为伽利略这个意大利人对待我这个德国人足够好到要让我来奉承他，因为恭维是对真理和我最深切的坚定信仰的一种伤害。但我不愿意有人认为我乐于同意伽利略的观点就是要剥夺其他人反对的权利。此外，我在此要为自己的观点辩护……然而，我发誓，当有更为博学的人用合理的方法指出我观点中的错误时，我会毫无保留地放弃我的观点。"[1] 显然，这并非对伽利略的无条件支持。开普勒在正文一开篇就攻击伽利略的长期沉默以及无视其有关"新天文学和天体物理学"的最新著作。他故意再次引用其《新天文学》前言中的军事比喻，把自己比作一名为了长期艰苦的战役而短暂休息的将军。[2] 然而，开普勒并没有如愿得到伽利略的致谢和表扬，他承认说一桩爆炸性事件——望远镜观测发现四个之前未知的行星的"惊人报告"——震惊了他。

这则报告之所以惊人，不仅因为它揭示了未知的事物，而且因为它所揭示的整个景象也是完全出人意料的，是一种"未知的未知"[3]。此外，这个报告的传达既非通过伽利略个人，也非借助已出版的《星际信使》，而是借由第三方，即通过信使口口相传给了瓦克尔，瓦克尔又"在寓所前的四轮马车上"把消息告诉了开普勒。因此，开普勒在看到《星际信使》的内容之前有一段焦灼盼望的时期。这种焦灼名义上是说开普勒害怕（而瓦克尔是希望）伽利略证实了布鲁诺无限空间中的无尽世界理论，会对《宇宙的奥秘》中有限论的原型世界造成无法挽回的伤害："这引起了我们强烈的情感……他为这则消息感到十分高兴，而我则十分羞愧，但我们两者都对此付之一笑，他几乎笑得无法说话，而我则笑

---

[1] Kepler 1965, 7.

[2] Ibid., 6: "For the military analogy, which I jokingly used in that public book, has been continued, with no less propriety in this introduction to a private letter."

[3] Or "unk-unk," in the felicious phrase of Duncan Agnew. Personal comment, Science Studies Colloquium, University of California, San Diego, March 12, 2003.

得无法聆听。"[1]

　　看起来确实发生过这段插曲，但我们必须记住，开普勒在做这番叙述之前已拥有《星际信使》一书，因此我们不能把他的叙述看作一篇真实可信的报告，而应视之为一面"透镜"，开普勒借此将伽利略和其他读者的注意力引到了一个严重的政治问题上。开普勒引入瓦克尔并强调其鲁道夫宫廷官员的身份，由此与布拉格和其他地方的现代化元素对话，包括可能会拥护布鲁诺的天主教徒；同时，开普勒也在宣扬伽利略在《星际信使》中忽略的那些名字和哲学学说，他这样做只能置自己于危险之中。事实上，这种忽视正是伽利略的著作看起来更像"现代科学报告"而非"宇宙学"的原因。相反，对于伽利略试图以沉默来回避的问题，开普勒直言不讳："如果已然发现四个被掩藏的行星，既然已开了头，有什么理由能让我们不相信在同一个区域内会发现无数行星呢？因此，不仅这个世界本身是无尽的，正如梅里苏（Melissus）以及磁哲学的作者、英国人威廉·吉尔伯特所认为的，或者正如德谟克利特和留基伯（Leucippus）所教导的，乃至如现代的布鲁诺和布鲁斯（他们是你伽利略的朋友，也是我的朋友）所说，宇宙中可能有无数个与我们的世界相似的其他世界（或者说是地球，正如布鲁诺所称）。"[2]

　　让我们来讨论一下这篇文章的政治含义。开普勒以见诸文字的方式暴露他与伽利略在 17 世纪初仍然隐藏的社会联系，并且他的做法危险地通过他们共同的朋友——在别的地方尚未确认身份的埃德蒙德·布鲁斯，将伽利略与布鲁诺关联起来。开普勒把伽利略对天空中迄今未知的星体的发现归结为通往布鲁诺无尽世界理论的一小步。但是，1603 年的禁书目录已禁止了布鲁诺的所有著作。由于开普勒早已从天主教皈依者瓦克尔那里知悉了布鲁诺及其著作的命运，因

---

[1]　Kepler 1965, 10.

[2]　Ibid., 11; Kepler 1993, 7. I have made minor adjustments to Rosen's translation.

此，对伽利略而言，开普勒提及布鲁诺会比乍看之下更具政治侵略性。[1]事实上，开普勒在这个问题上并没有含糊不清，他回到了布鲁斯和布鲁诺的联系，制造了一种嘲弄的意味，让人以为伽利略直接参与了他们有关重大哲学问题的对话：

你（伽利略）修正并在某种程度上表达了我们布鲁斯悬而未决的理论，这理论是他从布鲁诺那里参考来的。这些人认为，其他天体会有自己的月亮环绕做旋转运动，就像我们的地球有自己的月亮一样。但你证明他们的说法是概括性的。此外，他们推断恒星才有伴星。布鲁诺甚至详细说明了为什么必须是这样。的确，恒星有着太阳和火焰的品质，而行星则拥有水的品质。这些对立之物通过自然界不可侵犯的法则而结合在一起。太阳不可从行星中剥离出来，就像火不可脱离水而水也不可脱离火一样。如今，你的观测结果暴露了其理论的缺陷。一方面，我们假定每个恒星都是一个太阳。如今没有发现任何围绕它们运转的月亮。因此，直到人们拥有能进行更精细观测的设备并探测到这个现象，在此之前，这仍然是个问题。无论如何，在某些人看来，这就是你的成功之所以对我们是个威胁的原因。另一方面，木星是行星之一，布鲁诺将它描绘为另一个地球。如今，注意，在木星周围居然有四个其他的行星。而布鲁诺的理论是对太阳而非对地球提出了这样的要求。[2]

换个角度来看，开普勒让大家知道，伽利略并没有进一步推进布鲁诺的主张让他舒了口气："首先，我很高兴你的作品让我在某种程度上恢复正常。如果你发现什么恒星也有行星绕之旋转的话，那我就得囚禁在布鲁诺的无尽理论之

[1] Kepler to Johann Georg Brengger, April 5, 1608, Kepler 1937-, 16: no. 488, p. 142: "Brunum Romae crematum ex D. Wackherio didici, ait constanter supplicum tulisse. Religionum omnium uanitatem asseruit, Deum in Mundum in circulos in puncta conuertit." Wacker had an eyewitness report from Gaspare Scioppio of Bruno's execution（see R. Evans 1979, 58）.

[2] Kepler 1965, 38-39; Kepler 1993, 26. I have slightly adjusted Rosen's translation.

哥白尼问题

中，或者，不如说是流放在他的无尽空间之中了。"[1]

这样，开普勒在反对布鲁诺主义者瓦克尔方面就与伽利略保持一致了，进而就可以继续四年前开始的、《论新星》中的讨论。然而，他紧接着提到了成因推理知识（knowledge of cause）对感知知识（knowledge derived from senses）的优越性，由此又收回了某些赞扬："伽利略如今亲眼看到的这些东西，他（布鲁诺）很多年前就不仅作为猜想提出过，而且通过推理完全确立了。那些人的智力预测到了密切相关的哲学分支的意蕴，他们出名无疑是实至名归。"[2] 开普勒将《宇宙的奥秘》中的前辈哥白尼与伽利略归为一类来说明他的观点："（哥白尼）仅仅说明了'是什么'的问题。"[3] 同时，开普勒把自己与柏拉图、欧几里得以及毕达哥拉斯的传统归为一类，尽管他们已经先行触到了五种多面体的神性，却没能看到这些形态对于整个天体组织的适用性。开普勒认为自己准确地推断出了这些先贤的失败之处："从他（开普勒）提出的哥白尼系统的可见景观，到柏拉图在数个世纪之前就提出的先验的、演绎的、相同的解释，就好比从事实到原因。他说明，哥白尼的世界体系中蕴涵了五种柏拉图正多面体的原理……显然，相比于发现事物之后再去寻找其致因的人，更称得上建筑师的是在事物被揭示前已经在脑海中知晓其致因的人。"[4]

开普勒的表态让人想起雷蒂库斯的《第一报告》，他使用了《宇宙的奥秘》而非《新天文学》中的椭圆天文学来给自己佩上天文理论知识的徽章。（开普勒想给伽利略贴上事实发现者的标签，而把自己描绘成哲学家，他显然发觉淡化《新天文学》中布拉赫的关键贡献符合他当前的利益。）同时，开普勒暗暗将自

[1]　Kepler 1965, 36-37; Kepler 1993, 24. Rosen observes that in the April 19 letter to Galileo, Kepler referred to Wacker as the one who would put him in chains and prison（Kepler 1965, 133 n.）. But this may also be a subtle reference to Bruno's own fate.

[2]　Kepler 1965, 37（modifying Rosen's trans.）; Kepler 1993, 25.

[3]　Kepler 1965, 38; Kepler 1993, 25. Rosen renders *tou hoti* less convincingly as "bare facts."

[4]　Kepler 1965, 38; kepler 1993, 25-26. I follow Pantin's translation.

己与先验主义者布鲁诺联系起来，而果断地将伽利略置于事实发现者的较次要的地位。

　　以此为基础，开普勒将伽利略视作哥白尼主义的盟友，并提出为伽利略《星际信使》中无法解释的问题——木星行星对于哥白尼式占星学的含义——进行辩护。作为一名实践占星家，伽利略不可能忽视这个问题。同时代的人很快也意识到了这一点。贵族－爱好者曼索甚至在读《星际信使》之前就注意到了这个问题，而外交家亨利·沃顿在阅读此书时也注意到了这个难题。出乎意料的是，开普勒的建议与曼索猜想的解决方案并无太大不同：由于这四个新行星距离木星从未岔开超过 14 分，最外侧星体的轨道使得整体面积小于太阳或月亮的视直径。这意味着，可以把木星视作较大的星体，它的（视）直径被四个木星行星增大，但不会超过太阳的视直径。"这样，占星学仍然站得住脚"，开普勒这样写道，同时他戏谑地少许加入了伽利略永远不可能忍受的目标论："很显然，这四个新行星并非主要为我们这些生活在地球上的人而生，它们无疑是为居住在木星上的木星人而生的。" [1] 至此，开普勒根据他的条件坐实了与伽利略的结盟："这个结果很显然促使你伽利略和我接受哥白尼的宇宙系统……我们的月亮是为我们地球人而存在，而非为了其他星球。换句话说，每个星球和上面的居民都拥有自己的环绕者。按照这个推理，我们推论出木星上极可能是有居民的。仅仅基于这些星球的巨大个头，第谷·布拉赫也做出了同样的推论。" [2]

　　自相矛盾的是，开普勒如今支持伽利略是名"哥白尼主义者"，但他们与布鲁诺的密切关系则并非伽利略所期望的。开普勒对有人居住的行星的猜想，其视方位主义占星学（aspectualist astrology)、椭圆天文学以及基于目标论解释的原型假设,都让皇帝和瓦克尔（他们最终接受了开普勒有关布鲁诺宇宙的磁性原理）

---

[1]　Kepler 1965, 41; kepler 1993, 28-29.

[2]　Kepler 1965, 42; kepler 1993, 27-28.

惊奇不已，但这类哲学化的方式却远远不同于伽利略的阿基米德式感性，并且由于它与托斯卡纳宫廷的世俗元素格格不入，因而可能威胁到他的政治地位。在佛罗伦萨，并没有我们所熟知的关于布鲁诺的争论。

与之相反，在 1613 年 12 月著名的早餐后宫廷辩论（这也是伽利略与罗马教廷出现之间冲突的开端）中，讨论的焦点主要在于哥白尼的理论是否符合圣经的教义；这个问题是由传统主义者科西莫·博斯卡尼亚提出的，开普勒在 1609 年发表了对这个问题的恰当理解，却没有引起布拉格宫廷的任何兴趣。[1] 这边厢，伽利略不得不与比萨的传统主义者及其在圣马可多明我会修道院的盟友们争辩——这场争辩最终招致罗马教廷的责难——那边厢，即便鲁道夫于 1612 年耻辱的下台终结了一个灿烂的文化时代，布拉格却仍在热烈地讨论有关有人居住的世界和磁力的问题。布拉格与佛罗伦萨之间的对比在许多方面有着几年前新星论辩的相同特征。

在这种情况下，伽利略计划如何应对开普勒针对大使的简单请求而做出的复杂回应呢？早在 1610 年 3 月初，伽利略已有第二版《星际信使》的宏大计划：开始将之翻译为意大利文；收集木星行星周期的观测；计划加入更多的大量精美的铜刻和介绍性诗歌来美化大公和他本人。[2] 伽利略怎样才能出版这样一个版本的《星际信使》而不提及开普勒的《与伽利略〈星际信使〉商讨》，不涉及布鲁诺和吉尔伯特，不对占星学（这类活动在威尼斯、佛罗伦萨和罗马都处于监管之下）表示任何立场，也不理会开普勒贬低他的学术主张为建造和应用望远

---

[1] Castelli to Galileo, December 14, 1613, in Finocchiaro 1989, 47-48. Biagioli asserts that the 1613 episode was a typical form of court entertainment, a game that enabled Galileo to improve his status and credibility by impressing the prince in "present[ing]himself not as a lowly mathematician but as a true philosopher." Evidently, Galileo did not regard a debate with Kepler or Bruno to be a game that would improve his status and credibility, even though parts of kepler's *Dissertatio* could be read as public challenges（see Biagioli 1993, 164-69）. By contrast, there is no evidence that Kepler's status with the emperor was raised, although his work improved his credibility among self-interested traditionalists in both Prague and Italy.

[2] See Galilei 1992, liii-liv.

镜的独创性呢？显然，一名渴望炫耀才能的"高风险，速升迁"的朝臣一定会选择涉及这类话题的书，但这个很有希望的第二版从未出现。

事实上，在意大利限制性的政治氛围下，特别是在 1603 年的禁书目录禁止布鲁诺的著作之后，被人发现与自然哲学的现代主义思潮离得太近是件很危险的事情。[1] 随着新星论战在不同文化空间（宫廷、大学以及宗教团体）内部渐渐平息，在传统主义者与现代主义者之间持续不断的斗争中，以及在现代主义者内部的争斗中，存在着策略性的立场噪声和身份伪装。例如，伽利略的下一本重要著作《关于太阳黑子的书信》（*Letters on Sunspots*，1603）就沿用了《星际信使》的策略，避免提及布鲁诺和开普勒，尽管它将东向运动的可变的太阳黑子纳入普通的自然范畴，并暗示性地将它们与日心说的行星做了比较。[2]

在运用政治策略方面，并非只有伽利略这一个例子。在教会严密的约束之下，他的对手——学识渊博、思想独立地耶稣会信徒克里斯托弗·沙奈尔就曾用假名阿佩利斯（Apelles）发表著作，并在其修会严格的服从制度内做研究。[3] 然而，沙奈尔 1612 年的著作《有关太阳黑子的三封信》（*Tres Epistolae de Maculis Solaribus*）也表明，他已经转变为一名自然主义者——甚至还远不止如此。如同伽利略的著作，《有关太阳黑子的三封信》明显表露了他的现代主义立场，甚至还表现出一种克制的兴奋：他的观测采用一种惊讶的、惊喜的措辞，夹杂着小心和审慎。沙奈尔超越了伽利略单个的方法，而喜欢用不计名的观测和多个不同参数的光学透镜，以消除仪器造假的可能性，并支持对新的实体的位置、排

---

[1] The atmosphere was different in the Low Countries. Two years before Galileo, David Fabricius's son Johannes pubilcly referred to Bruno and Kepler's thesis that the Sun rotates on its own axis and also claimed to have observed spots adhering to the body of the Sun（Fabricius 1611, fols, D1v-D2v）.

[2] "The spots'motion with respect to [*rispeto al*] the Sun appears to be similar to those of Venus and Mercury and also to those of the other planets around the same Sun, which is from west to east"（Galilei 1890-1909, 5: 96）.

[3] Scheiner's *Tres Epistolae* was published without permission of the censors（see Galilei 2000, 57, 174; for censorship within the order, see Hellyer2005, 36-38）.

布和数量的观测的连贯性。[1] 沙奈尔的实体既不特别也非超自然的事件；尽管它们也是自然现象，但它们不是彗星，也非星云。它们是自然的、不透明的、固体的，而且能产生阴影——或许可以解释为以太阳为中心的天体球的较密部分，可能是像木星的卫星一样旋转的、独立的类行星天体——但与伽利略的观点相反，它们总是附着在他假定为固体的、不发生变化的太阳的表面。[2]

这一立场代表了一种符合中间道路的理论化方向，它体现了向与仪器紧密相关的新论证基础的转变。由于沙奈尔的类日恒星（sidera heliaca）并非指太阳，因而它们不能用于推断开普勒式的或伽利略式的太阳移动动力；但由于沙奈尔相信它们围绕着太阳旋转（尽管难以确定可否再次追踪它们的踪迹），可以调用它们来支持卡佩拉体系或第谷体系。[3] 如此，随着公开反对声音的加剧，理论运动和立场的合并在持续进行——即便是在监管之下。

1610 年 5 月，伽利略与托斯卡纳宫廷的谈判

如今，我们可以重温一下伽利略回归佛罗伦萨的动机和意义。时机的选择表明，他认为有必要得到宫廷的帮助来达到他的目标。在这些考虑之中，并没有美第奇王朝神话的作用，却有大量的别的条件。其中之一就是美第奇接受伽利略的主张，即他所描述的现象确实存在于天空之上。事实上，伽利略开始与佛罗伦萨宫廷展开全面而具体的谈判是在其天文学新发现得到宫廷关键成员的支持之后，在《星际信使》出版之后，在他在大学的公开讲座中宣讲过他的发现之后，在他把仪器寄发给许多贵族之后，也在开普勒发表《与伽利略〈星际

---

[1] Galilei 1890-1909, 5: 25, ll. 3-4, p. 26.

[2] Ibid., 5: 306-13: "Reliquum ergo, ut sint vel partes alicuius caeli densiores, et sic erunt, secundum philosophos, stellae; aut sint corpora per se existentia, solida et opaca, et hoc ipso erunt stellae, non minus atque Luna et Venus, quae ex aversa a Sola parte nigrae apparent"; Galilei 2010, 56-57, 72-73.

[3] Galilei 2010, 180, 229.

信使〉商讨》之后。显然，伽利略的信誉取决于多个方面，既有宫廷之内的，也有宫廷之外的。

一体适用的（科学的）庇护体系总是要求客户通过中间人来维护庇护人的荣誉，这种想法与证据并不一致。[1]伽利略通过宫廷首席大臣贝利萨里奥·文塔进行沟通，不过是因为他与那个特殊宫廷的关系逐步发展，渐渐区别于早前他和曼图亚公爵的直接沟通方式。正如我们所发现的，通过他的教导工作，伽利略与文塔的友谊进展良好，他还与科西莫建立了很好的私人关系。有时需要涉及中间人，但有时不需要；就这件事而言，文塔能完成实际的谈判是因为之前有了可靠的铺垫：伽利略访问佛罗伦萨之后，于1610年5月7日写了一封长信，向宫廷提出了他的具体要求。这封信是写在《星际信使》出版约两个月后，也就是开普勒私人回复两周之后，因而它的重要性不容低估。[2]

这封信开诚布公的策略说明，伽利略相信他的条件对于美第奇宫廷很有说服力。他撇开了《星际信使》中提过的理由，诸如光学依据、仪器技术或者观测条件，转而讲述他在大学里的公开表现。宫廷已得到《星际信使》；因此，这封信将给出伽利略认为重要的新证据。大学乃是传统的辩论场所，他认为大学一等的权威性在宫廷看来是无可辩驳的。他之前就1604年的新星做了很多工作，他做过讲座，向文塔报告说"整个大学都到场了，人人都很满意，人人都被说服了，因为，原先对我的著作提出尖锐批评、做出顽固抵制的那些领导最终眼睁睁地看着自己陷入绝境——实际上是一筹莫展，他们只好公开表示不仅是被我说服

---

[1] Sharon Kettering's 1986 study of French patronage makes considerable use of the category of broker, but she has nothing to say about writers or intellectuals; hence it is at least questionable whether her categories should be applied without further discussion to the case of Galileo. Similarly, it is far from clear that brokers or learned advisers, let alone patrons, simply laid down the iconographical conventions or themes that an artist was supposed to follow in a commission (see esp. Hope 1982, 293-343).

[2] Galileo to Vinta, May 7, 1610, Galilei 1890-1909, 10: no. 307, pp. 348-53; avalilable in Drake's English translation (1957, 60-65). Biagioli makes highly selective use of this letter throughout his chapter on Galileo's self-fashioning to underwrite his model of patronage (1993, 11, 29 n., 57n., 1990c, 13).

了，而且，要是有谁敢于提出非议，他们愿意与之辩论来捍卫和支持我的学说。"[1]

尽管伽利略不久后在帕多瓦就遇到了幸灾乐祸的人，但他针对这个情况所表露的信息还是很清楚的：传统主义者在公开场合已经改变了主意。他这里并未提及娱乐或是比赛。一种学术上的自我塑造与伽利略作为无敌专家的个人形象是一致的："事实正相反（对我的反对者而言）；的确，真理必定永远掌握主动。"[2]我们现在知道，伽利略的报告有些夸大其词，但如果文塔对此有所怀疑，那他私下里肯定对这个问题做过调查，就像他为了得到察谍镜的最优价格时所做的那样。然而（我们可以推断出），事实上他很信任伽利略的报告，因为他最终同意了伽利略的所有要求。

伽利略的第二个权威来源是开普勒 4 月 19 日的信件，"书面肯定了我书中所包含的每个细节，没有一丝一毫的怀疑或反驳"[3]。这明显言过其实了，他并未提及那些令人不快的讽刺。一个被伽利略故意忽略了 12 年的人，其权威性如今居然被拿来试图确保他从中获利，这难道不是有点儿无耻（或者说具有讽刺意味）吗？就此而言，重要的并非开普勒的宫廷头衔，而是开普勒对伽利略论点的赞许，以及这一赞扬所跨越的地理距离。伽利略顺利地忽略了开普勒变化多端的矛盾心理。于是，接下来只需伽利略的"贵族庇护者"加入开普勒和帕多瓦学者的行列，"给予书（《星际信使》）中这些杰出的新发现所应得的尊重"[4]。

接着，伽利略提出了获取和拥有仪器的问题。尽管他收到了来自多个城区的请求，但他只回复了罗马天主教会和佛罗伦萨宫廷。[5]这一奇怪的窄化策略说明，他将意大利宫廷视为获得保护的主要来源，他们能帮助他战胜他所珍视的

---

[1] Quoted in Drake 1957, 60.

[2] Ibid.

[3] Ibid.

[4] "And you may believe that this is the way leading men of letters in Italy would have spoken from the beginning if I had been in Germany or somewhere far away" (ibid.) .

[5] See Kepler 1993, xxxii-xxxiv.

大学（比萨、帕多瓦以及不久后的佛罗伦萨）里的反对声音。对他而言，国外的庇护和赞许仅在意大利大学内部斗争的背景下有些许重要性。伽利略把开普勒近期的表态视为赞许，因为他可以向文塔列举这些言论。类似的，他声称只在"大公的课程"上才愿意分享制作观测仪器的方法——再一次借机强调他的权威性以及美第奇宫廷的保护。[1]伽利略对于给布拉格寄送一台观测仪器这件事不太重视，考虑到开普勒明确的支持，以及鲁道夫皇帝的公开赞许必定会增益其整体的价值，这一点显得很是古怪。但正如伽利略根本没有满足鲁道夫的愿望，他直到9月中旬才满足了玛丽·德·美第奇王后（Queen Marie de Medici）在7月初对文塔的请求，这是因为伽利略把她排在红衣主教奥多阿多·法尔内塞（Cardinal Odoardo Farnese）之后。[2]

显然，获得某种仪器并不困难：人们知道在巴黎、威尼斯和那不勒斯毫不费力就能得到望远镜。鲁道夫是乔凡尼·巴普蒂斯塔·德拉·波尔塔《自然魔法》（*Natural Magic*）的热心读者，他在1609年就拥有了一台望远镜。[3]但是，随着有关伽利略发现的消息的流传，贵族们和天体从业者都期望获得更高品质的设备。那么，最紧要的问题并不是保持对望远镜和未来发现的垄断，而是要保护他已经获得的东西。这一动机的背后是1607年令人不快的剽窃事件：被卡普拉和迈尔"深深伤害"之后，伽利略对他基于某个仪器的著作可能会被抄袭这一点十分敏感。[4]

害怕遭到剽窃，这似乎可以解释，伽利略为何匆忙地将《星际信使》付梓，

---

[1] Galileo to Vinta, May 7, 1610, Galileo 1890-1909, 10: no. 307, p. 350.

[2] Matteo Botti to Belisario Vinta, July 6, 1610, Galilei 1890-1909, 10: no. 353, p. 392; Andrea Cioli to Belisario Vinta, September 13, 1610, ibid., 10: no. 389, p. 430.

[3] Giovanni Bartoli to Belisario Vinta, September 26, 1609, ibid., 10: no. 241, p. 259; for further discussion, see Kepler 1993, 54n. 30, 63-64 n. 57.

[4] On piratical aspects of book culture in lateseventeenth- and early-eighteenth-century England, see Johns 1998, chap. 7.

而与此同时却对迅速寄发望远镜一事一直犹犹豫豫。[1] 正如我们之前所看到的，他所选择的文学样式某种意义上类似手写的时事通讯，是一种可以广泛散布所有未经证实的政治和商业信息的文体。[2] 然而不同于这些政治通报采用匿名作者的典型做法，[3] 伽利略不仅希望快速地散布他的发现，还希望成为以本名示人的"信使"，即带来新的星体消息的人。他之所以小心翼翼将自己与美第奇紧密关联在一起，主要是因为他渴望美第奇的庇护，而他想象这种庇护与美第奇之名有关联。正如本研究所示，早期现代天体从业者的许多恐惧是有依据的，而缺乏安全感也是他们寻求庇护的最常见动机。就这个例子而言，在一个没有任何知识产权法律保护的时代，公开与一个有权势的家族联系起来可能会保护伽利略免遭竞争对手之害，当时，他针对卡普拉提出的法律赔偿最终让他筋疲力尽、痛苦万分。尽管伽利略有很多要求，但他很清楚，如果未来要推进一个有关"宇宙真实结构"的哲学计划的话，他需要确保使自己等同于望远镜，等同于只有用望远镜才能揭示的新发现。

尽管有人认为伽利略《星际信使》的献词只是写给美第奇家族，但他所预设的受众其实要广泛得多。这篇献词的修辞方式让该书的所有读者都知晓了伽利略与美第奇家族有着特殊的关系。因此，它的措辞与他那本《军用几何比例规操作指南》中规中矩的表述方式截然不同。为了获取美第奇家族的信赖，他必须提供并不广为人知的、有说服力的私人证据。例如，他让更多的读者知晓大公已知晓的事情：他"指导王子殿下学数学，这是我过去四年内一直在进行的任务，当年在那个时候，人们习惯于借此摆脱更繁重的研究课业"。他还让普

---

[1] Biagioli (2000) has recently argued for the "monopoly" view, an interesting position that seems to be meant to sustain the structural-functionalist assumption in his patronage model that clients were continually required to produce spectacular discoveries.

[2] See Dooley 1999, 9-44.

[3] As aptly noted by Isabelle Pantin, Galileo spoke of his treatise as an *avviso* intended for philosophers and mathematicians even before he drafted the dedication to Cosimo II (Galilei 1992, 49 n) .

通读者知道他有掌握科西莫二世星命盘的特权，其中（据他称）木星占据了中天最重要的位置，"从崇高的宝座上俯视着你最幸运的生辰，向最纯粹的天空倾诉着它所有的光彩与壮丽"[1]。

这是伽利略唯一一次公开谈论他从事了数年的活动。此外，正如伊莎贝拉·潘廷所示，他在这个问题上十分圆滑，例如他忽略了可能会让问题变得复杂化或者不够清晰的证据：他没有提及其他行星的位置，而且他的这次占卜很可能并非完全基于这位君主的真实生辰。[2] 最终，伽利略没羞没臊地把自己的角色定位成得天独厚的信使。正如"神圣的灵感"可能影响到他指导年轻的科西莫，同样，"在最和谐安宁的科西莫大人阁下的支持之下，我才发现了之前所有的天文学家都不知晓的这些星体"。就这样，伽利略为自己争取到了"权力"来命名新的星体为"美第奇星"——尽管实际做出决定的是贝利萨里奥·文塔。[3] 由此，《星际信使》的献词所要传达给普通读者的关键信息是：任何像卡普拉和迈尔这样想偷取伽利略荣耀的人，都不仅要面对伽利略本人，而且要面对他的庇护者。

公开保护的问题经由献词中的约定得到了解决。然而，这并非伽利略与宫廷私人谈判的主题。我们发现，1610 年 5 月 7 日信件的其余部分并没有提及大公的天宫图。更准确地说，伽利略直言不讳地提出了私人请求。他主要强调了两条：给他的薪水不超过威尼斯宫廷新近提供的更高的薪酬（一千斯库多 / 年）；给他的新头衔除了包含他在帕多瓦大学已有的称谓（"数学家"），还要涵盖"哲学家"一词。这将给他带来某种学科权威，这种权威是他在帕多瓦的职位上所不能获得的。他之所以想要一个新头衔，纯粹是因为他的第三条愿望："如果我回到出生之地，我希望陛下您的主要目的是让我有时间来完成我的著作，而不是把时

---

[1]　Galilei 1989a, 31; Galilei 1992, 3.

[2]　Ibid., 54 n.

[3]　Galilei 1989a, 32.

间都花在教书上。"[1]

伽利略之后作了详细解释。首先，他多年来一直在私下里授课并把学生带到家里来，尽管这些事务让他仍有些许时间从事非大学内的研究，他宣称这样的投入"对我而言多少是一种干扰且妨碍了我的研究，[因而]我非常想在生活中远离这些活动，让我能自由地做我想做的事情"。其次，他抱怨道：在大学的"公开授课"中，"我只能教授大多数人已有所准备的基本原理，这种教学只是一种妨碍，对于我完成研究没有帮助"。当然，他又赶紧补充称他不介意教授王室成员这些基本课程（这其中科西莫王子显然就是一个例子）。最后，他希望今后的主要收入来源从教学转变到写书和发明上。换句话说，既然他期望得到美第奇的保护（"著作永远献给我的大人"），他就希望彻底改变长久以来仅通过手抄本来传播知识的做法。[2]

为了让他的建议变得更加具体，他给文塔提供了一份他希望能出版的著作清单。这一极具启示作用的目录整合了四五十年前莱因霍尔德和梅斯特林在寻求出版优先权时所建议的著作清单。这份目录清楚地显示了伽利略在宫廷"空余时间"内想做的工作，故此，有必要全文引用：

> 我必须完结的工作主要有如下几项：两卷本的《关于宇宙系统和构成》，这是一个宏大的概念性著作，囊括了哲学、天文学和地理学。[还有]三卷本的《关于局部运动》，这是一个从古至今都没人做出什么有共性的杰出发现的领域，但我证明它在自然运动和剧烈运动中都存在；因而，如果不论其基本原理的话，我将把这个领域认为是我发现的新科学。（还有）三本有关力学的书，两本是有关它的原理和基础的证明，另一本有关它的问题；尽管其他人已经在这个领域

[1] Galileo to Vinta, May 7, 1610, Galilei 1890-1909, 10: no. 307, pp. 351-52. I have introduced a few changes to Stillman Drake's translation (1957, 60-65; and again, citing the proposed publication list, Drake 1978, 160).

[2] Galileo to Vinta, May 7, 1610, Galilei 1890-1909, 10: no. 307, p. 351.

有所涉足，但不管是从数量还是其他角度来看，他们的工作都不及我的四分之一。在自然科学领域，我还要写众多小作品，如《关于声音和人声》《关于视觉和色彩》《关于潮汐》《关于连续量的性质》《关于动物的运动》等。

我脑海中还在酝酿写作一些有关军事问题的著作，这些作品不单单是概念性的，而是以极为精密的体系来阐释这门科学的方方面面，这门科学有关于理解数学并取决于数学，例如扎营、防御工事、军械、攻击、攻城、距离估测的知识，对炮术的理解，以及各种仪器的使用等。为了陛下您，我想再次出版我有关几何用比例规的著作，因为现在市面上已经没有了，而且这个仪器是如此受欢迎，以至于我做了几千个之后，市面上就不再制作其他同类的仪器了。[1]

从这些题目的覆盖范围来看，伽利略的脑海中有一个宏伟的出版计划。他建议出版的书籍可归为两大类：理论和实践。实际上，他想让宫廷批准推进一项公共哲学计划，这项计划尽管得到了威尼斯贵族的支持，却遭到大学中传统主义者的反对。除了那些野心勃勃的"理论"，他还在清单中加入了符合传统宫廷趣味的军事"实践"内容。因此，如果回到佛罗伦萨，尽管他还会保有之前学院带来的荣誉，但他绝不是像在比萨一样任教职。这将是一个桥式职位（bridge position），不会有他在帕多瓦所经历的那些不便。

另一方面，伽利略显然不愿意把自己（或他的著作）塑造成一个传统朝臣，更别提美第奇宫廷里的一名小丑了。真正有抱负的朝臣不可能给出他想出版的书籍清单。[2] 他作为教授的社会身份，以及作为现代主义者的哲学身份，都根植

---

[1] Drake 1957, 62. Cf. Biagioli: "A more complex reading of patronage dynamics shows that Galileo was seeking much more than free at the Medici court" (1993, 30).

[2] For example, in his otherwise remarkable *Court Society*, Norbert Elias（1983）does not even consider the social category of the natural philosopher or heavenly practitioner and has very little to say about universities.

于他为之奋斗大半生的学术实践和斗争。他想从美第奇那里得到的就是他想象中开普勒已经拥有的：用新的方式进行哲学思考的自由，以及对其著作中提出的观点的保护。（显然，他对开普勒在布拉格的困难一无所知。）对伽利略以及开普勒而言，宫廷看起来能比大学提供更多的以"现代之路"进行哲学思考的可能性。美第奇宫廷将成为一个没有学术斗争的环境。伽利略十分理解大学内知识产权的重要性。和开普勒不同，他最终成功地利用他在宫廷的地位把一名信徒安插进遍布传统主义者的比萨：现代主义者、哥白尼主义者、数学天才贝内德托·卡斯泰利。[1]这个人员变动使得意大利的大学在 17 世纪早期形成了伽利略主义的传统，反观开普勒，他在 1620 年之后就再也没有学术追随者了。[2]

事实上的见证、出版以及强烈的抵制

1610 年 4 月—8 月的大约四个月内，伽利略通过望远镜提出的主张，特别是其木星观测，受到了严重攻击。它们被描绘成骗局、小把戏以及科学幻想。但这些指责都没有跨越到支持哥白尼天体秩序理论的程度。这一点很有意思，也很让人惊讶：1610 年 5 月开普勒在《与伽利略〈星际信使〉商讨》中明确将伽利略的天体发现与哥白尼排列甚至（更糟糕的是）与布鲁诺的无尽世界联系在了一起，之后，《星际信使》已表露出对哥白尼排序的高度倾向性。那么问题来了，伽利略和他的对手是如何应对开普勒对《星际信使》的"代谢"（metabolization）的？

主要的抵制源自马基尼有影响力的博洛尼亚学术圈，但很快就漫延了布拉格的宫廷圈子，在那里，伽利略的支持者和反对者都因为开普勒而开始争吵。

---

[1]　In his *Letters on sunspots*, Galileo described Castelli as "a monk of Cassino … of a noble family of Brescia — a man of excellent mind, and free (as one must be) in philosophizing" (Drake 1957, 115).

[2]　The early Keplerians included Peter Crüger (Danzig), Philipp Mueller (Leipzig), Henry Briggs (Gresham), and John Bainbridge (Oxford).

其中的细节精彩纷呈，[1] 但我们可能会一叶障目不见森林。这一矛盾并不单纯是伽利略与毫不妥协的学术传统主义者两边的争斗。它还涉及他与现代主义者开普勒以及温和传统主义者马基尼之间的关系——更别提三者之间的纠缠了。不管怎样，这种三方或者四方的斗争是这个时期自然哲学野蛮增长的社会生态特征：现代主义者之间（开普勒和布鲁诺），现代主义者与传统主义者之间（伽利略和克雷莫尼尼），现代主义者与温和传统主义者之间（伽利略和马基尼），以及中间道路的温和传统主义者与激进的传统主义者之间（马基尼和奥利加努斯）。伽利略在《关于两大世界体系的对话》中所采用的两方辩论只是通过大面积的抹杀而掩盖了这些差别。

　　相近的个人关系对于理解这些反对声音的性质十分重要。在名义上讲，这个事件以马基尼的秘书马丁·霍基（1590—1650）为中心。霍基是一名受过教育的年轻人，据说来自布拉格西南部的洛布科维采（Lobkovice），他与马基尼在博洛尼亚生活了一年，负责教导后者的儿子。[2] 对马基尼而言，家里住进一个有着哈布斯堡背景的人是非常有用的，因为当时他正与法兰克福的数学正教授大卫·奥里甘纳斯就谁关于 1608—1630 年的星历表更优越而痛苦地争论。[3] 霍基与布拉格的大学和宫廷均有联系。[4] 他在帕多瓦也有关系，他整个 1605 年都在那里学习，也可能是正在这期间他遇到了西蒙·迈尔和巴尔达萨雷·卡普

---

[1]　See Pantin's lucid treatment（Galilei 1993, xxviii-lii）.

[2]　Horky to Kepler, April 6, 1610, Kepler 1937-, 16: no. 263, p. 299, ll. 24-26.

[3]　Magini's *Ephemerides coelestium motuum... ab anno Domini 1608 usque ad annum 1630* appeared at Frankfurt in 1608; the next year the work was again published in Venice. Origanus published Magini's letter（"Apology of Giovanni Antonio Magini of Padua for his Ephemerides against David Origanus"）and his own reply in Origanus 1609, fols.（c）3v-（d）2.

[4]　Horky refers to the rector of the Prague Karolinum, Martin Bacháček, who was a friend of Kepler; and to two patrons, Ladislaus Zeydliča Schönfeldt, councillor to the emperor, and Christopher Wratislaus à Mitrowic, burgrave to the Crown in Lochovice（Keple 1937-, 16: no. 563, p. 300; also Horky to Kepler, April 27, 1610, ibid., 10: no. 507, p. 307）.

拉。[1]1610年3月末，霍基得到了《星际信使》一书但没有拿到望远镜。不过，有没有拿到望远镜这一点并没有阻止他于4月6日与开普勒接触，声称自己打算发表文章反对伽利略的"四个虚构的行星"[2]。他还不厌其烦地提到开普勒与马基尼就新的星历表开始合作的提议，因此看起来霍基很可能反映了马基尼本人的观点，但他的表述更具挑衅性。不管霍基的激进言论和私密接触的动机是什么，他的信件表明：对《星际信使》的不同解读（不管有没有望远镜）可能会产生对伽利略科学主张的正面或是负面评价。

几天后，马基尼本人在星历表问题上大大地奉承了开普勒，想让他支持自己与奥里甘纳斯的争斗。他的想法是进行合作：新的星历表将基于第谷的星数，将改进判断占星学的计算，并且更重要的是，将在精度上超过奥里甘纳斯刚发表的《勃兰登堡星历表》（*Brandenburg Ephemerides*）。马基尼无疑是一个杰出的数字制表师，他的提议反映了当时在古典的星的科学中仍然广泛存在的心态；尽管在当时，整个知识基础（毫不夸张地讲）都已成为他的阻碍。在寻求联盟的时候，马基尼故意用井底之蛙的视野来保护自己。他忽略了开普勒对哥白尼学说的投入，也压根无视奥里甘纳斯给天体自然哲学引入的杰出想法：因吉尔伯特磁力而每日旋转的地球，以地心日心秩序排列的行星，天体物性的明显排斥。[3]更糟糕的是，马基尼的另一边是伽利略。马基尼写信给开普勒，在末尾故作随便地问起了他对"伽利略四个新行星"的看法。[4]马基尼对开普勒的看法感到好奇（或者说焦虑），是因为他担心伽利略新发现的四个行星会彻底摧毁基于

[1]　Favaro 1966, 1: 138; Kepler 1993, xlvi. Because Horky would have been a member of the German nation at the university, it is likely that he would have encountered Simon Mayr.

[2]　Horky to Kepler, April 6, 1610, Kepler 1937-, 16: no. 563, p. 300. By writing in a mixture of German and Latin, Horky believed that he was protecting the confidentiality of his letter.

[3]　Origanus 1609, fols. (a) 3- (c) 3; 121-22.

[4]　Magini to Kepler, April 20, 1610, Kepler 1937-, 16: no. 569, pp. 304-5; Favaro provides only the last line of this letter（galilei 1890-1909, 10: no. 298, p. 341）.

七大行星的传统星历表。霍基也向开普勒说道："如果我们认为伽利略的发现是真实的，那么您希望和马基尼一起发表的基于第谷理论的星历表将需要应对 11 颗行星。"[1]

正如马基尼和霍基的忧虑所示，在望远镜时代的早期（当时尚算早期），最关键的问题是行星数量的增加而非它们如何排序。不管是有数学才能的从业者还是没有特别数学才能的学者（曼索和沃顿），他们都意识到伽利略的新发现会给星相学造成什么后果。尽管这不是皮科式的怀疑论，一旦从业者们注意到天体预测将遭受的影响以及它背后的原理，不安和焦虑也就接踵而来。在 1609 年，具有前瞻性的星历学家奥里甘纳斯没有看到这对其星历表的精度和数值有什么威胁。但在 1610 年春天，马基尼和霍基都公开表达了担忧。此外，伽利略命名这些新行星为美第奇，以及影射木星落在大公的星命盘的做法都无法缓解这种忧虑。如果天空中有 11 颗行星的话，一个七星星历表还能有什么价值呢？开普勒出面了，他以伽利略的名义提出一种哥白尼式的方案，即一个运动的地球灵魂，伴随着天使般的行星阵列。数天之后，4 月 24 日，伽利略本人从比萨回到博洛尼亚并随身携带了一台改良望远镜，问题似乎突然有了解决的可能。

这个事件是 17 世纪早期目击观测中最有趣的时刻之一。伽利略刚刚离开，霍基立即给开普勒发送了一份详细的描述。在他到达的那天晚上，霍基重述了他所经历的一次欺骗："我没有睡觉，而是以很多种方式检测了伽利略的仪器，用了天上的物体，也用了地上的物体。对于地上的物体，它的确显示出奇迹；对于天上的物体，它却失败了，因为看起来像是其他星体的东西其实是恒星被加倍地放大了。"[2]

---

[1] Horky to Kepler, April 16, 1610, Galilei 1890-1909, 10: no. 565, p. 301. Horky's arithmetic (7+4) suggests that he did not understand — or did not take into account — that, following the Copernican model, Kepler's universe would have had only ten planets.

[2] Horky to Kepler, 27 April 1610, ibid., 10: no. 571, p. 308.

霍基还承认说他自己偷偷做了一个透镜的蜡模，并吹嘘说他能做出一台更好的仪器。[1] 对这个场景的描述十分生动，让人想起第谷讲述的乌尔苏斯于夜里偷窥其图书馆内图表的情形，只不过，在这个例子里，讲述者是攻击者本人。[2] 此外，就像数年前的埃德蒙德·布鲁斯一样，霍基也把自己描述为开普勒反对伽利略的代言人。

在第二天（4月25日）晚上，伽利略本人在公开集会上进行了一次观测。不幸的是，这个事件现存唯一的证明书是源自霍基和马基尼，即持最大反对意见的一方。这些人还不知道开普勒的《与伽利略〈星际信使〉商讨》已送交出版，为了把开普勒争取过来，他们斟酌着自己的表述。霍基提到"许多目击者，包括最杰出的人和最高尚的博士"，其中具名的只有"安东尼奥·洛费尼（Antonio Roffeni），博洛尼亚学院的博学的数学家"。根据霍基所言，观测结果一律令人失望："所有人都承认这个仪器欺骗了大家。"[3] 一个月后，马基尼用更为精确的语言向开普勒描述了这一场景："在4月24日—25日的夜里，他带着望远镜在我的家里呆了一整夜，试图展示这些新的木星环绕者，但一无所获。在场有超过20名渊博之士，但没人真真切切地看到了这些新行星。"[4] 马基尼还指出这些"渊博之士"中包括乔凡尼·安东尼奥·洛费尼（1580—1643），可能是向开普勒强调在场有数学很好的目击者。马基尼和霍基语焉不详的这位洛费尼，来自一个博洛尼亚贵族家族，曾经是马基尼的学生和抄录员之一，他在1607年获得了哲学和医学博士学位，而在1609—1644年是一名多产的年鉴和预言作家。[5] 这场观

[1] Horky to Kepler, 27 April 1610, Galilei 1890-1909, 10: no. 571, p. 308 : "Ich hab das Perspicillum als in Wachs abgestochen das niemandt weiss undt wen mir Gott wider zue hauss hilft will ich fiel ein pessers Perspicillum machen als der Galileus."

[2] Gingerich and Westman 1988, 55.

[3] Horky to kepler, April 27, 1610, Kepler 1937-, 16: no. 570, p. 308.

[4] Horky to Kepler, May 24, 1610, ibid., 16: no. 575, pp. 311-12; Magini to Kepler, May 26, 1610, ibid., 16: no. 576, p. 313.

[5] Kepler 1993, xxxix n. See Roffeni 1614.

测发生在贵族马西米安诺·卡拉拉（Massimiano Cavrara）家中。其他的观众成员就不得而知了。

马基尼和霍基在 1610 年春天所持的立场十分有意思。他们不否认仪器的有效性，并认为它只能放大地球上和天空中已知的物体，但他们不承认仪器能够发现新的未知物体。当然，"新事物"的问题还取决于伽利略所说的话，即他在 4 月 15 日晚的展示性集会前给予了观众怎样的期望。不幸的是，我们没看到他本人的独立报告。然而，我们还是可以寻得蛛丝马迹。

伽利略的私人日志显示，4 月 24 日，他在木星西侧观测到了两个星体，第二天晚上，他在东边看到了一个而在西边看到了三个。[1] 这种分布和后续的发展都不是可预测的类型。例如，在《星际信使》中，他分别描述了 2 月 19 日和 1 月 22 日的两组对比分布。当然，即便无法预测这种变化，如果伽利略组织了两次观测演示的话，那他至少可以预测和展示一些再分布；可惜他在博洛尼亚只有一名观众。

囿于限制下，伽利略显然不可能也没有提出任何更激进的预测，例如："你可以看到四个光点围绕着木星旋转。"倘若做出这种预测，就与他在《星际信使》中几近逐日说明的"定格"序列的过程背道而驰。[2] 伽利略在《星际信使》中使用的策略在于其回溯性：让读者看到初次尝试—发生意外—修改解释的一系列过程，有时还加上一些视觉表达；这个叙事方式和哥白尼《天球运行论》、梅斯特林《彗星观测》（ *Observatio et Demonstratio Cometae* ）、开普勒《宇宙的奥秘》及《新天文学》的方式很相似。但与开普勒的《新天文学》不同，即使是对不愿意相信的人而言，伽利略的表述也更容易被理解。就这样，1 月 7 日，他向读者们通告说："三个小星体的位置很靠近［木星］：小，但非常亮。"随即，他给

---

[1] Galilei 1890-1909, 3: pt. 2, p. 436; see Galilei 1989a, 93-94; Biagioli 2006, 113-14.

[2] Galilei 1989a, 64-66. All quotations follow in sequence on these pages.

读者讲述了他的初步解释："我认为它们是大量恒星中的一员。"（出版商使用了星号来表示恒星，在他的第一张图表中，有两个在东边、一个在西边。）之后，他带读者回顾其观测的过程，并说明他赋予这些观测的意义，他声称："我压根不担心它们与木星之间的距离，因为正如我前文所说的，我一开始相信它们只是恒星。"

显然，如果伽利略一开始相信他看到的只是恒星的话，他肯定知道其他人也会出现同样的困惑。然而，两天后，1 月 8 日，伽利略插入了意外事件："我确定不是命运的指引，我发现了一个非常不同的排布。"这种新的排布让那三个"小星星"到了西侧。为什么会出现这种情况呢？伽利略再次代入成一个思维活跃的读者，追踪这预期之外的发现："我没有办法，只能思考这些星体的交互运动，但这仍然带给我一个疑问，前天晚上它还处于两个恒星的西侧，那木星怎么可能位于这些恒星的东侧呢？"也许木星发生了移动，而这些小星体是固定的。伽利略没有直接跳到下一次观测，而是又一次唤起了人性，他描述了当他发现"天空中布满了乌云"时的"失望"。1 月 10 号，《星际信使》又传递了另一个意外：两个星体出现在东侧，而三个中的另一个从视野中消失了。伽利略进而提出了两个大胆的推测：第三个星体"被木星挡住了"；观测到的位置变化归因于那些星体而非木星，因为它们沿着黄道保持着同一条直线但改变了它们相对于木星的位置，而木星本身无法做出这种改变。

就这样连续叙述了五天，伽利略在第 11 天提出了一个更大胆的假设（"完完全全毫无疑问"），他提出了与木星星体运动的大胆类比："在天空中，这三个星体就像金星和水星之于太阳而徘徊在木星周围。"这样，他有条不紊地从"小星体"过渡到了"徘徊的星体"之后再到行星。引入行星之后，他又开始提出顺序的问题。他没有采用水星和金星围绕空无的中心并沿黄道运行的托勒密式说法；事实上，他竟然宣称："无疑它们是在它（木星）周围运行，而同时，整个系统又以 12 年的周期围绕着世界的中心运动。"[1] 于是，伽利略更为概括性地解释了他的观测，并得出结论——《星际信使》也以此作结："有些人为月亮绕地球运动而两者又每年围绕着太阳轨道运行的理论深感不安，于是他们认为不可能推翻整个宇宙的构成方式，但我们如今有了更卓越更杰出的论据，它可以消除那些人的疑虑，同时还让他们心平气和地接受哥白尼系统中行星围绕太阳的运行方式。"[2]

一些读过这段话的评论者认为，这是在提出"一种哥白尼太阳系统的可视模型"[3]。显然，将木星的数个月亮与地球的月亮比较的话，可以认为伽利略正在发展一种比第谷·布拉赫所使用的"体系"的意蕴更强烈的系统性意识。但，正如韦德·罗宾逊（Wade Robison）所发现的，"系统"一词的意义并不是指一种动态的物理顺序——这个层面解释了为什么地球或木星在运动的时候都没有丢失各自的月亮——而最多是一种描述性的、体系化的结构。[4] 从这个意义上讲，伽利略很小心地避免采取他日后声名所仰仗的物理主义姿态，甚至都没有引用哥白尼的"自然吸引"（Natural appetie）来解释木星天体之间的关系。此外，伽利略影射"那些心平气和地接受哥白尼系统中行星围绕太阳的运行方式之人"，有力地表明这段话是针对（虽然没有点名）第谷的追随者。[5] 然而，在博洛尼亚马基尼的家里是传统主义者第一次见证，很难想象伽利略会尝试发表任何激进的主张。他最多可能会尝试让这些观测者相信"有三个新星体在木星的西侧而一个在东侧；在这个邻域内没有已知的恒星"。可能霍基和马基尼事先就误导性地给了观众们提示，"看到"木星月亮"运行"是一种怎样的感觉。

---

[1] Galilei 1989a, 84.

[2] Ibid. I have made minor adjustments to the translation.

[3] Kuhn 1957, 222.

[4] Robison 1974, 167.

[5] Ibid. This view would be consistent with Galileo's having read and assimilated Brahe's controversy with Rothmann.

哥白尼问题

不管怎样，对霍基和马基尼（两人都读过《星际信使》）而言，并不存在什么新的意外发现，因此也就没什么好讨论的了。除了伽利略的演示失败了，没有其他的信息了。然而，与马基尼相对直接的表述不同，霍基的反讽辞令则没有留任何余地，伽利略被视为一名"杜撰无稽之谈的天体商贩"：[1]

他的头发已经掉光；在小声回答时，他的皮肤上长满了法国病的丘疹；他的脑子错乱了，脑海里充满了胡言乱语的新发现；他的光感神经已经完全坏掉了，因为他满怀着过度的好奇心和假想在观测围绕木星的秒针与分针：他的视觉、听觉、味觉和触觉都已被摧毁；他的双手受困于痛风的结节，因为他窃取了数学和哲学的宝藏；他的心脏一直在悸动，因为他在向每个人贩卖他的天体谎言；他的内脏里长有不正常的肿瘤，因为他的行为与渊博之士和高贵之士完全相反，毫无魅力；他的双脚因痛风而苦楚不堪，因为他在所有四个方位准点（也就是所有方向上）都荒谬绝伦。祝福医生们，如果他们的运气好上三四倍的话，他们将使这个残废的信使恢复健康。随着疾病痊愈，我再回头看看你们这些星星，这些渺小而明亮的宝石，我亲爱的小宝石们。[2]

霍基使用的这些表达情绪的人体俗语折射出了他对新事物（极近距离地观察）的恐惧。这里，对这个无序怪物的熟悉且生动的比喻再次让我们想起1572年哈格修斯与雷蒙迪（Raimondi）的激烈论战，以及1597年乌尔苏斯对第谷的攻击（参见第8章）。霍基声称，在伽利略失败的展示行动结束时，他一直保持沉默，直到第二天早上伤心地离去。潘廷指出，马基尼任由霍基肆意诋毁，自己则在暗处反对伽利略；这一说法看上去不无道理。[3]

47

[1] Horky to Kepler, April 27, 1610, Kepler 1937-, 16: no. 571, p. 306.

[2] Ibid., 16: 306-8.

[3] Kepler 1993, xv.

归根结底，开普勒如何评价博洛尼亚这些信息的真实性，直接影响到他如何评价《星际信使》。霍基、马基尼以及那 20 位博洛尼亚的"博学之士"据说在伽利略在场的情况下使用了一台质量很好的望远镜（可能是 20 倍或 30 倍的放大率）。基于对《星际信使》的阅读，开普勒私下里和在公开场合都表示拥护伽利略的新发现。在史蒂文·夏平和西蒙·谢弗（Simon Schaffer）看来，开普勒是一名"虚拟目击者"，他信任对某个观测现场的叙述性说明，而他本人并没有出席观测现场。[1] 那么，未曾见证的开普勒是怎么支持伽利略的主张的呢？开普勒称他自己的判断可能看上去有些轻率，因为那并非基于他本人的经历；但在《与伽利略〈星际信使〉商讨》中，他提出了信任伽利略报告的理由——八条，而非一条：（1）行文的可靠品质；（2）缺乏欺骗的动机（"作者有什么理由要用区区四个行星来误导整个世界呢？"）；（3）不顾普遍的反对意见而坚守真理；[2]（4）伽利略作为"佛罗伦萨的绅士""博学的数学家"的身份；（5）与开普勒"可怜的眼界"相比，伽利略具有"敏锐的洞察"；（6）邀请其他人来观测相同场景的坦诚态度；（7）承认提供"自己的仪器来赢得对观测力度的支持"；（8）"他断定是真正的行星"，就承担着"愚弄托斯卡纳大公家族，以臆想之物附会美第奇之名"的风险。[3]

　　总而言之，开普勒发明了一种新颖的方法来解决一个任何人都没有面临过的问题。在没有直接观测经验的情况下，开普勒不仅从品格或阶层的道德本质层面，而且从当时具体的社会环境的逻辑出发，推断伽利略的诚实正直。伽利略的文体很开放，他的荣誉担着各种各样的风险，他反对大众已接受的观点，他还邀请他人一起来观测；如果他在撒谎骗人，那他一定会承担极为严重的后

[1]　Shapin and Schaffer 1985, 60-65.

[2]　Keplerto Magini, May 10, 1610, Galilei 1890-1909, 10: no. 308, p. 353: "We are both Copernicans: like praise like."

[3]　Kepler 1965, 12-13; Kepler 1993, 8-9.

果。开普勒找不到伽利略不诚实的理由。[1] 此外，对开普勒而言，尽管伽利略并没有给出"原因式"（dioti）的论证，但基于实际的考虑，仍有充分理由信任其"结果式"（tou hoti）的主张。开普勒更进一步，以他的哲学语言提出了一些猜想，试图给出某种"原因式"的解释。然而，在伽利略提供的解释中，开普勒并未提及令人印象深刻的月亮图片、对木星卫星的命名，也没提及木星在大公星宫图中的重要性。

即便如此，开普勒与伽利略之间的旷世"商讨"并未让事情了结。霍基－马基尼事件只是让开普勒陷入了某种政治混乱，一种尴尬处境：进一步检验其与伽利略的关系，并卷入与马基尼和霍基的微妙的外交对话。这种不断发展变化的复杂关系让我们可以进一步了解《星际信使》是如何传播的，以及开普勒的《商讨》面世后人们如何评判书中的主张。

开普勒在《商讨》中的矛盾性表述十分重要，因为这让他人有机会做不同的解读。事实上，该书于 5 月 20 日到达博洛尼亚之后，霍基和马基尼很快就把开普勒视作反对伽利略的盟友。他们系统性地忽略了开普勒在阐释中使用的哥白尼理论框架以及他认为伽利略的新发现真实可信的理由，而把《商讨》解读成是对伽利略的贬低。

例如，开普勒相信乔瓦尼·巴普蒂斯塔·德拉·波尔塔于伽利略之前就发明了望远镜，针对这些段落，马基尼告诉开普勒："你的方法让我很高兴。但我不认为伽利略会表示同意，因为你得体友好地依据他的原理来评判他。剩下的问题就是要消除和摧毁木星的这四个新仆人。他不会成功的。"[2]

在和霍基极力拉拢开普勒的同时，马基尼还开辟了另一条战线。伽利略通

[1] Kepler's attribution of sincerity to Galileo resonates with John Martin's claim that the Renaissance witnessed the emergence of a new moral imperative, especially strong among the Protestant reformers, that placed a high value on the honest expression of one's feelings and convictions（1997, esp. 1326-42）.

[2] Magini to Kepler, May 26, 1610, Kepler 1937-, 16: no. 576, p. 313. Pantin has argued that Zugmesser was innocent of the charges of knowingly stealing Galileo's compass（Kepler 1993, lx-lxi）.

过哈斯达尔了解到，马基尼曾写信给科隆的宫廷数学家扎格梅瑟，还给"德国、法国、佛兰德斯、波兰、英格兰等国的所有数学家"写过信。马基尼积极行动的消息已广为人知；哈斯达尔说他从宫廷相关的很多代理人和告密者对此有所耳闻。马基尼有着肥沃的土壤要耕耘。扎格梅瑟对伽利略的敌意是源自早期关于军用比例规的争论，而伽利略时常口不择言兼之缺少些圆滑，因而抡起了大锤。在驳斥卡普拉和迈尔的《驳巴尔达萨雷·卡普拉的诽谤与虚伪》中，他把扎格梅瑟错认作佛兰德斯人而不是来自施派尔（Speyer）的德国人。此外，在科尔纳罗的家里，伽利略谴责扎格梅瑟从第谷·布拉赫那里获知他的仪器设想，但扎格梅瑟却辩称自己根本没见过第谷。扎格梅瑟还告诉哈斯达尔，伽利略承认自己的仪器质量低劣。[1] 更增加误会的是，伽利略把科隆选帝侯（以及扎格梅瑟）放在他发送望远镜的候选用户名单几近顶端的位置。[2] 但拥有和使用这个仪器并没有把扎格梅瑟拉到伽利略这一边。军事几何仪器（比例规）的阴影仍然笼罩着望远镜以及用它做出的新发现。

布拉格试图消弭这一蠢蠢欲动的风暴的努力失败了。在 6 月初，哈斯达尔把扎格梅瑟的不满告诉了伽利略，（徒劳地）希望后者能采取些妥当的外交辞令来缓和二人之间愈演愈烈的矛盾。恰恰是在同一时间，开普勒给霍基写了一封十分平静的信，试图解释霍基、马基尼甚至伽利略没能在博洛尼亚看到这些新星体的可能原因。他告诉霍基："我强烈怀疑伽利略有猞猁一样的眼睛，你绝不会承认那样的事，你看来也有些近视。"[3] 在《商讨》中，开普勒建议伽利略增加透镜的数量，这也是开普勒在得到望远镜数月之后给出的解决方案。[4] 但霍基想

---

[1] Galileo, *Difesa contro Capra*, Galilei 1890-1909, 2: 545; Hasdale to Galileo, June 7, 1610, Galilei 1890-1909, 10: no. 328, p. 370; Kepler 1993, lxi. Although he verbally charged Zugmesser with obtaining information from Tycho, Galileo said nothing about this in the *Difesa*.

[2] Galileo to Vinta, March 19, 1610, Galilei 1890-1909, 10: no. 277, p. 298.

[3] Kepler to Horky, June 7, 1610, Kepler 1937–, 16: no. 580, p. 315.

[4] Kepler 1965, 19: 86 n. 141.

要的并不是胡乱地修补这个破望远镜。在 6 月中旬，前两个月的阴谋突然出现了转变，再一次突显了出版的力量。

霍基出发前往摩德纳（Modena），随身带着一本短小尖酸的手稿，题为《一则非常简短的漫谈》（*A Most Brief Peregrination*）。作者大言不惭地将它献给博洛尼亚所有哲学教授和医学界人士——他所期望的保护者。6 月 18 日，他从摩德纳审查员那里得到出版许可，6 月 21 日这本书就出版了。[1] 这本小册子继续着霍基信件中的主题：木星行星是"虚构的"。但霍基抑扬顿挫的、有时狂欢式的修辞，与他的光学主张之间出现了巨大的鸿沟。霍基承认说他事实上"在天空中"看到了四个"光点"（maculas），但他把这解释为木星光线遇到空气中的雾发生的折射现象。[2] 实际上，霍基想出的反对理由，是根据陈旧的视差主张，这种主张反对彗星和新星的月上位置：伽利略的"光点"是天体假象，而非大气真实现象。更增添其哲学混乱的是，霍基本人使用开普勒《商讨》中匆忙做出的假设，来解释四个"行星"位置排布的变化是由于它们表面暴露在木星光线下的程度不同。与开普勒的初衷完全相反，霍基把这一光学猜想解释为对视幻觉的支持，因此把这位无上数学家的权威解释也加入了这本《漫谈》。[3] 如今，情况已经超脱控制了。

与约 15 年前第谷·布拉赫处理与乌尔苏斯和维蒂希的争论时相比，马基尼修补损伤的机会要远远少得多。但是，他也并非没有机会：第二天，马基尼以前的学生洛费尼就开始了修补的进程。

---

[1] Galilei 1890-1909, 3: 131-45.

[2] Ibid., 3: 145: "Cur quatuor ficti planetae circa corpus Iovis sint, superius in altero problemate rationem dixi eam, quia bis ac ter quod pulchrum est, hic repeto; et dico, illos esse in Caelo circa corpus Iovis quia intermedium calignosum, puta aërem et refractionem Iovis, cum radios perfecte egerere potest illas quatuor maculas omnes ostendit."

[3] Ibid., 141. Horky's argument seems to have been that the four "spots" were optical effects produced by the refraction of Jupiter's rays in the airy mist.

他给伽利略写了一封很尴尬的信，讲述了一个不同寻常的悲惨的恶作剧："他（马基尼）的仆人想出版一本书来反对伽利略。"马基尼曾经想阻止这件事，但无功而返。当霍基回到博洛尼亚时，马基尼大发雷霆并驱逐了这个倒霉的"仆人"[1]。然而与洛费尼不同，马基尼的不信任并非因为霍基的社会阶级或是他缺乏数学技能，而是因为他的语言和国籍身份。在洛费尼写信的当天，马基尼本人也给伽利略的一个朋友写了封信，对"德国人马丁·霍基先生"嗤之以鼻，把他说成是"粗鲁和毫不体谅他人"，结尾还指责说"所有的德国人都是我们高贵的意大利人的敌人！"[2]这也是马基尼攻击奥尔甘纳斯时采用的那种语言。然而，不管是马基尼的诅咒还是他对前秘书的不依不饶，都失败了。最后一次见到马基尼之后，霍基就回到摩德纳去取他那数百本已出版的书。

这本书于是开始传发起来。在出版后一个星期之内，《漫谈》就传播到了数个关键的地方：布拉格（给开普勒）、威尼斯（给萨比），以及佛罗伦萨〔给弗朗西斯科·希兹（Francesco Sizzi，1585—1618）〕。我们知道，在接下来的两个月内，一些书被送给了洛费尼（博洛尼亚）、马特乌斯·威尔瑟（马库斯的兄弟，布拉格）、米沙埃尔·梅斯特林（图宾根），以及罗多维科·德尔·科隆贝（佛罗伦萨）。[3]它肯定还在其他许多地方流传。针对伽利略的敌意在很多不同的地方出现，其中的一些看上去很不思议。梅斯特林肯定会表示出与开普勒同等的对哥白尼的同情，令人意外的是，他赞同对伽利略的抵制："这个马丁真的让我摆脱了焦虑。马丁写的东西让我很高兴。"他进一步得意地说道："你（开普勒）在你的书中已经剥夺了伽利略的荣耀。"最关键的是，梅斯特林自信已在古人的

---

[1] Roffeni to Galileo, June 22, 1610, Galilei 1890-1909, 10: no. 334, pp. 375-76; Alessandro Santini to Galileo, June 24, 1610, ibid., 10: no. 337, pp. 377-78.

[2] Magini to Alessandro Santini, June 22, 1610, ibid., 10: no. 335, p. 377.

[3] The copy that Horky sent to Maestlin is still extant（in the Schaffhausen Stadtbibliothek）with the provenance "Clarissimo viro Michaeli Maestlino Mathematum in celeberri Tubingensi Academia Professori Ordinario Domino patrono suorum collendissimo levidete hoc exemplar dono dedit Martinus Horky. 18 Jun. 1610."

著作中找到了伽利略声称通过望远镜第一个发现的东西：月亮的表面斑驳不平，而天空中也存在着比古人所相信的多得多的星体。"我想再次感谢你在你的著作中诚实地提及了我的工作。"[1] 开普勒《商讨》中的矛盾性就这样被有心之人利用，将对伽利略的感觉与伽利略的发现混为一谈。梅斯特林的回复再一次确认了哥白尼主义者之间薄弱的联系，也证明是从业者而不是庇护者控制了知识成果的流动。

弗朗西斯科·希兹来自一个古老而高贵的佛罗伦萨家族，这个家庭在但丁的《神曲》（*Divine Comedy*）中都有提及。[2] 与虔诚的、校长般的梅斯特林不同，他并非学者，也非朝臣；他的社交关系都是博学之士但倾向于传统主义。年轻的希兹多少介入了霍基与马基尼的社交圈子。霍基在《漫谈》中简要提及了他，把他视作否认木星行星真实性之人（"让伽利略听听这名年轻但非常博学的佛罗伦萨贵族弗朗西斯科·希兹的说法"）。[3] 在 6 月下旬，霍基向他倾诉了与马基尼之间的问题，并详细引用了开普勒 6 月 7 日的信件。霍基强调说，伽利略的四个木星行星是虚假的，只是一种视幻觉。[4] 到了 8 月初，希兹已经开始编写一则批评伽利略四个新行星"谣言"的"辩驳"（disputatio），这些新行星的存在（如果得到证实的话）将摧毁整个星相学的根基。这篇文章大量引用学者的文献而掩盖了其单薄的论点：圣经和自然理由都支持一个观点，即，只能有七大行星。历法和自然顺序中的七数（sevenness）的观点让我们想起了雷蒂库斯对哥白尼系统六基数的主张。然而，没有现代人的解释的话，希兹其实并没有在圣经中找到明显支持其言论的论据。皮科·德拉·米兰多拉的《创世七日》及其犹太教的资源就在手边，可以支持他的解释：七分枝圣烛台（menorah）的七盏灯（《出

---

[1]   Maestlin to Kepler, September 7, 1610. kepler 1937-, 16: no. 592, p. 333. The copy of *Dissertatio cum Nuncio Sidereo* that Kepler sent to Maestlin is extant（in the Schaffhausen Stadtsbibliothek）.

[2]   For excellent biographical information on Sizzi, see Kepler 1993, p. 1, n. 74.

[3]   Horky á Lochovič 1610, 138.

[4]   "Tota hallucination"（[Horky to Sizzi], [June 1610], Galilei 1890-1909, 10: no. 347, pp. 386-87.

埃及记》25：37；《撒迦利亚书》4：2）据称是对应着七大行星。[1] 这一解释足够启动一次积极有力的调查，以多种多样的角度阐释七（而非十一）这个数字是如何使得宏观和微观宇宙井然有序的。借此，希兹解散了"一群天文学家"——他们把所有行星看作围绕着固定的太阳而运动，（他说）由此也消除了轨道、均轮和本轮的冗繁的大杂烩，同时没能支持"古人对每个行星［星相学的］黄道宫及禀赋的安排"。考虑到金星和水星并未远离太阳，却有"自己的宫位、曜升和三宫主星（trigonocracy）"。希兹问道："这些人出于什么原因认为这些假想的行星会选择与木星同样的禀赋？"[2] 与霍基和马基尼一样，希兹也认为 7/11 问题对传统行星数目是一个巨大的威胁。

霍基以及他为个人利益而利用的开普勒周围聚集了大批反对者，马基尼和洛费尼则站在了进攻的一方来重新赢得伽利略的支持。以什么更好的方式来让伽利略知悉霍基与他的老对手结盟了呢？6 月 19 日，洛费尼告诉伽利略，霍基寄宿在贵族学院的耶稣基督会时曾与帕维亚的巴尔达萨雷·卡普拉接触。[3] 数天后，他又写信称："在帕维亚和巴尔达萨雷·卡普拉呆了几天后，他（霍基）把书留在了卡普拉的家里。"[4]

与卡普拉的联系强调了本研究的两个主题：天体知识传播的小范围社会空间，以及使用出版物来稳固或摧毁声誉。就像数年前帕多瓦的新星论战一样，意大利国内抵制《星际信使》的人都被组织在同一个人和相同的话题周围。1606 年，伽利略曾经使用过出版物和他与美第奇的关系来公开宣称对《几何和军用比例规操作指南》的知识产权。1610 年，他试图以同样的（甚至更为大胆的）手段来处理望远镜及通过望远镜做出的新发现。但这里出现了另一个意外的主题：

---

[1]　For Pico's exegetical practices, see Black 2006.

[2]　Sizzi 1611, 217.

[3]　Roffeni to Galileo, June 29, 1610, Galilei 1890-1909, 10: no. 344, pp. 384-85.

[4]　Roffeni to Galileo, July 6, 1610, ibid., 10: no. 352, pp. 391-92.

即便有美第奇保护伽利略，学术地位较低的人也能够使用出版物来挑战和推翻他的特别主张。正如第谷－乌尔苏斯事件，以及 1632—1633 年伽利略与罗马教廷事件所反映的，印刷物已被证明是一项具有高度灵活性的资源，可以控制可观的社会能量。

一方面，望远镜本身并没有提出新世界的主张。1610 年上半年，私人通信网络（有时有《星际信使》，有时没有）成功地承载和维持了伽利略做出新发现的信誉。此外，个人监管的观测工作并不能保证赢得信徒。正如伽利略在博洛尼亚的失败演示所说明的，个人观测都是易受攻击的；反过来，没能拿到伽利略的望远镜这一点并没有阻止开普勒使用印刷物的力量来提供强有力的支持。开普勒的论述自由同样使他能够把伽利略的发现定位于他自己所设计的哥白尼世界。

另一方面，不管用什么方式成功建立信誉，任何人都不能够低估望远镜对证据和辩论条件带来的改变。尽管早期的观测仪器可能会得到有争议的结果，但我们可以拿它与 1572 年新星论战中虚无主义者们的论据进行比较。在那个背景下，我们可以说望远镜在不久之后就开始让情况发生了变化。马基尼本人在 1610 年 6 月下旬的某个时间得到了这一仪器，而此时霍基事件逐渐升温。他对伽利略的口径立即就发生了变化。马基尼如今承认说他"的确"在月亮上发现了斑点，看起来就像是"滴在水面上的油滴一样"，而月亮本身就像"一个雪球，形状并不完美，但整体上如此，这导致在某些地方出现了模糊和不均匀"。与这些评论杂糅在一起的，是为自己文过饰非并向伽利略表示歉意的言语：他的"德国朋友"把他卷入这个重大骗局，但他没有参与。他为霍基的借口感到"羞愧"，他听说霍基在四天前就去往卡普拉位于米兰的家中，而卡普拉"已然是伽利雷阁下的敌人"[1]。他敏锐地意识到自己站错了队。在杂七杂八的需要考虑的因素——印刷、庇护、旧敌、嫉妒，以及学术与朝堂权威——中，望远镜被证明是

---

[1] Magini to Alessandro Santini, [June 1610], Galilei 1890-1909, 10: no. 338, pp. 378-79.

一种不同的资源。用现代标准来看，它并不完美，但与之前的新星不同，它产生的图像并不会消失；因此这是一种能改变信仰的新能力。

这个因素直接与美第奇的庇护相关。1610 年 6 月 10 日，望眼欲穿的伽利略收到了科西莫二世的来信。所有请求都得到了满足，包括薪水、朝臣名号以及"我们的比萨研究院首席数学家"的职位，而且"无需住在比萨，也不必在那里读书，除非您认为对您而言那是一种荣誉"。信末提出了令人满意的约定："平时无特殊情况都居住在佛罗伦萨，以最大化地利用您的时间和完成您的研究，但当我们召唤的时候，您有义务来见我们，即便您当时在佛罗伦萨之外。" [1]

尽管霍基事件导致反对声音一时高涨，但它没有左右朝廷的委任，正如伽利略与美第奇的潜在关联，《星际星使》让它见诸文字，但它对他周围来自博洛尼亚、布拉格等地的反对势力也没有造成什么影响。美第奇的庇护给予了伽利略不同寻常的哲学和教学自由，使他能够不管学术圈的限制而发展自己的思想；然而，事实证明，从哥白尼到伽利略，宫廷与公开宣布的天体知识主张的联系，是一种出奇薄弱的庇护模式。

马基尼的战略撤退以及 7/11 问题

随着 1610 年夏天的结束，马基尼团体继续反转态度，伽利略接着宣布新发现，而开普勒和伽利略之间的关系则短暂地达到了直接互惠的平衡点。这些发展都从不同方面说明，伽利略的新发现是如何在一片反对声中传播的。

7 月末，洛费尼发现霍基暗中把他视作反对伽利略的主要见证者，他立即提出要发表一篇驳论。[2] 但这里出现了一个新问题：他和马基尼如何能够撤回他们

---

[1] Cosimo II to Galileo, July 10, 1610, Galilei 1890-1909, 10: no. 359, pp. 400-401.

[2] Roffeni to Galileo, July 27, 1610, ibid., 10: no. 368, p . 408.

之前对《星际信使》的激烈反对呢？洛费尼选择了"道歉信"的形式：一场为伽利略而展开的论战，范围紧凑、要求不高，言辞激烈地回复了霍基的四个"问题"。[1] 贬低霍基的一个战略是将其论点描写成"稚嫩的"，充满了矛盾，而非把他说成"毫无技能"（他并非如此）的人。这个方法首先撇清了马基尼在把霍基带到家里这件事上的责任，因为他的错误可以归结为年轻人的激情。霍基不成熟的另一个表现是他的措辞，根据他对开普勒《商讨》的解读，洛费尼轻而易举地提出了这一标准。正如开普勒把良好的文风视作评断《星际信使》可信度的重要标准，洛费尼批评说，霍基夸张傲慢的语言使得他的反对并不可信。事实上，洛费尼指出，霍基的某些言论甚至并非原创，而是"逐字地"抄自1597年乌尔苏斯对第谷的攻击！洛费尼进一步指控说，霍基在质疑第谷的权威时又自相矛盾了，因为他说这个丹麦人发现了"一千个非常小的星体"——暗指伽利略不过是发现了数个恒星而已。[2] 洛费尼说他不知道霍基是在第谷的哪篇著作里发现了这一点：第谷最多发现了 31 个前所未知的恒星。

　　接下来，洛费尼驳斥了霍基对见证场景的描述。针对博洛尼亚集会彻底失败且没有任何发现的论断，他认为，"发表证词的应当是马基尼家里确认以某种方式看到了这些行星的人，而非马丁视作证人的人"。他并没有明指马基尼，而说"安东尼奥·桑蒂尼，一名来自卢卡的贵族，他非常擅长数学问题，在威尼斯已经数次看到了这些行星；而且，在威尼斯，这个人（桑蒂尼）还确认说有一些博洛尼亚庇护者也在同一时间来到了同一个地方"[3]。洛费尼把马基尼家的事件定位成一次良好的观测而并未把马基尼视作直接的见证人，这很可能是在试

---

[1]　Quickly completed in an Italian version, the brief work did not appear until translated into Latin in early 1611 as the *Apologetic Letter against the Blind Foreign Travels of the Same Deranged Martin who, under the family name Horky, published against the Nuncius Sidereus concerning the Four New Planets of Galileo Galilei, formerly Public Mathematician in the Padua Gymnasium* (Roffeni 1611).

[2]　Ibid., 197; Horky á Lochovič 1610, 137-38.

[3]　Roffeni 1611, 198.

图保护他的老师，使其能够从地点证词中获益同时无需亲自作证。

这一轮争辩表明，对开普勒《商讨》的解读令洛费尼获益良多。表面上，霍基的异议在于他认为这些星体并非行星，因为它们没有必要的（纵然不同寻常的）星相学性质：发出气味。洛费尼把关于木星行星"性质"的讨论转变为了关乎距离的天文学问题。由于新行星总是保持与木星间非常近的距离，造物主授予了木星远超其他行星的这一尊贵时是否并不高兴呢？或者，正如开普勒所说的，其他行星是否也有它们自身的"围绕者"，而因为它们的尺寸很小，加之距离我们遥远，所以没能被发现呢？事实上，如果金星和水星围绕着太阳运动（正如哥白尼的观点），为什么不能说在木星周围存在四个其他行星有着大约同样12年周期的轨道呢？金星和水星又是如何在一年内完成对太阳的环绕的？"[1]

考虑到反复出现的（而非单独出现的）新发现，这段引人注意的话说明，开普勒对伽利略望远镜新发现的理解是如何促使之前持反对意见的洛费尼转变其观点的。根据哥白尼而非第谷的理论，金星和水星是以太阳为中心的。洛费尼的辩驳并非依据目击观测，而是基于看似很有道理的类比和可能性。他的讨论采用了道歉的口吻，也避免明确判定这些主张可能的或证明的程度。

洛费尼接着讨论了所谓的7/11问题。在这个问题上，霍基作为星相学家的能力第一次受到了质疑。他并不知道如何正确绘制星图；他放肆地声称能够对一整年作出预测；他居住在马基尼家里时给开普勒写的信反映出他缺乏数学修养。显然，霍基没有考虑到这些新行星非常小，因此它们的影响也就十分"弱小和细微"。假定存在11颗行星呢？这是否真的会摧毁托勒密、卡尔达诺和其他数学家所持的标准观点呢？是否真有必要给这些新行星都指定宫位和曜升？

---

[1]　Horky á Lochovič 1610. 138: "Nihil vidi, quod naturam veri planetae redoleat" (quoted by Roffeni 1611, 198) .

为什么这会彻底摧毁占星学上"数个世纪以来由无数观测所一致证实"的原理？洛费尼的回复事实上与曼索数月之前私人提出的问题是一样的。

最后，针对霍基匆忙出版其关于视觉欺骗的观点，洛费尼做出了批判。首先，如果霍基能召集一群有数学专长的饱学之士，他（"一名浅薄的德国人"）就不会质疑伽利略——"私下场合与公开场合都高度认可的精通数学之人"。在《道歉书》（ Epistola Apologetica ）中，洛费尼向读者们声明，这些新发现都是"真实而经得住考验的"。他声称是替匿名的"高贵的庇护者和博学之士"发声，与此不同，霍基的怀疑仅代表个人的立场。洛费尼向伽利略宣称，当这些人"和我聚首来讨论这些星相学的新发现时，我能够针对您的对手为您进行辩护，因为您是第一个发表这一仪器原理的人"（ theoricam Organi ）[1]。这篇《道歉书》的结尾摘录了《星际信使》的一段话，描述了双透镜仪器的建造。

洛费尼对伽利略的辩护精细入微，它说明：当"高贵和博学之士"模糊的诉求与开普勒新论点的更为具体的诉求相结合，原本激烈反对的团体有可能反转立场。洛费尼们、海登们、奥里甘纳斯们以及马基尼们——所有实践星相学家，都开始关注哥白尼行星秩序问题，这在新星和彗星时期从未发生过。伽利略的新发现是可再现的，因此可以将行星秩序和星相学联系起来。

伽利略和开普勒

结局

1610 年 7 月末，两位哥白尼学说支持者之间的紧张关系快速达到了高潮。很多因素开始汇集到一起，其中并不仅仅包括伽利略出于个人原因没有感谢开

---

[1]　Roffeni 1611, 200.

普勒的支持，以及没有发送望远镜给开普勒。在这场引人注目的争论之外，还有很多未知因素。首先，是新仪器的未来成果。伽利略没办法确保在《星际信使》发表数月之内做出新的发现。他可能在生命的剩余岁月里一无所获。但在 7 月 30 日，伽利略再一次幸运星附体，他告知文塔说，他发现了"另外一个绝妙的奇迹：土星并非单独一个星体，而是三个星体的组合"。[1] 显然，这本身就是一次重大的天文观测，而且大概是快速晋升的当事人的好材料；但伽利略却从未想过使用这项最新的发现来赢得公开好评——他不把这看作是给佛罗伦萨美第奇家族甚或当时的摄政者玛丽·德·美第奇命名的机会，后者是刚刚被暗杀的亨利四世（卒于 1610 年 5 月 14 日）的妻子。事实上，伽利略十分清楚法国国王很想有一颗"美丽的星星"能以自己的名字命名。[2] 但他告诉文塔要保守秘密，直到他有机会再版《星际信使》。这种不愿意公开新发现的做法符合伽利略 1610 年之前的行为模式，却与他急于公开首个望远镜新发现的做派截然相反。

对这一新近发现的严谨态度，可以从一项新进展中加以解释：伽利略逐渐意识到，之前被他低估的霍基 – 马基尼 – 卡普拉 – 扎格梅瑟联盟对他造成了威胁。此外，伽利略从他在布拉格朝堂的亲密知己马丁·哈斯达尔处获悉，马特乌斯·威尔瑟正在传播霍基的《漫谈》。而哈斯达尔——又名阿斯达利奥（Asdalio），则以更为焦灼不安的口吻表述了这些困难："由于国家的原因，西班牙人认为有必要废止阁下的著作，因为（他们声称）它会危害到宗教信仰，而且在这本书的掩盖下，可能会发生种种威胁政体的恶事。只有这个联盟的仆人和支持者正密谋反对阁下。"霍基的小册子开始在布拉格发挥预料之外的政治影响：它符合威尔瑟作为教廷中西班牙党派支持者的利益，而阿斯达利奥是萨比的盟友，代表

78

---

[1] Galileo to Vinta, July 30, 1610, Galilei 1890-1909, 10: no. 370, p. 410; Galileo to Castelli, December 30, 1610, ibid., 10: no. 447, p. 504; Galileo to Clavius, December 30, 1610, ibid., 10: no. 446, p. 500.

[2] Galileo to Vincenzio Giugni, June 25, 1610, ibid., 10: no. 339, pp. 379-82; Kepler 1993, xiii-xv.

反教皇的"威尼斯人"[1]。

因此，不管他是否接受，伽利略在布拉格的政治形象是代表威尼斯人的。《星际信使》的扉页强调了他作为帕多瓦教授的形象，尽管事实上威尼斯人本身对伽利略离开公国也有些不满。如今，伽利略对他的观测及其意义是如何轻易被曲解、被政治化、被剽窃有了更清楚的认识。这些情况不在他的掌控之中，它们可以解释他在发布有关土星的"通告"时的犹豫态度；实际上，在1610年8月中的某个时间里，他给布拉格发送了一条回文构词的字谜（"Smaismrmilmepoeta leumibunenugttaurias"），而这一发现就藏在其中。[2] 这个做法尽管可以理解，却还是显得笨拙，因为他这一次又没能表达对开普勒的完全信任。

开普勒在收到这条字谜之前，就已决定再次尝试打动伽利略。8月9日，他坦诚地表达了多方面的担忧。[3] 其中最重要的就是需要一台伽利略的仪器。布拉格的观测仪器（ocularia）功能比较弱，最多只能放大两倍或三倍。他只能看见银河里的一些恒星以及月亮上的一些斑点。不过，开普勒刚从马特乌斯·威尔瑟那里收到一本霍基的《漫谈》（"在我写这封信的时候"），于是他强调说缺乏足够好的仪器危害到了伽利略在霍基问题上的立场，也不利于开普勒为他进行辩护。[4] 霍基的低信誉是毫无疑问的：他很明显是个"浮躁的青年"，一个被放在超出其能力的舞台上的演员。但开普勒暗示到，伽利略在消除这个波希米亚人的影响方面做得不够。他用一种不同于以往的尖锐态度把霍基问题归结到

---

[1]　Hasdale to Galileo, August 9, 1610, Galilei 1890-1909, 10: no. 375, pp. 417-18: "Velsero Augustano, tutto spagnuolo et poco amico de'Venetiani." See Kepler 1993, lxiii-lxiv.

[2]　The letter is not extant but is referred to in replies to Galileo from Giuliano de'Medici and Martin Hasdale; Kepler attempted unsuccessfully to decipher the anagram in his treatise on Jupiter's satellites, and Galileo finally revealed the solution to Giuliano de'Medici on November13, 1610 (Galilei 1890-1909, 10: no. 427, p. 474 ("Altissimum planetam tergeminum observavi" : "I have observed that the highest planet is threefold"); Kepler 1937-, 4: 345-46; for discussion of this episode, see Kepler 1993, p. lv, n. 12) .

[3]　Kepler to Galileo, August 9, 1610, Kepler 1937-, 16: no. 584, pp. 319-23.

[4]　Kepler to Horky, August 9, 1610, ibid., 16: no. 585, p. 323. Kepler did not mention to Galileo that he had received Horky's book through Welser.

一批嫉妒的、有野心的意大利人身上，"他们为了报复我的德语版《商讨》而指导了这个陌生人的文章"。之后，他又在隐晦地征引洛伦齐尼和伽利略时再次提及国籍问题："那个国家（意大利）的大学教授们不分青红皂白地就反对新事物的发现，这一点是不是根本不令人惊讶？在这个国家里，天文学家见证得最多、了解得最多的东西都能找到反对者，而这些反对者却占据着最显要的位置，并有着最崇高的科学声誉。我并不想对您有所隐瞒，但我已经在布拉格收到了数个意大利人的信件，他们否认使用望远镜看到了这些行星。"[1]

在开普勒看来，伽利略是让其天体新发现存在与否的问题变成了"善恶斗争"的问题——开普勒的原话是，一个"法律"问题而非"哲学"问题。[2]在《商讨》中，开普勒基于伽利略没有理由行骗的道德和社会基础，位伽利略的发现做了辩护。如今他又提醒伽利略："有很多人宁愿相信你的不诚实也不愿相信新事物的发现。"[3]同时，有一种危险就是，借助一些考虑欠妥的光学反射言论，霍基可能影响到许多对这类问题了解不足的普通人。对开普勒而言，解决方案很明显："伽利略，我请求您尽快提交几位见证人。根据您发给不同人的信件，我知道您并不缺见证者；但是，为了保护我的信件（也就是《商讨》）的声誉，我能提出的见证者只有您，您宣布过（你有见证者）。所有这些观测的权威性目前都只是源自您本人。"[4]尽管目击者的证词大概可以将道德层面的证据（"他没有理由去行骗"）转变为至少没有这类人性品质的证据，但开普勒只提出了增加证词"数量"的建议。

开普勒的信件最终产生了预期的效果。1610年8月19日，伽利略打破了

---

[1] Kepler to Galileo, August 9, 1610, Kepler 1937-, 16: no. 584, pp. 320, 322. Kepler assumed that Galileo would make the connection to Lorenzini and perhaps also to the *Stella Nova*.

[2] Ibid., 16: 321: "Certamen hoc virtutis est cumvitio. ... Et verò, non problema philosophicum, sed quaestio juridica facti est, an studio Galilaeus orbem deluserit."

[3] Ibid.

[4] Ibid., 16: 322: "In te uno recumbit tota observationis authoritas."

79

13 年的沉默。他会怎么解释自己呢？他该怎么看待开普勒的哥白尼主义观点，及其对布鲁斯和布鲁诺的比较，怎么解释没能发送望远镜，还有目击者等问题呢？开普勒不必知道那么多。伽利略的答谢信仅针对开普勒的最后两封信（4 月末的和 8 月初的），但他却称赞开普勒是"第一个也几乎是唯一一个"支持他的人。这就是伽利略所表达的感激之情。事实上，他避免单独赞扬开普勒的某一个具体观点，而是在总体上表扬其道德和智力的优越性，并承诺很快会在第二版《星际信使》（当然，它从未出现）中做出回应。伊莎贝拉·潘廷的判断极有道理，他说，伽利略表现得像是把《商讨》视作"上天的眷顾"、一份意外的礼物，这份礼物"在很大程度上是他应得的，他有权依据自己的喜好来利用它，可是它没有占用他太多精力，他也不必为此表达更多的谢意"[1]。总而言之，这只是一份可有可无的礼物。

伽利略为何没有表达互惠互利的意愿——即使他的个人利益也明显因此受到威胁，这是一个十分困难也非常有趣的问题。但最可能的解释是，尽管伽利略的生活环境为高度的个人猜疑提供了绰绰有余的理由，伽利略对开普勒的猜疑只是由来已久的捕风捉影式行为模式的一部分。开普勒并没有表示支持或再次确认战友关系，这就够了；伽利略总是小心翼翼，显然生怕过于高高在上。事实上，尽管他们研究星的科学的方法有复杂的区别，但他们在很多重大知识领域也有着共识。举个例子，开普勒需要一架高品质的望远镜和足够多的目击者的证词来为伽利略的发现提供更强有力的"哲学"证明。

在 8 月 19 日的信件中，伽利略对开普勒希望要一台他的望远镜表示了感谢，但他很快就给解释了延迟的原因。他描述说仪器的制造过程极度折磨人。他还解释称他不希望在帕多瓦制作透镜打磨和抛光机器，因为他不可能把它们带到

---

[1]　Kepler 1993, xxxiv.

佛罗伦萨去；但一旦在那边安定下来，"我就会给我的朋友们发送望远镜"[1]。

然而，谈到开普勒如何进一步稳固伽利略的信誉，要做的远不只是给出含糊的承诺。这里的关键并非特殊性的问题，而在于怎样才算是有说服力的、足够的信用资源。

我最亲爱的开普勒，你要求我提供更多的目击者。我想举出托斯卡纳大公阁下，他和我在比萨一起频繁观测了美第奇行星长达数月，并在我离开时给了我价值超过一千达克特的礼物。他还打算用一千达克特的年薪把我召回故国，给予我御用哲学家和数学家的名号，且不增加我的任何负担。此外，他为我提供了最为宽松的环境，这样我可以完成有关力学、世界体系以及局部运动（自然运动和剧烈运动）的著作，对于局部运动，我运用了许多前所未知但极好的定律来从几何上进行了证明。[2]

伽利略看上去相信，他所展示的宫廷的慷慨（大公的见证、薪水、名号，以及对出版时间的支持）会令开普勒印象深刻。开普勒确实受到了影响。托斯卡纳大公显然是个很有价值的证明人。但他的证词是否足以证明开普勒有所了解的贵族认证结构（或者说是国家力量的清晰展示）普遍存在？显然，这不是开普勒在《商讨》中所采取的方法，皇帝的权威在裁定天体知识的事务中并未发挥什么特别的作用。伽利略披露宫廷的奖赏既非装作若无其事（sprezzatura）——一名朝臣对另一名朝臣刻意冷淡；也不是例证庇护者的荣耀要与受庇护者关乎真理的断言保持距离。要说有什么意义，它只是表达了自吹自擂和一种支配关系（伽利略觉得这种关系更有安全感、更舒服），这也恰恰是伽利略能够接

---

[1] Galileo to Kepoler, August 19, 1610, Kepler 1937-, 16: no. 587, p. 328.

[2] Ibid.

受的、与他的德国同事之间狭隘的关系。用最通俗易懂的话说，伽利略正试图让开普勒知道他从美第奇家族那里得到了什么，所有的私人资料都是直接取自他 1610 年 5 月 7 日给文塔的信件。

作为一名已经被伽利略主张说服的科学家，开普勒会公开使用这一信息来说服其他人，比如霍基、马基尼和扎格梅瑟吗？这些人带着深深的怀疑读过了《星际信使》，且熟知美第奇与这些木星行星之间的联系。了解伽利略的薪水和名号是否会迫使他们改变主意？让开普勒失望的是，伽利略额外补充的目击者只有驻布拉格大使的兄弟朱利奥·德·美第奇，还有其他未具名的人："我亲爱的开普勒，在比萨、佛罗伦萨、博洛尼亚、威尼斯和帕多瓦，有许多人看到过，（但是）所有人都很犹豫并保持沉默；事实上，大多数人不能够（不足以）辨认出木星或者金星都是行星，因此他们很难（成功地找到）它们的月亮。"[1] 这份微不足道的名单使人想到他在 1615 年提及的"哥白尼主义者"清单，伽利略甚至都没有提及他发送过仪器的数名罗马红衣主教。

对开普勒有威胁的并非伽利略的社会地位和薪水，而是其天体主张在公开场合的充分性、恰当性。伽利略的表达符合天普勒的宇宙结构学计划：开普勒可以顺着《商讨》的思路继续为其辩护。然而，反对伽利略的团体貌似需要一种完全不同的回应。由于伽利略并没有及时生产望远镜，开普勒如今决定从另外的渠道自行寻找一台。在 8 月底，即开普勒收到 8 月 19 日的信件之后，科隆选帝侯路过布拉格并把伽利略之前送给他的望远镜借给了开普勒。于是，在一周多的时间内（8 月 30 日—9 月 8 日），开普勒观测到了他现在首次称作木星"卫星"的星体，他十分小心，确保有多位具名的目击人并详细记叙了他们的证词。想必这就是开普勒想从伽利略那里获得的那种证词。第一位目击者是本杰明·乌尔西努（·贝赫）〔Benjamin Ursinus（Behr），1587—1633〕，一名"勤勉用功

480

---

[1]　Galileo to Kepoler, August 19, 1610, Kepler 1937-, 16: no. 587, p. 328.

的天文学学生，他很热爱这门学科并决定将它哲学化，所以他从一开始就不会弄虚作假来败坏未来成为天文学家所必需的个人信用"。乌尔西努的可靠性不仅源自他对未来声誉的担心。开普勒解释道："我们采取了如下的方法：每个人都拿着一根粉笔，彼此无法看到，且同时在墙上画出自己所观测到的一切；之后，我们每个人都同时去看别人的图像并确认是否同意。接下来（的观测）也采用了这个（方法）。"[1] 可能开普勒部分参考了第谷·布拉赫的方法，后者有两个助手从观象仪游标盘（alidade）的不同狭缝（slit）处同时观测同一个星体。不管怎样，这种通过控制误差来稳固实证性的方法，实际上就是开普勒之前所说的"哲学的"方法。

8月30日—9月5日，本杰明·乌尔西努是开普勒的主要共同目击者。开普勒提到，剩下的3天里还有其他目击者：托马斯·塞格特，"一个英国人，他以其著作及与诸多名人的交往而出名，因而十分爱惜羽毛"；弗朗茨·腾那吉尔，利奥波德大公的特别顾问；托拜厄斯·舒尔特斯（Tobias Scultetus），西里西亚的皇家顾问。[2] 无论声誉是赚取的还是头衔所赋予的，假定它可以保证不作伪，那些独立绘制的粉笔图则辅助确定了这一认知的说服力。由于木星"卫星"现象据称是可再现的，用相对较好的仪器进行的观测可能媲美开普勒所描述的观测场景。

按照开普勒典型的做法，他在数天内就为出版做好了准备。1610年9月11日，法兰克福出版商撒迦利亚·帕尔瑟纽斯（Zacharias Palthenius）拿到了开普勒的《四个木星卫星的观测报告》（*Narratio de Satellitibus*），并作为《商讨》的姊妹篇于同年10月出版，不过打的印戳是1611年的。[3] 书中的描述不厌其详。"卫星"（Satellite）是开普勒发明的新词，有着占星学的优势，可以解决（或者

---

[1] Kepler 1993, 37-38.

[2] Ibid., 39.

[3] For the printing history, see Kepler 1993, cxx-cxxi.

说是消除）马基尼对木星环绕者会扰乱星历的担忧。因此，在 10 月底，开普勒将其对伽利略新发现的捍卫从待决状态转变为了天文学上已得到见证的客观事实。伽利略的新发现就这样随着开普勒描述的新的目击场景一起传播开来。然而，这对于伽利略来说还远远不够。他很快就听说了开普勒的最新成果，但他仍然迫切希望用出版物来扳倒霍基。[1]

苏格兰的科学外交

约翰·韦德伯恩（John Wedderburn）的《反驳》

就在开普勒的最新著作于 10 月中旬发表之时，另一个针对霍基的反击开始了。令人惊讶的是，它引起了另一种烦扰，因为它发生于遍布博洛尼亚、佛罗伦萨、帕多瓦以及布拉格的私人通信网络之外。这一新的介入势力源于帕多瓦的一名苏格兰学生约翰·韦德伯恩（拉丁名为 Joannes Wodderburnius），他是在苏格兰出生的英国人。韦德伯恩与霍基的冲突成了两名外国学生之前的争论，他们都从帕多瓦在知识和民族上的多样性受益匪浅。韦德伯恩选择的文体——反驳（confutatio）霍基"针对《星际信使》的四个问题"——表明，他采用霍基的架构来组织自己的反驳。在另一个层面上，它模拟了一系列紧张关系和考虑因素，它们表征着伽利略与传统主义者之间的分歧。尽管韦德伯恩的小论文是依照霍基的"问题"而构建，但他的回答却显然受到开普勒《商讨》的影响。关键问题是，就像 1610 年 5 月的开普勒，韦德伯恩也没有一台望远镜。因此，他采用了开普勒在没有望远镜的情况下证明伽利略观测可信度的八条标准。[2]

---

[1]　Kepler to Galileo, january 9, 1611, Galilei 1890-1909, 11: no. 455, p. 17.

[2]　Kepler to Galileo, August 9, 1610, Kepler 1937-, 16: no. 584, p. 156, ll. 4-13. This looks like a passage from Wedderburn.

为此，不能仅仅将韦德伯恩视作伽利略的"追随者"。开普勒为他的理解提供了脉络。例如，他表明自己并不赞同乔尔达诺·布鲁诺或埃德蒙德·布鲁斯。因此，韦德伯恩只是一名初露头角的现代主义者，他明确表露了对开普勒和伽利略的忠心，并恰当地把他的《反驳》献给了詹姆斯国王的驻威尼斯大使亨利·沃顿。韦德伯恩与沃顿的联系一定十分紧密，他描述《星际信使》"将推翻星相学的基本原理和技术实践"[1]，这种语言恰恰反映了沃顿对这部著作的最初观感。

印刷术又一次使得没有提出重大理念的次要人物以预料之外的方式干扰了论战。韦德伯恩不仅在马基尼夏季撤退战略的范围之外引入他的主张，而且，同等重要的是，他还不知道开普勒和伽利略之间的紧张关系，也不知道开普勒的《四个木星卫星的观测报告》，因此自信满满而不知不觉地拉开了1610年早期争论的大幕，加入了针对霍基的共同斗争。此外，他声称根本并不知道有什么人在支持伽利略，更不用说"最著名的数学家们"："克拉维乌斯沉默着，马基尼不置可否，而其他人的反应很迟缓。"[2]据韦德伯恩所知，霍基和开普勒是唯一对《星际信使》有回应的人。

韦德伯恩的选择性方法还解释了《星际信使》一书流传问题的另一重维度：它反映了维滕堡的解读。实践天文学总是可以被视作与理论问题无关。韦德伯恩试图发展开普勒得到望远镜之前的观点，同时仍然努力分隔开普勒将木星行星的存在与哥白尼排布联系起来所做的一切工作。针对霍基，他声称四个美第奇行星的存在不会破坏基于七大行星星历表的计算的精确性，因为天文学即使从最荒谬的假想也能推断出正确的结论。[3]他捍卫了伽利略发现"新行星"的优先权，但他确认这些行星的存在并非通过自己的观测，而是通过否认伽利略原

---

[1]　Wedderburn 1610, 153.

[2]　Ibid.

[3]　Ibid., 167: "Nam qui exactiores fuerunt in supputando caelestium orbium motus, absurdissimis interdum nitebantur suppositionibus: nec mirum; quoniam supposito falso, sequi potest verum, quamvis non e contra."

本可以从乔尔达诺·布鲁诺和埃德蒙德·布鲁斯的"无稽之谈"推断出它们的存在。[1] 伽利略对开普勒捍卫其发现的做法不可能百分百满意。当开普勒向他述说"我看过韦德伯恩的《反驳》，它很令人满意"[2]，伽利略也不可能高兴。在《四个木星卫星的观测报告》之后，开普勒就渐渐放弃了与伽利略结盟的努力。

伽利略的新发现和耶稣会

围绕伽利略天体表述的论争贯穿整个 1610 年，呈现出争议性乃至常常不可调和的混乱性，与此相对，我们很难讲克拉维乌斯和他在罗马诺学院（Collegio Romano）的信徒们对此（以及准确地说是在何时）有多少了解。[3] 尽管克拉维乌斯与马基尼有很多联系，但没有直接证据表明他知道霍基争议。

他与伽利略的关系可回溯到 20 多年前，1588 年，但他们之间的通信却很稀少。克拉维乌斯最初关于伽利略新发现的消息来源是奥格斯堡，通过人文主义者、出版商、富有的银行家马库斯·威尔瑟；而且这个消息是《星际信使》在佛罗伦萨出版之时发出的。[4] 这一事态说明，威尔瑟与意大利保持着紧密的联系（可追溯到皮内利圈子的年代），而且，与一些博闻广识的非从业者一样，他在《星际信使》付梓之前就知晓了伽利略的主张。但在 1607 年的威尼斯禁令之后，他就在政治上疏远了伽利略。威尔瑟并未直接给伽利略写信，而是向克拉维乌斯询问如何评判所谓天体新发现的存在。因此，我们可以确信，克拉维乌斯在那之后不久就得到了《星际信使》。六个月后，1610 年 9 月中旬，一封来自罗马的信件提及他得到了一本开普勒的《商讨》。鉴于克拉维乌斯的地位尊崇，这意味

---

[1]　Wedderburn 1610, 162: "Profecto Brutii et Bruni aniles fabulae."

[2]　Kepler to Galileo, [December 1610], Kepler 1937-, 16: no. 603, p. 355.

[3]　On the Jesuit encounter with Galileo and the telescope, see Lattis 1994, 180-216; Galilei 2010.

[4]　Welser to Clavius, March 12, 1610, Galilei 1890-1909, 10: no. 270, p. 291.

着其他的耶稣会成员，比如贝拉明红衣大主教，也已得知开普勒在伽利略与布鲁诺之间建立的关联。[1] 数天后，克拉维乌斯突然收到伽利略本人的来信，后者为通信中断已久表示歉意，并通知说他获得了大公的任命，不过，值得注意的是，信中并未提及他在数月前向开普勒炫耀的薪水和其他福利细节。[2]

　　有趣的是，伽利略选择了这个时间点来打破他与克拉维乌斯的僵局。开普勒 8 月初的来信很可能打动了他去提交更多的目击证人。此外，伽利略得知耶稣会很早就有观测工作。他特别提及曾听说克拉维乌斯和"一个兄弟"也拥有一架望远镜，并曾尝试用它观测木星星体而未获成功。伽利略没有承诺赠送一架新的望远镜，但却承认说这种观测上的困难"对我而言并不令人惊讶"，此外，他还在仪器安装和部署方面给予了一些实际的建议。他还提到，尽管他不断得改进仪器，但自第一次观测结果发表之后，他并没有对木星进行太多的观测。与他对开普勒的粗暴态度不同，他与克拉维乌斯对话的口气较为轻缓；他没有提及任何目击证人，只谈到了自己的观测经历。所有这些表现都表明，他在小心翼翼地寻求克拉维乌斯及其圈子的支持。然而，不久后，他从罗马艺术家卢德威库·西格利（Ludovico Cigoli）那里听说了一则流言，这原本会让他担心霍基争议可能影响到克拉维乌斯。[3] 不过，伽利略的信中指出了一些观测困难的可能致因，这多少抵消了担忧。

　　伽利略在 1610 年 9 月中旬给克拉维乌斯写信时的情势，以及信件本身，有助于解释为什么克拉维乌斯和他的信徒并未偏离正途而转向诡辩，而当时这种

---

[1]　Francesco Stelluti to Giovanni Battista Stelluti, September 15, 1610, Galilei 1890-1909, 10: no. 390, p. 430.

[2]　Galileo to Christopher Clavius, September 17, 1610, ibid., 10: no. 391, pp. 431-32.

[3]　Lodovico Cardi de Cigoli to Galileo, October 1, 1610, ibid., 10: no. 403, pp. 441-42: "These followers of Clavi-us, all of them, believe nothing. Clavius, among others, the head of them all, said to a friend of mine concerning the four stars that he[Clavius]was laughing about them and that one would first have to build a spyglass that makes [*faccia*] them, and [only] then would it show them. And he [Clavius] said that Galileo should keep his own opinion and he [Clavius] would keep his." Quoted and trans. in Lattis 1994, 184（with slight modification, as noted）.

诡辩正大大消耗许多技艺高超的意大利人和哈布斯堡从业者的精力。此外，耶稣会对实践占星术的拒绝也减轻了忧虑，马基尼就是担心占星术会危及星的科学。事实上，如果耶稣会的数学家们参加了开普勒10月中旬有目击证人在场的观测，忧虑只会让他们孜孜以求。因为到11月末，克拉维乌斯派开始试图（最终成功了）重启绘制木星卫星位置图的行动。[1]1611年1月，克拉维乌斯对马库斯·威尔瑟承认，他不再相信对木星的观测结果是仪器造成的幻象。对眼下他认为是相同天体的观测结果的重复出现，成功地使他改变了想法。事实上，他还准备更进一步："我相信之后会逐渐出现有关这些行星的更令人惊叹的新发现。"[2]

在1611年春天伽利略抵达罗马，并与罗马诺学院的数学家们进行那次令人愉悦的盛会之前，耶稣会就已经认同金星相变的存在，以及土星是三个邻近星体的"椭圆卵形"星簇。[3]奥登·范·玛伊尔考特（Odo Van Maelcote）巨细靡遗的长篇颂词采用了伽利略别出心裁的"信使"比喻，与《星际信使》的文本严密贴合，并承认（不过没有直接评论）伽利略关于日心排序的信念。[4]在这次访问期间，伽利略向范·玛伊尔考特展示了相对于太阳表面而"改变位置和次序的小点"，由此进一步激励了克拉维乌斯派。[5]随着新一年的到来，这些不断再

[1]　There is a Jesuit observation log in Galileo's hand for November 28, 1610-April 11, 1611 (Galilei 1890-1909, 3: pt. 2, pp. 863-64; reproduced in Lattis 1994, 189).

[2]　Clavius to Welser, January 29, 1611, Clavius 1992, 6: no. 324, p. 168.

[3]　Collegio Romano mathematicians to Bellarmine, April 24, 1611, Galilei 1890-1909, 10: no. 520, pp. 92-93. Odo van Maelcote's praise of Galileo before the Collegio Romano (Galilei 1890-1909, 3: pt. 1, pp. 293-98) described him as "Galilaeus Patritius Florentinus, inter astronomos nostri temporis et celeberrimos et foelicissimos merito numerandus."

[4]　Galilei 1890-1909, 3: 297: "En tibi iam certum, Venerem moveri circa Solem (et idem, procul dubio, dicendum de Mercurio) tanquam centrum maximarum revolutionum omnium planetarum. Sed et illud indubitatum, Planetas non nisi mutuato a Sole lumine liiustratos splendescere: quod tamen non existimo verum esse in stellis fixis."

[5]　Odo van Maelcote to Kepler, December 11, 1612, 3: pt. 2, no. 810, p. 445. Van Maelcote, who, by this date, had also read Kepler's *Dioptrice*, the *Astronomia Nova*, and the *Conversation with Galileo's* "*Sidereal Messenger*," cautiously did not describe the spots as *in Sole*.

现的新发现也汇入了逐渐消散的 1572—1604 年的新星和彗星事件之流，成为了一种普通现象。

只要对新发现的质疑可归类为有边界的观测问题，完全限制在现象是否存在的范畴，它就可以完全独立于现代主义者们对宇宙真实构成的忧虑。约翰·韦德伯恩（勉勉强强）区分了这些问题。可是，一旦耶稣会的数学家们将单个的、重复出现的新发现纳入普通现象的范畴，他们就越来越难以否认，宇宙作为一个有序的整体是多么合理。

他们腹背受敌。一方面是自然哲学的传统主义者，例如贝拉明红衣大主教，他希望能用圣经而非天文学家们的新发现来修订自然哲学中的主张。[1] 从某种意义上讲，贝拉明的问题与霍基和韦德伯恩的问题是相同的：观测到的现象是真实的还是虚假的？如果是真实的，贝拉明会欣然将它们限定在传统实践天文学的范畴，他在 1615 的著名信件中正是这样严厉地提醒教友弗斯卡利尼（Brother Foscarini）。[2]

另一方面是像伽利略和开普勒这样的现代主义数学家，以及像布拉赫这样的中间道路支持者，他们从各自不同的角度认定，只有对行星重新排序才能接纳新的发现，进而才能使之成为天体自然哲学的一部分。对克拉维乌斯而言，接纳就意味着允许这些实体不仅进入世界体系，而且还进入他视作教授球面几何学之基础所在的 13 世纪的课本。认为 13 世纪的课本除了有些"跑题"，可用于教授世界的正确组成结构，这样的信念有着明显的缺陷，这与圣经注解是一样的。然而，在克拉维乌斯最新版《天球论》评注的著名段落中，他简要而

---

[1] On April 19, 1611, Bellarmine wrote as follows to the mathematicians of his order, submitting a list of the new observations made by Galileo: "I hear various opinions spoken about these matters and Your Reverences, versed as you are in the mathematical sciences, will easily be able to tell me if these new discoveries are well founded, or if they are rather appearances and not real" (Bellarmine to the mathematicians of the Collegio Romano, Galilei 1890-1909, 11: no. 515, pp. 87-88; quoted and trans. in Lattis 1994, 190).

[2] See my conclusion, this volume.

令人惊讶地提到了伽利略的发现——月亮的表面不平整；金星有时呈现新月状；一个星体加入了土星的另一侧；四个星体围绕着木星转动——同时暗中称赞伽利略，称其在《星际信使》中对这些现象的描述"仔细而又精确"。之后他总结道："由于这些事物本就如此，就让天文学家们去考虑这些天体的轨道应当如何排布才能解释这一现象。"[1]

克拉维乌斯在写下这些启发性的文字后就去世了，而且他将这些话另起一行并紧接着表达了对伽利略描述的支持，因此它们很容易被人注意到，并对他的继承者产生了巨大的影响。但他的目的到底是什么？这种陈述看起来包含了耶稣会整合传统与新事物的典型特征。另一方面，我们必须开放地接受用望远镜发现的事物，应当仔细思考如何重新排列行星来解释新的发现；但这种重新排布的目的应当仅限于解释这一现象。也就是说，克拉维乌斯支持的似乎不是改变宇宙的真实排布，而仅仅是一种假想的排布，这种排布最能保全传统自然哲学以及他对萨克罗博斯科《天球论》最后的注解中所包含的托勒密实践。[2]从这个意义上讲，他的立场与贝拉明红衣主教四年后声明的立场相似。

通过忽略或对"为了解释现象"这一段话轻描淡写，后来的读者们找到了一种方法来增强克拉维乌斯的价值。也很可能克拉维乌斯是故意留下了这种可能性。在"闲话"如何判定哥白尼和托勒密的过程中（这段"闲话"保留在他1611年版的《天球论》评注中），克拉维乌斯竭力主张，当两种假说对相同的观

---

[1] Clavius 1611, 3: 75 :

Inter alia, quae hoc instrumento visuntur, hoc non postremum, locum obtinet, nimirum Venerem recipere lumen à Sole instar Lunae, ita ut corniculata nunc magis, numc minus, pro distantia eius à Sole, appareat. id quod non semel cum alijs hic Romae obseruaui. Saturnus quoque habet coniumctas duas stellas ipso minores unam versus Orientem, &versus Occidentem alteram. Iuppiter denique habet quatuor stellas erraticas, quae mirum in modum situm & inter se, & cum ioue variant, ut diligenter & accurate Galilaeus Galilaei describit.

Quae cum it a sint, videant Astronomi, quo pacto orbes coelestes constituendi sint, ut haec phaenomena possint salu-ari.

[2] For further discussion, see Lattis 1994, 198-202.

测结果给出几何上等价的预测，天文学家应求助于自然哲学和圣经。这个建议会不会不适用于伽利略的新发现？讽刺的是，由于耶稣会的天文学并非由占星学担忧所驱动，与马基尼及其追随者们不同，他们对伽利略的新发现并没有天然的抵制。然而，在 1611 年，这种可能性发生了变化：哪一种自然哲学才是正确的？如果读过开普勒《新天文学》的引言，那么哪一种标准才能够调和圣经与天文学家的主张？除了这些疑问，伽利略的新发现能否被人接纳呢？

1611 年 4 月，伽利略受到罗马诺学院数学家们的热烈欢迎，克拉维乌斯本人也在现场，但据我们所知，当时并未提及天体秩序的后果。但人们怎么可能在承认可重复的天体新发现（例如金星的相变）的同时，又对亚里士多德的自然哲学以及托勒密的理论天文学保持忠诚呢？

1611 年之后，这些问题汇集到了一起。耶稣会的数学家并没有回避伽利略的新发现所引起的问题。同时，大多数人也没有被他日益公开的对哥白尼解决方案的拥护态度所说服。就像早期的维滕堡学派一样，耶稣会有选择地接受了某些天体表述，前提是它们不会摧毁地球中心和稳定性的传统观点。因此，不奇怪的是许多人终于看出第谷·布拉赫的排布，或者对它的某种改进，是一种切实可行的替代方案——而在 1600 年，克拉维乌斯认为这种替代的选择吸引力不够。[1]

---

[1]　See Grant 1984; Ariew 1999, 97-119; Schofield 1981, 1989; Dinis 1989; Romano 1999; Galilei 2010, 44.

结语：大论战

　　17世纪末，欧洲社会仍然充斥着特权、信仰和传统。土地、地位、财富、高级职位的分配总是倾向于教会、君主、诸侯、贵族，以及富裕的商人和银行家。大学与这种社会制度珠联璧合，它们等级森严，师生全都为男性；它们受着贵族和教会的资助。大学、君主国或诸侯国、教会，是文化权威的三大支柱——是这些传统社会的主要结构。[1] 在这种社会制度下，那些揭示天体秩序和未来的人将自己定义为大学数学教师，宫廷、县市或学术占卜家，自然哲学家，历书编纂家，医生，博学的贵族，高级教士，占卜医师——但尚未有人将自己视作科学家。他们追求自己的预言目标并试图对其进行解释，他们大多数时候只在当地的社交网络中进行各种各样的社交活动，有时候也会在各地的社交网络之间活动。他们小心翼翼地权衡异教神的天体影响，和圣典、教会委员会以及

---

[1]　These were also still the main structures underlying what Jonathan Israel（2001, 714-15）calls "the Radical Enlightenment."

教皇法令的庄严话语；他们在等级森严的学科领域内协商自己的地位。渐渐地，一小群现代主义者和现代化的中间派传统主义者提出了替代性的行星秩序的问题，这引发了新的论战，这场论战需要在各种不同的证据中做出权衡、平衡以及评判。然而，所有这些证据都反驳不了这样一个观点，那就是任何单一的证据都不能决定最终的选择，在某些情况下，同一份证据甚至会支持截然相反的观点。从这个意义上说，哥白尼问题引发了一个新问题，这个问题成为下个世纪的物理科学和社会科学的重要特征。另一方面，如果说构建了哥白尼论战的很多内容和范畴包含了科学世界明确无误的元素，它的手段、理论目标以及暂时性已经开始呈现出明显的现代特征，而其他一些内容则显得有些陌生——或者，确切地说，是具有早期的现代化特征——因为这项研究的所有从业者，甚至那些与古代理论彻底决裂的从业者，仍然认为他们的项目有古人和上帝参与。[1]总而言之，可以认为这些混乱的发展表征着早期现代科学运动第一阶段的特征，这个阶段自 15 世纪末延续到 17 世纪初，实际上经历了漫长的 16 世纪。

此结语将回顾前文内容，关注宏观主题和主要规律，然后再进一步，指出哥白尼问题在后期的时代划分。

占星学预言与天文学革命

哥白尼问题涉及几个重要领域：行星模型、行星秩序、这种秩序对自然哲学造成的后果，以及对宇宙未来形态和影响的预测。人们一般研究的是前三个领域，但是本书一反常态关注的却是最后一个领域。这也正是维滕堡人解读《天球运行论》时关注的重点，他们独一无二地将《天球运行论》的作者解读为"托

---

[1] By contrast, late-nineteenth- and twentieth-century modernism saw itself as ever more independent of the past (Schorske 1980, xvii) .

勒密第二"，并将哥白尼的行星理论用于自己的占星预言，但是他们忽略了雷蒂库斯及其德高望重的老师提出并精巧地组织的对对称性的人文主义诉求。这种忽略雷蒂库斯和哥白尼在《第一报告》中提出的相反观点的做法，成为逃避难题的重要手段；这种做法通常有助于维持现有的学科权威，而天文学著作很容易就能强化这种做法。

尽管维滕堡人长久以来在关于预言可信性的争论中忽视行星秩序，但是哥白尼及其一群追随者最终成功地说服了大家：他们叙述的"毕达哥拉斯主义观点"是合理的，虽然大部分人认为它是错误的，但是这种新观点是不容忽视的。尽管面对着这种根深蒂固的偏见，但那些敢于坚持哥白尼核心理论的从业者认为，这些理论不仅能够用于预言，还能洞察最深奥的奥秘，因为它们的解释不仅更加统一，而且范围更加广阔。对哥白尼主义者来说，这种拓展的理解让他们更加坚信该理论是正确的（而不只是似是而非），并激励他们从 16 世纪 70 年代开始不断提出新颖的解释。不论是迪格斯和罗特曼，还是在公开场合谨小慎微的梅斯特林及其出类拔萃的弟子开普勒，都是如此。

尽管这场方兴未艾的早期现代科学运动尚在襁褓之中，但是它的做法已经与中世纪学术研究大相径庭，后者一贯对假说持否定态度。14 世纪就有人提出地球每日自转的可能性，但是这种观点是从神学的角度提出的，与此不同的是，哥白尼的行星秩序理论产生于出版文化和预言文化蔚然成风之时：预言学的理论与实践著作大量出版，预言创作有了新条件，可以利用人文主义者的修辞与辩论著作，人们对世界末日预言的热情日益高涨。不同类型的证据也找到了自己的一席之地——在没有采纳哥白尼行星次序理论的情况下，从他的行星模型中提炼出来的观点（例如莱因霍尔德的行星表），意料之外且不再出现的事件的观测结果（16 世纪 70 年代开始的新天文事件），需要大型仪器的有针对性的观测（第谷观测到的火星视差运动），意料之外但会再次出现的事件的观测结果（伽利略用天文望远镜观测到的新天文事件）。这些各种各样的证据都没能消除各类理论方案的不确定性。实际上，哥白尼问题的两个核心特征是：一、它削弱了传统的封闭策略的权威性；二、尽管有新颖的证据和论证，但它没能在各种天文理论中作出最终的抉择。不知道是不是偶然，这种对宇宙认知的质疑碰巧出现在欧洲历史的一个特殊阶段，当时宗教信仰的基本标准也受到了质疑，这种质疑让大一统的基督教王国分裂成了数个敌对的教会。[1]

　　由哥白尼开启的天文学革命及其取得的胜利是老生常谈的话题，但是占星学却一直受到忽视冷落。本书试图修复这样一幅图景：占星学与天文学组成了一个互相关联的理论与实践的复合体，这个复合体将宇宙和社会连接在一起。我们可以考虑一下 15 世纪末期出现的星的科学的四元分类，这能让我们辨别出一些重要的特征和联系，否则这些特征和联系是暧昧不明或根本看不到的。一方面，像柯瓦雷的《天文学革命》和库恩的《哥白尼革命》等著作，现在可以解读为不仅局限于天文学，更局限于理论天文学领域。[2]

　　另一方面，15 世纪最后 30 年年度预言史无前例的大爆发让文艺复兴时期的占星学有别于中世纪占星学，前者更加广泛，更加公开。开普勒和伽利略以占星为生通常似乎有助于维护他们的科学纯粹性。[3] 但是这种厌弃的态度忽略了盛行的知识分类方法，还消除了一个重要的边界争论：一大群试图变革天文学理论的从业者在追求更好的占星学的时候就是这么做的。例如，开普勒将普通的

---

[1]　On the crisis of religious certitude, see Richard H. Popkin's classic history of skepticism（2003）；Popkin 1996.

[2]　Less attention has been paid to practical astronomy, but see the pioneering work of James Evans（1998）；Gingerich 1993d.

[3]　Accompanying "A Statement by 192 Leading Scientists," which "caution[ed] the public against the unquestioning acceptance of the predictions and advice given privately and publicly by astrologers," the astrophysicist Bart Bok acknowledged that that up to the time of Newton, "there were good reasons for exploring astrology"；but in a supporting companion article, the science writer Lawrence E. Jerome explained that kepler "used his position as an astrologer strictly as a means of earning a living and supporting his astronomical observations"（Bok and Jerome 1975, 23, 48）.

预言家看作白痴，他认为这些人之所以从事预言工作只是为了钱。开普勒认为他们的预言是失败的，因为他们使用的理论原理是错误的——他认为只有自己的理论原理才是正确的。与哥白尼明显不同的是，开普勒认为自己的伟大计划是理论原理的革命，而这些理论原理又是占星学实践的基础；实际上，开普勒雄心勃勃的目标是变革星的科学的所有领域，包括理论天文学，而理论天文学正是让他功成名就的领域。尽管开普勒认为自己的"新天文学"是物理学的一部分，但是他遵照传统，分离地看待理论占星学和实践占星学。

与之形成鲜明对比的是，伽利略对占星学的理论基础的看法似乎相当传统，他丝毫没有表露出开普勒的那种变革天文学的倾向，他只是研究行星理论。因此，尽管开普勒和伽利略都参与了占星学实践，但他们的追求是不一样的。开普勒离开图宾根去格拉茨和布拉格之后，发表的年度预言基本上与100年前的预言是一样的，而伽利略现存的所有手稿表明，他发表星命图是为了私人目的——有一些是为了钱，但是明显还有一些是因为他相信自己可以了解某些事情。例如他为两个女儿利维亚和弗吉尼亚制作的星命图。[1] 当然，伽利略并不打算发表自己制作的星命图，因为它们单纯是为私人制作的。

但是对伽利略来说，更加重要的一个考虑是守旧的意大利的政治形势，特别是在1586年的教皇诏书之后，开普勒在布拉格定期从事的公开的占星活动是被禁止的。和开普勒不同，伽利略从来没有为某座城市或某个宗教做过预言；他也没有为费拉拉的皮特罗·波诺·阿沃加里奥等当地领袖制作过年度星命图；他从来没有用占星学的结果评论过美第奇王朝。他唯一一次公开地提到他的星命图是在他为《星际信使》写的著名序言里。当时他要求人们关注木星在其往日的弟子科西莫二世的星命图中占据重要位置，因此也向读者们公开了他与美

[1] On Galileo's astrological activities, see Campion and Kollerstrom 2003（including "Galileo's Horoscopes for His Daughters," 101-5）；Rutkin 2005; Bucciantini and Camerota 2005; Swerdlow 2004b; Kollerstrom 2001; Ernst 1984; Righini 1976; Favaro 1881.

第奇家族的私人关系。

哥白尼主义者与师生关系

在本书中，维滕堡共识时期哥白尼主义者惊人的多样性也占据了相当篇幅。单单是这种异质性（怀着对哥白尼主义这一范畴的敬意，恕我直言）就足以使库恩的观点变得更加复杂。他认为一些不可比较的学科含义发生了根本性的改变，而且它们之间存在某种"从众效应"。但是，关于从业者为哥白尼理论辩护的环境，我们是可以总结出一些普遍规律的。尽管现有的证据并不完整，但是它们都指向了师生关系——也许这并不奇怪。这些关系是有根源的，那就是家长式的家庭关系和全男性的大学文化。正如维滕堡和博洛尼亚的例子表明的，学生住在教授家里对双方都是有利的。长者与年轻人之间的关系是一种传承、保护和发展传统的手段，但是也提供了抵抗和改变传统的机会。守旧派与革新派产生自同一个源头，它们就像一对从相同的起点以相反的方向升上某栋建筑的楼梯。

在本研究中，师生关系模型似乎为与各种类型、程度不一的守旧派的决裂提供了基本背景。这种搭配出现在哥白尼问题中的各个紧要关头：对托勒密模型富有成效的修正（普尔巴赫和雷吉奥蒙塔努斯）；与托勒密行星秩序理论的彻底决裂（哥白尼和多米尼科·马利亚·诺瓦拉）；哥白尼与他的大弟子雷蒂库斯的合作；与新兴的维滕堡共识的决裂（雷蒂库斯和梅兰希顿）；没能吸引新的追随者（雷蒂库斯和卡尔达诺）；托马斯·迪格斯将父亲的地心方案替换成了他自己对《天球运行论》的无限主义解释；维蒂希关于《天球运行论》的颇具影响力的解读对第谷·布拉赫的影响；第谷想尽办法控制开普勒的理论研究但是最后以失败告终；开普勒与梅斯特林的合作关系——这段关系让开普勒可以发表自己的《宇宙的奥秘》，也让梅斯特林可以公开其哥白尼主义观点；伽利略与开普勒之间的爱恨纠葛。

如果说开普勒的愿景是合作的话，那么伽利略的愿景和第谷·布拉赫是一样的，他们俩都更喜欢收徒。当伽利略获得数学与哲学主任头衔时，真正在帕多瓦给托斯卡纳大公上课的人是他曾经的学生——哥白尼理论支持者、本笃会僧侣贝内德托·卡斯泰利。门徒训练是后来《关于两大世界体系的对话》中的角色架构，这是一位老师与两名"学生"之间的对话：学生之一萨格雷多，聪明、狡黠、有着贵族气派；学生之二辛普利丘，迟钝，有时还比较迂腐，通常很保守，有着学者的气质。当伽利略假借辛普利丘之口说出教皇乌尔班八世的观点"上帝是全能的而人类认知（所谓的终极灵药）是不可靠的"，这是他的冲动之举吗？或者说，他不小心重演了一个长期存在并且过去一直非常适合他的主导与控制模式？这种猜想似乎更有可能。

17 世纪对改变信仰的看法

在库恩时代，对理论、概念方案、研究项目或范例（不管其名称是什么）的追求与抗拒，都已经成为广泛接受的研究议题，成了博士考试和会议会谈的常规主题。与之形成鲜明对比的是，这一时期的著作，其方法和逻辑大部分是建立在亚里士多德学说的基础上，但肯定没有出现有意识的科学变革著作。然而，研究者们总是会时不时地提出一些非系统性的、局限性的观点，这些观点让我们得以瞥见他们内心最深处的理解。他们的解释与其说是逻辑推理，不如说是社会学和心理学推理，从这个意义上说，他们神奇地预见了库恩更加严格、更有历史渊源的理论。例如，加尔默罗修会神学家保罗·安东尼奥·弗斯卡里尼（1565—1616）在解释其 1615 年为何愿意接受新复苏的、陌生的"毕达哥拉斯主义观点"时，举出了他所谓的风俗、惯例或习惯的力量："一旦确立了某种惯例，人们确信了陈腐乏味又似是而非的观点，而且这些观点还是人们的常识，那么不管是教化开明之人，还是蒙昧无知之徒，都会接受这些观点且很难摆脱它们。习惯的力量是如此强大，以至于可以说是人的第二天性。因此，很多情况下，对于那些熟悉的事情，即便是罪恶的事情，人们都乐于接受；但是对于那些不熟悉的事情，即便是大善之事，人们都没那么情愿接受。"弗斯卡里尼认为，当这些观点进入人们的大脑后，它们就会成为权威；实际上，所谓的权威只不过是无形的习惯罢了："当它们 [这些观点理念] 在你的脑海中生根发芽之后，任何有悖于习惯的观点都会被看作乱耳之声、晦暗之影、恶臭之嗅、酸涩之味、糙劣之质。因为一般情况下，当我们权衡品评某物之时，根据的并不是这个事物本身，而是某位未曾提及的权威的教诲。"[1]

加尔默罗修会修士之言真是大胆犀利、一针见血。实际上，这些言论非常适用于解释宗教信仰。要想摆脱权威之重负，只须洞悉其目的之所在："由于这种权威都是人，因此我们根本无须如此看重他们，更无须谴责、否认或摈弃明显正确但与之相左的理论，不管这些是由更好但是先前没有发现的证据揭示的还是我们自己偶然意识到的。通往未来之路不可以封闭，否则我们的子孙将不能够也不敢去发现比先辈留下的遗产更多更好的东西。"[2]

如果亚里士多德和其他古人只是凡人，那么现代人至少是跟他们同等的，说句实话，甚至比他们更优秀："今人的某些经验 [尝试] 在某些问题上已经驳得古代圣贤哑口无言了，而且这些经验业已证明，古人的某些庄严神圣的教诲学说是空洞无物、荒谬绝伦的，难道不是这样吗？"[3]

---

[1] Foscarini 1615, 218-19. Ihave followed Blackwell's translation except where indicated in parentheses.

[2] Foscarini 1615, 218-19.

[3] Ibid., 219.

不难想象红衣主教贝拉明在读到此文之时的那种如临狂澜之情，这篇文章是彻彻底底地悖逆传统权威之作，甚至没有只言片语提到教会先贤；同样令其不安的是那些旨在以哥白尼理论解释圣典的观点。[1] 更加让人难以理解的是，教皇约翰·保罗二世 1992 年在教皇科学院演讲的时候完全忽略了弗斯卡里尼，这次演讲提到了伽利略事件，但是并没有对此事件盖棺定论。[2]

另一个重要观点见于 60 年后罗伯特·胡克（Robert Hooke）的一次公开演讲，此人为皇家学会声誉卓著的负责人、格雷沙姆学院讲师，也是罗伯特·博伊尔（Robert Boyle）的实验助手。[3] 胡克认为，从宇宙对称性出发的哥白尼理论可能并不足以说服地心主义者。该如何解释博学的几何学家、天文学家以及哲学家们如此强烈的抗拒态度呢？

他们当中大部分人年轻的时候，就被灌输了粗俗鄙陋的学说，特别是那些关于宇宙结构和组成的学说，这些学说在他们的脑海中留下了挥之不去的烙印，要想摆脱这些，他们须经历百般苦痛。还有一些人进一步确信自己童年时的观点，他们接受着托勒密或第谷体系的教育，受着导师的权威的影响，他们已经形成了根深蒂固的信念：因此大部分情况下，这些人是听不进与先入为主的理念相左的观点的，即便听进去了，他们也只会找答案反驳它。

胡克像弗斯卡里尼一样，将人们早期信念的形成归因于个人的性格和权威，

---

[1] In the judgment of Ernan McMullin, the specific arguments of Foscarini's Letter and his defense of it against an unnamed critic, together with Galileo's earlier letter to Castelli, constituted "what might seem a fairly strong case for not proceeding against Copernicanism" (McMullin 2005c, 104-5) .

[2] John Paul II 1992. See Blackwell 1998.

[3] Hooke 1674: "I have begun with a Discourse composed and read in Gresham Colledge in the Year 1670. when I designed to have printed it, but was diverted by the advice of some Friends to stay the repeating the Observation, rather then publish it upon the Experience of one Year only."

但是现在又把它归因于师生关系。他认为，有些人尽管没有完全表露出来，但是他们成功地抵御住了被传授的知识："另一方面，有些人是因为与他们导师的天性不同；有些人是由于对惯例的巨大偏见；还有少数人是有更好的理论作为根据，他们的这些理论是从宇宙的比例与和谐得到的，他们全都接受了哥白尼的观点，即地球是运动的，而太阳和恒星是静止的。"[1]

这些颇具启发性的当代观点很好地呼应了师生关系的主题，师生关系是知识分子分分合合的核心要素。信念的改变同时体现了性格和理性的因素。个人对老师及其理念的认同是对其肯定或否定的先决条件。简而言之，我们应该看到，胡克在哥白尼问题中有自己的一手牌可打。

漫长的 16 世纪的终结

如果我们围绕哥白尼问题梳理漫长的 16 世纪的话，那它应该始于 15 世纪90 年代，那时哥白尼回应皮科的抨击所引发的危机，星的科学从业者遍及教会、宫廷和大学；它似乎在 17 世纪第一个十年的中段戛然而止，当时罗马的高级教士及其大学里的盟友们开始将现代主义者——既有教会里的，也有宫廷里的——看作对他们控制天体秩序理论的权威的严重威胁。正如 1586 年的教皇诏书表明的，保护安全预言（神学）和危险预言（自然）之间的界限的问题并没有消失——实际上，乌尔班八世的诏书《预言禁令》（Inscrutabilis，1631）重申了禁止预测教皇生死的禁令——但是天体秩序的问题很快出现，成为又一个重要威胁。[2] 在占星学预言和天体秩序这两个问题上，神学家的第一反应都是怀疑；为了加强戒律，教会采取秘密批判、教皇诏书、禁令、禁书令、修书令、监禁

---

[1] Hooke 1674, 2-3.

[2] On the importance of Urban's bull in precipitating Galileo's downfall, see Shank 2005b; Walker 1958, 205-12; Ernst 1984, 1991; Shea in Lindberg and Numbers 1986, 128-29; Dooley 2002.

以及偶尔的审判等各种手段。

1603 年的神圣目录禁止了布鲁诺的所有著作，从这就能明显看出这种转变。另外，托洛桑尼在 16 世纪中叶重提多明我会修士托马索·卡契尼（Tommaso Caccini）1614 年在佛罗伦萨圣母堂的一次布道中对哥白尼的批判。[1] 最著名的困难可能是 1613 年在托斯卡纳宫廷开始的关于圣典和哥白尼理论的争论。[2]

正是这一事件促使伽利略写下了一些基本想法，他思考了圣经中关于地球运动的描述的合理性，后来他扩充了这些想法，并将之发表为著名的《致大公夫人克里斯蒂娜》。[3] 红衣主教贝拉明于 1615 年 4 月 12 日写信给弗斯卡里尼，简要描述了危急的形势：

说地动日静假说比偏心轮－本轮学说更加符合实际现象讲得挺好，这种说法没有什么危险的东西；但是宣称太阳位于世界中心，只有自转而无须东升西落，并且地球位于第三层天以极大的速度围绕太阳运转，却是非常危险的，这不仅触怒了所有的哲学家和神学家，还破坏了神圣信仰，因为它说圣典是错的。[4]

谈论猜想假说是构不成威胁的，因为它局限于天文学的有限的认知能力；但是谈论"真正存在的东西"却是非常危险的，因为它侵犯了神学和自然哲学的权威。有趣的是，新教徒的苦难之源——贝拉明竟然没有将危险的源头定位到任何维滕堡著作。（毕竟梅兰希顿主义者并没有提出地动假说并认为其更加符

490

---

[1] See Garin 1975, 31-32.

[2] Castelli to Gaalileo, December 14, 1613, in Finocchiaro 1989, 47-48.

[3] Galileo to Castelli, December 21, 1613, in ibid., 49-54.

[4] Bellarmine to Foscarini, April 12, 1615, in Finochiaro 1989, 166; Galilei 1890-1909, 12: no. 1110, pp. 171-72, my italics.

合实际现象。）[1] 罗马教廷首先担忧的是教会内部的分歧与背叛。红衣主教贝拉明阅读了克拉维乌斯 1611 年版《天球论》评注末尾的观点后提出了自己的立场。[2] 弗斯卡里尼修改了这段话并用它来为自己的研究辩护，他的研究多次提及伽利略和开普勒，却对教会神学家们只字不提："神父克拉维乌斯是一位非常博学的学者……他承认，为了解决公共体系不能完全解决的许多难题，天文学家们被迫提出其他的体系，他们需要巨大的勇气才敢这么做。"[3] 贝拉明本人并不认为克拉维乌斯曾打算如此热切地支持弗斯卡里尼在下面的话中所大胆描述的事业："毕达哥拉斯和哥白尼的观点并没有违背天文学和宇宙学原理，相反，这种观点是极有可能的，并且它们之间是非常相似的。其他很多挑战公共体系的观点只不过是漫无目的的探究罢了……毕达哥拉斯的观点超越了所有这些观点，因为它更加简单，也更加符合实际现象，并且更加适于用固定的规则而不是本轮、偏心轮、均轮或急速运动来计算天体运动。"[4]

弗斯卡里尼认为，这种复苏的古代观点之所以有可能是正确的，不仅是因为理论原理，还因为伽利略、开普勒和林琴学院（Academia dei Lincei）成员等现代人的共识。这种观点不仅值得教会考虑，而且弗斯卡里尼想要"替同行发声"，指出这种观点与圣典的很多内容并不矛盾。[5] 即便是贝拉明警告要从理论上探讨日心理论后，弗斯卡里尼仍然没有放弃通过东来的信风这一证据说服自己的教会相信地球每日的运动，"这可能很有证明力和说服力"[6]。

当然，弗斯卡里尼不是第一个让圣典的权威屈服于哥白尼理论体系的人，

---

[1] In fact, Bellarmine, evidently following Foscairni's formulation, mistakenly believed that supposing the Earth's annual motion might better save the appearances than using eccentrics and epicycles !

[2] See Clavius 1611, 3: 75; Lattis 1994, 181.

[3] Blackwell 1991, 222.

[4] Blackwell 1991, 221.

[5] Blackwell 1991, 223. Foscarini was careful not to invoke the name of giordano Bruno.

[6] See Kelter 1992.

但是和他的先辈们，如布鲁诺、罗特曼、赖特、苏尼加以及开普勒等人不同，他的理论更加系统、更加透彻。贝拉明肯定不会忘记布鲁诺的无限主义哥白尼理论著作在13年前就被封禁了，他在斥责弗斯卡里尼站在了数学家的"猜想"和物理学家的"证明"的对立面的时候就重提了布鲁诺的话。[1] 对于圣典，不可以谈论概率。大约在1615—1616年，罗马教廷的氛围迅速转变，其转变的方式在欧洲其他地方也从来没有出现过。贝拉明过去一直强调圣典的字面解读以及字面解读的标准（尽管他非常清楚解经标准的范围），现在他表明自己准备将地球运动不仅当作一个"信仰问题"，而且当作一个需要"根据发言人的权威"召开特伦托大公会议的问题：

"任何说亚伯拉罕没有两个儿子，而雅各布没有12个儿子的人，同那些说基督不是圣母的儿子的人一样，都是异端，因为圣灵假借预言书和使徒之口说了所有这些事情。"[2]

491

贝拉明对弗斯卡里尼的回应经过了慎重考虑但是仍然非常沉重，它代表了1616年教会上层的态度，弗斯卡里尼和他一样都是神学家，而他们都是小兄弟会的成员。1616年2月24日的《顾问报告》发表了自己的评判，其语气和形式像极了当时的司法 – 神学团体——它的定性类型和假设依据的是传统的自然哲学和教会法规，而不是《天球运行论》的条件逻辑和比较概率。

---

[1] "Dove non solo fa ufficio di matematico che *suppone*: ma anco di fisico che *dimostra* il moto de la terra" (Bruno 1955, dialogue 3, p. 149, ll. 12-14, my emphasis). This passage would seem to strengthen Blackwell's suggestion (1991, 48): "It seems to be highly likely that Bellarmine would have clearly remembered, and would have been personally influenced by, his experiences in the difficult Bruno affair when he came to deal with Copernicanism and Galileo in 1615-16." To be sure, Bellarmine's and Bruno's formulations echo Osiander's language in his letter to the reader: "*Causas ... seu hypotheses, cum ueras* assequi nulla ratione possit, qualescunque excogitare & confingere, quibus *suppositis*" (Copernicus 1566, fol. 1v).

[2] Bellarmine to Foscarini, April 12, 1615, Finocchiaro 1989, 68. On the influence of Bellarmine's scripturalist reading of the heavens in this matter, see McMullin 2005b.

待评价的命题：

（1）太阳是世界的中心而且完全不会进行局部运动。

评价：所有人都说这个命题在哲学上是愚蠢而荒唐的，在形式上也是异端邪说，因为根据字面意思以及神父和神学博士们对它的一般解释及理解，它在很多地方都与圣典的含义相违背。

（2）地球不是世界的中心，也不是静止的，它会运动，而且进行的是周日运动。

评价：所有人都说该命题在哲学上获得的评价与第一个命题是一样的，就神学真理而言，它至少在信仰上是错误的。[1]

像托洛桑尼1546年的评判一样，顾问们将天体秩序问题从致力于在混合数学科学中探索新发现的狂热者的手中夺过来，并置于自己的学科领域：传统自然哲学和神学。他们的理论容不得任何妥协。[2]罗马教廷在1616年又采取了两次进一步的行动：一、正式警告伽利略，此命令由教皇保罗五世下达、红衣主教贝拉明传达，禁止伽利略持有哥白尼观点或为其辩护；[3]二、神圣目录委员会3月的审查行动，此次行动完全禁止了弗斯卡里尼的《书信》（Lettera），但是将迭戈·德·苏尼加的《论工作》（Commentary on Job）和哥白尼的《天球运行论》放在了不那么严格的分类——"改正后解封"[4]。与此次审查行动不同，对伽利略的警告是秘密进行的，甚至他的颇有影响力的朋友——红衣主教马菲奥·巴贝

[1] Consultant's Report, Finocchiaro 1989, 146-47.

[2] Cardinal Paul Poupard, who in 1990 coordinated the results of the commission to study the Galileo affair, read Bellarmine's response as embodying a degree of flexibility that might permit future shifts in the Church's judgment on the proof of the Earth's motion. But Annibale Fantoli (2002, 6-9) has seriously called Poupard's reading into question, and Ernan McMullin (2005b) has asked incisively why Bellarmine and the theologians did not avail themselves of mitigated alternatives, such as the Tychonic arrangement or Urban VIII's theologically grounded, voluntarist exclusion of the possibility of a necessarily true demonstration or, indeed, why the Church went beyond a simple ban on publication.

[3] Cardinal Bellarmine's certficate (May 26, 1616), in Finocchiaro 1989, 153.

[4] Decree of the Index (March 5, 1616), in ibid., 148-50.

哥白尼问题

里尼（即将来的教皇乌尔班八世）都不知道。[1]

很明显，哥白尼问题现在得到了教会最高层的重视。神圣目录只在 1620 年具体列出了《天球运行论》需要改正的地方；然而，由于受到审查的不是作者，而是这部著作本身，因此神圣目录需要指出哪些段落需要修改编辑。换言之，首先，某些人实际上必须阅读此书——这当然不是伽利略所希望看到的有利的结果。其次，还需要指出第一版和第二版之间的差别——更不用说尼古拉斯·穆勒里尤斯刚刚发表的第三版（1617）。1620 年的神圣目录甚至忽略了一点，即第二版《天球运行论》中包含了《第一报告》及其评论，"僧侣们"完全有理由认定它为"异端邪说"。[2] 最后，实际的审查落到了读者个体的道德和法律忠诚度上。在欧文·金格里奇史无前例的调查中，600 部左右的著作中有约 8% 带有 1620 年审查的标志。[3] 然而，由于读者本身也可能对自己的藏书做更正，因此对他们与文本内容的关系可以做一定程度的控制，让他们首先阅读并思考令人不快的内容，然后基于一种研究义务将这些内容删去。或者他们根本就不会进行更正。

对伽利略事件的高度关注掩盖了这样一个事实，那就是教会将哥白尼放进神圣目录的时间相对来说要晚一些：《天球运行论》首版 73 年后，第二次出版 50 年后，第谷·布拉赫在《天文学书信集》中与克里斯托弗·罗特曼辩论 20 年后。这代表了一次转变：从整个 16 世纪都将其看作获取预言的合理资源的领域，转变为一个旨在探究宇宙真实结构的极具威胁的哲学领域。因此，在相对较短的时间内，哥白尼假说就从预言资源转变成了哲学辩论问题，其讨论的是统一与权威问题。

---

[1] These events, much raked over, are finally becoming clearer on the basis of new archival information and persuasive synthesis（see Fantoli 2005, 117-49; Artinas, Martínez, and Shea 2005, 213-33）.

[2] Lerner 2004, 70-71.

[3] Lerner points out that some sixteenth-century readers carried out their own independent acts of censorship by crossing out the names of Lutherans（Lerner 2004, 72）.

回看这些不利的发展势头出现数年前，很明显，教会的传统主义者并没有对解释 1604 年新星事件的请求作出过度回应；新教徒开普勒的《新天文学》也没有激起像伽利略宣布自己用望远镜得到的发现并前往托斯卡纳宫廷所引起的强烈反应。此外，只要基于望远镜观测结果的观点与天体秩序无关——正如伽利略 1611 年在耶稣会的声明中说的那样——它们就不会遭遇什么明显的困难。但是伽利略关于金星周相存在的观点是很难忽略的，因为至少他相信适度的、日心理论的、卡佩利亚的或第谷的解释。[1] 然而，只要神学家、自然哲学家和预言家仍然坚持严格的亚里士多德必要证明的标准，望远镜就不能判定天体秩序的描述，也不能让占星学预言更加确定。当地方人士感到神学家和他们在大学中的传统主义哲学盟友的学科权威受到威胁的时候，情况开始发生变化。

巩固的时代

世界体系与比较概率

开普勒的《哥白尼天文学概要》（1618—1621）和伽利略的《关于两大世界体系的对话》（1632）相差了十来年，它们构成了 16 世纪 80 年代和 1610—1612 年天文发现之间的论战的主要资源。这两部著作以不同但互补的方式将先前的论战重新构建为两个相互竞争的"世界体系"之间的斗争。"世界体系"这一术语早在布拉赫 1588 年《论世界》的行星方案的说明中就已经出现了，该书于 1603 年和 1610 年重版。[2] 新观点和新理论并没有被完全且广泛地接受，这部分是因为到 1618 年，开普勒的所有重要理论成就和伽利略的主要天文发现仅仅

---

[1]　For differing assessments of the prehistory of Galileo's claim, see Ariew 1987; Thomason 2000; Goldstein 1969.

[2]　Brahe 1913-29, 4: 158: "Nova Mundani Systematis Hypotyposis."

以零散的形式流传。例如尼古拉斯·穆勒里尤斯版的哥白尼著作中，有很多对文本内容的注解，但是没有提到奥西安德尔"序言"作者的身份，尽管开普勒在 1609 年就已经公开了此信息。[1] 贝拉明 1616 年向伽利略下达的禁令并没有提到开普勒或第谷的观点。在与弗斯卡里尼的通信中，对急速增长的文献著作的评价标准的不确定性就已经表露无遗。弗斯卡里尼坚持概率理论本身就是一种修辞手法，这种姿态仅仅表明存在"更胜一筹的"观点，而没有评议这些观点的具体内容。《概要》和《对话》以不同的方式显著改变了这种形势。这些著作有力地巩固了当时的所有主要论点，它们将这个问题构建为一个权衡一大批支持或反对地球周日和周年运动的可能论点的问题。新问题是如何评价这些文献著作的累积的和比较的价值。在这里，值得注意的是《概要》和开普勒早前著作之间的差别。开普勒在《新天文学》中的建模方法将托勒密和第谷的极限推向了突破点。大卫·法布里修斯在 1603—1608 年的书信中指出的困难，是许多后续反应的范例：甚至技艺最高超的从业者也觉得开普勒的工作非常棘手。许多示意图看起来格外费解，计算的过程也十分复杂冗长，叙述的时候考虑的是它对其他读者没有什么吸引力。因此，这部著作很难以它原来的形式传播。如果接受椭圆轨道也就意味着接受太阳磁力，那么否认太阳运动的人很容易就会否认非圆轨道，除非这二者可以独立存在。例如，1610 年威廉·托尔（William Tower）爵士告诉托马斯·哈里奥特，开普勒的椭圆假说"比圆形轨道天文理论更优"，但是他接受不了"那些磁力特性"。[2] 另一个重要例子是格但斯克天文学家兼预言家彼得·克鲁格（Peter Cruger，1580—1639）。1620 年，克鲁格写信给身在莱比锡的菲利普·穆勒（Philipp Muller）说，开普勒"关于火星的著作"需要人们花一整年才能理解，一天是远远不够的。此外："我仔细阅读了开普勒的

---

[1]　Mulerius 1617.

[2]　Lower to Harriot, February 6, 1610, in Rigaud 1833, 42-43.

《宇宙和谐论》。这部著作似乎像火星人的书一样难懂。"他向开普勒坦承:"你的月球假说的示意图我很喜欢看……但是由于我不喜欢椭圆,因此这些东西在我看来有些晦涩难懂。"然而,到了1629年,《概要》和《鲁道夫星表》都出版了。克鲁格向穆勒坦承:

> 就我自己而言,只要别的不那么自由的职业允许,我全心全意地想要理解鲁道夫法则和鲁道夫星表的基本原理,而且为此我将《[哥白尼]天文学概要》当作此星表的引言。先前我读过这本《概要》很多次,但是都不怎么能读懂,因此很多次都将其丢到一边。现在我重新将它捡起来,理解起来也容易多了,因为我发现它就是配合星表使用的,这些星表也对它进行了解释……我不再排斥行星的椭圆轨道了;开普勒《评火星》(*Commentaries on Mars*)中的证据说服了我。[1]

请注意,克鲁格得到的帮助在法布里修斯那里是没有的:结合《鲁道夫星表》一起使用《概要》和《新天文学》中的椭圆模型。然而,尽管克鲁格最终愿意将椭圆轨道用于计算,但是这并不意味着他接受了开普勒的太阳动能:

> 尽管开普勒竭尽全力想要用物理推理证明哥白尼的假说,但是他引入的理论更多的是物理学理论而不是天文学理论,例如行星的磁性……为了给地球的周年运动辩护,他几乎变革了所有哲学,并引入了他自己的全新的哲学;他还发明了新的天文学术语,类如"焦点""趋向太阳和远离太阳的特性""直径中心"等等。这些术语很讨人喜欢,可是很难理解……这些术语有不少被开普勒用到

---

[1] Both letters to Müller are quoted and translated in Russell 1964, 8; see also Peter Crüger to Johannes Kepler, July 15, 1624, Kepler 1937-, 18: no. 990, p. 191.

自己的天体物理或哥白尼天文学中；但是很多术语不能使用，特别是当另一部著作〔隆格蒙坦努斯的《丹麦天文学》(*Astronomia Danica*，1622）〕发表后，这部著作根据第谷的假说［和观测结果］变革了天文学的所有内容。[1]

　　克鲁格的谨慎反应表明，法布里修斯 20 年前避开开普勒的物理学是有意为之；开普勒给身处布拉格的第谷带来的困难也是意料之中的。一方面，使用开普勒的椭圆假说再一次证明了选择性使用的做法，这种做法在 16 世纪消化吸收哥白尼的行星模型的时候就已经出现了。在 17 世纪，并不是所有接受开普勒椭圆轨道理论的人都接受地球运动理论；没人像库恩在《科学革命的结构》中描述的那样皈依这个新的行星理论。[2] 例如，占星学家兼法兰西皇家数学教授让－巴普蒂斯特·莫里纳斯（Jean–Baptiste Morinus，1583—1653）声称将开普勒的椭圆轨道用于第谷的方案，并且其使用的策略与 16 世纪中叶的维滕堡从业者相同，后者将哥白尼的非等径装置运用于地静理论。[3]

　　因此，正如《新天文学》指出的那样，开普勒版的哥白尼体系要想成功流通还面临着障碍，这不仅仅是因为技术太过新颖，天文学模型太过难懂，还因为它的讲述太过复杂，其中有很多弯路和死胡同。开普勒预感到了这些困难。他明确邀请自然哲学教授们阅读他在引言中写的冗长的概要，他觉得这些读者

---

[1]　Crüger to Philipp Müller, July 1, 1622, Kepler 1937-, 18: no. 933, p. 92.

[2]　In *The Structure of Scientific Revolutions*, chap. 12, Kuhn says that in a scientific revolution, "there can be no proof" and that the issue is one of "persuasion"; further, this persuasion occurs "for all sorts of reasons and usually for several at once" (1970, 152-53). Paul Hoyningen-Huene reminds us that Kuhn was not ruling out the persuasiveness of good reasons (1993, 252-53).

[3]　Morinus 1641, 17-18. In this treatise, Morin shows only the example of Mercury. A rigorous demonstration of equivalence would have involved more than the elliptical epicycle that Morin showed, including proper calibration of the eccentricities, apsidal lines maintaining fixed directions, epicycles revolving in a direction opposite to their motion around the Earth, and, most difficult to conceive, conformity to Kepler's area law (on this problem, see Swerdlow 2004a, 97).

肯定会对他和哥白尼感到非常愤怒，因为"他们以地动理论撼动了科学的根基"。但是紧接着他又给了他们一个选择，"要么读完全书并费力地理解这些证明过程，要么直接相信我，因为在声学和几何学方法方面，我是专业数学家"[1]。

随着第一本哥白尼理论学术教科书——开普勒的《哥白尼天文学概要》的发表，日心理论的要素逐渐变得清晰，并沉淀下来组成了一个"世界体系"。《概要》将成为 17 世纪的哥白尼主义者最重要的理论资源：像克鲁格等天文学家兼占星学家发现，这本著作是《普鲁士星表》和预言的入门教材。现代化的自然哲学家，如伽利略、勒奈·笛卡尔、皮埃尔·伽桑狄（Pierre Gassendi）和约翰·威尔金斯，会在这本书中发现开普勒与第谷模型相左的物理观点的简明概要。这将吸引到宫廷和大学的读者。但是由于它是按照大学的一问一答的形式写就的，因此它的目标是哲学和神学权威中的核心人物。

开普勒明显想要牺牲自己来挑战传统学科权威：他写道，"学院的法则""学者的荣耀""学术哲学的界限"现在全都很危险。赞助人们有义务维护这些界限。开普勒说，"睿智的君主知道，真正的思维活动的界桩与世界结构的界桩是一样的"，而且这些界桩不是"设立在少数人狭隘的思维中的"。开普勒明白预料到自己会遭到大学学者的强烈反对："建立大学的目的就是规范学生的学习并使教学规则不那么频繁改变。在这些地方，由于涉及学生的进步问题，因此大学选择的通常不是最真实正确的知识而是那些最简单易懂的知识。"[2] 后来的学者，如伊斯梅尔·布利奥（Ismael Boulliau）、托马斯·霍布斯和笛卡尔，都重申了开普勒的天文学主张，但忽略了他的新物理学、新柏拉图主义和路德派神学思想。

尽管《概要》前三部分出现不久，罗马教廷就将它宣布为禁书，但 1619 年

---

[1] Kepler 1992, 46-47; Kepler 1937-, 3:19.
[2] Kepler 1937-, 7: 253; Kepler 1939, 847-48.

494

夏天伽利略仍在佛罗伦萨搜寻它。[1] 这本著作肯定鼓舞了他，因为它证明了将哥白尼问题介绍给更广泛的读者是有可能的，他用自己的小望远镜得到的观测报告就已经取得了一些成功。然而，在同一年，《概要》被收进了神圣目录，使得哥白尼问题不仅成为天主教内部分歧的问题，如弗斯卡里尼和苏尼加的情况，还成为新教异端邪说的问题。因此，伽利略想要大量提及开普勒是不可能的。不管怎样，除了这种政治考虑外，晚年的伽利略仍然不赞同开普勒的原型理论、太阳动能理论、对潮汐的解释、椭圆轨道理论以及周期（平方）与距离（立方）之间的关系。因此，当伽利略在 1632 年终于发表了《对话》时，书中丝毫没有提到占星学。[2]

因其自由的形式，《概要》非常适合用作与大学传统主义思想，特别是理论武装的预言斗争的武器，但它也因此不怎么适合贵族读者和教会读者，而伽利略的思想则一直在后两类读者中流通。因此，尽管《概要》和《对话》都攻击了"学院"——开普勒一般直接引用亚里士多德的思想，而伽利略的著作则用普通的对话形式夸大宇宙学方案，在这些对话中，学术的声音是借学究辛普利丘之口说出来的，明显贬低了贵族萨尔维阿蒂和萨格雷多。辛普利丘的话看起来没有那么假，也并非那么不合理，因此，当他的观点被系统性地推翻的时候，其造成的破坏力也更为巨大。多明我会教徒托马索·康帕内拉（1639）讥讽道，这是一部"哲学喜剧"：

---

[1] Johannes Remus Quietanus wrote to Kepler on July 23, 1619, that Galileo wanted "your Copernican book," but although it was prohibited in Florence, he thought that Leopold (of Austria) could easily get it for him ("Desiderat Galilaeus habere librum tuum Copernicanum quia est prohibitus et Florentiae non haberi potest, unde petijt á Serenissimo nostro eundem librum, se enim facilè habiturum licentiam asserit" : Kepler1937-, 17, no. 845, p. 362; also Galili1890-1909, 12, no. 1403, p. 469). Kepler replied on August 4 that "all of my books are Copernican" but that he suspected the book in question to be the *Epitome* ("Omnes enim mei sunt copernicani. ... Suspicor igitur, de Epitoma Astronomiae Copernicanae tibi sermonem esse" : Kepler 1937-, 17: no. 846, p. 364).

[2] Galilei 1997, Second Day, 122: "Salviati: And where do you leave the predictions of astrologers, which after the event can be so clearly seen in the horoscope, or should we say in the configuration of the heavens？"

每位角色都在夸张地表演着：辛普利丘是这部喜剧的笑点，他同时还表现自己所属学派的愚蠢——说话的方式、局促不安的表情、顽固不化的性格。很明显，我们不需要嫉妒柏拉图。萨尔维阿蒂是一位伟大的苏格拉底，他创造了前所未有的东西，而萨格雷多是一位自由的智者，他没有被学院腐蚀，他以伟大的智慧评判着一切……你做到了我曾经希望你做的事情，多年前我从那不勒斯写信给你，希望你能将自己的学说放进对话里，这样所有人就都能读到了。[1]

《概要》作为理论天文学著作，关注的完全是宇宙，而《对话》用新奇的天文现象（如新星、太阳黑子和木星的卫星）来贬低亚里士多德的宇宙恒定理论，而且它用月下物体的运动暗示了地球的运动（物体从高塔上自由垂直下落、运动的船只或沿着倾斜平面的运动）。但是，《对话·第四天》的开头部分讲述的完全是潮汐运动，伽利略想要说明的是，"除了海洋潮汐外，地球上的所有事件都不受地球运动或静止的影响"[2]。如果《对话》在《第三天》这部分就结束了的话，就不会存在什么难题了。

然而，伽利略在结尾放入这部分内容，他明显想要表明，对潮汐的讨论是其总体理论中的一个重要部分；实际上，它使先前的地球周日运动和周年运动理论更加圆满，因为这两项运动对解释周期性的潮汐作用都是很有必要的。但是，伽利略在展开讨论的时候交叉使用证明语言和缓和的辩证语言，使得对潮汐意义的解释变得更加复杂。[3] 于是，在序言里，他以极具策略性的语言谈到了潮汐理论："现在再也没有外国人能够指责我们没有对这个如此重要的现象给予足够

495

---

[1] Campanella to Galileo, August 5, 1632, Galilei 1890-1909, 14: no. 2284, p. 366.

[2] Galilei 1967, 416（postil）.

[3] Pointing to a note that Galileo wrote on a flyleaf of the *Dialogue*, Jean D. Moss suggests that Galileo believed privately that his argument was "dialectically convincing but not completely demonstrated" (1993, 297 ff).

的重视了，考虑到地球是运动的，我决定披露这些能够使其更具说服力的观点。"[1]
但是，像开普勒在《新天文学》中使用的方法一样，《第四天》使用的是排除法；
它逐一地介绍各种方案，然后将它们一个一个排除，直到最后，辛普利丘明确
地宣布标准："我知道，某种效应的主要原因和真实原因只有一个，因此我非常
明白也非常确信，余下的所有原因都是编造的，都是错误的；可能真正的原因
到目前为止人们还没有提出来过。"[2]

伽利略分享过潮汐理论的唯一一位"外国人"就是开普勒；余下的人虽然
没有指名道姓，但他们都是意大利人。此外，伽利略讽刺开普勒关于潮汐的观
点，按照他之前维护信誉的方式，他贬低开普勒"竟然听取并赞成了月球影响
海洋的理论，还相信超自然的力量，以及类似的幼稚观点"[3]。最后，伽利略假借
辛普利丘之口将全能理论说了出来。[4]因此，由于其措辞的灵活性，伽利略努力
营造了暧昧不明的气氛。在《第四天》中，他的潮汐理论是唯一与其他著名方
案相左的理论；然而，在序言当中，伽利略称该理论是可能的并且是有说服力的，
而在结尾处他又称该理论是不确定的并且可能是错误的。博学的读者很快就能
发现经验上的困难，例如潮汐转向时每日的延迟；而且卡拉·丽塔·帕尔梅里
诺（Carla Rita Palmerino）指出，皮埃尔·伽桑狄"试图将伽利略对潮汐的解释

---

[1] Galilei 1997, 80. Finocchiaro translates *persuasibile as plausible*, whereas I follow John Florio's "that may
be perswaded" (1611) . See Finocchiaro's extensve gloss on the epistemic strength of Galileo's term and on the
meaning of "defense" (ibid., 80 n. 11) .

[2] Ibid., 284. Slightly later, Salviati endorses an Aristotelian demonstration, advancing the thesis that the tidal
effects must follow from the Earth's motions "with necessity, so that it is impossible for them to happen otherwise"
(288; also 302 n. 44) .

[3] Galilei 1997, 304.

[4] Ibid., 307: "Whether God with His infinite power and wisdom could give to the element water the back and
forth motion we see in it by some means other than by moving the containing basin; I say you will answer that
He would have the power and the knowledge to do this in many ways, some of them even inconceivable by our
intellect." See Finocchiaro's important gloss on this passage.

与开普勒的行星运动模型调和起来，但是最终却失败了"[1]。至于教皇，以他的急性子，如果在晚餐的时候读一下《对话》的序言和结尾，他肯定会暴跳如雷。

从进行哲学探讨的天文学家和占星学家到新式自然哲学家

大量发表的支持地球运动的复杂深奥的观点、图表以及引用，为 17 世纪 20 年代到 40 年代出现的一种新颖的、多方面的、激烈的公开辩论创造了条件，这种辩论在漫长的 16 世纪的最后 20 年都没有出现过。此外，伽利略 1636 年被审判后不久，当其《致大公夫人克里斯蒂娜》最终在荷兰发表的时候（经常是与拉丁文版《对话》合订出版），伽利略关于地球运动的观点开始与基于调和原理的神学观点一起传播。[2] 简而言之，罗马教廷阻挠伽利略为哥白尼世界体系辩护的观点传播的努力，经常会被以各种手段聪明地规避掉。不断演变的讨论主要是由现代化的自然哲学家引领的，除了少数例外，他们基本上都不是天文学从业者，他们明确地——有时候是极力地——反对占星预言。新一代学者所面对的哥白尼问题，不再是由如《天球运行论》一般语意暧昧、措辞简省、图表艰深难懂的著作所构建。具有讽刺意味的是，就在教会挑出作者哥白尼及其著作《天球运行论》进行审查的时候，这本书早就不具备最初的功能了。这个时期的辩论不是由克鲁格、马基尼、奥利加努斯以及法布里修斯等预言家主导的。比较活跃的人物是新一代的自然哲学家，如伽桑狄、马林·梅森（Marin Mersenne）、霍布斯以及威尔金斯。这些思想家可以轻易地使用开普勒、伽利略以及荷兰天文学家菲利普·兰斯伯根（Philip Lansbergen）等人的著作，要么将其用作论据，要么从中选择自己的理论，但是他们利用的方式我们现在只能猜测；而且他们

---

[1]　Palmerino 2004, 234.

[2]　See Westman 1983, 329-72.

很快就将先前纯粹的天文学和占星学问题转变成了是否与自己的物理原理一致的问题以及与圣经的相容性问题。

简而言之，从 17 世纪 20 年代到 40 年代，现代化的自然哲学家开始关注哥白尼问题。

尽管学科目标已经发生了重大改变，但是一些旧的做法仍然保留了下来。天文学家，甚至那些认为物理目标对理论天文学十分重要的天文学家，继续将预言看作他们的首要目标。反对占星预言的现代化的哲学家，如伽桑狄，反对占星学的观点一般与皮科相同，后者的观点曾在 16 世纪广泛流行。其中就包括邻近原因和遥远原因的观点：邻近的、月下的原因（农民使用了好肥料）比广泛的、遥远的原因如太阳和星体的影响，能更好地解释同一种效应，例如玉米丰收。[1] 但是新观点的不断涌现迫使这些思想家更多地关注彗星、新星以及行星秩序等问题，上个世纪，这些问题要么被忽视，要么被肤浅地处理。

博学的小兄弟会僧侣马林·梅森（1588—1648），是带着传统主义思维的教士积极参与现代化发展的典型例子。1623 年，他的这种传统思维体现在他对《创世记》的大量评论上，其中他抨击了他所谓的"无神论者""魔术师""自然神论者""异教""持异端者"，以及其他一些天主教徒中的诽谤者；不过，他也广泛讨论了"新哲学学者"，包括康帕内拉、特里西奥（Telesio）、开普勒、伽利略、吉尔伯特以及"其他一些人"。[2] 16 世纪对《创世记》的评论达到全盛，但当时从未发生过这种事情。[3] 贝拉明在 1570—1572 年的鲁汶演说中并没有提到哥白尼的行星秩序理论；贝尼托·佩雷拉在 1591—1599 年对《创世记》的咄咄逼人

---

[1] Gassendi 1659, 25: "Forasmuch as the Stars are General Causes only, in respect of sublunary things; we may well demand a reason, why any singular effect may not be ascribed to some singular Cause here below, where are such multitudes of matural and convenient Actives and Passives, rather than to those remote ones, the Stars." Gassendi apologized for "so tedious a list of whimzies" (ibid., 37).

[2] Mersenne 1623.

[3] See Williams 1948.

的四卷本评论中也没有提到该理论。那么，为什么梅森要用一个章节来讨论行星秩序，引用了大约 28 种观点，并使用持哥白尼理论的现代主义者开普勒和兰斯伯根以及其他一些寂寂无名的学者的各种理论（可能在他所在修会的图书馆中很容易找到这些资料）作为论证材料呢？[1] 难道他业已知晓开普勒和罗伯特·弗拉德（随后他与此人也爆发了激烈争论）之间关于正确使用柏拉图理论解释《创世记》的激烈争论？[2] 在哥白尼问题上，梅森的态度比较灵活：他既不认为地球运动理论是绝对的，也没有说教会的判断是绝对的。[3] 然而，在其他问题上，梅森对现代主义者的理论表现出了罕见的热情。实际上，他积极传播现代主义者的著作和理论（同时谨慎地忽略他们更具争议并且可能更加危险的立场），对哥白尼和伽利略理论的合法化做出了巨大贡献，如果他是根据一些经院哲学主张来肯定哥白尼和伽利略理论的话，可能还达不到这种效果。[4]

就这样，熟悉感和清晰表达的讨论甚至在高度传统的表述方式中酝酿出了一种调和性。然而，对苏尼加、弗斯卡里尼、康帕内拉、伽桑狄以及梅森来说，追随这些新潮流的保守的教会神学家太多了。1633 年的伽利略审判标志着传统主义者反击的高水位线。它将哥白尼问题变成了服从教会法律和科学权威的问题，其文化意义将超过它发生的时段。[5] 然而，尽管这段声名狼藉的历史时期限

[1] Hine (1973) provides a helpful accounting; Mersenne 1623, question 9 ("The Earth") , article 4 ("Whether or not the Earth may be moved, reasons for its mobility are affirmed") . Among the authors to whom Mersenne attributed arguments were Andreas Libavius, William Gilbert, Celio Calcagnini, David Origanus, Tycho Brahe, and Michael Maestlin.

[2] Kepler and Fludd disagreed on the use of pictures and symbols to interpret the birth and layout of the universe (see Pauli 1955, 147-240; Westman 1984) .

[3] Mersenne 1623, question 9, article 4, col. 894.

[4] Garber 2004. Mersenne displays a simplified diagram of the objection that from the central Sun, "heavy bodies ascend absolutely and naturally; Christ ascends to the lower heavens and descends to the upper heavens" (Mersnne 1623, question 9, article 5, col. 897) .

[5] On the history of the Galileo affair after the trial, see Finocchiaro 2001; Finocchiaro 2005; Segre 1998; Galluzzi 1998; fantoli 2003, 345-74.

制了天主教群体全面的公开表达，但是它并没有堵住各种程度的积极表达。这部分是因为这次审判被看作一个道德和服从的问题，而不是信仰或教皇无谬论的问题；部分是因为罗马法庭在意大利地区之外并没有实际权力。[1]

因此，即便天主教的天文从业者在公开发表关于地球运动的宣言方面比较谨慎，他们也没有停止证明哥白尼问题或在实践天文学领域开展研究。[2] 实际上，为了扩展观点，从 17 世纪 20 年代开始，有了比《天球运行论》发表后 40 年更多的与自然哲学和天体秩序相关的讨论、辩论与分歧。16 世纪八九十年代涌现了各种天体秩序方案，关于天体秩序的辩论随笛卡尔一起转向了自然哲学领域。笛卡尔在 1644 年提出的第一个替代亚里士多德自然哲学的全面理论方案，成为安置哥白尼问题的一个不同契机。[3]

和第谷·布拉赫或哥白尼本人不同，笛卡尔不仅仅在非传统的天体秩序中加入补充的物理假说。他还重新思考了基本的物理原理。与此同时，天空出现了周期性的新实体。和梅森一样，笛卡尔是新一代的自然哲学家，伽利略用望远镜获得的发现——木星卫星、太阳黑子、金星周相，都是在他们的青少年时代就已发生的事件。[4] 现在，这一切都变成了要用力学原理推导的现象。但是，在 17 世纪 20 年代后期，通过其与荷兰教师艾萨克·比克曼的关系（又一段师生关系），笛卡尔也像开普勒一样开始了创立学说的过程。比克曼的私人日记披露，他曾经仔细地（并且批判性地）思考过开普勒在《新天文学》和《哥白尼天文学概要》中介绍的物理原理。比克曼否定了开普勒的太阳动能理论，并提

497

---

[1] See Russell 1989, esp. 367-68; Heilbron 2005; Sarasohn 1988.

[2] See Heibron 1999.

[3] Rienk Vermij, for example, argues this position for the Low Countries, where Descartes secured a beachhead at Utrecht and Leiden in the 1640s （2002, 156-87）.

[4] As a student at La Flèche in June 1611, Descartes participated in a memorial celebration on the death of Henri IV, the school's patron, at which one of the poems recited was entitled "Concerning the Death of King Henry the Great and on the Discovery of Some New Planets or Wandering Stars around jupiter, Noted the Previous Year by Galileo, Famous Mathematician of the Grand Duke of Florence" (quoted in Ariew 1999, 100) .

出了惯性运动理论，该理论指出，一个物体一旦开始运动，不用再施加其他的力就可以一直保持原来的状态。[1]

由于其引用手法（例如，把观点归为"天文学"），笛卡尔与开普勒著作的关系变得有点复杂。莱布尼茨认为，"笛卡尔运用开普勒理论的方式很聪明，尽管他按照自己的一般习惯隐藏了作者的姓名"[2]。显然,笛卡尔使用了开普勒发明的术语：他用"涡旋"（vortex）这个词描述行星运动的介质,此外,还用到了"远日点"（aphelion）、"近日点"（perihelion），以及"自然惯性"（natural inertia）等术语；还有更明显的痕迹，笛卡尔所谓的"涡旋"跟开普勒的轨道很像，因为它们两边都是扁平的，尽管笛卡尔是用连续宇宙涡旋的力学压力来解释这种现象；而且,笛卡尔将太阳放在行星轨道平面的交叉点上,明显是遵循开普勒的观点。[3]总而言之，笛卡尔的天文学选择性地使用了开普勒的物理原理，但是否定了无形无影的磁力推动者，并完全忽略了开普勒行星模型中的数学装置。[4]

除此之外，有人可能还会提出一种隐藏的相似性，那就是将光的三种用途看作区别两种世界方案的特征：坚持三位一体的开普勒认为，太阳（是圣父的可见象征）放出光，行星（圣子）接收光，而位于中间的以太（圣灵）传播光；而笛卡尔认为，太阳和恒星（极迅速、极小的微粒）发出光，地球、月球、彗星以及其他行星（庞大的颗粒，不怎么适合运动）反射光，而天空（非常小的

---

[1] Beeckman's diary references Kepler's *Astronomia Nova*, chap. 35, and adds his own opinion, as follows: "*Id quod semel movetur*, semper moveri. Manent igitur planetae post alium latitantes in eo motu, in quo erant; imo propter refactionem nonnihil lucis ad eum venit. Ergo nullius est momenti retardatio, quae aliqua potest esse ob absentiam partis alicujus virtutis moventis. Est tamen aliqua, quaepossit esse causa motus aphelij" (Beeckman 1939-53, 3: 101). The main study of Beeckman is Berkel 1983, but Schuster (1977) first called my attention to important connections between Beeckman and Descartes. See also Gaukroger 1995, 68-103; Vermij 2002, 113-19.

[2] "Tentamen de Motuum Coelestium Causis," *Acta Eruditorum*, February 1689; quoted by I. B. Cohen1972, 205.

[3] Descartes 1983, pt. 3, prop. 35, p. 98; see Applebaum 1996, 454.

[4] For Descartes's vortices and planetary theory, see Aiton 1989; Aiton 1972, 30-64; Gaukroger 2002, 144-46.

球体颗粒）传播光。[1] 笛卡尔用到开普勒的这些理论可能并不值得奇怪，因为他与一群熟悉开普勒理论的人保持着密切的关系，这些人尽管并不都支持开普勒行星理论，但是他们都十分积极地研究此理论，他们包括比克曼、马林、布利奥、霍滕修斯（Hortensius）、吉勒斯·培森·德·罗贝瓦勒（Gilles Personne de Roberval）以及梅森。[2]

关键的不是笛卡尔是否运用了开普勒理论，而是他是怎么吸收并转化哥白尼问题的。像开普勒一样，笛卡尔毫不费力就将木星卫星和太阳黑子吸收到了自己的理论体系。[3] 但是，在 1633 年的伽利略审判之后——尽管并不一定是因为此事件——笛卡尔开始寻求新的地球运动理论：地球相对周围的颗粒来说是静止的，但是却在自己流动的涡旋中运动。[4] 如同开普勒《新天文学》引言中的做法，笛卡尔明确反对第谷的方案："我否认地球运动，而且我比哥白尼更谨慎，比第谷更诚实。"他在《哲学原理》（*Principles of Philosophy*）中如是说。[5] 笛卡尔处理第谷体系的方法比处理伽利略体系的方法更加直接——更接近开普勒的做法：笛卡尔从行星涡旋推断出，太阳带动除地球外的其他行星运行在物理上是不可能的。[6] 与此同时，他大胆地否定了开普勒和吉尔伯特磁力理论的无形灵

---

[1] Descartes 1983, pt. 3, prop. 52, p. 110; kepler 1939, bk. 4, chap. 2, 855.

[2] See, in particular, letters from Descartes to Beeckman, August 22, 1634, Descartes 1897-1913, 1: no. 57, p. 307, and to Golius, May, 19, 1635, ibid., 1: no. 60: 324. In the latter Descartes refers to Morinus 1634, which attacked Jacob Landsbergen, an ardent follower of Kepler.

[3] Descartes 1983, pt. 3, props. 32-33, pp, 97-98.

[4] The standard account, already articulated by Henry More in the 1660s, is that, in reaction to Galileo's condemnation, Descartes shifted his position from explicit endorsement of Copernicus's theory in *Lemonde* (1633) to a relativist conception of the Earth's motion in the *Principia Philosophiae* (see, for example, Koyré 1966, 333). Contrary to this view, see Michael Mahoney's introduction to Descartes 1979, xviii. Daniel Garber argues that Descartes' position was both "political and prudential" and cognitively sincere (1992, 181-88). Stephen Gaukroger endorses the first explanation in his (1995, 185, 290-92, 304, 408); but in Gaukroger 2002 (142-46), he moves away from the earlier externalist explanation, associating himself now with the explanation favored by Garber, grounded in the internal coherence of Descartes's principles of matter, space, and motion.

[5] Descartes 1983, pt. 3, prop. 19, p. 91.

[6] Ibid., pt. 3, props. 38-39, pp. 101-2.

魂。因此，尽管人们可能并不接受笛卡尔既运动又静止的地球理论，但是大家仍可能相信他反对第谷理论的观点，现在大部分的传统主义者都支持这种方案。最终，比布鲁诺还要激进的笛卡尔从此与传统天文学彻底决裂，甚至与哥白尼和开普勒扩充后的天文学决裂。[1]

笛卡尔式的研究范围无限地拓宽了，因此，将彗星和新星穿过的距离包含在内不再是问题。不仅这些非周期性的现象是大自然常规过程的一部分，而且现在有了对它们存在的解释，而之前第谷忽略了这一点：

第谷和其他仔细搜寻彗星视差的天文学家只说它们位于月球之上，靠近金星或水星的天球，但是没有超过木星天球，我们不能受这些理论影响；因为他们仍然可以从计算结果推断出彗星位于木星之上。但是由于他们怀疑古人将彗星视作月下现象的观点，他们遂因证明了彗星位于天空中而沾沾自喜，但是并不敢将彗星放在他们计算得出的高度上，因为这样会让他们的命题看起来不那么可信。[2]

类似这样的段落表明，笛卡尔坚定不移地坚持自己的道路。他没有歌颂第谷与亚里士多德决裂的行为，反而彻底抨击了中间道路，他说第谷过度依赖古人。笛卡尔唯一不能做的事情是预测彗星和新星的出现。他没有宣称自己是天文学家，也不知道谁可以做这种预测。实际上，作为一名自然哲学家，对他来说，从他所说的可能错误也可能正确的假说得出结论，就已经足够了。[3]

到 17 世纪 30 年代末，关于哥白尼命题的可信性的争论中开始出现一种历史时间性：不仅权威人士的观点，而且社会的易变性和时间都被当作一个更大

---

[1] See Lerner 1996-97, 2: 177, 181, 187.

[2] Descartes 1983, pt. 3. prop. 41, pp. 103-4.

[3] Ibid., pt. 3, props. 43-45, pp. 104-6.

的主张的一部分——这个主张是关于哥白尼观点的可能性和相对优越性的。正如约翰·威尔金斯在他的《论新行星》(*Discourse Concerning a New Planet*)中所指出，现在有种趋势，那就是证明我们的地球是其中一颗行星："所有人理解事物的方式并非都一样，但是根据他们的脾气、习惯和能力，可以将他们的理解方式分成几种类型。"另外："哥白尼对天文学的研究是非常精确且勤勉的，从1500到1530年，他一共研究了30多年；从他之后，大多数最杰出的天文学家都支持他的观点。因此，现在几乎没有什么才能出众的重要人物不是哥白尼的信徒，而且我们发现大多数人都持有这种观点。"[1]他指出的"最优秀"、最出众的支持者有：雷蒂库斯、罗特曼、梅斯特林、莱因霍尔德、吉尔伯特、开普勒以及伽利略——并且，最后三位"以及其他各种各样的人，极大地改进并确认了该假说，且提出了他们自己的新理论"[2]。威尔金斯自己的错误（关于莱因霍尔德）、轻率的判断（关于吉尔伯特）、疏忽遗漏（没有提到苏尼加、弗斯卡里尼、史蒂文、克鲁格，以及威尔金斯的同胞迪格斯和哈里奥特），都不如他用这份名单来说服别人的做法有趣。他的一个主张（未指名道姓）是，哥白尼主义者比传统主义者的思想更加开明："在哥白尼的追随者当中，很少有人之前没有反对过他；这些人先前信仰的都是亚里士多德的理论……相反，在亚里士多德和托勒密的追随者当中，很少有人读过哥白尼的任何著作，或者理解过哥白尼的基本观点；而且我认为，没有哪个曾经强烈认同哥白尼观点的人后来又背叛这种观点。"[3]在这方面，威尔金斯的辩证观点是前所未有的，他将时间性和思想的变化引入信念的评判，他极力主张，"不管怎么说，这都是更加正确的一方"[4]。

该辩证观点的另一面是，在缺少决定性确证论据的情况下，指出现在普遍

---

[1] Wilkins 1684, "To the Reader," fol. A3r; 13.

[2] Wilkins 1684, 14.

[3] Ibid., 16.

[4] Jean Moss emphasizes the centrality of Aristotelian dialectical reasoning in the Copernican episode and for Wilkins in particular (1993, 301-29).

流行的方案更大的不足，这正是哥白尼之后的标准做法。同弗斯卡里尼和胡克一样，威尔金斯提出了一种心理学解释：问题不是习惯，而是自恋——"对他们自己的理论的自恋和自负"。威尔金斯是这样解释第谷·布拉赫为什么反对哥白尼理论的："所有人天生都更加偏爱自己的思想，而不怎么喜欢别人的思想；即便别人的思想更加合理。"[1] 除了这种自负的情绪外，他认为还有反对古代权威（特别是圣典）的恐惧：他补充道，哥白尼理论没有被特伦托会议谴责，但是"后来被严厉封禁和惩罚"[2]。

权衡各种可能性

现代道路与世纪中叶的中间道路

　　17 世纪中叶，耶稣会教士乔瓦尼·巴蒂斯塔·里乔利（1598—1671）重新界定了哥白尼问题，他是一位才能卓著的天文学家，在哲学上有巴洛克时代的学者风范，是最后的百科全书式的学者，是现代主义者中少有的学识渊博的好争辩者；他是一位既有良知又有学识的人，但对待教会的法令和圣典的权威却十分谨慎小心。[3]《天文学大成新编》的扉页典型地展现了耶稣会教士的标志性才能，以正义之尺和天平的形象把握了此书的精神和主旨。它象征了对传统的坚守和对创新的包容。

　　但是标尺象征的是什么呢？ 1615 年，弗斯卡里尼曾利用克拉维乌斯的权威均衡地支持哥白尼和现代人。1638 年，约翰·威尔金斯出于类似的目的挪用了这段话，但是在翻译的过程中加以润饰，并营造了一个安息之所的场景："当克

---

[1]　Wilkins 1684, 17.

[2]　Ibid., 18.

[3]　See Dinis 2003, 195-224; Dinis 1989.

拉维乌斯躺在他的墓穴中时，他听说伽利略有了发现，他说出了这些话……除了托勒密的假说外，天文学家们还应该考虑其他一些假说，他们要用这些新假说解释所有的新现象。这意味着他先前维护的旧假说现在已经满足不了要求了，毋庸置疑的是，如果他知道所有这些现象都符合哥白尼的理论，他很快就会转向这个理论的。"[1]

　　1651 年，里乔利再一次援引了克拉维乌斯的文章，但是他认为天平象征的是中间道路："想到伽利略用比利时望远镜发现并在《星际使者》中披露的天文现象，这位老人在生命终了之时大声疾呼，'让天文学家们考虑一下要怎么安排天球的秩序才能解释所有的现象'。"[2] 里乔利在他的扉页展示了一台望远镜，但是持有这台望远镜的不是伽利略，而是神话人物阿格斯（Argus）——那个有一千只眼睛的人。阿格斯虔诚地屈膝，用手指指着上帝的圣手，上帝曾用这只手根据"数字、长度和重量"创造了自然世界，这是智慧之书第 11 章中经常被提到的话语。伽利略的发现——月球的环形山、土星的环，以及木星的卫星，也出现在扉页上（右上方），但是这一切都被飞翔的天使抓着。同样，天使还替代了开普勒的星体磁力和笛卡尔的涡旋，因为水星、金星、火星和太阳都在小天使的手中（左上方）。理性和肉体的感觉得到了承认，但是要接受神的指引，而天使是神的代理人。最后，贞女阿斯特来亚（Astraea）手中的天平表明，里乔利的世界体系胜过哥白尼的世界体系。年老体衰、备受折磨的托勒密坐在他的盾徽上，紧紧抓着里乔利的庇护人格里马尔迪（Grimaldi）家族的盾徽，"我被唤醒，因为我需要被纠正"，他被迫说。《天文学大成》得到了改进，但是并没有完全抛弃它的基本原理。因此里乔利称自己的体系为"半托勒密"体系（他在帕尔马教书时如是说），因为他认为木星和土星将地球作为运动中心，而火星、

---

[1]　Wilkins 1684, 16.

[2]　Riccioli 1651, pt. 1, xviii. The world-systems controversy is treated in bk. 9, sections iii-iv.

金星和水星像第谷认为的那样围绕太阳运动，太阳又围绕着地球运动。[1]

在象征性的天平后边，是对推论的详细注释以及实用的参考书目。（里乔利的引用方法证明，他比笛卡尔或伽利略更加现代，因为他通常会列出作者姓名、著作题目、版本以及页码。）读到《天文学大成新编》引用书目的读者可以循着论点或观点直接找到它最初的来源，由此可以进一步反思、批判作者的立场，并放宽作者对结论的控制。此外，人们要精确评估里乔利的方案，只需注意他将新教徒（没有进行评论）和天主教徒都当作"哥白尼体系"的追随者：哥白尼、雷蒂库斯、开普勒、梅斯特林、罗特曼、伽利略、吉尔伯特（"然而他只支持地球周日运动"）、弗斯卡里尼、苏尼加、《阿里斯塔克再现》（*Aristarchus Redivivus*）的作者（"作者的名字被隐匿"）[2]、布利奥、雅各布·兰斯伯根（Jacob Lansbergen）、皮埃尔·赫利冈（Pierre Herigone）、伽桑狄、史蒂文、威廉·希卡德、乔尔达诺·布鲁诺以及笛卡尔。明显漏掉了英国人迪格斯、哈里奥特、亨利·摩尔（Henry More）和威尔金斯，以及荷兰人艾萨克·比克曼；存疑的是切里奥·卡尔卡尼尼，他在1544年表示支持周日运动，但是不支持周年运动，还有伽桑狄，他至少公开表示过支持第谷·布拉赫的方案。[3] 从这大约18位学者，里乔利提炼了49个支持周日运动和周年运动的观点——这个数字与哥白尼、开普勒以及伽利略的简洁与对称理论不成比例。

500

[1] Diagrams and descriptions of the Copernican/Aristarchan and Tychonic systems precede the diagram of Riccioli's own system (ibid., bk. 3, 102-3). Dinis suggests that Riccioli centers Jupiter and Saturn on the Earth in order to avoid an excessive privileging of the Sun (1989, 133). Six hundred and twenty pages later, in an appendix to book 3, Riccioli qualifies his own system as "merely probable ... provided that the eccentricities of the planets ... are so constituted that the phenomena of the motions may be saved without evident error" (731).
[2] Riccioli, who derived some of his sources from Mersenne, probably intended here Roberval 1644; Mersenne published a second edition of Roberval's treatise in his *Novarum Observationum* (1647, 3: 1-64).
[3] Riccioli claimed that although Gassendi was aware of the decree against Galileo, he did not feel that it should restrain his opinions; later, Riccioli included Gassendi among the Copernicans. For Gassendi's position, see Palmerino 2004, 234.

图 80. 里乔利《天文学大成新编》(1653 年，1651 年重版) 扉页 (Mandeville Special Collections Library，University of California，San Diego)。

50

第六部分 现代主义者、周期性的新现象，以及天体 1067

他又列出了 33 位反对上述观点的学者：有很多是《天球论》和《论天》的评论者，但还包括一些近代的学者，比如梅森，以及里乔利曾经的老师朱塞佩·比安卡尼（Giuseppe Biancani），还有耶稣会的其他一些重要成员，比如克拉维乌斯、克里斯托弗·沙奈尔和梅尔基奥尔·因奇弗（Melchior Inchofer）——当然，后者审判过伽利略。里乔利从这些学者中提炼出了 77 条反对地球运动的观点，很多观点可以归为亚里士多德对抛射体和自由落体物体的标准解释，另外，他自己还提出了宽泛的"物理－数学观点"来反对伽利略的高塔实验。[1] 然而，里乔利也承认，有一些观点可能同时支持两种假说："有很多观点，人们可以将其归为一种假说，也可以将其归为另一种假说。"[2]

里乔利试图"纯粹从物理学和天文学的角度"提出自己的论据；[3] 但是，"考虑到神圣权威和圣典"，他消除了所有欠定问题的不确定性。[4] 他所谓的"神圣权威"，指的首先是教会神学家，和特伦托会议第四次会议在圣经解读上的权威。[5]

[1] The details of this argument are too extensive to treat here. Adrien Auzout and Christiaan Huygens regarded it as suspiciously beneath Riccioli's capabilities (Auzout 1664-65, 58-59; Huygens 1888-1950, 21: 824-25). Dinis claims that the suposed proof is based on a single sentence in Galileo's *Dialogue*: "The true and real motion of the stone is never accelerated at all, but is always equable and uniform" (Galilei 1967, Second Day, 166) against which Riccioli argued that the motion was, indeed, accelerated！ (Dinis 2003, 208n. 71). Alexandre Koyré (1955) emphasized the sheer conceptual difficulties faced not only by Riccioli but even by those who, like Giovanni Alfonso Borelli, understood Galileo's problem better. With consderable dexterity, Peter Dear (1995, 76-85) has shown how Riccioli sought to establish his expertise in the manner by which he represented his observations and experiences with falling bodies and the inferences that he drew from those events.

[2] Riccioli 1651, pt. 2, bk. 9, sect. 4, chap. 35, conclusion 4, p. 478; quoted in Dinis 2003, 208-9.

[3] Riccioli associated his careful separation between "pure" or "free" philosophical reasons and sacred scripure with Kepler's discussion of holy scripture in the introduction to the *Astronomia Nova* (1651, bk. 9, sect. 4, chap. 35, conclusion 7, p. 479).

[4] The question of Riccioli's intellectual sincerity in light of the Church's condemnation of Galileo continues to vex commentators. Jean-Baptiste Delambre confidently expressed the view that "without his robe, he would have been a Copernican" (1821, 2: 279). Present opinion leans toward consistency between Riccioli's private and public views (Schofield 1981; Grant 1984, 13-15; Dinis 2003, 208-9; Riccioli, 1651, bk. 9, sect. 4, ch. 35, pp. 478-79). Dinis presents evidence that Riccioli's postiton hardened considerably after the *Almagestum Novum*. See also Martin 1997.

[5] For the decree of the council's fourth session, April 8, 1546, see Blackwell 1991, 181-84.

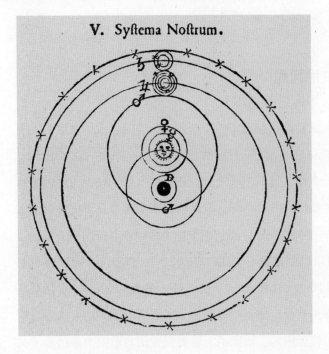

V. Syſtema Noſtrum.

图 81.《我们的体系》，里乔利，1653[1651]. 注意，木星和土星将伽利略的发现包括在内，不过，两个行星都将地球保留为运动的中心（Mandeville Special Collections Library, University of California, San Diego）。

因此，在谁应该制定解读标准的问题上，他没有留下任何疑问；但是他更进一步，他宣称，在哥白尼的问题上，对涉及地球静止和太阳位置的段落应该"按照合适的字面意义"去解读，而不能以比喻的或道德的意义解读。[1] 为了让他的观点看上去具备最终裁决的效力，他还增加了一段细读，涉及以下文本：相关的圣典片段，1616 年针对弗斯卡里尼、苏尼加和哥白尼的法令，《天球运行论》中需要改正的具体段落，对伽利略的判决全文以及他放弃信念的公开声明。里乔利的组织整理真正将哥白尼问题界定为一个历史争议，正如他说的那样，"尤其是

---

[1] Riccioli 1651, bk. 9, sect. 4, ch. 35, p. 493. For excellent discussion, see Dinis 2003, 210.

本世纪的一个长期的、著名的争议"[1]。

世纪中叶之后的哥白尼问题

里乔利的《天文学大成新编》创造了一个新的讨论空间，成了著名的批判材料，为 1651 年后研究哥白尼问题的学者提供了一个百科全书式的资料纲要。

由于这种资料是如此多样，世纪中叶之后，几乎没有哪个现代主义者的哲学理论与哥白尼无关。正如世纪末叶一样，显著的分割线继续将哥白尼理论表述的特征分割开来。其中一种表述将 13 世纪的全能上帝原理与伽利略的望远镜发现结合起来:（1）上帝可以创造数不尽的世界;（2）乔尔达诺·布鲁诺声称，上帝肯定使用了自己的无限之力这样做（"所有的星体都是系统"）;（3）伽利略推测月球有着与地球一样的特征。伽利略审判发生仅五年后，约翰·威尔金斯就将这些点连接起来:一位无限的、活跃的上帝肯定使用自己的力量创造了其他生物以占据其他世界。他在《月球上发现的世界》(*Discovery of a World in the Moone*)中指出，月球可能像地球一样也有自己的居民，其中黑暗的区域是海洋，而且整个月球都被大气层包裹着。月球人的存在正好证明了上帝的智慧。圣典之所以对多元世界只字不提，是因为，圣灵不想用圣经"向我们揭示哲学的任何奥秘"[2]。多年后，在 1646 年，先前追随笛卡尔的亨利·摩尔（1614—1687）提出，宇宙中存在无限个宜居行星。[3]1686 年，伯纳德·勒·博维耶·德·丰特

---

[1]　Riccioli 1651, bk, 9, sect. 4, chap. 1, p. 290: "Iam tandem controuersiam aggredimur, inter Astronomicas, hoc praesertim saeculo, longè celeberrima." Riccioli defines *systema mundi* as "nothing other than the coordination of composition of the great parts of the world, i. e., the elements and the heavens, the matter and number of which has as a whole and between its parts, form, order and place relative to the center of the Universe" (bk. 9, sect. 3, chap. 2, p. 276) .

[2]　Dick 1982, 97-105. According to Barbara Shapiro, John Wilkins "became the chief English exponent of the doctrine of the plurality of worlds" (1969, 33) . For Bruno's influence of Wilkins, see Ricci 1990, 110-14.

[3]　Dick 1982, 117; More 1646.

内尔（Bernard le Bovier de Fontenelle，1657—1757）在一座想象的花园中放入了一位信仰笛卡尔哲学的男性哲学家和一位贵妇人，前者通过苏格拉底的"对话"指出，宇宙中存在无数颗像地球一样的行星，这些行星在以太阳为中心的涡旋中运行："如果恒星也像太阳一样，并且我们的太阳是围绕着太阳转动的涡旋的中心，为什么不是所有的恒星都是围绕着自己转动的涡旋的中心呢？我们的太阳照亮了行星；为什么不是所有恒星都有自己照亮的行星呢？"[1]

这种想象拓展，利用了几乎所有的类比推断手段，很快，它不仅打开了新的天文视野，还扩展了哥白尼问题的新读者——新兴的公民交际的早期标志。[2]威尔金斯的《月球上发现的世界》在 1638 年再版了两次，1640 年发行了一次增订版，1684 年、1707 年和 1802 年又加入了新问题；[3]丰特内尔极具吸引力的小册子《对多个世界的采访》(Entretiens sur la pluralite des mondes) 到 1757 年已有 23 个法语版本，还有五个英语译本和两个德语译本；约瑟夫·格兰维尔（Joseph Glanville）1688 年的译本最先于 1803 年到达费城。[4]因此，缺少专业技术知识的读者可以轻松避开巴洛克风格的里乔利和睿智但艰深的开普勒的学识细微差别，而直接跳到启蒙运动，并可以轻易从多元论者的类比中理解哥白尼的天体秩序理论。

更多的读者被威尔金斯、丰特内尔以及大量多元论学者吸引，同时他们也被星历文献吸引，据伯纳德·卡普（Bernard Capp）估计，到 17 世纪 60 年代，星历文献的年销量达到 300000—400000 份。[5]正如 15 世纪晚期和 16 世纪初期那样，星历一般是与占星学预言一起编纂的。但是在 1641 年的国家审查取消后，"新出版物的数量急剧增长，这些出版物来自各个学科各个领域。在 1640 年之

[1] Quoted in Dick（1982, 126）from the 1688 London trans. of Joseph Glanville, *A Plurality of Worlds*.

[2] On the utility of Habermas's notion of civil society, see Broman 1998; Broman 2002.

[3] Dick 1982, 97-98.

[4] Ibid., table 2, 136-38.

[5] Capp1982, 280.

前，还没有印刷报纸；到 1645 年，已经有了数百种报纸"[1]。在这个更宽泛的文献领域内，作者们以本国语言写作，通过自己的努力，给星的科学注入了新活力。他们有时候会翻译先前的欧洲预言，他们会收集占星学手稿，有时候会将这些手稿拿到出版社。比如克里斯托弗·海登的《一次占星学谈话》(*An Astrological Discourse*)，还有一些是佚失的著作，比如雷蒂库斯借用哥白尼假说对圣典的重新解说；他们向不断扩大的读者群体提供自己的预言，他们为理论天文学和理论占星学撰写自己的概要；而且他们会发表自己的星历表。他们试图沿着 16 世纪划定的路线改革占星学。[2] 和里乔利一样，他们知道自己在学科历史——如果不说学科的历史文献的话——中的地位，这从威廉·利利（William Lilly）《基督教占星学》(*Christian Astrology*) 结尾的 "当代占星学家分类, 出版地, 出版年" [3] 可明显看出。帕特里克·柯里（Patrick Curry）将空位时期（包括内战时期、联邦时期和摄政时期）称为英国占星学的 "繁荣时代" [4], 可谓恰如其分。人们可能会补充说，这种出版物在上个世纪的贵族圈子外开辟了公共讨论的新空间。

空位时代最著名的英国占星学家在政治上是保皇派，在行星秩序问题上则是开普勒派的哥白尼主义者，在圣典解读上是调和主义者，但这种学术的方式是多种多样的。[5] 实际上，本世纪中叶进行哲学探讨的天文学家在自然哲学领域比一个世纪前的同行有更多的选择。例如，塞思·沃德（Seth Ward，1617—1689）注意到，在牛津，"几乎不存在任何假说……但是这里有它的 Assertour, 正如哲学领域的 Atomicall 和 Magneticall, 以及天文学领域的哥白尼主义者" [6]。占

---

[1] Curry 1982, 19. Curry's claim is grounded in the work of christopher Hill, Bernard Capp, and keith Thomas.

[2] John Gadbury, for example, put together a large collection of genitures, and John Goad followed a Baconian course in accumulating weather information (ibid., 74-78). Bowden 1974, 176-95.

[3] Lilly 1647, unpapinated, following 832.

[4] Ibid., 19.

[5] Curry associates political and religious affiliation with astronomical and astrological positionings (1987, 245-59).

[6] Ward 1654, 2.

星学家之间的争论，像这一时期的其他争论一样尖锐而私人；然而他们在行星秩序问题的总体原则上不存在分歧——在这方面，海登等人总是坚持不可知论——他们有分歧的是星表的精确度，因为星表的精确度决定了其历书和预言的可信度。

文森特·温（Vincent Wing，1619—1668）是这一时期最多产、最善辩的占星学从业者之一。他发表的第一篇著作没有提出任何有关静止地球理论的特别观点，这篇综述性论文是他与人合写的，依据了"当代公认的 Uraniscoper"[1] 第谷、阿尔戈利（Argoli）和兰斯伯根的图表。然而，不到两年，他就在理论层面表明支持现代主义者，他发表了开普勒主义的著作《和谐宇宙或可见世界的宇宙和谐》（*Harmonicon Coeleste or*, *The Coelestiall Harmony of the Visible World*），其中，他明确宣称，"哥白尼体系得到了确切介质的证实"。这是基于布利奥和伽利略《关于两大世界体系的对话》的权威。他之所以说"确切"，是打算提出充分的证明，以淘汰其他所有方案；但是他没有美化第谷体系，没有说它值得去驳斥，而仅仅将哥白尼理论看作一门"没有人能够反对的学科"。温知道，单单是这样的反驳并不能得出确切的证明。

不？我的对手们，说说你们对圣典的看法。为什么，我回答，所有关于地球静止或太阳运动的观点……都会被看作……哲学家的言论；我们必须按照我们的理解和一般的说话方式，而不是根据万物的特性……研究哲学。我们将圣典当作这些无限的疑问的调解人。但是如果有人执意要这样，并且不满足于物理现实的话，那就让他们把它看作假说吧，而我将继续我手头的工作。[2]

---

[1] Wing and Leybourne 1649.

[2] Wing 1651, "To the Reader," unpag.

这种调和主义的、不知论的观点，与雷蒂库斯谨慎小心的平衡做法（温还没有发现这一点）正好在同一年出现，刻画了世纪中叶的天文从业者所面对的政治和宗教环境的显著差别，他们尽管确信宇宙秩序，但在建模和计算方面却遇到了许多困难。例如，在行星理论方面，温和里乔利一样支持"勤勉博学的布利奥"版本的开普勒椭圆天文理论，借此将椭圆轨道运动简化为匀速圆周运动。[1] 然而，作为一名同时独立于罗马教廷和大学的天文从业者，温没有像里乔利一样受到学术权威和教会权威的妨碍。温在出版物中自称是"数学的情人"（哲学数学家），表明了他的自主性，他轻易地击败了传统主义者，但不是借助里乔利的观点，而是通过一副蔑视的态度："纯粹的天文学家嘲笑逍遥派（Peripatetick）的诸如此类的原则，称之为人类的臆想，或者，套用他们的说法：理智存在者(Entia rationis)。"[2] 到 1669 年，温引起了里乔利的注意，他驳斥第谷的假说，认为"与其说它正确，不如说它坦率"，相比他对别的亚里士多德主义者的态度，他给予了第谷更多的尊重。[3] 与里乔利不同，温赞同开普勒的《哥白尼天文学概要》，他对自己早期的哥白尼理论方案做了修正，补充了以下内容：行星在"天体物质"的涡旋中围绕着转动的太阳运转，而内部天体比外部天体运行速度更快——这明显是受到了笛卡尔的影响。[4]

温的对手托马斯·斯特里特（Thomas Streete，1621?—1689），也是空位时代重要的英国占星学家。他也是开普勒派哥白尼主义者、多产的星历作家、保皇派人士、保守的圣公会信徒。然而，与温不同的是，他并没有试图与各种行

---

[1]　Wing 1651, "To the Reader," unpag; Wing 1656, 37: "The learned and painful Bullialdus (to make the operation more easie) shews how to effect the same by and Epicycle, whose motion is supposed to be double to the motion of the Planet in his Orbe, and so … it may be found with more ease, which way in my judgment is the most rationall and absolute of all other." For Boulliar's derivation of the elliptical orbit from uniform circular motion, see Wilson 1989, 72-76; Hatch 1982, xxvii-xxxiv.

[2]　Wing 1651, fol. Aa3v.

[3]　Wing 1656, 33; Wing 1669, 115. A long postil to this passage makes obvious Wing's rejection of Riccioli.

[4]　Wing 1669, 116.

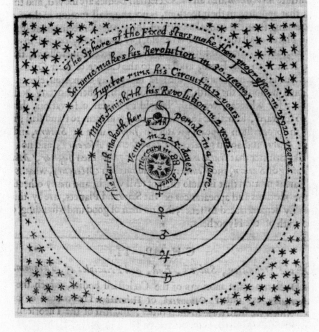

図 82.《可见世界的体系》，温，1656 年（Reproduced by permission of The Huntington Library, San Marino, California）。

星秩序方案进行争辩。此外，对于圣典中有关地球运动的内容，他也保持了沉默；在自然哲学方面，他提出了新帕拉塞尔苏斯原理，这些原理对第谷·布拉赫很有吸引力。[1]身为税务署的一名职员，斯特里特在 1660 年以其《卡罗莱纳天文学》（*Astronomia Carolina*）庆祝查理二世重登王位。[2]然而，在其他方面，斯特里特的方法与温大相径庭。

他毫不掩饰其背离传统的意图："我们并不打算坚持天文学的伟大功用、古

---

[1] D. T. Whitesid judges him to have been "a careful observer of celestial phenomena with a good knowledge of current computational techniques, but not a man strongly endowed with mathematical ability" (1970, 7).

[2] Streete 1661, fol. A2: "In the sad and doleful Night of Your Sacred Majesties absence from your People, was this small Astronomical Work begun, and carefully continued for some years."

风和优点。"[1] 对造物主的态度可以是相同的，但不同于温的是，斯特里特没有对圣典的地位展开特别的讨论。温以史料为佐证、滔滔不绝地影射了论战，加入了大量拉丁语注解；而斯特里特的散文在这方面则笔墨相当俭省，他不停地谈论自己过去的习练。斯特里特认为，关于宇宙秩序，根本不存在什么争论。他说，"过去的天文学家更多的是过去的见证者而不是理论学家，他们的名字是附属在其时代、地点以及地位上的"[2]。斯特里特极简抽象的经验主义并非来自社会分类，社会分类能够因为相同的社会地位产生可信度；相反，他提出了以同名序列呈现的证据，这是一场观测试验，其终端是一次定时、定点、有见证的观测。[3] 根据其实践天文学研究，斯特里特呈给复位的国王及其追随者一套非力学的炼金术天文理论："可见世界及其每个部分都包含三种主要元素，即硫、盐和水。硫是世界之魂，它能够产生热和光，其在太阳和恒星上最显著。盐是万物之质，它是土星和木星的主要组成成分，也是火星、地球、月球、金星以及水星的组成成分。水是宇宙之灵，它通过以太和流体介质发挥作用，所有可见物体都在以太和流体中存在并运动。"[4] 同开普勒和笛卡尔一样，斯特里特提出，组成世界的主要元素有三种；但是他对原因只字未提，他只留给读者一个暗示——这些原因是"化学的"，却没有说明这些原因是怎样发挥作用的。

---

[1]　Ibid., 6.

[2]　On the importance of the historically witnessed experimental event, see Dear 1995, 63-92.

[3]　As an example of such a trail ending, consider: "*Anno 1661. April* the 23th being the day of the Coronation of our most Graciou Soveraign King Charles the Second; That ingenious Gent. *Christianus Hugenius*, of *Zulichem*, Mr. Reeves, with other Mathematical friends and my self, being together at LongAcre, by help of a good Telescope, with red glasses for saving our eyes, saw Mercury from a little past one until two of Clock, appearing in the Sun as a round black spot, below and to the right hand, so that in the Heavens he was above, and to the left from the Suns Center, and entred on the Sun much about one of Clock" (Streete 1661, 118) .

[4]　Ibid., 7.

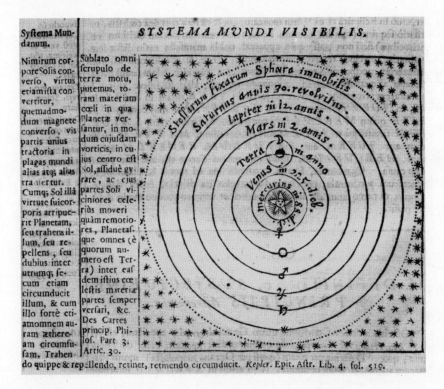

图 83. 笛卡尔涡旋中嵌入的可见世界，温，1669 年。侧栏并排列出了笛卡尔《哲学原理》第 3 章第 30 条以及开普勒的《哥白尼天文学概要》(Reproduced by permission of The Huntington Library, San Marino, California)。

罗伯特·胡克、艾萨克·牛顿及关键实验

罗伯特·胡克（1635—1702）和艾萨克·牛顿（Issac Newton, 1642—1727）这代人，他们了解哥白尼问题都不是根据《天球运行论》和《第一报告》的原文，而是通过一场论战，这场论战已经充分发展，并因世纪中叶复兴的天文和自然哲学文献而发生了改变。

这些文献主要由开普勒、威尔金斯、温、斯特里特、笛卡尔以及其他一些现代主义者的著作主导，尽管它们在结构上与维滕堡时代的知识分类极其相似，它们仍为许多英国独立预言作家提供了理论资料。多亏了开普勒的《鲁道夫星表》，获得第谷的数据变得越来越容易，17世纪实践天文学作出的预测精度因此更高些。[1] 到17世纪50年代，新星历表的精度要比一个世纪前依据莱因霍尔德《普鲁士星表》编纂的星历表高得多；尽管并不是所有世纪中叶的行星理论都是哥白尼派理论，但是从开普勒开始的绝大多数星历书毫无疑问受到了哥白尼主义学者的影响。[2] 为17世纪四五十年代预言创作的复苏做出突出贡献的许多多产的实践占星学作家，都将其星历书的精确度与理论天文学中的哥白尼行星秩序理论联系在一起。

胡克和牛顿在青年时代就遇到了这种新环境。牛顿早期的阅读笔记和书面标记表明，他通过天文学家、占星学家温和斯特里特熟悉了哥白尼行星秩序理论。斯特里特向牛顿介绍了无可争辩的哥白尼行星秩序理论和开普勒的椭圆轨道理论。[3] 牛顿还拥有温的《和谐宇宙或可见世界的宇宙和谐》以及《英国天文学》(*Astronomia Britannica*)，并作了注解。[4] 他通过托马斯·索尔兹伯里（Thomas Salusbury）1661年的译本了解了伽利略的《关于两大世界体系的对话》和弗斯

---

[1] Curtis Wilson 1989a, 161-63. Wilson regards the striking improvements in observing instruments (the filar micrometer, pendulum clock, and telescopis sights) beween the 1640s and the 1660s as a revolution in its own right: it produced better solar and lunar parallax values and raised new anomalies, but it did not lead to "the sharp improvements in the accuracy of the tables that one might have expected."

[2] For example, Philip Lansbergen's *Tabulae Perpetuae* (1632), the tables in Ismael Boulliau's *Astronomia Philolaica* (1645), John Newton's *Astronomica Britannica* (1657), Riccioli's *Astronomia Reformata* (1665), and Jeremy Shakerley's *Tabulae Britannicae* (1653). Isaac Newton could cite Kepler's and Bonlliau's mean solar distances as authoritative in confirming Kepler's third law on the grounds that they had "with great care determined the distances of the planets from the sun; and hence it is that their tables agree best with the heavens" (quoted in Wilson 1989b, 241).

[3] Whiteside 1970, 7, 16 n.; Westfall 1980, 94.

[4] These copies are located, respectively, in the libraries of Columbia University and Trinity College, Cambridge. See McGuire and Tamny 1983, 300-301; Westfall 1980, 155 n. 44.

卡里尼的《书信》。[1] 借助笛卡尔的《哲学原理》，他初步认识到地球相对自己的涡旋是静止的，但是相对太阳的涡旋却是运动的。

读了沃尔特·查尔顿（Walter Charleton）的《伊壁鸠鲁－伽桑狄－查尔顿主义的生理学：基于原子假说之自然科学的构建》（*Physiologia Epicuro-Gassendo-Charletoniana, or A Fabrick of Science Natural upon the Hypothesis of Atoms*），他发现哥白尼被界定为"在古希腊先祖的垃圾堆中寻找真理的革新者"之一，"他拯救了几近湮灭的萨米尤斯·阿里斯塔克占星术，使之免遭遗忘"。[2] 牛顿的著作中从来没有证据证明，他认为行星秩序存在争论或者需要驳斥其他行星秩序体系。例如，他没有像威尔金斯一样把这个问题看作在不同方案之间做出权衡，也没有采取实验的办法——他为了确定光的性质做过著名的棱镜实验。[3] 因此，在 17 世纪五六十年代的文献中，牛顿发现了一种共识：不同的物理理论彼此矛盾，却都与哥白尼方案一致。

17 世纪 60 年代初，显然，笛卡尔的理论框架为牛顿和胡克确定了自然哲学及哥白尼问题的基本坐标，10 年前这种情况曾在荷兰的大学里出现。[4] 牛顿将学生时代的"杂记簿"命名为"哲学问题"，可谓恰如其分。在思考的过程中，牛顿发现了笛卡尔体系的各种矛盾。然而，尽管如此，牛顿仍然认为笛卡尔的理论体系是替代亚里士多德理论的合理方案：笛卡尔理论是一个统一体系，它旨在将所有物体（包括宇宙天体和地面物体）的特性简化为同一种实体，也就是所谓的"广延之物"（res extensa），或曰延展的物料（extended stuff）。

然而，在证明地球运动的天文学证据方面，胡克与牛顿有不同的意见。和

506

[1] Whiteside（1970, 16）references a section of Newton's notebook titled "Systema Mundanum Secundu[m] Copernicum"（Pierpont Morgan Library, New York）.

[2] London: Thomas Newcomb, 1654, bk. 1, sect. 1, 4.

[3] For Newton's crucial experiment in optics, see A. Shapiro 1996.

[4] For the Dutch context, see Vermij 2002, 139-76.

牛顿一样，胡克深深迷信笛卡尔理论，但是他承认天体秩序仍然存疑。他认为，斯特里特或温的星历的精确性并不完全取决于其哥白尼主义观点，而且他并不像16世纪的前辈那样热切地去解决理论天文学难题从而提高占星预测的精确性。从某种意义上说，早期难题的第一部分（提高行星位置预测的精度）已经解决了。然而，青年胡克与约翰·威尔金斯及牛津学术圈的其他成员关系密切，塞思·沃德和克里斯托弗·雷恩（Christopher Wren）都属于这个圈子；通过这些关系，胡克毫无疑问吸收了威尔金斯《论新行星》中熟练组织的概率主张，这些主张全都支持哥白尼天体秩序理论。[1]17世纪60年代，在某个时期，胡克研究了里乔利，后者对各种方案的权衡同样予人深刻印象，权衡的结果是支持半第谷的天体秩序。[2]这次际遇肯定给胡克留下了困惑：假设如伽利略所言，圣灵不用圣经传授自然哲学，那么威尔金斯、温和里乔利将圣典的字面意义当作最终仲裁者的做法肯定是不合理的。

1668年，一个重大事件让里乔利的物理数学实验成为新成立的伦敦皇家学会的《哲学学报》（*Philosophical Transaction*）第3卷的焦点。詹姆斯·格里高利（James Gregory）用里乔利的观点反驳伽利略的高塔实验，争论的焦点是物体在运动地球上的下落问题，这个问题在帕多瓦争论已久。[3]如今，英格兰学生和苏格兰学生在英国与意大利之间的交流，在英国科学进程的一个重要节点突出了里乔利和伽利略之间的分歧。里乔利在《天文学大成新编》中千方百计地劝说读者，不同重量的物体同时从博洛尼亚的最高塔上落下时，落地时间是不同的：他举出了目击者，提到了"多次重复的"实验，并称实验事件是有时限的。[4]然而，里乔利的观测结果没能阻止人们对他的批判，因为他将伽利略对自由落体问题

---

[1]   Hooke 1665, Preface, fol. g2r-v; Simpson 1989, 34.

[2]   References to some of Riccioli's observations are already found in Hooke 1665, 230, 238.

[3]   Gregory 1668, 693-98; reprinted in Koyré 1955, 354-58.

[4]   Riccioli's mobilization of experience is nicely captured by Dear 1995, 83-85.

1080   哥白尼问题

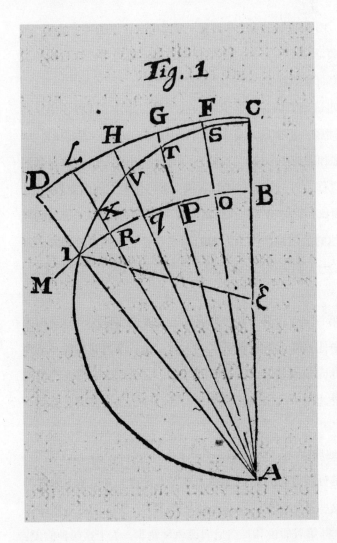

图 84. 伽利略高塔实验，摘自格里高利 1668 年的著作。由于高塔会沿着塔尖和塔基确定的同心圆弧 CFGHLD 和 BOPQRI 运动，物体会沿着弧线 STVXI 下落。位于塔顶的观测者将感觉不到圆周运动，而只能观察到物体沿着 FS、GT、HV 等直线下落（Reproduced by permission of The Huntington Library, San Marino, California）。

的解决方案解释为复合圆周运动。格里高利 1668 年发表的报告可能促使了罗伯特·胡克 1674 年在卡特勒发表演讲，后者提出地球运动问题的一个天文学解决方案，并将这个方案作为动态分析自由落体问题的序曲。这段极具启发性的插曲展示了复辟时期杰出的英国学者对哥白尼问题的理论研究情况。

正如迈克尔·亨特（Michael Hunter）和西蒙·谢弗所言，罗伯特·胡克"可以被看作复辟时期自然哲学事业——通过使用仪器、揭示机理与设计之间的关系、仔细比较假说和经验而取得进步——的代表人物"[1]。

众所周知，是胡克建造了罗伯特·博伊尔的抽气泵。此外，他将使用仪器当作控制、约束激情的捷径，正如其《显微图谱》（Micrographia）中说的，他视之为"调整感觉、记忆和理智的手段""治愈心灵的万能良药"。[2] 在《显微图谱》发表数年后，他又宣称，另一种仪器将彻底解决世界体系之间的激烈争论，那就是他建造的一架天顶仪，它伸出了他在格雷沙姆大学的房间窗户。[3] 他的目的是什么呢？就像因为他的显微镜而广为人知的那个墨点——他将放大的斑点比作"伦敦的污渍斑点"——胡克提出，通过测量一个小角，即年度恒星视差角，来解决哥白尼问题。

与近一个世纪前的第谷·布拉赫一样，胡克知道，要想测量这个角是很困难的。在《显微图谱》中他解释了折射角问题："大气层是一个透明球体，至少是一个透明球壳，这个球壳包围着一个不透明的球体，这个球体的密度比包围着它的介质更加致密，外边的大气层能够将所有入射平行光线折射或反射到一个点，这个点就是焦点。"[4]

但是，在《尝试证明地球运动》（Attempt to Prove the Motion of the Earth）中，胡克自信地称这个问题是可以解决的："向那些无知之人教授天文学基本原理不是我的义务，因为关于这些基本原理的介绍已经足够多了：我的任务是帮助那些博学之人用关键实验判断第谷假说和哥白尼假说孰是孰非。关于这两种假说，争论一直连绵不断，各种团体提出了各种观点，他们因为天性或后天教育偏向

---

[1] Hunter and Schaffer 1990, introduction, 19.

[2] Johns 1998, 428; Dennis 1989.

[3] See J. Bennett 1990, 21-32.

[4] Hooke 1665, 230.

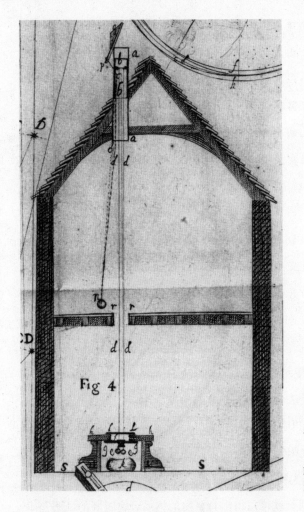

图 85. 罗伯特·胡克的天顶仪示意图。这台天顶仪穿过了他位于伦敦格雷沙姆大学的房间的屋顶。摘自胡克 1674 年的著作（Reproduced by permission of The Huntington Library, San Marino，California）。

这种或那种假说。"[1] 激情与概率：各种观点都带有一定的主观性。胡克认为，"关键实验"是必要的，因为其他标准都不足以决定性地"解决争议"：

---

[1] Hooke 1674, 2.

我承认，双方都有自己的理由；但是双方都带有一些偏见，这些偏见只是看起来比较理性而已。哪种证明方式能够证明世界的结构和组成最符合我们的和谐标准呢？万物难道不可能以其他方式存在吗？此外，难道没有一些可能存在的事物吗？难道太阳不能像第谷假设的那样运动，行星围绕着太阳运动，而地球保持静止，地球通过自己的磁力吸引着太阳，并以这种方式让太阳围绕着自己转动，与此同时，水星和金星围绕着太阳运动，土星和木星也以同样的方式围绕着太阳运动而卫星又围绕着它们转动？

难道第谷的假说没有什么合理性吗？要知道，他用自己的巨型仪器取得了相当精确的观测结果啊。难道里乔利的假说没有什么合理性吗？他发现地球天球与恒星没有任何相似性。而且他们的理论所依据的观测结果的精确度已经达到了秒的量级。

在这一时期，没有谁能够更加完整地描述哥白尼问题的特征。对胡克等"观察者"来说，问题在于裸眼无法分辨小于一分的角度。所以，第谷和里乔利的假说连他们自己也不能证明。"因此，这场争论，不管这方还是那方争辩，仍然悬而未决，到底是地球围绕太阳转动，还是太阳围绕地球转动呢；双方提出的各种观点都有可能是正确的，大家都得不出必然、肯定的结论。"胡克写道，如果能够测量到显著的视差，"那么就可以得出对哥白尼体系毋庸置疑的证明"。[1]

在面对哥白尼问题的时候，胡克与牛顿有显著差别。牛顿和斯特里特一样认为哥白尼问题不存在争论；而胡克认为，里乔利组织整理了这个问题，而他在这个问题上要提供自己的"关键实验"："好问的耶稣会教士里乔利不辞劳苦地提出了77个论点驳斥哥白尼假说，他是如此地诚挚狂热，以至于尽管他是一位

---

[1] Hooke 1674, 4.

博学之士，是一位优秀的天文学家，但是他似乎相信自己的观点；如果他能够像我一样通过观测证明以这种方式观测不到显著视差，那么大多数人都不需要考虑他的其他 76 个论点了，因为我相信，这个发现可以回答他的这些观点，如果人们能够想到的话，还有 77 种发现能够反驳他。"[1] 那些拙劣的方案不能确定的问题，仪器设备可以清楚地确定。为了反驳"众多反哥白尼的观点——这些观点让我无法绝对地宣布支持哥白尼假说"，解决方法是建造一台望远镜，它要比第谷和里乔利用过的所有仪器都精密———一架名副其实的"可以撬动地球的阿基米德杠杆"[2]。

与作为皇家学会实验总主管的身份相称的是，胡克在《显微图谱》中业已宣示了光学仪器消除任何缺陷的巨大力量。这部著作充满了现代主义者奔放的自信：对"细节的确定性"的自信，"对材料和可见事物的观测的清晰性和公正性"的自信，以及对使用仪器或"人工装置"的自信。书中精美的折叠式插页展示了万千事物，从苍蝇、荨麻到月球特征和仪器设计，它们生动描绘了微观世界和遥远宇宙，而胡克正是要借此来说服读者。胡克展示了使用图像的新技巧。正如凯瑟琳·威尔逊（Catherine Wilson）所言："这些图画并非个人观测结果的记录，而是混合了多人的观测结果。"[3] 胡克消除了个别样品的特征，并用仪器本身的图画宣示其精确性，他以这两种方式强化其观点的可信度。他宣称，相比传统主义者不直观的"可靠的推论或确定的公理"，他的纤毫毕现的图像更加优越。胡克明显借鉴了弗朗西斯·培根的观点，培根认为，在解释之前必须收集

---

[1]　Hooke 1674, 5-6.

[2]　Hooke 1674, 8-9. "Though *Riccioli* and his ingenious and accurate Companion *Grimaldi* affirm it possible to make observations by their way, with the naked edge to the accurateness of five seconds; Yet *Kepler* did affirm and that justly, that' twas impossible to be sure to a less Angle then 12 seconds: And I from my own experience do find it exceeding difficult by any of the common sights yet used to be sure to a minute" (10) .

[3]　See Catherine Wilson 1995, 87-88; on the political meanings and uses of Hooke's representations, see Dennis 1989.

各种素材并加以分类。胡克还为另一部作品小心地重新组织编排他为素材撰写的说明，将其编制成"哲学图表，以便于提出公理和理论"。总而言之，《显微图谱》在推论方面相当谨慎，不敢超越了素材本身，这是其疑难重重的学科主题所独有的；类似的，罗伯特·博伊尔在解释其空气泵产生的现象时也不敢妄下论断。[1]

相反，这个阶段哥白尼问题真正的难题是：选择什么样的标准才能适应不同的问题和不同的学科实践。胡克的《尝试证明地球运动》，并不打算通过积累素材或以彬彬有礼的谈吐整理并评估这些素材进而得出自己的结论。[2]

他当时计划遵循一种特殊的培根式逻辑：所谓的"指路标或关键实验"，由此，如果两个假说有一个被否定了，那么另一个肯定是成立的。[3]胡克认为，这种逻辑——一种一劳永逸的证明——似乎适用于不同世界体系的争论，但是并不适用于实验领域，正如霍布斯对博伊尔的提醒，在实验中，人们无法确定所有原因都得到支持。很明显，在不同的知识领域需要使用不同的证据。现在圣经已经不再被视作自然知识的仲裁人，胡克将自己完全局限在普通的自然解释范畴。在自然历史领域，胡克对其描述性目标相当自信，而在引用各种解释的时候相当谨慎——甚至有些缩手缩脚；然而，在世界体系的争论方面，他所宣称的实证主义雄心有点早熟和过于自负了。[4]

510

---

[1]　On the probabilistic views of English experimentalists, see Shapin and Schaffer 1985, 23-24.

[2]　Cf. Shapin 1994, 121: "The practice which emerged with the Interregnum work of Boyle and his Oxford associates, and Which was institutionalized at the Restoration in the Royal Society of London, was strongly marked by its *rejection* of the quest for absolutely certain knowledge, by its suspicion of logical methods and demonstrative models for natural science, and by its tolerant posture towards the character of scientific truth." See also ibid., 287, 309.

[3]　*Novum Organon*, Bacon 1857-1859, 2: xxxvi; Urbach 1987, 169-71.

[4]　Cf. Shapin 1994, 307-9. It was later determined that Hooke's attempt to detect annual parallax had actually failed, although Flanmsteed believed that he had confirmed it, and Newton also accepted the result (see Curtis Wilson 1989c, 240).

哥白尼问题

终结与证明

伽利略首次造访罗马 20 年后，对他的审判戏剧性地将哥白尼问题从一个著名的替代传统天文学方案的行星秩序假说，转变成了一场遍及欧洲的大争论，而且这场争论还带上了引起分歧、导致分裂的忏悔和戒律意味。1633 年后，选择哥白尼主义者的身份无疑就是在天文学和自然哲学领域选择现代道路。对于当时的人、传统主义者以及现代人来说，它似乎是某个历史时期内的一场长久的激烈争论，而这个历史时期本身就存在着连绵不断的宗教冲突——当时，"科学革命" 还没有成为变革的代名词，直到 20 世纪科学史学家们才发明了这一词语。[1]

然而，尽管论点得到了加强，世纪中叶的哥白尼追随者们仍然延续着世纪初就已经很显著的分歧。公开支持哥白尼理论或宣扬哥白尼理论的正确性，并不代表要忠于统一的自然哲学信仰，这些统一的信仰是由 19—20 世纪发明的术语 "哥白尼学说" 激发的。哥白尼问题在不同的读者群体中以不同的方式结束了：彼此竞争的方案停止了相互质疑和批判。问题的终结并不是通过单一的证明实现的，读者群体也是多种多样，有星历读者、实践占星家、星表编纂者、地外宇宙研究者、巡回科学演讲者，当然还有进行哲学探讨的天文学家和高级新式自然哲学家。

---

[1] For religious controversies, see Milward 1978a, 1978b. Professionalizing historians of science of the 1940s and '50s, led by Koyré, Herbert Butterfield, A. Rupert Hall, and Kuhn, appropriated the meaning of *revolution* as punctuated discontinuity but displaced the marxist trope with an image of science shorn of any association to social class (see I. B. Cohen 1985, 389-404; R. S. Porter 1992; H. F. Cohen 1994). When social class regained historiographical legitimacy, it had lost its connection to scientific revolution (see esp. Shapin and Schaffer 1985).

正如彼得·迪尔（Peter Dear）中肯的评论，介绍 17 世纪自然哲学时以牛顿结尾是标准做法；但是牛顿是如何终结哥白尼问题的呢？[1] 托马斯·库恩认为，从开普勒到牛顿，哥白尼学说是一次积极探索，它就像一台以理论驱动的机器，它引出了硕果累累的新问题，比如："是什么驱动行星运动？"它复兴了旧的学说，比如无限宇宙理论和原子理论，并重塑了这些旧学说使其可以接受"科学的"量化分析。毫无疑问，这种方案是有一定的正确性的——库恩的著作也是如此——尽管库恩高估了这个过程的必然性以及哥白尼主义者作为一个整体要为这些发展负责的程度。[2] 此外，由于占星学一开始就从据说被哥白尼替换的概念方案中被剔除了，他并没有讨论行星秩序和星际影响之间的关系，故此，正如我极力强调的，这一关系不被视为终结哥白尼问题的一部分。"牛顿微粒世界机器的建立补充了一个半世纪前哥白尼开启的理念革命。在这个新宇宙内，哥白尼的天文学创新所引发的问题最终得到了解决，而哥白尼天文学首次在物理学和宇宙学上变得合理……只有通过宣传和接受这种新理念让哥白尼学说变得可信了，人们对行星地球理念的强烈反对意见才会消失。"[3]

---

[1] Dear himself offers a nonstandard reading of Newton（1995, 248-49）. As early as 1839, Augustus De Morgan maintained: "The controversy ceases to have any interest after the publication of the *Principia* of Newton. Even to this day, we believe there are some who deny the earth's motion, on the authority of the Scriptures, and every now and then a work appears producing mathematical reasons for that denial; these works, as fast as published, after making each two converts and a half in a country town, are heard of no more until fifty years afterwards, when they are discovered by bibliomaniacs bound up in volumes of tracts with dissertations on squaring the circle, and perpetual motion, and pamphlets predicting national bankruptcy"（De Morgan 1839）.

[2] Kuhn's treatment of this period was indebted in no small way to Koyré 1955; but see now Lerner 1996-97, 2: chap. 6, 137-89.

[3] Kuhn 1957, 261, my italics. I do not wish to understate the full scope of Kuhn's interpretation, which, beyond asserting that Newton provided "an economical derivation and plausible explanation of Kepler's laws," also claims for him "a new way of looking at nature, man, and God."

库恩的总结性反思中还出现了历史性的难题。在牛顿之前，很多从业者认为哥白尼的行星秩序理论不仅是合理的，而且是可能的，或者是现有方案中最好的，或者是由神启示的。里乔利是伽利略审判之后教会中最德高望重的哥白尼反对者，他甚至认为，按照阿斯特来亚的尺度，日心方案是可能的，由此为他自己的世界体系创建（按照他的说法）一种可信的、可靠的平衡方案。[1]

他并没有像上个世纪的大部分传统主义者那样将哥白尼的方案斥为谬论。另一方面，罗伯特·胡克认为，里乔利的评价是非常合理的，后者主张必须用关键的天文学测量才能解决这个问题。与此同时，1644年后，笛卡尔微粒原理的支持者们很快就闯入了整个欧洲的哲学必修课程，这种方式开普勒和伽利略在二三十年前根本无法想象。在莱顿和乌得勒支，经常有德国和中欧的学生来学习，笛卡尔奇特却必定可信的哥白尼学说——当然，这种理论学说并不适用于预言——开始占据主导地位。[2]在海峡对岸，天文学家、占星学家温和斯特里特认为，哥白尼学说对预言非常有用；但是在剑桥大学，新柏拉图主义者拉尔夫·卡德沃斯（Ralph Cudworth，1617—1688）和牛顿一样，认为笛卡尔的微粒学说是无神论观点，而哥白尼理论是合理的，但是不能用于预言。[3]如果哥白尼问题是一系列的日静行星秩序观点，那么它就有多种结束方式，而牛顿不过是提供了其中一种方式罢了。

511

[1]　Jon Doring（n. d.）attempts a Bayesian interpretation of Riccioli's compendium of probabilities.

[2]　See Vermij 2002, 139-237; Moesgaard 1972b; Sandblad 1972; Zemplén 1972.

[3]　Cudworth 1678, preface: "The True Intellectual System of the Universe; in such a sense, as Atheism may be called, a False System thereof: The Word Intellectual being added, to distinguish it from the other, Vulgarly so called, Systems of the World, (that is, the Visible and Corporeal World) the Ptolemaick, Tychonick, and Copernican; the two Former of which, are now commonly accounted to be False, the Latter True." See further McGuire 1977.

正如我们一次又一次看到的那样，哥白尼问题不仅仅意味着天文学家、自然哲学家与传统主义者战斗，力图证明某个体系是真实正确的。17世纪时，天文学的主要功能仍然是作出准确的天体预言。关于占星学的系统疑问传播得十分广泛——实际上相当广泛。在世纪中叶的短暂时期内，风靡一时的英国开普勒－哥白尼主义占星学家似乎已经终结了皮科对实践占星学精度的质疑，至少似乎终结了皮科对理论占星学前提的质疑。但是确保这种定量基础并没能提升占星学家的预测：尽管更加精确的行星表与开普勒的行星理论是相互吻合的，但是占星家之间仍然存在分歧。[1] 更加糟糕的是，占星家可能会犯下大错，因为某些原因可能与理论天文学或实践天文学的精度毫无关系，比如发生在1652年3月29日的不怎么出名的日食现象（"黑色星期一"），这场日食的确让天空变暗了，但尴尬的是，它并没有如占星家预测的那样造成数千年的可怕黑暗。[2] 此外，进行哲学探讨的天文学家和占星学家的全盛时期很快就被新式自然哲学家取代，比如笛卡尔、霍布斯以及伽桑狄，他们认为星表的精确度并不那么重要，他们更加看重天体秩序如何与其总体认识论、神学以及政治观点相适应。此外，他们当中大多数人对占星学怀着某种独特的敌意。而且，怀疑论者与预言家拥有几乎同等规模的读者：针对"星体预言""充满迷信的欺骗性"，伽桑狄展开了皮科式的批判，它很快就被一位英国译者（一位匿名的"高尚人士"）翻译了，并在1659年得到一家伦敦出版商的青睐。

牛顿像复位时期的大部分学者一样，对占星学持怀疑态度——当时领先的现代化的自然哲学家普遍如此——尽管这不是因为他阅读了皮科的著作，而是因为占星学与他的神学信仰和自然哲学理念相抵触。讽刺的是，正当牛顿不再支持占星学的世界体系的时候，他能够为哥白尼问题引起的理论天文学问题提

---

[1]　See Curry 1987, 254-55.
[2]　See Burns 2000.

供一种新的终结方式，并为开普勒的天文学奠定前所未有的物理基础。就像先前的很多思想家一样，出版物和手稿中的内容让情况变得复杂起来。晚近的评论家们更加认可牛顿向公众传播哥白尼体系的功劳而不是牛顿本人对这个问题的思考。《自然哲学的数学原理》推导出地球围绕太阳运动的结论，不是依据开普勒－吉尔伯特的磁性太阳能或开普勒的三位一体神学，而是根据一系列新颖的被动－主动原理。牛顿认为，引力在一个缺乏笛卡尔式物质的空间对太阳起到向心力的作用，其力量的大小与距离的平方成反比。

受到这种平方反比的力的作用时，地球会被动地抵抗状态的改变，开普勒称地球在相同的时间内相对太阳扫过的面积是相等的，从而可以推导出地球运行轨道是一个稳定的椭圆，这种稳定状态实际上是引力和惯性力相平衡的结果。

胡克的模型在别的方面惊人地相似，事实上，牛顿的解释与之不同，因为牛顿首次将引力确定——实际上是通过实际操作确定的——为一种只能通过其效应测量的量。[1] 牛顿的理论是空前的伟大成就，它不仅与各种现象一致，而且具有普遍性：行星、微观粒子以及彗星全都服从相同的物理定律，这些物理定律还能预测未发现的物体之间的相互作用。笛卡尔认为，行星秩序不过是从描述万物的定律中推导出来的。牛顿写道："哥白尼体系是一个先验理论，因为如果要计算行星在各种位置上的引力中心的话，这个中心要么落在太阳上，要么落在太阳附近。"[2] 至于彗星，牛顿与开普勒、笛卡尔一样，不认为那是什么异常事件；但是牛顿又与他们不同，他首次为这些天体建立了一个类别，认为它们的出现是周期性的、可预测的；而且他解释了为什么它们对宇宙整体秩序是必要的。[3] 这完全颠覆了上个世纪的状况，当时各种预言家都不能预测彗星的出现。牛顿对彗星的新分析让他可以将宇宙的影响和灾难意义变成一小类可预测的周

512

---

[1]　See Pugliese 1990; cf. Kuhn 1957, 249-52.

[2]　Newton, *De Motu*; quoted in Curtis Wilson 1970, 160-61.

[3]　See Schaffer 1987, 1993; Genuth 1997, 133-55.

期性事件。彗星可能产生物理影响，如今还包括了与地球的碰撞：牛顿的追随者埃德蒙德·哈雷（Edmund Halley）和威廉·惠斯顿（William Whiston）将上个世纪所谓的千年主义者的意义解释为行星的相会。[1] 但是，重要的是，按照这种新的解释，行星既失去了占星影响，也没有了末世意义。

然而，尽管不同现象的高度一致性对牛顿追随者的冲击十分巨大，但是它并没有终结关于自然哲学方案的争论，因为新的解释并没有阐明引力的起因，这一点极易招致笛卡尔主义者的抨击。很明显，正是由于这个极为棘手的难题，库恩才说牛顿理论是（叙述上）可信的而不是（证明上）得到实证的："尽管哥白尼和牛顿的成就是恒久的，但是他们提出的理论却并非如此。虽然可解释的现象越来越多，但对它们的解释并没有取得多大进展。" [2] 这段摘自《哥白尼革命》的应验派的、迪昂式的文字，还不能阐明库恩革命性的范式转变的全部影响。

但是对同时代的人来说，争论仍在地方上继续着。在 17 世纪的自然哲学领域，如果不解决像引力这种基本问题，最坏的情况是被冠以晦涩难懂的"罪名"惨遭否定，最好的情况则是招来驳斥。[3] 牛顿不仅意识到了这个难题，而且，如 J. E. 麦圭尔（J. E. McGuire）和 P. M. 拉坦西（P. M. Rattansi）在一篇经典论文中指出的，他经年累月竭尽心力在古代历史和神学资料中寻找支持其自然哲学理论的证据。[4] 从那时起，评论家们就围绕牛顿选择公开什么、隐藏什么这个问题展开了很多讨论。罗布·艾利夫（Rob Iliffe）指出，"牛顿最初构思的著作跟最终发

---

[1]　On Whiston, see Force 1985; on Halley, Genuth 1997, 156-77; Schaffer 1993.

[2]　Kuhn 1957, 265. Iread this position as compatible with Duhem's（Westman 1994, 83-85）.

[3]　Newton（1962, 547）anticipates the objection in his General Scholium to the *Principia*: "But hitherto I have not been able to discover the cause of those properties of gravity from phenomena, and I frame no hypotheses; for whatever is not deduced from the phenomena is to be called an hypothesis; and hypotheses, whether metaphysical or physical, wheter of occult qualities or mechanical, have no place in expermental philosophy." On the tension between explanatory hypotheses and mathematical description in Newton's work, see McMullin 1990, 67-76.

[4]　McGuire and Rattansi 1966, 125.

表的《自然哲学的数学原理》有很大差别"[1]。他打算写作一个后续版本,这个重要的消息曾在他的一小撮比较信任的朋友和学生中流传。实际上,牛顿自视为人类堕落之前的古代智慧的复兴者,现代人玷污、曲解这些智慧,或者把它们变成了偶像崇拜:埃及人业已知晓并教授牛顿版的哥白尼体系,后来它流传到毕达哥拉斯那里,毕达哥拉斯又将它隐藏在神秘的寓言中。牛顿认为,人类开始崇拜星星的时候,偶像崇拜就出现了,他们赋予星星以人类的特点和力量:"为了让这个假说更加可信,他们赋予了这些星星灵魂和人类的特性[并认为是星星用这些特性统御世界……]。通过这些虚构,亡者之魂与星星一样受人尊重,而随着越来越多的人接受这种神学,人们认为这就是上帝在统治世界。"[2]

从里乔利的天使到笛卡尔的物质,再到行星的影响,牛顿决不能容忍介于上帝和宇宙之间的实体。他在所有著作中都努力强调神在自然界中的活动。"这无比美妙的太阳、行星和彗星体系,只可能产生自一个无比智慧而强大的生灵",他在 1713 年版《自然哲学的数学原理》的总批注中写道,在这一版中,他比在第一版中更加明显地努力实现这部著作的自然神学目标。[3]在牛顿私下里对古代智慧的阐释中,这种天体体系明显脱离了天体影响的崇拜体系。在公开出版物中,他悄无声息地抹去了传统主义者的占星学,和开普勒及其众多英国助手的改革的占星学。17 世纪晚期,一些追随牛顿自然哲学理论的现代主义者驳斥占星学问题的方式,与 1496 年皮科驳斥占星学的方式别无二致。[4]迪昂和蒯因通过务实地调整被驳斥的科学假说使之起死回生,早在这种做法获得哲学上的合理性之前,实践天文学家和占星学家们就试图以改进行星表和修改天文理论的方式来削弱或回避皮科对其预测和理论的抨击。[5]然而,和 16 世纪的前辈不同,

513

---

[1] Iliffe 1995, 164.

[2] Iliffe 1995, 168(citing Yahuda MS 41, fol, 9v). The bracketed text was added by Newton.

[3] See Snobelen2001, 174-75.

[4] See Hunter 1987; Bowden 1974, 218-24.

[5] On Quine, see Klee 1997, 63-69; Gillies 1998.

17世纪晚期优秀的自然哲学变革者们不再试图修复星的科学的占星学分支。当现代人不再为占星学长久以来的预测难题提供理论解释的时候，他们也就剥夺了占星学与新兴理论竞争的新资源和可信度，这些新兴理论包括社会数学，诸如在研究人类对未来的不确定性方面格外受到重视的近因和可计算概率。[1]

---

[1]   As Lorraine Daston contends, the emergent eighteenth-century calculus of risk "regarded expectation as a mathematical rendering of pragmatic rationality" (1988, 49-111, 182-87) . On sources of credibility for social theory, see T. Porter 2003.

译名总表

A Brief and Useful Treatise on Erecting Heavenly Figures, Verifications, Revolutions, and Directions	《关于天文作图、验证以及天体运转与方位的实用简明论述》
A Warning concerning the True and Lawful Use of Astrology	《关于真实合法地使用占星学之警示》
Abano, Pietro	皮特罗·阿巴诺
Abenragel, Haly	阿里·阿本拉吉
Abenrodan, Haly	阿里·阿本罗丹（Ali ibn Ridwan 的拉丁译名）
Accademia dei Disegno	绘画艺术学院
Accademia dei Filomati	费罗马蒂学院
accademia dei recovrati	发现学院
Achillini, Alessandro	亚历山德罗·阿基利尼
Acontius, Joachim	约阿希姆·阿康提乌斯
Actium	阿克提姆
Ad Vitellionem Paralipomena, quibus Astronomiae Pars Optica traditur	《对威蒂略的补充——天文光学说明》
Adriansen,Cornelius	科尼利厄斯·阿德里森
Advancement of Knowledge	《论科学的增进》
Advogarius	阿德沃加里乌斯
Aeneas	埃涅阿斯

Aeneid	《埃涅阿斯纪》
Against the Astrologers	《驳占星家》
agnosticism	不可知论
Agrippa, Cornelius	科尼利厄斯·阿格里帕
Aiton,Eric	埃里克·艾顿
Alae Seu Scalae	《数学的羽翼或阶梯》
Albategnius	阿尔巴塔尼
al-Battani	阿尔巴塔尼
Albertus de Brudzewo	布鲁泽沃的阿尔伯特
Albertus Magnus	大阿尔伯图斯
Albohali	阿波哈里
Albrecht	阿尔布莱希特
Albubather, Alhasan	阿尔哈桑·阿尔布巴萨（即阿布·巴克尔，Bakr, Abu）
Albumasar	阿尔布马扎（Abū Mashar 的拉丁译名）
Alcalá	阿尔卡拉
Alcinous	阿尔喀诺俄斯
Aldrovandi, Ulisse	乌利塞·阿尔德罗万迪
Alexander VI	亚历山大六世
Alfonsine Tables	《阿方索星表》
Alfonso X	阿方索十世
Alfraganus	法加尼
Alhazen	海塞姆（即 Ibn al-Haytham）
Almagest	《天文学大成》
Almagestum Novum	《天文学大成新编》
Almanacs	年历
Alpetragius	比特鲁吉（Bitruji, al- 的拉丁译名）
Altdolf	阿尔特多夫
Altissimo, Christofano dell'	克里斯托法诺·德尔·阿尔蒂西莫
amicitia	友谊
Amico	阿米柯
Amico，Giovanni Battista	乔瓦尼·巴蒂斯塔·阿米克
Ammanati,Giulia	朱莉娅·阿曼纳提
An Aphoristic Introduction to Certain Especially Important Natural Powers	《自然力量要义之格言概论》

An Astrological Discourse	《一次占星学谈话》
Anatomy of Living Bodies	《活体解剖结构》
Anaximander	阿那克西曼德
Andreae	安德里埃
Angelus, Johann	约翰·安杰勒斯（即约翰·恩格尔，Engel, Johann）
Antichrist	敌基督
Antigonus of Macedonia	马其顿国王安提柯
Anti-prognosticon	《反预言》
Antonio Stupa of Verona	维罗纳的安东尼奥·斯图帕
Antwerp	安特卫普
Antwort auff Roslini Discurs	《答罗斯林》
Aphorismata	《箴言论》
Apianus, Petrus	彼得鲁斯·阿皮亚努斯
Apianus, Philipp	菲利普·阿皮亚努斯
apodictic syllogism	必然三段论
Apollonius of Perga	佩尔加的阿波罗尼奥斯
Apology for Tycho against Ursus	《支持第谷并反驳乌尔苏斯》
Appenzeller, Johannes	约翰内斯·阿彭策勒
Apuleius	阿普列乌斯
Aquinas, Thomas	托马斯·阿奎那
Aragon	阿拉贡
Aratea	阿拉图
Aratus	阿拉托斯
Arezzo	阿雷佐
Argoli	阿尔戈利
Argus	阿格斯
Arienti, Sabadino degli	萨巴蒂诺·德利·阿里安提
Aristarchus	阿里斯塔克
Aristarchus Redivivus	《阿里斯塔克再现》
Aristotle	亚里士多德
Arminianism	阿米纽派教义
Arquato, Antonio	安东尼奥·阿夸托
Ars poetica	《诗艺》
Arzachel	查尔卡里（Zarqali, al- 的拉丁译名）

Ashmole, Elias	以利亚·阿什莫尔
Astraea	阿斯特来亚
Astrologiae Methodus	《占星方法》
Astrological Discourse	《占星学论述》
Astronomia Britannica	《英国天文学》
Astronomia Carolina	《卡罗莱纳天文学》
Astronomia Nova	《新天文学》
Astronomiae Instauratae Mechanica	《天文学机械》
Astronomiae Instauratae Progymnasmata	《新编天文学初阶》
Astronomical Aphorisms	《天文格言》
Astronomical Demonstration	《天文学论证》
Astronomical Revolution	《天文学革命》
Astronomicum Caesareum	《御用天文学》
atterrita	恐惧
Augsburg	奥格斯堡
Augustine, St.	圣·奥古斯丁
auspicii	权威
Aussführlicher Bericht von dem newlich im Monat Septembri und Octobri diss 1607 Jahrs erschienenen HAARSTERN oder Cometen, und seinen Bedeutungen	《关于 1607 年 9 月和 10 月出现的彗星及其意义的详细报告》
Averroës	阿威罗伊
Avicenna	阿维森纳
Aviviso	意见
Avogario, Pietro Bouno	皮特罗·波诺·阿沃加里奥
avvisi	书信通知
avviso astronomico	天文学通告
Baade, Walter	沃尔特·巴德
Bacon, Roger	罗吉尔·培根
Bacon, Francis	弗朗西斯·培根
Warner, Walter	沃尔特·华纳
Baden	巴登
Badover, Jacques	杰奎斯·贝德维尔
Bakr, Abu	阿布·巴克尔（即阿尔布巴萨·阿尔哈桑，Alhasan, Albubather）

Baldini	巴尔蒂尼
Bamberg	班贝克
Barberini, Maffeo	马菲奥·巴贝里尼
Barker, Peter	彼得·巴克
Barnes, Robin	罗宾·巴恩斯
Barone, Francesco	弗朗西斯科·巴龙
Barozzi, Francesco	弗朗西斯科·巴罗齐
Bartholomew of Parma	帕尔马的巴尔托洛梅奥
Bartoli,Giovanni	乔凡尼·巴尔托利
Bartolomeo, Minus Roscius the son of	巴尔托洛梅奥之子米努斯·罗西乌斯
Basel	巴塞尔
Basilikon Doron	《王室礼物》
Bastius,Petrus	彼得鲁斯·巴西利厄斯
Bate, Henry	亨利·贝特
Battani, al-	阿尔·巴塔尼
Bautzen	包岑
Bazilieri, Caligola	卡利戈拉·巴齐利耶里
Beeckman,Isaac	艾萨克·比克曼
Bellanti, Lucio	卢西奥·贝兰蒂
Bellarmine, Robert	罗伯特·贝拉明
Belloni,Camillo	卡米洛·贝罗尼
Benazzi, Giacomo	贾科莫·贝纳齐
Benazzi, Lattanzio de	拉坦齐奥·德·贝纳齐
Benazzi, Lorenzo de	洛伦佐·德·贝纳齐
Benedetti, Giovanni	乔瓦尼·本尼迪提
Benedict, Lawrence	劳伦斯·本尼迪克特
Benedictis, Nicolaus de	尼古拉斯·德·本尼迪克提斯
Beni,Paolo	保罗·贝尼
Bennett, Jim	吉姆·贝内特
Bentivoglio, Alessandro	亚历山德罗·本提沃格里奥
Bentivoglio, Annibale	安妮贝尔·本提沃格里奥
Bentivoglio, Antongaleazzo	安东加里亚佐·本提沃格里奥
Bentivoglio, Sante	桑特·本提沃格里奥
Berkel,Klaas van	克拉斯·凡·贝克尔
Bernegger,Matthias	马蒂亚斯·贝内格

Beroaldus, Philippus,	菲利普斯·贝鲁尔杜
Berosus	波洛修斯
Bersechit	伯塞基特
Besold	贝佐尔德
Bessarion	贝萨利翁
Bessel, Wihelm Gottfried	威廉·戈特弗里德·贝塞尔
Bevilacqua, Simon	西蒙·贝维拉卡
Beyer, Hartmann	哈特曼·拜尔
Biagioli,Mario	马里奥·比亚乔利
Biancani, Giuseppe	朱塞佩·比安卡尼
Bianchini, Giovanni	乔瓦尼·比安基尼
Billingsley	比林斯利
Birkenmajer, Ludwid	路德维德·伯肯迈耶
Bishop of Bamberg	班贝克主教
Bitruji, al-	阿尔 – 比特鲁吉
black hole	黑洞
Blackwell	布莱克维尔
Blagrave	布拉格雷夫
Blanchinus，Johannes of Ferrara	费拉拉的约翰内斯·布兰奇努斯
Blasius of Parma	帕尔马的布莱修斯
Blumenberg, Hans	汉斯·布鲁门贝格
Bodin, Jean	让·博丁
Bologna	博洛尼亚
Bonatti, Guido	圭多·波纳提
Boner	博纳
Bongars, Jacques	雅克·邦格斯
Book of Daniel	《但以理书》
Book of Plants	《植物之书》
Book of Questions concerning Astrological Truth	《关于占星学真相的问题》
Books Concerning Judgments of the Stars	《占星全书》（*In Iudiciis Astrorum* 的英译名）
Boscaglia,Cosimo	科西莫·博斯卡尼亚
Boulliau, Ismael	伊斯梅尔·布利奥
Bowden	鲍登
Boyle, Robert	罗伯特·博伊尔
Brache, Tycho	第谷·布拉赫

Brandenburg	勃兰登堡
Brennger, Johann Georg	约翰·格奥格尔·布伦杰
Bressieu, Maurice	莫里斯·布雷修
bricoleur	拼凑者
bridge appointment	桥式任命
Brief and Clear Method for Judging Genitures, Erected upon Ture Experience and Physical Causes	《本命盘占星的简明方法，基于真实经验和物理原因》
Brucaeus, Henricus	亨里克斯·布鲁西尤斯
Bruce, Edmund	埃德蒙德·布鲁斯
Brunfels, Otto	奥托·布伦菲尔斯
Bruno, Giordano	乔尔达诺·布鲁诺
Bucciantini, Massimo	马西莫·布奇安蒂尼
Buchanan, George	乔治·布坎南
Buchanan, James	詹姆斯·布坎南
Bujanda	布罕达
Buonamici, Francesco	弗朗西斯科·波纳米奇
Buonincontro, Lorenzo	洛伦佐·波宁孔特罗
Buoninsegni, Tommaso	托马索·波尼塞尼
Bürgi, Jost	约斯特·布尔基
Burmeister	伯迈斯特
Burtt, E. A.	E.A. 伯特
Byrgi, Jost	约斯特·布尔基
Caccini,Tommaso	托马索·卡契尼
Caesius, Georg	格奥尔格·卡伊修斯
calcagnini,celio	切利奥·卡尔卡尼尼
Calendarium und Prognosticum auf das Jahr 1603	《1603 年日历与预言》
Callegari, Francesco	弗朗西斯科·卡列加里
Callipus	卡里普斯
Calvin, John	约翰·加尔文
Camerarius, Joachim	约阿希姆·卡梅拉留斯
Camerarius, Elias	伊莱亚斯·卡梅拉留斯
Camerota	卡梅罗塔
Camoeracensis Acrotismus	《争论的乐趣》
Campagnola, Giulio	朱利奥·坎帕尼奥拉

Campanacci, Vincenzo	温琴佐·坎帕纳奇
Campanell, Tommaso	托马索·康帕内拉
Campanus of Novara	诺瓦拉的康帕努斯
Campion	坎皮恩
Candale, Francios Foix de	弗朗西斯·弗瓦·德·康达尔
cannoni di veder lontano	"用于看远方的圆筒子"
Canone, Eugenio	欧金尼奥·卡诺纳
Capella, Martianus	马提亚努斯·卡佩拉
capitalism	资本主义
Capp, Bernard	伯纳德·卡普
Capra, Baldassare	巴尔达萨雷·卡普拉
Capuano	卡普阿诺
Carcaeus, Johannes	约翰内斯·加尔克乌斯
Cardan	卡当（卡尔达诺）
Cardano, Girolamo	吉罗拉莫·卡尔达诺
Carelli	卡雷利
Carion, Johannes	约翰内斯·卡里翁
Carmelite	加尔默罗修会
Casa, Giovanni della	乔瓦尼·德拉·卡萨
Casertanus	卡塞塔教区
Casimir	卡西米尔
Castelfranco	卡斯特尔弗兰科
Castelli, Benedetto	贝内德托·卡斯泰利
Castello di San Michele	圣米歇尔堡
Castelnau, Michel de	米歇尔·德·卡斯特尔诺
Castiglione, Baldassare	巴尔达萨雷·卡斯蒂里奥内
Cataldi	卡塔尔迪
Catholicism	天主教教义
Cavendish	卡文迪什
Cayado, Hermico	赫米科·凯亚多
cebottana	气枪管
Cecil, William	威廉·塞西尔
Celestial influxes	天体涌入
Celestial Revolutions	《天球运行论》（简称）
Centiloquium	《金言百则》

Central Fire	中心火
Cesena	切塞纳
Cesi, Federigo	费德里戈·切西
Chaldean	迦勒底人
Chamber	查姆博
Charles VIII	查理八世
Charleton, Walter	沃尔特·查尔顿
Chartism	人民宪章主义
Charybdis	卡律布狄斯
Cheke, John	约翰·奇克
Chelmno	切姆诺
Chius, Metrodorus	迈特罗多鲁斯·奇乌斯
Chorographia	《地方志》
Christian II	克里斯蒂安二世
Christianson, John	约翰·克里斯蒂安森
Christina	克里斯蒂娜
Chronicle	《编年史》
Cicero	西塞罗
Cisneros, Francisco Ximenez de	弗朗西斯科·希梅内斯·德·西斯内罗斯
Clavelin, Maurice	莫里斯·克拉夫林
Clavius, Christopher	克里斯托弗·克拉维乌斯
Clement VII	克雷芒七世
Cleomedes	克莱奥迈季斯
Clucas	克鲁卡斯
Clulee, Nicholas	尼古拉斯·克卢里
Code	《医典》
Coeli et terrae	《天与地》
Coimbra	科英布拉
Collection of Symbols and Emblems	《符号与徽章集》
Collegio Romano	罗马学院
Colombe, Lodovico delle	罗多维科·德尔·科隆贝
Columbus, Christopher	克里斯托弗·哥伦布
Commentary on the Sphere	《评〈天球论〉》
Commandino, Federico	费德里科·科曼迪诺
Commentariolus	《短论》

Commentary on Job	《论工作》
Commentary on the first book of Euclid's elements	《评欧几里得〈几何原本〉第一册》
Complutensian Polyglot Bible	康普鲁顿合参本《圣经》
Concerning Seven Qualities and Forces of Moving Stars	《论行星的七种性质和力量》
Concerning the Divine Power of the Stars, against the Deceptive Astrology	《论星之神力，驳伪占星学》
Concerning the Great Conjunctions	《论行星大会合》
Concerning the judgment of nativities	《论本命占星学术》
conditional syllogism	假言三段论
confessional allegiance	忏悔性忠诚
Congregation of the Index	禁书审定院
Conic Elements	《圆锥曲线论》
Conjecturae de Ultimis Temporibus	《关于世界末日与世界终结的猜想》
Conjectures on the Last Days and the End of the World	《关于世界末日与世界终结的猜想》
Consideratione astronomica circa la stella nova dell'anno 1604	《关于 1604 年新星的天文学考虑》
Considerazioni ... sopra alcuni luoghi del discorso di Lodovico delle Colombe	《对罗多维科·科隆贝演讲中某些地方的考虑》
Copernicanism	哥白尼学说
Copernicus, Nicolaus	尼古拉·哥白尼
Corner, Marco	马可·科纳
Cornaro, Giacomo Alvise	贾科莫·阿尔维塞·科尔纳罗
cortigiano	朝臣
Cosimo I	科西莫一世
Cosmographic Mystery	《宇宙的奥秘》
Cosmology	宇宙学
cosmos	宇宙
Costaeus	科斯塔奥斯
Council of Constance	康斯坦茨会议
Council of Trent	特伦托会议
Counter Earth	反地球
court-festival	宫廷节日
Crab Nebula	蟹状星云
Cranach, Lucas	卢卡斯·克拉纳赫

Cratander, Andreas	安德列亚斯·克拉坦德
Cratus	克拉托斯
Cremonini,Cesare	切萨雷·克雷莫尼尼
Crestinus, Bartholomeus	巴尔托洛梅奥·克雷斯蒂纳斯
Cristini	克里斯蒂尼
Cruger, Peter	彼得·克鲁格
Curry, Patrick	帕特里克·柯里
Cusanus, Nicolaus	尼克劳斯·古萨努斯
D'Addio	达迪奥
d'Ailly, Pierre	皮埃尔·达伊
d'Este, Hercules	赫尔克里士·德·埃斯特
Daemonologie, in Forme of a Dialogue	《恶魔学对话》
Dançay, Charles de	查尔斯·德·但赛
Danti, Fra Egnazio	弗拉·伊尼亚齐奥·丹蒂
Dantiscus, Johann	约翰·丹提斯科
Danzig	但泽
Darwinism	达尔文主义
Dasypodius, Conrad	康拉德·达西波迪斯
Dasyposius	达西波修斯
De Astrologia Judiciaria	《判断占星学》
De Caelo	《论天》
De Constantia	《论恒常》
De devina Astrorum Facultate	《神圣机遇的开始》
De Eruditione Principum Libri Tres	《君主教养三论》
De Fundamentis Astrologiae Certioribus	《天文学更可靠的基础》
De Humani Corporis Fabrica	《人体的构造》
De Hypothesibus Astronomicis	《天文学假说》
De Immenso	《论极大》
De l'infinito	《论无限》
De Magnete	《磁论》
De Motu	《论运动》
De Mundi Aetherei Recentioribus Phaenenomenis	《关于最近发生的天文现象》
De Mundo	《宇宙论》
De Mundi(On the World)	《论世界》
De Nativitatibus	《论本命盘》

De Nova Stella Disputatio	《新星的争议》
De Opere Dei Seu de Mundo Hypothese	《上帝或世界的运行模式假说》
De Recta Fidei	《直线论》
De Revolutionibus Orbium Coelestium,	《天球运行论》
De Sculptura	《论雕塑》
De Solis Deliquio Epistola	《关于唯一星食现象的通信》
De Stella Nova	《论新星》
De Subtilitate	《事物之精妙》
De Vita Coelitus Comparanda	《从天体获得生命》
Dear, Peter	彼得·迪尔
Declaration against the Slanderers of Astrology	《驳诽谤占星者宣言》
Dee, John	约翰·迪伊
Defence of the book of Jerome Savonarola concerning divinatory astrology against Christopher Stathmion, a physican of Coburg	《辩护吉罗拉莫·萨伏那洛拉关于预言占星的著作，驳科堡医师克里斯托弗·施塔特米昂》
Della Causa Principio et Uno	《原初且唯一的原因》
Democritus	德谟克利特
demonstrative knowledge	证明知识
Descartes, Rene	勒奈·笛卡尔
Diadochus, Proclus	普罗克鲁斯·狄奥多库斯
Dialogo ... in perpuosito de la stella nova	《关于新星的对话》
Dialogue	《对话录》
Dialogue Concerning the Two Chief World Systems	《关于两个世界体系的对话》
Difesa contro alle calunnie ed imposture di Baldessar Capra	《驳巴尔达萨雷·卡普拉的诽谤与虚伪》
Digges, Leonard	伦纳德·迪格斯
Digges, Thomas	托马斯·迪格斯
diligenza	"勤奋"
Dimensions of the Orbs and Celestial Spheres	《天球和天体的规模》
Diocles	狄奥克勒斯
Discorso intorno alla nuova stella	《谈新星》
Discourse Concerning a New Planet	《论新行星》
Discovery of a World in the Moone	《月球上发现的世界》
Disputations against the Nonsense of Gerard of Gremona's Theorics of the Planets	《驳克雷莫纳的杰拉德关于行星理论的无稽之谈》

Dissertatio cum Nuncio Sidereo nuper ad mortales misso a Galilaeo Galilaeo	《与伽利略〈星际信使〉商讨》
Dobrzycki, Jerzy	吉尔兹·多布茹斯基
dodecatemoria	十二分盘
Donahue, William H.	威廉·H. 多纳休
Donne	邓恩
Dorn, Gerhard	格哈德·道恩
Dousa, Janus	雅努斯·杜萨
Drake, Stillman	斯蒂尔曼·德雷克
Dresden	德累斯顿
Dreyer, J. L. E.	约翰·德雷尔
Dudith	杜迪特
Duhem	迪姆
Duke of Mantua	曼图亚公爵
Duke of Urbino	乌尔比诺公爵
Dürer, Albrecht	阿尔布莱希特·丢勒
Dybvad, Jorgen Christoffersen	约尔延·克里斯托弗森·迪布瓦
Ecphantus	厄克方图
Egenolphus, Christanus	克里斯塔努斯·伊格诺夫斯
Eisenmenger, Samuel	塞缪尔·艾森门格尔
Elblag	埃尔布隆格
Elementa Astronomica	《天文学元素》
Elements	《几何原本》
Elijah	以利亚
Emanuele, Carlo	卡洛·埃马努埃莱
Empiricus, Sextus	塞克斯都·恩披里柯
Encomium Prussiae	《普鲁士颂》
Engel, Johann	约翰·恩格尔（即约翰·安杰勒斯, Angelus, Johann）
Engelhardt, Valentine	瓦伦丁·恩格尔哈特
Entretiens sur la pluralite des mondes	《对多个世界的采访》
Ephemerides	星历表
Epicurean, Democritean, and Theophrastic Philosophy, Proposed Simply rather than Taught as Doctrine	《伊壁鸠鲁派、德谟克利特派与泰奥弗拉斯多派哲学，只是提出而不是奉为教义》
epicycle-cum-deferent	本轮 - 均轮偏心模型

episteme	知识型
Epistolae Astronomicae	《天文学书信集》
Epitome Astronomiae (*Epitome of Astronomy*)	《天文学概要》
Epitome Copernicanae Astronomiae	《哥白尼天文学概要》
Epitome of Natural Philosophy	《自然哲学概要》
Epitome of the Almagest	《〈天文学大成〉概要》
equants	偏心匀速点、偏心匀速圆
Erasmus	伊拉斯谟（鹿特丹的）
Erastus,Thomas	托马斯·伊拉斯塔斯
Eratosthenes	埃拉托斯特尼
Ercole	埃尔克莱
Eriksen	埃里克森
erudite reference	旁征博引
Eruditus Commentarius in totum opus Reuolutionum Nicolai Copernici	《对哥白尼理论的评论》
Eschuid, Johannes	约翰内斯·埃舒伊德（即埃申顿的约翰，John of Eschenden）
Essex	埃塞克斯
Este	埃斯特
Euclid	欧几里得
Eudoxus	欧多克索斯
Everarti[Everaerts.,Martinus	马蒂纳斯·伊芙拉缇
Exercitationes Exotericae	《开放练习》
Ezekiel	以西结
Ezra, Rabbi Araham ibn	拉比·亚伯拉罕·伊本·以斯拉
Fabricius,David	大卫·法布里修斯
Fabricius, Paul	保罗·法布里修斯
Faelli, Benedetto de Ettore	贝内德托·德·埃托雷·法埃里
family resemblance	家族相似性
Fantoni, Camaldolese abbot Filippo	卡马多西·阿伯特·菲利坡·方托尼
Faraday	法拉第
Farlane,Mac	马克·法兰
Farnese	法尔内塞
Favaro, Antonio	安东尼奥·法瓦罗
Favorinus	法沃里努斯

Feingold	范戈尔德
Feldkirch	费尔德基希
Ferdinand	费迪南德
Ferrara	费拉拉
Feselius	法赛里尔斯
Feselius, Philip	菲利普·菲斯留斯
Ficino, Marsilio	马尔西里奥·菲奇诺
Field, John	约翰·菲尔德
Field, Judith V.	朱迪斯·V. 菲尔德
fifth essence	第五基质
Filippo Beroaldo the Elder	老菲利坡·贝鲁尔多
Fine, Oronce	欧龙斯·费恩
Finocchiaro	菲诺基亚罗
Fiske	菲斯克
Flach, Jacob	雅各布·弗拉赫
Fleck, Ludwik	路德维克·弗莱克
Flemish	佛兰德
Flock, Erasmus	伊拉兹马斯·弗洛克
Fludd, Robert	罗伯特·弗拉德
Fonseca，Pedro de	佩德罗·德·丰塞卡
Fontenelle, Bernard le Bovier de	伯纳德·勒·博维耶·德·丰特内尔
Forerunner of Cosmographic Dissertations containing the Cosmographic Mystery	《研究宇宙奥秘的宇宙学论文的先行者》
Formiconi	弗米科尼
Fortier	福捷
Foscarini, Paolo Antonio	保罗·安东尼奥·弗斯卡里尼
Foucault, Michel	米歇尔·福柯
Fracastoro, Girolamo	吉罗拉莫·弗拉卡斯托罗
Francesca, Piero della	皮耶罗·德拉·弗兰切斯卡
Francesco Capuano de Manfredonia	曼弗雷多尼亚的弗朗西斯科·卡普阿努斯
Franciscan	方济各修会的
Frauenberg	弗龙堡
Frederick, John	约翰·弗雷德里克
Freiburg im Breisgau	弗莱堡
Freudenthal	弗赖登塔尔

Friedrich, Georg	格奥尔格·弗里德里希
Frischlin, Nicodemus	尼科迪默斯·弗里什林
Frisius, Reiner Gemma	赖纳·赫马·弗里修斯
Frombork	弗龙堡
Froscoverus, Christophorum	克里斯托法鲁姆·弗洛斯科夫勒斯
Fuchs, Leonhard	伦哈德·富克斯
Fugger, Jacob	雅各布·富格尔
Fujiwara Sadaie	藤原定家
Fulke,William	威廉·富尔克
Fundamentum Astronomicum	《天文学基本法则》
Fundi, Sigismund	西吉斯蒙德·丰迪
Fundis, Johannes Paulus de	约翰内斯·保卢斯·德·丰迪斯
Williams, G.H.	威廉姆斯
Galen	盖伦
Galileo	伽利略
Galliera	加列拉
Galluzzi,Paolo	保罗·卡鲁兹
Gamba,Marina	玛丽娜·甘姆巴
Garcaeus, Johannes Jr.	小约翰内斯·加尔克乌斯
Garzoni, Giovanni	乔瓦尼·加佐尼
Garzoni, Tommaso	托马索·加佐尼
Gassendi, Pierre	皮埃尔·伽桑狄
Gasser, Achilles Pirmin	阿基利斯·皮尔明·加瑟
Gatti, Hilary	希拉里·加蒂
Gaukroger	戈克罗格尔
Gauricor, Luca	卢卡·高里科
Gdańsk	格但斯克
Geldern	盖尔登
Geminus	杰米纽斯
Gemma, Cornelius	科尼利厄斯·赫马
Genesis	《创世记》
Geography	《地理学》
George of Trebizond	特拉布松的格奥格
geostatic	地静的
Gerard of Cremona	克雷莫纳的杰拉德

Gerson, Jean	让·热尔松
Gerson, Rabbi Levi ben	拉比·利维·本·热尔松
Gesner, Conrad	康拉德·格斯纳
Geveren, Sheltcoà	谢尔特科·格福伦
Gherardus de Haarlem	杰拉德·德·哈尔勒姆
Ghetaldi	盖塔尔提
Giard, Luce	卢斯·贾尔
Giese, Tiedemann	蒂德曼·吉泽
Gilbert, William	威廉·吉尔伯特
Gingerich, Owen	欧文·金格里奇
Giorgione	乔尔乔内
Giuntini, Francesco	弗朗西斯科·朱恩蒂尼
Giustina, San	圣朱斯蒂纳
Glanville, Joseph	约瑟夫·格兰维尔
Goclenius, Rudolf	鲁道夫·郭克兰纽
Goddu, André	安德列·戈杜
Godly Feast	《诸神之宴》
Gogava of Graven	格雷文的戈加瓦
Gogava, Antonio	安东尼奥·戈加瓦
Golden Ass	《金驴记》
Goldstein, Bernard	伯纳德·戈尔茨坦
Gonville and Caius College	冈维尔与凯斯学院
Gonzaga,Guglielmo	古列尔莫·贡查加
Görlitz	格尔利茨
Grafton, Anthony	安东尼·格拉夫顿
Granada, Miguel Angel	米格尔·安吉尔·格拉纳达
Grant, Edward	爱德华·格兰特
Graz	格拉茨
Great Construction	伟大建筑
Great Introduction to Astrology	《占星学导论》
Great Schism	教会大分裂
Green, Oliver	奥利弗·格林
Gregory, David	大卫·格里高利
Gregory,James	詹姆斯·格里高利
Gregory,Saint	圣格里高利

Greifswald	格赖夫斯瓦尔德
Grendler	格伦德勒
Grienberger, Christoph	克里斯托弗·格里恩伯格
Grimaldi	格里马尔迪
Gründtlicher Bericht von einem ungewohnlichen Newen Stern	《对一颗异常新星的详细报告》
Gruppenbach, Georg	格奥尔格·格鲁彭巴赫
Grynaeus	格林艾尔斯
Gualdo	瓜尔多
Gualterotti, Raffael	拉斐尔·古瓦尔特洛蒂
Guanzelli	瓜安泽里
Guicciardini, Francesco	弗朗西斯科·圭恰迪尼
Gutenberg	古腾堡
gymnasium	高等中学
Habermel,Erasmus	伊拉兹马斯·哈伯梅尔
Hafenreffer,Matthias	马赛厄斯·哈芬雷弗
Hagecius	哈格休斯
Hainzel, Paul	保罗·海恩瑟尔
Hale, J. R.	黑尔
Halley, Edmund	埃德蒙德·哈雷
Hapsburgs	哈布斯堡王朝
Harkness, Deborah	德博拉·哈克尼斯
Harmonice Mundi	《宇宙和谐论》
Harmonicon Coeleste or, The Coelestiall Harmony of the Visible World	《和谐宇宙或可见世界的宇宙和谐》
Harmony of the Gospels	《福音的和谐》
Harriot, Thomas	托马斯·哈里奥特
Hartmann, Georg	格奥尔格·哈特曼
Hartmann, Johannes	约翰内斯·哈特曼
Hartner, Willy	威利·哈特纳
Harvey, William	威廉·哈维
Hayck, Thaddeus Hagecius ab	撒迪厄斯·哈格修斯·阿布·海克
Hayden, Gaspar van der	卡斯珀·范·德·海登
Headley	黑德利
Hectoris, Benedictus	本尼迪克特·赫克托里斯

Heerbrand, Jacob	雅各布·赫尔布兰
Heidelberg	海德堡
heliocentrism	日心说
Heliodorus	赫利奥多罗斯
heliostatic	日静说
Heller, Joachim	约阿希姆·海勒
Hellmann, Gustav	古斯塔夫·海尔曼
Helmstedt	黑尔姆斯特
Hemmingsen, Niels	尼尔斯·赫明森
Hennenberg	海南堡
Henry of Langenstein	兰根施泰因的亨利
Heptaplus	《创世七日》
Heraclides of Pontus	蓬托斯的赫拉克利德
Herigone, Pierre	皮埃尔·赫利冈
Herlicius, David	大卫·赫利修斯
Herlin, Christian	克里斯蒂安·赫林
Herwagen, Johannes	约翰内斯，赫尔瓦根
Herzog August Bibiothek	赫尔佐格·奥古斯特图书馆
Hesse-Kassel	黑森-卡塞尔
Heydon, Christopher	克里斯托弗·海登
Hicetus	西斯特斯
Hicks, Micheal	迈克尔·希克斯
Hipparchus	希帕克斯
Hippocrates	希波克拉底
History of Animals	《动物史》
History of Astronomy from Thales to Kepler	《天文学历史：从泰勒斯到开普勒》
History of the Inductive Sciences	《归纳科学的历史》
Hobbes, Thomas	托马斯·霍布斯
Hoefnagel, Joris	约里斯·赫夫纳格尔
Hoeschel, David	大卫·霍舍尔
Hohenburg, Johann（Hans）Georg Herwart von	约翰（汉斯）·格奥尔格·赫尔瓦特·冯·霍恩堡
Hombergerr, Paul	保罗·杭伯格
Homelius, Johannes	约翰内斯·霍姆留斯
Home	荷马

Hommel, Johann	约翰·霍默尔
Homocentricorum Siue de Stellis Liber Unus	《同心轨道》
Hooke, Robert	罗伯特·胡克
Hooykaas, Reijer	赖杰·霍伊卡
Horace	贺拉斯
Hortensius, Martin	马丁·霍滕修斯
Huhem, Pierre	皮埃尔·迪昂
Hunter, Michael	迈克尔·亨特
Hutchinson, Keith	基思·哈奇森
Huygens, Christian	克里斯蒂安·惠更斯
Hven	汶岛
Hypotheses astronomicae	《天文学假说》
Hypotyposes orbium coelestium, quas vulgò vocant Theoricas Planetarum, congruentes cum tabulis Astronomicis suprà dictis	《天球摹写，行星理论与天文表相结合》
Hypotyposes Planetarum	《行星摹写》
Iamblichus	杨布里科斯
Iatromathematica	《医用数学》
Ibn al-Haytham	海塞姆（即 Alhazen）
Icarus	伊卡洛斯
Il cortegiano	《朝臣论》
Iliffe, Rob	罗布·艾利夫
Image of Gods	《诸神之形象》
Images of Emperors from Antique Coins	《古代钱币上的帝王形象》
Imhof, Willibald	维利巴尔德·伊姆霍夫
In Iudiciis Astrorum	《占星全书》
In Universam Platonis et Aristotelis Philosophiam Praeludia	《通向柏拉图与亚里士多德整体哲学之序曲》
Inchofer, Melchior	梅尔基奥尔·因奇弗
incommensurability	不可通约性
Index librorum prohibitorum	禁书目录
ingegno	卓越的品质
Ingolstadt	因戈尔施塔特
Initia Doctrinae Physicae	《物理学初级教程》
Inscrutabilis	《预言禁令》

instrumentalist	工具主义者
interconfessional	相互忏悔
Isaac, Rabbi	拉比·伊萨克
Iserin, Georg	格奥尔格·艾斯林
Isinder, Melchior	梅尔基奥尔·伊辛德
Isle of Rhodes	罗得岛
Israeli, Isaac	伊萨克·伊斯雷利
Iudiciis Nativitatum	《本命占星学》
Jacquot	嘉可
Jan of Glogow	格罗古夫的约翰
Janet Cox-Rearick	珍妮特·考克斯-瑞里克
Jardine, Nicholas	尼古拉斯·贾丁
Jarrell, Richard	理查德·贾雷尔
Jene	耶拿
Jeremiah	耶利米
Jerónimo	圣赫罗尼莫
Jessop, Joseph	约瑟夫·杰索普
Johann，Count Palatine Georg Ⅰ	帕拉丁·格奥尔格·约翰伯爵一世
Joachim of Fiore	菲奥雷的约阿希姆
John of Eschenden	埃申顿的约翰（即约翰内斯·埃舒伊德，Eschuid, Johannes）
John of Glogau	格罗古夫的约翰
John of Seville	塞维利亚的约翰
Johnson, Francis	弗朗西斯·约翰逊
Josephus, Flavius	弗拉菲乌斯·约瑟夫
Joshua	约书亚
Journal des Scavans	《学者杂志》
judiciary astrology	判断占星术/学
Junius	朱尼厄斯
Kabbalah	卡巴拉
Kargon	卡贡
Kelly, Edward	爱德华·凯利
Kepler	开普勒
Kessler, Eckhard	埃克哈德·凯斯勒
Kircheherenbach	克舍赫伦巴赫

Knudstrup	克努德斯特鲁普
Koestler	凯斯特勒
Kollerstrom	科勒斯特罗姆
Königsberg	柯尼斯堡
Konstanz	康斯坦茨
Kosice	科希策镇
Koyré, Alexandre	亚历山大·柯瓦雷
Krabbe	克拉贝
Krafftheim, Hans Crato von	汉斯·克拉图·冯·克拉夫特海姆
Krafftheim, Johannes Crato von	约翰内斯·克拉图·冯·克拉夫特海姆
Krakow	克拉克夫
Kremer, Richard	理查德·克雷默
Kristeller	克里斯蒂勒
Kuhn, Thomas S.	托马斯·S.库恩
Kulm	库尔姆
Lactantius	拉克坦修
Laet, De	德·雷特
Lagrange, Joseph Louis	约瑟夫·路易·拉格朗日
Lakatos, Imre	伊姆雷·拉卡托斯
Lammens, Cindy	辛迪·拉曼斯
Landgrave Wilhelm IV	威廉伯爵四世
Lansbergen, Jacob	雅各布·兰斯伯根
Lansbergen, Philip	菲利普·兰斯伯根
Laplace, Pierre Simon de	皮埃尔·西蒙·德·拉普拉斯
Lateran Council	拉特兰会议
Latis, Boneto de	博内托·德·拉蒂斯
Latour, Bruno	布鲁诺·拉图文
Launert	劳尼特
Lauterwalt, Matthias	马提亚斯·劳特瓦尔特
Le Bachelet	巴切莱特
Le operazioni del compasso geometrico e militare	《几何和军用比例规操作指南》
Leibniz, Gottfried	戈特弗里德·莱布尼茨
Leipzig	莱比锡
Lemay, Richard	理查德·勒梅
Leo X	利奥十世

Leonard	伦纳德
Leovitius, Cyprian	西普里安·利奥维提乌斯
Lerner	勒纳
Leschassier, Guillaume	纪尧姆·莱斯卡希尔
Les six livres de la Republique	《共和国六书》
Leschassier,Giacomo	吉亚科莫·莱斯切西尔
Letter on the Tides	《有关潮汐的书信》
Letter to the Grand Duchess Christina	《致大公夫人克里斯蒂娜》
Lettera	《书信》
Libelli duo	《小书两册》
Libelli quinque	《小书五册》
Libellus de Anni Ratione	《年历小手册》
Liber Matheseos	《数学》
Lichtenberger, Johannes	约翰内斯·利希滕贝格
Liddel	利德尔
Liebler, Georg	格奥尔格·列布勒
Lilly, William	威廉·利利
Limnaeus, Georg	格奥尔格·林奈
Lipperhey	李伯希
Lipsius, Justus	贾斯特斯·利普修斯
Little Astrological Work	《占星小手册》
Little Astrological Work, Collected from Different Books	《汇编占星小手册》
Little book of Definitions and Terms in Astrology	《占星学定义及术语小手册》
Livia	利维亚
Lloyd, Geoffrey	杰弗里·劳埃德
Locatelli, Boneto	博内托·洛卡特利
Locrus	洛克路斯
Lohne	洛纳
Lomazzo, Giovanni Paolo	乔瓦尼·保罗·洛马佐
Lombardo, Tullio	图里奥·隆巴多
Longomontanus, Christian Severin	克里斯蒂安·塞韦林·隆格蒙坦努斯
Lord Burghley	伯利勋爵
Lorenzini, Antonio	安东尼奥·洛伦齐尼
Louvain	鲁汶

Lower	洛厄
Loyola, Ignatius de	依纳爵·罗耀拉
Lubawa	卢巴瓦
Lucretius	卢克莱修
Ludovico Maschietto	卢多维科·马斯基托
Ludwig	路德维希
Lupius, Laurentius	劳伦修斯·鲁比尤斯
Lutheran	路德教徒
maccie	斑点
Machiavelli	马基雅弗利
Maecenas	米西纳斯
Maelcote, Odovan	奥多万·麦科特
Maestlin, Michael	米沙埃尔·梅斯特林
Maffei, Raffaele	拉菲尔·马菲
Magdeburg	马格德堡
Magini, Giovanni Antonio	乔瓦尼·安东尼奥·马基尼
Magocsi	毛戈奇
Maimonides	迈蒙尼德
Malagola, Carlo	卡洛·马拉戈拉
Malbork	马尔堡
Manfredi, Girolamo	吉罗拉莫·曼弗雷迪
Manilius	马尼利乌斯
Mantua	曼图亚
Mantua, Scipio de	西庇阿·德·曼图亚
Manuel, Frank	弗兰克·曼努埃尔
Marburg	马尔堡
Marchiano, Astolfo Arnerio	阿斯托尔弗·阿内里奥·马奇诺
Marciano	马尔恰诺
Marignano	马里尼亚诺
Marquardi, Giovanni	乔瓦尼·马夸迪
Marroni, Jacopo	雅各布·马洛尼
Mars at opposition	火星冲日
Mason, Frances	弗朗西斯·梅森
Masson, David	大卫·马森
Maternus, Julius Firmicus	尤利乌斯·费尔米库斯·马特尔努斯

Mathematical Preface	《数学前言》
Mathematical Syntaxis	《数学汇编》
Matteo	马泰奥
Mattheaus	马特乌斯
Matthew of Miechów	梅胡夫的马修
Matthias Stoius	马赛厄斯·斯托伊乌斯
Mattioli, Pier Andrea	皮耶尔·安德里亚·马蒂奥利
Mauri, Alimberto	阿里贝托·毛里
Maximilian	马克西米利安
Maxwell	马克斯韦尔
Mayr, Simon	西蒙·迈尔
Mazzoni, Jacopo	雅各布·马佐尼
McGuire, J. E.	J. E. 麦圭尔
McKirahan, Richard	理查德·麦克拉汗
Medicean Stars	美第奇星
Medici, Alessandro de	亚历山德罗·德·美第奇
Medici, Antonio de	安东尼奥·德·美第奇
Medici, Giangiacomo de	贾恩贾科莫·德·美第奇
Medici, Giuliani de	朱利亚尼·德·美第奇
Medici, Lorenzo de	洛伦佐·德·美第奇
Medigo, Elia del	伊莱亚·德尔·梅迪戈
Medina, Miguel	米格尔·梅迪纳 (即迈克尔·梅迪纳，Micheal Mdedina)
Medina, Micheal	迈克尔·梅迪纳 (即米格尔·梅迪纳，Miguel Mdedina)
Mehmet III	默罕默德三世
Melanchthon, Philipp	菲利普·梅兰希顿
meraviglie	"奇迹"
Mercator, Gerard	杰拉德·墨卡托
Mersenne, Marin	马林·梅森
Messahalah	马沙阿拉汗
Metaphysics	《形而上学》
Meteorology	《气象学》
Methuen, Charlotte	夏洛特·梅休因
Metius	梅蒂斯

Meuer, Christoph	克里斯托弗·莫伊尔
Michel de Montaigne	蒙田
Micrographia	《显微图谱》
Milani, Marisa	玛丽莎·米拉尼
Milius, Crato	克拉图·米利厄斯
Miller, Peter	皮特·米勒
Milton, John	约翰·弥尔顿
Mirandola, Giovanni Pico della	乔瓦尼·皮科·德拉·米兰多拉
Mocenigo, Alvise	阿尔维塞·莫赛尼戈
modus tollens	否定后件的假言推理
Moletti, Giuseppe	朱塞佩·莫莱蒂
Moller, Johann	约翰·穆勒
Monau, Jacob	雅各布·莫诺
mondo	世界
Monomachia	《决斗》
Monte, Guidobaldo del	吉多贝多·德尔·蒙特
Montemurlo	蒙特穆洛
Montpellier	蒙彼利埃
Montulmo, Antonius de	安东尼乌斯·德·蒙图尔莫
More Certain Foundations of Astrology	《占星学更加确切的基础》
More, Henry	亨利·摩尔
Morgan, Augustus De	奥古斯都·德·摩根
Morhard, Ulrich	乌尔里希·莫哈德
Morinus, Jean-Baptiste	让-巴普蒂斯特·莫里纳斯
Mosely	莫斯利
Moses	摩西
Mottelay	莫特雷
Mühlberg	米尔贝格
Muliers (de Mulerius), Nicholaus	尼古拉斯·穆勒里尤斯（德·穆利尔斯）
Muller, Philipp	菲利普·穆勒
Munoz, Jeronimo	热罗尼莫·穆尼奥斯
Münster, Sebastian	塞巴斯蒂安·明斯特
Mylichius, Jacobus	雅各布·麦里修斯
Mysterium Cosmographicum	《宇宙的奥秘》
Nadal	纳达尔

Naibod, Valentine	瓦伦丁·奈波德
Narratio Prima	《第一报告》
Narration Secunda	《第二报告》
Natale	纳塔莱
Nathaniel Torporley	纳撒尼尔·托波利
nativity	本命盘
Naylor, Ron	罗恩·奈勒
Neander, Michael	米沙埃尔·尼安德
negotiatio	商谈
Neustadt	诺伊施塔特
New Table of Directions	《新方位表》
New Theorics of the Planets	《行星新论》
Newgebauer, Otto	奥托·纽格鲍尔
Newton, Issac	艾萨克·牛顿
Niccoli, Ottavia	奥塔维亚·尼科里
Nicholas of Lyra	吕拉的尼古拉斯
Nicholas V	尼古拉五世
Nicholson	尼克尔森
Nifo, Agostino	阿格斯提诺·尼福
Nivelius, Jacobus	雅各布斯·尼维琉斯
Noens, Franciscus Rassius de	弗兰西斯科斯·拉西乌斯·德·诺恩斯
Nolanus	诺兰
Nolthius, Andreas	安德里亚斯·诺尔修斯
North, John	约翰·诺斯
Nöttelein, Jörg	耶格·涅特莱因
Novara, Bartolino (Bartolomeo) Ploti di	巴尔托里诺（巴尔托洛梅奥）·普罗蒂·迪·诺瓦拉
Novara, Domenico Maria	多米尼科·马利亚·诺瓦拉
Novum Organon	《新工具》
Nuncius, Sidereus	《星际信使》
Nuremberg	纽伦堡
occhiale	察谍镜
occulta	完全不可见的
Oedipus	俄狄浦斯
Offusius, Jofrancus	乔弗兰克·奥弗修斯

Olympian Ode	《奥林匹亚颂歌》
O'Malley, John	约翰·奥马利
On Divination	《论神性》
On Spherical Triangles	《论球面三角形》
On the heavens	《论天》
On the Number, Order and Motion of the Heavens, against the Moderns	《反对现代主义者,论天空的数量、顺序与运动》
On the Orbs	《论天球》
On the Revolutions of the Heavenly Spheres	《天球运行论》
One Hundred and Twenty Articles concerning Nature and the World the Peripatetics	《一百二十篇关于自然和世界的反对逍遥派的文章》
One Hundred Aphorisms	《金言百则》
Oporinus, Johann	约翰·奥帕里努斯
Opusculum quo a Sacrarum Scripturarum dissidentia Telluris Motus vindicatur	《简论圣经与地球运动主张之分歧》
Oration against the Genethlialogues	《反对本命盘的演讲》
Oration on the Dignity of Astrology	《论占星学的尊严》
Oration on the Iatromathematical Method of Conjunction	《行星会合的医用数学分析方法》
Oresme, Nicole	尼古拉·奥雷姆
Origanus	奥利加努斯
orrery	太阳系仪
Orsini, Cardinal Alessandro	亚历山德罗·奥尔西尼
Osiander, Andreas	安德列亚斯·奥西安德尔
Otho, Valentine	瓦伦丁·奥托
Otto, Petrus	彼得鲁斯·奥托
Ousethemerus, Bartholomeus	巴尔托洛梅奥·奥斯特米尔斯
Overfield	奥弗菲尔德
Oziosi	闲人会
Pacioli, Luca	卢卡·帕乔利
Padua	帕多瓦
Pagnoni, Sylvester	西尔维斯特·帕格诺尼
Palatinate	普法尔茨
Palazzo Veccio	韦奇奥宫
Palingenius, Marcellus	马塞勒斯·帕兰若尼斯
Palmerino, Carla Rita	卡拉·丽塔·帕尔梅里诺

Pantin	潘廷
papal court	教皇法院
Papia, Francesco	弗朗西斯科·帕皮亚
Pappus	帕普斯
Papiar, Petrus de	彼得鲁斯·德·帕皮亚
Paracelsus	帕拉塞尔苏斯
Paradise Lost	《失乐园》
parallax	视差
Paraphrase on Ptolemy's Syntaxis	《托勒密〈天文学大成〉释义》
Patrizi, Francesco	弗朗西斯科·帕特里齐
Paul III	保罗三世
Paul of Middelburg	米德尔堡的保罗
Pauli, Simon	西蒙·保利
Peace of Westphalia	威斯特伐利亚和约
Peck	佩克
Pedersen, Olaf	奥拉夫·佩德森
Peiresc, Nicolas-Claude Fabri de	尼古拉斯-克劳特·法布里·德·佩雷斯克
Pena, Jean	让·佩纳
Percy, Henry	亨利·珀西
Pereira, Benito	贝尼托·佩雷拉
Perlach, Anderas	安德列亚斯·珀拉赫
Pesaro	佩萨罗
Petreiua, Henricus	亨里克斯·彼得雷奥
Petreius, Johannes	约翰内斯·彼得雷乌斯
Petri, Heinrich	海因里希·佩特里
Peucer, Casper	卡斯珀·比克
Peurbach, Gerog	格奥尔格·普尔巴赫
Peutinger Map	波伊廷格地图
Phaenomenon Singulare seu Mercurius in Sole	《水星在太阳前面的奇异现象与观察》
Phares, Simon de	西蒙·德·法勒斯
Philebus	《斐利布篇》
Philolaus	菲洛劳斯
Philosophical Transaction	《哲学学报》
Phrearius, Petrus	彼得鲁斯·弗利尤斯
Piacenza	皮亚琴察

Piccolomini, Aeneas Sylvius	埃涅阿斯·西尔维乌斯·皮科洛米尼
Piccolomini,Enea	埃尼亚·皮科洛米尼
Pico, Gian Frenacesco	贾恩·弗朗西斯科·皮科
Pietramellara, Giacomo de	贾科莫·德·皮特拉米勒拉
Pietro	彼得罗
Pignoria, Lorenzo	洛伦佐·皮尼利亚
Pindar	品达
Pinelli, Gian Vincenzo	贾恩·温琴佐·皮内利
Pistorius	皮斯托留斯
Pius II	庇护二世
Planetary Hypotheses	《行星假说》
Plazza Schifanoia	斯基法诺亚宫
Pliny	普林尼
Plotinus	普罗提诺
Plutarch	普鲁塔克
pneuma	"普纽玛"
Polanco，Juan Alfonso de	胡安·阿方索·德·波朗科
Poliziano	波利齐亚诺
Pomian, Krzysztow	克日什托·波米安
Pomponio	彭波尼
Pontano, Giovanni	乔瓦尼·蓬塔诺
Popper, Karl	卡尔·波帕尔
Poppi,Antonino	安东尼诺·波匹
Porris, De	德·波里斯
Porta，Giovanni Baptista della	乔瓦尼·巴普蒂斯塔·德拉·波尔塔
Porto Nova	波多诺伏
Possevino	波塞维诺
Postel	波斯特尔
Posterior Analytics	《后分析篇》
Poulle, Emmanuel	伊曼纽尔·普勒
Pozzo, Francesco del	弗朗西斯科·德尔·波佐
Practica Nova Indicialis	《法律实践新编》
Praetorius, Jacobus	雅各布·普雷托里乌斯
Praetorius, Johannes	约翰内斯·普雷托里乌斯
Praise of Prussia	《普鲁士颂》

Pratensis, Johannes	约翰内斯·帕顿西斯
prime exhibit	最主要的证据
Principles of Philosophy	《哲学原理》
Prisciani, Pellegrino	佩莱格里诺·普里西安尼
Proclus	普罗克洛斯
Diadochus, Proclus	普罗克洛斯·狄奥多库斯
Prodromus	导览
Proemium Mathematicum	《数学简介》
Prognostica	《预后论》
Prognosticon Astrologicum	《预言占星学》
Prognosticum auff das Jahr ... 1604	《1604 年预言》
Progonostication of Right Good Effect	《吉兆预言》
Propaedeumata aphoristica	《格言概论》
Prowe, Leopold	利奥波德·普劳
Pruckner, Niolaus	尼古拉·普鲁克纳
Prutenic Table	《普鲁士星表》
Psalms	《诗篇》
Ptolemy, Claudius	克劳迪厄斯·托勒密
Puglia	普利亚
Pumfrey	庞弗里
Puteolano	普特奥拉诺
Pyrnesius, Melchior	梅尔基奥尔·皮尔尼修斯
Pyrrōn	皮浪
Pythagoras	毕达格拉斯
Quadripartitum	《占星四书》
Querenghi, Atonio	安东尼奥·奎尔日尼
questione della lingua	意大利散文的辩论
Quine, W. V. O.	蒯因
Qurra, Thabit ibn	萨比特·伊本·库拉
Raimondo, Annibale	安尼巴莱·雷蒙多
Raleigh, Walter	沃尔特·雷利
Ramus, Peter	彼得·拉穆斯
Rantzau, Heinrich	海因里希·兰曹
rappresentatione	表达
Ratdolt, Erhard	埃哈德·拉特多尔特

Ratio Studiorum	教学大纲
Rattansi, P. M.	P. M. 拉坦西
Recorde	雷科德
Regiomontanus, Johannes	约翰内斯·雷吉奥蒙塔努斯
Reinhard, Johann	约翰·莱因哈德
Reinhold, Erasmus	伊拉兹马斯·莱因霍尔德
Reinholdus	莱因霍尔德斯
Reisacher, Bartholemeu	巴尔托洛梅奥·雷萨切
reordering	天体理论创新
Replies to Giovanni Pico's Disputations against the Astrologers	《答乔瓦尼·皮科〈驳占星家〉》
Report on the Affairs of Germany	《关于德国事务的报告》
Revelations	《启示》
Rhaetia	雷蒂亚省
Rhediger, Nicolaus	尼古劳斯·雷迪格
Rheticus, Georg Joachim	格奥尔格·约阿希姆·雷蒂库斯
rhetorical strategy	修辞策略
Rhodius, Ambrosius	安布罗修斯·罗迪斯
Ricci, Agostino	阿格斯提诺·里奇
Ricci, Ostilio	奥斯提奥·里奇
Ricci, Saverio	萨维里奥·里奇
Riccio, Andrea	安德里亚·里乔
Riccioli, Giovanni Battista	乔瓦尼·巴蒂斯塔·里乔利
Ridwan, Ali ibn	阿里·阿本罗丹（即 Abenrodan, Haly）
Rimini	里米尼
Risner, Friedrich	弗雷德里希·里斯纳
Risorgimento	意大利复兴运动
Risposte ... alle considerazioni di certa maschera saccente nominata Alimberto Mauri, fatte sopra alcuni luoghi del discorso dintorno alla stella apparita l'anno 1604	《回复……关于假名阿里贝托·毛里所做之 1604 年新星演讲的考虑》
Ristori, Giuliano	朱利亚诺·里斯托里
Roeslin, Helisaeus	海里赛乌斯·罗斯林
Roestius, Petrus	彼得鲁斯·罗斯提厄斯
Rojas, Juan de	胡安·德·罗哈斯

Romagna	罗马涅
Ronchitti, Cecco di	赛科·迪·朗奇第
Ronzoni, Amerigo	亚美利哥·龙佐尼
Rope, Trevor	特雷弗·罗帕
Rosen, Edward	爱德华·罗森
Rossi, Mino di Bartolomeo	米诺·迪·巴尔托洛梅奥·罗西
Rostock	罗斯托克
Rothmann, Christopher	克里斯托弗·罗特曼
Rothmann, Johannes	约翰内斯·罗特曼
Royer, Jean	让·罗耶
Rubeo	鲁贝奥
Rubiera, Guistiniano da	吉斯提尼阿诺·达·鲁比耶拉
Ruggieri, Ugo	乌戈·鲁吉耶里
Rusconi, Gabriele	加布里勒·拉斯科尼
Ryff, Peter	彼得·赖弗
Saalfeld	萨尔菲尔德
Sack of Rome	罗马之劫
Sacrobosco	萨克罗博斯科
Sagredo, Giovan Francesco	乔万·弗朗西斯科·萨格雷多
Sagredo, Hesse	黑森·卡塞尔
Saint Bridget	圣布里奇特
Saint John of Toruń	托伦的圣约翰
Saint Sebald	圣塞巴尔德
Sala di Geografia	地理室
Salio, Girolamo	吉罗拉莫·萨里奥
Salusbury,Thomas	托马斯·索尔兹伯里
Salviati	萨尔维阿蒂
San Giuseppe	圣朱塞佩
San Marco	圣马可
San Salvator	圣萨尔瓦多
Sandelli, Martino	马蒂诺·桑德利
Santa Giustina	圣朱斯蒂纳
Santillana, Giorgio de	乔吉奥·德·桑提拉纳
Sarpi, Paolo	保罗·萨比
Sascerides, Gellius	格利乌斯·萨塞莱迪斯

Sasso, Signore Camillo	西尼奥雷·卡米洛·萨索
satellitio	守卫
Savile, Oxonian Henry	奥克森尼安·亨利·萨维尔
Savoia, Giovanni da	乔瓦尼·达·萨伏依
Savonarola, Girolamo	吉罗拉莫·萨伏那洛拉
Scaliger, Julius Caesar	尤利乌斯·凯撒·斯卡利格
Scepper, Cornelius de	科尼利厄斯·德·赛珀
Schadt, Andreas	安德里亚斯·沙特
Schaffer, Simon	西蒙·谢弗
Schaffhausen	沙夫豪森
Scheiner,Christopher	克里斯托弗·沙奈尔
Scheubel, Johann	约翰·舒伊贝尔
Schickard,Wilhelm	威廉·希卡德
Schilling, Heinz	海因茨·希林
Schleusinger, Eberhard	埃伯哈德·施罗辛格
Schmalkaldic League	施马尔卡尔登同盟
Schmitt, Charles	查尔斯·施密特
Schoener, Lazarus	拉扎勒斯·舒纳
Scholarum Mathematicarum	《学术数学》
Schönberg, Nicholas	尼古拉斯·舍恩贝格
Schöner, Johannes	约翰内斯·勋纳
Schönfeld, Victorinus	维克托利努斯·舍恩费尔德
Schreckenfuchs, Erasmus Osward	伊拉兹马斯·奥斯瓦尔德·施赖肯法赫斯
Schreiber,Hieronymus	希罗尼穆斯·施海伯
Schulz, Bartholomew	巴尔托洛梅奥·舒尔茨
Scientific socialism	科学社会主义
Scinzenzaler, Ulrich	乌尔里希·辛曾扎勒
Scioppio, Gaspare	加斯帕雷·西奥皮奥
Scotto, Ottaviano	奥塔维亚诺·斯科托
Scotus, John Duns	约翰·邓斯·斯科特
Scribanario, Marco	马可·斯卡里巴纳里奥
Scylla	斯库拉岩礁
Sedici Riformatori dello Stato di Libertà	自由城邦十六改革者
Seggeth, Thomas	托马斯·塞格斯
Seleucus	塞琉古

Seneca	塞内卡
Sertini, Allesandro	亚历山德罗·萨蒂尼
Sestman	赛斯特曼
Settle, Thomas	托马斯·赛特尔
Severinus, Peterus	彼得鲁斯·塞维林
Sforza	斯福查
Shank	尚克
Shapin, Steven	史蒂文·夏平
Shapiro, Barbara	芭芭拉·夏皮罗
Sharratt	沙拉特
Sidereus Nuncius	《星际信使》
Siderocrates, Samuel	塞缪尔·赛德罗克拉底
Siena	锡耶纳
Sievre, Jean	让·希弗尔
Sighinolfi, Lino	利诺·西格诺尔菲
Sigismund I	西吉斯蒙德一世
Silberborn, Christopher	克里斯托弗·希尔波本
Simbolo	象征符号
Simi	思米
simple eccentric	简单偏心模型
Simplicio	辛普利丘
Simplicius	辛普利西乌斯
Sixtus V	西克斯图斯五世
Sleidan, John	约翰·司雷丹
Smitho	斯密托
Snell, Willebrord	维勒布罗德·斯内尔
Sommerville, Johann	约翰·萨默维尔
Sophia, Anna	安娜·索菲亚
Sopra l'apparizione de la nuova stella	《新星表面之上》
sopramodo sodisfattiet contentissimi	"十分满意"
sounding board	共鸣板
Southwark	萨瑟克区
Spampanato	斯帕帕纳托
Spaniard	斯帕尼亚德
Speculum Astrologiae	《占星之镜》

Sphere	《天球论》
Spina, Bartolomeo	巴尔托洛梅奥·斯皮纳
Spinelli,Girolamo	吉罗拉莫·斯皮内利
spiritus	"精气"
Spleiss, Stefan	斯特凡·斯普雷斯
sprezzatura	潇洒不羁
Stabius, Johannes	约翰内斯·斯特比乌斯
Stadius, Georg	格奥尔格·斯塔迪乌斯
Stahlman, William D.	威廉·D.斯塔尔曼
Stahremberg, Erasmus von	伊拉兹马斯·斯塔里贝格
Staphylus, Friedrich	弗雷德里希·斯塔菲洛斯
Stathmion, Christopher	克里斯托弗·施塔特米昂
St. Cloud, Guillaume de	纪尧姆·德·圣克劳德
Stella Nova	《新星》
stellar parallax	恒星视差
Stephanus, Robortus	罗伯托·斯蒂芬努斯
Stephenson, Bruce	布鲁斯·斯蒂芬森
Stephetius, Christophorus	克里斯托弗·斯蒂法提乌斯
Stevin,Simon	西蒙·史蒂文
Stifel, Michael	米沙埃尔·施蒂菲尔
Stigelius, Johannes	约翰内斯·斯蒂格留斯
Stöffler, Johannes	约翰内斯·施托弗勒
Stöffler-Pflaum	施托弗勒－普夫劳姆
Stoic	斯多葛派哲学
Stolle, Heinrich	海因里希·施托勒
Stopp	斯托普
Stoss, Veit	法伊特·史托斯
Strabo, Walafrid	瓦拉弗里德·斯特拉波
Strasbourg	斯特拉斯堡
Straub, Caspar	卡斯珀·斯特劳布
Streete, Thomas	托马斯·斯特里特
Strigelius, Victorinus	维多利纳斯·斯特里格留斯
Strozzi, Filippo	菲利坡·斯特罗齐
Studio di Pisa	"比萨研究院"
Suetonius	苏维托尼乌斯

Suigus, Jacobinus	雅各比努斯·休格斯
Summa Anglicana	《至高圣公会》（又名《至高占星书》，*Summa Astrologiae Judicialis*）
Summa Astrologiae Judicialis	《至高占星书》（又名《至高圣公会》，*Summa Anglicana*）
Supernova	超新星
Supputatio Annorum Mundi	《编年史》
Susius	苏修斯
Sutorius, Johann Paul	约翰·保罗·祖托留斯
Sutton, Henry	亨利·萨顿
Sweinitz	斯威尼茨
Swerdlow, Noel	诺埃尔·斯韦尔德洛夫
Syrenius, Julius	尤利乌斯·赛勒纽斯
System of the World	《世界体系》
Szdlovitius, Paulus	保卢斯·洛兹德维提乌斯
Szdlowiecki, Pawel	帕韦尔·兹德洛维奇
Table Talks	《桌上谈》
Tables of Directions and Profections	《小限法方位表》
Tabulae Astronomicae Resolutae	《天文表》
Tabulae Caelestium Motuum Novae	《行星新表》
Tabulae Directionum	《小限法方位表》（即 *Tables of Directions and Profections*）
Tannery	塔内里
Tatra	塔特拉山脉
Tebaldi, Aegidius de	埃吉迪乌斯·德·特巴迪
Tectonicon	《构造学》
Telesio, Bernardino	伯纳迪诺·特里西奥
Tengnagel, Franz	弗朗茨·腾那吉尔
Teofilo	特奥菲洛
Tertius Interveniens, das is, Warnung an etliche Theologos, Medicos und Philosophos	《第三方调解：对某些神学家、医生和哲学家的警告》
Tessicini, Dario	达里奥·特西奇尼
Tetrabiblos	《占星四书》
The Book of the Courtier	《朝臣论》
The Copernican Revolution	《哥白尼革命》
The Crime of Galileo	《伽利略之罪》

the Fifth Lateran Council	第五次拉特兰大公会议
The Marriage of Philology and Mercury	《菲劳罗嘉与墨丘利的婚姻》
The Prince	《君主论》
The Progress of the Doctrine of the Earth's Motion, Between the Times of Copernicus and Galileo	《地球运动的学说演进：从哥白尼到伽利略时代》
the Sibyl	先知西比尔
the Society of Jesus	耶稣会
The Structure of Scientific Revolutions	《科学革命的结构》
Thebanus, Crates	克拉特斯·特巴努斯
Theodoric of Reden	雷登的西奥多里克
Theodoric, Sebastian	塞巴斯蒂安·西奥多里克
Theodosius	狄奥多修
Theon	西翁
Theorica Planetarum	《行星理论》
Thomas Gemini	英格兰的吉米尼
Thorndike, Lynn	林恩·桑代克
Three Books Concerning the Judgments of Nativities	《本命占星三书》
Three Books concerning the Revolution of the Years of the World, concerning the Meaning of the Planets' Nativities, concerning Reception	《年代循环、本命意义及接纳互容三书》
Three Books on Life	《人生三书》
Three Books on the Four Great Empires	《关于四大帝国的三本书》
Timaeus	《蒂迈欧篇》
Timothy	提摩太
Timpler, Clemens	克莱门斯·提普勒
To save the Phenomena	《拯救现象》
Toledo	托莱多
Tolosani, Giovanni Maria	乔瓦尼·玛利亚·托洛桑尼
Tomba	托姆巴
Topoics	《论题篇》
Torquato, Antonio	安东尼奥·托尔夸托
Toruń	托伦
Tower, William	威廉·托尔
Tractatus Astrologicus	《占星术》

Trattato della divinatione narurale cosmologica ovvero de'pronostici e presage naturali delle mutationi de TEMPI	《论自然宇宙学占卜术》
Treatise against Iudicial Astrologie	《反判断占星术》
Trento	特伦托
Trismegistus, Hermes	赫尔墨斯·特利斯墨吉斯忒斯
True and Faithful Relation	《忠实关系》
Tübingen	图宾根
tudor	都铎王朝
Turner, Gerard L'E	杰拉德·特纳
Tuscan	托斯卡纳
Twelve Books Written against the Astrologers	《驳占星家十二书》
Ubaldo	乌巴尔多
Udine	乌迪内
underdetermination	"非充分决定"
Urania	乌拉尼亚
Uraniborg	乌拉尼亚堡
Urban VIII	乌尔班八世
Urceo, Antonio Codro	安东尼奥·科德罗·厄尔西奥
Ursus, Raimarus	雷马拉斯·乌尔苏斯
ut pictura poesis	诗画一体
Utrecht	乌特勒支
Valcke, Louis	路易斯·瓦尔科
Valla, Giorgio	乔吉奥·瓦拉
Valois	瓦卢瓦王朝
Van Heckius, Johann	约翰·范·赫克
Van Helden, Albert	阿尔伯特·范·赫尔登
van Hemminga, Sicke（ab Hemminga, Sixtus）	西克·范·海明加
Varmia	瓦尔米亚
Vatican Apostolic Palace	梵蒂冈使徒宫
Vatican palace	梵蒂冈宫
Vedel, Anders	安德斯·韦德尔
Venetian Inquisition	威尼斯审判
Vera similitudine	相似性
Vermij, Rienk	里扬克·弗米杰

Vesalius, Andreas	安德列·维萨里
Vico, Aeneas	埃涅阿斯·维科
Vieri, Francesco	弗朗西斯科·维耶里
Vim facit amor	活力产生爱
Vincenzo	温琴佐
Vincenzio	温森齐奥
Vinta, Belisario	贝利萨里奥·文塔
Virdung, Johannes	约翰内斯·维尔东
Virgil	维吉尔
Virginia	弗吉尼亚
Vitali, Bernardino	伯纳迪诺·维塔利
Vitali, Ludovico de	卢多维科·德·维塔利
Vitalibus, Bernardinus de	伯纳迪努斯·德·维塔里布斯
Voelkel, James	詹姆斯·维高
Vogel, J. J.	沃格尔
Vögeli, Georg	格奥尔格·沃格里
Vögelin, Johann	约翰·沃格林
Vratislavia	弗拉提斯拉夫
Wackenfels, Johannes Matthaus Wacher von	约翰内斯·马特乌斯·瓦彻·冯·瓦肯菲尔茨
Waesberge, Johannes van	约翰内斯·范·威斯伯格
Walker, D. P.	D. P. 沃克
Walther, Bernhard	伯恩哈德·沃尔瑟
war on Mars	火星战争
Ward, Seth	塞思·沃德
Webster, Charles	查尔斯·韦伯斯特
Weinberg, Steven	史蒂文·温伯格
Welser, Marcus	马库斯·威尔瑟
Welser, Matthaeus	马特乌斯·威尔瑟
Werner, Johannes	约翰内斯·维尔纳
Westfall, Richard S.	理查德·S. 韦斯特福尔
Westphalia	威斯特伐利亚
Westman	韦斯特曼
Whewell, William	威廉·休厄
Whiston, William	威廉·惠斯顿
Widmanstetter, Johann Albrecht	约翰·阿尔布莱希特·魏德曼斯泰特

Wilkins, John	约翰·威尔金斯
Williams, Thomas	托马斯·威廉
Wilson, Catherine	凯瑟琳·威尔逊
Wing, Vincent	文森特·温
Winsheim	文斯海姆
Witekind, Hermann	赫尔曼·威特肯
Witelo	威特罗
Wittenberg	维滕堡
Wittich, Paul	保罗·维蒂希
Wolf, Hieronymus	希罗尼穆斯·沃尔夫
Wolfenbuttel	沃尔芬布特
Wolfius, Thomas	托马斯·沃尔夫斯
Woolfson, Jonathan	乔纳森·沃尔夫森
Wotton, Henry	亨利·沃顿
Wren, Christopher	克里斯托弗·雷恩
Wright, Edward	爱德华·赖特
Wroclaw	弗罗茨瓦夫
Wursteisen, Christian	克里斯蒂安·乌尔施泰森
Württemberg	符滕堡
Xenocrates	色诺克拉底
Xenophanes	色诺芬
Xerxes	薛西斯
Xylander, William	威廉·克胥兰德
Yates, Frances	弗朗西斯·耶茨
Yehuada	耶胡达
Zacuto, Rabbi Araham	拉比·亚伯拉罕·扎库托
Zagorin	扎格林
Zahar, Elie	以利亚·扎哈尔
Zambelli, Paola	保拉·赞贝里
Zamberti, Bartolomeo	巴尔托洛梅奥·赞贝蒂
Zarqali, al-	阿尔－查尔卡里
Zeitlin, Jake	杰克·赛特林
Zell, Heinrich	海因里希·泽尔
Zeno	齐诺
Zinner, Ernst	厄恩斯特·津纳

Zittardus, Henricus   亨里克斯·齐塔图斯

zodiac man   人体黄道带图

Zugmesser, Johann Eutel   约翰·尤图·扎格梅瑟

Zuniga, Diego de   迭哥·德·苏尼加

Zwicky, Fritz   弗里茨·兹威基

BIBLIOGRAPHY

*Manuscript citations are listed alphabetically in
the first section of the bibliography according to
the name and location of the repository, the title of
the collection, folio reference and date. They are
cited in the endnotes according to the name of the
repository, the author's name or the manuscript
title, and the date(as applicable). Primary and
secondary sources are integrated into a single list
and cited in the endnotes by the conventional short
form of author's name and publication date.*

*In this bibliography I refer to two kinds of bundled
volumes. The first is an omnibus or compendium
edition, a group of works issued as a single volume
by a publisher and usually paginated continuously.
An example of an omnibus bundle is the 1566
edition of De Revolutionibus published at Basel by
Heinrich Petri. The second is a singular volume in
which an owner has bound together several works
of his or her own choosing. An example is the 1493*

*omnibus edition of Ptolemy's Tetrabiblos, published
at Venice by Ottaviano Scotto and bound with two
other, separately published works; it is held by the
Biblioteca Universitaria di Bologna.*

MANUSCRIPTS
Archivio di Stato di Bologna

Archivio del notaio Lorenzo Benazzi, 1459-1508.
Accessible at http: // patrimonio. archiviodistato-
bologna. it. Liber Partitorum magnificorum
dominorum Sedicem, 1480-, vols. 10-12. Acts
of the chief magistracy of Bologna, the Sedici
Riformatori.

Biblioteca Ambrosiana, Milan

Library Inventory of Gian Vincenzo Pinelli. MS
R104 Sup., fols, 237-39.

Biblioteca Medicea Laurenziana, Florence

James of Spain. 1479. MS Plutei Principali 34, Sup. 22. Ristori, Giuliano. 1537. "Prognostic upon the Geniture of the Most Illustrious Duke Cosimo de Medici." MS Plutei Principali 89, Sup. 34.

Biblioteca Nazionale Centrale di Firenze
de Savoia, Giovanni. 1537. "Judicium de Commutationibus saturni et Martis et eius Saturni cum Joue fato." MS Magliabechiano XX. 10.
Galilei, Galileo. n. d. Lecture on the nova of 1604; various reading notes. MS Galileana 47, fols. 4r-13r.
——. n. d. "Astrologica Nonnulla." MS Galileana 81. Guidi, Giovanni Battista. 1561. "Natività di Francesco I." MS Magliabechiano XX. 19.
——. 1566. "Natività di Francesco I." MS Magliabechiano XX. 38.
Kepler, Johannes. July 18, 1599. Letter to Edmund Bruce. MS Galileana 88, fols. 35-40.
Ristori, Giuliano. 1547-58. [Provenance of Filippo Fantoni.] Lectures on Ptolemy's *Quadripartitum.* MS Conventi Soppressi F. Ⅸ. 478.
——. n. d. [Commentaries of Filippo Fantoni]. Copy of Giuliano Ristori's lectures on Ptolemy's *Quadripartitum.* MS Conventi Soppressi B. Ⅶ. 479.
Tolosani, Giovanni Maria. 1546-47. "De Veritate S. Scripturae." MS Conventi Soppressi J. Ⅰ. 25.

Biblioteca Riccardiana, Florence
Ristori, Giuliano. n. d. [1547]. "Lectura super Ptolomei Quadripartitum··· ac exjmij magistri Iuliani Ristorij Pratensis, per me Amerigum roncionibus dum eum publice legeret in almo Pisarum gimnasio currenti calamo collecta." MS. 157.

Biblioteca Universitaria di Bologna
de Fundis, Johannes Paulus. 1435. "Tacuinus

astronomico-medicus." MS L. iv, fols, 1-1 or.
Garzoni, Giovanni. 1500. "Laus astrologie." MS 1391(2648), fols. 207v-208.

Biblioteka Uniwersytecka Wroctawiu
"Brevis Repetitio Doctrinae de Erigendis Coeli Figuris." June 13-October, 1570. University of Wittenberg. MS. M. 1565.
Schönborn, Barth [olomeus]. 1570-72. University of Wittenberg. MS. M. 1330. Contains various lectures on mathematics, geography, and astronomy: "Annotationes in libellum sphaericum Casp. Peucer" (June 19-October 22, 1570); "Tractatus de nativitatibus" ([October 1570?]-January 17, 1571); "In Arithmeticen Gemmae Frisii Annotationes Traditae Witebergae à M. Barth. Schönborn" (January 29-April 26, 1571); "In Theoricas Planetarum Georgij Purbachij" (October 9, 1571-February 6, 1572); "In Logisticen Astronomicen Sebastiani Theodorici" (October 25-November 25, 1571); "In Euclides Elementa" (February 5-March 31, 1572); and "Initia Doctinae Geographicae Tradita Publicè in Academia Witebergensis à Clariss. Viro Dn. M. Barth. Schönborn" (February 7-March 19, 1571).

Bibliothèque Nationale de France, Paris
Blasius of Parma. 1405. "Iudicium revolutionis anni 1405." MS Lat. 7443.
Melletus de Russis de Forlivio. 1405, "Iudicium super anno 1405." MS Lat. 7443.

Bodleian Library, Oxford
Chamber, John. 1603. "A Confutation of Astrological Daemonologie, or the divells schole, in defence of a treatise intituled against Iudiciarie Astrologie, and oppugned in the name of Syr Christopher Heydon, Knight." MS Savile 42.
Dee, John. March 25, 1582. "A Playne discourse···

concerning ye needful reformation of ye vulgar kallender." MS Ashmole, 179.

British Library, London
Harriot, Thomas. Notes. MS Birch, 4458, fols. 6-8.
——. Notes. MS Add. 6782, fol. 374.
——. Notes. MS Add. 6782, fol. 67v.
Kepler, Johannes. September 4, 1603. Letter to Edmund Bruce. MS Lansdowne, 89, fol. 26.
Lower, William. June 21, 1610. Letter to Thomas Harriot MS Add. 6789, fols. 427-29.

Gonville and Caius College, University of Cambridge
University of Wittenberg. Lecture notes, 1564-70. MS 387.

Hauptstaasarchiv Stuttgart
Maestlin, Michael. January 15, 1586. Letter to Ludwig, duke of Württemberg, MS, A274 Bü 46.

Österreichische Nationalbibliothek, Vienna
Novara, Domenico Maria. n. d. "De Mora Nati." MS Vin 5303, fols. 196r-199r.

Stadtarchiv und Stadtbibliothek Schweinfurt
Praetorius, Johannes. 1605. *Planetarum Theoriae Inchoatae*. MS H73.

Universitätsbibliothek Erlangen-Nürnberg
Praetorius, Johannes. 1594. "Compendiosa Enarratio Hypothesium Nic. Copernici, Earundem insuper alia dispositio super Ptolemaica principia." MS 814.
Schadt, Andreas. 1577. "In Theorias Planetarum Purbachij Annotationes Vitebergae Privatim Traditae." MS 840.
Straub, Caspar. 1575. "Annotata in Theorias Planetarum Georgii Purbachi." MS 840.

PRINTED SOURCES,
PRIMARY AND SECONDARY
Abenragel, Haly (Haly ibn Ragel, Ibn Abi'l-Ridjāl, Abu'l-Hasan ʿAlīal-Shaybānī al-Kātib al-Maghribīal-Kayrawānī). 1485, *In Judiciis Astrorum*. Venice: Erhard Ratdolt.
——. 1551. *Libri de Iudiciis Astrorum*. Basel: Henricus petri.
Abenrodan, Haly (Haly Abenrudian, Ibn Ridwān, Abu'l-Hasan ʿAlīb. Ridwān b. ʿAlīb. Dja ʿfar al-Misrī). 1484. See Ptolemy 1484a.
Abulafia, David. 1995. "Introduction." In *The French Descent into Renaissance Italy, 1494-95: Antecedents and Effects*, ed David Abulafia. Aldershot: Ashgate. Achillini, A. August 7, 1498. *De Orbibus Libri* 4. Bologna: Benedictus Hectoris.
——. 1545. *Opera Omnia*. Venice.
Advogarius, Petrus Bonus (Avogario, Pietro Buono). [1495]. *Pronostico dell anno MCCCCLXXXXVI*. Ferrara: n. p.
——. [1496]. *Pronostico dell anno MCCCCLXXXXVII*. Ferrara: n. p.
Ady, Cecilia M. 1937. *The Bentivoglio of Bologna: A study in Despotism*. Oxford: Oxford University Press.
Africa, Thomas W. 1961. "Copernicus' Relation to Aristarchus and Pythagoras." *Isis* 52: 403-9.
Aiton, Eric J. 1972. *The Vortex Theory of Planetary Motions*. London: MacDonald.
——. 1981. "Celestial Spheres and Circles." *History of Science* 19: 75-114.
——. 1987. "Peurbach's 'Theoricae Novae Planetarum': A Translation with Commentary." *Osiris* 3: 4-43.
——. 1989. "The Cartesian Vortex Theory." In Taton and Wilson 1989, 207-21.
Albubater (Ibn al-khasīb, Abū Bakr al-Hasan b. al-Khasīb). 1492. *De Nativitatibus*. Venice. June.
——. 1540. *Albubatris Astrologi Diligentissimi,*

Liber Genethliacus siue De natiuitatibus, Non Solum Ingenti Rerum Scitu Dignarum Copia, Verum, Etiam Iucundissimo Illarum Ordine Conspicuus. Nuremberg: Johannes Petreius.

Album Academicae Vitebergensis. 1841. Ed. C. E. Foerstermann. 3 vols. Leipzig.

Albumasar (Abū Ma 'shar Ja 'far b. Muhammad b. 'Umar al-Balkhī). 1994. The Abbreviation of the Introduction to Astrology. Ed. and trans. Charles Burnett, Keiji Yamamoto, and Michio Yano. New York: Brill.

Alchabitius (al-Kabīsī, 'abd al-'Azīz b. 'Uthmān b. 'Alī, Abu 'l-Sakr). 1485. Libellus Isagogicus Abdilasi, id est, Servi Gloriosi Dei: Qui dicitur Alchabitius ad Magisterium Iuditiorum Astrorum: Interpretatus a Ioanne Hispalensi. Scriptumque in eundem a Iohanne Saxonie editum utili serie connexum incipient. Venice: Erhard Ratdolt. (In Ratdolt-British Library Bundled copy, q. v.)

Alfonso X, King of Castile and Leon. 1483. Alfontij regis castelle illustrissimi celestium motuum tabule necnon stellarum fixarum longitudines ac latitudines Alfontij tempore ad motus veritatem mira diligentia reducte. Ac primo Joannis Saxoniensis in tabulas Alfontij canones ordinati incipiunt faustissime. Venice: Erhard Ratdolt. (In Ratdolt-British Library Bundled Copy, q. v.)

Allegri, Ettore, and Alessandro Cecchi. 1980. Palazzo Vecchio ei Medici. Guida Storica. Florence: Studio per Ed. Scelte.

Allen, Don Cameron. 1966 [1941] . The Star-Crossed Renaissance: The Quarrel about Astrology and Its Influence in England. New York: Octagon Books.

Allen, Michael J. B., Valery Rees, and Martin Davies, eds. 2002, Marsilio Ficino: His Theology, His Philosophy, His Legacy. Leiden: Brill.

Alliaco, Petrus de [Pierre d'Ailly] . 1490. Concordantia astronomie cum theologia.

Concordantia astronomie cum hystorica narratione. Et elucidarium duorum precedentium. Augsburg: Erhard Ratdolt.

Amico, Giovanni Battista. 1536. De Motibus Corporum Coelestium Iuxta Principia Peripatetica sine Eccentricis Epicyclis. Venice: I. Patavino and V. Roffinello.

Anderson, Matthew Smith. 1998. The Origins of the Modern European State System, 1494-1618. London and New York: Longman.

Andreae, Jacob. 1567. Christliche/notwendige und ernstliche Erinnerung/Nach dem Lauff der irdischen Planeten gestelt/Darauss ein jeder einfeltiger Christ zusehen/was für glück oder unglück/Teutschland diser zeit zugewarten. Auss der vermanung Christi Luc 21 in fünf Predigen verfasset. Tübingen.

Applebaum, Wilbur. 1996. "Keplerian Astronomy after Kepler: Researches and Problems." History of Science 24: 251-504.

Aquinas, Thomas. 1952. The Summa Theologica of Saint Thomas Aquinas. Trans. E. D. Province, Chicago: Encyclopaedia Britannica.

Ariew, Roger. 1984. "The Duhem Thesis." British Journal for the philosophy of Science 35: 313-25.

——. 1987. "The Phases of Venus before 1610." Studies in History and Philosophy of Science 18: 81-92.

——. 1999. Descartes and the Last Scholastics. Ithaca, NY: Cornell University Press.

Ariew, Roger, and Peter Barker. 1996. "Pierre Duhem: Life and Works." In Duhem 1996.

Aristotle. 1597. Operum Aristotelis Stagiritae Philoso-phorum Omnium Longè Principis Noua Editio, Graecè& Latinè. 2 vols. Trans. Julius Pacius. [Geneva] : Gulielmus Laemarius.

——. 1936. On the Soul, Parva Naturalia, On Breath. Trans. W. S. Hett. Cambridge, MA: Harvard University Press.

——. 1960. *On the Heavens.* Trans. W. K. C. Guthrie. London: Heinemann.

——. 1961-62. *The Metaphysics.* 2 vols. Trans. H. Tredennick. Cambridge, MA: Harvard University Press.

——. 1962a [1562-74] . *Aristotelis Opera cum Averrois Commentariis.* 15 vols. Facsimile ed. [Venice: Iunctas.] Frankfurt: Minerva Verlag.

——. 1962b. *Meteorologica.* Trans. H. D. P. Lee. Cambridge, MA: Harvard University Press.

——. 1963 [1929] . *physics.* 2 vols. Trans. P. H. Wick steed and F. M. Cornford. Cambridge, MA: Harvard University Press.

——. 1966. *Posterior Analytics.* Trans. H. Tredennick. *The Topics.* Trans. E. S. Forster. Cambridge, MA: Harvard University Press.

——. 1975. *Posterior Analytics.* Trans. J. Barnes. Oxford: Clarendon Press.

——. 1977. *Politics.* Trans. H. Rackham. Cambridge, MA: Harvard University Press.

Arrizabalaga, Jon. 1994. "Facing the Black Death: Perceptions and Reactions of University Medical Practitioners." In García-Ballester et al. 1994, 237-88.

Artigas, Mariano, Rafael Martínez, and William R. Shea. 2005. "New Light on the Galileo Affair？" In McMullin 2005a, 213-33.

Ashworth, Willam B., Jr. 1990. "Natural History and the Emblematic World View." In Lindberg and Westman 1990, 303-32.

Aulotte, Robert, ed. 1987. *Divination et controverse religieuse en France au XVIe siècle.* Paris: Belles Lettres. Auzout, Adrien. 1664-65. *Lettres... sur les grandes lunettes.* Amsterdam.

Avogadro. Sigismondo. 1521. *Pronostico dell'anno 1521.* N. p.

——. 1523. *Pronostico dell'anno 1523.* N. P.

Avogario, Pietro Buono. *See* Advogarius, Petrus Bonus.

Azzolini, Monica. 2009. "The Politics of Prognostication: Astrology, Political Conspiracy and Murder in Fifteenth-Century Milan." . *History of Universities* 23: 4-34.

Baade, Walter, and Fritz Zwicky. 1934. "Supernovae and Cosmic Rays." *Physical Review* 45: 138.

Bacon, Francis. 1859-64. *The Works of Francis Bacon.* 7 vols. ed. James Spedding, Robert Leslie Ellis, and Douglas Denon Heath. London.

Bailly, Jean Sylvain. 1779-82. *Histoire de l'astronomie moderne depuis la fondation de l'école d'Alexandrie jusqu'à l'epoque do M. D. CC. XXX.* 3 vols. Paris: Frères de Bure.

Baldini, Ugo. 1981. "La Nova del 1604 e i matematici e filosofi del Collegio Romano: Note sur un testo inedito." *Annali dell'Istituto e Museo di Storia della Scienza di Firenze* 6, no. 2: 63-97.

——. 1984. "*L'astronomia del Cardinale Bellarmino.*" In Galluzzi 1984, 293-305.

——. 1988. "La conoscenza dell'astronomia copernicana nell'Italia meridionale anteriormente al *Sidereus Nuncius.*" In Nastasi 1988, 127-68.

——. 1991. "La teoria astronomica in Italia durante gli anni della formazione di Galileo: 1560-1610." In Casini 1991, 39-67.

——. 1992a. "*Legem Impone Subactis*" : *Studi su filosofia e scienza dei Gesuiti in Italia.* Rome: Bulzoni.

——. 1992b. "*Legem Impone Subactis*: Teologia, filosofia e scienze mathematiche nella didattica e nella dottrina della Compagnia di Gesù." In Baldini 1992a, 19-73.

Baldini, Ugo, and George V. Coyne. 1984. *The Louvain Lectures* (*Lectiones Lovanienses*) *of Bellarmine and the Autograph Copy of his* 1616 *Declaration to Galileo.* Studi Galileiani Special Series, vol. 1, no. 2. Vatican City: Specola Vaticana.

Barker, Peter. 1999. "Copernicus and the Critics of Ptolemy." *Journal for the History of Astronomy*

30: 343-58.

——. 2003. "Constructing Copernicus." *Perspectives on Science* 10: 208-27.

——. 2004. "How Rothmann Changed His Mind. " *Centaurus* 46: 41-57.

Barker, Peter, and Bernard R. Goldstein. 1988. "The Role of Comets in the Copernican Revolution." *Studies in History and Philosophy of Science* 19: 299-319.

——. 1995. "The Role of Rothmann in the Dissolution of the Celestial Spheres." *British Journal for the History of Science* 28: 385-403.

——. 1998. "Realism and Instrumentalism in Sixteenth Century Astronomy: A Reappraisal." *Perspectives on Science* 6: 232-58.

——. 2001. "Theological Foundations of Kepler's Astronomy." *Osiris* 1688-113.

Barnes, Robin Bruce. 1988. *Prophecy and Gnosis: Apocalypticism in the Wake of the German Reformation.* Stanford, CA: Stanford University Press.

Barone, Francesco. 1995. "Galileo e Copernico." In *Galileo Galilei e la cultura veneziana*, 363-79.

Barton, Ruth. 2003. "Men of Science': Language, Identity and Professionalization in the Mid-Victorian Scientific Community." *History of Science* 41: 73-119.

Barton, Tamsyn. 1994. *Ancient Astrology.* London: Routledge.

Bauer, Barbara, ed. 1999. "Naturphilosophie, Astronomie, Astrologie." In Bauer, *Melanchthon und die Marburger Professoren* (1527-1627). 345-439. 2 vols. Marburg: Universitätsbibliothek; Völker & Ritter.

Beeckman, Isaac. 1939-53. *Journaltenupar Isaac Beeckman de* 1604 à 1634. 4 vols. Ed. Cornelius de Waard. La Haye: M. Nijhoff.

Beer, Arthur, and Peter Beer, eds. 1975. *Kepler: Four Hundred Years.* Vistas in Astronomy. 18. Oxford: Pergamon Press.

Bellanti, Lucio. 1498. *Lucii Bellantii Senensis Physici Liber de Astrologica Ueritate; Et, In Disputationes Ioannis Pici aduersus Astrologos Responsiones.* Florence: Gherardus de Haerlem.

——. 1502. *Liber de Astrologica Veritate.* Venice: Bernardino Vitali.

——. 1553. *Liber de Astrologica Veritate.* Basel: Jacobus Parcus.

——. 1554. *Lucii Bellantii Senensis Mathematici et Physici Liber de Astrologica Veritate.* Basel: Hervagius.

——. 1578 [1580]. *Liber de Astrologica Veritate.* Cologne. Bellarmine, Robert. 1586. *De Controversiis Christianae Fidei, adversus huis Temporis Haereticos.* 3 vols. Rome.

Bellinati, Claudio. 1992. "Galileo e il Sodalizio con Ecclesiastici Padovani." In Santinello 1992, 257-65.

Belluci, D. 1988. "Mélanchthon et la Défense de l'Astrologie." *Bibliothèque d'Humanisme et Renaissance* 50: 587-622.

Benatius, Jacobus. 1502. *Pronosticon.* Bologna, n. p. Benjamin, Francis C., Jr., and G. J. Toomer, eds. 1971. *Campanus of Novara and Medieval Planetary Theory: "Theorica Planetarum."* Madison: University of Wisconsin Press.

Bennett, Henry Stanley. 1970. *English Books and Readers, 1603 to 1640.* Cambridge: Cambrideg University Press.

Bennett, Jim A. 1986. "The Mechanics' Philosophy and the Mechanical Philosophy." *History of Science* 24: 1-28.

——. 1990. "Hooke's Instruments for Astronomy and Navigation." In Hunter and Schaffer 1990, 21-32.

——. 2003. "Presidential Address: Knowing and Doing in the Sixteenth Century; What Were Instruments For?" *British Journal for the History of Science* 36: 129-50.

Bennett, Owen. 1943. *The Nature of Demonstrative*

Proof according to the Principles of Aristotle and St. Thomas Aquinas. Washington, DC: Catholic University of America.

Bentley, Jerry H. 1983. *Humasists and Holy Writ: New Testament Scholarship in the Renaissance.* Princeton, NJ: Princeton University Press.

Berggren, J. L., and Bernard R. Goldstein, eds. 1987. *From Ancient Omens to Statistical Mechanics: Essays on the Exact Sciences Presented to Asger Aaboe.* Copenhagen: University Library.

Berkel, Klaas van. 1983. *Isaac Beeckman (1588-1637) en de mechanisierung van het wereldbeeld.* Amsterdam.

——. 1999. "Stevin and the Mathematical Practitioners, 1580-1620." In Berkel, Van Helden, and palm 1999, 12-36.

Berkel, Klaas van, Albert Van Helden, and Lodewijk Palm, eds. 1999. *A History of Science in the Netherlands: Survey, Themes and Reference.* Leiden: Brill.

Bernstein, Jane A. 1998. *Music Printing in Renaissance Venice: The Scotto Press(1539-1572).* Oxford: Oxford University Press.

Beroaldus, Philippus (Filippo Beroaldo). n. d. *Symbola Pythagore.* Bologna.

——. 1488. *Annotationes Centum.* Bologna: Franciscus de Benedictis for Benedictus Hectoris.

——. 1500. *Commentarii a Philippo Beroaldo Conditi in Asinum Aureum Lucii Apuleii: Mox in Reliqua Opuscula eiusdem Annotationes Imprimentur.* Bologna: Benedictus Hectoris.

Bertoloni Meli, Domenico. 1992. "Guidobaldo del Monte and the Archimedean Revival." *Nuncius* 7: 3-34.

——. 1993. *Equivalence and Priority: Newton versus Leibniz; Including Leibniz's Unpublished Manuscripts on the Principia.* Oxford: Oxford University Press.

——. 2006. *Thinking with Objects: The Transformation of Mechanics in the Seventeenth Century.* Baltimore: Johns Hopkins University Press.

Bertolotti, A. 1878. "Giornalisti, astrologi e negromanti in Roma nel secolo XVII." *Rivista Europea*5: 466-514.

Beste, August Friedrich Wilhelm. 1856. *Die bedeutendsten Kanzelredner der älteren lutherschen Kirche,* 3vols. Leipzig: Gustav Mayer.

Betsch, Gerhard, and Jürgen Hamel, eds. 2002. *Zwischen Copernicus und Kepler: M. Michael Maestlinus Mathematicus Goeppingensis 1550-1631.* Frankfurt: Harri Deutsch.

Bettini, Sergio. 1975. "Copernico e la pittura Veneta." *Notizie dal Palazzo Albani* 4, no. 2: 22-30.

Biagioli, Mario. 1989. "The Social Status of Italian Mathematicians, 1450-1600." *History of Science* 27: 41-95.

——. 1990a. "The Anthropology of Incommensurability." *Studies in History and Philosophy of Science* 21, no. 2: 183-209.

——. 1990b. "Galileo the Emblem-Maker." *Isis* 81: 230-58.

——. 1990c. "Galileo's System of Patronage." *History of Science* 79: 1-62.

——. 1992. "Scientific Revolution Social Bricolage and Etiquette." In Porter and Teich 1992, 11-54.

——. 1993. *Galileo Courtier.* Chicago: University of Chicago Press.

——. 1996. "Playing with the Evidence." *Early science and Medicine* 1: 70-105.

——. 2000. "Replication or Monopoly? The Economies of Invention and Discovery in Galileo's Observations of 1610." *Science in Context* 11: 547-90.

——. 2006. *Galileo's Instruments of Credit:*

Telescopes, Images, Secrecy. Chicago: University of Chicago Press.

Bilinski, Bronisław. 1977. *Il Pitagorismo di Niccolò Copernico.* Wrocław: polskiej Akademii Nauk.

——. 1983. "Il periodo Padovano di Niccolò Copernico(1501-1503)." In Poppi 1983.

——. 1989. *Messaggio e itinerari Copernicani.* (Celebrazioni italiane del Vcentenario Della nascità do Niccolò Copernico. 1473-19733) Warsaw: Polskiej Akademii Nauk.

Biondi, Grazia. 1986. "Minima astrologica: Gli astrologi e la guide della vita quotidiana." *Schifanoia* 2: 41-48.

Bireley, Robert. 1999. *The Refashioning of Catholicism*, 1450-1700. Washington, DC: Catholic University of America Press.

Birkenmajer, Alexandre. 1965. "Copernic comme philosophe." In *Le soleil à la Renaissance: Sciences et mythes*, 9-17. Brussels: Presses Universitaires de Bruxelles.

——. 1972a. "Copernic philosophe." In *Étudesd'histoire des sciences en Plolgne* (Studia Copernicana 4), 563-78.

——. 1972b. "L'astrologie cracovienne à son apogée." In Études d'histoire des sciences en Pologne (Studia Copernicana 4), 474-82.

——. 1972c. "Le commentaire inédit d'Erasmus Reinhold sur le *De revolutionibus* de Nicholas Copernic." In Études d'histoire des sciences en Pologne (Studia Copernicana 4), 761-66.

——. 1972d. "Leovitius etait-il un adversaire de Copernic?" In *Études d'histoire des sciences en Pologne* (Studia Copernicana 4), 767-78.

Birkenmajer, Ludwik. 1900. *Mikotaj Kopernik.* Krakow: Polska Akademia Umiejetnosci.

——. 1924. *Stromata Copernicana.* Krakow: Polska Akademia Umiejetnosci.

——. 1975. *Nicolas Copernicus, Part One: Studies on the Works of Copernicus and Biographical Materials.* 2 parts. Trans. Jerzy Dobrzycki, Zofia

Piekarec, Zofia Potkowska, and Michal Rozbicki; ed. Owen Gingerich. Ann Arbor, MI: University Microfilms. Biskup, Marian. 1973. *Regesta Copernicana (Calendar of Copernicus's Papers).* (Studia Copernicana 8.) Wrocław: Polskiej Akademii Nauk.

Black, Crofton. 2006. *Pico's "Heptaplus" and Biblical Exegesis.* Studies in Medieval and Reformation Traditions, 116. Leiden: Brill.

Blackwell, Richard J. 1991. Galileo, *Bellarmine and the Bible.* Notre Dame, IN: University of Notre Dame Press.

——. 1998. "Could There Be Another Galileo Case?" In Machamer 1998, 348-66.

Blaeu, William. 1690. *Institutio Astronomica, De usu Globorum et Sphaerarum Caelestium ac Terrestrium: Duabus Partibus Adornata, Una, secundum hypothesin Ptolemaei, per Terram Quiescentem; Altera, juxta mentem N. Copernici, per Terram Mobilem.* Amsterdam: Joannis Wolters.

Blagrave, John. 1585. *The Mathematical Iewel, Shewing the Making, and most Excellent Vse of a Singuler Instrument So Called.* London: Walter Venge.

Blair, Ann. 1997. *The Theater of Nature: Jean Bodin and Renaissance Science.* Princeton, NJ: Princeton University Press.

Blancanus, Joseph. 1620. *Sphaera Mundi seu Cosmographia.* Bologna: Hieron. Tamburini.

Bloor, David. 1992. "Left and Right Wittgensteinians." In Pickering 1992, 266-82.

Blount, Thomas Pope. 1710. *Censura Celebriorum Authorum.* Geneva.

Blumenberg, Hans. 1965. *Die kopernikanische Wende.* Frankfurt: Suhrkamp.

——. 1987. *The Genesis of the Copernican World.* Trans. R. M. Wallace. Cambridge, MA: MIT Press.

Blundeville, Thomas. 1594 [further editions 1597,

1605, 1613, 1621, 1636, 1638] . *M. Blundevile His Exercises, Containing Sixe Treatises.* London: John Windet.

——. 1602, *The Theoriques of the Seven Planets.* London: Adam Islip.

Boas, Marie. 1962. *The Scientific Renaissance, 1450-1630.* New York: Harper.

Bodin, Jean. 1576. *Les six livres de la République.* Paris: Jacques du Puy.

Bok, Bart J., and Lawrence E. Jerome. 1975. *Objections to Astrology.* New York: Prometheus Books.

Boner, Patrick. 2007. "Kepler *v.* the Epicureans: Causality, Coincidence and the Origins of the New Star of 1604." *Journal for the History of Astronomy* 38: 207-21.

——. 2009. "Finding Favour in the Heavens and the Earth: Stadius, Kepler and Astrological Calendars in Early Modern Graz." In Kremer and Włodarczyk 2009, 159-78.

Bonney, Richard. 1991. *The European Dynastic States,* 1494-1660. Oxford: Oxford University Pless.

Borawska, Teresa. 1984. *Tiedemann Giese (1480-1550).* Olstyn: Pojezierze.

Bouazzati, Bennacer el, ed. 2004. *Les éléments paradigmatiques, thématiques et stylistiques dans la pensée scientifique.* Najah el Jadida: Publications de la Faculté des Lettres, Rabat.

Boudet, Jean-Patrice. 1994. *Lire dans le ciel: La bibliothèque de Simon de Phares astrologue du XVe siècle.* Les Publications de Scriptorium, 10. Brussels: Centre d'Études des Manuscrits.

Bourdieu, Pierre. 1990. *The Logic of Practice.* Stanford, CA: Stanford University Press.

Bourdieu, Pierre. and Jean-Claude Passeron. 1970. *La réproduction: Elements pour une théorie du système d'enseignement.* Paris: Minuit.

Bouwsma, William. 1968. *Venice and the Defense of Republican Liberty: Renaissance Values in the Age of the Counter Reformation.* Berkeley: University of California Press.

Bowden, Mary Ellen. 1974. "The Scientific Revolution in Astrology: The English Reformers, 1558-1686." PhD diss., Yale University.

Boyer, Carl. 1959. *The Rainbow: From Myth to Mathematics.* New York: Sagamore Press.

Brady, Thomas A., Jr. 2004. "Confessionalization: The Career of a Concept." In Headley, Hillerbrand, and Papalas 2004, 1-20.

Brady, Thomas A., Jr., Heiko A. Oberman, and James D. Tracy, eds. 1994-95. *Handbook of European History,* 1400-1650. Leiden: Brill.

Brahe, Tycho. 1588. *De Mundi Aetherei Recentioribus Phaenomenis.* Uraniborg.

——. 1598. *Astronomiae Instauratae Mechanica.* See Raeder, Strömgren, and Strömgren 1946.

——. 1632. *Learned: Ticho Brahae his Astronomicall Coniectur of the New and much admired Starre Which Appered in the year* 1572. London: By BA and TF for Michaell and Samuell Nialand.

——. 1913-29. *Opera Omnia.* 15 vols. Ed. J. L. E. Dreyer. Copenhagen: Axel Simmelkaer.

Brecht, Martin, ed. 1977. *Theologen und Theologie an der Universität Tübingen: Beiträge zur Geschichte der evangelisch-theologischen Fakultät.* Tübingen: Mohr.

Bredekamp, Horst. 2000. "Gazing Hands and Blind Spots: Galileo as Draftsman." *Science in Context* 13: 423-62.

Bretschneider, Carolus Gottliebus, et al., eds. 1834-. *Corpus Reformatorum.* Halle [1834-60] , Brunswick [1863-1900] , Berlin [1905-] : C. A. Schwetschke.

Brichman, Benjamin. 1941. *An Introduction to Francesco Patrizi's "Nova de universis philosophia."* New York: Columbia University Press.

Brizzi, Gian Paolo. 1995. "Les Jésuites et l'école

en Italie (XVIe-XVIIIe siècles)." In Giard 1995a, 35-53. Broman, Thomas H. 1998. "The Habermasian Public Sphere and 'Science in the Enlightenment.'" *History of Science* 36: 123-49.

——. 2002. "Introduction: Some Preliminary Considerations on Science and Civil Society." In Osiris 17, "Science and Civil Society," ed. Lynn K. Nyhardt and Thomas H. Broman, 1-21.

Brooks, Peter Newman, ed. 1983. *Seven-Headed Luther: Essays in Commemoration of a Quincentenary,* 1483-1983. Oxford: Oxford University Press.

Brosseder, Claudia. 2005. "The Writing in the Wittenberg Sky: Astrology in Sixteenth-Century Germany." *Journal of the History of Ideas* 66: 557-76.

Brudzewo, Albertus de. 1495. *Commentaria Utilissima in Theoricis Planetarum.* Milan: Uldericus Scinzenzaler.

——. 1900. *Commentariolum super Theoricas Novas Planetarum Georgii Purbachii in Studio Generale Cracoviensis per Magistrum Albertum de Brudzewo Diligenter Corrogatum, A. D. 1482.* Trans. and ed. L. Birkenmajer. Krakow: Joseph Filipowski.

Bruno, Giordano. 1586. *Figuratio Aristotelici Physici Auditus ad eiusdem Intelligentiam atque Retentionem per Quindecim Imagines Explicanda.* Paris.

——. 1588a. *Oratio Valedictoria.* In Bruno 1962, 1: pt. 1, 1-52.

——. 1588b. *Camoeracensis Acrotismus seu Rationes Articulorum Physicorum adversus Peripateticos Parisiis Propositorum.* Wittenberg: Zacharias Krafft. In Bruno 1962, 1: pt. 1, 55-190.

——. 1609. *Summa Terminorum Metaphysicorum.* Marburg: Rodolphus Hutwelcker.

——. 1955 [1584]. *La cena de le ceneri.* Giovanni Aquilecchia, ed. Turin: Einaudi.

——. 1962 [1879-1891]. *Opere Latine.* 3 vols. in 8 parts. Ed. F. Fiorentino et al. Facsimile ed. Stuttgart-Bad Canstatt: Friedrich Froman Varlag.

——. 1977 [1584]. *The Ash Wednesday Supper: La cena de le ceneri.* Trans. and ed. Edward A. Gosselin and Lawrence S. Lerner. New York: Archon Books.

——. 1995. *Oeuvres complètes de Giordano Bruno: Oeuvres italiennes.* Vol. 4. *Del'Infini, de l'univers et des mondes,* ed. Giovanni Acquilecchia. Paris: Les Belles Lettres.

——. 2000 [1582]. *The Candlebearer.* Ed. Gino Moliterno. Ottawa: Dovehouse Editions. "Bruno, Giordano." 1969-78. *In Bolshaia Sovietskaya Entsiklopedia.* 30 vols. Moscow.

Bucciantini, Massimo. 1997. "Galileo e la *Nova* del 1604." In Bucciantini and Torrini 1997, 237-48.

——. 2003. *Galileo e Keplero: Filosofia, cosmologia et teologia nell'età della Controriforma.* Torino: Giulio Einaudi.

Bucciantini, Massimo, and Michele Camerota. 2005. "Once More about Galileo and Astrology: A Neglected Testimony." *Galilaeana* 2: 229-32.

Bucciantini, Massimo, Michele Camerota, and Sophie Roux, eds. 2007. *Mechanics and Cosmology in the Early Modern Period.* Florence: Leo S. Olschki, 2007.

Bucciantini, Massimo, and Maurizio Torrini, eds. 1997. *La diffusione del copernicanesimo in Italia, 1543-1610.* Florence: Leo S. Olschki.

Buck, Lawrence P., and Jonathan W. Zophy, eds. 1972. *The Social History of the Reformation.* Columbus: Ohio University Press.

Budweis, Wenceslaus de. [1490?]. *Judicium Liptzense.* N. p.

Bühler, Kurt. 1958. *The University and the Press in Fifteenth-Century Bologna.* Notre Dame, IN: University of Notre Dame.

Bujanda, Jesús Martínez de, et al., eds. 1994. *Index*

de Rome 1590, 1593, 1596: *Avec étude des index de Parme* 1580 *et Munich* 1582. Index des livres interdits, 9. Sherbrooke, Quebec: Libraries Droz.

Bunzl, Martin. 2004. "Counterfactual History: *A User's Guide.*" *American Historical Review* 109: 845-58.

Buonincontro, Lorenzo. 1540. *Rerum Naturalium & Divinarum sive de rebus Coelestibus... Eclipsium Solis & Lunae Annis Iam Aliquot Uisarum usque ad Postrema Huius Anni MD XXXX Descriptiones per Philippvm Melanchthonem & Alios.* Basel: Robert Winter.

Buoninsegni, Tommaso. 1581. *Hieron. Savonarolce... opus eximium adversus divinatricem astronomiam in confirmationem confutationis ejusdem astronomicæ Prædictionis J. Pici Mirandulæ Comitis, ex Italico in Latinum translatum, interprete... T. Boninsignio, ... ab eodem scholiis, adnotationibus illustratum. Accedit ejusdem interpretis apologeticus adversus hujus operis vituperatores.* Florence: Georgius Marescotus.

Burke, Peter. 1996. *The Fortunes of the Courtier: The European Reception of Castiglione's "Cortegiano."* University Park: Pennsylvania State University Press.

Burmeister, Karl H. 1967-68. *Georg Joachim Rhetikus, 1514-1574: Eine Bio-Bibliographie.* 3 vols. Wiesbaden: Pressler.

———. 1970. *Achilles Pirmin Gasser, 1505-1577: Arzt und Naturforscher, Historiker und Humanist.* 3 vols. Wiesbaden: Guido Pressler Verlag.

———. 1977. "Neue Forschung über Georg Joachim Rhetickus." In *Jahrbuch des Vorarlberger Landesmuseumsvereins, 1974-75, 37-47.* Bregenz: Freunde der Landeskunde, 1977.

Burnett, Charles. 1987a. "Adelard, Ergaphalau and the Science of the Stars." In Burnett 1987b, 133-45.

———. ed. 1987b. *Adelard of Bath: An English Scientist and Arabist of the Early Twelfth Century.* London: Warburg Institute.

Burns, William E. 2000. " 'The Terriblest Eclipse that Hath Been Seen in Our Days': Black Monday and the Debate on Astrology during the Interregnum." In Osler 2000, 137-52.

Burtt, Edwin Arthur. 1932. *The Metaphysical Foundations of Modern Science.* 2nd rev. ed. New York: Doubleday Anchor.

Butterfield, Herbert. 1957. *The Origins of Modern Science, 1300-1800.* Rev. ed. New York: Free Press.

Calvin, Jean. 1962. *Traité ou avertissement-contrel'astrologie qu'on appele judiciaire et autres curiosités qui règnent aujourd'hui au monde.* Paris: Armand Colin.

Camerota, Michele. 1989. "Un breve scritto attinente alla 'Quaestio de certitudine mathematicarum' tra le carte di Filippo Fantoni, predecessore di Galileo alla cattedra di matematica dell'Università do Pisa." *Annali della Facoltà di Magistero dell'Università di Cagliari* 13: 91-155.

———. 2004. *Galileo Galilei e la cultura scientifice nell'età della Controriforma.* Rome: Salerno Editrice.

Camerota, Michele, and Mario Helbing. 2000. "Galileo and Pisan Aristotelianism: Galileo's 'De Motu Antiquiora' and the 'Questiones De Motu Elementorum' of the Pisan Professors." *Early Science and Medicine* 5: 319-65.

Campbell, Erin J. 2002. "The Art of Aging Gracefully: The Elderly Artist as Courtier in Early Modern Art Theory and Criticism." *The Sixteenth Century Journal* 33: 321-31.

Campion, Nicholas, and Nick Kollerstrom, eds. 2003. "Galileo's Astrology." Special issue of *Culture and Cosmos* 7, no. 1.

Canone, Eugenio. 1995. "L'Editto di Proibizione delle Opere di Bruno e Campanella." *Bruniana*

& *Campanelliana* 1: 43-61.

——. ed. 2000. *Giordano Bruno*: 1548-1600; *Mostra storico documentaria.* Biblioteca di Bibliografia Italiana, 164. Rome: Biblioteca Casanatense.

Canone, Eugenio, and Leen Spruit. 2007. "Rhetorical and Philosophical Discourse in Girdano Bruno's Jtalian Dialogues." *Poetics Today* 28, no. 3: 363-91.

Capella, Martianus. December 16, 1499. *De Nuptiis Philologia et Mercurii.* Ed. Franciscus Vitalis Bodianus. Vicenza: Rigo gi ca Zeno.

Capitani, Ovidio, ed. 1987. *L'Università a Bologna: Personaggi, momenti e luoghi dalle origini a XVI secolo.* Bologna: Amilcare Pizzi.

Capp, Bernard. 1982. "The Status and Role of Astrology in Seventeenth-Century England: The Evidence of the Almanac." In Zambelli 1982, 279-90.

Capra, Baldassare. 1607. *Usus et Fabrica Circini Cuiusdam Proportionis.* [Padua: Peter Paul Tozzio] In Galilei 1890-1909, 2: 427-511. 1.

Capuano de Manfredonia, Franciscus. 1515[1495]. *Theorice noue planetarum Georgij Purbachij astronomi celebratissimi. Ac in eas Eximij Artium et medicine doctoris Dominum Francisci Capuani de Manfredonia: in studio Patauino astronomiam publice legentis: sublimis expositio et luculentissimum scriptum.* Paris: Parvus.

——. 1518 [19 January] . *Sphaera cum Commentis... Expositio.* Venice: Heirs of Ottaviano Scotto.

Cardano, Girolame. 1543. *Libelli duo.* Nuremberg: J. Petreius.

——. 1547a. *Aphorismorum Astronomicorum.* In Cardano 1663.

——. 1547b. *De Iudiciis Geniturarum.* Nuremberg: Johannes Petreius.

——. 1554. See Ptolemy 1554.

——. 1557. *Ephemerides... ad Annos XIX Incipientes ab Anno Christi MDLCCVII usque ad Annum MDLXXXV.* Venice: Vencentius Valgrisius.

——. 1578. See Ptolemy 1578.

——. 1967 [1663] . *Opera Omnia.* Ed. C. Spon. 10 vols. Facsimile ed. Ed. August Buck. [Louvain: I. A. Huguetan and M. A. Ravaud.] New York: Johnson Reprint.

Carelli, Giovanni Battista. 1557. *Ephemerides... ad Annos XIX Incipientes ab Anno Christi MDLCCVII usque ad Annum MDLXXXV.* Venice: Vincentius Valgrisius.

Carey, Hilary. 1992. *Courting Disaster: Astrology at the English Court and University in the Later Middle Ages.* New York: St. Martin's Press.

Carion, John, 1550. *The Thre bokes of Cronicles, which John Carion (a man syngularly well sene in the Mathematicall sciences) Gathered Wyth great diligence of the beste Authours that have written in Hebrue, Greke or Latine.* London: Walter Lynne.

Carmody, Francis J. 1958. *The Arabic Corpus of Greek Astronomers and Mathematicians.* Bologna: Arti Grafiche Tamani.

Caroti, Stefano. 1986. "Melanchthon's Astrology." In Zambelli 1986b, 109-21.

——. 1987. "Nicole Oresme's Polemic Against Astrology in his 'Quodlibeta.'" In Curry 1987, 75-93.

Casini, Paolo, ed. 1991. *Lezioni Galileiane, I: Alle origini della rivoluzione scientifica,* Rome: Istituto della Enciclopedia Italiana.

Caspar, Max. 1993 [1948] . *Kepler. Trans.* C. D. Hellman; notes by O. Gingerich and A. Segonds. New York: Dover.

Castagnola, Raffaella. 1989. "Un oroscopo per Cosimo I." *Rinascimento* 29: 125-89.

The Catholic Encyclopedia. 15 vols. 1907-12. New York: Appleton.

Cattini-Marzio, Marco, and Marzio A. Romani.

1982. "Le corti parallele: Per una tipologia delle corti padane dal XIII ad XVI secolo." In Papagno and Quondam 1982.

Cayado, Hermico. 1501 [1496]. *Aeclogae Epigrammata Sylvae*. Bologna: Benedictus Hectoris.

——. 1931. *The Eclogues of Henrique Cayado*. Ed. Wilfred P. Mustard. Baltimore: Johns Hopkins University Press; .

Certeau, Michel de. 1984. *The Practice of Everyday Life*. Trans. Steven Rendall. Berkeley: University of California Press.

Chabás, José, and Bernard Goldstein. 2009. *The Astronomical Tables of Giovanni Bianchini*. Leiden: Brill.

Chamber, John. 1601. *A Treatise against Iudicial Astrologie*. London: John Harrison.

Chartier, Roger, ed. 1989. *The Culture of Print: Power and the Uses of Print in Early Modern Europe*. Trans. Lydia G. Cochrane. Princeton, NJ: Princeton University Press.

Chatelain, Jean-Marc. 2001. "Polymathie et science antiquaire à la Renaissance." In Giard and Jacob 2001, 443-60.

Chrisman, Miriam Usher. 1982. *Lay Culture, Learned Culture: Books and Social Change in Strasbourg, 1480-1599*. New Haven: Yale University Press.

Christianson, John Robert. 1973. "Copernicus and the Lutherans." *The Sixteenth Century Journal* 4: 1-10.

——. 1979. "Tycho Brahe's German Treatise on the Comet of 1577: A Study in Science and Politics." *Isis* 70: 110-40.

——. 2000. *On Tycho's Island: Tycho Brahe and His Assistants, 1570-1601*. Cambridge: Cambridge University Press.

Cicero. 1959. *De divinatione*. Trans. W. A. Falconer. Cambridge, MA: Harvard University Press.

Ciliberto, Michele. 1979. *Lessico di Giordano Bruno*. 2 vols. Rome: Ateneo & Bizzarri.

Clagett, Marshall, ed. 1959. *Critical Problems in the History of Science*. Meadison: University of Wisconsin Press.

Clark, David, and F. Richard Stephenson. 1977. *The Historical Supernovae*. Elmsford, NY: Pergamon Press.

Clark, Stuart. 1991. "The Rational Witchfinder: Conscience, Demonological Naturalism and Popular Superstition." In Pumfre., Rossi, and Slawinski 1991. 222-48.

——. 1997. *Thinking with Demons: The Idea of Witchcraft in Early Modern Europe*. Oxford: Oxford University Press.

Clark, William. 1989. "On the Dialectical Origins of the Research Seminar." *History of Science* 17 111-54.

——. 2006. *Academic Charisma and the Origins of the Research University*. Chicago: University of Chicago Press.

Clarke, Angus. 1985. "Giovanni Antonio Magini(1555-1617) and Late Renaissance Astrology." PhD diss., University of London.

Clavelin, Maurice. 2004. *Galilée copernicien*. Paris: Albin Michel.

——. 2006. "Duhem et Tannery, lecteurs de Galilée." *Galilaeana* 3: 3-17.

Clavius, Christoph. 1570. *In Sphaeram Joannis de Sacrobosco Commentarius*. Rome: Victorium Helianum.

——. 1581. In *Sphaeram Ioannis de Sacro Bosco commentarius: Nunc iterum ab ipso auctore recognitus et multis ac variis locis locupletatus*. Rome: Dominici Basae.

——. 1591. *In Sphaeram Joannis de Sacrobosco Commentarius*. 3rd ed. Venice: Ioannes Baptista Cioti Reprint of Rome 1585 ed. : "Nunc tertio ab ipso auctore recognitus, et plerisque in locis locupletatus."

——. 1594. *In Sphaeram Joannis de Sacrobosco Commentarius.* 4th ed. Louvain.

——. 1611. *Opera Mathematica.* 5 vols. Moguntia: Antonii Hierat

——. 1992. *Corrispondenza.* Ed. Ugo Baldini and P. D. Napolitani. 7 vols. Pisa: Università di Pisa, Dipartimento di Matematica, Sezione di Didattica e Storia della Matematica.

Clucas, Stephen. 2000. "Thomas Harriot and the Field of Knowledge in the English Renaissance" in Fox 2000, 93-136.

Clulee, Nicholas H. 1988. *John Dee's Natural Philosophy: Between Science and Religion.* London: Routledge.

——. 2001. "Astronomia Inferior: Legacies of Johannes Trithemius and Johe Dee." In Newman and Grafton 2001, 173-233.

Clutton-Brock, Martin. 2005. "Copernicus's Path to His Cosmology: An Attempted Reconstruction." *Journal for the History of Astronomy* 36: 197-216.

Cochrane, Eric. 1973. *Florence in the Forgotten Centuries,* 1527-1800. Chicago: University of Chicago Press.

Cohen, H. Floris. 1994. *The Scientific Revolution: A Historiographical Inquiry.* Chicago: University of Chicago Press.

Cohen, I. Bernard. 1972. "Newton and Keplerian Inertia: An Echo of Newton's Controversy with Leibniz." In Debus 1972, 192-211.

——. 1985. *Revolution in Science.* Cambridge, MA: Harvard University Press.

Cohen, Morris Raphael, and Israel Drabkin, eds. 1966. *A Source Book in Greek Science.* Cambridge, MA: Harvad University Press.

Colie, Rosalie. 1973. *The Resources of Kind: Genre-Theory in the Renaissance.* Berkeley: University of California Press.

Colombe, Lodovico delle. 1606. *Discorso nel quale si dimostra, che la nuova stella apparita l'ottobre passato* 1604. *nel Sagittario non è cometa, ne stella generata, ò creata di nuovo, ne apparente; ma una di quelle che furono da principio nél cielo; e ciò esser conforme alla vera filosofia, teologia, e astronomiche demostrazioni; con a lquanto di esagerazione contro a'giudiciari astrologi.* Florence: Giunti.

——. 1608. *Risposte piacevoli e curiose alle Considerazioni di certa maschera saccente nominata Alimberto Mauri, Fatte sopra alcuni luoghi del discorso del medesimo Lodovico dintorno alla stella apparita l'ano* 1604. Florence: Caneo.

Contopoulos, George, ed. 1974. *Highlights of Astronomy.* vol. 3. Dordrecht: Reidel.

Cook, Harold J. 1990. "The New Philosophy and Medicinein Seventeenth-Century England." InLindberg and Westman 1990, 397-436.

Copenhaver, Brian P., and Charles B. Schmitt. 1992. *Renaissance Philosophy.* Oxford: Oxford University Press.

Copernicus, Nicholas. 1543. *De Revolutionibus Orbium Coelestium.* Nuremberg: Iohannes Petreius.

——. 1566. *De Revolutionibus Orbium Coelestum.* Basel: Heinrich Petri.

——. 1884. "De Hypothesibus Motuum Caelestium a Se Constitutis Commentariolus." In Prowe 1883-84, 2: 184-202.

——. 1952. *Revolutions of the Heavenly Spheres.* In *Great Books of the Western World,* vol. 16. Trans. Charles Glenn Wallis. Chicago: Encyclopaedia Britannica.

——. 1971a. "Commentariolus." Trans. Edward Rosen. In Rosen 1971a.

——. 1971b [1566] . *De Revolutionibus Orbium Coelestium Libri Sex (Editio Basileensis) cum Commentariis Manu Scriptis Tychonis Brahe.* Facsimile ed. Ed. Zdeněk Horský. Prague: Pragopress.

哥白尼问题

———. 1971c. "Letter against Werner." Trans. Edward Rosen. In Rosen 1971a.

———. 1972. *Nicholas Copernicus Complete Works.* Vol. 1. *De Revolutionibus Orbium Coelestium.* Facsimile ed. Wrocław: Polskiej Akademii Nauk.

———. 1976. *Copernicus: On the Revolutions of the Heavenly Spheres.* Trans. A. M. Duncan. New York: Barnes and Noble.

———. 1978. *Nicholas Copernicus: Complete Works.* Vol. 2. *On the Revolutions of Heavenly Spheres.* Trans. Edward Rosen; ed. J. Dobrzycki. Wrocław: Polskiei Akademii Nauk.

———. 1985. *Nicholas Copernicus: Complete Works* Vol. 3. *Minor Works.* Trans. Edward Rosen; Ed. Paul Czartoryski. Wrocław: Polskiej Akademii Nauk.

Cornwallis, William. 1601. *Discoures upon Seneca the Tragedian.* London: Edmund Mattes.

Corsi, Pietro, and Paul Weindling, eds. 1983. *Information Sources in the History of Science and Medicine.* London: Butterworth Scientific.

Cox-Rearick, Janet. 1964. *The Drawings of Pontormo.* Cambridge, MA: Harvard University Press.

———. 1984. *Dynasty and Desting in Medici Art: Pontormo, Leo X, and the Two Cosimos.* Princeton, NJ: Princeton University Press.

———. 1993. *Bronzino's Chapel of Eleanora in the Palazzo Vecchio.* Berkeley: University of California Press.

Cozzi, Gaetano. 1979. *Paolo Sarpi tra Venezia e l'Europa.* Turin: Einaudi.

Craven, William G. 1981. *Giovanni Pico della Mirandola, Symbol of His Age: Modern Interpretations of a Renaissance Philosopher.* Geneva: Librairie Droz.

Crombie, Alastair C. 1997. "Mathematics and Platonism in the Sixteenth-Century Italian Universities and in Jesuit Educational Policy." In Maeyama and Saltzer 1977.

Crosland, Maurice, ed. . 1975. *The Emergence of Science in Western Europe.* New York: Science History Pub.

Crowe, Michael J. 1990. *Theories of the World from Antiquity to the Copernican Revolution.* New York: Dover.

Cudworth, Ralph. 1678. *The True Intellectual System of the Universe.* London: Printed for Richard Royston.

Cuningham, William. 1559. *The Cosmographical Glasse, Conteinyng the Pleasant Principles of Cosmographie, Geographie, Hydrographie, or Nauigation.* London: John Daye.

Cunningham, Andrew, and Perry Williams. 1993. "Decentring the 'Big Picture': *The Origins of Modern Science* and the Modern Origins of Science." *British Journal for the History of Science* 26: 407-32.

Curd, Martin, and Jan A. Cover, eds. 1998. *Philosophy of Science: The Central Issues.* New York: Norton.

Curry, Patrick, ed. 1987. *Astrology, Science and Society: Historical Essays.* Woodbridge, UK: Boydell Press.

———. 1987a. "Saving Astrology in Restoration England: 'Whig' and 'Tory' Reforms." In Curry 1987, 245-59.

———. 1989. *Prophecy and Power: Astrology in Early Modern England.* Princeton, NJ: Princeton University Press.

Czartoryski, Paweł. 1978. "The Library of Copernicus." *Studia Copernicana* 16: 355-96.

D'Addio, Mario. 1962. *Il pensiero politico di Gasparo Scioppio.* Milan.

Dallari, Umberto. 1888. *I rotuli dei lettori legisiti e artisti dello studio bolognese dal* 1384 al 1799. 3 vols. Bologna: Merlani.

D'Amico, John F. 1980. "Papal History and Curial Reform in the Renaissance." *Archivum Historiae Pontificiae* 18.

——. 1983. *Renaissance Humanism in Papal Rome: Humanists and Churchmen on the Eve of the Reformation.* Baltimore: Johns Hopkins University Press.

Danielson, Dennis. 2006. *The First Copernican: Georg Joachim Rheticus and the Rise of the Copernican Revolution.* New York: Waller and Co.

Danti, Egnazio. 1569. *Trattato dell'uso et della fabbrica dell'astrolabio.* Florence: Giunti.

——. 1572. *La sfera del mondo ridotta in cinque tavole.* Florence.

——. 1577. *Le scienze matematiche ridotte in tavole.* Bologna: Appresso la Compagnia della Stampa.

Daston, Lorraine. 1988. *Classical Probability in the Enlightenment.* Princeton, NJ: Princeton University Press.

——. 1995. "The Moral Economy of Science." Osiris 10: 2-24.

Daston, Lorraine, and Katharine Park. 1998. *Wonders and the Order of Nature,* 1150-1750. New York: Zone Books.

Davis, Natalie Zemon 2000. *The Gift in Sixteenth-Century France.* Madison: University of Wisconsin Press.

Deane, William. 1738. *The Description of the Copernican System, with the Theory of the Planets... Being an Introduction to the Description and Use of the Grand Orrery.* London.

Dear, Peter. 1985. "Totius in Verba: Rhetoric and Authority in the Early Royal Society." *Isis* 78, no. 2: 144-61.

——. 1995. *Discipline and Experience: The Mathematical Way in the Scientific Revolution.* Chicago: University of Chicago Press.

——. 2001. *Revolutionizing the Sciences: European Knowledge and Its Ambitions, 1500-1700.* Princeton, NJ: Princeton University Press.

——. 2006. *The Intelligibility of Nature: How Science Makes Sense of the World.* Chicago: University of Chicago Press.

Debus, Allen, G., ed. 1972. *Medicine and society in the Renaissance: Essays to Honor Walter Pagel.* New York: Neale Watson.

Dee, John. 1558. *Propaedeumata aphoristica.* In Leovitius 1558.

——. 1573. *Parallacticae Commentationes Praxeosque Nucleus Quidam.* London: John Day.

——. 1583. *To the Right Honorable and my singular good Lorde, the Lorde Burghley, Lorde Threasorer of Englande, A playne Discourse and humble Advise for our Gratious Queene Elizabeth, her most Excellent Majestie to peruse and consider, as concerning the needful Reformation of the Vulgar Kalender for the civile yeres and daies accompting, or verifyeng, according to the tyme truely spent. In Dee 1842.*

——. 1659. *A True and Faithful Relation of what passed for many yeers between Dr. John Dee... and some spirits tending (had it succeeded) to a General Alteration of most States and kingdoms in the World... Out of the original copy... with a Preface by Meric Casaubon.* London: D. Maxwell.

——. 1851. *Autobiographical Tracts of Dr. John Dee.* ED. James Crossley London: Chetham Society.

——. 1968a [1577]. *General and Rare Memorials Pertayning to the Perfect Art of Navigation.* [London: John Day.] Amsterdam: Da Capo.

——. 1968b [1842]. *The Private Diary of Dr. John Dee and the Catalogue of His Library of Manuscripts.* Ed. James O. Halliwell. [London: Camden Society.] Repr. New York: AMS Press.

——. 1975. *The Mathematicall Preface to the*

哥白尼问题

Elements of Geometrie of Euclid of Megara (1570). New York: Science History Publications.

——. 1978 [1558, 1568] . *John Dee on Astronony: Propaedeumata Aphoristica.* Trans. and ed. W. Shumaker; intro. John L. Heilbron. Berkeley: University of California Press.

De Filippis, Michele. 1937. G. B. *Manso's "Enciclopedia. "* Berkeley: University of California Press.

Delambre, Jean-Baptiste. 1821. *Histoire de l'astronomie moderne.* 2 vols. Paris: Courcier.

del Monte, Guidobaldo. 1579. *Planisphaeriorum Universalium Theorica.* Pisa: Hieronymus Concordia.

Delorme, Suzanne, ed. 1975. *Avant, avec, après Copernic: La représentation de l'univers et ses conséquences épistémologiques.* Paris: Blanchard.

Delumeau, Jean. 1977. *Catholicism between Luther and Voltaire: A New View of the Counter-Reformation.* Trans. Jeremy Moiser. London: Burns and Oates.

De Morgan, Augustus. 1839. "Motion of the Earth." In *The Penny Cyclopaedia,* 15: 454-58.

——. 1855. "The Progress of the Doctrine of the Earth's Motion between the Times of Copernicus and Galileo; being Notes on the Antegalilean Copernicans." In *Companion to the Almanac,* 5-25. London: Knight & Co.

Dennis, Michael. 1989. "Graphic Understanding: Instruments and Interpretation in Robert Hooke's *Micrographia. " Science in Context* 3: 309-64.

Densmore, Dana. 1995. *Newton's "Principia"* : *The Central Argument.* Trans. W. H. Donahue. Santa Fe, NM: Green Lion Press.

De Santillana, Giorgio. 1955. *The Crime of Galileo.* Chicago: University of Chicago Press.

Descartes, René. 1897-1913. *Oeuvres de Descartes.* 13 vols. Ed. Charles Adam and Paul Tannery. Paris: L. Cerf.

——. 1979. *Le Monde.* Trans. M. Mahoney. New York : abaris Books.

——. 1983. *Principles of Philosophy.* Trans. V. R. Miller and R. P. Miller. Dordrecht: Reidel.

——. 1998. *Discourse on the Method for Conducting One's Reason Well and for Seeking Truth in the Sciences.* 3rd ed. Trans. Donald A. Cress. Indianapolis: Hackett.

Di Bono, Mario. 1990. *Le Sfere Omocentriche di Giovan Battista Amico nell'Astronomia dell'Cinquecento con il testo "De motibus corporum coelestium...."* Genoa: Centro di Studio sulla Storia della Tecnica.

Dibvadius, Georgius Christophorus. 1569. *Commentarii breves in secundum librum Copernici, in quibus argumentis infallibilibus demonstratur veritas doctrinae de primo motu, et ostenditur Tabularum compositio.* Wittenberg: Clemens Schleich.

Dick, Steven J. 1982. *Plurality of Worlds: The Origins of the Extraterrestrial Life Debate from Democritus to Kant.* Cambridge: Cambridge University Press.

Dick, Wolfgang R., and Jürgen Hamel. 1999. *Beiträge zur Astronomiegeschichte.* Acta historica astronomiae 2. Thun: Harri Deutsch.

Dictionary of Scientific Biography. 1970-84. 16 vols. New York: Scribner.

Dictionary of the History of Ideas. 1973. 5 vols. New York: Scribner.

Diefendorf, Barbara B. and Carla Hesse, eds. 1993. *Essays in Honor of Natalie Davis.* Ann Arbor: University of Michigan Press.

Diesner, Paul. 1938. "Der elsässische Arzt Dr. Helisaeus Roeslin als Forscher und Publizist am Vorabend des dreissigjährigen Krieges." *Jahrbuch der Elsaß-Lothringischen Wissenschaftlichen Gesellschaft zu strassburg* 11: 192-215.

Dietrich, Michael. 1993. *"Underdetermination*

and the Limits of Interpretative Flexibility. ” *Perspectives on Science* 1: 109-26.

Diffley, Paul Brian. 1988. *Paolo Beni: A Biographical and Critical Study.* Oxford: Oxford University Press.

Digges, Leonard. 1555. *A Prognostication of Right Good Effect, fructfully augmented contayininge playne, briefe, pleasant, chosen rules, to judge the wether for euer, by the Sunne, Moone, Sterres, Cometes, Raynbowe, Thunder, Cloudes, with other Extraordinarie tokens, not omitting the Aspectes of Planetes, with a brefe Iudgemente for euer, of Plentie, Lacke, Sickenes, Death, Warres etc. Openinge also many naturall causes, woorthy to be knowen, to these and others, notw at the last are adioyned, diuers generall pleasaunte Tables: for euer manhyfolde wayes profitable, to al maner men of any understanding.* London: Thomas Gemini.

——. 1562. *A Boke named Tectonicon briefely shewinge the exacte measurynge, and speady reckenynge all maner Lande, squared Timber, Stone, Steaples, Pyllers, Globes, etc. Further, declaringe the perfecte makinge and large use of the carpenters Ruler, conteyninge a Quadrant Geometricall: comprehendinge also the rare use of the Squire . And in thend a lyttle treatise adioyned, openinge the composicion and appliancie of an Instrument called the profitable Staffe. With other thinges pleasaunt and neccessary, most conducible for Surveyers, Landemeaters, Joyners, Carpenters, and Masons.* London: Thomas Gemini.

——. 1571. *A Geometrical Practise, named PANTOMETRIA, diuided into three Bookes, Longimetra, Planimetra, and Stereometria, containing Rules manifolde for mensuration of all lines, Superficies and Solides: With sundry straunge conclusions both by instrument and without, and also by Perspective glasses, to set forth the true description or exact plat of an whole Region : framed by Leonard Digges Gentleman, Lately finished by Thomas Digges his sonne.* London: Henrie Bynneman.

——. 1576. *A Prognostication euerlastinge of right good effecte... Lately corrected and augmented by Thomas Digges.* London: Thomas Marsh. (Same as T. Digges 1576.)

Digges, Thomas. 1572. “Thomas Digges to Lord Burghley, Deccember 11, 1572.” *Calendar of State Papers* (Domestic), 1547-80, 454.

——. 1573. *Alæ seu Scalæ Mathematicæ, quibus visibilium remotissima Cælorum Theatra consocendi, & Planetarum omnium itinera nouis & inauditis Methodis explorari: tu'm huius portentosi Syderis in Mundi Boreali plaga insolito fulgore coruscantis. Distantia, & Magnitudo immensa, Situsq' protinu's stemendus indagari, Deiq' stupendum ostentum, Terricolis expositum cognosci liquidissime' prossit.* London: Thomas Marsh.

——. 1576. *A Perfit Description of the Caelestiall Orbes according to the most aunciente doctrine of the Pythagoreans, latelye reuiued by Copernicus and by Geometricall Demonstrations approued.* London: Thomas Marsh. (Same as L. Digges 1576.)

Dijksterhuis, Eduard Jan. 1943. *Simon Stevin.* The Hague: Nijhoff.

Di Liscia, Daniel A., Eckhard Kessler, and Charlotte Methuen, eds. 1997. *Method and Order in Renaissance Philosophy of Nature.* Aldershot : Ashgate.

Dinis, Alfredo de Oliveira. 1989. “The Cosmology of Giovanni Battista Riccioli (1598-1671).” PhD diss., Cambridge University.

——. 2003. “Giovanni Battista Riccioli and the Science of His Time.” In Feingold 2003, 195-224.

Dizionario biografico degli Italiani. 1960-. 70 vols.

哥白尼问题

Rome: Istituto della Enciclopedia Italiana.

Dobbs, Betty Jo, and Margaret Jacob. 1995. *Newton and the Culture of Newtonianism*. Atlantic Highlands, NJ: Humanities Press.

Dobrzycki, Jerzy, ed. 1972. *The Reception of Copernicus' Heliocentric Theory*. Wrocław: Polskiej Akademii Nauki.

——. 1973. "The Aberdeen Copy of Copernicus's *Commentariolus.*" *Journal for the History of Astronomy* 4: 124-27.

——. 2001. "Notes on Copernicus's Early Heliocentrism." *Journal for the History of Astronomy* 32: 223-25.

Dobrzycki, Jerzy, and Richard L. Kremer. 1996. "Peurbach and Maragha Astronomy? The Ephemerides of Johannes Angelus and Their Implications." *Journal for the History of Astronomy* 27: 187-238.

Dobrzycki, Jerzy, and Lech Szczucki. 1989. "The Transmission of *Copernicus's Commentariolus* in the Sixteenth Century." *Journal for the History of Astronomy* 20: 25-28.

Donahue, William H. 1972. "The Dissolution of the Celestial Spheres, *1595-1650*." PhD diss., University of Cambridge.

——. 1975. "The Solid Planetary Spheres in Post-Copernican Natural Philosophy." In Westman 1975a, 244-75.

——. 1981. *The Dissolution of the Celestial Spheres, 1595-1650*. New York: Arno Press.

——. 1988. "Kepler's Fabricated Figures: Covering up the Mess in the *Astronomia nova.*" *Journal for the History of Astronomy*, 19: 217-37.

Donne, John. 1611. *An Anatomy of the World: Wherein by the occasion of the untimely death of Mistris Elizabeth Drury the frailty and the decay of this whole world is represented.* London: Samuel Macham.

Dooley, Brendan. 1999. *The Social History of*

Skepticism: Experience and Doubt in Early Modern Culture. Baltimore: Johns Hopkins University Press.

——. 2002. *Morandi's Last Prophecy and the End of Renaissance Politics.* Princeton, NJ: Princeton University Press.

Dorling, Jon. n. d. "Mid-Seventeenth Century Arguments for and against Copernicanism: A Probabilistic Appeal." Unpublished paper.

Dottorati dal 1609 al 1614. Archivio della Curia Arcivescovile di Pisa, car. 74t. Pisa.

Drake, Stillman. 1957. *Discoveries and Opinions of Galileo*. New York: Anchor Books.

——. 1973. "Galileo's 'Platonic' Cosmogony and Kepler's Prodromus." *Journal for the History of Astronomy* 4: 174-91.

——. 1976. *Galileo against the Philosophere.* Los Angeles: Zeitlin and Ver Brugge.

——. 1977. "Galileo and the Career of Philosophy." *Journal of the History of Ideas* 38: 19-32.

——. 1978. *Galileo at Work.* Chicago: University of Chicago Press.

——. 1984. "Galileo, Kepler, and Phases of Venus." *Journal for the History of Astronomy* 15: 198-208.

——. 1987. "Galileo's Steps to Full Copernicanism and Back." *Studies in History and Philosophy of Science* 17: 93-105.

——. 1990. *Galileo: Pioneer Scientist.* Toronto: University of Toronto Press.

Drake, Stillman, and Israel Drabkin, eds. 1969. *Mechanics in Sixteenth-Century Italy: Selections from Tartaglia, Benedetti, Guido Ubaldo, and Galileo.* Madison: University of Wisconsin Press.

Drake, Stillman, and Charles Donald O'Malley, eds. 1960. *The Controversy on the Comets of 1618*. Philadelphia: University of Pennsylvania Press.

Drewnowski, Jerzy 1973. "Rzekomy Portret

Epitafijny Mikołaj Kopernika, Ojca Astronoma."
Kwartalnik Historii Naukii Techniki 18: 511-26.

——. 1978. "Autour de la parution de *De Revolutionibus* (Essai d'une nouvelle interprétation du témoinage de Rheticus dans la correspondance de Copernic avec Giese)." *Organon* 14: 253-61.

Dreyer, John Louis Emil. 1953 [1905]. *A History of Astronomy from Thales to Kepler*. Ed. W. H. Stahl. 2nd ed. New York: Dover.

——. 1963 [1890]. *Tycho Brahe: A Picture of Scientific Life and Work in the Sixteenth Century*. New York: Dover.

Duhem, Pierre 1894. "Quelques réflexions au sujet de la physique expérimentale." *Revue des questions scientifiques* 36: 179-229.

——. 1908. *Sozein ta Phainomena: Essai sur la notion de théorie physique de Platon à Galilée* Paris: Hermann.

——. 1969. *To Save the Phenomena: An Essay on the Idea of Physical Theory from Plato to Galileo*. Trans. Edmund Doland and Chaninah Maschler. Chicago: University of Chicago Press.

——. 1996. *Pierre Duhem: Essays in the History and Philosophy of Science*. Trans. and ed. R. Ariew and P. Barker. Indianapolis: Hackett.

Eastwood, Bruce. 2001. "Johannes Scotus Eriugena, Sun-Centred Planets, and Carolingian Astronomy." *Journal for the History of Astronomy* 32: 281-324.

Ehses, Stephanus et al., eds. 1961-76. *Concilium Tridentinum: Diariorum, Actorum, Epistularum*. Freiburg im Breisgau: Herder.

Einhard, Abbot. 1532, March. *Wittichindi Saxonis rerum ab Henrico et Ottone I Imp. Gestarum Libri III, unà cum alijs quibsdam raris et antehac non lectis diuersorum autorum historijs, ab Anno salutis D. CCC. usque ad praesentem aetatem: quorum catalogus proxima patebit pagina*. Basel: J. Hervagius.

Eisenstein, Elizabeth. 1979. *The Printing Press as an Agent of Change: Communications and Cultural Transformations in Early-Modern Europe*. 2 vols. Cambridge: Cambridge University Press.

Elias, Norbert. 1983 [1969]. *The Court Society*. Trans. Edmund Jephcott. New York: Pantheon.

Erasmus, Desiderius. 1965. *The Colloquies of Erasmus*. Trans. C. R. Thompson. Chicago: University of Chicago Press.

Erastus, Thomas. 1557. *Astrologia Confutata: Ein warhafte gegründte unwidersprechliche Confutation der falschen Astrologei... von neuen ins deutsch gebracht*. Schleusingen: Hamsing.

——. 1569. *Defensio libelli Hieronymi Savonarolae de astrologia divinatrice adversus Christophorum Stathmionem medicum Coburgensem*. [Geneva?]: Johannes Le Preux and Johannes Paruum.

——. 1571-73. *Disputationum de medicina nova P. Paracelsi pars prima in qua quae de remedis superstitiosis et magicis curationibus ille prodidit praecipue examinantur*. Basel: Peter Perna.

Ernst, Germana. 1984. "Aspetti dell'astrologia e della profezia in Galileo e Campanella." In Galluzzi 1984, 255-66.

——. 1991. "Astrology, Religion and Politics in Counter-Reformation Rome." In Pumfrey, Rossi, and Slawinski 1991. 249-73.

Eschenden, John of. 1489. *Summa Iudicialis de Accidentibus Mundi*. Venice.

Euclid. 1537. *Tlementorum geometricorum libri XV*. Basel: J. Hervagius.

——. 1551. Elementorum liber decimus. Paris: M. Vascosan.

Enlenburg, Franz. 1904. *Die Frequenz der deutschen Universitäaten von ihrer Gründung bis zur Gegenwart*. Leipzig: B. Teubner.

Evans. James. 1998. *The History and Practice of Ancient Astronomy*. New York: Oxford

University Press.

——. 2004. "The Astrologer's Apparatus: A Picture of Professional Practice in Greco-Roman Egypt." *Journal for the History of Astronomy* 35: 1-44.

Evans, R. J. W. 1973. *Rudolf II and His World: A Study in Intellectual History*, 1576-1612. Oxford: Oxford University Press.

——. 1979. *The Making of the Habsburg Monarchy, 1550-1700: An Interpretation.* Oxford: Clarendon Press.

——. 1984. "Rantzau and Welser: Aspects of Later German Humanism." *History of European Ideas* 5: 257-72.

Fabian, B., ed. 1972-2001. *Die Messkataloge Georg Willers.* Hildesheim: Georg Olms Verlag. 5 vols.

Fabricius, Johannes. 1611. *De Maculis in Sole Observatis et Apparente earum cum Sole Conversione Narratio.* Wittenberg: Johan Borener Senioris & Elias Rehifledius.

Fabricius, Paul. 1556. *Der Comet im Mertzen des LVI. Jhars zu Wien in Osterreych erschinen.* Nuremberg: Merckel.

Fabri de Budweis, Wenceslaus. 1490. *Judicium Liptzense.* N. p.

Fandi, Sigismondo. 1514. *Teorica et Practica perspicacissimi Sigismundi de Fantis Ferrariensis in Artem Mathematice Professoris de Modo Scribendi Fabricandique Omnes Litterarum Species.* Venice: Ioannem Rubeum Vercellensem.

Fantoli, Annibale. 2002. "Galileo and the Catholic Church: A Critique of the 'Closure' of the Galileo commission's Work." *Vatican Observatory Publications,* Special Series, Studi Galileiani 4, no. 1. Vatican City: Specola Vaticana.

——. 2003. *Galileo: For Copernicanism and for the Church.* 3rd ed. Trans. George Coyne. Studi Galileiani, 6. Notre Dame, IN: University of NotreDame Press.

——. 2005. "The Disputed Injunction and Its Role in Galileo's Trial." In Mcmullin 2005a, 117-49.

Fantuzzi, G. 1781-81. *Notizie degli scrittori bolognesi.* 9 vols. Bologna.

Farrar, W. V. 1975. "Science and German University System, 1790-1850." In Crosland 1975, 179-92.

Favaro, Antonio 1881. "Galileo Astrologo." *Mente e Cuore* 8: 99-108.

——. 1884. "Sulla morte di Marco Velsero e sopra alcuni particolari della vita di Galileo." *Estratto dal Bulletino di Bibliografia e di Storia delle Scienze Matematiche e Fisiche* 17: 1-21.

——. 1886. *Carteggio inedito di Ticone Brahe, Giovanni Keplero e di altri celebri astronomi e matematici dei secoli XVI e XVII.* Bologna: Nicola Zanichelli.

——. 1966. *Galileo Galilei e lo studio di Padova.* 2 vols. Padua: Editrice Antenore.

——. 1983. *Amici e corrispondenti di Galileo.* 3 vols. Florence: Salimbeni.

Febvre, Lucien, and Henri-Jean Martin. 1984 [1958]. *The Coming of the Book: The Impact of Printing, 1450-1800.* Trans. David Gerard. London: Verso.

Fenderici-Vescovini, Graziella. 1996. "Michel Scot et la 'Theorica Planetarum Gerardi.'" *Early Science and Medicine* 1: 272-82.

Feingold, Mordechai. 1984. *The Mathematicians' Apprenticeship: Science, Universities and Society in England, 1560-1640.* Cambridge: Cambridge University Press.

——. ed. 2003. *Jesuit Science and the Republic of Letters.* Cambrdge, MA: MIT Press.

Feldhay, Rivka. 1995. *Galileo and the Church: Political Inquisition or Critical Dialogue?* Cambridge: Cambridge University Press.

Ferreiro, Albérto, ed. 1998. *The Devil, Heresy, and Witchcraft in the Middle Ages.* Leiden: Brill.

Ficino, Marsilio. 1546-48. *Le divine lettere del gran Marsilio Ficino tradotte in lingua toscana per Felice Figliucci*. 2 vols. Venice: G. Giolito di Ferrara.

———. 1989 [1489]. *Three Books on Life: A Critical Edition and Translation* Trans. and ed. C. V. Kaske and J. R. Clark. Medieval and Renaissance Texts and Studies, 57. Binghamton, NY: Renaissance Society of America.

Field, Judith V. 1984a. "A Lutheran Astrologer: Johannes Kepler." *Archive for History of Exact Sciences* 31: 190-268.

———. 1984b. "Kepler's Rejection of Numerology." In Vickers 1984. 273-96.

———. 1988. *Kepler's Geometrical Cosmology*. Chicago: University of Chicago Press.

Findlen, Paula. 1994. *Possessing Nature: Museums, Gollecting, and Scientific Culture in Early Modern Italy*. Berkeley: University of California Press.

Finocchiaro, Maurice A., ed. and trans. 1989. *The Galileo Affair: A Documentary History*. Berkeley: University of California Press.

———. 2001. "Science, Religion, and the Historiography of the Galileo Affair: On the Undesirability of Oversimplification." *Osiris* 16: 114-32.

———. 2002. "Philosophy versus Religion and Science versus Religion: The Trials of Bruno and Galileo." In Gatti 2002, 51-96.

———. 2005. *Retrying Galileo, 1633-1992*. Berkeley: University of California Press.

Fischlin, Daniel, and Mark Fortier. 2002a. "'Enregistrate Speech': Stratagems of Monarchic Writing in the Work of James VI and I." In Fischlin and Fortier 2002b, 37-58.

———. 2002b. *Royal Subjects: Essays on the Writings of James VI and I*. Detroit, MI: Wayne State University Press.

Fleck, Ludwik. 1979 [1935]. *Genesis and Development of a Scientific Fact*. Trans. F. Bradley and T. Trenn; ed. T. Trenn and R. K. Merton; foreword by T. S. Kuhn. Chicago: University of Chicago Press.

Florio, John. 1611. *Queen Anna's New World of Words, or Dictionarie of the Italian and English tongues*. London: Melchior Bradwood.

Force, James. 1985. *William Whiston, Honest Newtonian*. Cambridge: Cambridge University Press.

Foscarini, Paolo Antonio. 1615. *A Letter... Concerning the Opinion of the Pythagoreans and Copernicus About the Mobility of the Earth and the Stability of the Sun and the New Pythagorean System of the World*. Naples: Lazaro Scoriggio. In Blackwell 1991.

———. 2001 [1615]. *Trattato della divinatione naturale cosmologica ovvero de'pronostici e presagi naturali delle mutationi de TEMPI, & c. Facsimile ed.* Ed. Luciano Romeo. [Naples: Lazaro Scoriggio] Cosenza: Progetto 2001.

Fox, Robert, ed. *Thomas Harriot: An Elizabethan Man of Science*. Aldershot: Ashgate.

Fracastoro, Girolamo. 1538. *Homocentrica*. Venice: Joannes Patauino et Venturino Roffinello.

Franchini, Dario A., et al. 1979. *La scienza a corte: Collezionismo eclettico, natura e immagine a Mantova fra Rinascimento e Manierismo*. Rome: Bulzoni Editore.

Franz, Günther. 1977. "Bücherzensur und Irenik: Die theologische Zensur im Herzogtum Württemberg in den Konkurrenz von Universität und Regierung." In Brecht 1977, 123-94.

Frati, Lodovico. 1908. "Ricordanze Domestiche di Notai Bolognesi." *Archivio Storico Italiano* (series 5, tome 41): 3-15.

Freedberg, David. 2002. *The Eye of the Lynx: Galileo, His Friends, and the Beginnings of Modern Natural History*. Chicago: University of Chicago Press.

Freedman, Joseph S. 1984. *Deutsche Schulphilosophie im Reformationszeitalter (1500-1650): Ein Handbuch für den Hochschulunterricht.* Münster: MAKS Publikationen.

——. 1988. *European Academic Philosophy in the Late Sixteenth and Early Seventeenth Centuries: The Life, Significance and Philosophy of Clemens Timpler (1563/4-1624).* 2 vols. Hildesheim: Olms.

Freeland, Guy, and Anthony Corones, eds. 2000. *1543 and All That: Image and Word, Change and Continuity in the Proto-scientific Revolution.* Boston, MA: Kluwer.

French, Roger. 1994. "Astrology in Medical Practice." In García-Ballester et al. 1994, 30-49.

Freudenthal, Gad. 1983, "Theory of Matter and Cosmology in William Gilbert's *De Magnete.* " *Isis* 74: 22-37.

Friesen, John. 2003. "Archibald Pitcairne, David Gregory and the Scottish Origins of English Tory Newtonianism, 1688-1715." *History of Science* 41: 163-91.

Frischlin, Nicodemus. 1573. *Consideratio novae stellae, quae mense Novembri, anno salutis MDLXXII in Signo Cassiopeae populis Septentrionalibus longè apparuit.* Tübingen: n. p.

——. 1601 [1586] . *De Astronomicae Artis cum Doctrina Coelesti et Naturali Philosophia, Congruentia, Ex Optimis quibusque Graecis Latinisque scriptoribus, Theologis, Medicis Mathematicis, Philosophis et Poëtis collecta: Libri Quinque. Passim inserta est huic operi solida diuinationum Astrologicarum confutatio, repetita ex optimis quibusque Auctoribus, tàm recentibus quàm veteribus, quorum nomina post praefationem inuenies.* Frankfurt: Typis Wolffgangi Richteri.

Frugoni, Arsenio, ed. 1950. *Carteggio umanistico di Alessandro Farnese.* Florence: Olschki.

Fucíková, Eliška, ed. 1997a. *Rudolf II and Prague: The Court and the City.* Prague: Thames and Hudson.

——. 1997b. "Prague Castle under Rudolf II, His Predecessors and Successors." In Fucíková 1997a.

Fulco, Gulielmus [William Fulke] . 1560. *Antiprognosticon Contra Inutiles Astrologorum Praedictiones Nostradami, Cuninghami, Loui, Hilli, Vaghami, & Reliquorum Omnium.* London: Henry Sutton.

Funck, Johann. 1559. *Apocalypsis: Der Offenbarung Künfftiger Geschicht Johannis, ... bis an der welt ende, Auslegung... Mit einer Vorrede Philip. Melanth.* Schleusingen: Hamsing.

Funkenstein, Amos. 1975a. "Descartes, Eternal Truths, and the Divine Omnipotence." *Studies in History and Philosophy of Science* 6: 185-99.

——. 1975b. "The Dialectical Preparation for Scientific Revolutions: On the Role of Hypothetical Reasoning in the Emergence of Copernican Astronomy and Galilean Mechanics." In Westman 1975a, 165-203.

——. 1986. *Theology and the Scientific Imagination from the Middle Ages to the Seventeenth Century.* Princeton, NJ: Princeton University Press.

Fusai, Giuseppe. 1975 [1905] . *Belisario Vinta: Ministro e consigliere di stato dei Granduchi Ferdinando I e Cosime II de'Medici(1542-1613).* Florence: Gozzini. Gabotto, Ferdinando. 1891. *Nuove ricerche e documenti sull'astrologia all corte degli Estensi e degli Sforza.* Turin: La Letteratura.

Gaffurio, Franchino. 1967 [1492] . *Theorica Musice.* Facsimile ed. [Milan.] New York: Broude Bros.

——. 1969. The *"Practica Musicae" of Franchinus Gafurius.* Trans. I. Young. Madison: University of Wisconsin Press.

——. 1979 [1496] . *Practica Musice.* [Milan.]

New York: Broude Bros.

——. 1993. *The Theory of Music*. Trans. W. K. Kreyszig. New Haven: Yale University Press.

Galilei, Galileo. 1890-1909. *Le opere di Galileo Galilei: Edizione nazionale sotto gli auspicii di sua Maestà il re d'Italia*. 20 vols. in 21. Florence: Tip. di G. Barbèra.

——. 1957. *Letters on Sunspots*. In Drake 1957.

——. 1960. *The Assayer*. Trans. S. Drake and C. D. O'Malley. In Drake and O'Malley 1960.

——. 1967. *Dialogue Concerning the Two Chief World Systems*. Trans. S. Drake. Berkeley: University of California Press.

——. 1989a. *Sidereus Nuncius, or The Sidereal Messenger*. Trans. Albert Van Helden. Chicago: University of Chicago Press.

——. 1986b [1615] . "Considerations on the Copernican Opinion." In Finocchiaro 1989. 70-86.

——. 1989c. "Galileo's Discourse on the Tedes." In Finocchiaro 1989, 119-33.

——. 1992. *Sidereus Nuncius: Le Messager Celeste*. Trans. and ed. Isabelle Pantin. Paris: Les Belles Lettres.

——. 1997. *Galileo on the World Systems: A New Abridged Translation and Guide*. Trans: M. A. Finocchiaro. Berkeley: University of California Press.

——. 2010. *Galileo Galilei and Christoph Scheiner, "On Sunspots."* Trans. and intro. Eileen Reeves and Albert Van Helden. Chicago: University of Chicago Press.

Galileo Galilei e la cultura Veneziana. 1995. Venice: Istituto Veneto di Scienze, Lettere ed Arti.

Galison, Peter. 1997. *Image and Logic: A Material Culture of Microphysics*. Chicago: University of Chicago Press.

Galluzzi, Paolo. 1980. "Il mecenatismo mediceo e le scienze." In Vn Vasoli 1980a, 189-215.

——. 1982. "Motivi paracelsiani nella Toscana di Cosimo II e do Don Antonio dei Medici: Alchimia, medicina 'chimica' e riforma del sapere." In Zambelli 1982, 31-62.

——. ed. 1984. *Novità celesti e crisi del sapere*. Atti del Convegno Internazionale di Studi Galileiani. Florence: Giunti Barbèra.

——. 1998. "The Sepulchers of Galileo: The 'Living' Remains of a Hero of Science." In Machamer 1997, 417-47.

Garber, Daniel. 1992. *Descartes' Metaphysical Physics*. Chicago: University of Chicago Press.

——. 2004. "on the Frontlines of the Scientific Revolution: How Mersenne Learned to Love Galileo." *Perspectives on Science* 12: 135-63.

Garcaeus, Johannes, Jr. 1556. *Tractatus Brevis Utilis, de Erigendis Figuris Coeli, Verificationkibus, Revolutionibus et Directionibus. Ad illustrissmun Principem ac Dominum Pomeraniae Ducem*. Wittenberg: Heirs of Georg Rhau.

——. 1569. *Eine Christliche kurze Widerholung der warhafftigen Lere und bekentnis unsers Glaubensvon der Zukunfft des Herrn Christi zum Gericht*. Wittenberg.

——. 1576. *Astrologiae Methodus in qua Secumdum Doctrinam Ptolemmaei Genituras Qualescunque Iudicandi Ratio Traditur*. Basel: Henricus Petri.

Garcí-Ballester, Luis, et al. 1994. *Practical Medicine from Salerno to the Black Death*. Cambridge: Cambridge University Press.

Garin, Eugenio. 1942. "Il Carteggio di Pico della Mirandola." *La Rinascita* 5: 567-91.

——. 1975. "Alle origini della polemica anticopernicana." *Studia Copernicana* 6(Colloquia Copernicana 2): 31-42.

——. 1983. *Astrology in the Renaissance: The Zodiac of life*. Rev. trans . E. Garin and C. Robertson. London: Routledge and Kegan Paul.

Gassendi, Pierre. 1655. *Tychonis Brahei, Equitis Dani, astronomorum coryphaei, vita... Accessit Nicolai Copernici, Georgii Peurbachii, et Joannis Regiomontani Astronomorum celebrium vita.* Paris: Apud Viduam Mathurini Dupuis.

——. 1659. The *Vanity of Judiciary Astrology, or Divination by the Stars.* Trans. A Person of Quality.

London: Printed for Humphrey Moseley.

Gatti. Hilary. 1993. *The Natural Philosophy of Thomas Harriot.* Oxford: Oxford University Press.

——. 1997. "Giordano Bruno's *Ash Wednesday Supper* and Galileo's *Dialogue of the Two Major World Systems.*" *Bruniana and Campanelliana* 3: 283-300.

——. 1999. *Giordano Bruno and Renaissance Science.* Ithaca, NY: Cornell University Press.

——, ed. 2002. *Giordano Bruno: Philosopher of the Renaissance.* Aldershot: Ashgate.

Gaukroger, Stephen. 1995. Descartes: *An Intellectual Biography.* Oxford: Clarendon Press.

——. 2001. *Francis Bacon and the Transformation of Early-Modern Philosophy.* Cambridge: Cambridge University Press.

——. 2002. *Decartes' System of Natural philosophy.* Cambridge: Cambridge University Press.

Gaulke, Karsten, ed. 2007. *Der Ptolemäus von Kassel: Landgraf Wilhelm IV von Hessen-Kassel und die Astronomie.* Hessen: Museumlandschaft Hessen-Kassel.

Gaurico. Luca. 1552. *Tractatus Astrologicus, In quo agitur de praeteritis multorum hominum accidentibus per proprias eorum genituras ad unguem examinatis.*

Quorum exemplis consimilibus unusquisque de medio genethliacus vaticinari poterit de futuris, Quippe qui per varios casus artem experientia fecit, Exemplo monstrante uiam. Venice: Curius Troianus Nauo.

Gauricus, Pomponius. 1541. *Super Arte poetica Horatii.* Rome.

——. 1969 [1504] . *De Sculptura.* Trans. A. Chastel and R. Klein. Geneva: Droz.

Gearhart, C. A. 1985. "Epicycles, Eccentrics, and Ellipses: The Predictive Capabilities of Coperniacan Planetary Models." *Archive for the History of Exact Sxiences* 32: 207-23.

Geertz, Clifford. 1983. *Local Knowledge: Further Essays in Interpretive Anthropology.* New York: Basic Boos. Geminus. 1590. *Elementa Astronomiae.* Altdorf: Christoph Lochner.

Gemma, Cornelius. 1578. *De Prodigiosa Specie, Naturaque Cometae, qui Nobis Effulsit Altior Lunae Sedibus, Insolita Prorsus Figura, ac Magnitudine, anno 1557 plus Soprimanis 10 Apodeixis tum Physica tum Mathematica.* Antwerp: Christopher Plantin.

Gemma Frisius, Reiner. 1548. *De Principiis Astronomiae et Cosmographiae, deque usu Globi Cosmographici.* Antwerp: Joannes Steels.

Gentili, Augusto, and Claudia Cieri Via, eds. 1981. *Giorgione e la cultura veneta tra '400 e' 500: Mito, allegoria, analisi iconologica.* Rome: De Luca.

Genuth, Sara Schechner. 1997. *Conmets, Popular Culture, and the Birth of Modern Cosmology.* Princenton, Nj: Princaton University Press.

Gerth, Hans Heinrich, and C. Wright Mills, eds. 2000. *From Max Weber: Essays in Sociology.* London: Routledge and Kegan paul.

Geymonat, Ludovico. 1965. *Galileo Galilei: A Biography and inquiry into His Philosophy of Science.* New York: McGraw-Hill.

Giacobbe, G. C. 1972a. "Il Commentarium de Certitudine Mathematicatum Disciplinarum di Alesandro Piccolomini." *Physis* 14: 162-93.

——. 1972b. "Francesco Barozzi e la 'Quaestio de Certitudine Mathematicarum. '" *Physis* 14: 357-94.

——. 1977. "Un gesuita progressista nella 'Quaestio de Certitudine Mathematicarum' Rinascimentale." *Physis* 19: 51-86.

Giacon, Carlo. 1943. "Copernico, la filosofia e la teologia." *Civiltà Cattolica* 94: 281-90, 367-74.

Giard, Luce. 1991. "Remapping Knowledge, Reshaping Institutions." In Pumfrey, Rossi, and Slawinski 1991, 19-47.

——, ed. 1995a. *Les jésuites à la Renaissance: Système éducatifet production du savoir.* Paris: Presses Universitaires.

——. 1995b. "Le devoird'intelligence ou l'insertion des jésuites dans le monde du savoir." In Giard 1995a, xi-lxxix.

Giard, Luce, and Christian Jacob, eds. 2001. *Des Alexandries, I: Du livre au texte.* Paris: Bibliothèque nationale.

Gilbert, William. 1660. *De Magnete.* London: Peter Short.

——. 1965 [1651]. *De Mundo Nostro Sublunari Philosophia Nova.* [Amsterdam: Elzevir.] Amsterdam: Hertxberger.

——. 1958 [1893]. *Concerning the Magnet, Magnetic Bodies and about this Great Magnet, the Earth; A New Philosophy, demonstrated with many arguments and experiments.* Trans. P. Fleury Motteay. New York: Dover.

Gillies. Donald. 1998. "The Duhem Thesis and the Quine Thesis." In Curd and Cover 1998, 302-19.

Gingerich, Owen. 1970. "Erasmus Reinhold." In *Dictionary of Scientific Biography* 1970-84.

——. 1973a. "From Copernicus to Kepler: Heliocentrism as Model and as Reality." *Proceedings of the American Philosophical Society* 117: 513-22.

——. 1973b. "Copernicus and Tycho." *Scientifie American* 229: 86-101.

——. 1973c. "The Role of Erasmus Reinhold and the Prutenic Tables in the Dissemination of the Coperniacan Theory." *Studia Copernicana* 6 (Colloquia Copernicanna 2): 43-62, 123-25.

——. 1974. "The Astronomy and Cosmology of Copernicus." In Contopoulos 1974, 67-85.

——. 1975. "Dissertatio cum Professore Righini et Sindereo Nuncio." In Righini-Bonelili and Shea 1975, 77-88.

——. 1984. "Phases of Venus in 1610." *Journal for the History of Astronomy* 15: 209-10.

——. 1992a. *The Great Copernicus Chase and Other Adventures in Astronmical History.* Cambridge: Cambridge University Press.

——. 1992b. "Galileo and the Phases of Venus." In Gingerich 1992a, 98-104.

——. 1993a. *The Eye of Heaven: Ptolemy. Copernicus, Kepler.* New York: American Institute of Physics.

——. 1993b. "The Astronomy and Cosmology of Copernicus." In Gingerich 1993a.

——. 1993c. "*De Revolutionius*: An Example of Renaissance Scientific Printing." In Gingerich 1993a, 252-68.

——. 1993d. "Early Copernican Ephemerides." In Gingerich 1993a, 205-20.

——. 2002. *An Annotated Census of Copernicus' "De Revolutionibus"* (Nuremberg, 1543 *and* Basel, 1566). Leiden: Brill.

——. 2004. *The Book Nobody Read: Chasing the Revolutions of Nicolaus Copernicus.* New York: Walker and Co.

——. 2008. Lecture delivered at the conference "Kepler 2008: From Tübinggen to Zagań," University of Zielona Góra, June 22.

Gingerich. Owen, and Jerzy Dobexycki. 1993. "The Master of the 1550 Radices: Jofrancus Offusius." *Journal for the History of Astronomy* 24: 235-53. Gingerich, Owen, and Albert Van Helden. 2003. "Form *Occhiale* to Printed Page: The Making of Galileo's *Sidereus Nuncius*." *Journal for the History of Astronomy* 34: 251-67.

Gingerich, Owen, and James Voelkel. 1998. "Tycho Brahe's Copernican Canmpaign." *Journal for the History of Astronomy* 29: 1-34.

Gingerich, Owen, and Robert S. Westman. 1988. The *Wittich Connection: Conflict and Priority in Sixteenth Century Consmollgy.* Philadephia: Transactions of the American Philosephical Society, 78, pt. 7

Ginsberg, Morris. 1973. "Progress in the Modern Era." In *Dictionary of the History of Ideas*, 3: 633-50.

Giordano Bruno, 1548-1600: *Mostra storico documentaria*, 2000. Florence: Leo S. Olschiki.

Giuntini, Francesco. 1573. *Speculum Astrologiae, quod Attinet ad Iudiciariam Rationem Natiuitatum atque Annuarum Reuolutionum: Cum Nonnullis Approbatis Astrologorum Sententiis.* Louvain: Philippus Tinghi.

———. 1581. *Speculum Astrolgiae, Universam Mathematicam Scientiam in Certas Classes Digestam Complectens. Accesserunt Etiam Commentaria... in Duos Posteriores Quadripartiti Ptolemaei Libros, etc.* 2 *vols.* Lyons: Philippus Tinghi.

Gleick. James. 2003. *Isaac Newton.* New York: Pantheon.

Glogau, John of. 1480. *Prognosticum:* n. p.

Glymour, Clark. 1974. "Freud, Kepler. and the Clinical Evidence." In Wollheim 1974, 285-304.

Goclenius, Rudolf, the Younger. 1618. *Acroteleuticon Astrologicum.* Marburg.

Goddu, André. 1996. "The Logic of Copernicus's Arguments and His Education in Logic at Krakow." *Early Science and Medicine* 1: 28-68.

———. 2004. "Hypotheses, Spheses and Equants in Copernicus's *De Revolutionibus*." In Bouazzati 2004, 71-95.

———. 2006. "Reflections on the Orgin of Copernicus's Cosmology." *Journal for the*

History of Astronomy 37: 37-53.

———. 2010. *Copernicus and the Aristotelian Tradition: Education, Reading, and Philosophy in Copernicus's Path to Heliocentrism.* Leiden: Brill.

Godman, Peter. 2000. *The Saint as Censor: Robert Bellarmine between Inquisition and Index.* Leiden: Brill.

Goffman, Erving. 1956. "The Nature of Deference and Demeanor." *American Anthroplogist* 58: 475-99.

Golan, Tal. 2004. *Laws of Men, Laws of Nature.* Cambridge, MA: Harvard University Press.

Goldstein, Bernard R. 1967. *The Arabic Version of Ptolemy's Planetary Hypotheses.* Philadelphia: Transactions of the American Philosophical Society 57.

———. 1969. "Some Medieval Reporst of Venus and Mercury Transits." *Centaurus* 14: 49-59.

———. 1987. "Remarks on Gemma Frisus's *De Radio Astronomico et Geometrico.* " In Berggren and Gold stein 1987, 167-80.

———. 1994. "Historical Perspctives on Copernicus's Account of Precession." *Journal for the History of Astronomy* 25: 189-97.

———. 2002. "Copernicus and the Origins of His Heliocentric System." *Journal for the History of Astronomy* 33: 219-35.

Gooding, David. 1986. "How Do Scientists Reach Agreement about Novel Observations?" *Studies in History and Philosophy of Science* 17: 205-30.

Gorski, Karol. 1978. "Copernicus and Cayado." *studia Copernicanna* 16: 397-401.

Gouk, Penelope. 1988. *The Ivory Sundals of Nuremberg*, 1500-1700. Cambridge: Whipple Museum.

Grafton, Anthony. 1973. "Michael Maestlin's Account of Copernican Planentary Theory." *Proceedings of the American Philosophical Society* 117: 523-50.

——, ed. 1991a. *Defenders of the Text: The Traditions of Scholarship in an Age of Science, 1450-1800*. Cambridge. MA: Harvard University Press.

——. 1991b. "Humanism and Science in Rudolphine Prague: Kepler in Context." In Grafton 1991a, 178-203.

——. 1997. *Commerce with the Classics: Ancient Books and Renaissance Readers*. Ann Arbor: University of Michigan Press.

——. 1999. *Cardano's Cosmos: The Words and Work of a Renaissance Astrologer*. Cambridge, MA: Harvard University Press.

Grafton, Anthony, and Lisa Jardine, eds. 1986. *From Humanism to the Humanities*. London: Duckworth.

Granada, Miguel A. 1990. "L'Interpretaxione Bruniana di Copernico e la 'Narratio Prima'di Rheticus." *Rinascimento* 30: 343-65.

——. 1994. "Thomas Digges, Giordano Bruno y el Desarrollo del Copernicanismo en Inglaterra." *Éndoxa: Series Filosóficas* 4: 7-42.

——. 1995. "Introduction." In Bruno 1995, xx-xxx.

——. 1996a. "Il problema astronomico-cosmlogico ele sacre scritture dopo Copernico: Christoph Rothmann e la 'Teoria dell 'Accomodazione.'" *Rivista di Storia della Filosofia* 4: 789-828.

——. 1996b. *El debate cosmológico en 1588: Bruno, Brahe, Rothmann, Ursus, Röslin*. Naples: Bibliopolis, 1996.

——. 1997a. "Giovanni Maria Tolosani e la prima reazione romana di fronte al 'De revolutionibus': La critica di Copernico nell'opuscolo 'De coelo et elementis.'" In Bucciantini and Torrini 1997, 11-35.

——. 1997b. "Cálcelos cronológicos, novedades cosmológicasy expectativas escatológicas en la Europa del siglo XUI." In Granada 2000a, 379-478.

——. 1999a. "Christiph Rothmann und die Autlösug der himmlischen Sphären. Die Briefe an den Landgrafen von Hessen-Kassel 1585." In Dick and Hamel 1999, 34-57.

——. 1999b. " 'Esser Spogliato dall'Umana Perfezione e Giustizia': Nueva evidencia de la presencia de Averroes en la obra y en el proceso de Giordano Bruno." *Bruniana e Campanelliana: Ricerche filosofiche e materiali storico-testuali* 5: 305-31.

——. 2000a. *El Umbral de la Modernidad: Estudios sobre filosofia, religión y ciencia entre Petrarca y Descartes*. Barcelona: Herder.

——. 2000b. "Prologue." In Roeslin 2000, vii-xv.

——, ed. 2001. *Cosmoloía, teología y religión en la obra y en el proceso de Giordano Bruno*. Barcelona: Publicacions Universita Barcelona.

——. 2002a. *Sfere solide e cielo fluide: Momenti del dibattito cosmologico nella seconda metà del Cinquecento*. Naples: Angelo Guerini.

——. 2002b. *Giordaano Bruno: Universo infinito, unión con Dios, perfección del hombre*. Barcelona: Herder, 2002.

——. 2004a. "Aristotle, Copernicus, Bruno: Centrality, the Principle of Movement, and the Extension of the Universe." *Studies in History and Philosophy of Science* 35: 91-114.

——. 2004b. "Astronomy and Cosmology in Kassel: The Contributions of Christoph Rothmann and His Relationship to Tycho Brahe and Jean Pena." In Zamrzlová 2004, 237-48.

——. 2006. "Did Tycho Eliminate the Celestial Spheres before 1586?" *Journal for the History of Astronomy* 37: 125-45.

——. 2007a. "The Defence of the Movement of the Earth in Rothmann, Mastlin and Kepler: From Heavenly Geometry to Celestial Physics." In Bucciantini, Camerota, and Roux 2007, 95-119.

——. 2007b. "Michael Maestlin and the New Star of 1572." *Journal for the History of Astronomy* 38: 99-124.

——. 2009. "Kepler and Bruno on the Infinity of the Universe and of Solar Systems." In Kremer and Wlodarczyk 2009, 131-58.

Granada. Miguel A., and Dario Tessicini. 2005. "Copernicus and a Fracastoro: The Dedicatory Letters to Pope Paul III, the History of Astronomy, and the Quest for Patronage." *Studies in History and Philosophy of Science* 36: 431-76.

Grant, Edward. 1974. *A Source Book in Medieval Science.* Cambridge, MA: Harvard University Press.

——. 1978. "Aristotelianism and the Longevity of the Medieval World View." *History of Science* 16: 93-106.

——. 1984. "In Defense of the Earthe's Centrality and Immobility: Scholastic Reaction to Copernicanism in the Seventeenth Century. " *Transactions of the American Philosophical Society* 74: 1-69.

——. 1994. *Planets, Orbs and Spheres: The Medieval Consmos,* 1280-1687. Cambridge: Cambridge University Press.

——. 1996. *The Foundations of Modern Science in the Middle Ages: Their Religious, Institutional and Intellextual Contexts.* Cambride: Cambridge University Press.

Grassi, Giovanna. 1989. *Union Catalogue of Printed Books of 15th, 16th and 17th Centuries in European Astronomical Observatories.* Rome: Vecchiarelli.

Greenblatt. Stephen. 1980. Renaissance *Self-Fashionting: From More to Shakespeare.* Chicago: University of Chicago Press.

Gregory, James. 1668. "An Account of Controversy betwixt Stephano de Angelis, Professor of the Mathematics in Padua, and Joh. Baptista Riccionli Jesuite; as it was communicated out of their lately Printed Books, by that Learned Mathematician Mr. Jacob Gregory, a Fellow of the R. Society." *Philosophical Transactions of the Royal Society* 3: 693-98.

Gregory. Tullio. 1983. "Temps astrologique et tepms chrétien." In Leroux 1984, 557-73.

Grendler, Marcella. 1980. "A Greek Collection in Padua: The Library of Gian Vincenzo Pinelli (1535-1601)." *Renaissance Quarterly* 33: 386-16.

Grendler, Paul F. 1977. *The Roman Inquisition and the Venetian Press*, 1540-1605. Princeton, NJ: Princeton University Press.

——. 1988. "Printing and Censorship." In Schmitt and Skinner 1988, 25-53.

——. 1989. *Schooling in Renaissance Italy: Literacy and Learning, 1300-1600.* Baltimore: Johns Hopkins University Press.

Grimm, Harold. 1973. *The Reformation Era, 1500-1650.* 2nd ed. New York: MacMillan.

Gualdo, Paolo. 1670. *Vita Ioannis Vincentii Pinelli, Patricii Genuensis.* Augsburg.

Guicciardini, Francesco. 1623. *Storia d'Italia.* Venice: Agostin Pasini.

——. 1969. [1561]. *The History of italy.* Trans. S. Alexander. Princeton, NJ: Princeton University Press.

Guiducci, Mario. 1960 [1619]. *Discourse on the Comets.* Trans. S. Dranke and C. D. O'Malley. Philadelphia: University of Pennsylvania Press.

Gundersheimer, Werner. 1973. *Ferrara: The style of a Renaissance Despotism.* Princeton, NJ: Princeton University Press.

Gundlach, Franz. 1927-2001, *Die akademischen Lehrer der Philipps-Universität in Marburg von 1527 bis 1910.* 3 vols. Marburg: N. G. Elwert'sche Verlagsbuchhandlung. G. Braun.

Günther, Siegmund. 1882. *Peter und Philipp Apian,*

zwei deutsche Mathematiker u. Kartographen: EinBeitrag zur Gelehrten-Geschichte des XVI. Jahrhunderts. Prague: Königl. Böhm. Gesellschaft der Wissenschaften.

Hacking, Ian. 1993. "Working in a New World: The Taxonomic Soluton." In Horwich 1933, 275-310.

Hagecius Thaddaeus. 1553. Practica teusch auff das 1554 jar zu Wienn. Vienna: Syngriener.

——. 1562. Herbár, jinak bilinár [Herbarium, or A Most Useful Herbal] . Prague: Melantrich.

——. 1574. Dialexis de Novae et Prius Incongnitae Stellae Apparitione. Frankfurt.

——. 1576. Responsio ad Virulentum... H. Raymundi... Scriptum: quo iterum confrmare nititur, stellam, quæ anno 72 & 73 supra sesquimillesimun fulsit, non novam, sed veterem fuisse, etc. Prague: George Nigrin.

——. 1578. Descriptio Cometae, qui apparuit Anno Domini MDLCCVII à ix die Nouembris usque ad xiii diem lanuarij, Anni etc. LXXVlll; Adiecta est Spongia contra rimosas et fatuas Cucurbitulas Hannibalis Raymundi, Veronae sub monte Baldo nati, in larua Zanini Petoloti à monte Tonali. Prague: George Melantrich.

——. 1584 [1562]. Aphorismorum Metoposcopicorum Libellus Unus. Frankfurt: Wechel.

Hain, Ludwig. 1826-28. Reportorium Bibiograpicum. Stuttgart: Cottae.

Hale, John Rigby. 1971. "Sixteenth-Century Explanations of War and Violence." Past and Present 51: 3-26.

Hall, A Rupert. 1980. Philosophers at War: The Quarrel between Newton and Leibniz. Cambridge: Cambridge University Press.

Hall, Marie Boas. 1991. Promothing Experimental Learning: Experiment and the Royal Society, 1660-1727. Cambridge: Cambridge University Press.

Hallyn, Fernand. 1990. The Poetic Structure of the World: Copernicus and Kepler. Trans. Donald Leslie. New York: Zone Books.

——. 2004. "Gemma Frisius: A Convinced Copernican in 1555." Filozofski vestnik 25: 69-83.

Hamesse, Jürgen, ed. 1994. Manuel, PROGRAMMES de cours et techniques d'enseignement dans les universités médiévales. Louvain-la-Neuve: Institut d'Etudes Médiévales.

Hamilton, Alastair. 2004. "Humanists and the Bible." In Kraye 2004, 100-117.

Hammer, William. 1951. "Melanchthon, Inspirer of the Study of Astrononmy, with a Translation of His Oration in Praise of Astronomy (De Orione, 1553)." Popular Astronomy 51: 308-19.

Hammerstein, Helga Robinson. 1986. "The Battle of the Booklets: Prognostic Tradition and Proclamation of the word in Early Sixteenth-Century Germany." In Zambelli 1986b, 129-51.

Hankins, James. 1991. "The Myth of the Platonic Academy of Florence." Renaissance Quarterly 44: 429-75.

Hannaway, Owen. 1986. "Laboratory Design and the Aim of Science: Andreas Libavius versus Tycho Brahe." Isis 77: 585-610.

Hannemann, Manfred. 1975. The Diffusion of the Reformation in Southwestern Germany, 1518-1534. Chicago: University of Chicago Press.

Hanson, Norwood Russell. 1973. Constellations and Conjectures. Ed. Willard C. Humphreys. Dordrecht: Reidel.

Harkness, Deborah. 1999. John Dee's Conversations with Angels: Cabala, Alchemy and the End of Nature.

Cambridge: Cambridge University Press.

Harris, Philip Rowland. 1998. A History of the British Museum Library. London: British Museum.

Hartfelder, Karl. 1889. Philipp Melanchthon als

哥白尼问题

Praeceptor Germaniae. Berlin: A. Hofmann.

Hartner, Willy. 1967. "Galileo's Contribution to Astronomy." In McMullin 1967, 178-94.

———. 1973. "Copernicus, the Man and the Work." *Proceedings of the American Philosophical Society* 117: 420-22.

Hasfurt, John of. 1492. *Judicium Baccalarij Johannis Cracoviensis de Hasfurt.* Leipzig: Konrad Kachelofen.

Hatch, Robert. 1982. *The Collection Boulliau* (BN, FF. 13019-13059): *An Inventory.* Philadelphia: American Philosophical Society.

Hatfield, Gary. 1990. "Metaphysics and the New Science." In Lindberg and Westman 1990, 93-166.

Hayton, Darin. 2004. "Astrologers and Astrology in Vienna during the Era of Emperor Maximilian I (1493-1519)." PhD diss., University of Notre Dame.

———. 2007. "Astrology as Political Propaganda: Humanist Responses to the Turkish Threat in Early Sixteenth Century Vienna." *Austrian History Yearbook* 38: 61-91.

Headley. John M. 1963. *Luther's view of Church History.* New Haven: Yale University Press.

———. 1997. *Tommaso Campanella and the Transformation of the World.* Princeton, NJ: Princeton University Press.

———. 2004. "Introduction." In Headley, Hillerbrand, and Papalas 2004, xvii-xxv.

Headley, John M., Hans J. Hillerbrand, and Anthony J. Papalas, eds. 2004. *Confessionalization in Europe,* 1555-1700. Aldershot: Ashgate.

Heckius [van Heeck] , Johannes. 1605. *De Nova Stella Disputation.* Rome: A. Zanetti.

Heerbrand, Jacob. 1571. *Compendium Theologiae Methodi Quaestionibus Tractatum.* Tübingen: Georg Gruppenbach.

Heilbron, John L. 1983. *Physics at the Royal Society during Newton's Presidency.* Los Angeles: William Andrews Clark Memorial Library.

———. 1999. *The Sun in the Church.* Cambridge, MA: Harvard University Press.

———. 2005. "Censorship of Astronomy in Italy after Galileo." In McMullin 2005a, 279-322.

Helbing, Mario Otto. 1997. "Mobilità della terra e riferimenti a Copernico nelle opere dei professori dello Studio di Pisa." In Bucciantini and Torrini 1997, 57-66.

Heller, Joachim. 1549. *Practica auff das MDXLIX Jar/Gestelt durch Joachim Heller/der Astronomey verordenten leser zu Nürmbeg.* Nuremberg: Johann vom Berg und Ulrich Neuber.

———. 1551. *Practica auff 1551.* Nuremberg: Johannvom Berg und Ulrich Neuber.

———. 1557. *Practica auf das MDLVII Jar sampt Anzeygung unnd erclerung/Was die erscheinung/ unnd bewegung/ des vergangenen unnd quuor angezeygten Cometen Im sechs und Funfftstigsten Jar gewesen und bedeutet habe. Aus warem grundt der Astronomey von denem Practicirt und gestellet durch.* Nuremberg: J. Heller.

Hellman, C. Doris. 1944. *The Comet of 1577: Its Place in the History of Astronomy.* New York: Octagon.

Hellmann, Gustav, ed. 1898. *Rara Magnetica, 1296-1599.* Berlin: A. Asher and Co.

———. 1924. *Versuch einer Geschichte der Wetter-Vorhersage im XVI Jahrhumdert.* Abhanlungen der Preussischen Akademie der Wissenschaften, Physikalische-Mathematische Klasse, 1. Berlin: Akademie der Wissenschaften.

Hellyer, Marcus. 2005. *Catholic Physics: Jesuit Early Modern Philosophy in Early Modern Germany.* Notre Dame, IN: University of Notre Dame Press.

Hemminga, Sixtus ab. 1583. *Astrologiae Ratione et Experientia Refutate Liber: Continens breuem quandam Apodixin de incertitudine & vanitate Astrologica, & particularium praedictionum exempla triginta: nunc primùm in lucem editus contra Astrologos Cyprianum Leouitium, Hieronymun Cardanum; & Lucam Gauricum.* Antwerp: Christopher Plantin.

Henderson, Janice. 1975. "Erasmus Reinhold's Determination of the Distance of the Sun from the Earth." In Westman 1975a, 108-30.

Henninger-Voss, Mary J. 2000. "Working Machines and Noble Mechanics: Guidobaldo del Monte and the Translation of Knowledge." *Isis* 91: 233-59.

Henry, John. 1982. "Thomas Harriot and Atomism: A Reappraisal." *History of Science* 20: 267-303.

——. 1997. *The Scientific Rcvolution and the Origins of Modern Science.* New York: St. Martin's Press.

Henry, John, and Sarah Hutton, eds. 1990. *New Perspctives on Renaissance Thought: Essays in the History of Science, Education and Philosophy in Memory of Charles B. Schmitt.* London: Duckworth.

Herlihy, David. 1991. "Famliy." *American Historical Review* 96: 1-16.

Heydon, Christopher. 1603. *A Defense of Iudiciall Astrologie, in Answer to a Treatise Lately Published by M. Iohn Chamber.* Cambridge: Iohn Legat.

——. 1650. *An Astrological Discourse with Mathematical Demonsrations, Prouing the Powerful and Harmonical Influence of the Planets and Fixed Stars upon Elementary Bodies in Justification of the Validity of Astrology: Together with an Astrological Judgment upon the Great Conjunction of Saturn and Jupiter* 1603. London: Nicholas Fiske.

Hildericus, Theodorico Edo. 1568. *Logistice Astronomica.* Wittenberg.

——. 1590. *Gemini Elementa Astronomiae, Graece et Latine.* Altdorf.

Hill, Katherine. 1998. " 'Juglers or Schollers?':

Negotiating the Role of a Mathematical Practitioner." *British Journal for the History of Science* 31: 253-74.

Hill, Nicholas. 1619 [1601] . *Philosophia Epicurea, Democritiani, Theophrastica proposita simpliciter, non edocta.* Geneva: Fabriana.

Hine, William L. 1973. "Mersenne and Copernicanism." *Isis* 64: 18-32.

Hipler. Franz. 1868. *Nikolaus Kopernikus und Martin Luther: Nach Ermländichen Archivalien.* Braunsberg: Eduard Peter.

——. 1875. "Die Portraits des Nikolaus Kopernikus." *Mitteilungen des Ermiändischen Kunstvereins*3.

Hirsch, Rudolf. 1967. *Printing, Selling, and Reading, 1450-1550.* Wiesbaden: Otto Harrassowitz.

Hobsbawm, Eric. 1994. *The Age of Extremes: A History of the World, 1914-1991,* New York: Vintage.

Hofmann, Norbert. 1982. *Die Artistenfakultät an der Universität Tübingen, 1534-1601.* Tübingen: Franz Steiner Verlag.

Hollis. Martin. 1997. Models of Man: *Philosophical Thoughts on Social Action.* Cambridge: Cambridge University Press.

Hooke. Robert. 1665. *Micrographia: Or Some Physiological Descriptions of Minute Bodies made by Magnifying Glasses.* London: Martyn and Allestry.

——. 1674. *An Attempt to Prove the Motion of the Earth from Observations.* London: John Martyn.

Hooykaas. Reijer. 1958. *Humanisme, science et réforme: Pierre de la Ramée(1515-1572).* Leiden: Brill.

——. 1984. *G. J. Rheticus' Treatise on Holy Scripture and the Motion of the Earth.* A-msterdam: North Holland Publishing.

Hope, Charles. 1982. "Artists, Patrons and Advisers in the Italian Renaissance." In Lytle and Orgel 1982, 293-343.

哥白尼问题

Horace. 1926. *Satires, Epistles, and Ars Poetica,* Trans. H. R. Fairchough. Cambridge, M A: Harvard University Press.

Horkyá Lochovič, Martin. 1610. *Brevissima Peregrination contra Nuncium Sidereum nuper ad Omnes Philosophoset Mathematicos Emissum.* [Mutinae(Modena): Julianus Cassianus] . In Galilei 1890-1909, 3: 129-44.

Horský. Zdeněk. 1975. "Bohemia and Moravia and Copernicus." In *The 500th Anniversary of the Birth of Nicholas Copernicus,* 46-100. Prague: Czechoslovak Astronomical Society.

Horský, Zdeněk, and Emma Urbánková. 1975. Tadeáš *Hájek z Hájku (1525-1600) a jeho doba.* Prague: Statní Knihovna.

Horwich, Paul. 1993. *World Changes: Thomas Kuhn and the Nature of Science.* Cambridge, MA: MIT Press.

Höss, Irmgard. 1972. "The Lutheran Church of the Reformation: Problems of Its Formation and Organization in the Middle and North German Territories." In Buck and Zophy 1972, 317-39.

Houzeau, Jean-Charles, and Albert Lancaster. 1882-89. *Bibliographie générale de l'astronoie. 2 vols.* Brussels: F. Hayez.

Howell, Kenneth J. 2002. *God's Two Books: Copernican Cosmilogy and Biblical Interpretation in Early Modern Science.* Notre Dame, IN: University of Notre Dame Press.

Hoyningen-Huene, Paul 1993. *Reconstructing Scientific Revolutions: Thomas S. Kuhn's Philosophy of Science.* Trans. A. T. Levine. Chicago: University of Chicago Press.

Hsia. R. Po-Chia. 1998. *The World of Catholic Renewal, 1540-1770.* Cambridge: Camridge University Press.

Hübner, jürgen. 1975. *Die Theologie Johannes Keplers: Zwischen Orthodoxie und Naturwissenschaft.* Tübingen.

Hunt, Bruce. 1983. " 'Practice vs. Theory': The British Electrical Debate, 1888-1891." *Isis* 74: 341-55.

Hunter, Michael. 1987. "Science and Astrology in Seventeenth-Century England: An Unpublished Polemic by John Flamsteed." In Curry 1987, 261-300.

Hunter, Michael, and Simon Schaffer, eds. 1990. *Robert Hooke: New Studies.* London: Boydell and Brewer.

Hutchison, Keith. 1987. "Towards a Political Iconology of the Copernican Revolution." In Curry 1987, 95-142.

Huygens, Christiaan. 1888-1950. *Oeuvers complètes.* 22 vols. The Hague: M. Nijhoff.

Iliffe, Robert. 1995. " 'Is He Like Other Men?' The Meaning of the *Principia Mathematica* and the Author as Idol." In Maclean 1995, 159-76. "Index Paulus IV... January 1559," In Reusch 1961, 176-208.

Ingegno, Alfonso. 1988. "The New Philosophy of Nature." In Schmitt and Skinner 1988, 236-63.

Israel, Jonathan. 1995. *The Dutch Republic: Its Rise, Greatness, and Fall,* 1477-1806. Oxford: Clarendon.

——. 2001. *Radical Enlightenment: Philosophy and the Making of Modernity,* 1650-1750. Oxford: Oxford University Press.

Jacob, James R. 1997. *The Scientific Revolution: Aspirationsand Achiveements, 1500-1700.* Atlantic High lands, NJ: Humanities Press.

Jacob, Margaret C. 1976. *The Newtonoans and the English Revolution,* 1689-1720. Ithaca. NY: Cornell University Press.

Jacobsen, Theodor S. 1999. *Planetary Systems from the Anicient Greeks to Kepler.* Seattle. WA: University of Washington Press.

Jacquot, Jean, 1974. "Harriot, Hill, Warner and the New Philosophy." In Shirley 1947a, 107-28.

James VI and I. 1588. *A fruitefull meditation, containing a plaine and easie exposition.... of* the 7. 8. 9. and 10. verses of the 20. Chap. Of the Revelation. Edinburgh: Henry Charteris.

——. 1603. *Daemonologie, in Forme of a Dialogue*. London: Willam Cotton and William Aspley.

——. 1604. *Daemonologia: Hoc est, Adversus Incantationem siue Magiam Institutio Forma Dialogi Concepta, & in Libros III. Distincta*. Hannover: Guulielmus Antonius.

——. 1994. *Political Writings*. Cambridge: Cambridge University Press.

Jardine, Nicholas 1979. "The Forging of Modern Realism: Clavius and Kepler against the Sceptics." *Studies in History and Philosophy of Science* 10: 141-13.

——1982. "The Significance of the Copernican Orbs." *Journal for the History of Astronomy* 13: 168-94.

——. 1984. *The Birth of History and Philosophy of Science: Kepler's "A Defense of Tycho against Ursus," with Essays on Its Provenance and Significance*. Cambridge: Cambridge University Press.

——. 1987. "Scepticism in Renaissance A stronomy: A Preliminary Study." In Popkin and Schmitt 1987, 83-102.

——. 1988. "Epistemology of the Sciences." In Schmitt and Skinner 1988, 685-711.

——. 1991. *Scenes of Inquiry: On the Reality of Questions in the Sciences*. Oxford: Clarendon.

——. 1998. "The Places of Astronomy in Early-Modern Culture." *Journal for the History of Astronomy* 29: 49-62.

——. 2003. "Whigs and Stories: Herbert Butterfield and the Historiography of Science." *History of Science* 41: 125-40.

Jardine, Nicholas, and Alain Segonds. 1987. "A Challenge to the Reader: Petrus Ramus on *Astrologia* without Hypotheses." In Popkin and Schmitt 1987, 83-102.

——. 2008. *La guerre des astronomes: La querelle au sujet de l'origine du système géo-héliocentrique à la fin du XVIe siècle*. 2 vols. Paris: Les Belles Lettres.

Jardine, Nicholas, Adam Mosley, and Karin Tybjerg. 2003. "Epistolary Culture, Editorial Practices, and the Propriety of Tycho's *Astronomical Letters*." *Jornal for the History of Astronomy* 34: 421-51.

Jarrell, Richard. 1971. "The Life and Scientific Work of the Tübingen Astronmer, Michael Maestlin, 1550-1631." PhD diss., University of Toronto.

——. 1981. "Astronomy at the University of Tübingen: The Work of Michael Mästlin." In Seck 1981, 9-19.

Jaszi. Petter, and Martha Woodmansee, eds. 1994. *The Construction of Authorship: Textual Appropriation in Law and Literature*. Durham. NC: Duke University Press.

Jay. Martin. 1984. *Marxism and Totallity: The Adventures of a Concept from Lukács to Habermas*. Berkeley: University of California Press.

Jervis. Jane. 1985. *Cometary Theory in Fifteenth-Century Europe*. Warsaw: Polskiej Akademii Nauk.

Jöcher, Christian Gottlieb. 1784-1897. *Gelehrtenlexikon*. 4 vols. Leipzing.

John Paul II. 1992. "Lessons of the Galileo Case: Discourse to the Pontifical Academy of Sciences." *Origins* 22: 370-74.

Johns, Adrian. 1998. *The Nature of the Book: Print and Knowledge in the Making*. Chicago: University of Chicago Press.

Johnson, Francis R. 1937. *Astronomical Thought in Renaissance England: A Study of the English Scientific Wrirings from 1500 to 1645*. Baltimore: Johns Hopkins University Press.

——. 1952. "The History of Science in Elizabethan England: The Life and Times of

Thomas and Leonard Digges." Unpulished lecture, History of Science Society.

——. 1953. "Astronomical Testbooks in the Sicteenth Century." In Underwood 1953, 1: 285-302.

——. 1959. "Commentary on Derek J. deSolla Price." In Clagett 1959, 219-21.

Johnson, Francis R., and S. V. Larkey. 1934. "Thomas Digges, the Copernican system, and the Idea of the Infinity of the Universe in 1576." *Huntington Library Bulletin* 5: 69-117.

Johnston, Stephen Andrew. 1994. "Making Mathematical Practice: Gentlemen, Practitioners and Artisans in Elizabethan England." PhD diss., University of Cambridge.

Jones, Alexander, ed, 2010. *Ptolemy in Perspective: Use and Criticism of his Work from Antiquity to the Nineteenth Centruy.* New York: Springer.

Jung, Carl G., and Wolfgang Pauli. 1955. *The Interpretation of Nature and the Psyche.* Trans. P. Sitz. London: Routledge and Kegan Paul.

Kaiser, David. 2005. Drawing Theories Apart: *The Dispersion of Feynman Diagrams in Postwar Physice.* Chicago: University of Chicago Press.

Kargon, Robert. 1966. *Atomism in England from Hariot to Newton.* Oxford: Oxford University Press.

Kassell, Lauren. 2005. *Medicine and Magic in Elizabethan London. Simon Forman: Astrologer, Alchemist and Physician.* Oxford: Clarendon.

Kaufmann, Thomas DaCosta. 1993. *The Mastery of Nature: Aspects of Art, Science, and Humanism in the Renaissance.* Princeton, NJ: Princeton University Press, 1993.

Kelly, John Norman Davidson. 1986. *The Oxford Dictionary of Popes.* Oxford: Oxford University Press.

Kelter, Irving A. 1992. "Paolo Foscarini's Letter to Galileo: The Search for Proofs of the Earth's Motion." *Modern Schoolman* 70: 31-44.

Kempfi, Andrzej. 1969. "Erasme et la vie intellectuelle en Warmie au temps de Nicolas Copernic." In Margolin 1972, 397-406.

——. 1972. "Tydeman Giese jako uczen i korespondent Erazmu z Rotterdamu miedzy Fromborkiem a Bazylea." *Kommentarze Fromborskie* 4: 26-44.

——. 1980. "Tolosani versus Copernicus." *Organon* 16-17: 239-54.

Kent, F. W., Patricia Simmmons, and J. C. Eade, eds. 1987. *Patronage, Art, and Society in Renaissance Italy.* Oford: Clarendon Press.

Kepler, Gustav. 1931. *Familiengeschichte Keppler.* 2 vols. Görlitz: C. A. Starke.

Kepler, Johannes. 1604. *Gründtlicher Bericht von einem ungewöhnlichen newen Stern.* Prague: Schumans Druckerei.

——. 1606. *De Stella Nova.* Prague: Paulus Sessius.

——. 1858-71. *Joannis Kepleri Astronomi Opera Ommia.* Ed. Christian Frisch. 8 vols. Frankfurt: Heyder and Zimmer.

——. 1937-. *Gesammelte Werke.* Ed. Max Caspar et al. 22 vols. Munich: C. H. Beck.

——. 1939. *Epitome of Copernican Astronomy: Books IV and V.* Great Books of the Western World, vol. 16. Trans. C. G. Wallis. Chicago: Encyclopaeda Britannica.

——. 1965. *Kepler's Conversation with Galileo's Sidereal Messenger.* Trans. Edward Rosen. New York: Johnson Reprint.

——. 1981. *Mysterium Cosmographicum: The Secret of the Universe.* Trans. A. M. Duncan; intro. and commentary by E. J. Aiton. New York: Abaris Books.

——. 1984. *Le secret du monde.* Ed. and trans. Alain Segonds. Paris: Les Bells Lettres.

——. 1992. *New Astronomy.* Trans. W. H. Donahue. Cambridge: Cambridge University Press.

——. 1993. *Discussion avec le messager céleste;*

Rapport sur l'observation des satellites de jupiter. Trans. Isabelle Pantin. Paris: Belles Lettres.

———. 1997. *The Harmony of the World.* Trans. E. J. AITON, A. M. Duncan, and J. V. Field. Philadelphia: American Philosophical Society.

———. 2000. *Optics: Paralipomena to Witelo and the Optical Part of Astronomy.* Trans. William H. Donahue. Santa Fe, NM: Green Lion Press.

Kessler, Eckhard. 1995. "Clavius entre Proclus et Desartes." In Giard 1995a, 295-308.

Kettering, Sharon. 1986. *Pateons Brokers and Clients in Seventeenth-Century France.* Oxford: Oxford University Press.

Kibre, Pearl. 1966 [1936]. *The Library of Pico della Mirandola.* New York: AMS Press.

———. 1967. "Giovanni Garzoni of Bologna(1419-1505), Professor of Medicine and Defender of Astrology." *Isis* 58: 504-14.

Kitcher, Philip. 1993. *The Advancement of Science: Science without Legend, Objcetivity without Illusions.* Oxford: Oxford University Press.

Kittleson, James M., and Pamela J. Transue, eds. 1984. *Rebirth, Reform and Resilience: Universities in Transition, 1300-1700.* Columbus: Ohio State University Press.

Klee, Robert. 1997. *Introduction to the Philosophy of Science: Cutting Nature at Its Seams.* New York: Oxford University Press.

Klein, Robert. 1961. "Pomponius Gauricus on Perspective." *Art Bulletin* 43: 211-30.

Kline. Ronald. 1995. "Construing 'Technology' as 'Applied Science': Public Rhetoric of Scientists and Engineers in the United States, 1880-1945." *Isis* 86: 194-221.

Knaake, J. F. K., and Franz von Soden, eds. 1962. *Christoph Scheurls Briefbuch, ein Beitrag zur Geschichte der Reformation und ihrer Zeit.* Aalen: Zeller.

Knoll, Paul W. 1975. "The Arts Faculty at the University of Cracow at the End of the Fifteenth Century." In Westman 1975a, 137-56.

Knox, Dilwyn. 2002. "Ficino and Copernicus." In *Marsilio Ficino: His Theology, His Philosophy, His Legacy,* ed. Michael J. B Allen and Valery Rees with Martin Davives, 399-418. Leiden: Brill.

———. 2005. "Copernicus's Doctrine of Gravity and the Natural Circular Motion of the Elements." *Journal of the Warburg and Courtauld Institutes* 58: 157-211.

Koestler, Arthur. 1959. *The Sleepwalkers: A History of Man's Changing Vision of the Universe.* New York: Macmillan.

Köhler, Hans-Joachim. 1986. "The *Flugschriften* and Their Importance in Religious Debate: A Quantitative Approach." In Zambelli 1986b. 153-75.

Kollerstrom, Nicholas. 2001. "Galileo's Astrology." In Montesinos and Solís 2001, 421-31.

Korán, lvo. 1959. "Kniha Efemerid z biblioteky Tadeáše Hájka z Hájku" [Books of ephemerides in the library of Thaddeus Hayek of Hayek]. *Sborník pro dějiny přírodních věd a techniky* 6: 221-27.

———. 1969. "Praski krag humnaistów wokół Giordana Bruna" [The circle of Prague humanists around Giordano Bruno]. *Euhemer* 71-72: 81-93.

Koyré, Alexandre. 1955. "A Documentary History of the Problem of Fall form Kepler to Newton: De Motu Gravuum Naturaliter Cadentium in Hypothesi Terrae Motae." *Transactions of the American Philosophical Society* 45: 329-95.

———. 1957. *From the Closed World to the Infinite Universe.* New York: Harper.

———. 1966 [1939]. *Études galiléennes.* Paris: Hermann.

———. 1992. [1961]. *The Astronomical Revolution: Copernicus-Kepler-Borelli.* Trans. R.

哥白尼问题

E. W. Maddison. New York: Dover.

Krafft, Fritz, Karl Meyer, and Bernhard Sticker, eds. 1973. *Internationales Kepler-Symposium, Weil der Stadt* 1971. Hildesheim: Gerstenberg.

Krafft, Fritz, and Dieter Wuttke, eds 1977. *Das Verhältnis der Humanisten zum Buch.* Boppard: Boldt.

Kraye, Jill, ed. 2004. *The Cambridge Companion to Renaissance Humanism.* Cambridge: Cambridge University Press.

Kremer, Richard L. 2009, "Kepler and the Graz Calendar Makers: Computational Foundations for Astological Prognostication." In Kremer and Włodarczyk 2009. 77-100.

Kremer, Richard L., and Jarosław włodarczyk, eds. 2009. *Johannes Kepler form Tübingen to Zagań.* Studia Copernicana 42. Warsaw: Instytut Historii Nauki PAN.

Kristeller, Paul Oskar. 1961a. *Chapters in Western Civilzation.* 2 *vols.* 3*rd ed.* New York: Columbia University Press.

——. 1961b. "The Moral Thought of the Renaissance." In Kristeller 1961a.

——. 1964. *Eight Philosophers of the Italian Renaissance.* Stanford, CA: Stanford University Press.

Kuhn, Thomas S. 1957. *The Copernican Revolution.* Cambridge, MA: Harvard University Press.

——. 1970. *The Structure of Scientific Revlutions.* 2nd ed. Chicago: University of Chicago Press.

Kurze, Dietrich. 1960. *Johannes Lichtenberger: Eine Studie zur Geshichte der Prophetie und Astrologie.* Lübeck: Mattisen.

——. 1986. "Popilar Astrology and Prophecy in the Fifteenth and Sixteenth Cenuries: Johannes Lichtenberger." In Zambelli 1986b, 177-93.

Kusukawa, Sachiko. 1991. "Providence Made Visible: The Creation and Establishment of Lutheran Natural Philosophy." PhD diss., University of Cambridge.

——. 1995. *The Transformation of Natural Philosophy: The Case of Philip Melanchthon.* Cambridge: Cambridge University Press.

Laet. Johannes de. 1649. *De Arhitectura.* Amsterdam: Elsevier.

Laird, Walter Roy. 2000. The *Unfinished Mechanics of Giuseppe Moletti: An Edition and English Translation of His Dialogue on Mechanics, 1576.* Toronto: University of Toronto Press.

Lakatos, Imre, and Elie Zahar. 1975. "Why Did Copernicus 'Research Program Supersede Ptolemy's?" In Westman 1975a. 354-83.

Lammens, Cindy. 2002. "*Sic Patet Iter ad Astra*: A Critical Examination of Gemma Frisius 'Annotations in Copernicus' *De Revolutionibus* and His Qualified Appraisal of the Copernican Theory." PhD diss., University of Ghent.

Landino, Christoforo. 1482. *Q. Horatii. Flacci Opera Omnia.* Florence: Antonio di Bartolomeo Miscomini.

Lattis, James M. 1994. *Between Cipernicus and Galileo: Christoph Clavius and the Collapse of Ptolemaic Cosmology.* Chicago: University of Chicago Press.

Laudan, Larry. 1990. "Demystifying Underdetermination." In Curd and Cover 1998, 320-54.

Launert, Dieter. 1999. *Nicolaus Reimers (Raimarus Ursus): Günstling Rantzaus—Brahes Feind—Leben und Werk.* Munich: Institut für Gechichte der Naturwissenschaften MüNchen.

Lawence, P. D., and A. G. Molland. 1970. "David Gregory's Inaugural Lecture at Oxford." *Notes and Records of the Royal Society of London* 25: 143-78.

Le Bachelet, Xavier-Marie. 1923. "Bellarmin et Gior-dano Bruno." *Gregorianum* 4: 193-210.

LeGrand, H. E., ed. 1990. *Experimental Inquiries: Historical, Philosophical and Social Studies of Experimentation in Science.* Dordrecht: Kluwer.

Lehmann-Haupt, Hellmut, ed. 1967. *Homage to a Bookman: Essays on Manuscripts, Books and Printing, Written for Hans P. Kraus on His 60th Birthday.* Berlin: Gebe. Mann Verlag.

Lemay, Richard. 1962. *Abu Ma'sar and Latin Aristotellianism in the Twelfth Century: The Recovery of Aristotle's Natural Philosophy through Arabic Astrology.* Beirut: American University Press.

——. 1978. "The Late Medieval Astological School at Cracow and the Copernican System." *Studia Copernicana* 16: 337-54.

Leovitius, Cyprianus. 1556-57. *Ephemeridum Novum atque Insigne Opus ab Anno Domini 1556 usque in 1606 Accuratissimè Supputatum.* Ausburg: Phillippus Ulhardus.

——. 1558. *Brevis et Perspicua Ratio Iudicandi Genituras, ex Physicis Causis et vera experientia extructa: & ea Methodo tradita, ut quiuis facilè, in genere, omnium Thematum iuditia inde colligere possit: CYPRIANO Leouitio à Leonica, excellente Mathematico, Autore. Praefixa est Admonitio de vero & licito Astrologiae usu: per Hieronymum VVolfium, virum in omni humaniore literatura, linguarum, artiumque Mathematicarum cognitione praestantem, in Dialogo conscripta. Adicetus est praeterea libellus de Praestantioribus quibusdam Naturae virtutibus: Ioanne Dee Londiniense Authore.* London: Henry Sutton.

——. 1564. *De conjumctionibus Magnis Insignioribus Superiorum planetarum, Solis defectionibus, et Cometis, in quqrta Monarchia, cum eorumdem effectuum historica expositione; his ad calcem accessit Prognosticon ab anno Domini 1564 in Viginti sequentes annos.* Lauingen: Emanuel Salczer.

Lerner, Michel-Pierre. 1996-97. *Le monde des sphères.* 2 vols. Paris: Les Belles Lettres.

——. 2002. "Aux origines de la polémique anticoperniciene(I)." *Revue des sciences philosohiques et théologiques.* 86: 681-721.

——. 2004. "Copernic suspendu et corrigé: Sur deux décrets de la congregation romain de l'Index(1616-1620)." *Galiaeana* 1: 21-89.

——. 2005. "The Origin and Meaning of 'World System.'" *Journa for the History of Astronomy* 36: 407-41.

Leroux, Jean-Marie, ed. 1984. *Le temps chrétien de lafin de l'antiquité au moyen âge: III-XIIIe siècles.* Paris: CNRS.

Levinger, Elma Ehrlich. 1952. *Galileo: First Observer of Marvelous Things.* New York: Julian Messner.

Lewis, Archibald R., ed. 1967. *Aspects of the Renaissance.* Austin: University of Texas Press.

Lichtenberger, Johannes. 1488. *Pronosticatio in Latino.* Heidelberg: Heinrich Knoblochtzer.

Liebler, Georg. 1589 [1561, 1566, 1573, 1575, 1576, 1584, 1582, 1587, 1593, 1596] . *Epitome Philosophiae Naturalis.* Basel: J. Oporinus.

Lightman, Bernard, ed. 1997. *Victorian Science in Context.* Chicago: University of Chicago Press.

——. 2002. "Huxley and Scientific Agnosticism: The Strange History of a Failed Rhetorical Strategy." *British Journal for the History of Science* 35: 271-89.

Lilly, William. 1647. *Christian Astrology Modestly Treated of in Three Books.* London: John Partridge and Humphrey Blunden.

Lind, L. R., ed. 1992. *The Letters of Giovanni Garzoni, Bologuese Humanist and Physician, 1419-1505.* Atlanta: Scholars Press.

——. 1993. "Giovanni Garzoni 1419-1505: Bolognese Humanist and Physician." *Classical and Modern Literature* 14: 7-24.

Lindberg. David C. 1976. *Theeories of Vision form al-Kindi to Kepler.* Chicago: University of Chicago Press.

——. ed. 1978. *Science in the Middle Ages.*

哥白尼问题

Chicago: University of Chincago Press.

———. 1982. "On the Applicability of Mathematics to Nature: Roger Bacon and his Predecessors." *British Journal for the History of Science* 15: 3-25.

———. 1986. "The Genesis of Kepler's Theory of Light: Light Metaphysics from Plotunus to Kepler." *Osiris* 2: 5-42.

Lindberg, David C., and Ronald L. Numbers, eds. 1986. *God and Nature: Historical Essays on the Encounter between Christianity and Science.* Berkeley: University of California Press.

Lindberg. David C., and Robert S. Westman, eds. 1990. *Reappraisals of the Scientific Revolution.* Cambridge: Cambridge University Press.

Lindorff, David. 2003. "Poindexter the Terror Bookie: Why Stop with an Assassination Market?" *Counterpunch.* July 30.

Lipton, Joshua. 1978. "The Rational Evaluation of Astrology in the Period of Arabo-Latin Translation, ca. 1126-1187." PhD diss., University of California, Los Angeles.

Lipton, Peter. 1991. *Inference to the Best Explanation.* London: Routledge.

———. 1998. "The Epistemology of Testimony." *Studies in History and Philosophy of Science* 29: 1-31.

List, Martha. 1978. "Marginalien zum Handexemplar Keplers von Copernicus: *De Revolutionibus Orbium Coeletium,* Nürnberg, 1543." *Studia Copernicana* 16: 443-40.

Livesey, Steven J. 1982. "*Metabasis*: The Inter-relation ship of the Sciences in Anutquity and the Middle Ages." PhD diss., University of California, Los Angeles.

———. 1985. "William of Ockham, the Subalternate Sciences, and Aristotle's Theory of Metabasis." *British Journal for the History of Science* 59: 128-45.

Lloyd, Geoffrey E. R. 1978. "Saving the Appearances." *Classical Quqrterly* n. s. 28: 202-22.

———. 1979. *Magic, Reason and Experience: Studies in the Origins and Development of Greek Science.* Cambridge: Cambridge University Press.

———. 1996. *Adversaries and Autthorities: Investigations into Ancient Greek and Chinese Science.* Cambridge: Cambridge University Press.

Lo zodiaco del principe: I decani di schifanoia di Maurizio Bonora. 1992. Ferrara: Maurizio Tosi.

Lohne, Johannes. 1973. "Kepler und Harriot, ihre wege zum Brechungsgesetz." In Krafft. Meyer, and Sticker 1973, 187-214.

Lomazzo, Giovanni Paolo. 1584. *Trattato dell'arte de la pittura.* Milan: Paolo Gottardo Pontio.

Lorenzini, Antonio. 1606. *De Numero, Ordine et Motu Coelorum.* Paris: D. Hilaire.

Lowood, Henry E., and Robin E. Rider. 1994. "Literary Technology and Typographic Culture: The Instrument of Print in in Early Modern Science." *Perspectives on Science* 2: 1-37.

Lowry, Martin. 1979. *The world of Aldus Manutius: Business and Scholarship in Renaissance Venice.* Ithaca, NY: Cornell University Press.

———. 1991. *Nicholas Jenson and the Rise of Venetian Publishing in Renaissance Europe.* Oxford: Basil Blackwell.

Lucier, Paul. 2009. "The Professional and the Scientist in Nineteenth-Century America." *Isis* 100: 699-732.

Ludolphy, Ingetraut. 1986. "Luther und die Astrologie." In Zambelli 1986b. 101-7.

Luther, Martin. 1883-. *D. Martin Luthers Werke: Kritische Gesamtausgabe.* 71 vols. Weimar: Verlag Hermann Böhlaus Nochfolger.

———. 1967. *Whether Soldiers, Too, Can be Saved*(1526). *In Luther's Works,* 46: 155-206. St. Louis, MO: Concordia Press.

——. 1969. "Vorrhede Martini Luthers: Auff die Weissagung des Johannis Lichtenbergers." In Warburg 1969, 545-50.

Lux, David S., and Harold J. Cook. 2998. "Closed Circles or Open Network?: Communicating at a Distance during the Scientific Revolution." *History of Seience* 36: 179-211.

Lvovickỳ de Lvoviče, Cyprián Karásek. *See* Leovitius, Cyprianus.

Lynch, Michael. 1992a. "Extending Wittgenstein: The Pivotal Move from Epistemology to the Sociology of Science." In Pickering 1992, 215-65.

——. 1992b. "From the 'Will to Theory'to the Discursive Collage: A Reply to Bloor's 'Left and Right Wittgensteinians.'" In Pickering 1992, 283-300.

Lytle, Guy Fitch. 1987. "Friendship and Patronage in Renaissance Europe." In Kent, Simmons, and Eade 1987, 47-62.

Lytle, Guy Fitch, and Stephen Orgel, eds. 1982. *Patronage in the Renaissance*. Princeton. NJ: Princeton University Press.

MacFarlane, Alan D. J. 1970. *Witchcraft in Tudor and Stuart England*. New York: Harper and Row.

MacFarlane, Ian Dalrymple. 1981. *Buchanan*. London: Duckworth.

Machamer, Peter, ed. 1998. *The Cambridge Companion to Galileo*. Cambridge: Cambridge University Press.

Maclean, Gerald, ed. 1995. *Culture and Society in the Stuart Restoration: Literature, Drama, History*. Cambridge: Cambridge University Press.

Maclean, Ian. 1984. "The Interpretation of Natural Signs: Cardano's *De subtilitate* versus Scaliger's *Exercitationes.*" In Vickers 1984, 231-52.

Maestlin, Michael. 1576. *Ephemeris Nova Anni 1577: Seqvens vltimam hactenvs a Ioanne Stadio Leonouthesio editarum Ephemeridum, supputata ex tabulis Prutenicis*. Tübingen: Georg Gruppenbach.

——. 1578. *Obseruatio et Demonstratio Cometae Aetherei, qui Anno 1577 et 1578, Constitutus in Sphaera Veneris, Apparuit*. Tübingen: Georg Gruppenbach.

——. 1580. *Ephemerides novae ab anno salutiferae incarnationis 1577 ad annum 1590. Supputatae ex Tabulis Prutenicis. Ad Hoeizontem Tubringensem, cuius longitudo est 29. grad. 45. Scru. Latitudo verò 48. grad. 24. scru*. Tübingen: Georg Gruppenbach.

——. 1583. *Aussführlicher und Gründtlicher Berichtvon der Allgemainen/und Nunmehr bey sechtzehen Hundert jaren/von dem ersten Keyser Julio/biss auff setzige unsere Zeit/ im gantzen H. Römischen Reich gebrauchter Jarrechnung oder Kalender*. Heidelberg: Jacob Müller.

——. 1581. *Consideratio et Observatio Cometae Aetherei Astronomica, qui anno MDLXXX in alto Aethere apparuit*. Heidelerg: Mylius.

——. 1586. *Alterum Examen Novi Pontificalis Gregoriani Kalendarii, quo ex ipsis fontibus demonstratur, quod novum Kalendarium omnibus suis partibus, Quibus quam rectissimè reformatum vel est, vel esse putatur multis mouis mendosum, et in ipsis fundamentis vitiosum sit*. Tübingen: Georg Gruppenbach.

——. 1588. *Defensio Alterius sui Examinis, quo ex ipsis fundaentis demonstraverat, quod Gregorianum Nouum Kalendarium omnibus suis partibus, quibus quàm rectissimè reformatum vel esse debebat, vel esse putatur totum sit vitiosum, Adversus, Cuiusdam Antonii Possevini Iesuitae ineptissimas elusiones, quibus ipse dum Examine illud extenuat, et calumnijs carpit, nin solum imperitiam et vanitatem suam prodit, verum etiam. Licet inuitus, et non cogitans Nouam Gregorianam Kalendarij emendationem magis confundit, et funditus euertit*. Tübingen: Georg

Gruppenbach.

——. 1596a. "Preface to the Reader." In Rheticus 1596.

——. 1596b. *De Dimensionibus Orbium et Sphaerarum Coelestium iuxta Tabulas Prutencas, ex Sententia Nicolai Copernici.* Tübingen: Georg Gruppenbach. In Kepler 1937-, 1: 132-45.

——. 1597. *Epitome Astronomiae, qua brevi explicatione omnia, tam ad Sphaericam quam Theoricam eius partem pertinentia, ex ipsius scientiae fontibus deducta, perspicuè per quaestiones traduntur, Conscripta per Michaelem Maestlinum Goeppingensem, Matheseos in Academica Tubingensi Professorem.* Tübingen: Gruppenbach.

——. 1624. Epitome Astronomiae. Tübingen: Gruppenbach.

Maeyama, Yasukatsu, and Walter G. Saltzer, eds. 1977. *Prismata: Naturwissenschaftsgeschichtliche Studien; Festschrift für Willy Hartner.* Wiesbaden: F. Steiner.

Maffei, Raffaele. 1518. *De Institutione Christiana.* Rome: Maxochium.

Magini, Giovanni Antono. 1582. Ephemerides. Venice: Zenarius.

——. 1585. *Tabulae Secundorum Mobilium Coelestium.* Venice: Zenarius.

Magocsi, Paul Robert. 1993. *Historical Atlas of East Central Europe.* Toronto: University of Toronto Press.

Malagola, Carlo. 1878. *Della vita e delle opere di Antonio Urceo Detto Codro: Studi e ricerche.* Bologna: Fava e Garagnani.

——. 1881. *Galileo el'Università di Bologna.* Florence: M. Cellini.

Mancosu, Paolo. 1996. *Philosophy of Mathematics and Mathematical Practice in the Seventeenth Century.* New York: Oxford University Press.

Manfredi, Michele. 1919. *Gio. Battista Manso: Nella vita e nelle opere.* Naples: N. Jovene.

Mann, Nicholas. 2004. "The Origins of Humanism." In Kraye 2004, 1-19.

Manuel, Frank. 1968. *A Portrait of Isaac Newton.* Cambridge, MA: Harvard University Press.

Margolin, Jean-Claude, en. 1972. *Colloquia Erasmiana Turonensia.* Toronto: University of Toronto Press.

Margolin, Jean-Chaude, and Sylvain Matton, eds. 1993.

Alchimie et philosophie à la Renaissance. Paris: J. Vrin.

Marion, John. 1994. "The Italian States in the 'Long Sixteenth Century.'" In Brady, Oberman, and Tracy 1994-95, 331-67.

Markowski, Miecxysław. 1974. "Die Astrologie an der Krakauer Universität in den Jahren 1450-1550." In Szczucki 1974, 83-89.

——. 1992. "Repertoruim Bio-bibliographicum Astronomorum Cracoviensium Medii Aevi." *Studi Mediewistyczne* 28: 91-155.

Marquardi, Ioannis. 1589. *Practica Theorica Empirica Morborum Interiorum, a Capite ad Calcem usque.* Spira: Typis Bernardi Albini.

Marschall, Laurence A. 1994. *The Supernova Story.* Princeton, NJ: Princenton University Press.

Martens, Rhonda. 2000. *Kepler's Philosophy: The Conceptual Foundations of the New Astronomy.* Princeton, NJ: Princeton University Press.

Martin, John. 1997. "Inventing Sincerity, Refashioning Prudence: The Discovery of the Individual in Renaissance Europe." *American Historical Review* 102: 1309-42.

Martin, Julian. 1992. *Francis Bacon, the State, and the Reform of Natural Philosophy.* Cambridge: Cambridge University Press.

Martinelli, Roberto Biancarelli. 2004. "Paul Homberger: Il primo intermediario tra Galileo e Keplero." *Galilaeana: Journal of Galilean Studies* 1: 171-82.

Marzi, Demetrio. 1896. *La questione della*

riforma del calendario nel Quinto Concilio Lateranense(1512-1517), Florence: G. Carnesecchi.

Maschietto, Ludovico. 1992. "Girolamo Spineli e Benedetto Castelli Benedettini di Sta. Giustina, discepoli e amici di Galileo Galilei." In Santinello 1992, 431-44.

Masson, David. 1859-94. *The Life of John Milton, Narrated in Connexion with the Political, Ecclesiastical, and Literary Histoy of His Time*. 7 *vols.* London: Macmillan.

Matsen, Herbert S. 1977. "Students ' 'Arts' Disputations at Bologna aroud 1500, Illustrated from the Career of Alessandro Achillini(1463-1512)." *History of Education* 6: 169-81.

——. 1994. "Students 'Arts'Disputations at Bologna aroud 1500." *Renaissance Quarterly* 47: 533-55.

Mattiazzo, Antonio. 1992. "La diocesi di Padova nel Periodo dell'insegnamento di Galileo(1592-1610)." In Santinello 1992, 289-305.

Maurer, Wilhelm. 1962. "Melanchthon und die Naturwissenschaft seiner Zeit." *Archiv für Kulturgeschichte* 44: 199-226.

Mauri, Alimberto. 1606. *Considerazioni... sopra alcuni luoghi del discorso di Lodovico delle Colombe intorno alla stella apparita 1604.* Florence: G. A. Caneo.

Mauss, Marcel. 1954 [1924]. *The Gift.* London: Cohen & West.

Mazzetti, Serafino. 1988 [1848]. *Repertorio dei professori dell'Università e dell'Istituto delle Scienze di Bologna.* Bologna: S. Tommaso d'Aquino.

Mazzoni, Jacopo. 1597. *In Universam Platonis et Aristotelis Philosophiam Praeludia, Sive de comparatione Platonis et Aristotelis Liber Primus.* Venice: Iohannes Guerilius.

McClure, George. 2004. *The Culture of Profession in Late Renaissance Italy.* Toronto: University of Toronto Press.

McGuire, James E. 1977. "Neoplatonism and Active Principles: Newton and the *Corpus Hermeticum.* " In McGuire and Westman 1997, 95-142.

McGuire, James E., and P. M. Rattansi. 1966. "Newton and the 'Pipes of Pan.'" *Notes and Records of the Royal Society of London* 21: 108-43.

McGuire, James E., and Martin Tamny. 1983. *Certain Philosophical Questions: Newton's Trinity Notebook.* Cambridge: Cambridge University Press.

McGuire, James E., and Robert S. Westman. 1977. *Hermeticism and the Scientific Revoltion.* Los Angeles: William Andrews Clark Memorial Library.

McInerny, Ralph. 1983. "Beyond the liberal Arts." In Wagner 1983, 248-72.

Mckirahan, Richard. 1978. "Aristotle's Subordinate Sciences." *British Journal for the History of Science* 11: 197-220.

McMenomy, Christie. 1984. "The Discipline of Astronomy in the Middle Ages." PhD diss., University of California, Los Angeles.

McMullin, Ernan, ed. 1967. *Galileo, Man of Science.* New York: Basic Books.

——. 1987. "Bruno and Copernicus." *Isis* 78: 55-74.

——. 1990. "Conceptions of Science in the Scientific Revolution." In Lindberg and Westman 1990, 27-92.

——. 1998. "Rationality and Paradigm Change in Science." In Curd and Cover 1998, 119-38.

——, ed. 2005a. *The Church and Galieo.* Notre Dame, IN: University of Notre Dame Press.

——. 2005b. "The Church's Ban on Copernicanism, 1616." In McMullin 2005a,

150-90.

——. 2005c. "Galileo's Theological Venture." In McMullin 2005a, 88-116.

Medina, Miguel de. 1564. *Christianae Paraensis siue De Recta in Deum Fidei.* Venice: Giordano Ziletti e Gio. Griffio.

Melanchthon, Philipp. 1532. *Chronica durch Magistrum Johann Carion fleissig zusammengezogen, menigklich nützlich zu lesen.* Wittenberg.

——. 1536. *Mathematicarum Disciplinarum tum Etiam Astrologiae Encomia. (Strasbourg.) In Bretschneider et al.* 1834-, 9: 292-98.

——. 1537. *Rudimenta Astronomica Alfragani. Item Albategnius astronomus peritissimus de motu stellarum, ex observationibus tum propriis, tum Ptolemaei, omnia cum demonstratonibus Geometricis et Additionibus Joannis de Regimonte. Item Oratio introductoria in omnes scientias Mathematicas Joannis de Regiomonte, Patauij habita, cum Alfraganum publice praelgeret. Eiusdem utilissima introductio in elementa Eulidis.* Nuremberg: Johannes Petreius.

——. 1834-60. *Opera Quae Supersunt Omnia.* Ed. C. G. Bretschneider. 28 vols. Halle [1834-52] and Brunswick [1853-60] : C. A. Schwetschke. See Bretschneider et al. 1834-.

Melanchthon, Philipp, and Peucer, Caspar. 1624. *Chronicon Carionis Expositum et Auctum multis et veteribus et recentibus historiis, in descriptionibus regnorum et gentium antiquarum, et narrationibus rerum Ecclesiasticarum, et Politicarum Graecarum, Romanarum, Germanicarum et aliarum, ab exordio Mumdi usque ad Carolum V Imperatorem.* 2 vols. Frankfurt am Main: Godefrid Tampachius.

Meller, Peter. 1981. "I 'Tre Filosofi'di Giorgione." In Gentili and Via 1981, 227-47.

Mendoça, Bernardio de. 1596. *Theorica y practica de guerra.* Antwerp: Emprenta Plantiniana.

Mersenne, Marin. 1623. Quaestiones Celeberrimae in Genesim. Paris: Sebastian Cramoisy.

——. 1647. *Novarum Observationum Physico-math-ematicarum.* Paris: Antonius Bertier.

Messahalah(Masha'Allāh). 1549. *De Revolutione Annorum Mundi, de Significatione Planetarum Nativitatibus, de Receptionibus,* ed. Joachimus Hellerus Leucipetreus. Nuremberg: J. Montanus and U. Neuber.

Methuen, Charlote. 1996. "Maestlin's Teaching of Copernicus: The Evidence of His University Textbook and Disputations." *Isis* 87: 230-47.

——. 1998. *Kepler's Tübingen: Stimulus to a Theological Mathematics.* Brookfield, VT: Ashgate.

——. 1999. "Special Providence and Sixteenth Century Astronomical Observation: Some Preliminary Reflections. " *Early Science and Medicine* 4: 99-113.

Michel, Paul-Henri. 1973. *The Cosmolgy of Giordano Bruno.* Trans. R. E. W. Maddison. Ithaca. NY: Cornell University Press.

Middelburg. Paul of. 1492. *Imuectiva magistri Pauli de Myddelburgo vatis profecto celeberrimi in Ssupersticiosum quendam astrologum et sortilegum una quoqueet decem venustss vel astronomicas questiones.* Venice: E. Ratdolt.

Milani. Marisa. 1993. "Il 'Dialogo in Perpuosito de la Stella Nuova'di Cecco di Ronchitti da Brugine." *Goprmale Storico della Letteratura Itsliana* 170: 66-86.

Miller, Peter N. 1996. "Citizenship and Culture in Early Modern Europe." *Journal of the History of Ideas* 57: 725-42.

——. 2000. *Peiresc's Europe: Learning and Virtue in the Seventeenth Century.* New Haven: Yale University Press.

Milward, Peter, 1978a. *Religuous Controversies of the Elizabethan Age.* London: Scolar Press.

——. 1978b. *Religious Controversies of the*

Jacobean Age. London: Scolar Press.

Minnis, Alastair J. 1984. *Medieval Theory of Authorship: Scholastic Literary Attitudes in the Later Middle Ages.* London: Scolar Press.

Mirandullanus, Antonius Bernardus. 1562. *Antonii Bernardi Mirandulani, episcopi Casertanio, Disputationes in quibus primun ex professo monomachia(quam Singulare certamen Latini, recentiores Duellum uocant) philosophicis rationibus astruitur, & mox diuina authoritate labefactata penitùs euertitur: mones quoque iniuriarum species declarantur, easque conciliandi et è medio tollendi certissimae rationes traduntur. Deinde verò omnes utriusque philosophiae, tam contemplatiuae quàm actiuae, Loci obscuriorses, & ambiguae Quaestiones (praesertim de Animae immortalitate, & Astrologuae iudiciariae dudunationibus) Aristotelica methodo luculentissimè examinantur & explicantur.* Basel: Henricus Petri.

Moesgaard, Kristian P. 1927a. "Copernican Influence on Tycho Brahe." *Studia Copernicana* 5(Colloquia Copernicana 1), 31-55.

———. 1972b. "How Copernicanism Took Root in Denmark and Norway." *Studia Copernicana* 5 (Colloquia Copernicana 1), 117-52.

Monfasani, John. 1993. "Aristotelians, Platonists, and the Missing Ockhamists: Philosophical Liberty in Pre-Reformation Italy." *Renaissance Quarterly* 46: 247-76.

Montaigne, Michel de. 1985. *The Complete Essays of Montaigne.* Trans. D. M. Frame. Stanford, CA: Stanford University Press.

Montesinos, José, and Carlos Solís, eds. 2001. *Largo campo di filosofare: Eurosymposium Galilei, 2001.* Orotava: Fundacion Canaria Orotave de Historia de la Clencia.

Monumenta Paedagogica Societatis jesu Quae Primun Rationem Studiorum, Anno 1586 Editam Praecessere. 1901. Ed. C. G. Rodeles et al.

Madrid: Augustino Avrial.

Moore, Marian A. . 1959. "A Letter of Philip Melnchthon to the Reader." *Isis* 50, no. 2: 145-150.

Moran, Bruce T. 1973. "The Universe of Philip Melanchthon: Criticism and the Use of the Copernican Theory." *Comitatus* 4: 1-23.

———. 1977. "Princes, Machines and the Valuation of Precision in the Sixteenth Century." *Sudhoffs Archiv* 61: 209-28.

———. 1978. "Science at the Court of Hesse-Kassel." PhD diss., Uniersity of California, Los Angeles.

———. 1981. "German Prince-Practitioners: Aspects in the Development of Courtly Science, Technology, and Procedures in the Renaissance." *Technology and Culture* 22: 253-74.

———. 1982. "Christoph Rothmann, the Copernican Theory, and Institutional and Technical Influences on the Criticism of Arstotelian Cosmology." *The Sixteenth Century Journal* 13: 85-108.

———, ed. 1991a. *Patronage and Institutions: Science, Technology, and Mediine at the European Court(1500-1750).* Woodbrdge, UK: Boydell.

———. 1991b. "Patronage and Institutions: Courts, Universities, and Academies in Germany; an Overview: 1550-1750." In Moran 1991a, 169-84.

More, Henry. 1646. *Democritus Platonissans, or, An Essay upon the Infinity of Worlds out of Platonick Principles.* Cambridge: Roger Daniel.

Morell, Jack, and Arnold Thackray. 1981. *Gentlemen of Science: Early Years of the British Association for the Advancement of Science.* Oxford: Clarendon Press.

Morinus, Ioannis Baptista. 1634. *Responsio pro Telluris Motu Quiete ad Jacobi Lansbergii Apologiam pro Telluris Motu.* Paris: Johannes

Liber.

——. 1641. *Coronis aetronomiae iam a fundamentis integre et exacte restitutae: Qua respondetur ad introductionem in thearum astronomicum, clarissimi viri Christiani Longomontani; Hafniae in Dania Regij Mathematum Professoris*. Paris: Apud Authorem.

Morley, Henry. 1854. *Jerome Cardan*. London: Chapman and Hall.

Mosely, Adam. 2007. *Bearing the Heavens: Tycho Brahe and the Astronomical Community of the Late Sixteenth Century*. Cambridge: Cambridge University Press.

Moss, Jean Dietz. 1993. *Novelties in the Heavens*. Chicago: University of Chicago Press.

Moyer, Ann E. 1992. *Musica Scientia: Musical Scholarship in the Italian Renaissance*. Ithaca. NY: Cornell University Press.

Mulerius, Nicholas. 1616. *Institutionum Astronomicarum Libri Duo*. Groningen: Sassius.

——. 1617. *Astronomia Instaurata, Libris Sex Comprehensa, Qui de Revolutionibus Orbium Coelestium Inscribuntur*. Amsterdam: Willem Janszoon Blaeu. Müller, Konrad. 1963. "Ph. Melanchthon und das kopernikanische Weltsystem." *Centaurus* 9: 16-28.

Müller, Max. 1980. *Johann Albrecht von Widmanstetter(1506-1577): Sein Leben und wirken*. Bamberg: Handels-Druckerei.

Muñoz, Jerónimo. 1981. *Libro del nuevo cometa*. Valencia: Gráficas Soler.

Naibod, Valentine. 1573. *Primarum de Coelo et Terra Institutionum Quotidianarumque Mundi Revolutionum Libri Tres*. Venice: n. p.

Naiden, James R. 1952. *The Sphaera of George Buchanan(1506-1582)*. n. p.

Najemy, John J. 1995. Review of Anthony Parel, *The Machiavellian Cosomos. Journal of Modern History*, 67: 676-80.

Nardi, Bruno. 1971. *Saggi sulla culrura Veneta del quattro e cinquecento*. (Medioevo e Umanesimo, no. 12). Padua: Antenore.

Nastasi, Pietro, ed. 1988. *Atti del Convegno "Il Meridione e le Scienze" : Seculi XVI-XIX*. Palermo: University of Palermo.

Navarro-Brotóns, Victor. 1995. "The Reception of Copernicus in Sixteenth-Century Spain: The Case of Diego de Zuñiga." *Isis* 86: 52-78.

Naylor, Ron. 2003. "Galileo, Copernicanism and the Origins of the New Science of Motion." *Brtish Journal for the History of Science* 36: 151-81.

Neander, Michael. 1561. *Elementa Sphaericae Doctrinae seu de Primo Motu*. Basel: Johannes Oporinus.

Newman, William R., and Anthony Grafton, eds. 2001. *Secrets of Nature: Astrology and Alchemy in Early Modern Europe*. Cambridge, MA: MIT Press.

Newton. Isaac. 1962 [1st English ed. 1728]. *Sir Isaac Newton's Mathematical Principles of Natural Philosophy and His System of the World*. 2 vols. Trans. A. Motte. Berkeley: University of California press.

Newton. John. 1657. *Astronomica Britannica*. London: Leybourn.

Niccoli, Ottavia. 1990. *Prophecy and People in Renaissance Italy*. Trans. L. G. Cochrane. Princeton, NJ: Princeton University Press.

Nicholson, Marjorie Hope. 1935 "The 'New Astronmy'and English Literary Imagination." *Studies in Philology* 32: 428-62.

——. 1939. "English Almanacks and the New Astonomy." *Annals of Science* 4: 1-33.

Norlind, Wilhelm. 1970. *En levnadsteckning med nya bidrag belysande hans liv och verk*. Lund: Gleerup.

North, John D. 1975. "The Reluctant Revolutionaries: Astronomy after Copernicus." *Studia Cipernicana* 13: 169-84.

——. 1980. "Astrology and the Fortunes of the Churches." *Centaurus* 24: 181-211.

——. 1986a. *Horoscopes and History*. London: Warburg Institute.

——. 1986b. "Celestial Influemce: The Major Premiss of Astrology." In Zamblli 1986b, 45-100.

——. 1994. *The Norton History of Astronomy and Cosology.* New York: W. W. Norton.

Novara, Domenico Maria. 1484-1504. *Pronssticon.* [Latin prognostications, issued annually.] Bologna. Nussdorfer, Laurie. 1993. "Writing and the Power of Speech: Notaries and Artisans in Baroque Rome." In Diefendorf and Hesse 1993, 103-18.

Nutton, Vivian. 1985. "Humanist Surgery." In Wear, French, and Lonie 1985, 75-99.

Oestreich, Gerhard. 1982. *Neostocicism and the Early Modern State.* Trans. D. Mclintock. Cambridge: Cambridge University Press.

Oestmann, Günther, H. Darrel Rutkin. and Kocku von Stuckrad, eds. 2005. *Horoscopes and Public Spheres: Essays on the History of Astrology.* Berlin: W. de Gruyter.

Offusius, Jofrancus. 1557. *Tabula Cardinalis Galliae Medio Accommodata.* Paris: Ex officina Ioannis Royerij typographi Regij.

——. 1570. *De Divina Astrorum Facultate, In Laruatam Astrologiam.* Pris: Ex officina loannis Royerij typigraphi Regij.

O'Malley, Charles Donáld. 1972 "Andreas Vesalius." In *Dictionary of Scientific Biongraphy* 1970-84, 5: 346-49.

O'Malley, John W. 1993. *The First Jesuits.* Cambridge, MA: Harvard University Press.

Oreskes, Naomi. 1999. *The Rejction of Continental Drift: Theory and Method in American Earth Science.* New York: Oxford University Pres. Origanus, David. 1609. *Novae Motuum Coelestium Ephemerides Brandenburgicae.*

Frankfurt(Oder): J. Eichhorn.

Osiander, Andreas. 1527. *Eyn Wunderliche Weyssagung von dem Bapstum* [Wondrous Prophecy of the Papacy]. Nuremberg: Güldenmundt.

——. 1532. *Gutachten über die Scheidung der Ehe Heinrich VIII von England mit Katharina von Aragon.* In Strype 1848, 1: 19 ff.

——. 1544. *Coniecturae de Ultimis Temporibus, ac de Fine Mundi ex Sacris Literis.* Nuremberg: Johaners Petreius.

——. 1548. *The Conjectures of te Ende of the Worlde(gatheed out of Scripture by A. Oseander).* Trans. George Joye. [Anterp: S. Mierdman].

Osler, Margaret, ed. 2000. *Rethinking the Scientific Revolution.* Cambridge University Press.

Ottaviano Scotto omnibus edition. 1490. Contains Sacroboso 1490, Regiomontanus 1490. and Peurbach 1490. Venice: Ottaviano Scotto.

Overfield, James H. 1984. "University Studies and the Clergy in Pre-Reformation Germany." In Kittleson and Transue 1984, 254-92.

Pagden, Anthony, ed. 1987. *The Languages of Political Theory in Early-Modern Europe.* Cambridge: Cambrige University Press.

Page, Sophie. 2002. *Astrology in Medieval Manuscripts. Toronto:* University of Toronto Press.

Palingenius, Marcellus. 1947. *The Zodiake of Life.* Trans. Barnabe Googe New York: Scholars' Facsimiles and Reprints.

Palmerino, Carla Rita. 2004. "Gassendi's Reintepre tation of the Galilean Theory of the Tides." *Perspectives on Science* 12: 212-37.

Palmesi, Vincenzo. 1899. "Ignazio Danti." *Belletino della R. Deputazione di Storia Patria per l'Umbria* 5, no. 1: 81-125.

Pantin, Isaelle. 1987. "La Lettre de Melanchthon à S. Grynaeus: Les avatars d'une apologie de l'astrologie." In Aulotte 1987, 85-101.

——. 1995. *La pésie du ciel en France dans la seconde moitié du seizième siècle.* Geneva: Droz.

Papagno, Giuseppe, and Amadeo Quondam, eds. 1982. *La corte e lo spazio: Ferrara Estense.* Rome: Bulzoni Editore.

Papia, Petrus de. 1482. *Practica Nova Iudicialis.* Nuremberg: Anton Koburger.

Parel, Anthony. 1992. *The Machiavellian Cosmos.* New Haven: Yale University Press.

Park, Katharine. 1985. *Doctors and Medicine in Early Renaissance Florence.* Princeton, NJ: Princeton University Press.

Partener, Peter. 1976. *Renaissance Rome, 1500-1559.* Berkeley: University of California Press.

Patterson, Louise Diehl. 1951. "Leonard and Thomas Digges: Biographical Notes." *Isis* 42: 120-21.

Pauli, Simon. 1856 [1574] . *Postilla.* In Beste 1856, 2: 272-87.

Pauli, Wolfgang. 1955. "The Influernce of Archetypal Ideas on the Scientific Theories of Kepler." In Jung and Pauli 1955, 147-240.

Paulsn, Friedrich. 1906. *The German Universities and University Study.* Trans. F. Thilly and W. Elwang. New York: Charles Scribner's Sons.

Peck, Linda Levy, ed. 1991a. *The Mental World of the Jacobean Court.* Cambridge University Press.

——. 1991b. "The Mental World of the Jacobean Court: An Introduction." In Peck 1991a.

Pedersen, Olaf. 1975. *"The Corpus Astronomicum* and the Traditions of Mediaeval Latin Astronomy." *Studia Copernicana* 13: 57-96.

——. 1978a. "Astronomy." In Lindberg 1978, 303-37.

——. 1978b. "The Decline and Fall of the Theorica Planetarum: Renaissance Astronomy and the Art of Printing." *Studia Copernicana* 16: 157-85.

The Penny Cyclopadia of the Society for the Diffusion of Useful Knowledge. 20 vols 1833-43. London: C. Knight.

Pèrcopo, Erasmo. 1894. *Pomponio Gàurico: Umanista Napoletano.* Napoli: Luigi Perro.

Pereira, Benito. 1609 [1562] . *De Communibus Omnium Rerum Naturalium Principiis et Affectionibus.* Rome: Impensis Venturini Tramezini, Apud Franciscum Zanettum et Barthol Tosium socios.

——. 1591. *Adversus Fallaces et Superstitiosas Artes, Id Est, de Magia, de Observatione Somniorum, et de Divinatione Astrologica, Libri Tres.* Venice: Ciottus.

——. 1661. *The Astrologer Anatomiz'd Or, the Vanity of the Star-Gazing Art.* Trans. Percy Enderby. London: Benj. Needham.

Peters, William T. 1984. "The Apperance of Venus and Mars in 1610." *Journal for the History of Astronnmy* 15: 211-14.

Peucer, Caspar. 1553. *Elementa Doctrinae de Circulis Coelestibus, et Primo Motu, Recognita et Correcta.* Wittenberg: Crato.

[Peucer, Caspar] . 1568. *Hypotyposes orbium Coelestium, quas appellant Theoricas Planetarum: congruentes cum Tabulis Alphonsinis et Copernici, seu etiam tabulis Prutenicis: in usum Scholarum publicatae.* Argentorati: Theodosius Rihelius.

——. 1570. *Brevis Repetito Doctrinae de Erigendis Coeli Figuris.* June-October.

——. 1591. *Commertarius de Praectipuis divinationmun generibus divinationum, in quo a prophetiis autoritate divina traditis et a physicis coniceturis discernumtur artes et imposturae diabolcae atque observatones natae ex supersitiione et cum hac coniunctae.* Wittenberg: J. Crato.

Peurbach, Georg. 1472. *Theoricae Novae Planetarum.* Nürnberg: Johann Müller.

——. 1482. *Theoricae Novae Planetarum.* In

Ratdolt omnibus edition 1482.

——. 1485. *Theoricae Novae Planetarum.* In Ratdolt omnibus edition 1485.

——. 1490. *Theoricae Novae Planetarum.* In Ottaviano Scotto omnibus edition.

——. 1491. *Theorica Novae Planentarum.* In Peurbach omnibus edition 1491 and in Ratdolt omnibus edition 1491.

——. 1515〔1495〕. *See* Capuano de Manfredonia 1515.

——. 1535. *Theoricae Novae Plantarum.* Wittenberg: Joseph Klug.

——. 1542. *See* Reinhold 1542.

——. 1543. *Theoricae Novae Planetarum.* Paris: Christian Wechel.

Peurbach omnibus edition, 1491. *Sphaerae mundi Compendium feliciter inchoat... Iohannis de Sacro Busto sphaericum opusculum una cum additionibus nonnullis... Contra Cremonensia in planeta theoricas delyramenta Ioannis de Monteregio disputations... nes non Georgii Purbachii in eorundem motus planetarum accuratiss. theoricae...* Venice: Monteferrato. Also includes Sacrobosco 1491. Regiomontanus 1491, and Peurbach 1491.

Phillips, Mark. 1997. *Francesco Guicciardini: The Historian's Craft.* Toronto: University of Toronto Press.

Piccolomini, Aeneas Sylvius. 1551. *Opera Omnia.* Basel: Henricus Petri.

Pickering, Andrew, ed... 1992. *Science as Practice and Culture.* Chicago: University of Chicago Press.

Pico della Mirandola, Giovanni. 1496. *Disputationes adversus Astrologiam Divinatricem.* Bologan: Benedictus Hectoris.

——. 1496a. *Opuscula haec Ioannis Pici Miranndulae Concordiae Comitis. Diligenter impressit Benedictus Hectoris Bononien. adhibita per uiribus solertia & diligentia ne ab archetypo*

aberraret: Bononiae anno Salutis Mcccclxxxxvi. Die uero xx. Martii. Bologna: Benedictus Hectoris.

——. 1496b. *Opusculae Disputationes.* Bologna: Benedictus Hectoris.

——. 1504. *Disputationes.* Strasbourg: Johann Prüss.

——. 1946-52. *Disputationes adversus Astrologiam Divinatricem.* 2 vols. Ed. E. Garin. Florence: Vallechi.

——. 1965. *The Heptaplus, or the sevenfold Narration of the Six Days of Genesis.* Trans. D. Carmichael. Indianapolis: Bobbs-Merrill.

——. 1969. *Opera Omnia*(1557-1573). 2 vols. Facsimile ed. Hildesheim: Georg Olms Verlag.

Pietramellara, Giacomo. 1500. *Iuditio.* Bologna: Giustiniano da Rubiera.

Pocock, John Greville Agard. 1987. "The concept of a Language and the Métier d'Historien: Some Considerations on Practice." In Pagden 1987, 19-38.

Poggendorff, Johann christian. 1863. *Biographischliterarisches Handwörterbuch zur Geschichte der exacten Wissenschaften.* Vols. 1-2. Leipzig: Johann Ambrosius Barth.

Pomata, Gianna. 1998. *Contracting a Cure: Patients, Healers, and the Law in Early Modern Bologna.* Baltimore: Johns Hopkins University Press.

Pomian, Krzystof. 1986. "Astrology as a Naturalistic Theology of History" in Zambelli 1986b, 29-43.

Pontano, Giovanni Gioviano. 1512. *De Rebus Coelestibus. Naples:* Sigismund Mayr.

Pontoppidan, Erich. 1760. *Origines hafnienses eller Den kongelige residentzstad Kiøbenhavn.* Copenhagen: Andreas Hartvig.

Popkin, Richard H. 1979. *The History of scepticism from Erasmus to spinoza.* Berkeley: University of California Press.

哥白尼问题

——. 1993. "The Role of Scepticism in Modern Philosophy reconsidered." *Journal of the History of Philosophy* 31: 501-17.

——. 1996. "Prophecy and Scepticism in the Sixteenth and Seventeenth Centuries." *British Journal for the History of Philosophy* 4: 1-20.

——. 2003. *The History of Scepticism from savonarola to Bayle.* Rev. ed. . Oxford: Oxford University Press.

Popkin, Richard H., and charles B. Schmitt, eds. 1987. *Scepticism from the Renaissance to the Enlightenment.* Wiesbaden: O. Harrassowitz.

Poppi, Antonino, ed. 1983. *Scienza e filosofia all'Università di Padova nel Quattrocento.* Padua: Edizioni Lint.

——. 1992. *Cremonini e Galilei inquisiti a Padova nel 1604: Nuovi documenti d'archivio.* Padua: Editrice Antenore.

Porta, Givanni Battista della. 1658 [1558]. *Natural Magick.* London: John Wright.

Porter, Roy S. 1986. "The Scientific Revolution: A spoke in the Wheel?" In Porter and Teich 1986, 290-316.

Porter, Roy, and Mikuláš Teich, eds. 1986. *Revolution in History.* Cambridge: Cambridge University Press.

——. 1992. *The Scientific Revolution in National Context.* Cambridge: Cambridge University Press.

Porter, Theodore M. 2003. "Genres and Objects of Social Inquiry, from the Enlightenment to 1890." *In The Cambridge History of Science: The Modern Social Sciences,* 7: 13-39. Cambridge: Cambridge University Press.

Portoghesi, Paolo. n. d. *Ferrara, the Estense City.* bologna: Italcards.

Poulle, Emmanuel. 1975. "Les équatoires, instruments de la théorie des planètes au moyen âge." *Studia Copernicana* 13(Colloquia Copernicana 3): 97-112.

——. 1980. *Les instruments de la théorie des planètes selon Ptolémée: Équatoires et horlogerie planétaire du XIIIe au XVIe siècle.* 2 vols. Geneva: Droz.

Prager, Frank D. 1971. "Kepler als Erfinder." In Krafft, Meyer, and Sticker 1973, 385-92.

Price, Derek J. de Solla. 1959. "Contra-Copernicus: A Critical Re-estimation of the Mathematical Planetary Theory of Ptolemy, copernicus and Kepler." In Clagett 1959. 197-218.

Price, Derek J. de Solla, and R. M. Wilson. 1955. *The Equatorie of the Planetis, edited from Peterhouse MS. 75. I.* Cambridge: Cambridge University Press.

Proclus Diadochus Lycii. 1560. *In Primum Euclidis Elementorum Librum Commentariorum ad Universam Mathematicum Disciplinam Principium Eruditionis Tradentium Libri IIII.* Trans. Francesco Barozzi. Padua: Gratiosus Perchacius.

——. 1561. *Procli Lycii de Sphaera, hoc est, De Circulis coelestibus, Liber Unus.* With "Vita et opera Procli" and commentaries by Erasmus Oswaldus Schreckenfuchsius. Basel: Henricus Petri.

Providera, Tiziana. 2002. "John Charlewood, Printer of Giordano Bruno's Italian Dialogues, and his Book Production." In Gatti 2002, 167-86.

Prowe, Leopold. 1883-84. *Nicolaus Coppernicus.* 2 vols. Berlin: Weidmannsche Buchhandlung.

Ptolemy, claudius. 1484a, January 15. *Liber Quadripartiti Ptolomaei id est quattuor tractatuum: In radicanti discretione per stellas de futuris et in hoc mundo constructionis et destructionis contingentibus. Liber Ptholomei quattuor tractatuum: cum Centiloquio eiusdem Ptholomei: et commento Haly.* Venice: Erhard Ratdolt. (In Ratdolt-British Library bundled Copy.)

——. 1484b. *Quadripartitum*. Venice: Erhard Ratdolt. (in Ratdolt-British Library Bundled Copy.)

——. 1493. *Liber quadripartiti Ptholemei. centiloquium eiusdem. Centiloquium hermetis. Eiusdem de stellis beibenijs. Centiloquium bethem et de horis planetarum. Eiusdem de significatione triplicitatum ortus. Centus quinquagenta propositiones Almansoris. Zahel de interrogationibus. Eiusdem de electionibus. Eiusdem de temporum significationibus in iudiciis. Messahallach de receptionibus planetarum. Eiusdem de interrogationibus. Epistola eiusdem cum duodecim capitulis. Eiusdem de reuolutionibus annorum mundi.* Venice: Boneto Locatelli.

——. 1519. *Quadripartitum iudiciorum opus claudij Ptolemei Pheludiensis Joanne Sieurreo brittuliano Bellouacensi perbelle recognitum.* Paris: Joannis de Porta.

——. 1533. *Quadripartitum*. Basel: Johannes Hervagius.

——. 1535. *Libri Quatuor Compositi Syro Fratri.* Nuremberg: Johannes Petreius.

——. 1541. *Claudii Ptolemaei Pelusiensis Alexandrini Omnia, Quae extant, Opera, Geographia Excepta, quam seorsim quoque hac forma impressimus.* Basel: Henricus Petri.

——. 1548. *Cl. Ptolemaei Pelusiensis Mathematici Operis quadripartiti, in Latinum Sermonem Traductio: Adiectis Libris Posterioribus, Antonio Gogava Graviens Interprete. A Clarissimum Principem Maximilianum comite burens. Item De Sectione Conica Orthogona, quae parabola dicitur: Deque Speculo Ustorio, Libelli duo, Hactenus desiderati: restituti ab Antonio Gogava Graviensis. Cum praefatione D. Gemmae Frisii Medici et Mathematici clariss.* Louvain: Petrus Phalesius and Martinus Rotarius.

——. 1553. *Claudii Ptolemaei de praedictionibusastronomicis, cui titulum fecerumt Ouadripartitum Grecè et Latinè, libri III. P. Melanthone interprete. Eiusdem fructus librorum suorum, sive centum dicta, ex conversione J. Pontani.* Basel: Ioannes Oporinus.

——. 1554. *De Astrorum Iudiciis, aut ut vulgò vocant quadripartitae Constructionis libros commentaria.* Basel: Henricus Petri.

——. 1578. *Hieronymi Cardani in Cl. Ptolemaei de Astrorum Judiciis, aut... quadripartitæ constructionis lib. IIII. commentaria ab autore castigata: his accesserunt ejusdem Cardani de septem erraticarum stellarum qualitatibus at viribus liber posthumus, geniturarum item XIII.... exempla. item C. Dasypodii... scholia et resolutiones seu tabulæ in lib. IIII. apotelesmaticos. Cl. Ptolemæi una cum aphorismis eorundem librorum.* Basel: Henricus Petri.

——. 1822. *Ptolemy's Tetrabiblos or Quadripartite Being Four Books of the Influence of the Stars... Centiloquy.* Trans. J. M. Ashmand. London: Davis and Dickson.

——. 1940. *Tetrabilos.* Trans. F. E. robbins. Cambridge: Harvard University Press.

——. 1985. *Le previsioni astrologiche(Tetrabiblos).* Trans. S. Feraboli. Milan: Arnoldo Mondadori.

——. 1991 [1932]. *The Ceography.* Trans. Edward Luther Stevenson. New York: Dover.

——. 1998. *Almagest.* Trans. G. J. Toomer. Princeton, NJ: Princeton University Press.

Puff, Helmut. 2003. *sodomy in Reformation Germany and Switzerland, 1400-1600.* Chicago: University of Chicago Press.

Pugliese, Patri J. 1990. "Pobert Hooke and the Dynamics of Motion in a Curved Path." In Hunter and Schaffer 1990, 181-205.

Pumfrey, Stephen. 1987. "Mechanizing Magnetism in Restoration England: the Decline of Magnetic Philosophy." *Annals of Science* 44: 1-22.

——. 1989. "Magnetical Philosophy and Astronomy, 1600-1650." In Taton and Wilson 1989, 45-53.

——. 2002. *Latitude and the Magnetic Earth: The First Story of Queen Elizabeth's Most Distinguished Man of Science.* Cambridge: Icon books.

Pumfrey, Stephen, and Frances Dawbarn. 2004. "Science and Patronage in England, 1570-1625: A Preliminary Study." *History of science* 42: 137-88.

Pumfrey, Stephen, Paolo L. Rossi, and Maurice Slawinski, eds. 1991. *Science, Culture and Popular Belief in Renaissance Europe.* Manchester: Manchester University Press.

Purnell, Frederick, Jr. 1971. "Jacopo Mazzoni and His Comparison of Plato and Aristotle." PhD diss., Columbia University.

——. 1972. "Jacopo Mazzoni and Galileo." *physis* 14: 273-94.

Quinlan-McGrath, Mary. 2001. "The Foundation Horo-scope(s) for St. Peter's Basilica, Rome, 1506." *Isis* 92: 716-74.

Rabin, Sheila. 1987. "Two Renaissance Views of Astrology: Pico and Kepler." PhD diss., City University of New York.

——. 1997. "Kepler's Attitude toward Pico and the Anti-Astrology Polemic." *Renaissance Quarterly* 50: 750-70.

Raeder, Hans, Elis Strömgren, and Bengt Strömgren, eds. and trans. 1946. *Tycho Brahe's Description of His Instruments and Scientific Work.* Copenhagen: Ejnar Munksgarrd.

Ragep, F. Jamil. 2007. "Copernicus and His Islamic Predecessors: Some Historical Resources." *History of Science* 45: 65-81.

Raimondi, Ezio. 1950. *Codro el'Umanesimo a bologna.* Bologna: Cesare Zuffi.

Ramus, Petrus. 1569. *Scholarum Mathematicarum, Libri Unus et Triginta.* Basel: Eusebius Episcopius.

——. 1970a [1569] . *Scholae in Liberales Artes.* Facsimile ed. Intro. Walter J. Ong. Hildesheim: Georg Olms Verlag.

——. 1970b. *scholae Physicae Praefatio.* In Ramus 1970a, unpag., following P. 616.

Rantzov, Heinrich(Ranzovius). 1585. *Exempla quibus astrologicae scientiae certitudo astruitur. Item de annis climaterticis et periodis imperiorum, cum pluribus aliis artem astrologicam illustrantibus.* Cologne: M. Cholin.

Ratdolt omnibus deition 1482. Contains Sacrobosco 1482, Regiomontanus 1482, and Peurbach 1482. Venice: Erhard Ratdolt.

Ratdolt omnibus edition 1485. Contains Sacrobosco 1485, Regiomontanus 1485, and Peurbach 1485. Venice: Erhard Ratdolt.

Ratdolt omnibus edition 1491. Contains Sacrobosco 1491, Regiomontanus 1491, and Peurbach 1491. Venice: Erhard Ratdolt.

Ratdolt-British Library Bundled Copy. Contains Ratdolt omnibus edition 1482, Ptolemy 1484a, Ptolemy 1484b, Alchabitius 1485, and Alfonso X 1483.

Ravetz, Jerome R. 1965. *Astronomy and Cosmology in the Achievement of Nicaolaus Copernicus.* Wrocław: Ossolineum.

——. 1966, October. "The Origins of the Copernican Revolution." *Scientific American,* 88-98.

Recorde, Robert. 1556. *Castle of Knowledge Containing the Explication of the Sphere Both Celestiall and Materiall.* London: Reginald Wolfe.

Reeves, Eileen. 1997. *Painting the Heavens: Art and Science in the Age of Galileo.* Princeton: Princeton University Press.

Reeves, Marjorie. 1969. *The Influence of Prophecy in the Later Middle Ages: A study in Joachimism.* Oxford: Clarendon.

——. 1992. *Prophetic Rome in the High Renaissance Period.* Oxford: Oxford University Press.

Regiomontanus, Johannes. 1481. *ephemerides* [1482-1506] : *Ioannis de Monte Regio: Germanorum Decoris; Aetatis nostrae atronomorum principis Ephemerides.* Venice: Ratdolt.

——. 1482. *Dialogus inter Viennensem et Cracoviensem adversus Gerardum Cremonensem in Planetarum Theoricas Deliramenta.* In Ratdolt omnibus edition 1482 and Regiomontanus 1972.

——. 1485. *Dialogus... adversus Gerardum Cremonensem in Planetarum Theoricas Deliramenta.* In Ratdolt omnibus edition 1485.

——. 1490. *Dialogus... adversus Gerardum Cremonensem in Planetarum Theoricas Deliramenta.* In Otttaviano Scotto omnibus edition.

——. 1491. *Dialogus... adversus Gerardum Cremonensem in Planetarum Theoricas Deliramenta.* In Ratdolt omnibus edition 1491 and Peurbach omnibus edition 1491.

——. 1496. *Epytoma Almagesti.* [Venice]. In Regiomontanus 172.

——. 1531. *De Cometae Magnitudine Longitudineque ac de Loco Ejus Vero Problemata XVI.* Nuremberg: Fridericus Pepyus.

——. 1533. *An Terra Moveatur an Quiescat Disutatio.* In Schöner 1553 and in Regimontanus 1972.

——. 1537. *Oratio Johannis de Montergio, Habita Patavij in Praelectione Alfragani.* (Nuremberg: Petreius.) In Regiomontanus 1972.

——. 1553. *An Terra Moveatur an Quiescat Disputatio.* In Johannes Schöner, *Opusculum Geographicum.* [Nuremberg.] In Regiomontanus 1972, 37-39.

——. 1972 [1949]. *Opera Collectanea.* Ed. Felix Schmeidler. Osnabrück: Zeller.

Reinhold, Erasmus. 1542. *Theoricae novae planetarum Georgii Purbachii Germani ab Erasmo Reinholdo Salueldensi pluribus figuris auctae et illustratae scholijs, quibus studiosi, praeparentur, ac inuitentur ad lectionem ipsius Ptolemaei... Inserta item methodica tractatio de illuminatione Lunae. Typus eclipsis solis futurae Anno 1544.* Wittenberg: Hans Lufft.

——. 1550. *Ephemerides duroum anorum 50. et 51. supputatae ex novis tabulis astronomicis Erasmum Reinholdum Salveldensum ad meridianum Wittebergensem.* Tübingen: Ulrich Morhard.

——. 1551. *Prutenicae Tabulae Coelestium Motuum.* Tübingen: Ulrich Morhard.

——. 1557. *Prutenicae Talulac Coelestium Motuum.* Ed. Michael Maestlin. Tübingen: Oswald and Georg Gruppenbach.

Reston, James, Jr. 1994. *Galileo: A life.* New York: Harper-Collins.

Reusch, Franz Heinrich. 1883. *Ein Beitrag zur Kirchenund Literaturgeschichte.* 2 vols. Bonn; repr. Aalen: Scientia Verlag.

——, ed. 1961 [Tübingen, 1886]. *Die Indices Librorum Prohibitorum des sechzehnten Jahrhunderts.* Nieuwkoop: B. de Graaf.

Rheticus, Georg Joachim. 1540. Narratio Prima. Gdańsk: Rhodvs.

——. 1541. *Narratio Prima.* Basel: Winter.

——. 1550a. *Ephemerides Novae seu Expositio Positus Diurni Siderum.* Leipzig: Wolfphgang Gunter.

——. 1550b. *Prognosticon oder Practica Deutsch.* Leipzig: Valentin Bapst.

——. 1566. *Narratio Prima.* Basel: Henricus Petri.

——. 1971 [1939]. Narratio Prima. Trans. Edward Rosen. In Rosen 1971a. New York: Octagon.

——. 1982. *Narratio Prima*(Studia Copernicana 20). Ed. and trans. (into French) Henri

Hugonnard-Roche, Jean-Pierre Verdet, Michel-Pierre Lerner, and Alain Segonds. Wrocław: Polskiej Akademii Nauk.

Rhodes, Dennis. 1982a. *Studies in Early Italian Printing.* London: Pindar Press.

———. 1982b. "Philippus Beroaldus, Minus Roscius and an Undated Book." In Rhodes 1982a, 14-17.

———. 1982c. "Benedictus Hectoris of Bologna and His Complaints against Typographical Pirates." In Rhodes 1982a, 229-31.

Ricci, Saverio. 1988. "Federico Cesi e la Nova del 1604: La Teoria della Fluidità del Cielo e un Opuscolo Dimenticato di Johannes van Heeck." *Atti della Accademia Nazionale del Lincei Rendiconti* 43: 111-33.

———. 1990. *La fortuna del Pensiero di Giordano Bruno*, 1600-1750. Florence: Le Lettere.

Riccioli, Giovanni Battista. 1651 [reissued Frankfurt, 1653] . *Almagestum Novum*. Bologna: Victor Benatij.

———. 1665. *Astronomia Reformata*. Bologna: Benatius.

Richards, Joan L. 1987. "Augustus de Morgan and the History of Mathematics." *Isis* 78: 7-30.

Richardson, Alan. 2002. "Narrating the History of Reason Itself: Friedman, Kuhn, and a Constitutive A Priori for the Twenty-First Century." *Perspectives on Science* 10: 253-274.

Ridolfi, Angelo Calisto. 1989. *Indice dei Notai Bolognesi dal XIII al XIX Secolo.* (Graziella Grandi Venturi, ed. ; con premesse di Mario Fanti e Diana Tura.) Bologna: Estratto da L'Archiginnasio, 1989.

Rigaud, Stephen P. 1833. *"Account of Harriot's Astronomical Papers."* In Shirley 1981.

Righini, Guglielmo. 1976. "L'oroscopo galileiano di Cosimo II de' Medici." *Annali dell'Istituto e Museo di Storia della Scienza di Firenze* 1: 29-36.

Righini-Bonelli, Maria Luisa, and Thomas B. Settle. 1979. "Egnatio Danti's Great Astronomical Quadrant." *Annali dell'Istituto e Museo di Storia della Scienza di Firenze* 4, no. 2: 1-13.

Righini-Bonelli, Maria Luisa, and William R. Shea, eds. 1975. *Reason, Experiment, and Mysticism in the Scientific revolution.* New York: Science History Publications.

Roberts, Julian, and Andrew G. Watson, eds. 1990. *John Dee's Library Catalogue.* London: Bibliographical Society.

Roberval, Gilles Personne de. 1644. *Aristarchus Samus de Mundi Systemate, partibus et motibus ejusdem libellus.* Paris: G. Baudry.

Robison, Wade L. 1974. "Galileo on the Moons of Jupiter," *Annals of Science* 31: 165-69.

Rocca, Paolo. 1964. *Giovanni Pico della Mirandola nei suoi Rapporti di Amicizia con Gerolamo Savonarola.* (Quaderni di Storia della Scienze e della Medicina, III) Ferrara: University degli Studi di Ferrara.

Rochberg, Francesca. 2004. *The Heavenly Writing.* Cambridge: Cambridge University Press.

Roeslin, Helisaeus. 1578. *Theoria Nova Coelestium Metwenwn, in qua ex plurium cometarum phoeno-menis Epilogisticws quaedam afferuntur, de novis tertiae cuiusdam Miraculorum sphaerae Circulis, Polis et Axi: Super quibus Cometa Anni MDLXXVII nouo motum et regularissimo ad superioribus annis conspectam Stellam; tanquam Cynosuram progressus, Harmoniam singularem undique ad Mundi Cardines habuit, maximè verò medium Europae, et exactè Germaniae Horizontem non sine numine certo respexit.* Argentorati: Bernhardus Iobinus.

———. 2000 [1597] . *De Opere Dei Creationis.* Facsimile ed. Lecce, Italy: Conte.

Roffeni, Giovanni Antonio. 1611. *Epistola Apologetica contra Caecam Peregrinationem.* (Bologna, Johannes Rossi). In Galilei 1890-1909,

3: 193-200.

——. 1614. *Pronosticon ad annum Dom. 1614: Additis Laudibus, & Responsionibus Aduersus Verae Astrologiae Calumniatores.* Bologna: Bartolomeo Cochi.

Romano, Antonella. 1999. *La contra-réforme mathématique: constitution et diffusion d'une culture mathématique jésuite à la renaissance.* Paris: École Française de Rome.

Ronchitti, Cecco di. 1605. *Dialogo de Cecco di Ronchitti da Bruzene in Perpuosito de la Stella Nuova.* Padua: Pietro Paulo Tozzi.

Rose, Mark. 1994. "The Author in Court: Pope v. Gurll(1741)." In Jaszi and Woodmansee 1994, 212-29.

Rose, Paul Lawrence. 1975a. *The Italian Renaissance of Mathematics: Studies on Humanists and Mathematicians from Petrarch to Galileo.* Geneva: Droz.

——. 1975b. "Universal Harmony in Regiomontanus and Copernicus." In Delorme 1975, 153-58.

Rosen, Edward. 1943. "The Authentic Title of Copernicus' Major Work." *Journal of the History of Ideas* 4: 457-74.

——. 1958. "Galileo's Misstatements about Copernicus." *Isis* 49: 319-30.

——. 1967. "In Defense of Kepler." In Lewis 1967, 141-58.

——. 1969. Review of Burmeister 1967-8, *Isis* 59: 231.

——. 1971a [1939]. *Three Copernican Treatises.* New York: Octagon.

——. 1971b. "Biography of Copernicus." In Rosen 1971a.

——. 1974. "Domenico Maria Novara." In *Dictionary of Scientific Biography*, 10: 153-55.

——. 1975a. "Kepler and the Lutheran Attitude towards Copernicanism in the Context of the Struggle Between Science and Religion." In Beer and Beer 1975, 317-37.

——. 1975b. "Was Copernicus'" *Revolutions* Approved by the Pope? *Journal of the History of Ideas* 36: 531-42.

——. 1981. "Nicholas Copernicus and Giorgio Valla." *Physis* 23: 449-57.

——. 1984a. "Kepler's Attitude Toward Astrology and Mysticism." In Vickers 1984, 253-72.

——. 1984b. *Copernicus and the Scientific Revolution.* Malabar, FL: Robert E. Krieger.

——. 1985. "The Dissolution of the Solid Celestial Spheres." *Journal for the History of Ideas* 45: 13-31.

——. 1986. *Three Imperial Mathematicians: Kepler Trapped between Tycho Brahe and Ursus.* New York: Abaris Books.

——. 1995a. "Copernicus and His Relation to Italian Science." In Rosen 1995b, 127-37.

——. 1995b. *Copernicus and His Predecessors.* London and Rio Grande: Hambledon.

Ross, Sydney. 1962. "'Scientist': The Story of a Word." *Annals of Science* 18: 65-86.

Rothmann, Johann. 1595. *Chiromantiae Theorica Practica Concordantia Genethliace, Vetustis Novitate Addita.* Erfurt: Ioannes Pistorius.

Rothmann, Christoph. 1619. *See* Snellius 1619.

——. 2003. *Christoph Rothmanns Handbuch der Astronomie von 1589.* Ed. Miguel A. Granada, Jürgen Hamel, and Ludolph von Mackensen. Acta historica astronomiae, 19. Frankfurt: Harri Deutsch.

Rousseau, Claudia. 1983. "Cosimo de Medici and Astrology: The Symbolism of Proghecy." PhD diss., Columbia University.

Rudwick, Martin, J. S. 2005. *Bursting the Limits of Time: The Reconstruction of Geohistory in the Age of Revolution.* Chicago: University of Chicago Press.

Rupp, E. Gordon. 1983. "Luther against the Turk, the Pope and the Devil." In Brooks 1983, 255-73.

Russell, John L. 1964. "Kepler's Laws of Planetary Motion, 1609-1666." *British Journal for the History of Science* 2: 1-24.

———. 1989. "Catholic Astronomers and the Copernican System after the Condemnation of Galileo." *Annals of Science* 46: 365-86.

Rutkin, H. Darrel. 2005. "Galileo Astrologer: Astrology and Mathematical Practice in the Late-Sixteenth and Early-Seventeenth Centuries." *Galilaeana* 2: 107-43.

———. 2010. "The Use and Abuse of Ptolemy's *Tetrabiblos*" in Renaissance and Early Modern Europe(Ciovanni Pico Della Mirandola and Filippo Fantoni)." In Jones 2010, 135-49.

Sacrobosco, Johannes. 1478. Sphaera Mundi. Venice: Adam von Rottweil.

———. 1482. *Sphaericum Opusculum*. In Ratdolt omnibus edition 1482.

———. 1485. *Sphaericum Opusculum*. In Ratdolt omnibus edition 1485.

———. 1490. *Sphaericum Opusculum*. In Ottaviano Scotto omnibus edition 1490.

———. 1491a. *Sphaera Mundi*. In Peurbach omnibus edition 1491.

———. 1491b. *Sphaericum Opusculum*. In Peurbach omnibus edition 1491 and Ratdolt omnibus edition 1491.

———. 1527. *Textus de sphaera Joannis de Sacrobosco... ad utilitatem studentiu(m) philosophiae Parisiensis academiœ illustratus....* Paris: Simon Colinaeus.

Sagan, Carl. 1980. *Cosmos*. New York: Random House. Salio, Girolamo [of Faventino] , ed. 1493. *Tetrabiblos*. See Ptolemy 1493.

Sancto Paolo, Eustachius à. 1648 [1609] . *Summa Philosophiae Quadripartita, de Rebus Dialecticis, Ethicis, Physicis, et Metaphysicis*. Cambridge: Roger Daniels.

Sandblad, Henrik. 1972. "The Reception of the Copernican System in Sweden." In Dobrzycki 1972, 241-70.

Sanders, Philip Morris. 1990. "The Regular Polyhedra in Renaissance Science and Philosophy." PhD diss., University of London(Warburg Institute).

Sanford, Vera. 1939. "The Art of Reckoning." *The Mathematics Teacher* 32: 243-48.

Santinello, Giovanni, ed. 1992. *Galileo e la cultura padovana*. Padua; CEDAM.

Sarasohn, Lisa T. 1988. "French Reaction to the Condemnation of Galileo, 1632-1642." *Catholic Historical Review* 74: 34-54.

Savonarola, Girolamo. 1497. *Tractato contra li astrolog*i [Florence: Bartolomeo de'Libri] . In Savonarola 1982.

———. 1557. *Astrologia Confutata: Ein warhafte gegründte unwidersprechliche Confutation der falschen Astrologei... von neuen ins deutsch gebracht*. T. Erastus. Schleusingen: Hamsing.

———. 1581. *Opus Eximium adversus Divinatricem Astronomian... Interprete F. Thomasso Boninsignio*. Florence.

———. 1982. *Scritti filosofici*. Ed. Giancarlo Garfagnini and Eugenio Garin. Rome: A. Belardetti.

Savonarola, Johannis Michaelis. 1497. *Practica Medicinae, sive De Aegritudinibus*. Venice: Bonetus Locatellus.

———. 1502. *Practica*. Venice: Bernardinus Vercellensis.

Scaliger, Julius Caesar. 1582. *Exotericae Exercitationes ad Cardanum*. Frankfurt.

Scepperius, Cornelius Duplicius. 1548 [1523] . *Adversus Falsos Quorundam Astrologorum Augurationes Assertio*. Cologne: Birckmanna.

Schaff, Josef. 1912. *Geschichte der Physik an der Universität Ingolstadt*. Erlangen, 1912. diss. Phil. Erlangen.

Schaffer, Simon. 1983. "History of Physical Science." In Corsi and Weindling 1983, 285-

314.

——. 1987. "Newton's Comets and the Transformation of Astrology." In Curry 1987, 219-43.

——. 1993. "Comets and Idols: Newton's Cosmology and Political Theology." In Seef and Theerman 1993, 206-31.

——. 1997. "Metrology, Metrication, and Victorian Values." In Lightman 1997, 438-74.

Scheiner, Christopher. 1612. *Tres Epistolae de Maculis Solaribus... Accuratior Disquisitio.* Augsburg: Ad insigne pinus.

Scheurl, Christoph. 1962. "Ad Sixtum Tucherum(November 22, 1506)." In Knaake and Soden 1962.

Schilling, Heinz. 1981. *Konfessionskonflikt und Staatsbildung: Eine Fallstudie über das Verhältnis von religiösem und sozialem Wandel in der Frühneuzeit am Beispiel der Grafschaft Lippe.* Quellen und Forschungen zur Reformationsgeschichte, 48. Gütersloh: Mohn.

——. 1986. "The Roformation and the Rise of the Early Modern State." In Tracy 1986, 21-30.

Schimkat, Peter. 2007. "Wilhelm IV als Naturforscher, Ökonom und Landesherr." In Gaulke 2007, 77-90.

Schmitt, charles B. 1972a. *Cicero Scepticus: A Study of the Influence of the Academica in the Renaissance.* The Hague: Nijhoff.

——. 1972b. "The Faculty of Arts at Pisa at the Time of Galileo." Physis 14: 243-72.

——. 1973. "Towards a Reassessment of Renaissance Aristotelianism." *History of Science* 11: 159-93.

——. 1981. *Studies in Renaissance Philosophy and Science.* London: Aldershot.

——. 1983. *Arstotle and the Renaissance.* Cambridge, MA: Harvard University Press.

——. 1985. "Aristotle among the Physicians." In Wear, French, and Lonie 1985, 1-15.

Schmitt, Charles B., and Quentin Skinner, eds. 1988. *The Cambridge History of Renaissance Philosophy.* Cambridge: Cambridge University Press.

Schmitz, Rudolf, and Fritz Krafft, eds, 1980. *Humanismus und Naturwissenschaften.* Beiträge zur Humanismusforschung, 4. Boppard: Harald Boldt.

Schofield, Christine Jones. 1964. "Tychonic and Semi-Tychonic World Systems." PhD diss., University of Cambridge.

——. 1981. *Tychonic and Semi-Tychonic World Systems.* New York: Abaris.

——. 1989. "The Tychonic and Semi-Tychonic World Systems." In Taton and Wilson 1989, 33-44.

Scholder, Klaus. 1966. *Ursprunge und Probleme der Bibelkritik im 17. Jahrhundert.* Munich: Kaiser.

Schöner, Johannes. 1545. *De iudiciis nativitatum Libri Tres. Scripti a Ioanne Schonero Carolostadio, Professore Publico Mathematumm, in celebri Germaniae Norimberga. Item Praefatio D. Philippi Melanthonis in hos de Iudicijs Natiuitatum Ioannis Schoner libros.* Nuremberg: Ioannis Montani et Ulrici Neuber.

——. 1553 [1533]. *Opusculum Geographicum.* Nuremberg.

Schorske, Carl. 1980. *Fin-de-Siècle Vienna.* New York: Knopf.

Schrader, Dorothy V. 1968. "De Arithmetica, Book I of Boethius." *Mathematics Teacher* 61: 615-28.

Schreckenfuchs, Erasmus Oswald. 1556. *Commentaria in Novas Theoricas Planetarum Georgii Purbachii.* Basel Henricus Petri.

——. 1569. *Commentaria in Sphaeram Ioannis de Sacrobusto.* Basel: Henricus Petreius.

Schuster, John. 1977. "Descartes and the Scientific Revolution, 1618-1634." 2 vols. PhD diss.,

Princeton University.

Schuster, John, and Graeme Watchirs. 1990. "Natural Philosophy, Experiment and Discourse in the 18th Century." In LeGrand 1990, 1-47.

Scribner, Robert W. 1981. *For the Sake of Simple Folk: Popular Propaganda for the German Reformation.* Cambridge: Cambridge University Press.

Scudder, Henry. 1620. *A Key of Heaven.* London: R. Field.

Seck, Friedrich, ed. 1981. *Wissenschaftsgeschichte um Wilhelm Schickard.* Contubernium: Beiträge zur Geschichte der Eberhard-Karls-Universität Tübingen, 26. Tübingen: J. C. B. Mohr.

Secord, James A. 2000. *Victorian Sensation: The Extraordinary Publication, Reception, and Secret Authorship of "Vestiges of the Natural History of Creation."* Chicago: University of Chicago Press.

Secret, François. 1964. *Les kabbalistes chrétiens à la Renaissance.* Paris.

Seebass, Gottfried. 1972. "The Reformation in Nürnberg." In Buck and Zophy 1972, 17-41.

Seef, Adele F. and Paul Theerman, eds. 1993. *Action and Reaction: Proceedings of a Symposium to Commemorate the Tercentenary of Newton's Principia.* Newark: University of Delaware Press.

Segonds, Alain Philippe. 1993. "Tycho Brahe et l'Alchimie." In Margolin and Matton 1993, 365-78.

Segre, Michael. 1998. "The Never Ending Galileo Story." In Machamer 1998, 388-416.

Settle, Thomas B. 1990. "Egnazio Danti and Mathematical Education in Late Sixteenth-Century Florence." In Henry and Hutton 1990, 24-37.

Seznec, Jean. 1953. *The Survival of the Pagan Gods: The Mythological Tradition and Its Place in Renaissance Humanism and Art.* Trans.

Barbara Sessions. New York: Pantheon.

Shackelford, Jole. 1993. "Tycho Brahe, Laboratory Design, and the Aim of Science: Reading Plans in Context." *Isis* 84: 211-30.

Shakerley, Jeremy. 1653. *Tabulae Britannicae.* London: R. and W. Leybourn.

Shank, Michael H. 1992. "The 'Notes on Al-Bitruji' Attributed to Regiomontanus: Second Thoughts." *Journal for the History of Astronomy* 23: 15-30.

——. 1994. "Galileo's Day in Court." *Journal for the History of Astronomy* 25: 236-42.

——. 1996. "How Shall We Practice History?" *Early Science and Medicine* 1: 106-50.

——. 1998. "Regiomontanus and Homocentric Astronomy." *Journal for the History of Astronomy* 29: 157-66.

——. 2005a. "Before the Revolution: Fifteenth-Century European Astronomy in context." Paper delivered at Max Planck Institute for the History of Science Conference, "Before the Revolution: The Forgotten Fiteenth Century." January 13-15.

——. 2005b. "Setting the Stage: Galileo in Tuscany, the Veneto, and Rome." In McMullin 2005a, 57-87.

——. 2007. "Regiomontanus as a Physical Astronomer: Samplings from *The Defence of Theon Against George of Trebizond.*" *Journal for the History of Astronomy* 38: 325-49.

——. 2009. "Setting up Copernicus? Astronomy and Natural Philosophy in Giambattista Capuano da Manfredonia's *Expositio* on the *Sphere.*" *Early Science and Medicine* 14: 290-315.

Shapin, Steven. 1991. " 'A Scholar and a Gentleman': The Problematic Identity of the Scientific Pracititoner in Early Modern England." *History of Science* 29: 279-327.

——. 1994. *A Social History of Truth: Civility and Science in Seventeenth-Century England.*

Chicago: University of Chicago Press.

——. 1997. *The Scientific Revolution*. Chicago: University of Chicago Press.

Shapin, Steven, and Simon Schaffer. 1985. *Leviathan and the Air Pump: Hobbes, Boyle and the Experimental Life*. Princeton, NJ: Princeton University Press.

Shapio, Alan. 1996. "The Gradual Acceptance of Newton's Theory of Light and Color, 1672-1727." *Perspectives on Science* 4: 59-140.

Shapiro, Brbara. 1969. *John Wilkins, 1614-1672: An Intellectual Biography*. Berkeley: University of California Press.

——. 2000. *A Culture of Fact: England. 1550-1720*. Ithaca, NY: Cornell University Press.

Sharratt, Michael. 1994. *Galileo: Decisive Innovator*. Cambridge: Camridge University Press.

Shea, Wiliam. 1972. *Galileo's Intellectual Revolution: The Middle Period, 1610-1632*. New York: Neale Watson.

Shipman, Joseph C. 1967. "Johannes Petreius, Nuremberg Publisher of Scientific Works, 1524-1550." In Lehmann-Haupt 1967, 147-62.

Shirley, John W., ed. 1974a. *Thomas Harriot, Renaissance Scientist*. Oxford: Clarendon Press.

——. 1974b. "Sir Walter Ralegh and Thomas Harriot." In Shirley 1974a, 36-53.

——. ed. 1981. *A Source Book for the Study of Thomas Harriot*. New York: Arno Press.

Siderocrates(Eisenmenger), Samuel. 1563. *De Usu Partium coeli Oratio*. Tübingen: Morhard.

Sighinolfi, Lino. 1914. "Francesco Puteolano e le origini della Stampa in Bologna e in Parma," *La Bibliofilia* 15: 383-92.

——. 1920. "Domenico Maria Novaria e Niccolò copernico allo Studio di Bologna." *Studi e Memorie per la Storia dell' Università di Bologna* 5: 207-236.

Simon, Gérard. 1979. *Kepler, Astronome-Astrologue*. Paris: Gallimard.

Simpson, A. D. C. 1989. "Robert Hooke and Practical Optics: Technical Support at a scientific Frontier." In Hunter and Schaffer 1989, 33-61.

Singer, Dorothy Waley. 1950. *Giordano Bruno: His Life and Thought*. With Annotated Translation of His Work *On the Infinite Universe and Worlds*. New York: Henry Schuman.

Siraisi, Nancy G. 1987. *Avicenna in Renaissance Italy: The "Canom" and Medical Teaching in Italian Universities after 1500*. Princeton, NJ: Princeton University Press.

——. 1990. *Medieval and Early Renaissance Medicine: An Introduction to Knowledge and Practice*. Chicago: University of Chicago Press.

Sizzi, Francesco. 1611. *Dianoia Astronomica, Optica, Physica* 〔Venice; Petrus Marius Bertinus.〕 In Galilei 1890-1909, 3: 201-50.

Skinner, Quentin. 1978. *The Foundations of Modern Political Thought*. 2 vols. Cambridge; Cambridge University Press.

Slouka, Hubert. 1952. *Astronomie v Československu od dob Nejstarších do Dneška*. Prague: Osvěta.

Smith, David Eugene. 1958. *A History of Mathematics*. 2 vols. New York: Dover.

Smith, Logan Pearsall. 1907. *The Life and Letters of Sir Henry Wotton*. 2 vols. Oxford: Clarendon.

Smoller, Laura Ackerman. 1994. *History, Prophecy and the Stars: The Christian Astrology of Pierre D'Ailly, 1350-1420*. Princeton, NJ: Princeton University Press.

——. 1998. "The Alfonsine Tables and the End of the World: Astrology and Apocalyptic Calculation in the Later Middle Ages." In Ferreiro 1998, 211-39.

Snellius, willebrord. 1619. *Descriptio Cometae Qui Anno 1618 Mense Novembri Primum Effulsit. Huic accessit Christophori Rhotmanni Ill. Princ. wilhelmi Hassiae Lantgravii Mathematici descriptio accurata cometae anni 1585*. Leiden:

哥白尼问题

Officina Elzviriana.

Snobelen, stephen D. 2001. " 'God of gods, and Lord of Lords': The Theology of Isaac Newton's General Scholium to the Principia." Osiris 16: 169-208.

Snyder, John. 1989. *Writing the Scene of Speaking: Theories of Dialogue in the Late Renaissance.* Stanford, CA: Stanford University Press.

Sobel, Dava. 1999. *Galileo's Daughter: A Historical Memoir of Science, Faith, and Love.* New York: Walker.

Sommerville, Johann P. 1994. "Introduction." In James VI and I 1994.

sorbelli, Albano. 1938. "Il 'Tacuinus' dell' Università di Bologna e le sue prime edizioni." *Gutenberg-Jahrbuch* 33: 109-14.

Sphaerae Mundi Compendium. 1490. Venice: Octavianus Scotus.

Spampanato, vincenzo. 1933. *Documenti della vita di Giordano Bruno.* Florence: Olschki.

Spruit, Leen. 2002. "Giordano Bruno and Astrology." In Gatti 2002, 229-50.

Stadius, Johannes. 1560. *Ephemerides Novae et Auctae,* 1554-1576. Coloniae Agrippinae: Birckmann.

Stella, Aldo. 1992. "Galileo, il Circolo Culturale di Gian Vincenzo Pinelli e la 'Patavina Libertas.'" In Santinello 1992, 307-25.

Steneck, Nicholas H. 1976. *Science and Creation in the Middle Ages: Henry of Langenstein(d.* 1397) *on Genesis.* Notre Dame, IN: University of Notre Dame Press.

Stephen, Leslie, and Sidney Lee, eds. 1891. *Dictionary of National Biography.* Vol. 26. London: Smith, Elder and Co.

Stephenson, Bruce. 1987. *Kepler's Physical Astronomy.* Princeton, NJ: Princeton University Press.

——. 1994. *The Music of the Heavens: Kepler's Harmonic Astronomy.* Chicago: University of Chicago Press.

Stevenson, Enrico. 1886. *Inventario dei Libri Stampati Palatino Vaticani.* Rome.

Stevin, Simon. 1599. *Portuum Investigandorum Ratio.* Leiden.

——. 1605-8. *Hypomnemata Mathematica, hoc est eruditus ille pulvis, in quo exercuit... Mauritius, Princeps Auraicus.* Leiden: I. Patius.

——. 1961. *The Principal Works of Simon Stevin.* 5 vols. Ed. E. Crone, A. Pannekoek et al. Amsterdam: C. V. Swets and Zeitlinger.

Stewart, Larry. 1992. *The Rise of Public Science: Rhetoric, Technology, and Natural Philosophy in Newtonian Britain,* 1660-1750. Cambridge: Cambridge University Press.

Stierius, Johannes. 1671 [1647] . *Praecepta Logicae, Ethicae, Physicae, Metaphysicae, Sphaericaeque Brevibus Tabelis compacta; Una cum Questionibus Physicae Controversis.* 7th ed. London: J. Redmayne.

Stimson, Dorothy. 1917. *The Gradual Acceptance of the Copernican Theory of the Universe.* Hanover, NH: n. p.

Stöffler, Johannes. 1523. *Expurgatio aduersus diuinationum XXIIII anni suspitiones.* Tübingen: U. Morhard.

Stone, Lawrence, ed. 1974. *The University in Society.* Princeton, NJ: Princeton University Press.

Stopp, Frederick John. 1974. *The Emblems of the Altdorf Academy: Medals and Medal Orations, 1577-1626.* London: Modern Humanities Research Association.

Strauss, Gerald. 1966. *Nuremberg in the sixteenth Century: City Politics and Life between Middle Ages and Modern Times.* Bloomington: Indiana University Press.

Streete, thomas. 1661. *Astronomia Carolina, A New Theorie of the Coelestiall Motions.* London: Lodowick Lloyd.

Striedl, Hans. 1953. "Der Humanist Johann Albrecht widmanstetter(1506-1577) als klassischer Philologe." In *Festgabe der bayerischen Staatsbibliothek*, 96-120. Wiesbaden: Harrassowitz.

Strong, Edward William. 1936. *Procedures and Metaphysics; A Study in the Philosophy of Mathematical-Physical Science in the Sixteenth and Seventeenth Centuries.* Berkeley: University of California Press.

Strype, John. 1848. *Memorials of the Most Reverend Father in God Thomas Cranmer, Sometime Lord Archbishop of Canterbury.* Oxford.

Sturlese, Maria Rita Pagnoni. 1985. "Su Bruno e Tycho Brahe." *Rinascimento* 25: 309-33.

Sudhoff, Karl. 1902. *Iatromathematiker vornehmlich im 15. und 16. Jahrhundert.* Abhandlungen zur Geschiche der Medicin. Wrocław: Max Müller.

Sutter, Bethold. 1964. *Graz als Residenz: Innerösterreich, 1564-1619.* Graz: Katalog der Ausstellung.

———. 1975. "Johannes Keplers Stellung innerhalb der Grazer Kalendertradition des 16. Jahrhunderts." In Sutter and Urban 1975, 209-373.

Sutter, Berthold, and Urban, Paul, eds. 1975. *Johannes Kepler 1571-1971: Gedenkschrift der Universität Graz.* Graz: Leykam.

Švejda, Antonin. 1997. "Science and Instruments." In Fucíková 1997a, 618-26.

Swerdlow, Noel M. 1972. "Aristotelian Planetary Theory in the Renaissance: Giovanni Battista Amico's Planetary Spheres." *Journal for the History of Astronomy* 3: 36-48.

———. 1973. "The Derivation and First Draft of Copernicus's Planetary Theory: A Translation of the Commentariolus with Commentary." *Proceedings of the American Philosophical Society* 117: 423-512.

———. 1975. "Copernicus's Four Models of Mercury." *Studia copernicana* 13 (Colloquia Copernicana 3). Wrocław: Polskiej Akademii Nauk, 141-60.

———. 1976. "Pseudodoxia Copernicana: Or, Enquiries into Very Many Received Tenets and Commonly Presumed Truths, Mostly Concerning Spheres." *Archives internationales d'histoire des sciences* 26: 108-58.

———. 1992. "Annals of Scientific Publishing: Johannes Petreius's Letter to Rheticus." *Isis* 83: 270-74.

———. 1993. "Science and Humanism in the Renaissance: Regiomontanus's Oration on the Dignity and Utility of the Mathematical Sciences." In Horwich 1993, 133-68.

———. 1996. "Astronomy in the Renaissance." In Walker 1996, 187-230.

———. 1998. *The Babylonian Theory of the Planets.* Princeton, NJ: Princeton University Press.

———. 2004a. "An Essay on Thomas Kuhn's First Scientific Revolution, *The Copernican Revolution. Proceedings of the American Philosophical Society*". 148, no. 1: 64-120.

———. 2004b. "Galileo's Horoscopes." *Journal for the History of Astronomy* 35: 135-41.

Swerdlow, Noel M., and Otto Neugebauer. 1984. *Mathematical Astronomy in Copernicus's "De Revolutionibus."* New York and Berlin: Springer Verlag.

Swetz, Frank J. 1987. *Capitalism and Arithmetic: The New Math of the 15th Century; Including the Full Text of the "Treviso Arithmetic" of 1478.* Trans. D. E. Smith. LaSalle, IL: Open Court.

Szczucki, Lech, ed. 1974. *Astrologia e religione nel Rinascimento.* Wrocład: zakład

Tabarroni, Giorgio. 1987. "Copernico e gli Aristotelici Bolognesi." In Capitani 1987.

Taton, René, and Curtis A. Wilson, eds, 1989. *Planetary Astronomy from the Renaissance to*

哥白尼问题

the Rise of Astrophysics. Cambridge: Cambridge University Press.

Taub, Liba Chaia. 1993. *Ptolemy's Universe: The Natural Philosophical and Ethical Foundations of Ptolemy's Astronomy.* Chicago: Open Court.

Tessicini, Dario. 2001. " 'Pianeti consorti': la Terra e la Luna nel diagramma eliocentrico di Giordano Bruno." In Granada 2001, 159-88.

——. 2007. *I dintorni dell'infinito: Giordano Bruno e l'astronomia del Cinquecento. Bruniana & Campanelliana.* Supplementi, xx. Studi, 9. Pisa: Fabrizio Serra.

Tester, S. Jim. 1987. *A History of Western Astrology.* Woodbridge, UK: Boydell Press.

Theodoricus Winshemius, Sebastianus. 1570. *Novae Quaestiones Sphaerae, hoc est De Circulis Coelestiubus et Primo Mobili, in gratiam studiosi iuuentutis scriptae.* Wittenberg: J. Crato.

Thomas, Keith. 1971. *Religion and the Decline of Magic.* New York: Scribner.

Thomason, Neil. 2000. "1543—The Year that Copernicus Didn't Predict the Phases of Venus." In Freeland and Corones 2000, 291-332.

Thoren, Victor. 1974. "Extracts from the Alfonsine Tables and Rules for Their Use." In Grant 1974, 465-87.

Thoren, Victor(with contributions from John R. Christianson). 1990. *The Lord of Uraniborg.* Cambridge: Cambridge University Press.

Thorndike, Lynn. 1923-58. *A History of Magic and Experimental Science.* 8 vols. New York: Columbia University Press.

——. 1943. "Another Virdung Manuscript." *Isis* 34: 291-93.

——. 1949. *The Sphere of Sacrobosco and Its Commentators.* Chicago: University of Chicago Press.

Thorpe, charles. 2006. *Oppenheimer: The Tragic Intellect.* Chicago: University of Chicago Press.

Timpler, Clemens. 1605. *Physicae seu Philosophiae Naturalis Systema Methodicum, in tres partes digestum: in quo tamquam in speculo seu theatro universa Natura, per Theoremata et Problemata breuiter et perspicuè explicata et disceptata, contemplanda proponitur, Pars Prima; complectens Physicam Generalem. Auctore Clemente Timplero Stopensi Misnico.* Hannover: Apud Guilielmum Antonium.

Tomba, Tullio. 1990. "L'osservazione della stella nuova del 1604 nell'ambito filosofico e scientifico padovano." *Cesare Cremonini*(1550-1631). *Il suo pensiero e il suo tempo*(Convegno di Studi Cento, 7 April 1984). Ferrara: Cento.

Toulmin, Stephen E. 1975. "Commentary." In Westman 1975a, 384-91.

Tracy, James D., ed. 1986. *Luther and the Modern State in Germany.* Sixteenth Century Essays and Studies, 7. Kirksville, MO: Sixteenth Century Journal. Traister, Barbara Howard. 2001. *The Notorious Astrological Physician of London: Works and Days of Simon Forman.* Chicago: University of Chicago Press.

Tredwell, Katherine a. 2004. "Michael Maestlin and the Fate of the *Narratio Prima.*" *Journal for the History of Astronomy* 35: 305-25.

Trevor-Roper, Hugh. 1987a, *Catholics, Anglicans and Puritans: Seventeenth Century Essays.* Chicago: University of Chicago Press.

——. 1987b. "Nicholas Hill, the English Atomist." In Trevor-Roper 1987a, 1-39.

Trinkaus, Charles. 1985. "The Astrological Cosmos and Rhetorical Culture of Giovanni Gioviano Pontano." *Renaissance Quarterly* 38: 446-72.

Tschaikner, Manfred. 1989. "Der verzauberte Dr. Iserin." *Kulturinformationen Vorarlberger Oberland* 2: 147-51.

Turner, Gerard L'Estrange. 1994. "The Three Astrolabes of Gerard Mercator." *Annals of Science* 51, no. 4: 329-53.

Turner, Robert. 1657. *Ars Notoria: the Notory Art of Solomon, shewing the cabalistical key of magical operations, the liberal sciences, divine revelation, and the art of memory. Whereunto is added an Astrological Catechism, fully demonstrating the art of Judicial Astrology. Together with a rare Natural secret, necessary to be learn'd by all persons; especially Sea-men, Merchants, and Travellers. Written originally in Latine* [*by Apollonius, Leovitius, and others. Collected*] *and now Englished by R. Turner, Φιλομαθης.* London: J. Cottrel.

Turner, R. Steven. 1974. "University Reformers and Professorial Scholarship in germany, 1760-1806." In Stone 1974, 2: 495-531.

Tyard, Pontus de. 1557. *L'univers, ou Discours des paries de la nature du monde.* Lyon: Ian de Toures and Guillaume Gazeau.

Tyson, Gerald P., and Sylvia S. Wagonheim, eds. 1986. *Print and Culture in the Renaissance: Essays on the Advent of Printing in Europe.* Newark: University of Delaware.

Underwood, E. Ashworth. 1953. *Science, Medicine, and History.* London: Oxford University Press.

Urbach, Peter. 1987. *Francis Bacon's Philosophy of Science.* La Salle, IL: OPen Caurt.

Ursus, Nicolaus Reimarus. 1588. *Fundamentum Astronomicum.* Strasbourg.

——. 1597. *De Hypothesibus Astronomicis: seu systemate Mundano, Tractatus Astronomicus & Cosmographicus. Item Astronomicarum Hypothesium a se inventarum, oblatarum, & editarum, contra quosdam eas sibi temerario seu potius nefario ausu arrogantes, Vendicatio et Defensio, Eque Sacris Demonstratio.* Prague: Apud Autorem.

Valcke, Louis. 1996. "Jean Pic de la Mirandole et Johannes Kepler: De la Mathématique à la Physique." *Rinascimento* 36: 275-96.

Valla, Giorgio. 1501. *De Expetendis et Fugiendis Rebus Opus.* Venice: Aldus Manutius.

Vanden Broecke, Steven. 2001. "Dee, Mercator, and Louvain Instrument Making: an Undescribed Astrological Disc by Gerard Mercator(1551)." *Annals of Science* 58: 219-40.

——. 2003. *The Limits of Influence: Pico, Louvain, and the Crisis of Renaissance Astrology.* Leiden: Brill.

——. 2005. "Evidence and Conjecture in Cardano's Horoscope Collection." In Oestmann, Rutkin, and von Stuckrad 2005, 207-23.

Van Egmond, Warren. 1980. *Practical Mathematics in the Italian Renaissance: A Catalogue of Italian Abacus Manuscripts and Printed Books to* 1600. Florence: Istituto e Museo di Storia della Scienza di Firenze.

Van Helden, Albert. 1977. *The Invention of the Telescope.* Transactions of the American Philosophical Society 67, no. 4.

——. 1985. *Measuring the Universe: Cosmic Dimensions from Aristarchus to Halley.* Chicago: University of Chicago Press.

——. 1994. "Telescopes and Authority from Galileo to Cassini." *Osris* 9: 9-29.

Van Nouhuys, Tabitta. 1998. *The Age of Two-Faced Janus: The Comets of* 1577 *and* 1618 *and the Decline of the Aristotelian World View in the Netherlands.* Leiden: Brill.

Vasoli, Cesare. 1965. "Lucio Bellanti." In *Dizionario biografico degli Italiani.*

——, ed. 1980a. *Idee, istituzioni, scienza ed arti nella Firenze dei Medici.* Florence: Giunti-Mart.

——, ed. 1980b. *La cultura delle corti.* Bologna: Capelli.

——. 1980c. "Gli astri e la corte: L'astrologia a Ferrara nell'età ariostesca." In Vasoli 1980b, 129-58.

Vermij, Rienk. 2002. *The Calvinist Copernicans: The Reception of the New Astronomy in the Dutch Republic, 1575-1750.* Amsterdam: Royal

Nether-lands Academy of Arts and Sciences.

Viala, Alain. 1985. *Naissance de l'écrivain: Sociologie de la littérature à l'age classique.* Paris: Les éditions de Minuit.

Vickers, Brian, ed. 1984. *Occult and Scientific Mentalities in the Renaissance.* Cambridge: Cambridge University Press.

Vieri, Francesco de. 1568. *Discorso di M. Francesco di Vieri, cognominato il Secondo Verino, del soggeto, del numero, dell'uso, et della dignità et ordine degl'habiti dell'animo, cio dell'arti, dottrine morali, scienze specolative, e facoltà strumentali.* Florence.

Vitruvius Pollio, Marcus. 1496. *De Architectura.* Venice.

Voelkel, J. R. 1999. "Publish or Perish: Legal Contingencies and the Publication of Kepler's *Astronomia Nava.*" *Science in Context* 12: 33-59.

———. 2001. *The Composition of Kepler's "Astronomia Nova."* Princeton and Oxford: Princeton University Press.

Voigt, Johannes Kaspar. 1841. *Briefwechsel der berühmtesten Gelehrten des Zeitalters der Reformation mit Herzog Albrecht von Preussen.* Königsberg: Gebrüder Bornträge.

Voss, wilhelm. 1931. "Handschriftliche Bemerkungen in alten Büchern." *Die Sterne,* 179-84.

Wagner, David L., ed. 1983. *The Seven Liberal Arts in the Middle Ages.* Bloomington: Indiana University Press.

Wagner, Klaus. 1975. "Judicia Astrologica Colombiniana. Bibliographisches Verzeichnis einer Sammlung von Praktiken des 15. und. 16. Jahrhunderts der Biblioteca Colombina(Sevilla)." *Archiv für Geschichte des Buchwesens* 15: 1-98.

Walker Christopher, ed. 1996. *Astronomy before the Telescope.* New York: St. Martin's Press.

Walker, D. P. 1958. *Spiritual and Demonic Magic from Ficino to Campanella.* London: Warburg Institute.

———. 1972. *The Ancient Theology: Studies in Christian Platonism from the Fifteenth to the Eighteenth Century.* Ithaca, NY: Cornell University Press.

Wallace, William A. 1984a. "Galileo's Early Arguments for Geocentrism and His Later Rejection of Them." In Galluzzi 1984, 31-40.

———. 1984b. *Galileo and His Sources: The Heritage of the Collegio Romano in Galile's Science.* Princeton, NJ: Princeton University Press.

———. 1988. "Traditional Natural Philosophy." In Schmitt and Skinner 1988, 201-35.

———. 1998. "Galileo's Pisan Studies in Science and Philosophy." In Machamer 1998, 27-52.

Walters, Alice N. 1997. "Conversation Pieces: Science and Politeness in Eighteenth-Century England." *History of Science* 35: 124-54.

Walz, Angelus Maria. 1930. "Zur Lebensgeschichte des Kardinals Nikolaus von Schönberg, O. P." In *Mélanges Mandonnet*(2) (Bibliothèque Thomiste, no. 14). Paris: Vrin, 371-87.

Warburg, Aby. 1912. "Italian Art and International Astrology in the Palazzo Schifanoia, Ferrara." In Warburg 1999, 732-57.

———. 1999. *The Renewal of Pagan Antiquity: Contributions to the Cultural History of the European Renaissance.* Ed. Kur W. Forster; trans. David Britt. Los Angeles: Getty Research Institute for the History of Art and the Humanities.

Ward, Seth. 1654. *Vindiciae Academiarum.* Oxford.

Warner, Deborah. 1994. "Terrestrial Magnetism: For the Glory of God and the Benefit of Mankind." *Osiris* 9: 67-84.

Warwick, Andrew. 2003. *Masters of Theory:*

Cambridge and the Rise of Mathematical Physics. Chicago: University of Chicago Press.

Watanbbe-O'Kelly, Helen. 2002. *Court Culture in Dresden: From Renaissance to Baroque.* Basingstoke Palgrave.

Waterbolk, Edzo H. 1974. "The 'Reception' of copernicus's Teachings by Gemma Frisius." *Lias: Sources and Documents Relating to the Early Modern History of Ideas* 1: 225-42.

Watson, Elizabeth See. 1993. *Achille Bocci and the Emblem book as Symbolic Form.* Cambridge: Canmbridge University Press.

Watts, Pauline Moffitt. 1985. "Prophecy and Discovery: On the Spiritual Origins of Christopher Columbus's 'Enterprise of the Indies.'" *The American Historical Review* 90: 73-102.

Wear, Andrew. 1985. "Exploratons in Renaissance Writings on the Practice of Medicine." In Wear, French, and Lonie 1987, 118-45.

Wear, Andrew, roger French, and I. M. Lonie, eds. 1985. *The Medical Renaissance of the Sixteenth Century.* Cambridge: Cambridge University Press.

Weber, Max. 1919. "Science as a Vocation." English translation in Gerth and Mills 2000, 129-56.

Webster, Charles. 1982. *From Paracelsus to Newton: Magic and the Making of Modern Science.* (Eddington Memorial Lectures, Cambridge University, November 1980.) Cambridge: Cambridge University Press.

Wedderburn, John. 1610. *Quatuor Problematum Quae Martinus Horky Contra Numtium Sidereum de Quatuor Planetis Novis Disputanda Proposuit: Confutatio.* (Padua: Petrus Marinelli.) In Galilei 1890-1909, 3 : 153-78.

Weinberg, Bernard. 1961. *A History of Literary Criticism in the Italian Renaissance.* 2 vols. Chicago: University of Chicago Press.

Weinberg, Steven. 2001. *Facing UP: Science and Its cultural Adversaries.* Cambridge: Harvard University Press.

——. 2008. "Without god." *New York Review of Books,* September 25.

Weinstein, donald. 1970. *Savonarola and Florence: Prophecy and Patriotism in the Renaissance.* Princeton, NJ: Princeton University Press.

Weisheipl, James. 1965. "Classification of the Sciences in Medieval Thought." *Medieval Studies* 27: 54-90.

——. 1978. "The Nature, Scope and Classification of the Sciences." In Lindberg 1978, 461-82.

Weissman, Ronald. 1987. "Taking Patronage Seriously: Mediterranean Values and Renaissance Society." In Kent, Simmons, and Eade 1987, 25-45.

Welser, Marcus. 1591. *Fragmenta tabulae antiquae in quis aliquot per Romanas provincias itinera. Ex Peutingorum Bibliotheca. Edente, et explicante. Marco Velsero Matthaei F. Aug. Vind.* Venice: Aldus Manutius.

Wesley, Walter. 1978. "The Accuracy of Tycho Brahe's Instruments." *Journal for the History of Astronomy* 9: 42-53.

Westfall, Richard S. 1971. *The Construction of Modern Science: Mechanisms and Mechanics.* Cambridge: Cambridge University Press.

——. 1980. *Never at Rest: A Biography of Isaac Newton.* Cambridge: Cambridge University Press.

——. 1985. "Science and Patronage: Galileo and the Telescope." *Isis* 76: 11-30.

——. 1989. *Essays on the Trial of Galileo.* Notre Dame, In: University of Notre Dame Press.

Westman, Robert S. 1971. "Johannes Kepler's Adoption of the Copernican Hypothesis." PhD diss., University of Michigan.

——. 1972a. "The Comet and the Cosmos: Kepler, Mästlin and the Copernican Hypothesis." In

Dobrycki 1972, 7-30.

——. 1972b. "Kepler's Theory of Hypothesis and the 'Realist Dilemma.'" *Studies in History and Philosophy of Science* 3: 233-64.

——. ed. 1975a. *The Copernican Achievement.* Berkeley: University of California Press.

——. 1975b. "The Melanchthon Circle, Rheticus, and the Wittenberg Interpretation of the Copernican Theory." *Isis* 66: 165-93.

——. 1975c. "Three Responses to the Copernican Theory: Johannes Praetorius, Tycho Brahe and Michael Maestlin." In Westman 1975a, 285-345.

——. 1975d. "Michael Mästlin's Adoption of the copernican Theory." *Studia Copernicana* 14: 53-63.

——. 1977. "Magical Reform and Astronomical Reform: The Yates Thesis Reconsidered." In MCGuire and Westman, 1977, 2-91.

——. 1980a. "The Astronomer's Role in the Sixteenth Century: A Preliminary Study." *History of Science* 18: 105-47.

——. 1980b. "Humanism and Scientific Roles in the Sixteenth Century." In Schmitz and Krafft 1980, 83-99.

——. 1983. "The Reception of Galileo's *Dialogue* in the Seventeenth Century: A Partial World Census of Extant Copies." In Galluzzi 1983, 329-72.

——. 1984. "Nature, Art, and Psyche: Jung, Pauli, and the Kepler-Fludd Polemic." In Vickers 1984, 177-229.

——. 1986. "The Copernicans and the Churches." In Lindberg and Numbers 1986, 76-113.

——. 1990. "Proof, Poetics and Patronage: Copernicus's Preface to *De revolutionibus.*" In Lindberg and Westman 1990, 167-206.

——. 1993. "Copernicus and the Prognosticators: The Bologna Period, 1496-1500." *Universitas* 5(December): 1-5.

——. 1994. "Two Cultures or One? A Second Look at Kuhn's *The copernican Revolution.*" *Isis* 85: 79-115.

——. 1996. Review of Antonino Poppi, *Cremonini e Galilei. Isis* 87: 166-67.

——. 1997. "Zinner, Copernicus and the Nazis." *Journal for the History of Astronomy* 28: 259-70.

——. 2008. "Was Kepler a Secular Theologian?" In Westman and Biale 2008, 24-52.

Westman, Robert S., and David Biale, eds. 2008. *Thinking Impossibilities: The Legacy of Amos Funkenstein.* Toronto: University of Toronto Press.

Whewell, William. 1857 [1837] . *History of the Inductive Sciences.* 3rd ed. London: John W. Parker and Son.

Whiteside, D [erek] T [homas] . 1970. "Before the *principia*: The Maturing of Newton's Thoughts on Dynamical Astronomy, 1664-1684." *Journal for the History of Astronomy* 1: 5-19.

Wilkins, John. 1684 [1638] . *A Discourse concerning a New Planet, Tending to prove That Tis Probable our Earth is One of the Planets.* London: John Gellbrand.

Willet, Andrew. 1593. *Tetrastylon Papisticum, That is, The Foure Principal Pillers of papistrie, the first conteyning their raylings, slanders, forgeries, untruthes: the second their blasphemies, flat contradictions to scripture, heresies, absurdities: the third their loose arguments, weake solutions, subtill distinction: the fourth and last the repugnant opinions of New Papisters With the old; of the newe one with antoher; of the same writers with themselves: yea of Popish religion with and in it selfe.* N. p.

Williams, Arnold. 1948. *The Common Expositor: an Account of the Commentaries on Genesis, 1527-1633.* Chapel Hill: University of North Carolina

Press.

Williams, George Huntston. 1992. *The Radical Reformation*. 3rd ed. (Sixteenth Century Essays and Studies, 16.) Kirksville, MO: Sixteenth Century Journal Publishers.

Williams, Raymond. 1976. *Keywords: A Vocabulary of Culture and Society*. New York: Oxford University Press.

Wilson, Catherine. 1995. *The Invisible World: Early Modern Philosophy and the Invention of the Microscope*. Princeton, NJ: Princeton University Press.

Wilson, Curtis A. 1970. "From Kepler's Laws, Socalled, to Universal Gravitation: Empirical Factors." *Archive for History of Exact Sciences* 6: 89-170.

——. 1975. "Rheticus, Ravetz, and the 'Necessity' of Copernicus's Innovation." In Westman 1975a, 17-39.

——. 1978. "Horrocks, Harmonies, and the Exactitude of Kepler's Third Law." In Wilson 1989b, 236-59.

——. 1989a. "Predictive Astronomy in the Century after Kepler." In Taton and Wilson 1989, 161-206.

——. 1989b. *Astronomy from Kepler to Newton*. London: Varirum Reprints.

——. 1989c. "The Newtonian Achivement in Astronomy." In Taton and Wilson 1989, 233-74.

Winch, Peter. 1958. *The Idea of a Social Science and Its Relation to Philosophy*. London and Henley: Routledge and Kegan Paul.

Wind, Edgar. 1969. *Giorgione's 'Tempesta': With Comments on Giorgione's Poetic Allegories*. Oxford: Oxford University Press.

Wing, Vincent. 1651. *Harmonicon Coeleste or, The Coelestiall Harmony of the Visible World*. London: Robert Leybourn.

——. 1656. *Astronomia Instaurata: or, A New and Compendious Restauration of Astronomie*.

London: R. and W. Leybourn.

——. 1669. *Astronomia Britannica*. London: Sawbridge.

Wing, vincent, and William Leybourne. 1649. *Urania Practica, or, Practical Astronomy in Vi Parts*. London: R. Leybourn.

Winkler, Mary G., and Albert Van Helden. 1992. "Representing the Heavens: Galileo and Visual Astronomy." *Isis* 83: 195-217.

Wischnath, Johannes Michael. 2002. "Michael Mästlin als Tübinger Professor: akademischer Alltag an der Schwelle zum 17. Jahrhundert." In Betsch and Hamel 2002, 195-231.

Wisdom, J. O. 1974. "Testing an Interpretation within a Session." In Wollheim 1974, 332-48.

Witekind, Hermann. 1574. *De Sphaera Mundi*. Heidelberg.

Wohlwill, Emil. 1904. "Melanchthon und Copernicus." *Mitteilungen zur Geschichte der Medizin under der Naturwissenschaft* 3: 260-67.

Wolf, Hieronymus. 1558. *See* Leovitius 1558.

——. 1657. See Turner 1657.

Wolfson, Harry A. 1962. "The Souls of the Spheres from he Byzantine Commentaries on Aristotle through the Arabs and St. Thomas to Kepler." *Dumbarton Oaks Papers* 16: 65-94.

Wollheim, Richard, ed. 1974. *Freud: A Collection of Critical Essays*. New York: Doubleday Anchor.

Woodward, William Harrison. 1924. *Studies in Education during the Age of the REnaissance, 1400-1600*. Cambridge: Cambridge University Press.

Woolfson, Jonathan. 1998. *Padua and the Tudors: Englishg Students in Italy, 1485-1603*. Toronto: University of Toronto Press.

Wrighsman, A. Bruce. 1970. "Andreas Osiander and Lutheran Contributions to the Scientific Revolution." PhD diss., University of wisconsin.

——. 1975. "Andreas Osiander's Contribution

to the copernican Achievement." In Westman 1975a, 213-43.

Wursteisen, Christanus. 1573. *Quaestiones Novae in Theoricas Planetarum.* Basel: Henricus Petri.

Yates, Frances A. 1947. *The French Academies of the Sixteenth Century.* London: Warburg Institute.

——. 1964. *Giordano Bruno and the Hermetic Tradition.* Chicago: University of Chicago Press.

Zaccagnini. 1930. *Storia dello Studio di bologna durante il Rinascimento.* (Biblioteca dell' "Archivum Romanicum.") Geneva: Leo S. Olschki S. A.

Zacuth, Abraham ben Samuel de Ferrara. 1518. *Pronostico dell'anno 1519.* Bologna?: n. p.

Zagorin, Perez. 1998. *Francis Bacon.* Princeton, NJ: Princeton University Press.

Zambelli, Paola. 1966a. "Giacomo Benazzi." In *Dizionario biografico degli Italiani,* vol. 8, 180-81.

——. 1966b. "Lattanzio Benazzi." In *Dizionario biografico degli Italiani,* vol. 8, 181.

——. ed. 1982. *Scienza, credenze, occulte, livelli di cultura.* Florence: Olschki.

——. 1986a. "Many Ends for the World: Luca Gaurico, Instigator of the Debate in Italy and in Germany." In Zambelli 1986b.

——. ed. 1986b. *Astrologi Hallucinati: Stars and the End of the World in Luther's Time.* Berlin: W. de GRuyter.

——. 1987. "Teorie su Astrologia, Magia e Alchimia(1348-1596) nelle Interpretazioni Recenti." *Rinascimento* 26: 95-119.

——. 1992. *The Speculum Astronomiae and Its Enigma: Astrology, The ology and Science in Albertus Magnus and His Contemporaries.* Dordrecht: Kluwer.

Zammito, John H. 2004. *A Nice Derangement of Epistemes: Post-Positivism in the Study of Science from Quine to Latour.* Chicago: University of Chicago Press.

Zamrzlová, Jitka, ed. 2004. *Science in Contact at the Beginning of the Scientific Revolution.* Prague: National Technical Museum.

Zemplén, Jolan. 1972. "The Reception of Copernicanism in Hungary(A Contribution to the History of Natural Philosophy and Physics in the 17th and 18th Centuries)." In Dobrzycki 1972, 311-56.

Zik, Yaakov. 2001. "Science and Instruments: The Telescope as a Scientific Instrument at the Beginning of the Seventeenth Century." *Perspectives on Science* 9: 259-84.

Zinner, Ernst. 1941. *Geschichte und Bibliographie der astronomischen Literatur in Deutschland zur Zeit der Renaissance.* Leipzig: Karl W. Hiersemann.

——. 1956. *Deutsche und niederländische Instrumente des 11. -18. Jahrhunderts.* Munich.

——. 1988 [1943] . *Entstehung und Ausbreitung der copernicanischen Lehre.* 2nd ed. Ed. H. M. Nobis and F. Schmeidler. Munich: C. H. Beck.

——. 1990. *Regiomontanus: His Life and Work.* E. Brown. Amsterdam: North Holland Publishers.

Index

（词条中页码为原文页码，即本书边码）

Italic page references indicate illustrations.

Abano, Pietro d', 66; *Conciliator*, 530n126

Abenragel, Haly, 200; *Libri de iudiciis astrorum*, 45-46, 55, 78

Abenrodan, Haly, 39-40, 201; *Tetrabiblos* commentary, 39-40, 43-46, 54, 90, 183, 230

Abraham ibn Ezra(Abraham Judaeus), 167, 200, 201; *De revolutionibus nativitatum*, 86, 539n180

Abraham the Spaniard, 132

accommodation, principle of, 131, 372, 495, 496, 503

Achillini, Alessandro, 61, 99, 125, 169, 214-15, 523n200; *On the Orbs*, 99, 100, 531n142

Acontius, Joachim, 147

Adelard of Bath, 517n1

Adler Planetarium, Chicago, 519n68

aether: Aristotle, 225, 420; Clavius, 207; Digges, 268; Gemma, 42; Ptolemy, 33, 65-66, 524n18; Sacrobosco, 48-49; Tycho, 289, 295, 296; Ursus, 342, 347

agnosticism, 21, 410, 503

air pump, Robert boyle's, 507

Aiton, Eric, 52

Albategnius, 208

Albertus Magnus, 172, 200, 522n170

Albrecht Hohenzollern, Duke of Brandenburg, 128, 145-46, 197; and Hartmann, 145, 543n85; Melanchthon and, 145, 154-55, 214, 543n96; on Munich Index, 551n29; and prognostication, 145, 154-60, 438, 534n44, 544n119; Reinhold patronage, 12, 128, 152-60, 170, 174, 439, 543nn88, 96; Rheticus and, 127, 128, 145-46

Albubater, *De Nattvitatibus*, 97, 530n129

Albumasar, 90, 212, 305; *Concerning the Great Conjunctions*, 65; *Great Introduction to Astrology*, 25, 47, 517n1

Alcabitius, 167

Alcinous, 149

Aldrovandi, Ulisse, 240, 528n79, 530n129, 557n84

Alexander VI, Pope, 79

Alfonso X, King of Castille, 32, 86, 200; *Alfonsine Tables*, 55, 123, 127, 156, 159, 165, 201, 228, 234, 244, 256n8, 535n50

Alfraganus, 143, 208

algorisms, 42

Alhazen, 158, 180, 185, 559n134

Alegri, Ettore, 546n18

Alliaco, Petrus de. *See* d'Ailly, Pierre

Almagest(Ptolemy), 4, 39, 93, 423; abridgment, 52; Achillini criticisms, 99; Aristarchus and, 231; astronomy, 32, 33, 37, 40, 208; Averroës' *Paraphrase on Ptolemy's Syntaxis*, 87, 104; Bellanti and, 289; Brudzewó on, 54; *De Revolutionibus* and, 5, 29, 37, 135; Galileo and, 354, 425; George of Trebizond translation of, 46; *modus tollens argument in*, 6-7, 298; not available in print until 1515, 55; observational problem, 522n159; Offusius and, 187; Peurbach's New Theorics and, 51, 164; planetary order, 52, 56, 61, 87, 99, 104, 420; Proclus and, 46; Reinhold and, 182, 552n73; Riccioli's *New Almagest(Almagestum Novum)*, 135, 217, 499-502, 500, 506, 551n30, 602nn90, 95; Stevin and, 427; two-cell classifications, 91. See also *Epitome of the Almagest(Epytoma almagesti)*

Almanacs, vi, 27, 36, 63, 98, 169, 208, 258, 260, 324, 389, 406, 427, 470, 502-3

Alpetragius/al-Bitruji, 52, 86, 103, 200, 213, 524n205, 532n167

Altdorf, 163; emblems, 421, 593n77; Hildericus, 163; Praetorius, 164, 238, 312, 339-41

Amico, Giovanni Battista, 169, 214-15

Anaximander, 31

Anderson, M. S., 516n48

Andreae, Jacob, 263, 406

Angelus, Johannes, 98, 102

Antichrist, 2, 69, 109, 223

Antigonus of Macedonia, 153

Antwerp: astrological texts, 28; Inquistion, 198; Plantin, 548n88

Apianus, Petrus, 39, 114; *Astronomicum Caesareum*, 160, 283

Apianus, Philip, 164, 168, 224, 545n55, 562n32; Maestlin and, 260, 261, 265, 560n10, 562n40

Apocalypse of St. John, 2

apocalyptics, 13-14, 109, 263, 486; Bellarmine, 218;

Galileo, 355; Garcaeus, 167; Kepler and, 14, 329, 393, 424; Leovitius, 47, 228; Lichtenberger, 14, 68-70, 263, 327, 393, Lutherans, 109, 125, 223, 309, 354, 390, 393; Maestlin and, 14, 262; Melanchthon, 167, 230, 355; Newton, 512; Osiander, 130; Roeslin, 254; 255; Tycho and, 14, 228, 252-53; witchcraft, 405. *See also* Elijah prophecy

apodictic standard of demonstration, 101, 123, 130, 169-70, 184, 267, 271; Wing and, 503. *See also* Aristotle, standard of demonstraiton.

Apollonius, 5, 180, 348, 516n16; *Conic Elements*, 180

Apuleius, *Golden Ass*, 94

Arabic: Alhazen, 180; astrology, 28, 47, 115, 123; *Tetrabiblos*, 43, 45, 46. *See also* al-Battani

Aratus/Aratea, 153; *Phaenomena*, 282

Archimedes, Galileo and, 353, 355, 378, 440-41, 463-64

Arienti, Sabadino degli, *Le porretane*, 93

Ariew, Roger, 526n35, 588n17

Aristarchus, 55, 161, 209-10, 231, 348, 425, 533n177

Aristarchus Redivivus, 499

Aristotle, 5, 47; aether, 225, 420; Alexander's patronage, 158; anti-Aristotelian stances, 19, 223-24, 254, 276, 305, 370, 394, 420, 442, 503, 555n164, 588n6; authority, 39-40, 41, 90, 123-25, 126, 169-70, 177, 195-96, 206, 341, 488; Bellanti and, 289-90; Bellarmine and, 367;

哥白尼问题

Benedetti critique, 356; Bruno and, 301, 303, 304, 305, 394; Clavius and, 207, 209, 214, 215; comets and novas and, 225, 230, 254, 257, 258, concentric spheres, 99, 429, *De caelo/On the Heavens*, 55-56, 61, 124, 128, 209, 223-24, 304, 325, 500-501, 533n9; *De mundo/On the World*, 124, 209; *De sensu et sensato*, 41; dialectical reasoning, 601n83; Digges and, 19, 273, 279-80; disciplinary classifications, 32-35, 39-40; diversity of "Aristotelianisms," 420, 588n4; Earth's motion/doctrine of simple motion, 4, 161, 279, 531n153; elements theory, 104, 295; falling bodies, 310; fluid heavens, 19, 420, 588n5; four causes, 318; Frischlin and, 260-61; Galileo and, 355, 442; Gibert and, 369, 370; gravity, 7; Harriot and, 587n67; Hill and, 587n73; immutability of the heavens, 19, 230, 242, 258, 261, 295, 555n164; intuitions, 4, 6; Italian authors and, 13, 385; Kepler and, 14, 317-20, 332-33, 394, 395, 494, 581n181; *Logic*, 215; Maestlin and, 19, 264, 279-80; Mazzoni and, 575n27; Melanchthon critique, 113, 199; *Metaphysics*, 537n113; *Meteorologica*, 40, 63, 200, 209, 356, 551n48, 581n181; *Narratio Prima* and, 123-25, 126, 128, 215, 537n113; natural philosophy, 41, 110, 126, 195, 205, 356, 367, 420, 425, 497, 531n151, 559n143, 588n17, 589n30; Newton and, 506; *Nicomachean Ethics*, 562n47; Novara and, 529n90; novas and, 225, 230, 401, 555n164; *Physics*, 32, 63, 113, 205, 223-24, 273, 279, 356; planetary order, 99, 209, 213; *Posterior Analytics*, 33, 100, 123, 124, 136, 207; and Pythagoreans, 1, 400, 515n2, 531n151; Riccioli and, 501; Scaliger and, 319, standard of demonstraiton, 5, 8, 123, 242, 272, 274, 279-80, 298, 492, 529n93, 531n115, 548n100, 600n50; Sun's position, 86, 123-24, 213; "theoretical philosophy," 34-35, 39; *Topics*, 103; world's eternity, 218

Arquato, Antonio, 91, 524n42

arts: astrology among, 177, 178; "liberal," 42-43; mathematics classified in, 147; Melanchthon's definition of, 113

Arzachel/al-Zarqali, 86, 200, 201

Ashmole, Elias, 586n50

aspectual astrology, 582n26; Kepler, 379, 381, 403-5, 463, 581n183, 584n95

astral-elemental qualities, 54, 57; Chamber's critique of, 409; Clavius, 212; Copernicus, 102, 105; Jupiter, 52-54, 132, 133, 181, 187, 212, 549n119; Kepler's critique of, 396; Mars, 52, 132, 181, 212, 409, 549n119; ordering of, 57; Pereira's critique of, 205-6; Pico's critique of, 86, 87, 105, 133; Ptolemy's *Tetrabiblos*, 52-54, 57, 65, 184-88, 192, 321, 409; "quantity of the qualities," 184, 188, 189; Saturn, 52-54, 86, 132, 181, 187, 189, 206, 409, 549n119; Sun, 52, 53, 54, 61, 132, 133, 144, 189, 200, 212, 318-21, 324, 379

astrolabes, 86

Astrologia, Urania as, 48

astrology, 517n4; academic opposition to, 244; Albertus Magnus defending, 522n170; Arabic, 28, 47, 115, 123; Aristotle as authority, 39-40, 206; Augustine vs., 172, 206, 208, 522n170; Catholic Church vs., 12-13, 83, 110, 172, 202, 205-8, 354; causal claims of, 25-29, 69, 91, 96, 113, 178, 200, 205, 206, 393-94, 396-97; classifications of, 30-40, 36, 43; conjectural, 38, 91-93, 177, 206, 208, 245, 246, 248, 401; Copernicus praising, 30; Copernicus's exceptionalism, 3, 10-11, 28-29, 104-5, 515n8, 518n13, 539n180, courts seriously interested in, 438-39; Danti ignoring, 204; deceptive/masked 187; Dee's definition of, 184; *De Revolutionibus* title and, 134-35; Digges on, 269-70, 275; doctrine of directions, 574n36; facial lines, 241; Florentine tradition of, 174, 354; and geography, 146; Gibert and, 580n135; good/bad, 31, 84, 187, 190-92; "Halcyon Days" of English, 502;

harmonic, 397, 399, 409, 411, 414; Harriot and, 414, 587n63; heliostatic arrangement and, 20, 378, 420, 424, 426; Islamic, 40; legitimacy for Christians, 11-13, 115, 119-21, 170; manusls of, 12, 192; mathematical, 166, 242, 245; between mathematics and physics, 323; Medici court and, 12, 172-74, 227, 447, 546; Medina's orthodoxy and, 199-202, 217; Melanchthon on, 11, 110-13, 143-44, 181, 202-3, 213-14, 227, 245-46, 252-53, 259, 323, 355; natural philosophers and, 110, 511, 533n9; new Piconians vs., 226-27; Newton and, 511-13; optics, 12, 183-85, 190; physical, 13, 147, 205, 214, 245, 246, 289, 320-24; 336, 372, 378-81, 431; post-Tridentine, 202-4, 207; Protestant reformers and, 11-12, 109-12, 120; reform of, 183-85, 310, 395-99, 403, 414, 487, 502; safe/dangerous, 406, 585nn20, 21; Savonarola vs., 82-83, 226, 322, 527n37, 575n10; as superstitious, 76-78, 82, 111-12, 115, 171, 193, 199; term use, 10, 30; "true" , 540n195; Tycho and, 28, 234, 245-47, 252-53, 323; varieties of credibility, 171-93. *See also* aspectual astrology; astronomy in relation to astrology; Bellanti, Lucio; conjunctionist astrology; *Disputations against Divinatory Astrology*(Pico); horoscopes/nativities/genitures; literature; practical astrology; prognostication; *Prutenic Tables*; *Tetrabiblos*; theoretical astrology; zodiac

astronomer-astrologers, 2, 286, 495-98, 511; bible and, 4, 109, 213, 217-19, 223-24, 244, 252-53, 489-90, 501-2; Cardano, 177; Clavius, 13, 14, 207-19, 297, 327, 483, 555nn153, 154, *De Revolutionibus* and, 12, 28-29, 45; Galileo, 28, 594n105; without hypotheses, 169, 430, 545n187; James I, 406, Kepler, 28, 328; Maestlin, 262-63, 323; medicine and, 64-65, 93, 190-91, 244, 387, 529n99; Novara, 91-93; Ptolemy, 32, 37, 43, 45, 165, 173, 177, 245; Schreckenfuchs, 37, 207; Thcho, 28, 245; Zinner's bibliography,

27, 28, 43, 44, 518n7, 530n130. *See also* astrology; astronomy; textbooks

Astronomia, 27

astronomy, 14, 93, 172, 173; *Astronomia* on her throne, 27; classifications of, 30-40, 36, 41, 203; comets/novas and, 253; as contemplation of God, 217, 325; Copernicus in praise of, 30; cosmography and, 325, 341, 589n45; Dee, 184-85, 588n16; Descartes, 497; devoid of all theoric(Ramus), 169; earthly, 422; eclipses and prognostication, 99; elliptical, 16, 17, 320, 325, 353, 366, 377, 431-32, 492-93, 503, 505; *Five Books on the Astronomical Art*, 227; Frischlin lectures on, 260, 562n32; Gasser on, 116-17; Gilbert and, 580n138; hexameral, 217-19; Hooke and, 506-9; mathematical, 29-34, 39, 135, 147, 158-59, 161, 205-6, 234, 570n54; Offusius on planetary distances, 188; optics and, 265, 522n160, 585n107; Osiander's skepticism about, 129-30, 136, 182, 350; physical and mathematical parts of, 30-34, 39; physics and, 13, 30-34, 39, 55, 152, 158-59, 161-62, 169, 205, 215, 289, 328, 336, 340-41, 342, 431-33, 487; Pico della Mirandola on, 85, 87, 103, 135, 246, 332, 571n74; post-Tridentine, 202-4, 207, 213; preferred foundations of, 135; Ptolemy's *Almagest*, 32, 33, 37, 40, 208; "quadrivial astrology," 35; realism, 8; reform of, 121, 230, 233-34, 244, 247-48, 310, 430-31, 487; Regiomontanus and, 54, 97; Reinhold's axiom, 283; revolutions in, 486-87; Riccioli, 501; telescope, 448-53; term use, 10, 30, 225; uncertainty of, 85-86, 92, 99, 105, 123, 135, 138, 181, 200, 202, 229, 258, 274, 286, 323, 372, 422, 430, 492; usefulness of, 130, 137, 138, 169, 555n153; world-historical prophecies based on, 119-21. *See also* astronomy in relation to astrology; celestial order; practical astronomy; Sun; textbooks; theoretical astronomy

astronomy in relation to astrology, 9, 43, 87, 486-

哥白尼问题

87, 495-98, 551n46, 552n82

atomism, 8, 587n73; Harriot, 374, 412-15, 587n67, 588n77

Augsburg: Peace of, 155; printing, 28, 364; Ratdolt, 49; Thycho and Ramus, 244; wealthy families, 228, 363, 364

Augustine, Saint, 2, 131-32, 298; vs. astrology, 172, 206, 208, 522n170

Aurifaber, Andreas, 128

authorial classification, 31-32, 41-42; self-designations, 31

authority; of anti-Aristotelian "nature philosophers," 420; of Aristotle, 39-40, 41, 90, 123-25, 126, 169-70, 177, 195-96, 206, 341, 488; of astrology, 84-95, 171-72, 208; of Augustine, 131-32; belief change and, 488-89; of Bible, 4-5, 171-72, 196, 213, 217, 262, 264, 489-90, 501; disciplinary, 13; ducal, 339; Medina's, 199-202; mixture of ancients and moderns, 329, 425; Osiander's, 128; prognosticatory, 13, 63, 74-75, 90, 97, 113, 167, 171-74, 177; of Ptolemy, 63, 90, 113, 181, 195-96, 214, 329; in social order, 485; of tables of motions, 5, 262; theology and natural philosophy, 490; universities as, 423, 485. *See also* Catholic Church; rulers; standard of demonstration

autobiography, Rheticus's use of, 117-18

Auzout, Adrien, 602n92

Averroës, 99, 205, 207, 213, 532nn168, 169; *Metaphysics*, 100, 552n85; *Paraphrase on Ptolemy's Syntaxi*, 87, 104

Averroists, 61, 99-100, 169, 214, 367

Avicenna, *Canon*, 41, 63, 93, 529n100

Avogario(Advogarius), Pietro Buono, 71-74, 73, 89, 238, 487, 524n42, 525n42

Baade, Walter, 20

Bacon, Anthony, 363, 375, 404

Bacon, Francis, 363, 384, 390, 409, 509-10, 581n165, 602n107; *Advancement of Learning*, 241, 384

Bacon, Roger, 32, 180, 193

Badovere, Jacques, 441

Balduinus, Johannes, 166

Barberini, Maffeo/Pope Urban VIII, 9, 412, 488, 489, 491, 516n44, 600n28

Barberini court, patronage structure of, 438

Barckley, Sir Richard, *The Felicite of Man*, 550n10

Barker, Peter, 9, 231, 556n51, 572n121

Barnes, Robin, 109, 120, 167, 515n3

Barone, Francesco, 359

Barozzi, Francesco, 202-3, 219, 357, 576n36

Bartholomew of Parma, 166

Bartoli, Giovanni, 450

Basel publishers, 46, 282; Herwagen/Hervagius, 45, 198, 202; *Narratio Prima*, 161, 534n43, 535n64; Petri, 46-47, 161, 282, 572n128

Bate, Henry, 86

al-Battani, 201, 213, 244, 262, 540n197; Alfonsine tables, 123; authorial classification, 32; in bundled collection, 143; length of tropical year, 85; Rothmann and, 297-98; Sun's position, 211

Bazilieri, Caligola, 90

Bede, 132

Beeckman, Isaac, 419, 497, 500, 601n67

belief change, 488-91

Bellanti, Lucio, 93, 172, 200, 227, 389; authorial classification, 32; *Book of Questions concerning Astrological Truth and Replies to Giovanni Pico's Disputations against the Astrologers*, 83-84, 92, 99-100, 104, 113, 170, 226, 246, 289-90, 531n142; *Liber de Astrologica Veritate*, 247; on Paul of Middelburg, 540n195; Rothmann and, 291; Tycho and, 246, 247, 289-90; Wolf and, 550n146

Bellarmine, Robert, 213; anti-Aristotelian stance, 555n164; and Bruno, 367, 579-80nn117, 118, 599n25; on Earth's motion, 490-91, 599n19; 600n28; and Foscarini, 217, 483, 490-91, 492, 599n19; and Galileo, 9, 217, 421-22, 482-83,

489, 491, 492, 579-80n118, 599nn157, 19, 25, 600n28; Louvain lectures (1570-72), 217-19, 336-37, 496; on nova(1572), 217, 218, 555n164; and Venetian interdict, 592n52

Belloni, Camillo, 581n169

Benazzi family, 88-89; Giacomo, 88, 91, 92-93, 102, 524n42; Lattanzio, 88-89, 91, 203, 524n42; Lorenzode, 88, 89

Benedetti, Giovanni, 356, 357

Benedictis, Nicolaus de, 96

Beni, Paolo, 452, 453, 454

Bennett, Jim, 38

Bentivoglio family, 78-80, 90, 93-95, 99, 530n121

Berkel, Klaas van, 426, 589n37, 601n67

Beroaldo, Filippo the Elder, 94-95, 139, 530

Berra, Yogi, vi

Bersechit brothers, 86

Besold, Christopher, 404

Bessarion, Cardinal, 63, 533n177, 537n113

Bessel, Wilhelm Gottfried, 6, 584n96

Bevilacqua, Simon, 96

Beyer, Hartmann, 197

Biagioli, Mario, 437-38, 439, 446, 454-55, 583n49, 590nn18, 19, 20; 591nn21-35 passim, 593nn75, 87, 88, 594nn10, 20, 36, 596n45, 55, 63

Biancani, Giuseppe, 501

Bianchini, Giovanni, 525n42; *Tabulae Caelestium Motuum Novae*, 71, 72

Bible: and astrological doctrine of directions, 574n36; astronomy in relation to astrology and, 4, 109, 213, 217-19, 223-24, 244, 252-53, 489-90, 501-2; authority of, 4-5, 171-72, 196, 217, 262, 264, 489-90, 501; bad astrology condemned by, 187; belief change and, 489-91; Bologna prognostications and, 90; and celestial order, 4, 130-33; and celestial signs, 223; Complutensian Ployglot, 47; and Copernican controversies(December 1613), 464, 489-90; dangers of foreknowledge not based on, 11-12, 171-72; and Earth's motion, 4, 130-31, 298,

429, 536n91, 603n150; and Elijah prophecy, 262; Galileo and, 506, Geneva edition, 406; Giese and, 138; Kepler and, 572n133, 602n94; King James, 406; Leovitius's forecast based on, 228; literal reading of, 130; Luther's translation, 533n3; and natural philosophy; 4-5, 9, 19, 110, 130, 131, 196, 213, 217-19, 226, 489-91, 496, 506, 510, 572n133; principle of accommodation and, 131, 372, 495, 496, 503; probabilities and, 490; Rothmann and, 297-98; Sun's motion in, 549-50n130; Thcho and, 298, world historical prophecies based on, 109, 119-20, 262. *See also* Genesis commentators; God; theology

bibliography, 499, 502

big-picture history, 3, 515n7

Birkenmajer, Alexandre, 540n210

Birkenmajer, Ludwik, 76, 528n69, 532nn161, 168, 535n50

al-Bitruji(Alpetragius), 52, 86, 103, 200, 213, 524n205, 532n167

Black Death/bubonic plague, 25

Blackwell, Richard J., 555n164, 579n117, 599nn7, 25

Blaeu, Wilhelm, 541n6

Blagrave, John, 588n11; *Mathematicall Jewel*, 422

Blasius of Parma, 47

Blumenberg, Hans, 148, 579n102

Blundeville, Thomas, 590n1; Exercises, 434; *Theoriques of the Seven Planets*, 434

Bodin, Jean: *Daemonomanie*, 585-86n30; *Les Six livres de la République*, 408

Bohr, Niels, vi

Bok, Bart, 599n5

Bologna: Apianus at, 545n155; Averroists at, 61, 99; Bentivoglio family, 78-80, 90, 93-95, 99, 530n121; Cardinal Bessarion's missions to, 63; Copernicus's relations with, 3, 10-11, 15, 25, 53-54, 56, 62-65, 75-105, 248; Copernicus's residences in, 87-88, 88, 89, 97; disciplinary classifications in the university of, 41; distribution of scribal prognostications, 90; faculty members at, 93; Galileo, 435, 469-77; humanists in, 80, 94-95, 95; interdict(1506), 79; Magini, 91, 204, 356, 357, 375, 435, 469-77; map, 88; notaries, 89; Pico della Mirandola, 96, 97, 100, 530n120; prognosticators of, 10-11, 64-65, 70, 74, 75, 76-105, 175, 203; 524n42; publishers, 82, 94-100; Sedici, 79, 89, 93-96, 99, 530n123; tower experiment at, 506. *See also* Novara, Domenico Maria

Bonatti, Guido, 275, 564-65n100

Bongars, Jacques, 344

Boscaglia, Cosimo, 442, 464, 592n59

Boudet, Jean-Patrice, 517n5

Boulliau, Ismael, 494, 497, 499, 503, 602n114, 603n124

Bowden, Mary Ellen, 586n42

Boyle, Robert, 86, 489, 507, 509, 603n146

Braccioloni, Poggio, 521n126

Brahe. *See* Thycho Brahe

Brennger, Johann Georg, 404

Bridget, Saint, 69

Brucaeus, Henricus, 287

Bruce, Edmund, 442, 458, 481, 578nn87, 90; and Galileo, 16, 364-65, 368, 375, 391, 404, 413, 419, 442, 460-62, 481, 578nn90, 94, 579n100; and Kepler, 16, 362-66, 368, 374-75, 391, 397, 400, 404, 413, 419, 424, 460-62, 577n68, 578nn90, 94, 96, 98, 579n100, 581n165; Padua, 362-66, 581n164

Brucioli, Antonio, 551n36

Brudzewo, Albertus de, 70, 102, 525n42; commentary on Peurbach's *New Theorics*(1482), 53-56, 55, 70, 78, 87, 212, 516n23, 525n49; *Most Useful Commentary on the Theorics of the Planets*(1495), 96

Brunfels, Otto, *Little Book of Definitions and Terms in Astrology*, 45

Bruno, Giordano, 259, 309, 360, 364, 388, 402, 426;

Bellarmine and, 367, 579-80nn117, 118, 599n25; Bruce and, 374-75; *Camoeracensis Acrotismus*, 301, 304; *Il Candelaio*, 300; *La cena de le ceneri*, vi, 301-5, 302, 372; and Clavius, 301, 568n109; and comet(1585), 305-6, 569n137; death(1600), 423; *De Immenso*, 304, 305, 371, 587n71; *De L'infinito*, 305, 568n115, 585n120; and *De Revolutionibus*, 301-6, 302, 568nn114, 115; England, 300, 404, 568nn107, 128; Fabricius and, 596n38; Florio friend of, 568n106; Foscarini and, 599n23; Galileo and, 301, 367, 375-76, 460-64, 468, 481-82, 502, 579nn102, 117, 581n167; Gilbert and, 369, 371; on God, 300-301, 502; Harriot and, 412-14, 587, 588n77; Hill and, 413, 414, 587n73; infinitism, 281, 304-6, 317, 394, 399-400, 490, 568n115; Inquisition vs., 15, 16, 300, 342, 359, 362, 366-68, 375-76, 395, 462, 464, 489, 490; Kepler and, 16, 301, 305, 374-75, 394-95, 399-404, 413-14, 419, 424, 461-64, 468, 576n55, 587n72, 595n30; and Maestlin, 14, 301, 305; vs. "mathematicians," 301, 304, 420; Northumberland circle and, 413-14; *One Hundred Twenty Articles concerning Nature and the World against the Peripatetics*, 305; and prognostication, 306, 569nn137, 138; and Ptolemy, 301-3, 302, 568n115; rhetorical form, 281; Riccioli and, 499; and Tyard's *L'univers*, 568n123; and Tycho, 15, 301, 304-6, 310, 568n127

Bucciantini, Massimo, 355, 359, 366, 575n24, 576n43, 584nn69, 70

Buchanan, George, 448

Buchanan, James, 406; *Sphaera*, 585n21

Budorensis, Johannes Michael, 530n130

Bujanda, Jesús Martínez de, 198

Buonamici, Francesco, 355, 575n16

Buonincontro, Lorenzo, 115

Buoninsegni, Tommaso, 226, 575n10

Burghley, William Cecil, Lord, 269-70, 375, 548n100

Bürgi, Jost, 238, 291, 296-97, 566n53
Buridan, Jean, 279, 563n50
Burmeister, Karl H., 147, 535n58
Burnett, Charles, 518n29
Burtt, E. A., 317-18, 570n41
Butterfield, Herbert, 518n32, 603n149

Caccini, Tommaso, 197, 489
Caesius, Georg, 324
Calcagnini, Celio, 500
calendars: astronomy's usefulness for, 130, 137, 138, 169, 555n153; Copernicus's work on, 122, 127, 138, 146; Dee's work on, 548n100; Maestlin and, 260, 262; print, 63; reform, 137, 138, 145, 194, 548n100, 555n153; Reinhold, 153, 154
Callegari, Francesco, 88
Caltech, 20
Calvin, John, 171-72, 184, 244, 246, 406, 568n96
Calvinism, 171-72, 260, 290
Camerarius, Elias, 224, 392-93, 557n83
Camerarius, Joachim, 114, 162, 543n100, 557n83;
Albrecht nativities, 145, 534n44; Collection of Symbols and Emblems, 175; Index, 197; "little annotations," 521n127; Melanchthon friend, 46, 145, 148, 162; sons, 224, 356; Tetrabiblos translations, 45, 46, 113, 145, 166, 180, 575n6
Camerarius, Joachim II, 356
Camerota, Michele, 575n5
Campanacci, Vincenzo, 134
Campanella, Tommaso, 13, 359, 420, 494, 496
Campanus of Novara, 167, 173; Theorics, 38-39, 49, 54
Candale, François Foix de, Euclid commentary, 203, 329, 330
cannon experiment, Tycho, 370, 371, 372, 373
Canone, Eugenio, 367
canon, law, 78, 80, 491, 592n68
Capella, Martianus, 523n182; The Marriage of Philology and Mercury, 56, 58, 104, 248-50; planetary order, 189, 190, 211, 248-50, 249, 257,

281-82, 285, 287, 291, 428
Capp, Bernard, 502
Capra, Baldassare: Consideratione Astronomica, 384-85, 386, 582n29; Galileo and, 384, 386-91, 393, 395, 402, 404, 436, 442, 446-47, 448, 454, 473, 478; Horky and, 475
Capuano de Manfredonia, Francesco: New Theorics commentary, 45, 51, 52, 96, 102, 434, 522n154; Sphere commentary, 30, 52, 523n182
Cardano, Girolamo, 46-47, 172, 174-78, 191, 420; Astronomical Aphorisms, 175-76; Bruno and, 305; and De Revolutionibus, 178, 547n56; De Subtilitate, 198, 581n181; Digges and, 275; failure to attract new disciples, 488; Frischlin castigating, 227; Hemminga and, 227; Kepler and, 324, 581n181; Libelli duo, 174-75; Libelli quinque, 175; Offusius and, 187; Tetrabiblos commentary, 177, 178
Carelli, Giovanni Battista, Ephemerides, 229, 240
Carey, Hilary, 175
Carion, Johannes, 145, 197; Chronicle, 119-20, 536n76
Caroti, Stefano, 110
Cartari, Vincenzo, Images of the Gods, 175
Casa, Giovanni della, 198
Caspar, Max, 571n79, 578n94
Castelli, Benedetto, 433, 459, 569n11, 599n10; Galileo description of, 596n65; Galileo not acknowledging, 425, 437; Pisa appointment, 468, 488; Santa Giustina, 582n33, 584n70
Castiglione, Baldassare, The Book of the Courtier/Il cortegiano, 82, 174, 229, 439, 546n25, 555n8
Cataldi, Pietro Antonio, 204
categories of analysis: terms, 10, 17-22. See also classifications
Catholic Church, 194, 223; vs. astrology, 12-13, 83, 110, 172, 202, 205-8, 354; authorial classification and, 32; calendars, 260, 262; canon law, 78, 80, 491; "Consultants' Report" (1616), 491, 501; Copernicus's supporters, 133; Council of

Trent(1545-63), 109, 110, 131, 194-97, 199, 217, 490-91, 498, 501; Counter-Reformation, 359, 487; and *De Revolutionibus*, 12, 137-39, 141, 194-98, 201-2, 208-15, 218-19, 309, 359, 368, 491-92, 495, 501, 576nn43, 44; English legislation vs., 406; Great Schism(1378-1414); 2, Gunpowder Plot, 406, 411; Kepler fined by, 349; Lateran Council, 96, 194-95; and magic, 191, 198, 367; Mersenne and, 496; orthodoxy defined, 199-202; Rudolf II, 239; spiritual renewal, 4-5; unorthodox or "superstitious" classifications, 193; Varmia, 78, 131, 145, 533n7; Wacker, 400, 462. *See also* Bible; Galileo Galilei and Catholic Church; Inquisition; Jesuits; popes

Cavendish family, Hobbes tutoring, 423, 448

Cavrara, Massimiano, 470

Cayado, Hermico, *Aeclogae Epigrammata Sylvae*, 94

Cecchi, Alessandro, 546n18

Cecco di Ronchitti, 402, 582n15; *Dialogue concerning the New Star*, 387-89, 391, 583nn36, 37

celestial influence, 206, 328, 420, 422, 433, 438-39. *See also* prognostication

celestial order, 121-26, 130-33, 309; Heydon, 409-10, 503; modernizers and, 419-23; naturalist turn and, 382-402; new-style natural philosophers and, 511; Newton and, 513; scripture and, 4, 130-33, 492, 496, 501-4, 506. *See also* planetary order

celestial signs, 223, 257. *See also* comets; eclipses; meteors; novas; world-historical prophecies

censorship: readers' independent acts of, 600n33; state(collapsed), 502. *See also* Index, Holy

Centiloquium(attributed to Ptolemy), 93, 113, 237; Melanchthon and, 113; Pico and, 85; Pontano translation, 46, 521n137; prognostication authority, 63, 85, 90, 91, 93, 521n127; and *Tetrabiblos*, bundled with, 43

Certeau, Michel de, 21

Cesi, Federigo, 385

Chamber, John, 409-11, 439, 586nn45, 46; *Treatise against Iudicial Astrologie*, 409

Charlemagne, 532n169

Charles II, King of England, 503-4

Charles IV, Emperor, 157

Charles V, Emperor, 81, 155, 160, 162, 173

Charles VIII, King of France, 25-26, 79, 81, 82

Charleton, Walter, *Physiologia Epicuro-Gassendo-Charletoniana*, 506

Chaucer, Geoffrey, 39, 519n65

Cheke, John, 191

Chevreul, Jacques du, 588n17

chiromancy/palmistry, 42-43

chorography, and geography, 146

Christian II, duke of Saxony, 403

Christian II, King of Denmark, 178

Christian IV, King of Denmark, 348

Christianity: anti-Aristotelian "nature philosophers," 420; calendars, 260, 262; cosmogony, 422; divine foreknowledge, 11-12, 171-72, 199, 226, 263, 354; Kabbalah, 130; legitimacy of astrology, 11-13, 115, 119-21, 170; linear view of history, 47; *philosophia Christi*, 139. *See also* Bible; Catholic Church; Protestants

Christianson, John, 245, 257, 599nn127, 136, 560n159, 565n10

Church. *See* Catholic Church; Christianity

Cicero, 29, 181, 258, 320, 545n184; *Office*, 168; *On Divination*, 82, 96, 199, 534n28

Cigoli, Ludovico, 482

Cisneros, Francisco Ximénez de, 47

civil communities. *See* sociability

Clark, Stuart, 406, 556nn44, 55

class, social. *See* social status

classifications: astrology, 30-40, 36, 43; astronomy, 30-41, 36, 203; authorial, 10, 17, 31-32, 41-42; Copernicans, 499-500; four-cell, 39, 40, 486-87; geometry, 203; of knowledge, 17-18, 32-43, 36; naturalistic divination, 112; prognostication opponents, 92; three-cell, 38-39; two-cell, 37-38, 54, 91, 113, 173, 178, 205, 406. *See also* categories of analysis; hierarchical organization; *theorica/practica* distinction

Clavelin, Maurice, 9, 579n105

Clavius, Christopher, 273-74, 406, 499, 501; astronomy in relation to astrology, 13, 14, 207-19, 297, 327, 483, 555nn153, 154; astronomy textbook, 13, 208-13, 423; Bruno and, 301, 568n109; *Commentary on the Sphere*, 32, 207-19, 244, 267, 354, 423, 434, 483, 490, 568n109, 575n12; daily parallax, 211, 554n120; and *De Revolutionibus*, 13, 141, 209, 212, 213, 215, 554n149, 576n44; Galileo and, 311, 354, 357, 362, 481-83, 575n12, 598n151; *Geometry*, 203; Kepler and, 13, 325, 332, 335, 350; Maestlin vs., 260, 264, 359; and Peurbach's New Theorics, 211-12, 554nn119, 124; and Pico, 208, 354, 553n109; planetary order, 209-13, 210; and sharedmotions conundrum, 210, 554n119; student Grienberger, 435, 553n100; *Theodosii Tripolitae Sphaericorum Libri III*, 554n114; Tycho and, 16, 244, 484; and zodiac, 553n106

Clement VII, Pope, 63, 133-34, 194, 550n13

Clement VIII, Pope, 367

Clucas, Stephen, 587n68

Clulee, Nicholas, 191-92, 547n65

Codro Urceo, Antonio, 94

Coleridge, Samuel, 520n86

Colombe, Lodovico delle, 384, 389, 395, 402, 442, 474

Columbus, Christopher, 2, 66, 515n5

Columbus, Ferdinand, 66

comets, 13, 19, 223, 231-32, 250-57, 556n51; Bruno on, 305-6, 569n137; Descartes on, 498, 512; Kepler on, 316, 335, 512, 569n30; literature of, 250-58, 251; Maestlin and, 224, 252, 254-57, 261-64, 280, 316, 335, 342, 393, 419, 449, 561n16; Newton, 512; prognostication and, 251, 252-53, 255, 258, 512, 536n76, 538n149,

569n137; Regiomontanus, 241, 270; Roeslin, 224, 253, 254-57, 256, 342; Rothmann, 291, 305; Timpler's physics textbooks omitting, 422; Tycho, 238, 253-54, 288-89, 293, 305, 393, 559n138; year 1475, 241; year 1531, 536n76; year 1532, 232, 241, 256; year 1533, 256; year 1538, 538n149; year 1556, 230, 232, 256; year 1580, 224, 262, 561n16; year 1585, 305-6, 569n137; year 1607, 378; year 1618, 561n28 -comet(1577), 250-53, 257; Gemma, 342; Hagecius, 557n93; Kuhn, 225; Maestlin, 262, 263, 264, 280, 316, 335, 342, 393, 419; Roeslin, 256, 342; Thcho, 238, 253-54, 288-89, 293

Commandino, Federico, 440, 592n49

Commentariolus(Copernicus), 56-59, 100-105, 117, 135, 139; audience, 102-3; Catholic cirdles, 109; date, 531n146; first *petitio*, 122, 536nn96, 97; Gemma and, 547n67; geometrical demonstrations, 126; heliocentric arrangement, 283, 532n165; published, 533n5; title as *Theoric of Seven Postulates*, 100-103; Thcho and, 248, 282, 283; Venus/Mercury order, 58, 523n195; Wittich and, 283

comparative probability, 491-95

compass: Galileo, 389-90, 391, 436, 446-47, 448, 468, 475, 597n96; Stevin, 427

concentric circles and spheres, 5, 48-50, 49, 99, 209, *285*, 285, 429, 539-40n191

Congregation of the Index. *See* Index, Holy

conjunctionist astrology, 25-28, 47, 69, 82, 206; Saturn-Jupiter conjunctions, 2, 25, 69, 229, 382, 383, 386, 395, 397

controversy, 336-37, 485-513; Copernican in Florence(December 1613), 443, 464, 489-90, 595n36; first Copernican, 290-300; nova, 384-93, 385, 402, 449, 455-57, 464, 475; patron-client relations and, 437-38, 439; Ricciolo and, 499, 501; telescope, 449, 492; world systems, 492

Copenhagen: Tycho's Oration(1574), 237, 243-48, 252-53, 257, 282, 323; University of, 163, 243,

245

"Copernicanism" : analytic term avoided in this study, 20, 21, 309, 377, 420, 510; first appearance of term, 21; used by historians, 455-56, 579nn102, 105, 591-92n35, 599nn10, 25. *See also* Copernicans; Copernicus, Nicolaus

"Copernican Revolution," 3-4

Copernicans, 309-16, 423, 425-26, 505; Castelli, 468, 488; category, 20; diversity and fragmentation, 16, 425-26, 433, 474, 487, 510; first controversy, 290-300; Hordensius, 141; Magini, 597n93; master-disciple relations, 487-88; modernizers, 499-513; physical and mathematical, 21, 336; and prognostication, 486, 511; Riccioli and, 499-500, 602nn91, 95; secondgeneration, 259-306, 311, 353; third-generation, 358; Wilkins on, 498. *See also* "Copernicanism" ; Digges, Thomas; Galileo Galilei; Kepler, Johannes; Maestlin, Michael; Rheticus, Georg Joachim

Copernicus, Nicolaus, 172, 426; active in culture of artists, 137; *astronomia Christi*, 139; astronomical competences, 78, 93; authorial classification by Giuntini, 32; Bologna, 3, 10-11, 15, 25, 53-54, 56, 62-65, 75-105, 88, 248; brother Andreas, 87; canon in Varmia, 32, 80, 89, 116, 121, 139, 535n64; death(May 24, 1543), 131, 133, 176; economic security, 78, 526n5; exceptionalism toward astrology, 3, 10-11, 28-29, 104-5, 515n8, 518n13, 539n180; female housekeeper, 533n7; Ferrara, 64, 71, 74, 80; hometown parish church Saint John of Toruń, 139; horoscope, 115, 116, 154, 535n50, 544n133; Krakow, 3, 25, 53-56, 61, 76-78, 87, 526n5, 562n47; *Letter against Werner*, 532n175; moderate and cautious, 127; Padua, 56, 80, 104, 359; portrait, 139, 540n197; residences in Bologna, 87-88, 88, 89, 97; Rheticus as disciple of, 11-12, 78, 87, 103, 104, 114-18, 121, 131, 139, 145-50, 488, 542nn52, 62, 557n76; Rheticus in Frombork with, 78, 103, 114, 115, 131, 139, 145-48; Rome, 80; "second Ptolemy," 102, 219, 244, 265, 486; uncle, 78, 89, 179; Wittich as "Neo-Copernicus," 283, 286. See also "*Commentariolus*; *De Revolutionibus Orbium Coelestium*; *Narratio Prima*"

Cornaro, Giacomo, 386, 473, 583n33

Corner, Marco, 359

cosmography, 31, 570n35, 588n11, 589n45; Albrecht, 152; Copernicus, 325-50, 373; Danti, 174, 203; Galileo, 373, 421; Gemma Frisius, 42; Kepler, 141, 266, 315-20, 323-50, 360-62, 365, 373, 398, 421, 569-70n34, 573n142; Melanchthon, 154; Reinhold, 152, 153

cosmology: Bruno, 587n71; Galileo and, 455; nested spheres, 6, 50, 314; term, 10, 21, 217, 420-22, 588nn11, 14

Costaeus, Johannes, 369

Counter-Reformation, 359, 487. *See also* Bellarmine, Robert

courtesy manuals, 454, 461

court society: Galileo-Kepler relations and, 439, 442, 595n20; Kepler as imperial mathematician, 382, 402, 404, 409, 424, 473; Ursus as imperial mathematician, 341, 348. *See also* James VI of Scotland/James I of England; Kassel; Medici court; Rudolfine court; rulers; Uraniborg

Cox-Rearick, Janet, 174, 546n18, 591n26

Cranach, Lucas, 111

Cranmer, Thomas, 128

Cratander, Andreas, 198

Crato von Krafftheim, Hans, 147, 239, 240-41

Cratus, 213

Cremonini, Cesare, 452, 468, 581n169; Galileo, and, 386, 388, 442, 448, 452, 583n63; Inquisition vs., 376; Lorenzini and, 582n15, 583n37

Crüger, Peter, 492-93, 498, 596n66

Crypto-Calvinism, 260

Cudworth, Ralph, 511, 556n53, 604n155

Cuningham, William, 588n11; *Cosmographical*

Glasse, 422

Curry, Patrick, 502, 602n110

Cusanus, Nicolaus, 320, 329, 587n73

d'Ailly, Pierre(Petrus de Alliaco), 2, 14, 112, 206, 354

dall'Armi, Giovanni, 590n3

Dançay, Charles de, 233, 236, 243, 245

Dante, *Divine Comedy*, 474

Danti, Egnazio, 174, 203, 238; *The Mathematical Sciences Reduced to Tables*, 203-4, 552nn68, 73

Dantiscus, John, 145, 179, 180

Daston, Lorraine, 542n51, 604n170

Dasypodius, Conrad, 47, 164-65, 168, 245

Deane, William, 142

Dear, Peter, 140, 510, 565n112, 602n92, 603n150

dedications: of books to ruler-patrons, 128, 152-58, 164-65, 167, 176, 195, 197, 291, 339, 384, 403, 405, 427, 451, 466-68, 552, 594n105; of *De Revolutionibus* to Pope Paul III, 11, 110, 136, 137-38, 139, 194, 195, 261, 266, 309, 533n8, 538n171, 539n178; of prognostications to rulers, 63, 71, 73, 90, 95

Dee, John, 12, 168, 190, 323, 548n88, 564n88; on comets, 253; cosmology, 422, 588n16; diary, 179, 191, 547n64, 563n74; Digges and, 224, 259, 268, 269, 270, 271, 272, 273, 280; Ficino book, 191-93; Gilbert and, 369, 372; "Groundplat of Mathematics," 203; and Hagecius, 238; Hill and, 414, 587n73; Kepler and, 320, 379; library, 183-84, 191, 248, 269; Louvain, 15, 179, 183-85, 548n103; *Mathematical Preface* to Billingsley's edition of Euclid, 179, 184, 192, 203, 244, 269; in Medici library, 443; *Parallactic Inquiry/ Parallacticae Commentationis Praxeosque Nucleus quidam*, 270; planetary order, 248; *Propaedeumata aphoristica*, 179, 184, 185, 187, 192-93, 214, 269, 272, 273, 275, 548n107; standard of demonstration, 184, 548n100; *True and Faithful Relation*, 238; unorthodox behavior,

193

de Fundis, Johannes Paulus, 41, 42, 90, 520n95

Delambre, Jean-Baptiste, 602n95

Democritus, 462

demonstration. See standard of demonstration

De Morgan, Augustus, 274, 275, 564n98, 603n150; "The Progress of the Doctrine of the Earth's Motion," 21

De Revolutionibus Orbium Coelestium(Copernicus), 1-5, 11, 13, 56-58, 133-41, 423, 537n122; and Alcinous quote, 149; and *Almagest*, 5, 29, 37, 135; Apianus and, 261, 265, 560n10; audiences, 109-10, 133, 136-37, 141; belief change, 488-89; Bruno and, 301-6, 302, 568nn114, 115; Capellan passage, 189, 190, 211, 248-50, 249, 257, 271-82; Cardano and, 178, 547n56; Catholic Church and, 12, 137-39, 141, 194-98, 201-2, 208-15, 218-19, 309, 359, 368, 491-92, 495, 501, 576nn43; 44; Clavius and, 13, 141, 209, 212, 213, 215, 55n149, 576n44; *Commentariolus* and, 100, 102, 103-5; concentric circles, 5, 209, 539-40n191; dedicated to Pope Paul III, 11, 110, 136, 137-38, 139, 194, 195, 261, 266, 309, 533n8, 538n171, 539n178; Dee and, 185; Digges, 14, 259-60, 268-80, 426, 427, 486, 488, 564nn80, 84, 91; Earth's motion, 5, 56-57, 169, 189-90, 265, 279, 282-85, 285, 316, 428-29, 495, 516n24, 589n32; eccentrics, 135, 151-52, 169, 215-16, 283, 539-40n181; fallibilist response, 258; Galileo and, 141, 354-57, 360, 425, 439, 577n63, 600n44; Garcaeus and, 545n180; Gasser copy, 116, 147-48; Gemma and, 179-82, 189-90, 259, 266, 548n83; Gilbert and, 369-70, 428, 580, 589n52; Harriot and, 412; Homelius copy, 162-63, 291, 544n146; Kepler and, 315-50, *331*, 424, 425, 429-31, 433, 486, 493, 569n23, 572n133, 600n44; Kuhn and, 3-4, 9, 225-26, 259, 315, 316, 486-87, 512; Maestlin annotations, 259-68, 274, 314-16, 321-23, 330, 332, 488, 562n44, 567n86,

哥白尼问题

572n128; mathematics and, 137, 139, 178, 195, 259; Mazzoni reading, 356-57; Mulerius editions, 429, 491, 492; Narratio Prima and, 110, 121-26, 135, 137, 139, 141, 161, 282, 287, 491, 535n64; National Library of Scotland(Edinburgh) copy, 189-90; new questions opened by, 172; new star(1572) impact compared with, 230; new-style natural philosophers and, 495-98; no group of followers formed about, 147; Offusius and, 185-90, 259, 281-82; openness, 100; Osiander's "Ad Lectorem." 34, 128-30, 134, 139-40, 158, 180, 195-96, 198, 265, 273, 291, 340, 350, 430-31, 492, 564n91, 580n138, 599n25; and Pico, 11, 93, 103-5, 113, 135, 136, 178, 209, 489, 532n68; planetary order, 3, 45, 103-5, 139-40, 169-70, 189, 209-13, 225, 248-50, 257, 259-306, *284, 302*, 309-35, 420, 422, 433, 569n30; Praetorius and, 164, 291, 312-14; precession theory, 141, 371; prognosticators using, 160, 167, 232, 423, 486, 505; 511; Ptolemy compared, 57, 104, 182, 301-3, 302, 310, 335; publishers, 128-30, 133, 134, 141, 161, 177, 282, 287, 325, 576nn43, 44; and Pythagorean opinion, 196-97, 330, 356, 400, 486, 490, 533n177; Reinhood and, 11-12, 147-48, 150-61, 151, 159, 167, 169-70, 178, 245, 280, 283, 355, 567n79; reorganizing, 273-75; Rheticus excluded, 110, 135, 137, 139, 533n8, 542n62; Rheticus reading, 13, 110, 121-26, 131-36, 146-48, 169, 170, 178, 280, 330; Rheticus reconciliation of Scripture with, 502; Rheticus's *Opusculum* collected with, 131; Rothmann and, 141, 288, 309, 349, 486, 567nn84, 86; Schreckenfuchs commentary, 266; second-generation interpreters, 259-306, 311, 353; Stevin and, 427-29, 589n46; strategy of persuasion, 136-39; students using, 165-66; *symmetria*, 7, 104, 125, 135-37, 187-90, 248, 265, 271-72, 282-85, 299, 313-14, 330, 343, 347, 349, 370-71, 486, 489, 539n186; technical subjects, 119; theoretical astronomy, 109, 113, 135-38, 141, 150-58, 181,

208, 215, 282, 539n181; title and prefatory material, 32, 45, 133-40, 152, 180, 291, 539n181; Tolosani opinion, 195-97, 201, 208, 374, 489; traditionalists and, 209, 301, 491-92, 511; Tycho and, 162-63, 244-45, 248, 282-83, 348, 394, 498; Wittich annotations, 215, 282-86, 284, 285, 291, 488, 565nn17, 18, 567nn79, 85; Wittich copies, 282-83, 286, 349. *See also* Horace in *De Revolutionibus*; *via media*(between tradition and Copernicus); Wittenberg response to Copernicus

De Santillana, Giorgio, *The Crime of Galileo*, 50, *50*

Descartes, René, 305, 372, 495-98, 511, 556n36, 561n18; Beeckman and, 601n67; and Kepler, 419, 493, 494, 497; La Flèche, 601n66; Low Countries, 601n65; mathematics, 203; *Le monde*, 601n74; More and, 502; Newton and, 18, 506, 512; planetary order, 496-97; *Principles of Philosophy*, 497, 505-6, *505*, 601n74; Riccioli and, 499; Wing and, 503

dialectical reasoning, 11, 14, 103, 122-23, 125-26, 182, 265-66, 271, 273-74, 279-80, 289, 495, 498, 565n17, 600n48, 601n83; and dialectical topoi, 136-37, 139, 147-48, 536n101, 540n194

Digges, Leonard, 268-69, 271, 275, 488; death, 563n58; *A Generall Prognostication*, 269; *A Geometrical Practical Treatize, Named Pantometria*, 268; *Prognostication Euerlastinge*, *274*, 275-78, *276*, *277*, 280, 306; *Prognostication of Right Good Effect*, 183, 269, 272; *Tectonicon*, 268, 273, 563n61

Digges, Thomas, 148, 242, *274*, *278*, 311, 362, 565nn105, 109; and Aristotle, 19, 273, 279-80; *Arithmeticall Militare Treatise, named Stratioticos*, 274; Bonati citation, 275, 564-65n100; Bruno, 301; comets, 224, 253; death(1595), 423; Dee, 259, 268, 269, 270, 271, 272, 273, 280; and *De Revolutionibus*, 14, 259-60, 268-80, 426, 427, 486, 488, 564nn80, 84, 91; Euclid's *Elements*, 563n69; Gilbert, 369,

372; London, 271, 309; military and political concerns, 274-75, 564n96; *A Perfit Description*, 274; planetary order, 226, 259-60, 268-80; Plato, 268, 269, 280, 563n71; Riccioli not mentioning, 499; solids, 269, 270, 273, 330, 563n63; Thcho, 270, 293; Wilking, 498; *Wings or Ladders*, 268, 269-72, 274

Dinis, Alfredo do Oliveira, 601n89, 602nn92, 95

Diocles, 153

disciples. See master-disciple relations

disciplines: authority of, 13; classification of, 30-43, *36*; hierarchical organization, 30, 41

disease: "French disease" /syphilis, 25-26, 62, 81; melancholy, 191; prognostication of, 64-65. *See also* medicine

disputation: Kepler's physics disputation(1593), 315, 317-27, 570n44; ritual, *317*, 323, 436

Disputations against Divinatory Astrology(Pico), 3, 10-12, 47, 75-76, 82-87, 178-79, 527-28n55; Bellanti response, 83-84, 92, 99-100, 104, 113, 170, 226, 246, 289-90, 531n142; Benazzi and, 92-93; Bruno and, 306; Calvin and, 172, 246; Clavius and, 208, 354, 553n109; Colombe and, 389; Copernicus response, 11, 93, 103-5, 113, 135, 136, 178, 209, 489, 532n68; Dee and, 184, 323; English Keplerian-Copernican astrologers and, 511; Frischlin drawing on, 227; Garin edition, 527n53; Gassendi and, 511; on heat and light, 85, 320-21; Hemminga and, 227, 322-23; Heydon and, 410; Inquisition and, 198; Kepler and, 14, 16, 320-30, 332, 372, 380-81, 394, 396-97, 401, 403, 407, 415, 571n65, 581n177, 584nn79, 95; Maestlin and, 259, 321, 323; Medina and, 199, 200, 322; Melanchthon and, 112-13, 130, 181, 534n25; modernizers and, 496, 513; *Narratio Prima* vs., 103, 121, 148, 571n74; Novara and, 91-93; Offusius vs., 185-90, 323, 397; Osiander and, 130; Pereira and, 206, 553n89; Pisa curriculum and, 354; plagiarism, 112, 113; planetary order, 11, 12, 86-87, 92,

99-100, 103-5, 113, 169, 209; *Prutenic Tables* (Reinhold) and, 170; publications, 10-11, 82, 96, 97, 100, 226; revolutions and nativities, 539n181; Sagan and, 527n37; scripture ahead of natural divination, 132, 133; Strasbourg edition(1504), 112; Tycho and, 245-50; Wolf vs., 192-93

divination: Calvin on, 171-72; Cicero's *On Divination*, 82, 96, 199, 534n28; classes of, 199; Inquisition vs., 198; naturalistic, 110-13, 144, 159, 170, 202, 422. *See also* foreknowledge; prognostication

Dobraycki, Jerzy, 98, 102, 189, 540n197

domification, 167, 527n54, 582n26

Donahue, William H., 430, 584n99, 589n65

Donne, John, 423

Dorling, Jon, 604n153

Dorn, Gerhard, *Anatomy of Living Bodies*, 443

Dousa, Janus, "Delineation of the Orbs of Venus and Mercury," 282

Drake, Stillman, 365, 376, 386-89, 455, 577-83, 592n59, 594n1, 595n12

Dreyer, J. L. E., 29, 234, 244, 248, 335, 535n63, 556n55, 558n96; *History of Astronomy from Thales to Kepler*, 29

Dudith, Andreas, 282-83, 565n9; circle, 282, 363, 400

Duhem, Pierre, 180, 512, 516nn16, 40, 517n62; *To Save the Phenomena*, 8-9

Duhem-Quine thesis, 8, 85, 140, 513

Duke, Dennis, website of planetary animations, 522n152, 548n84

Dürer, Albrecht, 157, 168, 175, 299

Dutch, 426-29. *See also* Leiden

Dybvadius, Georgius Christophorus(Joergen/Jørgen Christoffersen), 313, 559n138; *Short Comments on Copernicus's Second Book*, 164

Earth: magnetic, 368-74, 427-29, 446, 497; soul, 380, 397, 427, 581n182; stellar parallax, 6. *See also* Earth's motion; geocentric ordering

哥白尼问题

Earth's motion, 1, 426, 495, 496, 589n32; Aristotle, 4, 161, 279, 531n153; Bellarmine, 490-91, 599n19, 600n28; Bible and, 4, 130-31, 298, 429, 536n91, 603n150; Boulliau, 602n114; Clavius, 210, 216, 554n119; *Commentariolus*, 56, 101-2, 122, 532n165, 536n97; De Morgan, 21; *De Revolutionibus*, 5-6, 56-57, 169, 189-90, 265, 279, 282-85, *285*, 316, 428-29, 495, 516n24, 589n32; Descartes, 497; Digges, 271; Galileo, 361, 366, 425, 439, 456, 457, 490-92, 495, 599n19, 600nn28, 50, 52; Gemma, 183; Gilbert, 370, 428, 589nn32, 58; Harriot and, 412; Hooke and, 506, 509-10; Kepler, 316, 361, 379, 430, 492, 589n32; Maestlin, 265, 266; Mersenne, 496; *Narratio Prima*, 126, 536n99; Newton, 511; Offusius, 188, 189; Pythagorean opinion, 1, 33, 56, 523n180, 533n177; Regiomontanus, 61, 524n207; Reinhold and, 152, 189, 285; Riccioli, 501; shared-motions conundrum, 50-51, *53*, 57, 61, 101, 169, 211-12, 267, 523n183, 531n151, 554n119; Stevin, 426-29; Tycho, 57, 248, 282, 370; Wittich, 282-85

eccentrics, 50, 63, 135, 309; Achillini, 99; Alexandrian Greeks, 5; Averroës, 205; Bellarmine and, 599n19; Clavius, 215-16; *De Revolutionibus*, 135, 151-52, 169, 215-16, 283, 539-40n181; Peurbach, 33-34, *35*, *53*; Ptolemy, 5, 61, 99; Regiomontanus, 5, 56, *58*, 156n18; Rheticus, 29, 118, *119*, 125; Roeslin, 347; Stevin, 429

eclipses: conjunctionist astrology, 47; Leovitius, 228; lunar, 98-99, 234-35; Ptolemy, 65; Rheticus, 99, 541n38; solar, 511; Tycho, 234-35

economic support: of Copernicus, 78, 526n5; of Galileo, 389, 448, 467; of Thcho, 237. *See also* patronage

Ecphantus, 425

Edward VI, King of England, 191, 227

Egenolphus, Christanus, 198

Einhard, Abbot, 532n169

The Electrician, 520n85

elements, 35, *36*, 61; Aristotelian theory, 104, 295; Chamber on, 409; Euclid's *Elements*, 78, 143, 202-3; planetary order, *49*, *51*, 86, 100, 102; prognostication, 71; Schreckenfuchs, 37. *See also* astral-elemental qualities

Elias, Norbert, *Court Society*, 596n64

Elijah prophecy: Carion, 119-20, 536n76; comet and, 255, 536n76; Gasser and, 150; Kepler and, 393; Leovitius and, 228; Maestlin and, 262; Melanchthon on, 232, 536n76; Osiander and, 130; Rheticus and, *118*, 125, 130, 150, 232, 309; Wittenbergers and, 262

Elizabeth, Queen of England, 268, 371, 375, 404, 409, 411, 587n63

elliptical astronomy, 16-17, 320, 325, 353, 366, 377, 431-32, 492-93, 503, 505

El se movera un gato, 67

emblems, *421*, 446, 593n77

encyclopedism, 499

Enderbie, Percy, 553n87

end of the world. *See* apocalyptics

Engelhardt, Valentine, 168

England: apocalypticians, 228, 252; Bruce, 375, 391; Bruno, 300, 404, 568nn107, 128; Cardano, 191, 227; Dee, 185, 356; Digges, 224, 268-76, 356; Gilbert, 16, 372; "intelligencers" for, 363, 404, 458; Kepler, 16, 375, 403-15, 449; King Charles II, 503-4; King Edward VI, 191, 227; King Henry VIII, 128, 227; Lord Burghley, 269-70, 375, 548n100; professionalization, 29; prognostication, 409, 411-12, 502-5; Queen Elizabeth, 268, 371, 375, 404, 409, 411, 587n63; and Riccioli-Calileo disagreement, 506; textbook publishing, 423, 434, 590n1; works in vernacular, 268. *See also* James VI of Scotland/James I of England; London; Oxford

ephemerides, 427, 434, 505, 519n67; Carelli, 240; Leovitius, 228, 263, 427; London, 229; Maestlin, 257, 263; ephemerides(*continued*)

Magini, 204, 263, 311-12, 369, 434-35, 469, 480, 569n12, 596n69; Moletti, 311-12, 434; Offusius, 190; Origanus, 469; printing, 557n80; Stadius, 179, 181, 190, 261, 427, 542n63, 563n74; Stöffler/Stöffler Pflaum, 230-31, 427; Streete, 506; Tübingen, 229; Venice, 229; Wing, 506

Epicureans, 112, 401, 585n120

epicycles: Alexandrian Greeks, 5; Averroës, 205; Bellanti, 100; Bellarmine, 599n19; Boulliau, 602n114; Clavius, 215-16; *De Revolutionibus*, 57, 169, 215-16, 283, 311; equatorium, 38; Kepler, *334*, 335, 589n64; Mars, 286, 314; Melanchthon, 181; Peurbach, 50, 285; prognostications not mentioning, 63; Ptolemy, 5, 61, 99, 335; Regiomontanus, *58*; Reinhold, 34, 151; Rheticus on, 129-30; Wilson, *59*; Wittich, 283, 285-86, *285*, 314, *334*

Epitome of the Almagest(Epytoma almagesti), 4, 5, 52, 104, 208, 524nn205, 206; bundled, 44-45; Copernicus and, 56, 59, 97-102; dedication, 63; fallingbodies problem, 522n160; Pico and, 86; Venice(1496), 78, 96; Venus/Mercury order, 52

Epitome of Copernican Astronomy. See under Kepler, Johannes

equants, 151-52, 424, 536n97; astronomy without, 126-27, 152, 215, 248, 349, 493

equatorium, planetary, 38-39

equinoxes, 246, 542n76

Erasmus, 94, 138, 139, 197, 281; *Godly Feast*, 135

Erastus, Thomas, 226, 246, 560n9; *A Defense of the Book of Jerome Savonarola concerning Divinatory Astrology against Christopher Stathmion, a Physician of Coburg,* 226

Eratosthenes, 153

Ercole, duke of Ferrara, 71-74

Eriksen, Johannes, 411, 586nn51, 52

eschatology. *See* apocalyptics

Eschenden, John of, *Summa Anglicana*, 97, 530n129

Essex, earl of(1567-1601), 363, 404

Este dukes, Ferrara, 72, 82, 94

Euclid, 30; Candale commentary, 203, 329, 330; Dee's *Mathematical Preface* to Billingsley's edition, 179, 184, 192, 203, 244, 269; *Elements*, 78, 143, 203, 563n69; *Elements* commentary by Proclus, 202-3, 219, 269, 357, 572n111; Galileo and, 353, 425; Kepler, 329, 330, 426, 463; *Optics*, 33, 34, 57-58, 291; period-distance principle, 61

Evans, Robert J. W., 224, 239, 557n73, 575n25

eventualism, 18

Everaerts, Martinus, 427

Fabricius, David, 387, 404, 430-32, 492-93, 590n74, 596n38

Fabricius, Johannes, 596n38

Fabricius, Paul, 224, 230, 239, 241, 244, 557n87, 571n82, 590n74

Faelli, Benedetto di Ettore(Benedictus Hectoris), 90-91

falling-bodies problem, 506, 602n92; Aristotle, 310; Galileo's tower experiment, 501, 506, *507*; Regiomontanus/Ptolemy, 522n160

Fandi, Sigismund, 43

Fantoni, Filippo, 354, 355, 575nn6, 11

Faraday, Michael, 19

Farnese, Alessandro. *See* Paul III

Farnese, Odoardo, 466

Favaro, Antonio, 387, 528n69, 578n94, 582nn11, 16, 583n36, 592n59, 597n74

Faventino. *See* Salio, Girolamo

Feild, John, 181

Ffedinand, Archduke of Austria, 403

Ferdinand I, Emperor, 145, 239, 240

Ferrara, 74, 524n42, 525n42; Copernicus, 64, 71, 74, 80; Este dukes, *72*, 82, 94; Novara, 87, 89; Palingenius, 276; Pico, 82; prognosticators, 70, 71-74, *74*, 94, 487; Savonarola, 82

Feselius, Philip, 327, 420

Ficino, Marsilio, 32, 362, 442; Benazzi and, 92; *De*

Triplici Vita(*Three Books of Life*), 185, 190-93; *De Vita Coelitus Comparanda*, 198; Gilbert and, 369; Pico and, 84, 85, 527n50; *spiritus*, 85, 191-92, 320, 527n50

Field, Judith V., 572n111, 584n94

Findlen, Paula, 530n129

Finé, Oronce, 39

Fiske, Nicholas, 588n76

fixed stars, 19-20, 52, 121, 209, *231*, 470-71; space between Saturn and, 299, 347, 349, 393, 398-99, 413, 429

Flach, Jacob, 163, 339, 544n148

Flamsteed, John, 603n148

Flavius Josephus, 244

Fleck, Lukwik, 20, 517n71

Flock, Erasmus, 163

flood(1524), 28, 110, 178, 179, 229, 230, 533n15

Florence: Colomble, 384, 389; Copernican controversies(December 1613), 197, 443, 464, 489-90, 595n36; court sensibilities, 442-47; Florentine monster(1506), 67; Galileo, 17, 174, 197, 442-51, 464, 465-68, 494; Guicciardini, 81; Neoplatonism, 135; Platonic Academy, 76, 526n3; Strozzi family, 174; Studio of, 136; Vieri, 42. *See also* Medici court

Florio, John, 588n11, 592-93n74, 600n49

Fludd, Robert, 408-9, 424, 496, 601n59

fluid heavens, 19, 84, 217, 254, 289-90, 296, 336, 367, 420, 429, 497, 504, 537n122, 588n5

Fonseca, Pedro de, 207

Fontenelle, Bernard le Bovier de, 502; *Entretiens sur la pluralité des mondes*, 502

foreknowledge, 198-202; *De Revolutionibus* and, 491-92; divine, 11-12, 171-72, 199, 226, 263, 354; "prophetic," 199-202. *See also* divination; prognostication

Forman, Simon, 593n84

Formiconi, 174, 438

Forster, Richard, 410

Foscarini, Paolo Antonio, 489, 499, 588nn13, 14;

Bellarmine and, 217, 382, 490-91, 492, 599n19; and Bruno, 599n23; Church decree vs., 491, 501; on custom, 488; *Lettera*, 491, 505, 599n10; Riccioli and, 499; *Treatise concerning Natural, Cosmological Divination*, 422; Wilkins and, 498

Foucault, Michel, 21

Foxe, Samuel, 581n164

Fracastoro, Girolamo, 136, 169, 208-9, 214-16, 539nn178, 191; *Homocentricorum Siue de Stellis Liber Unus*, 134

Frankfurt Book Fair, 580n154; Kepler, 335, 337, 339-40, 341, 580n154; Tycho, 238, 580n154

Frederick II, King of Denmark, 224, 236, 253

Frederick III, Emperor, 71, 72, 525n42

Freedman, Joseph S., 588n11

"French disease" /syphilis, 25-26, 62, 81

French invasion, of Italy, 25-26, 62, 79-82, *80*, 91-92

Freud, S., 322

Freudenthal, Gad, 580n151

friendship. *See* sociability

Frischlin, Nicodemus, 260-64, 560nn8, 13, 562nn32, 33, 34; *Solid Refutation of Astrological Divination*, 227

Frombork, 127, 145; Rheticus with Copernicus, 78, 103, 114-15, 131, 139, 145-48

Froscoverus, Christophorum, 198

Fuchs, Leonhard: *Book of Plants*, 175; *Institutionum Medicinae*, 41

Fugger banking family, 228, 364; Jacob, 192

Fujiwara Sadaie, 230

Fulke, Willam(Fulco), *Antiprognosticon*, 226-27, 409

Fuschararus, Egidius, 551n21

Fust, Johann, 168, 545n184

Gadbury, John, 602n107

Gaffurio, Franchino, 41-42; *Practica Musice*, 42; *Theorica Musice*, 42

Galbraith, John Kenneth, vi

Galen, 41, 91, 177

Galileo, Michelangelo, 459

Galileo Galilei, 3, 6-20, 28, 123, 311-12, 353-81, 423, 575-84, 590-600; *The Assayer*, 577n62; audiences, 457-58; and Barozzi's Proclus, 356, 576n36; *bricoleur*, 438, 591n29; and Capra, 384, 386-91, 393, 395, 402, 404, 436, 442, 446-47, 448, 454, 473, 478; children, 359, 447-48, 487, 593n82; compass, 389-90, 391, 436, 446-47, 448, 468, 475, 597n96; cosmography, 373, 421; *De Motu*, 366, 436; and *De Revolutionibus*, 141, 354-57, 360, 425, 439, 577n63, 600n44; *Dialogue concerning the Two Chief World Systems*, 15, 366, 373-74, 386, 392, 425, 440, 468, 492, 494-95, 503, 505, 565n108, 577n63, 582n11, 590nn12, 14, 15, 600n48, 602n92; *Difesa/Defense against the Slanders and Deceits of Baldassare Capra*, 390, 473, 597n97; Digges and, 271; Favaro and, 387, 578n94, 582n11, 583n36; Florence, 17, 174, 197, 442-51, 464, 465-68, 494; friendships, 359-60, 440-42, 592nn38, 65; and Gilbert, 15, 372-74, *373*, 376, 425, 446, 581n160; and Hagecius, 390, 557n69; Hartner's translation, 358, 576nn35, 37; income, 389, 448, 467; *Juvenalia*, 575n5; La Flèche celebration, 601n66; later period(1633-42), 353; letter format, 440-41; *Letters on Sunspots*, 464, 596n65; "Letter to the Grand Duchess Christina," 358, 436, 445-46, 490, 495; "Letter on the Tides," 436; list of works, 377-78, *377*; and Maestlin, 358-62, 390-91, 425, 474, 595n14; and Magini, 355-58, 364, 365, 442, 459, 468-81, 529n88, 579n100; and Mazzoni, 356-59, 366, 413, 575-76nn32, 33, 578n97; and Medici court, 17, 358, 433, 436-38, 443-51, 456-59, 465-68, 472, 475-80, 487, 579n109, 583n47, 591nn23, 26, 593nn87, 88, 595n20, 596n57, 598n126; Mersenne and, 496; middle period(1610-32), 353; mistress Marina Gamba, 376, 447-48; modernizing, 366, 419, 425, 434-54, 468, 483, 495; mother Giulia Ammanati, 376; Museo Galileo Web site, 581n175; nativities by, 276, 312, 354, 378, 441, 446-48, 466-69, 472, 487, 569n12, 581n172, 593n78, 79; new-style natural philosophers and, 495, 497; nova controversies, 384-93, 402, 449, 455-57, 464; novelties, 16-17, 358, 413-14, 437, 448-84, 486; *On the Operation of the Geometric and Military Compass*, 389-90, 446-47, 448, 468; Padua, 300, 311, 339, 342, 354-66, 375, 384-89, 404, 421, 425, 442, 447-48, 465, 467, 478, 506, 569n11; patronage, 17, 433, 436-48, 455-56, 465-68, 472, 475-76, 590nn14, 17, 591nn23, 25, 593n88, 595n20, 596nn45, 63; pedagogical model, 359, pendulum studies, 365, 366, 376; Pinelli and, 440, 441, 442, 581n167; Pisa, 300, 311-12, 353-57, 376, 441-43, 448, 464-65, 475, 488, 575n5; possible pseudonyms for, 387-89, 582n15, 583nn37, 46; on prognostication, 354, 376-78, 441, 447, 448, 463, 487, 600n45; recurrent events, 419; reputation, 435, 436, resistance to, 16, 17, 447, 449, 466, 468-81; rhetorical form, 455-57, 494-95; science of motion, 9, 353, 366, 411; *Sidereus Nuncius*, 3, 17, 77, 366, 378, 427, 436, 442, 443, 448, 450, 455-83, 487, 499, 593n78, 595nn12, 20; students/disciples, 15-16, 314, 359, 389, 425, 437, 443, 446-47, 450, 465, 467, 468, 488, 569n11, 582-83n33, 584n70, 593n88; sunspots, 360, 364, 421, 464, 482, 596n39; telescope(*occhiale, perspicillum*), 15-17, 353, 377, 413, 433, 437, 441-42, 447-82, 486, 492, 497, 502, 579n102, 594n5, 595nn14, 20; tidal theory, 361, 366, 494-95, 576n39, 600n50; tower experiment, 501, 506, *507*; *Tractatio de Caelo*, 575n12; and Tycho, 16, 390-93, 422, 425, 476, 483, 575n24, 582n11, 583n56, 593n79, 597nn88, 97; university life, 436, 448, 466-68; Wilkins and, 498; world system, 436, 455-57, 468, 471, 492, 494-95, 579nn108, 109

Galileo Galilei and Catholic Church, 337, 489-

哥白尼问题

92; Bellarmine, 9, 217, 421-22, 482-83, 489-92, 579-80n118, 599nn157, 19, 25, 600n28; and Bruno, 301, 367, 375-76, 460-64, 468, 481-82, 502, 579nn102, 117, 581n167; Clavius, 311, 354, 357, 362, 481-83, 575n12, 598n151; Copernican controversies(December 1613), 197, 443, 464, 490, 595n36; Descartes and, 601n74; *Dialogue* publication, 590n14; Duhem and, 8-9; friendships, 359-60; Inquistion, 359, 375-76, 386, 395, 412, 421-22, 436-37, 439, 448, 491, 496; Jesuits(general) and, 422, 481-84, 499, 501, 598n152; and novas, 402; Poupard's reading, 600n28; Riccioli and, 602n95; trial, 490n13, 494-97, 501, 510, 577n63, 580n118, 590n13

Galileo Galilei and Kepler, 15-16, 350, 353-81, 393, 419-25, 433, 455-83; Book of Nature, 362, 577n62; Bruce and, 16, 364-65, 368, 375, 391, 404, 413, 419, 460-62, 578nn90, 94, 579n100; cosmology/cosmography/cosmogony, 360, 362, 365-66, 373, 420-21, 474; Galileo's "Copernican silence," 15-16, 455-57, 460, 579n102; Galileo's letter to Kepler(1597), 350, 356, 357-60, 365, 366, 404, 455, 575n24, 478n94; Galileo's Galileo Galilei and Kepler(*continued*)
silence with Kepler(1597-1610), 15, 365, 366, 439, 460; hierarchical vs. clooaborative style, 362, 488; Horky book, 474, 598n128; Kepler's *Conversation/Dissertatio cum Nuncio Sidereo*, 17, 400, 460-74, 476, 478-82, 595n36; Kepler's *De Stella Nova*, 392-95, 392, 398, 402, 404, 582n11, 584nn66, 70, 598n129; Kepler's *Mysterium*, 356-62, 425, 462, 463, 577nn62, 64, 66, 578n90, 579n102; and Lorenzini, 392, 598n129; and Maestlin, 358-62, 595n14; nova(1604), 391-93, 398; novelties, 17, 468, 473, 478, 480-81, 483, 486, plagiarism, 365, 460, 578n90; politics, 360, 362, 375, 439, 442, 595n20; Quietanus letter, 600n44; sincerity, 597n95; writing styles, 494-95

Galison, Peter, 520n83

Galluzzi, Paolo, 442

Garber, Daniel, 601n74

Garcaeus, Johannes, Jr., 164, 166-67, 545n180; *Astrologiae Methodus*, 198; *Brief and Useful Treatise*, 167; horoscopes, 167, 176, 178, 233, 266, 291, 555n21; Index, 198, 551n38, 576n43

Garin, Eugenio, 195, 527n53, 534n25

Garzoni, Giovanni, *De Eruditione Principum Libri Tres*, 93

Garzoni, Tommaso, 30

Gassendi, Pierre, 419, 493, 495-96, 499-500, 511, 600-601n55, 602n91

Gasser, Achilles Pirmin, 109, 116-17, 120, 128, 150, 232; *Chronicle*, 150; *De Revolutionibus* copy, 116, 147-48; *Elementale Cosmographicum*, 116; Index, 197

Gatti, Hilary, 579n117, 587n63

Gaukroger, Stephen, 601n74

Gaurico, Luca, 46, 102, 115, 524n42; annual prognostication, 91; brother, 134; vs. Cardano, 176, 547n47; *De Astrologia Judiciaria*, 198; defense of astrology af Ferrara(1508), 71; genitures, 154-55, 167, 176, 178, 227, 233, 266; Hemminga and, 227; jailed, 193; Offusius and, 187; Ristori example, 172; *Tractatus Astrolongicus*, 198

Gaurico, Pomponio, 134, 137, 540n205; *De Sculptura*, 137

Geber, 86, 99, 531n139

Geertz, Clifford, 528n77, 591n30

Gellius, Aulus, 201; *Noctes Atticae*, 537n129

Gellius Sascerides, 356

Gemini, Thomas, 183

Geminus, 9, 552n85

Gemma Frisius, Cornelius, 179, 224, 240-42, 254-57, 342, 390-91, 557n87

Gemma Frisius, Reiner, 141, 168, 179-83; Bruno and, 305; and Copernican theory, 179-82, 189-90, 259, 266, 547n67, 548n83; Family of Love, 548n88; and Gogava's *Tetrabiblos*, 179, 180,

184, 547n72; Hemminga and, 227; Louvain group, 179, 427; *On the Principles of Astronomy and Cosmography*, 42; optics, 12, 180; son, 224

Gemusaeus, Hieronymus, 46

Genesis commentators, 218, 496; Bellarmine, 217-19, 336-37, 496; Dee, 193; Kepler, 328, 329, 336, 337, 342-43, 424; Melanchthon, 112, 144; Mersenne, 496; Pereira, 496; Pico, 120, 132, 133; Roeslin, 342-43; Rothmann, 297; Tolosani, 202

Genette, Gérard, 563n50

genitures. See horoscopes/nativities/genitures

geocentric ordering, 1, 6, 584n96; Aristotle, 128, 188; belief change, 489; Brennger, 404; Clavius, 208; Digges and, 277, 488; Kepler's textbook and, 434; Offusius, 188; Peucer, 165; planetary modeling, *60*; Tycho and, 283, 287. *See also* Earth; geoheliocentric ordering

geography: and astrology, 146; and chorography, 146; cosmography and, 421, 573n142, 589n45; Gilbert and, 369

geoheliocentric ordering: Tycho, 281, 291, 310, 370, 419

geometry, 8, 18, 33-34, 38-39; as art, 42-43; cosmography and, 325; Danti divisions, 203; defense of, 203-3; Digges, 268-69; equants, 126; evangelical curriculum, 143; Galileo, 374; Kepler, 330; planetary order, 102; Regiomontanus, 232; theorical and practical 40

George of Trebizond, 46, 524n206

Georg Friedrich, margrave of Baden, 403

Georg Johann I, Veldenz-Lützelstein, 224

geostatic, 165-66, 188, 283, 588n17; term, 20

Gerard of Cremona, *Theorics*, 40, 78

Germany: calendar, 260; comet and prognostication, 251, 252, 538n149; ideological boundaries, 145; Kepler's star, 403-4; Lutheran propaganda, 138; mathematics, 168-69, 339-41; Mayr, 582n23, 596n71; professionalization, 29; prognosticators, 70, 71, 116; university enrollment, 582n25. *See also* Leipzig; Maestlin, Michael; Marburg; Nuremberg; Tübingen; Vienna; Wittenberg

Gerson, Jean, 47

Gesner, Conrad, *History of Animals*, 175

Geveren, Sheltco à, 556n33; *Of the End of this World, and second comming of Christ, a comfortable and most necessarie discourse, for these miserable and daungerous daies*, 228

Geymonat, Ludovico, 455

Giacon, Carlo, 515n8

Giard, Luce, 204, 582n25

Giese, Tiedemann, 137; and Albrcht, 145-46, 154; *Anthelogikon*, 540n209; and Copernicus publications, 102, 135, 150, 533n8; *Hyperaspisticon*, 138; Rheticus and, 117, 126-31, 138, 145, 146, 533n8

gift giving, 437-38, 439, 445, 447, 449, 451, 455, 479, 590n19, 591n22; books, 16, 116, 134, 152, 160, *186*, 226, 248, 282, 283, 293, 337, 341, 358, 359, 439, 479; friendship, 248, 358, 359, 592n65; Jesuits and, 204; patron-client, 17, 146, 152, 155, 157, 437, 438, 439, 445, 449, 479, 453n85

Gilbert, William, 15, 16, 368-74; anti-Hellenist rhetoric, 368; death(1603), 423; *De Magnete*, 350, 368-74, *373*, 376, 414, 425, 426, 427-28, 580; *De Mundo*, 414, 580nn150, 153; and *De Revolutionibus*, 369-70, 428, 580, 589n52; Earth's motion, 370, 428, 589nn32, 58; Galileo and, 15, 372-74, *373*, 376, 425, 446, 581n160; Hill and, 567n73; Kepler and, 15, 16, 368, 372, 394, 395, 398-99, 403, 404, 413, 414-15, 462, 574n66, 587n72; magnetics, 15, 350, 368-74, 414, 427, 446, 580n151, 589n48, 593n75; Mersenne and, 496, *New Philosophy of Our Sublunar World*, 369; and Novara, 369, 529n88; Riccioli and, 499; and Rothmann, 372, 580n155; Stevin and, 426-29, 589nn48, 49; and Tycho, 369, 370, *371*, 372, 373, 580n155; Wilkins and, 498; and Wright, 371, 372, 529, 580nn125, 157

Gingerich, Owen, 159, 161, 166, 189, 491, 541nn1, 9, 542n70, 547n56, 568n114, 589n46, 590n17

Giuntini, Francesco, 172-74, 518n39, 546n26; horoscopes, 31, 32, 233, 555n21; *Mirror of Astrology/Speculum Astrologiae*, 31-32, 174, 443, *444*; and Tetrabiblos, 31, 173, 354, 575n7

Glanville, Joseph, 502

globe makers: and *De Revolutionibus*, 141; Gemma, 42, 141; Gilbert, 368

Goad, John, 602n107

Goclenius, Rudolf, 173; *Lexicon*, 572n119

God: absolute power, 1, 263, 299, 300-301, 316, 540n200; apocalyptic, 167, 252; Aristotle, 124; astronomy as contemplation of, 217, 325; Bellanti, 84; Bruno, 300-301, 502; celestial signs, 144, 167, 172, 223, 226, 252, 255, *256*, 257, 261-63; Clavius, 213, 217, 325; clockmaker, 123; Columbus, 2; Coprnicus, 137-38, 297, 540nn200, 210; Elijah prophecy, 120, 255; foreknowledge, 11-12, 171-72, 199, 226, 263, 354; Galileo, 9, 456, 502; hyperphysical, 225; Kepler, 217, 316-17, 325, 327, 328, 329, 330, 332, 395, 401, 421; Luther, 111; Lutheran church, 160; Maestlin, 261-63; Melanchthon, 144, 154; miracles, 255, *256*; monarch, 555n1; not the explanation of first and sole resort, 16; ordained power, 242, 257, 316, 540n200; of order, 137, 144, 154, 178, 286, 316-17; pope's authority, 137-38; preeminet, 82, 178-79; Reinhold, 154-55, 160; Rheticus, 123-25; Roeslin, 255, *256*; Rothmann, 295, 299; Saint Bridget, 69. *See also* theology

Goddu, André, 103, 267, 523n197, 562n47

Gogava, Antonio, 12, 179, 183, 184; *Tetrabiblos* translation, 45-47, 179-81, 184, 547n72, 575n6

Goldstein, Bernard, 9, 515n15, 523nn192, 197, 198, 532n168; comets, 556n51; Kepler, 572n121; perioddistance principle, 58-61; planetary modeling, 56-59, *60*; planetary order, 56-61, 211; Ptolemy's *Planetary Hypotheses*, 518n44; Regiomontanus, 231

Grafton, Anthony, 175, 547n47

Granada, Miguel Angel: Bruno, 301, 367, 568n114;

Copernicus and Fracastoro, 539n178; Copernicus and Rheticus, 524n203, 536n91, 561n22, 570n45; Digges, 276, 565n105; Maestlin, 561n22; Roeslin, 342; Rothmann, 568n96; Tycho, 566n27

Grant, Edward, 110, 218, 420, 519n72, 533n9, 537n122, 559n143, 588n6

gravity, 7, 297, 512, 604n163

Graz: Homberger, 357; Kepler, 164, 264, 321, 324-25, 330-31, 336, 349, 357, 571n98, 573n138

Greenblatt, Stephen, 590-91n20

Gregory, David, 18

Grgory, James, 506, 507

Gregory, Saint, *Moralia*, 218

Gregory XIII, Pope, 260, 262

Grendler, Paul, 576n45

Grienberger, Christopher, 435, 553n100

Grotius, Hugo, 589n48

Gruppenbach, Georg, 332

Grynaeus, Simon, 51-52, 202

Gualdo, Paolo, 359, 440; *Vita Ioannis Vincentii Pinelli/Life of Pinelli*, 363, 366, 578n97, 583n38

Gualterotti, Raffaelo, 451-52, 454, 594n107

Guarimberto, Matteo, "Little Work on the Rays and Aspects of the Planets," 521n127

Guicciardini, Francesco, 527n29; *Storia d'Italia*, 81

Guidi, Giovanni Battista, 174

Guidobaldo del Monte, 440-41, 459

Gundisalvo, Domingo, 40

Gunpowder Plot, 411-12, 414

Gutenberg, 26-27, 545n183. *See also* print technology

Haarlem, Gherardus de, 83

Habermel, Erasmus, 238

Hafenreffer, Matthias, 332, 337, 404, 572n133

Hafenreffer, Samuel, 404

Hagecius, Thaddeus, 224, 238, 239-43, *241*, 363, 557nn69, 78, 83; *Book of Aphorisms on Metoposcopy*, 240; and Bruno, 304, 568n127;

comets, 253, 557n93; Galileo and, 390, 557n69; *Inquiry concerning the Appearance of a New and Formerly Unknown Star*, 240-43, 254, 557n85; Maestlin and, 251; nova(1572), 253, 385, 390-91; science of the stars, 234; and Tycho, 240, 242, 248, 282

Hainzel, Paul, 233-34, 390-91

Jale, J. R., 62

Hall, A. Rupert, 603n149

Halley, Edmund, 512

Hallyn, Fernand, 182, 563n50

Hannaway, Owen, 567n70

Hapsburgs, 63, 194, 224, 236-39, 282, 438, 454, 469. *See also* Ferdinand; Leopold; Maximilian courts; Rudolfine court

Harkness, Deborah, 193, 548n88

Harriot, Thomas, 423, 492, 586-88; atomism, 374, 412-15, 587n67, 588n77; Bruno and, 412-14, 587, 588n88; Galileo and, 425, 449, 458; and Kepler, 16, 411-15, 587nn71, 72; Northumberland network, 363, 374, 411-15; Riccioli and, 499-500; Wilkins and, 498

Hartmann, Georg, 145, 543n85

Hartner, Willy, 358, 576nn35, 37

Harvey, Gabriel, 547n47

Harvey, Richard, 520n124; *An Astrological Discourse upon the great and notable Coniunction of the two superiour Planets, Saturne and Iupiter, which shall happen the 28. day of April* 1583, 228

Harvey, William, 362, 577n70

Hasdale, Martin, 460, 473, 478

Heaviside, Oliver, 520n85

Heckius/van Heeck, Johannes, 385, 387

Hectoris, Benedictus(Faelli), 82, 94-100, 527n35, 530nn118, 121, 553n109

Heerbrand, Jacob, 263, 574n35

heliocentric arrangement: Bruce, 374-75; Bruno, 281, 371; Capella, 282; Catholic Church and, 490; *Commentariolus*, 283, 532n165,

589n36; Copernicus's initial commitment to, 59; Copernicus's second-generation followers, 280; *De Revolutionibus*, 103, 121-22, 277; first proposal(*Narratio Prima*), 11, 121-22; Galiheliocentric arrangement(*continued*)

leo, 357, 439, 452, 482, 592n35; Gilbert and, 370-71; "heliocentrism" avoided, 20; Kepler, 317-19, 326, 493; Maestlin and, 560n14; planetary modeling, 60; Praetorius, 314; Regiomontanus and, 516n18; Riccioli, 510-11; Stevin, 427, 589n36; as timeless representation, 6, 310; Tycho, 287. *See also* geoheliocentric ordering; Sun

heliostatic arrangement, 15-16, 378, 420, 424, 426, 429; term recommended, 20

Heller, Joachim, 147, 160, 166, 226, 230, 544n133

Hellmann, Gustav, 71, 71

Helmstedt, university, 143

Hemminga, Sicke van, 172-73, 179, 555n21; *Astrology Refuted by Reason and Experience*, 227; and horoscopes, 227, 228, 322-23, 406, 427, 555n21, 556n34

Hemmingsen, Niels, 245-46

Henri IV, La Flèche patron, 601n66

Henry, John, 413, 587nn67, 71, 72, 588n77

Henry of Langenstein, 47

Henry, VIII, King of England, 128, 227

Heraclides of Pontus, 425

Herigone, Pierre, 499

Herlihy, David, 565n10

Herlin, Christian, 168

Hermes Trismegistus, 32, 587n73; *Iatromathematica*, 43-44. See also *One Hundred Aphorisms*

Hertz, Heinrich, 455

Herwagen/Hervagius, Johannes, 45, 198, 202

Herwart von Hohenburg, Johann(Hans) Georg, 340, 582n26; Kepler and, 340, 349, 364, 391, 397, 404, 424, 435, 576n54, 583n59; Roeslin and, 347-48, 574n42

哥白尼问题

Herzog August Bibliothek, 44-45, 521-22n148

Heyden, Gaspar van der, 183

Heydon, Christopher, 16, 405, 409-11, 439, 572n125, 586nn41, 42, 50; *An Astrological Discourse*, 502; celestial order, 409-10, 503

Hicetus, 425

Hicks, Michael, 375, 404, 581n165

hierarchical organization: Galileo, 488; professions and disciplines, 30, 41. *See also* classifications; master-disciple relations; social status

Hildericus, Theodorico Edo/Von Varel, 163

Hill, Nicholas, 363, 413, 587-88n73; *Epicurean, Democritean, and Theophrastic Philosophy*, 413, 414

Hipparchus, 5, 9, 31, 85, 121, 201, 516n16, 533n177

Hippocrates, 41, 77

Hobbes, Thomas, 86, 419, 423, 448, 494, 495

Hobsbawm, Eric, 516n48

Hoeschel, David, 364

holism, theoretical, 8-9, 21

Homberger, Paul, 357-58, 578n94

Homelius, Johannes, 147, 162-63, 282, 291, 544n146; death(1562), 291

Hommel, Johann, 168

homocentrics, 134, 135, 169, 205, 214-16

Hooke, Robert, 489, 498, 504-10, 511, 603nn143, 148; *Attempt to Prove*, 508, 509-10; curator of Royal Society of London, 489, 509; Cutlerian Lecture(1674), 506; Gresham College, 489, 507, *508*, 599n12; *Micrographia*, 507-9; microscope, 507; and Newton, 509, 512, 603n148; and Riccioli, 509, 603nn133, 143; telescope, 507, 508, 509

Hooykaas, Reijer, 114, 130-31, 533n8, 538n168

Horace in *De Revolutionibus*, 134-39, 147, 196; *Ars poetica*, 134, 136-37, 562n44; Digges and, 271, 273, 280, 564n80; Kepler and, 316; Maestlin and, 266, 280, 562n44

Horky, Martin, 459, 460, 469-78, 480-82, 596-98; *A*

Most Brief Peregrination, 473-74, 478

horoscopes/nativities/genitures, 43, 45, 63, 146, 207, 323, 600n45; Abraham ibn Ezra on, 86; Albrecht and, 145, 154-60, 534n44, 544n119; of Alessandro, 12, 173, 227; Augustus, 173; by Avogario, 72; Brudzewo reviewing, 70; by Cardano, 172, 175-78, 191, 227, 233, 266, 275; of Charles V, 160, 173; of Cheke, 191; of Christ, 172, 227; cities, 65; Clavius vs., 327; collections, 172, 174-78, 187, 227, 275, 431, 546n35, 555n21, 571n72, 602n107; Colombe vs., 389; of Copernicus, 115, *116*, 154, 535n50, 544n133; Copernicus interpreting, 115; Copernicus not casting, 518n13; Copernicus title and, 135; of Cosimo I, 173-74; of Cosimo II, 446, 466-69, 472, 487, 569n12, 593nn78, 79, 594n105; court positions, for, 224; Danti teaching Cosimo I, 203; of Edward VI, 191, 227; of elector of Saxony, 167; evangelical teachings vs., 245; by Fabricius, 430; by Galileo, 276, 312, 354, 378, 441, 446-48, 466-69, 472, 487, 569n12, 581n172, 593nn78, 79; by Garcaeus, 167, 176, 178, 233, 266, 291, 555n21; Gaurico, 154-55, 167, 176, 178, 227, 233, 266; by German physicians, 162, 254; by Giuntini, 31, 32, 233, 555n21; by Hagecius, 238, 242; by Harriot, 412, 587n63; Hemminga and, 227, 228, 322-23, 406, 427, 555n21, 556n34; of Henry VIII. 227; of James I, 410; Kepler and, 322, 324, 381, 386, 395, 555n21, 571n72, 584n77; by Leovitius, 192, 227, 228, 555n21; literature assisting, 115, 166-67, 170, 171, 192, 197, 269, 291, 386, 539n180; of Luther, 154; Maestlin vs., 262-63; by Magini, 435; of Pico, 175, 246; by Reinhold, 154-55, 158; by Ristori, 12, 173-74; of Savonarola, 172, 175; Theodoric's lectures, 166; Tycho and, 247, 269, 584n77; Wittenberg students and, 162, 166. *See also* prognostication

Hortensius, Martin, 141, 497, 541n6

Hoyningen-Huene, Paul, 600n40

humanism, 11, 63, 426, 486, 520n110, 540n205; Beni, 452; Bologna, 80, 94-95, *95*; civil communities inspired by, 363-66; Copernicus, 6, 104, 123, 136-37, 139, 215, 486, 540n205; education, 143; friendship dialogue and letters, 440; Horace commentators, 136-37; Kepler, 315, 329, 337, 356, 362, 461; Leiden, 282, 428; Maestlin, 260; Mazzoni, 356; Medicl court, 443; *Narratio Prima*, 123, 126, 215; New Testament scholarship, 47; Paduan and Venetian circles, 442; Platonic Academy, 526n3; Pope Paul III, 134; Ramus, 168; Scepper, 178; *Tetrabiblos*, 43, 45, 113; Tycho, 243, 244; Wolf, 192

Hunter, Michael, 506-7

Huntington Library, 275, 523n182, 551n29, 565n104

Hutchison, Keith, 29

Huygens, Christiaan, 18, 602n92

Hven. See Uraniborg

hypotyposis(-es), term, 32, 46, 158, 164, 165, 166, *294*, 503, 539n181, 545n159, 568n104, 600n35

Ibn ash-Shatir, 531n136

Ignatius of Loyola, 194, 204, 207

ignoring/selective responses, 339, 409, 419-20, 429, 469, 486

Iliffe, Rob, 512

Imhof, Willibald, 157

Inchofer, Melchior, 501

incommensurability, Kuhn, 14, 438, 517n73

Index, Holy, 197-99, 207, 311, 367, 551n31, 576nn43, 44, 45, 580n119; Albrecht, 551n29; Bruno, 367-68, 376, 462, 464, 489-90; Galileo, 359, 491; Garcaeus, 198, 551n38, 576n43; Kepler's *Epitome*, 494; Melanchthon, 197, 311, 355, 576n43; Osiander, 197, 198, 551n36; Protestants, 198, 494, 576n43; Reinhold, 197, 551n29, 576n43; restrictions on science of the stars, 197, 226. *See also* Inquisition

infinitism: Bruno, 281, 304-6, 317, 394, 399-400, 490, 568n115; Digges, 278, *278*, 279-80, 488; Gilbert, 399; Kepler and, 395, 399-400, 408; Ursus and, 347, 574n40

influence. *See* celestial influence

Inquisition, 576n45; Bruno, 15, 16, 300, 342, 359, 362, 366-68, 375-76, 395, 462, 474, 489, 490; Galileo, 359, 375-76, 386, 395, 412, 421-22, 436-37, 439, 448, 491, 496; under Paul III, 110; tongue vice, 367, 579n114; Venice, 300, 375, 376, 386, 439, 551nn31, 36. *See also* Index, Holy

instrumentalism, 9, 560m

instrumentation: air pump, 507; astrolabes, 86; Galileo's military-geometric compass, 581n175; improvements in astronomical, 603n124; microscope, 39, 507; optical(Paris), 441, 466; planetarium, 339, 519n68, 573n12; and Restoration natural philosophy, 506; at Rudolfine court, 238; as *theorica*, 39; Tycho's, 287, 290, 306, 457. *See also* compass; magnetics; telescope

Interregnum, 502-4, 603n146

Isaac, Rabbi, 200

Isaiah, 2

Iserin, Georg, 148, 149, 150, 193, 271, 541-42n49

Isinder, Melchior, 155, 543n100

"-ism" suffixes, 21, 517n77

Israel, jonathan, 599n1

Israeli, Isaac, 86, 132

Italy, 516n48, 595n36; Copernicus, 53, 64, 76; courtesy manuals, 454; four leading universities, 576n47; German nation members at universities, 582n23, 596n71; Index, 197-99, 551nn29, 31, 576n43; Kepler's star, 403-4; mathematics, 203; new theoretical knowledge, 434; no theology faculties, 78; nova controversies, 384-93, 402, 449, 455-57, 464, 475; Oziosi, 452; politics, 441, 442, 447, 464, 487; prognosticators, 10-11, 64-65, 70-105, 74, 175; publishers, 43, 45, 49, 53, 82, 94-100, 530nn126, 130; wars, 25-26, 62, 78-82, 80, 91-92. *See also* Bologna; Ferrara;

Florence; Padua; Rome; Trent; Venice
Jacquot, Jean, 587n73
James VI of Scotland/James I of England, 17, 375, 481; as author, 405-6, 408, 438-39; *Basilikon Doron*, 405-6; *Daemonologie, in Forme of a Dialogue*, 405, 406, 439, 585-86n30; and Galileo's *Nuncius*, 458; Hicks and, 581n165; Kepler and, 16, 403-15, *407*, 439; patronage, 405, 409, 410, 424, 438-39; safe and dangerous astrology, 406, 585n20; son Henry, 405-6; tutor, 448; Thcho's *Progymnasmata*, 383-84, 405; Uraniborg visit, 383, 582n9; and witchcraft, 405, 585-86n30
Jardine, Nicholas, 18
Jarrell, Richard, 262-63, 569n6
Jena, 143, *163*; Flach, 163, 339; Hildericus, 163; Limnaeus, 339-40, 573n16
Jerome, Lawrence E., 599n5
Jessop, John, 587n57
Jessop, Joseph, 371
Jesuits, 110, 194, 204-19; Collegio Romano, 204, 207, 337, 384, 422, 481-84; *De Revolutionibus* copies, 576n44; and Galileo, 422, 482-84, 499, *501*, 598n152; Kepler on, 381; Manso, 452; Nadal, 204, 205, 552n83; natural philosophy, 205, 213-19; Padua, 592n48; under Paul III, 110; Possevino, 260, 575n7; Scheiner, 364, 464, 501, 596n40; science of the stars, 205, 207, 212, 214, 218; social policy, 204; teaching ministry *Ratio Studiorum*, 204-9, 214; Witekind vs., 544n149. *See also* Bellarmine, Robert; Clavius, Christopher; Riccioli, Giovanni Battista
Joachim, Abbot, 69
John Frderick of Saxony, 109, 155, 167
John of Glogau, 70-71, 78, 102, 525n42
John Paul II, Pope, 489
John of Seville, 40
Johnson, Francis R., 269, 275, 276, 279, 563n58, 564n97, 565nn104, 113, 584n96
Joshua, Rabbi, 201

Journal des Sçavans, 426
judicial astrology, 35, 83, 173, 198, 199, 205-6, 208, 439, 518n15
Julius, II, Pope, 79
Junius, Peter, 582n9
Jupiter: Descartes, 497; Galileo and, 470-73, 480-83, 487, 497, 499, *501*, 591n26; Horky, 597n103; Kepler, 476, 480-81, 598n126; moons(planets/ stars/satellites), 456, 458, 462-64, 470-73, 476, 480-83, 497, 499, 597n103, 598n126; in nativities, 45, 466-67, 469, 487; parallax, 159; period-distance principle, 58; qualities, 52-54, 132, 133, 181, 187, 212, 549n119; Saturn conjunction with, 2, 25, 69, 229, 382, *383*, 386, 395, 397

Kargon, Robert, 587n73
Kassel, 291, 293, 297, 301, 305-6. *See also* Wilhelm IV, Landgrave
Kelly, Edward, 193
Kempfi, Andrzej, 550n13
Kepler, Johannes, 3, 8, 15-16, 28, 309-81, 419-25, 435, 454, 492, 567n81, 571-82, 590n6; and apocalyptics, 14, 329, 393, 424; *Apologia Tychonis contra Ursum*, 349-50, 394, 430, 461, 574n62; aspectual astrology, Kepler, Johannes(*continued*)
379, 381, 403-5, 463, 581n183, 584n95; astronomer's role, 316-20, 340-41; *Astronomia Nova/New Astronomy*, 169, 324, 327, 332, 377, 415, 425, 430-32, 435, 457, 461, 463, 470, 483, 492-93, 497, 572n133, 589n65, 601n67, 602n94; *Bericht/Report*, 382, 391-93, 394; Bruce and, 16, 362-66, 368, 374-75, 391, 397, 400, 404, 413, 419, 424, 460-62, 577n68, 578nn90, 94, 96, 98, 579n100, 581n165; and Bruno, 16, 301, 305, 374-75, 394-95, 399-404, 413-14, 419, 424, 461-64, 468, 576n55, 587n72, 595n30; Catholic fine for ritual evasion, 349; and Clavius, 13, 325, 332, 335, 350; comets,

316, 512, 569n30; and Copernican planetarium, 339, 573n12; cosmography, 141, 266, 315-20, 323-50, 360-62, 365, 373, 398, 421, 569-70n34, 573n142; *Cosmotheory*, 378; counterfactual, 311-14; daughter's death, 349; death, 392; *De Fundamentis Astrologiae Certioribus/More Certain Foundations of Astrology*, 325, 378, 393, 396, 397, 411; and *De Revolutionibus*, 315-50., *331*, 424, 425, 429-31, 433, 486, 493, 569n23, 572n133, 600n44; Descartes and, 419, 493, 494, 497; *De Stella Cygni*, 593n80; *De Stella Nova*, 382, 392-415, *392*, 407, 430, 439, 458, 463, 582n11, 584n70, 598n129; divine design, 217, 328, 395, 401, 421, 426; early audiences(1596-1600), 336-50; early Keplerians, 596n66; Earth's motion, 316, 361, 379, 430, 492, 589n32; elliptical astronomy, 16-17, 320, 325, 353, 366, 377, 431-32, 492-93, 503, 505; England/James I, 16, 375, 403-15, *407*, 439, 449; epicycles, *334*, 335, 589n64; *Epitome Astronomiae Copernicanae*, 305, 319, 435, 492-94, 497, 503, *505*, 600n44; and Fabricius, 387, 404, 430-32, 492-93, 590n74, 596n38; Fludd and, 408-9, 424, 601n59. 496; Frankfurt Book Fair, 335, 337, 339-40, 341, 580n154; Gilbert and, 15, 16, 368, 372, 394, 395, 398-99, 403, 404, 413, 414-15, 462, 574n66, 587n72; Graz, 164, 264, 321, 324-25, 330-31, 336, 349, 357, 571n98, 573n138; *Harmonice Mundi*, 321, 327, 329, 340, 379, 381, 397, 408-9, 439, 492-93, 581n182; and Harriot, 16, 411-15, 587nn71, 72; Heerbrand and, 574n35; and Herwart, 340, 349, 364, 391, 397, 404, 424, 435, 576n54, 583n59; Heydon and, 411, 586n42; Hooke and, 603n143; Horky and, 459, 460, 469-78, 480-82, 596-98, 597nn75, 103, 598n128; and horoscopes, 322, 324, 381, 386, 555n21, 571n72, 584n77; imperial mathematician, 382, 402, 404, 409, 424, 473; Landsbergen and, 601n72; letter format, 440; list of works, 377-78, *377*; Maestlin and, 16, 141,

261, 266, 268, 315-43, 349, 350, 357-62, 404, 424, 570n52, 571nn73, 74, 572n131; Magini and, 468-70, 480, 578n96, 579n100, 582n7, 597n93; and Mars, 62, 320, 322, 372, 377, 426, 430, 431, 492-93; mathematics, 203, 356, 357-58, 361; Mersenne and, 495, 496; *Narratio de Satellitibus(Report on the Observations of the Four Satellites of Jupiter)*, 480-81; new-style natural philosophers and, 495-97; Newton and, 430, 603n125, 604n152; nova(1604), 16, 382, 391-415, 449, 457, 585n118, and Offusius, 330-31, 332, 379, 397, 572n125; *Optics*, 405, 461; optics, 315, 375, 379, 393, 400, 405, 411, 585n107, 586n51; and Osiander, 129, 350, 430-31, 492, 589-90n68; *Paralipomena*, 393; patronage, 405, 409, 410, 439; period-distance principle, 299, 379; and Peurbach's *New Theorics*, 164, 311, 334; physical-astrological problematic, 13, 320-24, 328, 336, 372, 431; physics disputation(1593), 315, 317-27, 570n44; and Pico, 14, 16, 320-30, 332, 372, 380-81, 394, 396-97, 401, 403, 407, 415, 571n65, 581n177, 584nn79, 95; planetary ordfer, 309-35, *333*, *334*, 343-48, 398-99, 424, 433, 460; polyhedral hypothesis/five solids, 188, 329-41, *338*, 347-48, 357-58, 399, 463, 573n14; *practicas*, 324-25, 378; Prague, 11, 15, 321, 363, 387, 402, 403, 424-25, 430, 459-60, 464, 466, 468, 595n36; print technology used by, 16, 404-5, 475; *Prodromus*, 365, 577n64; and prognostication, 264, 324-25, 327, 378, 393, 435, 487, 493-94, 571n95, 599n5; and Reinhold's *Commentary on Peurbach*, 164, 573n138; reputation, 435; resistance to, 14-15, 335, 424, 449, 457, 494; reversal of perspective 399; rhetorical form, 461; Riccioli and, 499, 602n94; Roeslin and, 322, 339-48, 420, 571n73; Rudolfine court, 16, 239, 382, 395, 400, 402-4, 409, 424, 430, 435, 459, 464, 466, 473, 493, 505, 595n36; *Rudolfine Tables*, 430, 493, 505; and Scaliger, 319, 570nn46, 51,

581n181; singularity, 429; on snowflake, 400; solar moving-power hypothesis, 319-32, 325, 362, 398-99, 570n51; standard of demonstration, 18, 123, 429-30; Stevin and, 427; and Sun, 317-20, 328, 355, 379, 537n116, 570n43; *symmetria*, 190, 330, 343, 349, 350, 398-99; and Tengnagel, 233, 383, 411, 430-31, 480, 590nn68, 70; theology, 19, 217, 325, 327-32, 408, 511, 572n121; theoretical astrology, 14, 264, 320-29, 336, 372, 376-81, 395-97, 403-15, 424, 463, 487, 573n1, 581n177, 584n79; theoretical astronomy, 14, 316-35, 340-41, 349, 357-61, 394-95, 399, 430-31, 487, 585n107; Tübingen, 311, 314-24, 329, 331-32, 336-42, 354, 355, 362, 424, 434-36, 570n52; Tycho and, 13, 15, 16, 233, 319, 332, 335, 339-41, 349-50, 383-84, 394, 395, 398-400, 403, 408, 424, 430-32, 435, 461, 463, 488, 493, 505, 576-77n60, 584n77; *via media*, 320-22, 341-50, 381; wife, 401; Wilkins and, 498, world system, 15, 336, 339-41, 456, 457, 463, 493. *See also* Galileo Galilei and Kepler; *Mysterium Cosmographicum*

Kessler, Eckhard, 202

Kettering, Sharon, 596n44

Kitcher, Philip, 516n40

Klein, Robert, 137

Koestler, Arthur, 542n62, 577n68

Königsberg, 127, 143, 145, *163*, 543n88

Koyré, Alexandre, 579n105, 588n6, 603n149; Astronomical Revolution, 486-87; astronomy and optics, 585n107; comparison of Ptolemaic and Copernican systems, 310, 315-16; Copernicus and Rheticus, 535n63; and Digges, 276; and Galileo, 366, 602n92; and Kepler, 14, 315v16, 324, 399, 400, 408

Krabbe Johann, 401

Krakow, 525n42; Copernicus, 3, 25, 53-56, 61, 76-78, 87, 526n5, 562n47; Peurbach's *New Theorics*, 53-54, 70, 77-78; prognostication, 70-71, 78; Rheticus, 312. *See also* Brudzewo, Albertus de

Kremer, Richard, 98, 518n7

Kristeller, Paul Oskar, 540n205

Kröger, Jacob, 542n63

kuhn, Thomas S., 487, 510, 517nn62, 71, 588n6, 603n149; astrology excluded, 3-4, 510, 515n7; on belief change, 488; conversion scene, 339; The Copernican Revolution, 3-4, 9, 225, 259, 486, 512; and *De Revolutionibus*, 3-4, 9, 259, 315, 316, 486-87, 512; Duhem, 8, 9; incommensurability, 14, 438, 487, 517n73; Keplerian polyhedra, 573n14; Koyré, 316, 604n151; Newton, 512, 604n152; "normal science," 173, 435, 546n12, 590n5; Novara, 10, 135; paradigm, 21, 517nn71, 73; *The Structure of Scientific Revolutions*, 18, 20, 225, 317-18, 493, 600n40, 603n149; and Sun's motions, 516n21

Kusukawa, Sachiko, 110

Lactantius, 132, 137

Lagrange, Joseph Louis, 18

Lakatos, Imre, 584n96

Lammens, Cindy, 180, 182

Landgrave. *See* Wilhelm IV

Landino, Christoforo, 136, 137

Landsbergen, Jacob, 601n72

Langhenk, Johann, 530n118

Lansbergen, Philip, 495, 496, 499, 503

Laplace, Pierre Simon de, 18

Larkey, S. V., 564n97, 565n113

Lateran Council, 69, 194-95

Latis, Boneto de, 70

Latour, Bruno, 15

Lattis, James M., 554nn120, 149

Lauterwalt, Matthias, 147

"learned man" designation, 250-52. *See also* sociability, learned

Leibniz, Gottfried, 18, 497

Leiden: Cartesian corpuscular principles, 511; Dousa, 282; Dutch language, 426; humanists, 282, 428; Snell, 423; Susius, 282

Leipzig, 143, *163*, 524-25n42; astrological texts,

28; Homelius, 147, 162, 282; "reformed" literature of the heavens, 162; Rheticus, 128, 147, 150, 153, 162

Lemay, Richard, 3, 526n5

Leo X, Pope, 63, 137

Leonicus, Nicolaus, 521n126

Leopold Archduke, 480, 600n44

Leovitius, Cyprian, 32, 227, 555n21; apocalyptics, 47, 252; *Brief and Clear Method for Judging Genitures*, 192; ephemerides, 228, 263; 427; *Great Conjunctions*, 252; Index, 197, 198; Maestlin and, 263; Regiomontanus's *Tables of Directions and Profections* edition, 144; Rothmann and, 298; Tycho and, 228, 234, 556n34

Lerner, Michel-Pierre, 519n69, 600n33

Leschassier, Guillaume(Giacomo), 441-42, 458-59

Leucippus, 462

Levi ben Gerson, 200, 201; *Astronomy*, 231

Libraries, 112, 590n6; Dee, 183-84, 191, 248, 269; German prognostications, *251*; Giuntini, 31; Pinelli, 355-56, 363; 364; Praetorius, 312; Tycho, 282, 286, 311, 349; Wittich, 282-83, 286, 311, 349

Lichtenberger, Johannes, 82, 254, 525n42; apocalyptics, 14, 68-70, 263, 327, 393; Luther preface to, 110; *Prognosticatio in Latino*, 67-70, 68

Liddel, Duncan, 169, 310

Liebler, Georg, 323, 324, 336, 354, 422; *Epitome of Natural Philosophy*, 317, 323

light: Bruce, 374; Dee, 193; Descartes, 497; Digges, 276, 277, 278; force of, 112; Gilbert, 372; Kepler, 318-21, 324-25, 328, 348, 355, 378, 379, 497, 537n116; Moon, 33, 52; Pico, 85, 87, 193, 320-24, 328, 372, 378; prisms, 506; Sun, 87, 125, 200, 212, 324-25, 355, 374, 379, 497, 537n116. *See also* optics; stars

Lightman, Bernard, 517n77

Lilly, William, 586n50; *Christian Astrology*, 502

Limnaeus, Georg, 339-40, 573n16

Linz, Kepler period, 321

Lipperhey, Hans, 425

Lipsius, Justus, *De Constantia*, 440

literature: astral poetry, 260; comets, 250-58, *251*; for horoscopes/nativities/genitures, 115, 166-67, 170, 171, 192, 197, 269, 291, 386, 539n180; by learned men, 250-51; newspapers, 502; nova(1604), 382-88, *385*, 391; omnibus collections, 49, *97*, *98*, 131, 326; pirated, 46-47, 82, 96, 165, 466; popular verse prophecies, 66-70, *67*, 82, 93-94; prognostication, 26-29, 62-70, 82, *251*, 252; theoretical astrology, 43-47; title language and syntax, 32; on war, 62. *See also* Index, Holy; libraries; print technology; prognostication; textbooks

Lloyd, Geoffrey, 9, 516n16

Locatelli, Boneto, 44, 183

Lomazzo, Giovanni Paolo, 520n106; *Treatise on the Art of Painting*, 42

London: apocalypticians, 228, 252; Bruno, 300, 568n128; Dee, 183, 184, 185, 226, 271; Digges, 271, 309; ephemerides, 229; Gilbert's magnetics, 15, 368-74; Gresham College, 489, 507, *508*, 599n12; Harriot, 411; James I, 17; publishers, 183, 184, 226, 252, 300, 406-7; Tower, 411. *See also* Royal Society of London Longomontanus, Christian Severin, 430, 431; *Astronomia Danica*, 493

Lorenzini, Antonio, 582n15, 583n37; Capra vs., 386, 387, 391, 403; Cecco vs., 388, 391; *Discorso*, 391; Galileo and, 392, 403, 583n37, 598n129; Kepler and, 391, 392, 394, 403, 598n129; *On the Number, Order and Motion of the Heavens, against the Moderns*, 391

Louis XII, King of France, 79

Louvain, 28, 178-85, 217; Bellarmine, 217-19, 336-37, 496; Dee, 15, 179, 183-85, 548n103; De Laet family, 46; Gemma Frisius, 42, 179-83, 427; publishers, 45, 46; *Tetrabiblos* edition/Gogava

哥白尼问题

translation, 45-47, 179-81, 184, 547n72, 575n6

Lower, William, 363, 413, 415, 492, 587n72

Lowry, Martion, 530n126

Loyola, Ignatius de, 194, 204, 207

Ludwing of Riga, "Astrological Aphorisms," 521n127

Lunatics, 502

Luther, Martin, 62, 109, 110-11; and Albrecht, 145; Bible translation, 533n3; Catholic portrayal, 138; death, 155; Erasmus polemic vs., 138; *Supputatio Annorum Mundi* on Elijah's prophecy, 120; *Table Talks*, 111; wariness about prophecy, 69, 171

Lutherans, 14, 223; Albrecht, 145, 160; apocalyptics, 109, 125, 223, 309, 354, 390, 393; audience for Copernicus books, 110; Gasser, 139; Giese vs., 540n209; indepen Lutherans(*continued*)

dent acts of censorship against, 600n33; Kepler, 324, 349, 381, 400, 424; Maestlin, 262, 266, 424; Melanchthon, 139, 159-60; natural philosophy and scripture, 110, 131; popular propaganda, 138; prognosticators, 218, 324; Rheticus, 11, 125, 131, 138-39, 195, 533n8; Rothmann, 568n96; Schöner, 139; Styria and, 349. *See also* Tübingen; Wittenberg

Machiavelli, Niccolò, 79; 226; *The Prince*, 82; *Report on the Affairs of Germany*, 71

Maelcote, Odo van, 384, 391, 482, 598n154

Maestlin, Michael, 148, 274, 279-80, 311, 423-24, 560-61; Apianus and, 260, 261, 265, 560n10, 562n40; and apocalyptics, 14, 262; and Aristotle, 19, 264, 279-80; and astrology, 262-64, 280, 321-24, 420, 486, 561n28; *Astronomical Demonstration*, 260, 268, 270; Bruno and, 14, 301, 305; comets, 224, 252, 254-57, 261-64, 280, 316, 335, 342, 393, 419, 449, 561n16; death(1631), 260, 261; *De Revolutionibus* annotations, 259-68, 274, 314-16, 321-23, 330, 332, 488, 562n44, 567n86, 572n128; *Dimensions*

of the Orbs and Celestial Spheres, 258, *326*; *Epitome Astronomiae*, 259-60, 311, 317, 355, 423, 434, 573n6; Erastus and, 560n9; Frischlin and, 260-64, 560nn8, 13; Galileo and, 358-62, 390-91, 425, 474, 595n14; and Hagecius, 251; and Horky book, 474, 597n106; and Kepler, 16, 141, 261, 266, 268, 315-43, 349, 350, 357-62, 404, 424, 570n52, 571nn73, 74, 572n131; Kuhn reference, 225; library at Tübingen, 162, 260; *Narratio Prima* edition(1596), 122, 125-26, 261, 262, 265, 315, *326*, 569n25, 573n6, 576n44; *New Ephemerides*, 257, 263; nova(1572), 224, 253, 261-62, 385, 390-91, 393; planetary order, 226, 259-80, 311, 314, 342, 383, 424; Praetorius and, 573n24; and *Prutenic Tables*, 257, 260, 261, 263, 560n5; Riccioli and, 499; Roeslin and, 254-57; stacking principle, 315; studying at Tüblingen, 254, 260; *symmetria*, 265, 343, 562n44; teaching at Tübingen, 224, 261, 309, 315-16, 332, 336-42, 423-24, 569n5, 21, 25, 572n131; textbooks, 260, 263-64, 434; theoretical astronomy, 14, 256-57, 260, 262-68, 311, 317, 323, 570n38, 573n7; Tübingen theology faculty and, 263, 336-39, 355; and Tycho, 257, 264, 293, *295*, 312, 319, 342, 356, 560n13, 574n29; Wilkins and, 498

Maffei, Raffaele, 138, 540n201

magic: Catholic Church and, 191, 198, 367; James I and, 406

Magini, Giovanni Antonio: Bruce and, 364, 375, 579n100; secretary Horky, 459, 460, 469-78, 480-82; *Theorics*, 358; tutoring, 448. *See also* Bologna; ephemerides; Galileo Galilei; Kepler, Johannes

magnetics: Brennger, 404; Descartes, 497; Earth, 368-74, 427-29, 446, 497; Galileo, 365, 441, 443, 445, 446; Gilbert, 15, 350, 368-74, 414, 427, 446, 580n151, 589n48, 593n75; Hooke, 508; Kepler, 365, 415, 424, 462-63, 492, 579n99; Riccioli, 499; Stevin, 426-29, 446, 589n48; Ward, 503; Wilkins, 498

Mahoney, Michael, 601n74

Maimonides, Moses, 201

Malagola, Carlo, 76

Manfredi, Girolamo, 89, 90-91, 93, 524n42

Manilius, 200; *Astronomicon*, 521n126

Manso, Giovanni Battista, 452-53, 454, 458, 463

Mantua, duke of(Vincenzo Gonzaga), 448, 465

Mantua, Scipio de, 91

Manuel, Frank, 149

"Maragha school," 531n136

Marburg, 143, *163*; Bruno, 300, 305; Egenolphus, 198; publishers, 198; Schoener, 185, *186*; Schönfeld, 163-64, *312*

Marino, John, 516n48

Marquardi, Giovanni, 520n93; *Practica Theorica Empirica Morborum Interiorum*, 41

Mars: epicycle, 286, 314; Gilbert and, 372; Kepler and, 62, 320, 322, 372, 377, 426, 430, 431, 492-93; parallax of, 6, 287-88, 289, 293, 310, 486; and perioddistance principle, 58; Praetorius and, 314; qualities of, 52, 132, 181, 212, 409, 549n119; Roeslin and, 347; Sun intersection with, 347, 348, 523n197, 574n40; Tycho and, 211, 286, 287-88, 289, 291-93, 298, 310, 314, 372, 393, 486

Martens, Rhonda, 572n108

Martion, John, 597n195

Maschietto, Ludovico, 583n36

Masson, David, 21

master-disciple relations, 487-88; Clavius, 481-82; Copernicus-Rheticus, 6, 11-12, 78, 87, 103, 104, 114-18, 121, 131, 139, 145-50, 488, 542nn52, 62, 557n76; Descartes-Beeckman, 497; Digges, father-son, 269; Digges-Dee, 269; Galileo, 15-16, 314, 389, 425, 446-47, 450, 465, 467, 468, 488, 569n11, 582-83n33; Galileo-Castelli, 437, 443, 468; Galileo-Kepler, 359; Gellius Sascerides-Tycho, 356; Kepler, 354; Maestlin, 264; Melanchthon and, 143; Newton, 512; Wolf on, 192

Maternus, Julius Firmicus, *Astronomicon/Liber Matheseos*, 45

Mathematics: in astrology at Wittenberg, 159, 166-68, 245; Bruno and, 301, 304, 420; certitude of, 135, 202-4, 244; classified within mixed sciences, 29-34, *36*, 147, 152, 203; Clavius and, 203, 207, 214, 219; computer and, 518n34; Copernicus's appeal to, 100-102, 137, 139, 153, 178, 195, 259, 526n22; Dee, 183-85, 202, 203; Digges, 259, 268-69, 272-73; and denial of Earth's motion, 603n150; Galileo, 353-55, 357, 361, 386, 435, 445, 469, 483; Germany as "nursery of," 168-69; Gilbert and, 371, 580n153; Hagecius and, 240, 242-43; Index and, 198; Kepler and, 14, 203, 356, 357-58, 361, 382, 402, 404, 409, 424, 473; learned men defined by skill in, 251; Maestlin and, 259, 260, 261, 330; Magini and chair of, 435; "mathematical Copernican," 21; Mayr, 386-87; Melanchthon's esteem for, 143, 168, 202-3; nova(1604) and, 384, 386-87, 388, 394; Osiander, 158; Paul of Middelburg and, 137, 195; Regiomontanus's praise of, 70, 143, 202, 219, 232, 244, 270; Rheticus and, 100-102, 216, 133, 137, 139, 153, 178, 195, 259, 526n22; and shift in mathematician's role, 225; Stevin and practical, 426; Streete and, 602n118; theoretical and practical, 42, 93; Tycho, 240-45, 387; university chairs in(1589-94), *312-13*. *See also* geometry

Matthew of Miechów, 102-3, 532nn161, 162

Mattioli, Pier Andrea, 557nn78, 84; *Epistolarum Medicinalium Libri Quinque*, 557n78; *Herbarium*, 240

Mauri, Alimberto, 389, 402, 582n15, 583n46; *Considerazioni*, 384

Maurice of Nassau, prince of Orange, 426-27

Maximilian, archduke of Tyrol, 403

Maximilian courts, 238-39; Maximilian I, 82, 238, 525n42; Maximilian II, 185, 240

Maxwell, James Clerk, 19, 455

Mayr, Simon, 384-85, 386-87, 390, 436, 448, 454; German nation at Italian university, 582n23, 596n71; *New Table of Directions*, 386; Prognosticon *Astrologicum*, 586n16

Mazzoni, Jacopo, 575n27; and Galileo, 356-59, 366, 413, 575-76nn32, 33, 578n97; Guidobaldo and, 441; *In Universam Platonis et Aristotelis Philosophiam Praeludia/Comparison of Plato and Aristotle*, 356-57, 413; Pisa, 441, 442

McGuire, J. E., 512

McKirahan, Richard, 33

McMullin, Ernan, 515n11, 517n72, 599n10, 600n28

Medici court, 17, 79, 172-74, 442-51; Alessandro, 12, 172-73, 227; Antonio, 442-43, 450; astrology at, 12, 172-74, 227, 447, 546nn18, 21; Christina, 358, 436, 443-46, 447, 490, 495; Cosimo I , 172, 173-74, 203, 438, 443, 447, 546n21; Cosimo II , 389, 443-47, 450-51, 465-69, 472, 487, 569n12, 583n47, 593nn78, 79, 594n105, 595n20, 596n57; court sensibilities, 442-47; Ferdinand, 356, 443, 447, 552n71; Francesco, 174, 447; Galileo and, 17, 358, 433, 436-38, 443-51, 456-59, 465-68, 472, 475-80, 487, 579n109, 583n47, 591nn23, 26, 593nn87, 88, 595n20, 596n57, 598n126; Giuliano, 459, 595n20, 598n126; Giulio, 480; Isabella, 552n68; Marie, 466, 477; university in Pisa, 442, 448, 465

medicine: astrology/astronomy and, 64-66, 83, 91, 93, 96, 113, 199, 244-45, 354, 387, 422, 529n99; Copernicus studying, 137; Copernicus's Varmia practice, 104; Medici court, 442-43; and scholarly melancholy, 191-92; Tycho's Paracelsian notion of, 567n67; in universities, 41, 78, 93, 147, 162, 224, 238, 529n99. *See also* disease

Medigo, Elia del, 87

Medina, Miguel, 13, 199-202, 206, 217, 322, 551nn41, 53; *A Christian Exhortation, or Concerning the Right Faith in God/De Recta Fidei*, 199, 205, 208

melancholy, scholarly, 191

Melanchthon, Philipp, 11-12, 15, 110-13, 114, 141-71, 193; and Albrecht, 145, 154-55, 214, 543n96; apocalyptics, 167, 230, 355; Aristotle critique, 113, 199; astrology, 11, 110-13, 143-44, 181, 202-3, 213-14, 227, 245-46, 252-53, 259, 323, 355; astronomy textbooks, 164-68, 213; and Clavius, 213-14; conjunctionist astrology, 47; Daniel commentary, 130; daughter Magdalena, 144; and *De Revolutionibus*, 11-12, 141-71, 182, 190; Digges and, 275; Elijah prophecy, 232, 536n76; Frischlin and, 227, 264, 562n34; Gasser, 116; Gemma and, 181-83; and Grynaeus, 51-52, 202; Heerbrand student of, 263; Hemmingsen and, 245-46; horoscop by Giuntini, 32; Index, 197, 311, 355, 576n43; *Initia Doctrinae Physicae*, 113, 161, 165, 170, 181, 182, 190, 205, 550n130; Liebler and, 323, 336, 354; and mathematical disciplines, 143, 168, 202-3; Offusius and, 187; *Oratio de Orione*, 120; "Oration on the Dignity of Astrology," 143, 144; Osiander and, 128, 130; perpendicularity, 185; *Praeceptor Germaniae*, 110; Rheticus and, 11-12, 109, 114-15, 127-30, 144, 147-50, 162, 170, 181; *schola privata*, 143; Schöner, 110, 112, 534n25; Socrates of, 150; sons-in-law, 112, 144, 171, 543n88; stacking principle, 187; *Tetrabiblos* commentaries and lectures, 46, 354; Tübingen, 120, 264; university system, 143-70, 214; Wolf friend of, 192

Melanchthon circle, 11-12, 144-64, 260, 424, 544n134; Reinhold, 11-12, 144-60, 543n96, 544n134; Rheticus, 11-12, 109, 114-15, 127-30, 144, 147-50, 162, 170, 181; Wittenberg orbit, *163. See also* Wittenberg response to Copernicus

Melantrich, 557n83

Mercator, Gerard, 12, 548n104; and Dee, 179, 183, 184, 548n103; and Family of Love, 548n88; globe maker, 141, 541n7

Mersenne, Marin, 419, 495-97, 501, 601nn58, 61, 602n90; *Novarum Observationum*, 602n90

Messahalah, 32, 90, 397; *De Revolutionibus Annorum*, 45; *Three Books*, 166

meteorology, 234

meteors, 223, 242

Methuen, Charlotte, 323, 569n21

Metrodorus, 213

Michelangelo, 79

microscope, 39; Hooke, 507

Miechów, Matthew of, 102-3, 532nn161, 162

Milan: Index of, 551n31; publishers, 53, 96

Milani, Marisa, 387

military capacity, German mathematicians, 168

military coalitions, Venice, 79

military events: prognostication focus, 92. *See also* wars

Military and political concerns, Digges, 274-75, 564n96

Milius, Crato, 198

Miller, Peter, 442, 592n38

Mirandola, Antonio Bernardo, *Monomachia*, 208

Mocenigo, Alvise, 375

Mocenigo, Giovanni, 375

modernizers, 15, 228, 351-415, 417-85, 495-513, 599n2; and Bruno, 301, 394; Descartes, 305, 493; emergent problematic of the, 419-23; Galileo, 366, 419, 425, 434-54, 468, 483, 495; Harriot, 16, 411-13; Heydon, 16, 410; quarrel among, 374-75, 402, 415; Regiomontanus, 63; Rudolfine court, 16, 17, 395, 400, 462; *via media* and, 286; world systems and physical criterion, 350. *See also* Kepler, Johannes

modus tollens, 6-8, 61, 162, 262, 291, 298, 399

Moletti, Giuseppe, 311-12, 434, 448

Moller, Johann, 401

Monau, Jacob, 400

Montaigne, Michel de, vi, 258

Montulmo, Antonius de, *De iudiciis nativitatum*(*Concerning the Judgments of Nativities*), 115, 166

Moon: Copernicus, 97-99, 125, 151, 161, 516n24, 531n136; eclipse of, 98-99, 234-35; Galileo and, 449, 450, 453, Moon(*continued*) 456, 483, 502; Kepler and, 328, 380; motion of, 324; parallaxes of, 97-98, 603n124; Wilkins and, 502

Moran, Bruce, 566n57

More, Henry, 500, 502, 601n74

Morin, Jean-Baptiste, 493, 497, 600n41, 601n72

Morsing, Elias Olsen, *Diarium*, 568n127, 569n137

Mosely, Adam, 566n34, 567n59, 574n54, 575n24

Moss, Jean D., 600n48, 601n83

motion: doctrine of simple, 161, 279; laws of, 113, 517n58; Moon, 324; science of, 9, 353, 366, 441, 579n105; shared-motions conundrum, 50-51, *53*, 57, 61, 101, 169, 211-12, 267, 523n183, 531n151, 554n119; Sun, 1, 5, 6, 50-52, 92, 101, 123-24, 318-19, 375, 425, 516n21, 524n203, 537n116, 549-50n130, 570n44; tables, 5, 262. *See also* Earth's motion

Mottelay, Fleury, 580n125

Mulerius, Nicholaus, 427, 429, 491, 492

Müller, Philipp, 492-94

multiples, emergent fashion of, 175

Munich Indexes, 551nn29, 38

Muñoz, Jerónimo, 224, 240-41, 242, 311, 390-91, 555n6

Münster, Sebastian, 114, 168, 198, 569-70n34, 573n142

Mylichius, Jacobus, 197

Mysterium Cosmographicum(Kepler), 378, 426, 432, 488, 570n35, 573n1, 576n56, 581n177; audiences for, 403-4; Bruce and, 364-65; as cosmographical, 316, 323-50; and *De Revolutionibus*, 141, 266, 315, 316, 323-50, 393; Galileo and, 356-62, 425, 462, 463, 577nn64, 66, 578n90, 579n102; Gilbert and, 372; Heydon and, 411; Maestlin and, 266, 315, 316, 317, 423-24, 569n25; Magini and, 578n96, 579n100; preface of, 361, 569n24, 572n118; resistance to, 335, 457; reversal of perspective, 399; and scripture,

哥白尼问题

572n133; universities not adopting as official text, 435

Nadal, Jerónimo, 204, 205, 552n83

Naibod, Valentine, 168, 248-49, 558n128; planetary order, 248-49, *250*, 282, 285, 301; *Three Books of Primary Instruction concerning the Heavens and Earth and the Daily Revolutions of the World*, 248, 282

Napoleon, 260, 367

Narratio Prima, 114-30, 139-41, 170, 309-10, 486, 535-37; Aristotle, 123-25, 126, 128, 215, 537n113; audiences for, 109-10, 133; authorial responsibility for, 11, 114; Basel edition, 161, 534n43, 535n64; Bruno and, 568n114; Clavius and, 209, 215, 554n149; *Commentariolus* compared with, 100; Copernicus with Novara, 78; Copernicus as "professor mathematum," 526n22; dedicated to Schöner, 109, 110, 114-24, 149; *De Revolutionibus* bundled with, 161, 282, 287, 491; *De Revolutionibus* not mentioning, 110, 135, 137, 139, 533n8, 542n62; Earth's motion, 126, 536n99; eclipse theory, 99; *Encomium Prussiae*, 126, 127, 129, 138-39, 145; Galileo and, 425, 463; Gasser prefatory letter, 109; Gemma reading, 179-80; heliocentric arrangement first proposed, 11, 121-22; Kepler and, 325-26, 330, 337, 340, 424, 463, 569n25; Maestlin and, 122, 125-26, 141, 261, 262, 265, 315, 325-26, *326*, 358, 424, 569n25, 573n6, 576n44; necessity insisted upon, 121-26, 139, 165; no group of followers formed about, 147, 170; vs. Pico, 103, 121, 148, 571n74; planetary order, 103, 125, 139-40, 179; pope excluded, 110; Praetorius copy, 312; psychodynamic hypothesis and, 149, 150; Reinhold and, 150, 178; Rothmann and, 297-98, 567n88; Socrates in, 150; Sun's motion, 524n203; title, 120; Tolosani and, 196; Tycho and, 122, 287; Wheel of Fortune, *118*; Wittich, 285, 287; world-historical prophecies, 29, 118-21, 535n63

nativities. *See* horoscopes/nativities/genitures

natural philosophy, 374, 382-402, 464, 510; anti-Aristotelian, 420, 503, 588n6; Aristotle, 41, 110, 126, 195, 205, 356, 367, 420, 425, 497, 531n151, 559n143, 588n17, 589n30; and astrology, 110, 511, 533n9; Bellarmine, 367; Bible and, 4-5, 9, 19, 110, 130, 131, 196, 213, 217-19, 226, 489-91, 496, 506, 510, 572n133; Bruno's infinitist, 281, 304-6, 317, 394, 490; celestial signs and, 257; *Commentariolus* and, 532n165; Copernican, 100, 101, 102, 374, 423-26; cosmography and, 325; Descartes, 496-98; divination based on, 110-13, 144, 159, 170, 202, 422; English Restoration, 506-7; Galileo and, 353, 373, 423, 437, 457, 493, 495, 497; Gilbert and, 371-72; hyperphysical, 225; Jesuits and, 205, 213-19; Kepler and, 14, 320-29, 341, 353, 393-95, 403, 493, 495-97; Maestlin and, 267-68, 423; Medici court, 442-47; medicine and, 529n99; Melanchthon, 110-13, 144, 161, 170, 202, 213, 336; *Narratio Prima*, 124, 282; new-style, 495-513; Newton, 31, 425-26, 430, 510-13; nova(1604) and, 385, 387, 388, 393-95, Nullists and, 230, 232; Origanus, 469; patronage, 146-47, 436-40; Peripatetics, 232, 309; Pico and, 85; planetary order, 16, 420-22, 496-98; practices of ignoring, 419-20; Phthagoreans, 101, 531n151; social status, 596n64; term, 17, 518n32; Tolosani, 195-96, 202, 374; Tycho, 234; Urban VIII, 516n44. See also astronomy; modernizers; Paracelsus; traditionalists

natural theology, Clavius, 217

Nature, 19; Book of, 226, 263, 332, 362, 571n93, 577n62

Naylor, Ron, 366, 579n105

Neander, Michael, 163, 544n147, 576n43

necessity, 91, 121-26, 139, 165, 167

Neoplatonism: Cudworth, 511; in development of early modern science, 317; Ficino, 190-91, 192; Florentine, 135; Kepler and, 317-18, 320; and

Novara, 10, 76, 135, 317; Tycho and, 234

Neo-Stoic philosophy of friendship, 363, 440, 592n38

nested spheres, 6, *50*, 314

Neugebauer, Otto, 97, 526n8, 531n136

newspapers, 502

New Theorics of the Planets(Peurbach), 49-55, 208, 423, 434; Brudzewo commentary on, 53-56, *55*, 70, 77-78, 87, 212, 516n23, 525n49; Capuano commentary on, 45, 51, 96, 434; in classroom, 164, 165, 166; Clavius and, 211-12, 554nn119, 124; *De Revolutionibus* title and, 135; Fantoni unpublished commentary on, 575n11; Galileo and, 354, 425; Kepler and, 164, 311, 334; Melanchthon additions, 143; "partial sphere" / "total sphere," 49; Ptolemy's mathematical models, 519n77; Ratdolt's omnibus edition of (1491), 326; Regiomontanus printing of, 27-28, 50, *53*, 57; Reinhold commentary on, 33-34, 52, *53*, 150-53, 164, 182, 204, 208, 285, 290-91, 355, 434, 522n155, 551n29, 573n138, 576n43; Schreckenfuchs and, 285, 434; shared-motions conundrum, 50-51, *53*, 57, 61, 101, 169, 211-12, 267, 554n119; title-page *figura, 51*; Wursteisen and, 285, 434

Newton, Isaac, 3, 17-19, 28, 31, 504-10; collective support for, 425-26; Dear reading of, 603n150; geometric style, 517n58; Hooke and, 509, 512, 603n148; and Kepler, 430, 603n125, 604n152; Kuhn on, 512, 604n152; laws of motion, 517n58; as natural philosopher, 31, 425-26, 430, 510-13; "Philosophical Questions" /student "Waste Book," 506; *Principia*, 40, 511-13, 603n150, 604n163; prisms, 506; skepticism about astrology, 511

new world hypotheses, 12, 110, 122-23, 179-80, 475

Niccoli, Ottavia, 67, 89

Nicholas V, Pope, 63

Nicholas of Lyra, 132

Nifo, Agostino, 47, 546n25

Nolthius, Andreas, 251

Nori, Francesco, 459

"normal science," 173, 435, 546n12, 590n5

North, John, 3, 515n8

Northumberland circle, 363, 374, 412-15. *See also* Percy, Henry

Nöttelein, Jörg, 157

Novara, Domenico Maria, *77*, 524n42, 529n90, 579n99; alleged Neoplatonism, 10, 76, 135, 317; Burtt and, 317; Copernicus with, 10, 76-78, 87-93, 96-99, 104; "De Mora Nati," 114; Gilbert and, 369, 529n88; Hectoris publishing of, 96, 100; house of, 87, *88*; library of, 88, 528n69; Magini and, 91, 529n88; name, 526n1; practical medical manuals, 530n122; prognostications, 64, 70, 81, 87-93, 97-99, 102, 369; Regiomontanus and, 97, 531n131; Rossi friend, 95, *95*, 530nn123, 124; and *Tetrabiblos*, 96-97, *97*, 530n129

novas, 19-20; Descartes and, 498; Galileo and, 16, 391-93, 413-14, 455-56; Kuhn on, 225; supernova(term), 20, 517n69; telescope and, 449; Timpler's textbooks omitting, 422

—nova(1572), 9, 13, 19-20, 217, 223, 225, 230-43, 556n44; and Aristotelian natural philosophy, 225, 230, 555n164; Bellarmine and, 217-18, 555n164; comets, 252-57, *256*; Dee and, 270, 563n74; Digges and, 269-70, 271, 272, 277; Frischlin and, 260, 262; Hagecius and, 253, 385, 390-91; Leovitius and, 252; Maestlin and, 224, 253, 261-62, 385, 390-91, 393; nova(1604) and, 290-91, 382, 383, 385, 390-95; telescope, 449; Tycho, 230, 233-35, *235*, *237*, 240, 252, 253, 345, 383, 385, 387, 390-93, 449; Witekind, 163

—nova(1604), 16, 19-20, 378, 382-415; Catholic Church and, 492; Galileo, 16, 391-93; Italian controversies, 384-91, *385*, 402, 449, 455-57, 464, 475; Kepler, 16, 382, 391-415, 449, 457, 585n118 novelties: Galileo and, 16-17, 358, 413-14, 437, 448-84, 486; instruments for discovering, 39; Jesuits and, 481-84; Kepler and, 468, 473, 478, 480-81, 483, 486; Kuhn on, 225; planetary order and, 226, 422; print technology, 405; recurrent, 455-84; Roeslin, 255; telescopic, 39, 448-53, 466, 473, 475, 486; traditionalists in natural philosophy and, 588n17; Tycho and, 229, 457, 483. *See also* celestial signs

Novists/Italian nova authors, 384-93, 402, 449, 455-57, 464, 475

Nullists, 230, 232, 250, 253, 281, 385, 390, 475

numbers: "mystical numbers," 185, 270, 563n68. *See also* six planets

numerology, 330, 343; sacred number six, 125, 330

Nuremberg, 114-18, *163*; astrological texts, 28, 166; *Gymnasium*, 110, 114, 128, 143, 145, 160; Osiander falling out of favor in, 129; publishers, 3, 45-46, 53, 96, 109, 114, 115, 116, 530n130; Reformation/reformers, 110, 128. *See also* Petreius, Johannes(publisher); Schöner, Johannes

Oberndörfer, Johannes, 576n56

obliquity, angle of, 246

occhiale, 448-52, 594n5. *See also* telescope

Offusius, Jofrancus, 323; *Concerning the Divine Power of the Stars, Against the Deceptive Astrology*, 185-90, 186, 188, 249, 269, 320, 330, 549n116; Dee-Cardano Offusius meeting, 191-92; and *De Revolutionibus*, 185-90, 259, 281-82; *Ephemerides*, 190; Kepler and, 330-31, 332, 379, 397, 572n125; "mystical numbers," 185, 270, 563n68; polyhedra, 188-89, 330; Roeslin and, 255; and *symmetria*, 187-90, 248, 370; Tycho and, 185, 248, 249

O'Malley, John, 204, 552n83

One Hundred Aphorisms(attributed to Ptolemy or Hermes), 43, 184, 269, 521n126. See also *Centiloquium*

Oporinus, Johannes, 46, 198

optics, Alhazen, 158, 185, 559n134; Aristotle, 33; and astronomy, 522n160, 585n107; Bellanti, 290, 291; Dee, 183-85; Euclid's *Optics*, 33, 34, 57-58, 291; Galileo, 448, 456, 458, 465, 471-72; Gemma, 12, 180; Harriot, 411, 414, 586n51; Hooke, 507, 509; Horky, 473, 478, 597n103; Kepler, 315, 375, 379, 393, 400, 405, 411, 585n107, 586n51; Pena, 291, 556n51; Roeslin, 347; Rothmann, 291, 294, 295, 296; Scheiner, 464; Tycho, 295, 296; Witelo, 32, 185, 559n134, 586n51. *See also* light; microscope; telescope

order: God of, 137, 144, 154, 178, 316-17; struggle for, 419-33. *See also* celestial order; social order

Oresme, Nicole, 47, 199, 279, 563n50

Origanus, David, 425, 468, 469, 589n32, 596n69; *Brandenburg Ephemerides*, 469

orreries, 6, 141, *142*

Orsini, Alessandro, 436

Osiander, Andreas, 3, 32, 101, 109, 128; "Ad Lectorem" in *De Revolutionibus*, 34, 128-30, 134, 139-40, 158, 180, 195-96, 198, 265, 273, 291, 340, 350, 430-31, 492, 564n91, 580n138, 599n25; and Albrecht, 128, 145, 158; *Conjectures on the Last Days and the End of the World*, 130, 198; death, 158; *Harmony of the Gospels*, 128; Index, Holy, 197, 198, 551n36; Kepler and, 129, 350, 430-31, 492, 589-90n68; Maestlin and, 265, 280, 562n40; Rheticus and, 128, 291, 340, 355; Schöner, 110, 116; skepticism about astronomical knowledge, 129-30, 136, 182, 350

Otho, Valentine, 150

Ousethemerus, Bartholomeus, 198

Oxford: Boyle, 603n146; Bruno, 300, 303, 404; Gregory, 18; Savile, 203, 244; Ward, 503, 506; Wilkins, 506; Wren, 506

Padua: Accademia dei Recovrati, 452; Bruce, 362-66, 581n164; Capuano, 96; Copernicus, 56, 80, 104, 359; Galileo, 300, 311, 339, 342, 354-66, 375, 384-89, 404, 421, 425, 442, 447-48,

465, 467, 478, 506, 569n11; Gellius, 356; Jesuit College, 592n48; Manso, 452-53; Mayr, 582n23; Pietro d'Abano, 66; university of, 576n47

Pagnoni, Sylvester, 387

painting: Copernicus self-portrait, 139, 540n197; as theorica and practica, 42

Palingenius, Marcellus, 279; *The Zodiac of Life*, 276

Palmerino, Carla Rita, 495

palmistry/chiromancy, 42-43

Palthenius, Zacharias, 480

Pantin, Isabelle, 461, 467, 472, 479, 569n12, 596n57, 597n96

papal bulls: Bologna interdict(Julius II, 1506), 79; Sixtus V's *Coeli et terrae/* "Bull against Divination" (1586), 198, 202, 207, 227, 354, 412, 422, 447, 487, 489; Urban VIII's *Inscrutabilis*(1631), 412, 489; Venice interdict(1607), 441, 482, 592n52

Papia, Francesco de, 91

Paracelsus: and anti-Aristotelian tendencies, 420; and court intellectual diversity, 239; Dorn, 443; Erastus attack on, 226; and heavenly corruption, 232; and Landgrave Wilhelm IV, 574n28; Rheticus and, 149, 542n55; Roeslin and, 342, 343; Streete and, 503; Tycho and, 133, 234, 244, 288-89, 296, 503, 567n67; Webster's Eddington Memorial Lectures(1980), 29

parallax, 225, *231*, 603nn124, 148; cometary, 231; daily, 211, 554n120; Digges, 270-72; Hagecius, 241, 242; Jupiter, 159; lunar, 97-98, 603n124; Mars, 6, 287-88, 289, 293, 310, 486; nova(1604) and, 384, 386, 387, 390, 392-93, 398, 402; Nullists, 230, 232, 250, 253, 281, 385, 390, 475; Regiomontanus, 241; stellar, 6-7, 230, 403, 507, 584n96; Tycho, 6, 287-88, 486

Paris: Bruno, 300, 305; Dee, 183-84, 185; Gerson, 47; *Nuncius* sent to, 458; Offusius, 185, 189; Oresme, 47; publications, 45, 50, 183-84, 204, 413; Ramus, 169; university model, 70

Parma: Index(1580), 198; publishers, 94

paternalism, family, 487

Patrizi, Francesco, 13, 394, 420

patronage, 17, 152-60, 436-42, 590-96; Copernicus not needing, 526n5; French, 596n44; Galileo and, 17, 366, 389, 433, 436-48, 455-56, 465-68, 472, 475-76, 590nn14, 17, 591nn23, 25, 593n88, 595n20, 596nn45, 63; gift giving, 17, 146, 152, 155, 157, 437, 438, 439, 445, 449, 479, 543n85; James I and, 405, 409, 410, 424, 438-39, 582n9; Kepler and, 405, 409, 410, 439; natural philosophers and, 146-47, 436-40; necessity of, 195; "noncommittal patron," 437, 591n22; Peurbach, 71; prognosticators, 146, 224; universities less receptive than, 435. *See also* Albrecht Hohenzollern; Medici court; Rudolfine court; rulers

Pauli, Simon, 223

Paul III(Alessandro Farnese), Pope, 63, 133-39, 173, 438; *De Revolutionibus* dedicated to, 11, 110, 136, 137-38, 139, 194, 195, 261, 266, 309, 533n8, 538n171, 539n178

Paul IV, Pope, 197, 198, 207

Paul V, Pope, 491

Paul of Middelburg, 102, 525n42; astronomy and "true astrology," 540n195; higher astrology over Lichtenberger's apocalyptics, 327; *Invective... against a Certain Superstitious Astrologer and Sorcerer*, 69-70; legitimate vs. "superstitious" astrology, 82; mathematics, 137, 195; Pico citing, 86; Regiomontanus as right kind of astrologer, 97; and Scaliger, 524n37

Peace of Westphalia(1648), 62

Pedersen, Olaf, 25, 40, 519n77

Peiresc, Nicolas-Claude Fabri de, 442, 592n53

Pena, Jean, 291, 296, 556n51; preface to Euclid's *Optics*, 291

Percy, Henry: ninth earl of Northumberland/ Wizard Earl, 404, 411, 413, 587-88n73. *See also* Northumberland circle

哥白尼问题

Percy, Thomas, 411

Pereira, Benito, 205-9, 322, 553n89; *Against the Fallacious and Superstitious Arts*, 205, 552n85; Genesis commentary, 496; *On the Common Principles and Dispositions of All Natural Things*, 205

period-distance principle: Achillini, 523n200; Copernicus, 58-61, 76, 101; Kepler, 299, 343, 379; Regiomontanus, 524n205; Rothmann, 299; Stevin, 428

Peripatetics, 40, 503; Albumasar, 305; Bruno, 305, 309; Gilbert, 369, 414, 581n160, 586n56; Northumberland circle and, 414-15; Osiander, 129; Rheticus, 232; Sosigenes, 539n181

Perlach, Andreas, 240, 241, 525n42, 557n83

perspicillum. See telescope

Peter of Spain, 562n47

Petreius, Johannes(publisher), 115, 116, 192; Camerarius, 45; Cardano's genitures, 175, 177; death, 157; *De Revolutionibus*, 109, 116, 133, 134, 177, 576nn43, 44; Gasser, 116; *Narratio Prima*, 115, 133; Osiander, 128, 130; *Prutenic Tables*, 156, 157, 543n112; *Tetrabiblos*, 45

Petri, Heinrich, 46-47; *De Revolutionibus* edition(1566), 161, 198, 282, 287, 325, 572n128, 576nn43, 44

Petrus de Papia, *Practica Nova Iudicialis*, 42

Peucer, Caspar, 144, 147, 193; and Carion's *Chronicle*, 120; classification of kinds of divination, 112; on comets, 253; dedicatory poem to Garcaeus's *Brief and Useful Treatise*, 167; *Elements of the Doctrine of the Celestial Circles*, 144, 166, 190; and equant, 248; Frischlin praising, 227; Galileo and, 390-91; *Hypotyposes Orbium Coelestium/Hypotheses Astronomicae*, 164-66, 245, 291; incarcerated(1574), 193, 290; on the Index(1559), 197; on the Index(1571), 198; on the Index(1590, 1593, 1596) 576n43; mathematical studies, 168; Melanchthon's son-in-law, 112, 144, 171; and Offusius, 187; *On the*

Size of the Earth, 166; Praetorius as student of, 312; Proclus title, 545n159; and Rothmann, 289-91, 296, 566n44, 567n77, 568n97; and Tycho, 122, 245, 248, 289, 296, 298, 567n77, 568n97; Wittenberg interpretation of Copernicus theories, 144, 160-61, 164-66, 169, 171, 245

Peurbach, Georg: authorial designation, 32; Bruno and, 301; epicycles, 50; 285; Ferrara, 71; geniture sent to Cardano, 175; Herzog August Bibliothek copies of, 44-45, 521-22n148; *Narratio Prima* and, 124; patron Emperor Frederick III, 71, 525n42; and Ptolemy's *Almagest*, 4, 51, 52, 164; and Regiomontanus, 63, 488; "theoric of orbs," 33-34, *35*, 101, 519n69; Wittenberg curriculum, 290-91; work included in publisher's bundle, 522n171. See also *New Theorics of the Planets*

Peutinger, Conrad/Peutinger Map, 364

Phares, Simon de, 25-26, 63, 66

Philip II, King of Spain, 199

Philolaus, 55, 56, 425, 523n180, 533n177

physics: Aristotle's *Physics*, 32, 63, 113, 205, 223-24, 273, 279; astrology and, 13, 147, 205, 214, 245, 246, 289, 320-24, 336, 372, 378-81, 431; astronomy and, 13, 30-34, 39, 55, 152, 158-59, 161-62, 169, 205, 215, 289, 328, 340-41, 342, 431-33, 487; crucial experiments in, 8; division fo roles in twentieth century, 520n83; epistemic status, in Ptolemy, 33; epistemic status, in Weinberg, 517n65; Kepler, 315, 317-28, 336, 372, 431, 497; location in science of stars, 30-36, *36*; Melanchthon, 161, 214; *Narratio Prima*, 124; Riccioli, 501; seventeenth-century textbooks of, 422

Piccolomini, Aeneas Sylvius/Pope Pius II, 63, 139

Piccolomini, Enea, 450

Pico, Gian Francesco, 82, 84, 199, 208

Pico della Mirandola, Giovanni, vi, *83*; and astronomy, 85, 87, 103, 135, 332, 571n74; authorial designation, 32; Bolognese friends,

94, 95, *95*, 530n120; and Christian Kabbalah, 130; *Commentariolus* and, 103; death, 84, 246, 527n43; Ficino and, 84, 85, 527n50; geniture, 175, 246; *Heptaplus*, 120, 132-33; new Piconians, 226-27; Sextus Empiricus influence, 527n46. See also *Disputations against Divinatory Astrology*

Pietramellara, Giacomo de, 64, 70, 89, 91, 524n42

Pignoria, Lorenzo, 363, 583n38

Pindar's Olympian ode, 127

Pinelli, Gian Vincenzo, 355-56, 391, 575n23, 578nn87, 88; circle, 362-66, 375, 421, 482, 578n97, 592nn48, 53; death(1601), 366, 388; Galileo and, 366, 421, 440, 441, 442, 581n167

pirated literature, 46-47, 82, 96, 165, 466

Pisa: Benedetti, 356, 357; Castelli, 468, 488; Galileo, 300, 311-12, 353-57, 376, 441-43, 448, 464-65, 475, 488, 575n5; Mazzoni, 441, 442; traditionalists, 442, 464, 465; university, 442, 448, 465, 488, 575nn9, 16, 576n47

Pistorius, Johannes, 403

Pius II(Aeneas Sylvius Piccolomini), Pope, 63, 139

plagiarism: Capra(1607), 389, 390, 447, 466; Galileo accused of, 365, 460, 578n90; Offusius, 269; Pico accused of, 112, 113

plague, Black Death/bubonic plague, 25

planetarium, 339, 519n68, 573n12

planetary conjunctions. *See* conjunctionist astrology

planetary equatorium, 38-39

planetary modeling, 169, 257, 309, 423, 486; Copernicus, 3, 12, 59; Goldstein and, 56-59, *60*; Keplerian, 297, 350, 433, 493, 497

planetary order, 1, 3-7, 14, 19, 29, 48-61, 76; comets and, 254, 257-58; as deductive outcome of common center of gravity, 512; Galileo, recurrent novelties and, 477; Gilbert and, 370; Kuhn, 225; Mersenne and, 496; orreries, 6, 141, 142; Peurbach's independent representation of planets, 49-50; Pico's criticisms of, 11, 12, 86-87, 92, 99-100, 103-5, 113, 169, 209; and political disorder,

81; Ptolemy and Copernicus compared, *57*, 104, 301-3, *302*, *310*, 335; scriptural compatibility with, 4, 130-33, 506; second-generation Copernicans and, 226, 259-81; uncontested, for Newton, 506; Wilkins and, 506; world pluralists and, 502. *See also* Capella, Martianus; Clavius, Christopher; *Commentariolus*; *De Revolutionibus Orbium Coelestium*; Descartes, René; heliocentric arrangement; Heydon, Christopher; Kepler, Johannes; Maestlin, Michael; Naibod, Valentine; *Narratio Prima*; natural philosophy; period-distance principle; Ptolemy, Claudius; Regiomontanus; Roeslin, Helisaeus; Stevin, Simon; *Symmetria*; Tycho Brahe; underdetermination; Venus/Mercury ordering; Wittenberg response to Copernicus

planetary refraction, 290, 473, 597n103

Plato: Clavius, 209, 213, 214; *Commentariolus* on, 101; *De Revolutionibus* and, 318; Digges, 268, 269, 280, 563n71; doctrine of forms, 32-33; in evangelical curriculum, 143; five regular solids, 188, 269, 273, 463; Galileo, 357, 425; Kepler, 188, 317-18, 320, 321, 329, 330, 336, 343, 356, 408, 463; Limnaeus, 340; Mazzoni, 356-57, 413, 575n27; Mersenne, 496; *Philebus*, 42; Sun's position, 86, 181, 213; Timaeus, 188, 189, 200, 209, 329, 330, 342, 452. *See also* Neoplatonism

Platonic Academy, 76, 202, 526n3

Pliny, 122, 200

Plotinus, 85, 320

Plutarch, 135

Pocock, J. G. A., 541n212

Polanco, Juan Alfonso de, 20-24

Poland: cold war boundaries, 145. *See also* Frombork; Krakow; Varmia

politics: Gregorian calendar, 260; and cometary prognostication, 252; English Royalist, 503; "intelligencers," 363, 375, 404, 458; Kepler and court, 430, 462; languages of, 541n212; Maestlin's experience in, 262, 266; patron-client,

437, 455; political theory independent of the stars, 226. *See also* Inquisition; military events; modernizers; patronage; rulers

polyhedra, 584n94; Digges's, 269, 270, 273, 330, 563n63; Kepler's, 188, 329-41, *338*, 347-48, 357-58, 399, 463, 573n14; Plato's, 188, 269, 273, 463

Pomian, Krzysztow, 47

Pontano, Giovanni, 47; *Centiloquium* translation, 46, 521n127; *De Rebus Coelestis*, 104; *One Hundred Aphorisms* translation, 521n126

Pontormo, Jacopo da, *Vertumnus and Pomona*, 546n21popes: Alexander Ⅵ , 79; Clement Ⅶ , 63, 133-34, 194; Clement Ⅷ, 367; Gregory ⅩⅢ, 260, 262; John Paul Ⅱ , 489; Julius Ⅱ , 79; Leo Ⅹ , 63, 137; Nicholas Ⅴ , 63; Paul Ⅳ , 197, 198, 207; Paul Ⅴ , 491; Pius Ⅱ (Aeneas Sylvius Piccolomini), 63, 139; Sixtus Ⅴ , 202, 207, 354, 406, 412, 422; Urban Ⅷ (Maffeo Barberini), 9, 412, 488, 489, 491, 516n44, 600n28. *See also* papal bulls; Paul Ⅲ

Popkin, Richard, 527n46

Popper, Karl, 584n96

Poppi, Antonino, 376

Porta, Giovanni Battista della, 394, 446, 452, 473; *Natural Magic*, 466

Portuguese Index(1581), 198

Possevino, Antonio, 260, 575n7, 592n48

Poulle, Emmanuel, 38-39

Poupard, Paul, 600n28

practica, 40-43. *See also* practical astrology; practical astronomy; *practicas; theorical/practica* distinction

practical astrology, *36*, 39-43, *44*; Bellanti and, 83; Brudzewo on, 525n49; Bruno and, 306; Campanus and, 39, 173; churchmen engaging in, 533n9; Copernicus and, 4, 12, 104-5; Galileo and Kepler, 487; and humanism, 520n110; Jesuit rejection of, 482; judicial, 35, 83, 173, 198, 199, 205-6, 208, 439, 518n15; Kepler, 14, 327; legitimate/illegitimate, 69, 81-82, 202, 327;

380-81, 390-91, 546n3; Maestlin's hesitations about, 263-64; Mauri and, 389; Pico vs., 84, 113; planetary order and, 170, 505; planetary tables and, 39, 93, 97-98, 420; Ristori and, 173; specific churchmen not averse to, 533n9; Stevin and, 427; and warfare, 62. *See also* astrology; divination; ephemerides; horoscopes/nativities/genitures; *practicas*; prognostication

pratical astronomy, *36*, 599n4; Bellarmine, 483; Brudzewo, 522n173; Campanus, 38-39, 522n173; Catholic heavenly practitioners, 496; Clavius, 207-8, 214; Copernicus and, 12, 128, 137, 141, 159; Dee and Digges on, 270; Gemma and, 183; Kepler, 14, 505; mid-seventeenth-century Keplerian-Copernican astrologers and, 511; *Narratio Prima*, 121-27; planetary tables, 39, 128; Ramus, 168, 169; Reinhold and, 159, 173; Streete and, 504; Tycho and, 236, 505; Wedderburn and, 481; Wing compendium, 503. *See also* astronomy; practical astrology

practicas, 40, 389; Galileo, 436, 468; Kepler, 324-25, 378; Stadius, 324. *See also* practical astrology*; theorica/practica* distinction

Praetorius, Johannes: Altdorf, 164, 238, 312-14, 339-41; and commentatorial tradition, 166; and *De Revolutionibus*, 164, 291, 312-14; and Dudith, 565n109; Kepler and, 312-13, 339-41; library of, 312, 560n5; and Maestlin's Appendix, 573n24; and oral tradition, 567n88; Rheticus and, 150, 312; Tycho and, 312, 314, 569n18; Wittenberg, 164, 166, 238, 291, 314

Prague, *163, 239*; Dee, 363; Kepler, 11, 15, 321, 363, 387, 402, 403, 424-25, 430, 459-60, 464, 466, 468, 595n36; quarrel among modernizers at, 402; Tycho, 15, 16, 349, 363, 387, 430; Ursus, 341; Wacker, 364, 400. *See also* Rudolfine court

Pratensis, Johannes, 233, 243, 558n96

precession theory, *De Revolutionibus*, 141, 371

print technology; almanac, 63, 502; calendars, 63; Galileo and, 436, 475; German mathematicians,

168; Gutenberg, 26-27, 545nn183, 184; Kepler using, 16, 404-5, 475; newspapers, 502; vs. patronage, 17; prognostication space transformed by, 26-28, 62-63, 66-71, 90-91, 230, 486; scholarly reputation and, 436; and *Sidereus nuncius*, 450; Stevin, 426. *See also* literature; publishers

Prisciani, Pellegrino, 71

probability: Church Consultants and, 491; and Digges on Copernican ordering, 272; and Dorling's Bayesian analysis, 604n153; and Foscarini on Pythagorean-Copernican arrangement, 490-95; and futures market for betting on, 177; and Gilbert on earth's daily rotation, 369; and Hagecius on nova, 242; and Hooke on Copernican vs. Tychonic hypotheses, 506, 508-11; and Kepler on Jovian life, 463; and Melanchthon on theoretical medicine and astrology, 113; *via moderna* vs. *via media*, 499-504; and Wilkins on Copernican opinion, 498, 604n153

Proclus Diadochus, 9, 329, 337; Barozzi's edition of, 356, 576n36; *Commentary on the First Book of Euclid's Elements*, 202-3, 219, 269, 357, 572n111; *Hypotyposes Astronomicarum*, 46, 539n181, 545n159

professions: hierarchical organization of, 30, 41; professionalization, 29, 520n87, 603n149; Renaissance rhetorical fashion for praising or satirizing, 30

prognostication, *36*; Albrecht and, 145, 159-60, 438, 534n44, 544n119; almanacs and, 502; annual, 26-28, 62-66, 71, 78, 90, 113, 175, 203, 204, 238, 246, 264, 324-25, 327, 378, 435, 487; astronomical revolution and, 486-87, 496; authority of, 13, 63-64, 68-69, 74-75, 82, 85, 90, 97, 113, 167, 171-174, 177; Bologna prognosticators and, 10-11, 64-65, 70, 74, 75, 76-105, 175, 203; Bruno and, 306, 569nn137, 138; Catholic as well as Protestant,

12-13; Clavius on, 215-17; and comets, *251*, 252-53, 512, 538n149, 569n137; compilations of, 174-78; "cosmological," 422; culture of, 63-76, *73*, 87-93, 99, 109; Descartes and 511; Digges and, 280; in England, 409, 411-12, 502-5; Galileo on, 354, 376-78, 441, 447, 448, 463, 487, 600n45; Kepler and, 264, 324-25, 327, 378, 393, 435, 487, 493-94, 571n95, 599n5; Latin, 90, 91; legitimate/illegitimate, 69, 81-82, 327, 380-81, 546n3; literature of, 26-29, 62-70, 82, *251*, 252; Maestlin and, 262-64, 280, 420, 486; medical, 64-65, 190-91, 244, 306; modernizers and, 420, 495, 496; and notaries, 89, 528n79; nova(1572), 218, 231-32, 252; Novara, 64, 70, 81, 87-93, 97-99, 102, 369; planetary order unconnected with, 3-4, 7-8, 170, 420, 422, 510; and political theory, 226; for Pope Paul Ⅲ, 134; vs. popular verse prophecies, 66-70, *67*, 82, 93-94; print technology transforming space of, 26-28, 62-63, 66-71, 90-91, 230, 486; rectification and, 173; revival(1640s/50s); 505; for rulers, 12, 63, 66, 69-74, 91, 93-94, 172-75, 224, 227, 238, 368, 410-12, 427, 438-39; Saturn-Jupiter conjunctions, 69, 229, 382, *383*, 386, 396; sites of, 70-105, *71*, *74*, 116, 175, 203; social status of prognosticators, 93, 174, 224, 237, 596n64; "A Statement by 192 Leading Scientists," 599n5; successful, 172-74; with *Tetrabiblos*, 63, 65-66, *67*, 90; theoretical principles and, 12, 14, *26*, 28, 39-47, 63, 65-66, 280, 496, 502-11; Tycho, 234; warfare, 62, 81, 82-84; year 1604, 382; "zodiac man," 25. *See also* apocalyptics; Copernicus, Nicolaus, exceptionalism toward astrology; divination; ephemerides; horoscopes/nativities/ genitures; practical astrology

progress, term, 18

prophecies. *See* divination; prognostication; world-historical prophecies

prosthaphaeresis, defined, 283

Protestants, 11, 110, 145, 194, 337; authorial

classification, 32; Bellarmine as scourge of, 490; Calvinist, 171-72, 260, 290; Church of England, 410; Copernicans, 499-500; and Gregorian calendar, 260; on Index, 198, 494, 576n43; legitimacy of astrology for, 11-13; and Rudolf II, 239; Schmalkaldic League, 155. *See also* Bible; Christianity; Lutherans; Reformation/reformers, Protestant

Prowe, Leopold, 76

Pruckner, Nicolaus, 45

Prutenic Tables(Reinhold), 12, 141, 152-62, 182, 228, 309, 423, 486; Albrecht patronage and, 12, 128, 152-60, 170; and Clavius calendar, 260; ephemerides(general) using, 167, 505, 519n67; Galileo and, 593n79; Garcaeus and, 291, 545n180; Index, 197; Kepler and, 311, 332; Maestlin and, 257, 260, 261, 263, 560n5; Offusius and, 190; and safe prognosticatory practice, 171; Stadius's *Ephemerides* based on, 179, 181, 190, 261, 427, 542n63, 563n74; Tycho and, 234, 248; and Wittenberg curriculum, 166, 167, 169, 354

psychodynamic hypothesis, on Rheticus, 147-50, 542

Ptolemy, King, 153

Ptolemy, Claudius: aether, 33, 65-66, 524n18; astrology vs. astronomy, 47, 165, 173, 177, 245; *Astronomia* on her throne, 27; authority of, 63, 113, 214, 329; Bruno and, 301-3, *302*, 568n115; chorography vs. geography, 146; classifications by, 26, 32, 33, 34-35, 37-38, 39, 40, 43; Clavius and, 208-17, 218; Copernicus compared, *57*, 104, 182, 301-3, *302*, *310*, 335; Copernicus imitating, 1, 11, 102, 104, 117, 127, 539n181; Copernicus as second Ptolemy, 102, 219, 244, 265, 486; eccentrics and epicycles, 5, 61, 99, 335; equants, 126, 349, 424; *Geography*, 46, 91, 529n88; Kepler and, 329, 332, 335, 380-81, 395, 396-97, 409, 581n181; Kuhn and, 225-26; length of tropical year, 85-86; lunar

parallax, 97-98; and *modus tollens* reasoning, use of, 6; *Narratio Prima* and, 124, 127-28; nested spheres, 314; Novara's critique of, 76; *Planetary Hypotheses*, 32, 33, 40, 289, 518n44; Regiomontanus and, 63, 488, 524nn205, 206; rejects air moving with Earth, 516n28; stacking principle, 187, 188; Sun's position, 86, 105, 181, 211; "theoretical philosophy," 34-35; in Tycho's Copenhagen Oration, 244-45; *Urania* and, *27*, 48; "world system" of, *345*. See also *Almagest; Centiloquium; One Hundred Aphorisms*; planetary order; *Tetrabiblos*

publishers: Augsburg, 28, 364; Barozzi, 202-3; Company of Stationers, 406-7, 410; *De Revolutionibus*, 128-30, 133, 134, 141, 161, 177, 282, 287, 325, 576nn43, 44; first printed book claimed, 168; heavenly literature, 1480s-1550s, 28; Hectoris, 82, 94-100, 527n35, 530nn118, 121; on Index, 198, 576n43; Italy, 43, 45, 49, 53, 82, 94-100, 530nn126, 130; London, 183, 184, 226, 252, 300, 406-7; Maestlin, 263; Nuremberg, 3, 45-46, 53, 96, 109, 114, 115, 116, 530n130; pirating by, 46-47, 82, 96, 165, 466; Royer, 185; *Tetrabiblos*, 1530s-1550s, 45-47; Tübingen, 166, 260, 263-64, 332, 337; Tycho, 237-38, 296, 383; Utrecht, 131; Wittenberg, 28, 51-52, 167. *See also* Basel publishers; literature; Petreius, Johannes; print technology; Ratdolt, Erhard; Salio, Girolamo

Pumfrey, Stephen, 580n138, 589n62

Puteolano, Francesco, 94

Pyrnesius, Melchior, 139

Pythagorean opinion: Aristotle and, 1, 400, 515n2, 531n151; Bruno and, 301-5, 371; celestial harmonies, 255, 282; Copernicus and, 486, 523n180, 533n177; Earth's motion, 1, 33, 56, 523n180, 533n177; Foscarini on, 488, 490, 588n14; Galileo and, 356, 425; Kepler and, 329, 330, 336, 337, 356, 397, 400, 408, 463; Mazzoni, 356-57; *Narratio Prima*, 125, 127-28, 330;

natural philosophy, 101, 531n151; Newton and, 512; planetary arrangement, *304*; Roeslin and, 343, 347; Tolosani vs., 196-97; Tycho's castle architecture, 237

Querenghi, Antonio, 359, 388, 391, 442, 583n38
Quietanus, Johannes Remus, 600n44
Quine, W. V. O., 74; Duhem-Quine thesis, 8, 85, 140, 513

Rabelaisian language, 242, 281
Rabin, Sheila, 321, 571n65
Raimondo, Annibale, 242, 557n93
rainbows, 379, 581n181
Raleigh, Walter, 411, 587n57
Ramus, Peter, 168-69, 185, 198, 430-31, 576n43; *Scholarum Mathematicarum*, 169, 203, 244, 545n187
Rankghe, Laurentius, 545n172
Rantzov, Heinrich: *Exempla quibus Astrologicae Scientiae Certitudo Astruitur*, 176; Tycho friend, 176, 348, 349
Rassius de Noens, Franciscus, 185
Ratdolt, Erhard(publisher), 43, 44, 49, 55; *New Theorics* omnibus edition(1491), 326
Rattansi, P. M., 512
Ravetz, Jerry, 122
realism, 8-9, 560n1
rectification, 173
reform: astrology, 183-85, 310, 395-99, 414, 487, 502; astronomy, 121, 230, 233-34, 244, 247-48, 310, 430-31, 487; calendar, 137, 138, 145, 194, 548n100, 555n153; science of the stars, 121, 169, 411, 424. *See also* Reformation/reformers, Protestant; revolutions
Reformation/reformers, Protestant, 71, 109-10, 520n86; Counter-Reformation, 359, 487; *De Revolutionibus* and, 137-39; Melanchthon's curriculum, 143; Nuremberg, 110, 128; popular propaganda, 137, 138; schools, 143; sincerity

valued, 597n95; Wittenberg, 11-12, 15, 109-13, 120, 171, 207
refraction, 290-92, 295, 299, 369, 379, 473, 507, 567n62, 586nn51, 55, 597n103
Regiomontanus: astrology excluded, 104; authorial designation, 32; and al-Bitruji, 52, 524n205, 532n167; Bruno and, 301; and Clavius, 209, 213; and comets, 231, 241, 270; *Defensio Theonis*, 524nn205, 206; *Disputations aggainst...Cremona's Theorics of the Planets(Deliramenta)*, 49, 70; against Earth's motion, 61, 524n207; and eighth sphere, 200-201; epicycle-eccentric transformation, 5, *58*; Ferrara, 71; Manilius poem, 521n126; *New Theorics*, printing of, 4, 27-28, 50, 53, 57; and Novara, 97, 531n131; Nuremberg printing project, 96; *Paduan Oration* and praise of mathematics, 30, 143, 202, 219, 244; parallax, 231, 241, 270; period-distance relation, 7, 61, 524n205; and planetary order, 52, 56, 57, *58*, 61, 99, 213, 523n183, 524n206; prognosticatory authority, 63, 97, 167; Reinhold's oration to, 143-44; Schöner and, 114, 116, 231-32; "second Ptolemy," 63, 488; and shared motions, 523n183; *Sixteen Problems on...Location of Comets*, 231-32; Sun's position, 87, 211; *Tabulae Directionum*, 55, 114, 144, 526n8; Tradelist, 63, 66, 115. *See also Epitome of the Almagest(Epytoma almagesti)*
Regius, Petrus, 46
Reinhold, Erasmus: Albertine patronage, 12, 128, 152-60, 170, 174, 439, 543nn88, 96; astronomical axiom, 283; brother Johannes, 164; Bruno and, 301; Clavius and, 208, 218-19; *Commentary on New Theorics*, 33-34, 52, 53, 150-53, 164, 182, 204, 208, 285, 290-91, 355, 434, 522n155, 551n29, 573n138, 576n43; death, 158, 160, 166; Dee and, 184; and *De Revolutionibus*, 11-12, 147-48, 150-61, 151, 167, 169-70, 178, 245, 280, 283, 355, 567n79; and Earth's motion, 152, 189, 285;

哥白尼问题

ephemerides, 427, 505, 519n67; Galileo and, 355, 456, 467; Gilbert and, 369; *Hypotyposes Orbium Coelestium*(*Hypotheses Astronomicae*), 164-65, 245, 291; Index, 197, 551n29, 576n43; Kepler and, 320, 434-35; Maestlin and, 260, 263; and Melanchthon circle, 11-12, 144-60, 181, 214, 543n96, 544n134; Neander under deanship of, 544n147; and Offusius, 190; oration to Regiomontanus, 143-44; and Osiander dedication, 128; Praetorius and, 341; Proclus title, 545n159; Ptolemy's *Almagest*, 182, 552n73; Ramus on, 168; Rothmann and, 296-97; shared motion with Sun, 53, 522n155; Stevin and, 427; Tycho and, 248; Wilkins and, 498; Wittich and, 283, 285. See also *Prutenic Tables*

Reisacher, Bartholomew, 241

religions: agnosticism, 21, 410, 503; dissenters, 145; Family of Love and, 548n88; war, 155. *See also* Christianity; God; theology

Renaissance: Aristotle as authority, 39-40; astrology's scope, 487; Copernicus's exceptionalism, 518n13; Dutch as special language, 426; grammar schools, 29; Horace commentators, 136-37; humanist New Testament scholarship, 47; *Narratio Prima* and, 124-25; princely patronage in, 146; rhetorical fashion for praising or satirizing professions, 30; sensibility of order, 56; sincerity valued, 597n95

reputation, 12, 15, 73, 75, 82, 112, 114-16, 134, 141, 158, 172-74, 217, 239, 293, 311, 337, 348, 356, 389-90, 433, 434-36, 454, 471-72, 478, 480

resistance: to Copernicus, 266, 489, 498; as discussed in Kuhnian era, 488; to Galileo, 16, 17, 447, 466, 468-81; to Heydon, 414; to Kepler, 14-15, 335, 424, 449, 457, 494; Maestlin understanding of, 266; meaning within traditional society, 15. *See also* traditionalists

Restoration era, 506-7, 511, 603n146

revolutions: astronomical, 486-87, 539n181; celestial, 119-21; "deep" and "shallow,"

515n11; *De Revolutionibus* title, 45, 135; Kuhn and, 3-4, 225-26, 259, 510; Marxism and social class, 603n149. See also *De Revolutionibus Orbium Coelestium*; Scientific Revolution

Revolutions of the Heavenly Spheres. See *De Revolutionibus Orbium Coelestium*(Copernicus)

Rhau, Georg, 167

Rhedige, Nikolaus, 400

Rheticus, Georg Joachim, 114-33, 145-47, 152, 172; aging, 150; "another Copernicus," 168; and astrology, 28; biographical narrative, 121, 426; Bruno and, 300, 301, 568n114; and Cardano, 175-76; *Chorographia*, 128, 146; Copernicus in Italy, 78, 80, 87-88; Copernicus's disciple, 6, 11-12, 78, 87, 103, 104, 114-18, 121, 131, 139, 145-50, 488, 542nn52, 62, 557n76; and court diversity, 239; death(1574), 290; *De Revolutionibus* reading, 13, 110, 121-26, 131-36, 146-48, 169, 170, 178, 280, 330; and the Elijah prophecy, *118*, 125, 130, 150, 232, 309; failure to attract new disciples, 488; father Georg Iserin, 148, 149, 150, 193, 271, 541-42n49; in Frombork with Copernicus, 78, 103, 114-15, 131, 139, 145-48; Gasser dedication, 116; and Giese, 117, 126-31, 138, 145, 146, 533n8; on importance of eclipses, 99, 541n38; on Index, 197, 311, 576nn43, 44; Kepler and, 325-26, 329, 330, 335, 337, 340; Leipzig, 128, 147, 150, 153, 162; lost writing, 502; Lutheran, 11, 125, 131, 138-39, 195, 533n8; Maestlin and, 122, 125-26, 261, 262, 265, 266, 315, 325-26, *326*, 358, 424; Mars parallax, 6, 287; and Melanchthon, 11-12, 109, 114-15, 127-30, 144, 147-50, 162, 170, 181; name, 148; Nuremberg, 114-15, 128; *Opusculum*, 130-33; and Osiander, 128, 291, 340, 355; and Pico's alleged plagiarism, 112, 113, 534n25; and planetary order, 101, 125, 139-40, 179, 209, 232, 422; Praetorius and, 150, 312; Psychodynamic hypothesis on, 147-50, 542; Ramus and, 169; Riccioli and, 499; sodomy charge, 150, 542n63;

standard of demonstration, 18; Sun's motion, 52; Wilkins and, 498; world system, 125, 281. See also *Narratio Prima*

Rhodius, Ambrosius, 404

Ricci, Agostino, 201

Ricci, Ostilio, 353, 590n3

Ricci, Saverio, 587n73

Riccioli, Giovanni Battista, 499-502; Gregory and, 506; Hooke and, 506, 509, 603nn133, 143; *New Almagest(Almagestum Novum)*, 135, 217, 499-502, *500*, 506, 551n30, 602nn90, 95; "Our System," 288, *501*; and probabilities, 501, 506, 510-11, 604n153; and Wing, 503; world system, 499, 510-11, 601-2nn89, 98

Richardson, Alan, 517n73

Risner, Friedrich, 185, *186*

Risorgimento, 367

Ristori, Giuliano, 12, 32, 172-74, 238, 438, 447; *Tetrabiblos* commentaries, 173, 354, 443, 575n6

Roberval, Gilles Personne de, 497, 602n90

Robison, Wade, 471

Roeslin, Helisaeus: astrological doctrine of directions, 574n36; Bruno and, 305; career, 224; comets and nova, 253, 354-57, *256*, 342; *De Opere Dei Seu de Mundo Hypotheses*, 341, 574n42; and Fludd, compared, 408; Frankfurt Book Fair, 580n154; Gilbert and, 372; Heerbrand and, 574n35; Kepler and, 322, 339-49, 404, 420, 571n73; Maestlin lends book to, 293; planetary orderings, 343-48; as Schwenckfeldian, 256; Signaculum Mundi/ "World's Seal," 343, *343*; Strasbourg, 293, 342, 348; and Tycho, 293, *344*, 372; Ursus and, 342, 344-48, *345*, 372; and *via media*, 320, 422; world systems compared and represented, 342-47, *344-46*

Roffeni, Giovanni Antonio, 470, 473-75; *Epistola Apologetica*, 476-77

Rome: Bruno's execution, 366-68; *Commentariolus* known in, 109; Copernicus visits, 80; Galileo visits, 482, 577n63; Index, 197-98, 367-68, 551n29, 576n43; Jesuit Collegio Romano, 204, 207, 337, 384, 422, 481-84; Master of Sacred palace(Spina), 197, 538n171; Sack of(1527), 194; as seat of Antichrist, 109. *See also* Catholic Church; Inquisition; popes; Tolosani, Giovanni Maria

Ronzoni, Amerigo, 354, 575n6

Rosen, Edward: Copernicus and ancient works, 55; Copernicus-Averroës-Pico connection shown, 104; Copernicus claimed immune from astrology, 28-29, 518nn13, 14; 539n180; dismisses J. L. E. Dreyer, 29; Galileo-Kepler letters, 595n30; on Novara, 526n2; pope and *De Revolutionibus*, 538n171; on Rheticus, 537nn113, 118; translation of "assumpta ratione," 523n192; translation of Kepler's title, 461; translation of "Mathemata mathematicis scribuntur," 31, 539n181; translation of Miechów's entry, 532n161; and Valla, 55

Rossi(Roscius), Mino, 94-96, *95*, 530nn120, 123, 124

Rothmann, Christopher, 290-300, 374; birth date uncertain, 290, 566n44; and Calvin, 568n96; and comets, 291, 305; death(1608), 423; and *De Revolutionibus*, 141, 288, 309, 349, 486, 567nn84, 86; and *Elementa Astronomica*, 296; Gilbert and, 372, 580n155; Kassel, 141, 291, 301, 309, 342; and *Narratio Prima*, 297-98, 567n88; and Peuce, 289-91, 296, 566n44, 567n77, 568n97; Riccioli and, 499; *Scriptum de Cometa*, 288-89; Tycho and, 293-300, 310-11, 341-42, 349-50, 362, 372, 439, 491, 567nn67, 77, 597n88; Ursus and, 348; Wilkins and, 498; and Wittich, 567n79

Rothmann, Johannes, 42-43, 567n77

Rousseau, Claudia, 546n24

Royal Society of London, 426, 506, 603n146; Hooke curator of, 489, 509; *Philosophical Transactions*, 506

Royer, Jean, 185

哥白尼问题

Rubiera, Giustiniano da, 90

Rdolfine court(1576-1612)/Emperor Rudolf II, 224, 238-40, *239*; cosmopolitanism of, 363, 400, 402; and Galileo's *Nuncius*, 459-62, 464, 466, 478, 595n20; Hagecius and, 239-43, 248, 363; instrument makers at, 238; Kepler and, 16, 239, 382, 395, 400, 402-4, 407, 409, 424, 430, 435, 459, 464, 466, 473, 493, 505, 595n36; modernizers, 16, 17, 395, 400, 462; physicians, 238, 239, 557n78; Tycho, 244, 248, 383, 424, 574n54

Ruggieri, Ugo, 90

rulers: books dedicated to, 128, 152-58, 164-65, 167, 176, 195, 197, 291, 339, 384, 403, 405, 427, 451, 466-68, 552, 594n105; and capacity to authenticate scholarly claims, 390, 479; "intelligencers" for, 363, 375, 404, 458; prognostications dedicated to, 63, 71, 73, 90, *95*; prognostications for, 12, 63, 66, 69-74, 91, 93-94, 172-75, 224, 227, 238, 368, 410-12, 427, 438-39; spheres of learned sociability and, 363, 400, 402, 436-54, 502; Stevin relationship with, 426-27. *See also* Albrecht Hohenzollern; Hapsburgs; horoscopes/nativities/genitures; Medici court; patronage; politics

Rusconi, Gabriele, 93

Rutkin, H. Darrel, 575n6

Sacrobosco, John of: *Libellus de Anni Ratione*, 116. See also *Sphere*

Sagan, Carl, 527n37

Sagredo, Giovanfrancesco, 441, 442

Salamanca, university, 309, 311

Salio, Girolamo: Beroaldus, 530n127; Messahalah, 45; *Tetrabiblos*(1493), 35, 44, 45, 56, 96-97, *97*, *98*, 530n126

Salisbury, earl of, 458

Salusbury, Thomas, 505

Sandelli, Martino, 359-60

Santini, Antonio, 476

Sarpi, Paolo, 441-42, 443, 458-59, 478, 592nn52, 53

Saturn: Galileo and, 477-78, 501; Jupiter conjunction with, 2, 25, 69, 229, 382, *383*, 386, 395, 397; in nativities, 45, 173, 176; qualities of, 52-54, 86, 132, 181, 187, 189, 206, 212, 409, 549n119; space between fixed stars and, 299, 347, 349, 393, 398-99, 413, 429

Savile, Henry, 185, 364, 563n70; Oxford lectures, 203, 244

Savoia, Giovanni da, 174, 447

Savonarola, Girolamo: vs. astrologers, 82-83, 226, 323, 354, 527n37, 571n76, 575n10; burned at the stake, 80, 83; Erastus defense of, 226, 323; Garzoni teacher of, 93; geniture of, 172, 175; and San Marco, 442; *Treatise against the Astrologers(Astrologia Confutata)*, 226, 575n10

Scaliger, Julius Caesar: *Exercitationes Exotericae*, 319, 570n46; Kepler and, 319, 570nn46, 51, 581n181; pupil of Paul of Middelburg, 524n37

Scepper, Cornelius de, 178-79, 227

Schadt, Andreas, 164, 290-91

Schaffer, Simon, 472, 506-7, 559n140

Scheiner, Christopher, 364, 464, 501; *Tres Epistolae de Maculis Solaribus*, 464, 596n40

Scheubel, Johann, 168

Schickard, Wilhelm, 423, 499

Schilling, Heinz, 11

Schmitt, Charles, 41, 442, 520n112, 575n9, 576n47, 588nn4, 6, 589n30

Schoener, Lazarus, 185, 186

scholasticism: and alternative possibilities, 1; against Arabic conjunctionist astrology, 47; and astrology in the natural philosophy curriculum, 110, 533n9; Bellanti and, 218, 289; Bellarmine's, 218, 490; Copernicus contrasted with, 100, 102, 139; Danti and, 203; criticized by Regiomontanus, 30; diversity of, 588nn4, 6; Medina and, 201, 551n53; and Melanchthon, 102, 110; Mersenne and, 496; practice of ignoring,

420; and Renaissance commentatorial practices, 420; Rheticus and, 126; Riccioli, 499; Rothmann and, 299; and *theorica/practica* distinction, 40; Tolosani's framework, 196

Schönberg, Nicholas, 134, 135, 137

Schönborn, Bartholomeus, 166

Schöner, Johannes: builder of Regiomontanus's reputation, 114-16, 231-32; Copernican system and astrology, 115, 535n51; Copernicus horoscope, 115; *De Iudiciis Nativitatum*, 113; Digges and, 275; Frischlin praising, 227; at *Gymnasium*, 110, 114, 128, 143, 160; Index, 197, 198, 576n43; Kepler and, 555n21; Leovitius and, 192; library in Nuremberg, 530n130; *Little Astrological Work*, 166; *Narratio Prima* dedicatee, 109, 110, 114-24, 149; *Opusculum*, 115; Pico plagiarism, 112, 534n25; and *Prutenic Tables* publication, 156; *Tabulae Astronomicae Resolutae*, 112, 115, 128, 143; *Three Books concerning the Judgments* of Nativities, 166, 197, 269

Schönfeld, Victorinus, 163-64

Schreckenfuchs, Erasmus Oswald: "Commentaries on Copernicus," 266; commentary on the *Sphere*, 265, 266, 563n49; on Index, 197, 198, 311, 576n43; Kepler and, 434-35; Maestlin and, 265-66; and Peurbach's *New Theorics*, 285, 434; and Proclus's *Hypotyposes*, 545n19; Ramus inventory, 168; two-cell classification of science of the stars, 37, 207; and Wittich, compared, 285

Schreiber, Hieronymus, 147, 430, 541n45

Schuster, John, 601n67

science: early modern scientific movement, 485-86; and law courts, 440; of motion, 9, 353, 366, 441, 579n105; term, 30, 518n32, 527n29. See also *scientia*; Scientific Revolution; scientist

science of the stars, 10, 30, 34-40, 36, 169, 419; and apocalyptic writers, 228; Avogario, 71; Brudzewo classification, 55; Bruno and, 15, 281, 305-6, 394; called "human sciences,"

173; celestial signs and, 257; Clavius and, 354; Copernicus and, 56, 96, 104, 130, 533n175; defense of astrological division abandoned, 513; Digges and, 275; Galileo and, 353-55; Garcaeus, 167-68; Herwart, 347; Index, 197, 226; Jesuits, 205, 207, 212, 214, 218; Kepler and, 14-15, 326-27, 378, 394, 399, 403, 405, 411, 421, 424, 435, 479, 487; Landgrave Wilhelm IV and, 447, 573-74n28, 593n80; Maestlin and, 260; Magini and, 204, 355; at Medici court, 442-43; Medina and, 322; Melanchthon/Wittenberg, 112-13, 143-44, 147, 169, 213; Miechów library, 532n161; Novara and, 91-92, 96-97, 529n90; patronage for, at Wittenberg, 152-58; Petreius's list, 175, 183; Piconian skepticism and, 12, 202, 246, 489; Praetorius and, 565n9; and prognostication, 74; *Prutenic Tables*, 158-59; Rheticus and, 121; Roeslin and, 224; scholarly reputation and, 435; three and fourcell matrix of, 39, 40, 486-87; two-cell classification of, 37-38, 54, 91, 113, 173, 178, 205, 406; Tycho and, 15, 225, 229, 234, 236, 244, 246; Wittich and, 285. See also astrology; astronomy; planetary order; *practica; theorica*

scientia, 30, 200, 289, 518n30n. See also science of the stars

Scientific Revolution, 22, 28-29, 510, 570n39, 600n40, 603n149

scientist: professional, 520n87; as Victorian neologism, 17, 30-31, 41. See also science

Scinzenzaler, Ulrich, 53

Scioppio, Gaspare, 400

Scotto, Ottaviano, 44, 45, 53, 530n126

Scotus, John Duns, 83, 199

Scribanario, Marco, 89, 91, 102, 524n42

scripture. See Bible

Scultetus, Bartholomeus, 163, 544n146

Scultetus, Tobias, 480

Sedici, Bologna, 79, 89, 93-96, 99, 530n123

Seggeth, Thomas, 442, 458, 459, 480, 595n20

Segonds, Alain, 563n49, 570n38, 571n98, 572n119

哥白尼问题

Seleucus, 425

Seneca, 422, 425, 440

Sertini, Alessandro, 451

Settle, Thomas, 203

7/11 problem, 453, 475-77

Severinus, Petrus, 243

Sextus Empiricus, 258, 409, 527n46

Sforza, Ludovico, 82

Shakespeare, William, 226

Shank, Michael H., 523nn183, 184, 524nn203, 205, 532n167, 591n26

Shapin, Steven, 454, 472, 556n56, 559n140, 594n118, 603nn146, 149

Shapiro, Barbara, 454, 602n99

shared-motions conundrum, 6, 50-51, *53*, 57, 61, 101, 169, 210-12, 267, 523n183, 531n151, 554n119

Sharratt, Michael, 579n103

Shirley, John, 412, 587n63

Siderocrates, Samuel/Samuel Eisenmenger, 164, 168, 224, 256, 260; *Oration on the Iatromathematical Method of Conjunction*, 164

Sievre, Jean, 45

Sighinolfi, Lino, 88

Sigismund I, Emperor, 145, 155, 157

signs. *See* celestial signs

Simplicius, 9, 552n85

Siraisi, Nancy, 529n100

six planets, as special number, 125, 330, 453

Sixtus V, Pope, 202, 207, 354, 406, 412, 422, 453

Sizzi, Francesco, 474-75

Sleidan, John, *Three Books on the Four Great Empires*, 321

Smith, Thomas, 547n47

Snell, Willebrord, 423, 427

Sobel, Dava, 593n82

sociability: courtesy manuals and, 454, 461; Dudith circle, 282-83, 363, 400, 565n9; Florentine, 442-47; Galileo's manner of, 17, 359-62, 436-42, 447, 592nn38, 65; heliostatists, 426; learned,

17, 363-64, 412, 440, 442; 592n38; by letter, 413, 440-41; midseventeenth-century civil, 502; Northumberland circle, 413; Oziosi, 452; Pinelli circle, 362-66, 375, 421, 442, 482, 578n97, 592nn48, 53; Rudolfine court, 400, 402. *See also* court society; Melanchthon circle; patronage; politics; Uraniborg

social order: European, 485. *See also* patronage; rulers; social status

social status: Bruno, 300, 305; Copernicans, 300; Digges, 268; English and Welsh philosophizers, 404; Galileo and, 437-38, 445, 472, 475; Kepler and, 424, 480; and "learned" men, 250-52; Longomontanus, 431; natural knowledge related to, 390, 434, 437, 439, 454, 603n149; and 1604 nova controversies, 384, 386; and pedagogy, 162, 203, 214; of prognosticators, 93, 95, 174, 224, 237-38, 596n64; Rothmann, 296, 439; Tycho and, 236-38, 243-44, 254, 293, 296, 348, 439, 454; Ursus, 341, 348; Vinta, 445. *See also* Biagioli, Mario; court society; hierarchical organization; master-disciple relations; patronage; rulers

solar moving-power hypothesis, 319-21, 325, 362, 398-99, 570n51. *See also* motion

solids. *See* polyhedra

Sommerville, Johann, 406

soul: immortality of, 376; Kepler's own, 381

souls: Descartes rejects, 497; Earth, 380, 397, 427, 469, 581n182; magnetic, 369, 371; moving, 15, 319-21, 325, 362, 373, 397, 570n51; Newton rejects, 512; Platonic, 268; Stevin reject, 429; and Stoic pneuma, 85; world, 188, 192, 504

space, between Saturn and fixed stars, 299, 347, 349, 393, 398-99, 413, 429

space of possibilities: Bruno's execution and political, 366; Bruno's subversive, 300; *cosmology* not actor's, 420-21; court sociabilities as alternative, 436, 468; Dee's, 183; *De Revolutionibus* in emergent theoretical, 423; discursive(after 1572), 225-26; and divine omnipotence, 213, 257; Galileo-Kepler relationship and, 342, 494; generational, 259; for Hooke and Newton, 505; Kepler's, 321, 336; literary and rhetorical, 388, 440, 461; for mid-seventeenth-century prognosticators, 503; for natural philosophies after 1611, 483; and precision, 229; Rothmann's intercourtly, 296-97; scope of term, 10, 20; small scale of social, 15; telescope as opening, 433, 448-49, 466; textual, 267; Tycho's planetary ordering and, 288; Tycho's *Progymnasmata* as opening, 403

Spanish Index(1583), 198

Sphere(Sacrobosco), 40, 51, 52, 500-501, 523n182, 563n49; Bellarmine and, 218; Bruno and, 568n109; bundled, 45, *49*, 434; Capuano commentary, 30, 52, 523n182; classroom content, 166; Clavius's commentary, 32, 207-19, 244, 267, 354, 423, 434, 483, 490, 568n109, 575n12; *Commentariolus* and, 102; concentric spheres, 48-49, *49*, 50; Copernicus's encounter with, 55; de Fundis commentary, 41; Galileo and, 354, 425; Melanchthon additions, 143; Neander work on, 163; planetary order, 48-49, 99, 209; reference to Copernicus, 161; Schreckenfuchs commentary, 265, 266, 563n49; Theodoric's *New Questions on the Sphere*, 161-62, 166; Urania as Astrologia, *48*; Witekind and, 163

Spina, Bartolomeo, 197, 538n171, 550n13, 551n21

Spinelli, Girolamo, 387-88, 582-83nn33, 36

Spleiss, Stefan, 260

Stabius, Johannes, 70, 525n42

Stadius, Georg, 324, 571n82

Stadius, Johannes, 32, 179, 183, 521n116; *Prutenic-based Ephemerides*, 179, 181, 190, 261, 427, 542n63, 563n74

Stahlman, William D., 50, *50*, 310

Stahremberg, Baron Erasmus von, 403

standard of demonstration: Aristotle, 5; change across time, 4; Clavius, 208-9; Copernican problem, 8, 123-24, 136-37, 420, 531n150;

Digges, 280; Galileo, 390, 402, 454, 492, 495; Gemma, 182; Hagecius, 242; Hooke, 509-10; Kepler, 18, 123, 336, 398, 429-30; in late twentieth-century physics, 520; Maestlin, 266, 273, 280; progress as, 18; Ptolemy's *Almagest*, 37; Roeslin and Ursus, 348; Tycho, 242, 298, 349; Urban VIII and, 600n28. *See also* apodictic standard of demonstration; authority

Staphylus, Friedrich, 147, 156-57

stars: aspectual astrology, 381; Gassendi and, 600-601n55; Medicean, 456, 467; parallaxes, 6-7, 230, 403, 507, 584n96; poetry, 260; refraction, 290. *See also* fixed stars; novas

Stathmion, Christopher, 160, 226, 544n133

Stephanus, Robertus, 198

Stephenson, Bruce, 429, 570n54, 589n63

Stephenson, F. Richard, 556nn44, 55

Stevin, Simon, 374, 426-29, 439, 449, 589n47; *De Hemelloop*, 427; and *De Revolutionibus*, 427-29, 589n46; Galileo and, 425; Gilbert and, 426-29, 589nn48, 49; heliocentric arrangement, 427, 589n36; magnetics, 427-29, 446; moves north, 426, 589n37; Riccioli and, 499; *Wiscontige gedachtenissen*, 427

Stierius, Johannes, 317

Stifel, Michael, 160

Stigelius, Johannes, 147

Stöffler, Johannes, 102, 110, 114, 120, 168, 427, 581n177, 584n79; *Almanach*, 532n161, 533n15

Stöffler-Pflaum ephemerides(1499), 230-31

Stoic philosophy: and conjunctionist astrology, 47; Ficino-Copernicus, 320; Ficino-Gilbert, 369; Kepler and, 321, 328

Stoius, Matthias, 147

Stolle, Heinrich, 238

Stopp, Frederick, *421*, 593n77

Stoss, Veit, 157

Strabo, Walafrid, 132

Strasbourg: Brunfels, 45, 521n124; Dasypodius, 47, 164, 168; Pruckner, 45; publications at, 45, 112,

116, 164, 293; Roeslin, 293, 342, 348

Straub, Caspar, 164, 290-91

Streete, Thomas, 503-4, 505, 506, 602nn118, 119, 603n122; *Astronomia Carolina*, 503-4

Strigelius, Victorinus, 162, 197, 260, 311; *Epitome of the Doctrine Concerning the First Motion Illustrated by Some Demonstrations*, 162, 166

Stupa, Antonio, 46

Sturlese, Maria Rita Pagnoni, 568n127

subalternation, 33-34, *34*, *36*, 37-38, 42, 341

Suigus, Jacobinus, 96

Sun: Mars intersection, 347, 348, 523n197, 574n40. *See also* geocentric ordering; geoheliocentric ordering; heliocentric arrangement

sunspots: Chevreul, 588n17; Descartes, 497; Galileo, 360, 364, 421, 464, 482, 596n39; Scheiner, 364, 464

supernova, as neologism, 20, 517n69

superstition: astrology as, 76-78, 84, 115, 171, 193, 199, 244, 246-47, 410; contemporary definition of, 533n18

Susius, Jacob, 282

Sutton, Henry, 192, 226-27

Sweinitz, Johannes, 376

Swerdlow, Noel, 523nn196, 197, 548n86; Copernicus's *Commentariolus*, 56-57, 59, 97, 101, 102, 104, 516n18, 530n50, 531nn, 136, 146, 151, 532nn165, 172, 536nn96, 97, 548n86

Swetz, Frank J., 520n100

symmetria: Copernicus, 7, 104, 125, 135-37, 187-90, 248, 265, 282, 299, 486, 539n186, 540n192; Digges, 271-72; Dürer, 299; Gilbert, 370-71; Kepler, 190, 330, 343, 349, 350, 398-99; Maestlin, 265, 343, 562n44; Offusius, 187-90, 248, 370; Praetorius, 313; Roeslin, 343, 347; Tycho, 237, 248, 299, 349, 350, 393, 399, 557n64; Vitruvius, 236-37, 248, 539n186, 540n199, Wittich, 283-85

syphilis/ "French disease," 25-26, 62, 81

Syrenius, Julius, *On Fate*, 208

systema mundi. *See* world system/*systema mundi*

Szdłowiecki, Pawel, 94, 530n112

Tannery, Paul, 579n105

Tebaldi, Aegidius de, 43, 46

telescope, 39; *cerbottana* and, 451; Galileo, 15-17, 353, 377, 413, 433, 437, 441-42, 447-82, 486, 492, 497, 502, 579n102, 594n5, 595nn14, 20; Hooke, 507, *508*, 509; Riccioli, 499

Telesio, Bernardino, 13, 394, 420, 496

Tengnagel, Franz, 233, 383, 411, 430-31, 480, 556n53, 590nn68, 70

Tessicini, Dario, 303, *304*, 539n178

Tetrabiblos(Ptolemy), 3, 12, 29, 43-49, 289, 549n119; Abenrodan's commentary, 39-40, 43-46, 54, 90, 183, 230; Arabic, 43, 45, 46; astral-elemental qualities and, 52-54, *57*, 65, 184-88, 192, 321, 409; astronomy in relation to astrology, 32, 37, 43, 173, 177; Camerarius translations, 45, 46, 113, 145, 166, 180, 575n6; Cardano's commentary, 177, 178; classification of, *36*; Dee and, 183-84, 190; *De Revolutionibus* and, 135, 170; Galileo and, 354; Gemma's "Letter to the Reader," 180; Giuntini and, 31, 173, 354, 575n7; Gogava translation/Louvain edition, 45-47, 179-81, 184, 547n72, 575n6; Greek, 43, 45, 47, 180; Latin, 43, 45, 46-47, 179, 180; Locatelli edition, 44, 183; Medina and, 199; Melanchthon commentaries and lectures, 46, 354; Míechów library, 532n161; Novara and, 96-97, *97*, 530n129; Offusius and, 185, 187, 188; *One Hundred Aphorisma/Centiloquium*, 43; Peucer's textbook and, 165; planetary order, 56, 61, 99, 190, 310; prognostication with, 63, 65-66, 67, 90; Rheticus, 105; Ristori commentaries, 173, 354, 443, 575n6; Salio edition(1493), 35, 44, 45, 56, 96-97, *97*, *98*, 530n126; Strasbourg edition, 45; translators, 43-47, 113, 145; University of Bologna Library, 96-97

textbooks, 309, 422, 423, 427; Blundeville, 434,

590n1; Clavius, 13, 208-13, 423; English, 434, 590n1; first Copernican, 493-94; Frischlin, 263-64; Kepler, 434-35, 493-94; Maestlin, 260, 263-64, 311, 434; scholarly reputation and, 436; Stevin, 427; Strigelius, 260; Timpler, 422; Tübingen publishers, 166, 260, 263-64; Venetian publishers, 530n126; Wittenberg curriculum, 143-44, 164-68, 214

Thabit ibn-Qurrah, 85-86, 152, 200, 213

Theodoric, Sebastian, 164, 166, 198; *New Questions on the Sphere*, 161-62, 166

theology: astrology derived from, 174, 354; astronomer-astrologer seeking concordance with, 2; astronomy as natural theology, 217, 555n154; authority, 490; celestial sign interpretation, 230, 263, 385; Epicurean, 112; Kepler, 19, 217, 325, 327-32, 408, 511, 572n121; Maestlin, 224, 260, 263; Newton, 511; Osiander, 129; prognostication vs. divine foreknowledge, 12, 171-72, 263; Tübingen faculty and, 15, 224, 263, 329, 331-32, 326-39, 355, 362, 424, 436. *See also* Bible; God; religions

Theon, 9, 86

theoretical astrology, 36, 43-47, *44*, 199, 202, 320; Brudzewo, 54; dilemma of underdetermination, 74, 202; Gemma, 180-81; Giuntini, 31; Kepler, 14, 264, 320-29, 336, 372, 376-81, 395-97, 403-15, 424, 463, 487, 573n1, 581n177, 584n79; Maestlin, 262-64, 280, 321-24, 420, 486, 561n28; Magini, 204; Melanchthon, 113, 181; Nadal, 205; Pico vs., 84, 101, 105, 113; planetary order and, 170; prognostication and, 43-47, 63, 65-66, 502; Ptolemy, 52, 56, 74, 96-97, 173, 199; Ristori, 173; Schöner, 115. *See also* astrology

theoretical astronomy, 13, *26*, 29, *36*, 38-39, 126, 172-73, 486-87, 511; Aristotle's distinctions applied, 164; Bellanti, 84, 93; Benazzi, 88-89, 92-93; Brudzewo, 54; Bruno and, 305; Clavius, 14, 207-8; *Commentariolus*, 103-4, 135; Copernicus's competences in, 78, 93;

Copernicus's freedom from patronage and, 526n5; *De Revolutionibus* and, 109, 113, 135-38, 141, 150-58, 181, 208, 215, 282, 539n181; Digges, 280; dilemma of underdetermination, 202; equantless, 126-27, 152, 215, 248, 349, 493; Galileo, 15, 311-12, 353, 357, 362, 377, 450-51, 577n63; Gemma, 180-81; Kepler, 14, 316-35, 340-41, 349, 357-61, 394-95, 399, 430-31, 487, 585n107; Maestlin and, 14, 256-57, 260, 262-68, 311, 317, 323, 570n38, 573n7; Magini, 204; Medina, 199; *Narratio Prima*, 119, 121-27; natural philosophy and, 230, 232, 374; Newton, 511; nova(1572) and rise of theoretical astronomer, 230-34; Novara, 91-93, 97, 529nn90, 94; Nullists, 230, 232, 250, 253, 281, 385, 390, 475; Paul of Middelburg, 137; Pereira, 205; Peurbach's *New Theorics*, 53-55, 208, 519n77; planetary tables, 93, 97-98, 128, 420; practice of, 267-68; prognostication and, 12, 14, *26*, 28, 38-43, 280, 496, 502-11; Ptolemy, 29, 54, 208, 214; Regiomontanus, 54, 97; Rothmann, 294-95, 296; Sacrobosco's *Sphere*, 55; Schreckenfuchs, 37, 207; Stevin, 427-29, 439; Tycho, 13, 14, 152, 228-35, 244-48, 267, 294-96, 310, 327, 349, 422, 430-31, 567n70; warfare, 62; Wedderburn, 481. *See also* astronomy; planetary order; textbooks

theoretical holism, 8-9, 21

theorica: Campanus usage, 39-40; Miechów usage, 532n162. *See also* theoretical astrology; theoretical astronomy

theorica/practica distinction, 38-43, 63, 168, 520n106, 537n129. See also *practica; theorica*

Thirty Years' War, 239, 516n48

Thomas Aquinas/Thomism, 83, 84, 195-96, 205, 553n88; "Treatise on the Work of the Six Days," 218

Thoren, Victor, 556n55, 558n138

Thorndike, Lynn, 175, 230, 521n144, 535n51, 553n87

tidal theory, Galileo, 361, 366, 494-95, 576n39,

600n50

Timpler, Clemens, 422, 588n1

Tolosani, Giovanni Maria, 12, 202, 208, 217; and *De Revolutionibus*, 195-97, 201, 208, 374, 489; *On the Truth of Sacred Scripture*, 195

Toomer, G. J., 522n159

Torporley, Nathaniel, 363

Torquato, Antonio, 70

traditionalists, 13, 15, 385, 420; and Bruno, 301, 303; Capra and Galileo, 442; Catholic Church, 491-92; Colombe, 442, 474; Cremonini, 376, 468; and *De Revolutionibus*, 209, 301, 491-92, 511; Descartes vs., 497; Galileo vs., 17, 366, 456-57, 464, 465, 468-69, 481, 483; Gilbert vs., 369; and Kepler, 339, 595n36; Lorenzini, 391; Magini, 468-69; Northumberland circle, 412-13; and novas, 16, 402; Pisa, 442, 464, 465; Rudolfine court, 461; Timpler, 422; *via media* and, 286; Wing vs., 503. *See also* Aristotle

Tredwell, Katherine A., 569n25

Trent: Council of (1545-63), 109, 110, 131, 194-97, 199, 217, 490-91, 498, 501; Index(1564), 197, 199

Trevor-Roper, Hugh, 587n73

Tübingen, 163; anti-Melanchthonian current, 264; Philip Apianus, 260, 261, 545n155; Duke of Württemberg, 15, 262, 337-39; ephemerides published at, 229; Fuchs, 41; Heerbrand, 263, 574n35; Kepler, 311, 314-24, 329, 331-32, 336-42, 354, 355, 362, 424, 434-36, 570n52; Liebler, 317, 336, 354; Melanchthon, 143; publishers, 166, 260, 263-64, 332, 337; Rheticus, 114; Schickard, 423; Stöffler, 114, 120; theological faculty, 15, 224, 263, 329, 331-32, 336-39, 355, 362, 424, 436. *See also* Maestlin, Michael

Turner, Gerard L'E, 183

Tyard, Pontus de, *L'univers*, 568n123

Tycho Brahe, 224-25, 228-57; and apocalyptics, 14, 228, 252-53; *Astrological Judgment concerning the Effects of This Lunar Eclipse*, 234; and astrology, 28, 234, 245-47, 252-53, 310-11, 323; Blaeu assisting, 541n6; and Bruno, 15, 301, 304-6, 310, 568n127; cannon experiment, 370, *371*, 372, 373; and celestial/terrestrial distinction, 19; Clavius and, 16, 244, 484; comets, 238, 253-54, 288-89, 293, 305, 393, 559n138; Copenhagen Oration(1574), 237, 243-48, 252-53, 257, 282, 323; death(1601), 16, 233, 238, 372, 404; *De Mundi Recentioribus Phaenomenis*, 293, *295*, 314, 319, 342, 355, 372, 429, 492, 568n99, 569n18; and *De Revolutionibus*, 162-63, 244-45, 248, 282-83, 348, 394, 498; Descartes and, 497, 498; and Digges, 270, 293; and Dybvad, 559n138; earthly astronomy, 422; and Earth's motion, 57, 248, 282, 370; *Epistolae Astronomicae*, *236*, 238, 299, 311, 341, 348, 350, 356, 362, 372, 410, 491, 575n24, 580n155; equantless astronomy, 152, 248, 349, 493; familia, 565n10; *For Astrology, against the Astrologers*, 234; Frankfurt Book Fair, 238, 580n154; Galileo and, 16, 390-93, 422, 425, 476, 483, 575n24, 582n11, 583n56, 593n79, 597nn88, 97; Gassendi and, 500; Gellius and, 356; geoheliocentric ordering, 59, 281, 291, 310, 370, 419; Gilbert and, 369, 370, *371*, 372, 373, 580n155; Hagecius and, 240, 242, 248, 282; Heydon and, 586nn42, 44; Hooke and, 509; instruments, 287, 290, 306, 457; and Kepler, 13, 15, 16, 233, 319, 332, 335, 339-41, 349-50, 383-84, 394, 395, 398-400, 403, 408, 424, 430-32, 435, 461, 463, 488, 493, 505, 576-77n60, 584n77; and Leovitius, 228, 234, 556n34; and Liddell, 169; Maestlin and, 257, 264, 293, *295*, 312, 319, 342, 356, 560n13, 574n29; Mars, 211, 286, 287-88, 289, 291-93, 298, 310, 314, 372, 393, 486; *A Mathematical Contemplation concerning the New Star*, 345; Mechanica, 237, 247; *Meteorological Diary*, 234, 246, 248; and *Narratio Prima*, 122, 287; "New Hypotyposis of the World System," *294*, 545n159; nova(1572),

230, 233-35, *235*, *237*, 240, 252, 253, 345, 383, 385, 387, 390-93, 449; obstacles from heirs, 378; and Offusius, 185, 248; and Paracelsus, 133, 234, 244, 288-89, 296, 503, 567n67; parallax, 6, 287-88, 486; Peucer and, 122, 245, 248, 289, 296, 298, 567n77, 568n97; and Pico, 245-50; planetary order, 282, 287-88, 296-99, 310-11, 342, 347, 374; and Praetorius, 312, 314, 569n18; Prague, 15, 16, 349, 363, 387, 430; and Pratensis, 233, 243, 558n96; *Progymnasmata*, 230, 233, 242, 383-84, 387, 390-93, 398, 405, 410, 425, 556n53, 582n11, 583n56; and publication, 237-38, 296, 383; Rantzov friend of, 176, 348, 349; reputation, 435; Riccioli and, 499, 506; and Rothmann, 293-300, 310-11, 341-42, 349-50, 362, 372, 439, 491, 567nn67, 77, 597n88; social status, 236-38, 243-44, 293, 296, 348, 439, 454; son-in-law Tengnagel, 233, 383, 411, 430-31, 480, 556n53, 590nn68, 70; *Stella Nova*, 16, *231*, *235*, 237, 327; *symmetria*, 237, 248, 299, 349, 350, 393, 399; theoretical astronomy, 13, 14, 152, 228-35, 244-48, 267, 294-95, 310, 327, 349, 422, 430-31, 567n70; and universities, 435, 436; and Ursus, 15, 293, 298, 310, 311, 349-50, 372, 394, 430, 439, 461, 470, 476, 566n56, 574n40; Vedel, 448; *via media*, 286-88, 293, 344, 348-49, 483; Wing and, 503; Wittich and, 282-87, 311, 349, 488; Wolf and, 192; world system/*systema mundi*, 15, 293, *294*, 305, 310-11, 314, 344, *344*, *346*, 449, 463, 492, 574n29. *See also* Uraniborg

underdetermination, problem of, 8, 101, 140, 202, 255, 293, 298, 341, 349, 381, 398, 409, 419, 432, 457, 501, 516n40, 569n30. *See also* Duhem-Quine thesis; Quine, W. V. O.

Urania: as Astrologia, 48; Astronomia on her throne with, *27*

Uraniborg(Tycho residence), 236-37, 243, 293, 299-300, 341, 363, 435, 565n10; Bruno and, 301, 304-6, 568n127; building of, *236*, 238, 240, 282; globes, 297; illustrations of, 236, 348; James I

visit, 383, 582n9; Mars campaign, 291; Pinelli and, 355-56, 575n23; presses, 237-38, 296, 383; Wittich, 282-86

Urban VIII(Maffeo Barberini), Pope, 9, 412, 488, 489, 491, 516n44, 599n14, 600n28

Urbino, 525n42; Duke of, 69, 82, 86, 173, 592n49

Ursinus, Benjamin, 480

Ursus, Nicolaus Raimarus, 239, *292*, 314, 348, 429; astrological forecast by, 584n77; *De Astronomicis Hypothesibus*, 372; death(1600), 349; and Frankfurt

Ursus, Nicolaus Raimarus(*continued*)

Book Fair, 580n154; *Fundamentum Astronomicum*, 342, 370, 372; Gilbert and, 369, 372; imperial mathematician, 341, 348; and infinitism, 347, 574n40; influence of skeptical view of astronomical hypotheses, 410, 422, 430; Kepler and, 15, 339-41, 349-50, 394, 461; Roeslin and, 342, 344-48, *345*, 372; and Tycho, 15, 293, 298, 310, 311, 349-50, 372, 394, 430, 439, 461, 470, 476, 566n56, 574n40; and *via media*, 422; and Wittich, 314; world system, 344, 345

Valcke, Louis, 320-21

Valla, Giorgio, 522n177; *Concerning What to Seek and What to Shun*, 55, 56, 202; translation of Proclus Diadochus's *Hypotyposes Astronomicarum*, 46

Vanden Broecke, Steven, 548n90, 103

Van Helden, Albert, 457, 594n5

Varmia, 145; amanuensis, 134; Catholic Church, 78, 131, 145, 533n7; *Commentariolus*, 109; Copernicus as canon, 32, 80, 89, 139; Copernicus medical practice, 104; Digges, 179; *De Revolutionibus*, audience for, 138; Giese, 102, 126, 131, 138; Hectoris's productions, 530n118; Langhenk, 540n118; library, 537n113; print identity and *Narratio Prima*, 116, 120-21, 535n64; scripture and natural philosophy, 131

Vedel, Anders, 448

哥白尼问题

Venice: Bruno, 300, 376; Galileo, 442, 595n10; Inquisition, 376, 386, 412, 439, 448, 551nn31, 36; interdict(1607), 441, 482, 592n52; military coalition with French, 79; publishers, 49, 53, 96, 530nn126, 130; Sarpi, 441-42, 478, 592n52; telescope, 450

Venus/Mercury ordering: Averroists, 99-100; al-Bitruji/Alpetragius, 52, 87, 189; Capella/ Capellan ordering, 56, 58, 104, 248-50, *249*, 257, 282, 523n182, 549n127; Capuano, 51; Cardano, 178; Christianson and, 257, 560n159; Clavius, 209-13, 554n124; comet, 257; Copernicus, 1, 6, 56-58, 103-5, 135, 189, 257, 280-81, 523n195, 569n30; Dee, 248; Galileo, 492; Gemma Frisius, 189; Gilbert, 371; Maestlin, 280, 393; Melanchthon, 181; Mulerius, 429; Naibod, 248-49, *249*, 250, 282; Offusius, 189, 190, 248, 249; Peurbach, 50, 51, 54, 61; Pico, 86-87, 99-100, 135; Ptolemy, 5, 52, 56, 86, 99; Regiomontanus, 52, 56, 57, 61; Reinhold, 52; Rothmann, 291; Sacrobosco, 49, 52; Scheiner, 465; Stevin, 427-28; Susius, 282; Tycho, 248, 257, 282, 287-88, 569n30; Wittich, 285-87

Vermij, Rienk, 429, 589n51, 601n65

Vesalius, Andreas, *De Humani Corporis Fabrica/ On the Fabric of the Human Body*, 46, 175, 183

Viala, Alain, 590n23

via media, 15, 281-88, 353, 422-23, 468, 485; Descartes and, 498; Gilbert and, 372; Kepler, 320-22, 341-50, 381; Riccioli, 499-510; Scheiner, 463-65; Tycho, 286-88, 293, 344, 348-49, 483

Vico, Aeneas, *Images of Emperors from Antique Coins*, 175

Vienna: comet of 1556 observed, 230; critique of astrology at, 47; Hagecius, 239, 557n78, 83; Hapsburg court at, 236, 238-39, 364; papal legates' missions, 63; Perlach at Archgymnasium, 240, 241; site of prognostication, 70, 525n42, 571n82; university enrollment, 582n25

Vieri, Francesco, 42

Vinta, Belisario, 443-45, *444*, 450-51, 459, 465, 467, 477, 480, 592n68, 594nn105, 6, 595n10

Virdung, Johann, 71, 114, 168, 525n42; *Judicium Baccalarij Johannis Cracoviensis de Hasfurt*, 70

"virtual witness," 472

Vitali, Bernardino, 82, 96

Vitali, Ludovico de, 89, 91

Vitruvius: *symmetria*, 236-37, 248, 539n186, 540n199; *Ten Books on Architecture*, 58

Voelkel, James, 16, 430, 431, 589-90nn65, 68, 70, 74

Vogel, J. J., 139

Vögeli, George, 116-17

Vögelin, Johann, 241

Wacker von Wackenfels, Johannes Matthäus, 364, 399-401, 461, 462, 463, 595nn28, 30

Waesberge, Johannes van, 131

Walker, D. P., 84, 191, 527nn50, 53

Wallace, William A., 554n117, 575n12

Walther, Bernhard, 114

Ward, Seth, 503, 506

Warner, Walter, 363

wars: astrologers', 409-11; over Gregorian calendar reform, 355; Italian, 25-26, 62, 78-82, *80*, 91-92; as natural, 62; religious, 155; over world systems, 372

Watzenrode, Lukas, 78

Webster, Charles, 515n8, 518n15; Eddington Memorial Lectures(1980), 28-29, 555n1

Wedderburn, John, *Refutation*, 481, 483

Weinberg, Steven, 18-19, 517nn58, 65, 73

Welser banking family, 364, 440; Marcus, 364, 375, 421, 459, 482; Matthaeus, 375, 474, 478, 598n128

Werner, Johannes: Copernicus's *Letter against Werner*, 532n175; *On Spherical Triangles and On Meteoroscopy*, 121

Westfall, Richard S., 436-39, 446, 455, 590nn13, 14, 17, 591nn25, 31, 34, 592nn35, 73, 593nn74,

Westphalia, Peace of(1648), 62

Whewell, William, 41, 520n86; *History of the Inductive Science*, 3

Whiston, William, 512

Whiteside, D. T., 602n118

Widmanstetter, Johann Albrecht, 133-34, 550n13

Wilhelm IV, Landgrave, 17, 224, 566n57; Bruno and, 305; Bürgi, 238, 296-97; on comet(1577-78), 253; death(1592), 342; Dr. Butter, 299; Galileo and, 390-91; Kepler and, 350, 593n80; Liddel and, 169; Peucer dedication to, 164, 291; Ramus on, 168; Rothmann, 296, 299, 309, 311; science of the stars, 447, 573-74n28, 593n80; Tycho and, 237, 291, 297, 311, 342, 350

Wilkins, John, 423-24, 493, 495, 498-500, 505, 602n99; dialectical reasoning, 601n83; *Discourse Concerning a New Planet*, 498, 506; *Discovery of a World in the Moone*, 502

Williams, G. H., 145

Wilson, Catherine, 509, 523n190

Wilson, Curtis, A., 56-57, *59*, 603n124

Wing, Vincent, 503, 504, *504*, *505*, 505, 506, 511, 602nn114, 116; *Astronomia Britannica*, 505; *Harmonicon Coeleste*, 503, 505

witchcraft, 405, 585-86n30

Witekind, Hermann, *163*, 544n149

Witelo, 32, 185, 586n51; optics, 32, 185, 559n134, 586n51

Wittenberg, 163. *See also* Melanchthon, Philipp; Peucer, Caspar; Praetorius, Johannes; Reinhold, Erasmus; Rheticus, Georg Joachim; Wittenberg response to Copernicus

Wittenberg response to Copernicus, 141-71, *163*, 182, 190, 215, 309, 339-41, 493; Bellarmine and, 490; and Copernicus's horoscope, 535n50; Dee and, 184; Digges and, 280; dominant figures, 144-45; Gemma and, 180, 183; Kepler and, 409, 424; Maestlin and, 267, 280, 311; master-student

relationships and, 488; and planetary order, 147-48, 281, 486; practices of ignoring/selective responses, 339, 409, 419, 429, 486; Praetorius and, 291; prognostication emphasized by, 486; responses to Galileo echoing, 481, 484; second-generation Copernicans, 259; Tycho following, 244-45. *See also* Melanchthon, Philipp

Wittich, Paul, 282-87, 293, 310, 364, 567n79; death(1586), 286; *De Revolutionibus* annotations, 215, 282-86, *284*, *285*, 291, 488, 565nn17, 18, 567nn79, 85; library, 282-83, 286, 311, 349; "Neo-Copernicus," 283, 286; "Sphere of Revolutions," 285-86, *285*, 311, *334*; Tycho and, 282-87, 311, 349, 488

Wolf, Hieronymus, 263, 364; *A Warning concerning the True and Lawful Use of Astrology*, 192-93, 550nn144, 146

Wolfius, Thomas, 198

Woolfson, Jonathan, 363, 581n164

world-historical prophecies: great conjunctions and, 47; Maestlin and, 262; *Narratio Prima*, 29, *118*, 119-21, 125, 535n63; Osiander and, 130. *See also* apocalyptics; Dreyer, J. L. E. ; Elijah prophecy; Rosen, Edward

world system/*systema mundi*, 20, 21, 372, 422, 426, 492-95, 588n14; Copernicus and Rheticus's usage ignored, 281; Cudworth's usage, 604n155; Galileo's usage, 436, 455-57, 579nn108, 109; Kepler's usage, 336, 463, 493; Newton, 511; Rheticus's usage, 125, 281; Riccioli, 499, 510-11, 601-2nn89, 98; Roeslin's representation of, 342-47, *343-46*; Tycho, 293, *294*, 305, 310-11, 314, 449, 492, 574n29

Wotton, Henry, 409, 442, 458, 463, 481

Wren, Christopher, 506

Wright, Edward, 371, 372, 429, 580nn125, 157

Wrightsman, Bruce, 130, 533n8, 538n149

Wursteisen, Christian, 168, 285, 434, 519n69

Württemberg, Duke of, 15, 337-39

哥白尼问题

Xylander, William, 198

Yates, Frances, 367

Zacuto, Abraham, 200, 201
Zahar, Elie, 584n96
Zambelli, Paola, 47
Zamberti, Bartolomeo, 202, 551n58
al-Zarqali/Arzachel, 86, 200, 201
Zeitlin, Jake, 385n36
Zell, Heinrich, 119
Ziegler, Johann Reinhard, 404
Zinner, Ernst: bibliography of literature of the heavens, *26*, 27, 28, 43, *44*, *251*, 518n7, 530n130; Copernicus reading of Pico, 532n168; and Miechów's library, 532n161; *New Theorics* annotated copy, 52; Reinhold's birth charts, 154-55

zodiac: astral powers and, 185; Clavius and, 533n106; domification and, 167, 411, 527n54; as human construction, 82, 85, 323, 379, *396*; Kepler and, 323, 328, 379, 395-96, 396, 401, 581n177; Manso and 7/11 problem, 453; meaning of revolutions in relation to, 45; Medina and, 200; and nova of 1604, 382; Palingenius, *the Zodiac of Life*, 276, 565n106; "zodiac man," 25, 274, 517n2
Zugmesser, Johann Eutel, 459, 473, 478, 480, 597nn96, 97
Zuñiga, Diego de, 259, 309, 314, 423; Church decree vs., 491, 494; *Commentary on Job*, 311, 491; Kepler and, 576n55; Riccioli and, 499, 501; Wilkins's omission of, 498
Zwicky, Fritz, 20